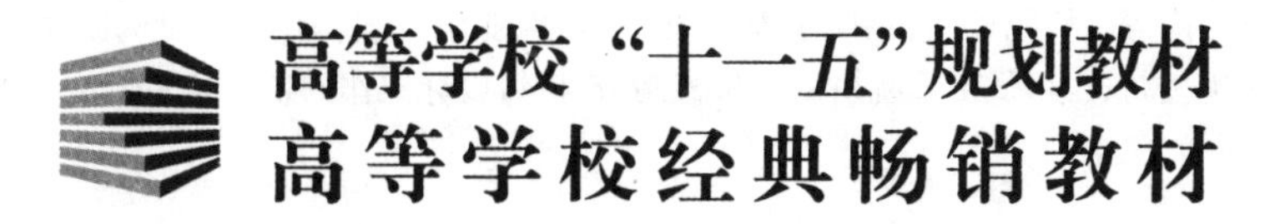

机械制造工艺学

（第5版）

王启平　主　编
王振龙　狄士春　副主编

TECHNOLOGY OF MECHANICAL MANUFACTURE

内 容 简 介

全书共分七章，内容包括基本概念、工件的装夹及夹具设计、机械加工工艺规程的制订、机械加工精度、机械加工表面质量、机器的装配工艺及现代制造技术。

本书为高等工科院校（包括职工大学、电视大学、业余大学、函授大学）机械设计制造及自动化专业本科生教材，也可供工厂院所从事机械制造、机械设计工作的工程技术人员参考。

图书在版编目（CIP）数据

机械制造工艺学/王启平主编.—5版.—哈尔滨：哈尔滨工业大学出版社，2005.8（2022.3重印）

ISBN 978-7-5603-0087-0

Ⅰ.机…　Ⅱ.王…　Ⅲ.机械制造工艺-高等学校-教材　Ⅳ.TH16

中国版本图书馆CIP数据核字（2005）第093177号

责任编辑　张秀华
封面设计　卞秉利
出版发行　哈尔滨工业大学出版社
社　　址　哈尔滨市南岗区复华四道街10号　邮编150006
传　　真　0451-86414749
网　　址　http://hitpress.hit.edu.cn
印　　刷　肇东市一兴印刷有限公司
开　　本　787mm×1092mm　1/16　印张22　字数500千字
版　　次　2005年8月第5版　2022年3月第23次印刷
书　　号　ISBN 978-7-5603-0087-0
定　　价　30.00元

前　　言

（第四次修订）

为了适应机械制造工艺及设备专业的专业教学改革需要，编者参照原机械工业部机制专业教材编审委员会通过的参考性教学大纲，结合多年的教学实践，在对基本内容进行精选和增添新内容的基础上，编写了这本在学时和内容上均适合高等工科院校学生使用的《机械制造工艺学》教材。本书初版于 1988 年 9 月，在第三次修订版的基础上，这次又作了全面修订。

本教材在编写体系上是按照机器产品的制造过程，将原《机械制造工艺学》及《机床夹具设计》两本教材的内容有机地结合，由浅入深地编写了有关机器产品加工、装配的最基本内容，以及反映本学科发展方向的"现代制造技术"等新内容。本教材各章内容有所侧重，重点阐述机器产品制造中的某一方面的问题。各章之间通过有机的联系，综合阐述，分析和解决机器产品加工、装配的质量、效率和成本等问题。

第一章为基本概念，主要介绍为讲授下面几章内容所必须了解的有关生产过程、工艺过程、生产类型和各类基准的概念。

第二章为工件的装夹及夹具设计，主要是研究机器零件加工时应首先解决的准确、快速装夹工件的问题。在成批生产中大量采用夹具装夹，故也在本章中较全面地介绍有关夹具设计的问题。

第三章为机械加工工艺规程的制订，主要是以机器零件为研究对象，通过合理安排它的机械加工工艺过程来实现机器零件制造过程中的优质、高效和低消耗问题。

第四章为机械加工精度，主要是以机器零件的加工表面为研究对象，分析研究控制各种误差保证零件的尺寸、形状和位置精度等问题。

第五章为机械加工表面质量，主要是以机器零件的加工表面为研究对象，分析研究控制加工表面粗糙度和物理、力学性能等问题，进而保证机器零件的使用性能和寿命。

第六章为机器的装配工艺，主要是以整台机器为研究对象，分析研究保证机器的装配精度和提高装配效率等问题。

第七章为现代制造技术，主要是为了适应本学科发展的要求，介绍有关难加工材料的特种加工技术、现代超精密加工技术及机械制造系统自动化技术等内容。

为帮助学生进一步理解和掌握教材的主要内容，在各章后面均附有一定数量的习题。

本书由王启平、狄士春、朱昌盛、周泽信、盖玉先、孙正鼐、王振龙编写，全书由王启平任主编，王振龙、狄士春任副主编，由陶崇德审核。

本书为高等工科院校机械设计制造及自动化专业和有关专业学生的教材，也可供本专业的职工大学、电视大学、业余大学学生及工厂的有关工程技术人员参考。

对本教材的不足之处，恳请广大读者批评指正。

编　　者

1999 年 3 月

目　　录

第一章　基本概念

§1-1　生产过程与工艺过程

一、生产过程

在机械制造厂制造机器时将原材料转变为成品的全过程称为生产过程。它包括原材料的运输和保存、生产技术准备工作、毛坯的制造、零件的加工与热处理、部件和整机的装配、机器的检验调试以及油漆和包装等。

二、工艺过程

机器的生产过程中，改变生产对象的形状、尺寸、相对位置和性质等使其成为成品或半成品的过程称为工艺过程。以工艺文件的形式确定下来的工艺过程称为工艺规程。

由原材料经浇铸、锻造、冲压或焊接而成为铸件、锻件、冲压件或焊接件的过程，分别称为铸造、锻造、冲压或焊接工艺过程。将铸、锻件毛坯或钢材经机械加工方法，改变它们的形状、尺寸、表面质量，使其成为合格零件的过程，称为机械加工工艺过程。在热处理车间，对机器零件的半成品通过各种热处理方法，直接改变它们的材料性质的过程，称为热处理工艺过程。最后，将合格的机器零件和外购件、标准件装配成组件、部件和机器的过程，则称为装配工艺过程。

无论是哪一种工艺过程，都是按一定的顺序逐步进行的。为了便于组织生产，合理使用设备和劳力，以确保产品质量和提高生产效率，任何一种工艺过程又可划分为一系列工序。

§1-2　生产纲领与生产类型

机器产品在计划期内应当生产的产品产量和进度计划称为该产品的生产纲领。机器产品中某零件的生产纲领除了该产品在计划期内的产量以外，尚需包括一定的备品率和平均废品率。机器零件的生产纲领可按下式计算

$$N_{零} = N \cdot n(1 + \alpha + \beta)$$

式中　$N_{零}$——机器零件的生产纲领；

N——机器产品在计划期内的产量；

n——每台机器产品中该零件的数量；

α——备品率；

β——平均废品率。

机器零件的生产纲领确定之后，还需根据生产车间的具体情况将零件在计划期间分

批投入生产，一次投入或产生同一产品（或零件）的数量称为批量。

按生产专业化程度的不同，又可分为单件生产、成批生产和大量生产三种类型。在成批生产中，又可按批量的大小和产品特征分为小批生产、中批生产和大批生产三种。

表 1-1 为各种生产类型的划分依据。

表 1-1　各种生产类型的划分依据

生产类型	生产纲领（台数或件数）			每月工作地担负的工序数
	小型机械或轻型零件	中型机械或零件	重型机械或零件	
单件	≤ 100	≤ 10	≤ 5	—
小批	> 100 ~ 500	> 10 ~ 150	> 5 ~ 100	> 20 ~ 40
中批	> 500 ~ 5 000	> 150 ~ 500	> 100 ~ 300	> 10 ~ 20
大批	> 5 000 ~ 50 000	> 500 ~ 5 000	> 300 ~ 1 000	> 1 ~ 10
大量	> 50 000	> 5 000	> 1 000	1

生产类型不同，则无论是在生产组织、生产管理、车间机床布置，还是在选用毛坯制造方法、机床种类、工具、加工或装配方法及工人技术要求等方面均有所不同。为此，制订机器零件的机械加工工艺过程和机器产品的装配工艺过程时，都必须考虑不同生产类型的特点，以取得最大的经济效益。

表 1-2 为各种生产类型的特点和要求。

表 1-2　各种生产类型的特点和要求

	单件、小批生产	中批生产	大批、大量生产
产品数量	少	中等	大量
加工对象	经常变换	周期性变换	固定不变
机床设备和布置	采用万能设备按机群布置	采用万能和专用设备，按工艺路线布置成流水生产线	广泛采用专用设备和自动生产线
工夹具	非必要时不采用专用夹具和特种工具	广泛使用专用夹具和特种工具	广泛使用高效专用夹具和特种工具
刀具和量具	一般刀具和量具	专用刀具和量具	高效专用刀具和量具
装夹方法	找正装夹	找正装夹或夹具装夹	夹具装夹
加工方法	用试切法加工①	用调整法加工②，有时还可组织成组加工	使用调整法自动化加工
装配方法	钳工试配	普遍应用互换装配，同时保留某些钳工试配	全部互换装配，某些精度较高的配合件用配磨、配研、选择装配，不需钳工试配
毛坯制造	木模造型和自由锻造	金属模造型和模锻	采用金属模机器造型、模锻、压力铸造等
工人技术要求	高	中等	一般
工艺过程的要求	只编制简单的工艺过程	除有较详细的工艺过程外，对重要零件的关键工序需有详细说明的工序操作	详细编制工艺过程和各种工艺文件
生产率	低	中	高
成本	高	中	低

① 通过试切 — 测量 — 调整 — 再试切，反复进行到工件被加工尺寸达到要求为止的加工方法。

② 先调整好刀具和工件在机床上的相对位置，并在一批零件的加工过程中保持这个位置不变，以保证工件被加工尺寸的加工方法。

§1-3 基　　准

基准是用来确定生产对象上几何要素间的几何关系所依据的那些点、线、面。在机器零件的设计和加工过程中，按不同要求选择哪些点、线、面作为基准，是直接影响零件加工工艺性和各表面间尺寸、位置精度的主要因素之一。

根据作用的不同，基准可分为设计基准和工艺基准两大类。

一、设计基准

零件设计图样上所采用的基准，称为设计基准。这是设计人员从零件的工作条件、性能要求出发，适当考虑加工工艺性而选定的。一个机器零件，在零件图上可以有一个也可以有多个设计基准。图1-1(a)所示齿轮的外圆和分度圆的设计基准是齿轮内孔的中心线，而表面 A、B 的设计基准是表面 C；图1-1(b)所示的车床主轴箱体，其主轴孔的设计基准是箱体的底面 M 及小侧面 N。

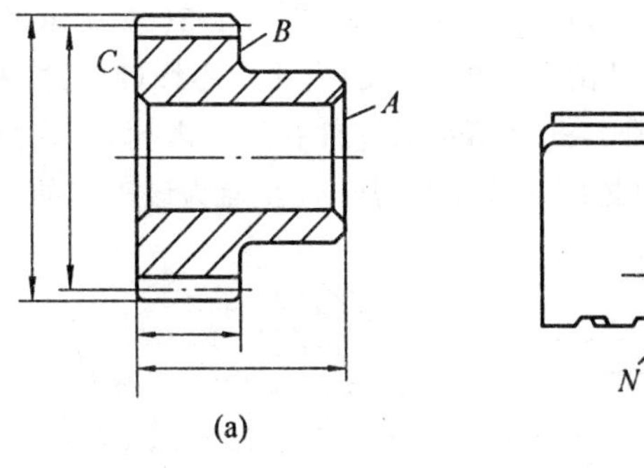

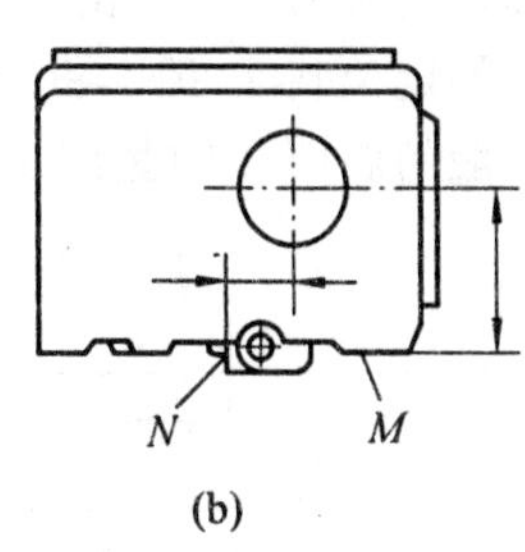

图1-1　零件图中的设计基准

二、工艺基准

零件在工艺过程中所采用的基准，称为工艺基准。其中又包括工序基准、定位基准、测量基准和装配基准，现分述如下。

1. 工序基准

在工序图上，用来确定本工序所加工表面加工后的尺寸、位置的基准，称为工序基准。

图1-2(a)所示的工件，A 为加工表面，本工序要求为 A 对 B 的尺寸 H 和 A 对 B 的平行度(当没有特殊标注时，平行度要求包括在 H 的尺寸公差范围内)，故外圆下母线 B 为本

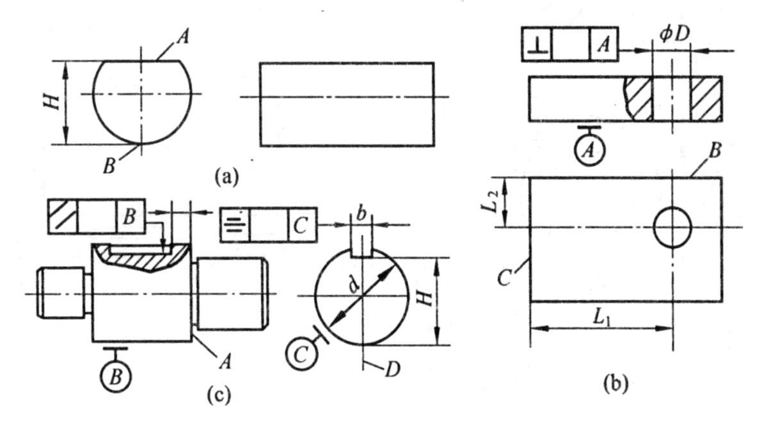

图1-2　工序图中的工序基准

工序的工序基准。图1-2(b)所示的工件，加工表面为 ϕD 孔，要求其中心线与 A 面垂直，并

与 C 面和 B 面保持距离尺寸为 L_1 和 L_2，因此表面 A、B、C 均为本工序的工序基准。工序基准除采用工件上实际表面或表面上的线以外，还可以是工件表面的几何中心、对称面或对称线等。如图 1-2(c) 所示的小轴中，键槽的工序基准既有凸肩面 A 和外圆下母线 B，又有外圆表面的轴向对称面 D。

2. 定位基准

工件在机床上或夹具中进行加工时，用作定位的基准，称为定位基准。

图 1-3(a) 所示的车床刀架座零件，在平面磨床上磨顶面，则与平面磨床磁力工作台相接触的表面为该道工序的定位基准。图 1-3(b) 所示的齿坯拉孔加工工序，被加工内孔在拉削时的位置是由齿坯拉孔前的内孔中心线确定的，故拉孔前的内孔中心线为拉孔工序的定位基准。图 1-3(c) 所示的零件在加工内孔时，其位置是由与夹具上定位元件 1、2 相接触的底面 A 和侧面 B 确定的，故 A、B 面为该工序的定位基准。

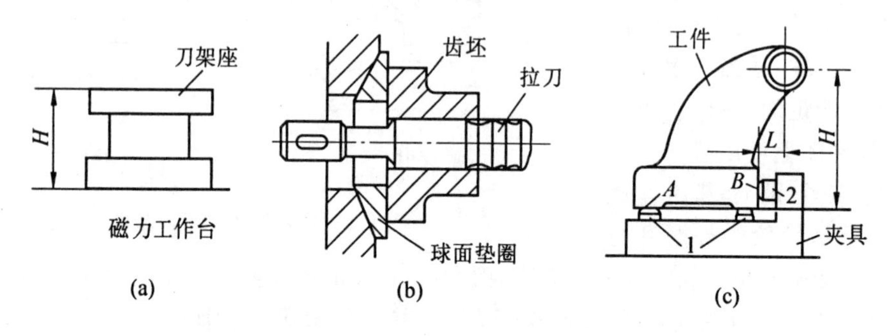

图 1-3　工件在加工时的定位基准

3. 测量基准

在测量时所采用的基准，称为测量基准。

图 1-4(a) 所示为根据不同工序要求测量已加工平面位置时所使用的两个不同的测量基准，一为小圆的上母线，另一则为大圆的下母线。图 1-4(b) 所示的床头箱体零件，为

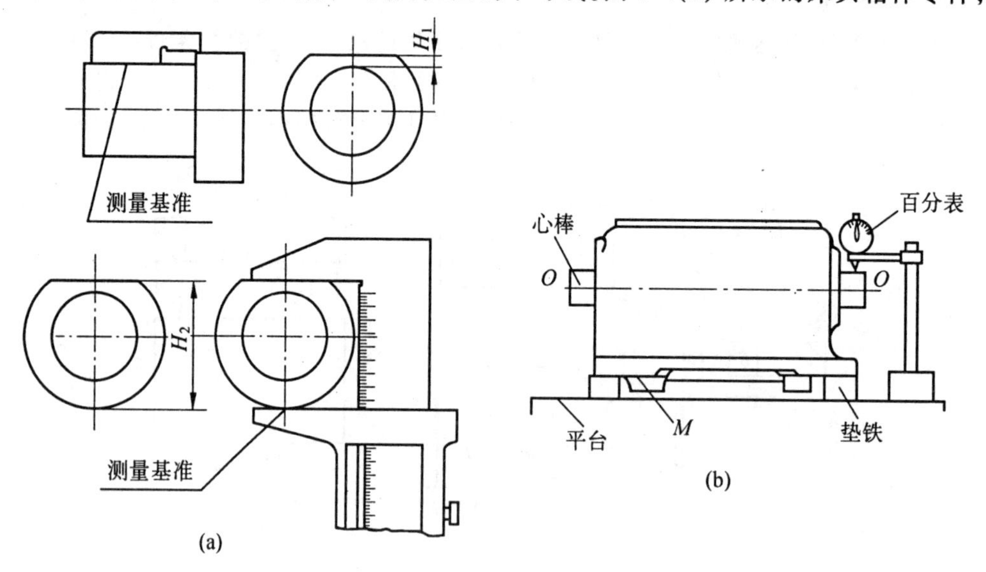

图 1-4　工件上已加工表面的测量基准

测量加工后主轴孔的轴线 OO 对底面 M 的平行度，也是以 M 面为测量基准，通过垫铁、标

准平台、心棒及百分表对平行度进行间接测量。

4. 装配基准

在机器装配时,用来确定零件或部件在产品中的相对位置所采用的基准,称为装配基准。

图 1-5(a) 所示,齿轮是以其内孔及一端面装配到与其配合的轴上,故齿轮内孔 A 及端面 B 即为装配基准。图 1-5(b) 所示的主轴箱部件,装配时是以其底面 M 及小侧面 N 与床身的相应面接触,确定主轴箱部件在车床上的相对位置,故 M 及 N 面为主轴箱部件的装配基准。

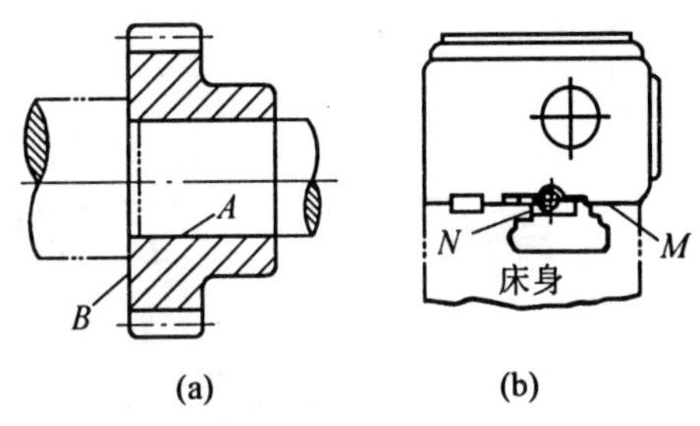

图 1-5　机器零、部件装配时的装配基准

习　　题

1-1　什么是生产过程和工艺过程?试举例说明机械加工工艺过程。

1-2　何谓生产纲领?它对机械加工工艺过程有哪些影响?

1-3　生产类型有哪几种?根据什么划分生产类型?

1-4　某轴承厂试制新品种轴承,一次投入 35 套;另一机床厂,每年生产中心高 200mm 车床 4 000 台,试划分各属于哪种生产类型?

1-5　何谓基准?设计基准和工艺基准有哪些区别?

1-6　习图 1-1 所示的齿轮零件,其内孔键槽是在插床上采用自定心三爪卡盘装夹外圆 d 进行插削加工的,试分别确定此键槽的设计基准、定位基准和测量基准。

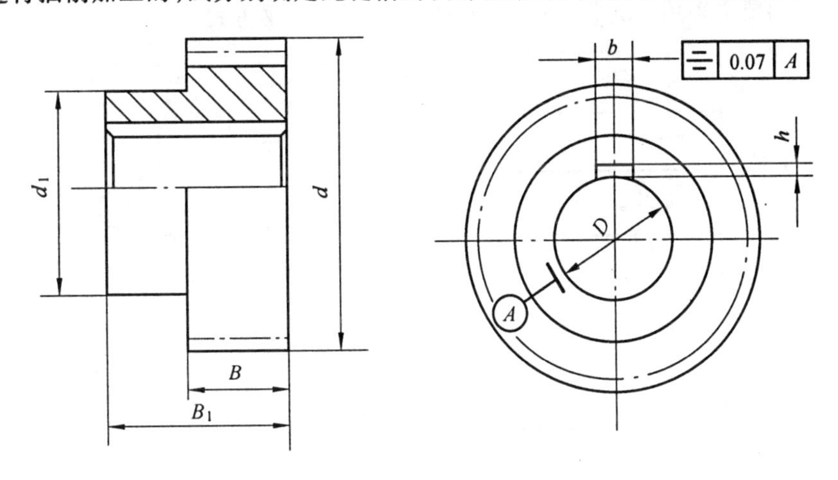

习图 1-1

第二章　工件的装夹及夹具设计

§2-1　概　　述

一、装夹的概念

将工件在机床上或夹具中定位、夹紧的过程称为装夹。

为了保证一个工件加工表面的精度，以及使一批工件的加工表面的精度一致，那么一个工件放到机床上或夹具中，首先必须占有某一相对刀具及切削成形运动（通常由机床所提供）的正确位置，且逐次加工的一批工件都应占有相同的正确位置，这便叫做定位。为了在加工中使工件在切削力、重力、离心力和惯性力等力的作用下，能保持定位时已获得的正确位置不变，必须把零件压紧、夹牢，这便是夹紧。

工件的装夹，可根据工件加工的不同技术要求，采取先定位后夹紧或在夹紧过程中同时实现定位这两种方式，其目的都是为了保证工件在加工时相对刀具及成形运动具有正确的位置。例如，在牛头刨床上加工一槽宽尺寸为 B 的通槽，若此槽只对 A 面有尺寸和平行度要求（见图 2-1a），可采用先定位后夹紧的装夹方式；若此槽对左右侧面有对称度要求（见图 2-1b），则要求采用在夹紧过程中实现定位的对中装夹方式。

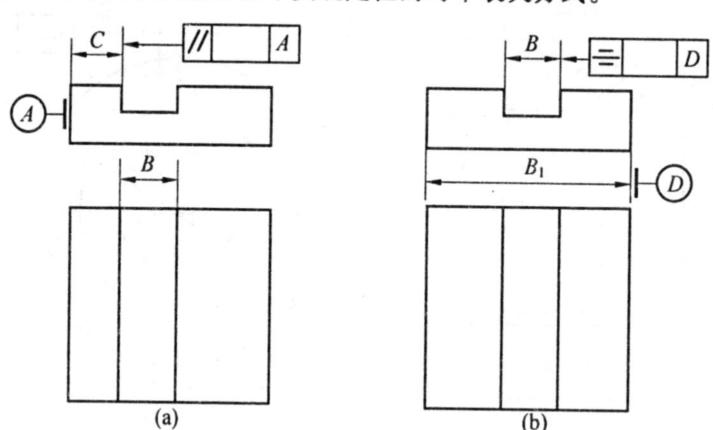

图 2-1　采用不同装夹方式的工件

二、装夹的方法

工件在机床上的装夹，一般可采用如下几种装夹方法。

（一）直接装夹

这种装夹方法是利用机床上的装夹面来对工件直接定位的，工件的定位基准面只要靠紧在机床的装夹面上并密切贴合，不需找正即可完成定位。此后，夹紧工件，使其在整个加工过程中不脱离这一位置，就能得到工件相对刀具及成形运动的正确位置。图2-2即是这种装夹方法的示例。

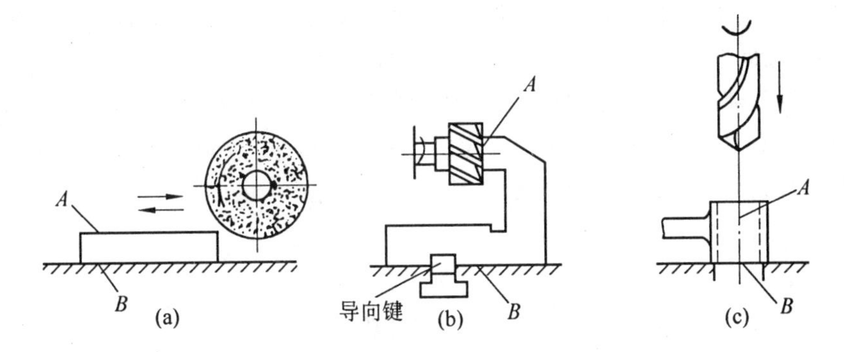

图2-2　直接装夹方法

图(a)中工件的加工面A要求与工件的底面B平行，装夹时将工件的定位基准面B靠紧并吸牢在磁力工作台上即可；图(b)中工件为一夹具底座，加工面A要求与底面B垂直并与底部已装好导向键的侧面平行，装夹时除将底面靠紧在工作台面上之外，还需使导向键侧面与工作台上的T形槽侧面靠紧；图(c)中工件上的孔A只要求与工件定位基准面B垂直，装夹时将工件的定位基准面紧靠在钻床工作台面上即可。

(二) 找正装夹

这种装夹方法是利用可调垫块、千斤顶、四爪卡盘等工具，先将工件夹持在机床上，将划针或百分表安置在机床的有关部件上，然后使机床作慢速运动。这时划针或百分表在工件上划过的轨迹即代表着切削成形运动的位置，根据这个轨迹调整工件，使工件处于正确的位置。

例如，在车床上加工一个与外圆表面具有一个偏心量为e的内孔，可采用四爪卡盘和百分表调整工件的位置，使其外圆表面轴线与主轴回转轴线恰好相距一个偏心量e，然后再夹紧工件加工(见图2-3(a))；在立式铣床上铣削加工一个与侧面平行的燕尾槽，也可通过百分表调整好工件应具有的正确位置再夹紧工件加工(见图2-3(b))。

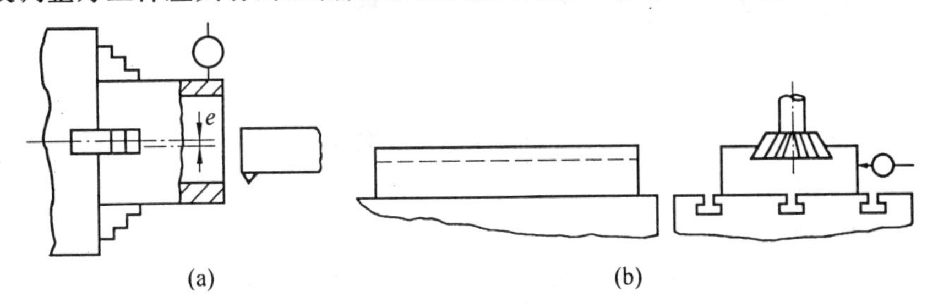

图2-3　找正装夹方法

对于形状复杂，尺寸、重量均较大的铸、锻件毛坯，若其精度较低不能按其表面找正，则可预先在毛坯上将待加工面的轮廓线划出，然后再按所划的线找正其位置，亦属于找正装夹。这种找正装夹方法的缺点是费时间，生产效率低，所能达到的装夹精度与操作工人的技术水平和所使用的找正工具的精度有关，故主要适用于单件、小批生产。

(三) 夹具装夹

夹具是根据工件加工某一工序的具体加工要求设计的，其上备有专用的定位元件和夹紧装置，被加工工件可以迅速而准确地装夹在夹具中。采用夹具装夹，是在机床上先安装好夹具，使夹具上的安装面与机床上的装夹面靠紧并固定，然后在夹具中装夹工件，使工件的定位基准面与夹具上定位元件的定位面靠紧并固定(见图 2-4)。由于夹具上定位元件的定位面相对夹具的安装面有一定的位置精度要求，故利用夹具装夹就能保证工件相对刀具及成形运动的正确位置关系。

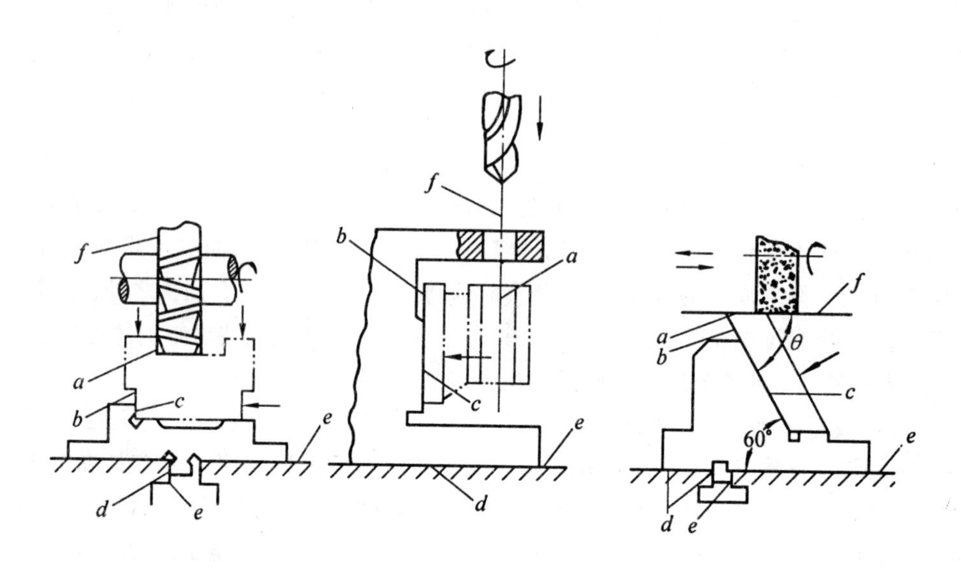

a— 工件的加工面； *b*— 工件的定位基准面； *c*— 夹具上定位元件的定位面；

d— 夹具的安装面； *e*— 机床的装夹面； *f*— 刀具的切削成形面

图 2-4 工件、夹具和机床之间的位置关系

采用夹具装夹工件，易于保证加工精度、缩短辅助时间、提高生产效率、减轻工人劳动强度和降低对工人的技术水平要求，故特别适用于成批和大量生产。

三、夹具装夹及其误差

由于在生产中广泛采用夹具装夹，故需对夹具装夹过程及夹具装夹误差作进一步的介绍和分析。

(一) 夹具装夹过程

图 2-5(a) 所示为在车床尾座套筒工件上铣一键槽的工序简图，其中除键槽宽度 12H8 由铣刀本身宽度保证外，其余各项要求需依靠工件相对于刀具及切削成形运动所处的位置来保证。如图 2-5(b) 所示，这个正确位置为：

(1) 工件 ϕ70h6 外圆的轴向中心面 D 与铣刀对称平面 C 重合；

(2) 工件 ϕ70h6 的外圆下母线 B 距铣刀圆周刃口 E 为 64mm；

(3) 工件 ϕ70h6 的外圆下母线 B 与走刀方向 f 平行(包括在水平平面内和垂直平面内两个方面)；

(4) 工件进给终了时，工件左端至铣刀中心距离为 L(L 尺寸需由尺寸 285mm 换算得出)。

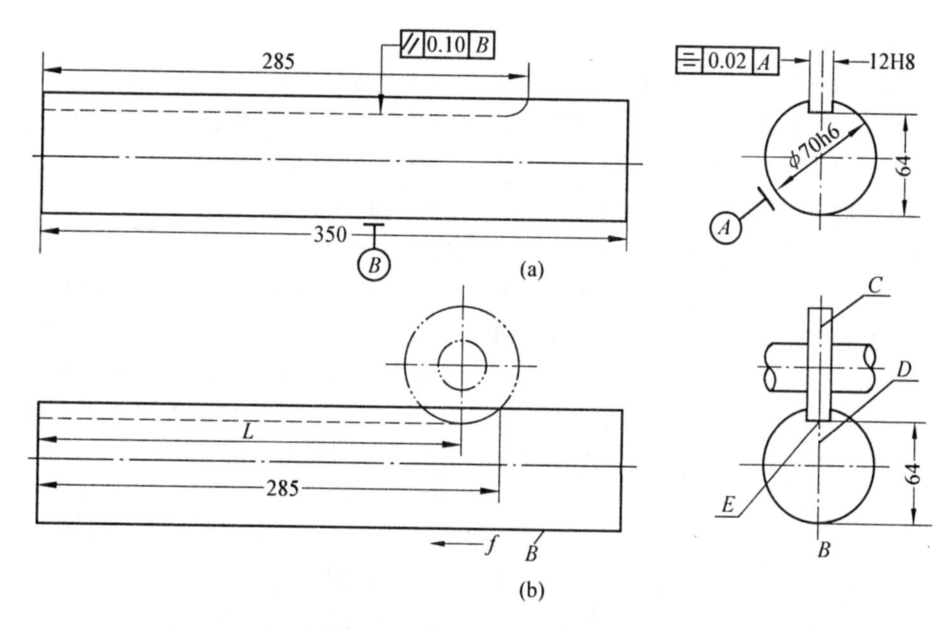

图 2-5　尾座套筒工件铣键槽工序及工件加工时的正确位置

图 2-6 是为上述工件铣键槽工序设计的专用夹具。加工前需先将夹具的位置找好。为此，首先将夹具放在铣床工作台上(夹具体 1 的底面与工作台面相接触，定向键 2 嵌在工作台的 T 型槽内) 然后用对刀块 6 及塞尺调整夹具相对铣刀的位置，使铣刀侧刃和周刃与对刀块 6 的距离正好为 3mm(此为塞尺厚度)，机床工作台(连同夹具) 纵向进给的终了位置则由机床上的行程挡铁控制，其位置可通过试切一个至数个工件确定。加工时每次装夹两个工件，分别放在两个 V 形块上，工件右端顶在限位螺钉 9 的头部，这样工件就能在夹具中占据所要求的正确位置。当油缸 5 在压力油作用下通过杠杆 4 将两根拉杆 3 拉向下时，使两块压板 7 同时将两个工件夹紧，以保证加工中工件的正确位置不变。

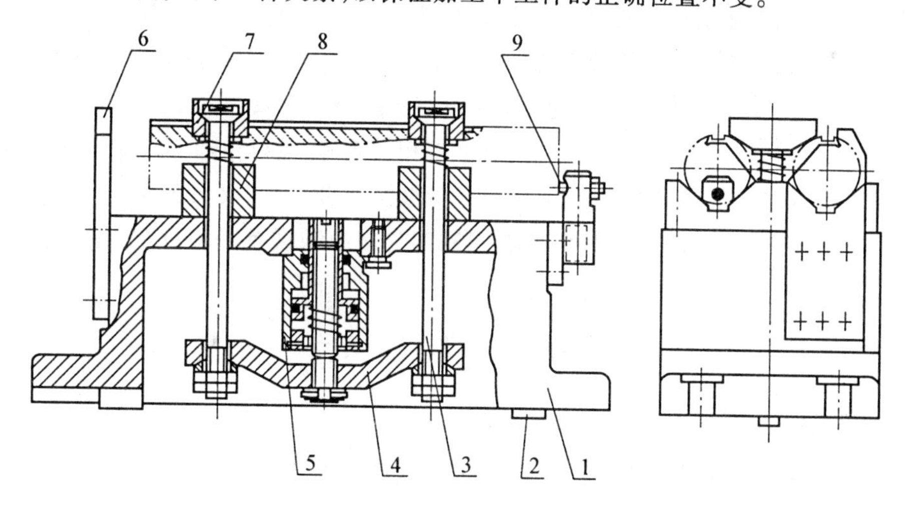

1— 夹具体； 2— 定向键； 3— 拉杆； 4— 杠杆； 5— 油缸；
6— 对刀块； 7— 压板； 8—V 型块； 9— 限位螺钉

图 2-6　尾座套筒工件铣键槽夹具简图

（二）夹具装夹误差

采用夹具装夹，造成工件加工表面的距离尺寸和位置误差的原因可分为如下三个方面：

（1）与工件在夹具中装夹有关的加工误差，称为工件装夹误差，以 $\delta_{装夹}$ 表示。其中包括工件在夹具中由于定位不准确所造成的加工误差——定位误差 $\delta_{定位}$，以及在工件夹紧时由于工件和夹具变形所造成的加工误差——夹紧误差 $\delta_{夹紧}$。

（2）与夹具相对刀具及切削成形运动有关的加工误差，称为夹具的对定误差，以 $\delta_{对定}$ 表示。其中包括夹具相对刀具位置有关的加工误差——对刀误差 $\delta_{对刀}$ 和夹具相对成形运动位置有关的加工误差——夹具位置误差 $\delta_{夹位}$。

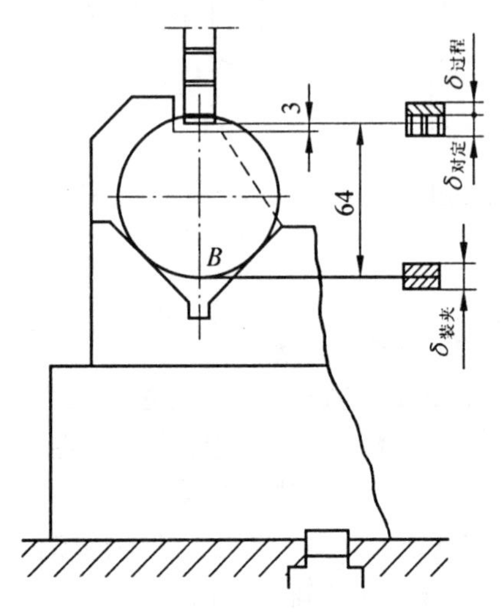

图 2-7　铣键槽工序加工误差的组成

（3）与加工过程有关的加工误差，称为过程误差，以 $\delta_{过程}$ 表示。其中包括工艺系统的受力变形、热变形及磨损等因素所造成的加工误差。

当使用图 2-6 所示夹具铣尾座套筒工件上的键槽时，对尺寸 64mm 的加工误差的组成可用图 2-7 所示的示意图表示。

一批工件的直径尺寸有大有小，放在 V 形块中时，其外圆下母线 B 的位置就不一致，则造成工件的定位误差，加上夹紧误差即为装夹误差。由于对刀块的位置不准确，或者由于对刀时铣刀刃口离对刀块的距离没有准确调整到规定值 3mm，就会造成对刀误差。而夹具上 V 形块与夹具体底面不平行，机床工作台面与进给方向不平行，定向键与工作台上 T 形槽配合精度低等，则造成夹具定位元件的位置误差，即为夹具的位置误差。切削时受切削力、切削热等因素的作用，工艺系统发生变形，破坏了铣刀已调好的位置，所造成的加工误差为过程误差。

为了得到合格零件，必须使上述各项误差之和等于或小于零件的相应公差 T，即

$$\delta_{装夹} + \delta_{对定} + \delta_{过程} \leqslant T$$

此式称为加工误差的不等式。在设计或选用夹具时，需要仔细分析计算 $\delta_{装夹}$ 和 $\delta_{对定}$，并从全局出发对其值予以控制。既要使工件的装夹方便可靠，夹具的制造与调整容易，又要给 $\delta_{过程}$ 留有余地。通常，初步计算时，可粗略先按三项误差平均分配，各不超过公差的三分之一考虑，即

$$\delta_{装夹} \leqslant \frac{1}{3}T, \delta_{对定} \leqslant \frac{1}{3}T$$

并给过程误差 $\delta_{过程}$ 留有 $\frac{1}{3}$ 的误差允许值。

前两项与夹具的设计和使用调整有关，若这种单项分配不能满足不等式要求，也可综合考虑，即按

$$\delta_{装夹} + \delta_{对定} \leqslant \frac{2}{3}T$$

进行计算。这样，可根据具体情况，在 $\delta_{装夹}$ 和 $\delta_{对定}$ 之间进行调整，或采取其它措施，使不等式得到满足。

§2-2 工件的定位

一、工件定位原理

工件在机床上或夹具中的定位问题，可以采用类似于确定刚体在空间直角坐标系中位置的方法加以分析。工件没有采取定位措施以前，与空间自由状态的刚体相似，每个工件的位置将是任意的、不确定的。对一批工件来说，它们的位置将是不一致的。工件空间位置的这种不确定性，可按一定的直角坐标分为如下六个独立方面(见图 2-8)：

沿 x 轴位置的不确定，称为沿 x 轴的不定度，以 $\overleftrightarrow{x}$ 表示；

沿 y 轴位置的不确定，称为沿 y 轴的不定度，以 $\overleftrightarrow{y}$ 表示；

沿 z 轴位置的不确定，称为沿 z 轴的不定度，以 $\overleftrightarrow{z}$ 表示；

绕 x 轴位置的不确定，称为绕 x 轴的不定度，以 $\overset{\frown}{x}$ 表示；

绕 y 轴位置的不确定，称为绕 y 轴的不定度，以 $\overset{\frown}{y}$ 表示；

绕 z 轴位置的不确定，称为绕 z 轴的不定度，以 $\overset{\frown}{z}$ 表示。

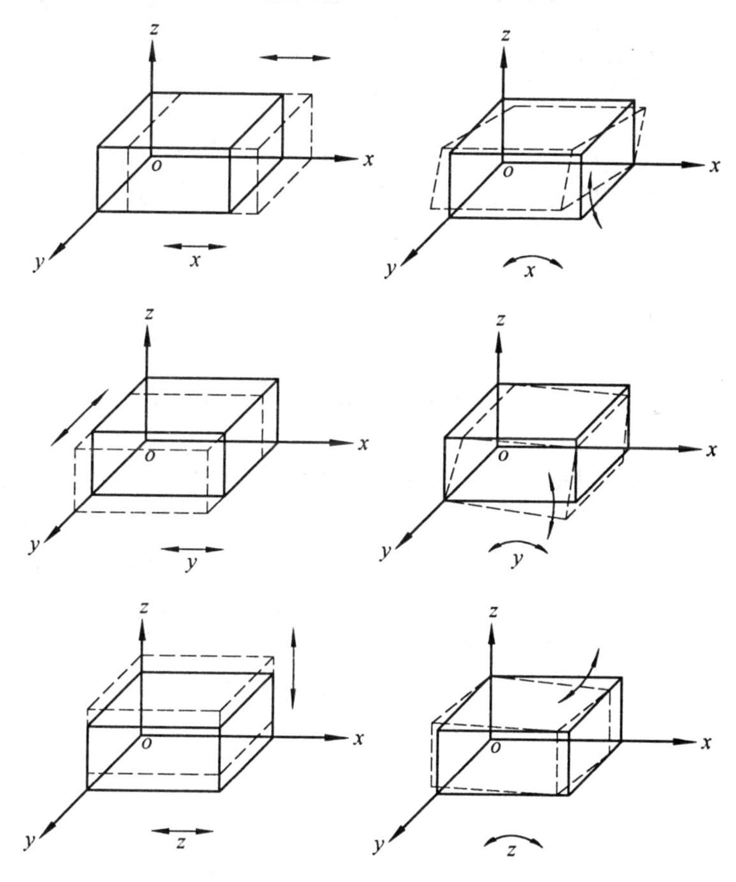

图 2-8　工件在空间的六个不定度

六个方面位置的不定度都存在，是工件在机床上或夹具中位置不确定的最大程度，即工件最多只能有六个不定度。限制工件在某一方面的不定度，工件在某一方面的位置就得以确定。工件定位的任务就是通过各种定位元件限制工件的不定度，以满足工序的加工精度要求。为便于分析可将具体的定位元件抽象转化为相应的定位支承点，与工件各定位基准面相接触的支承点将分别限制在各个方面位置的不定度。根据工件在各工序的加工精度要求和选择定位元件的情况，工件的定位通常有如下几种情况。

(一) 完全定位

工件在机床上或夹具中定位，若六个不定度都被限制时，称为完全定位。

例如，图 2-9(a) 所示，在长方形工件上加工一个 ϕD 的不通孔，要求孔中心线对底面垂直和对两侧面保持尺寸 $A \pm \frac{\mathrm{T}A}{2}$ 及 $B \pm \frac{\mathrm{T}B}{2}$。在进行钻孔加工前，工件上各个平面均已加工。钻孔时工件在夹具中的定位如图 2-9(b) 所示，长方形工件的底面及两个相邻侧面分别选用两个支承板和三个支承钉定位。为了对工件的定位进行分析，可抽象转化成如图 2-9(c) 所示的六个支承点的定位形式。与工件底面接触的三个支承点，相当于两个支承板所确定的平面，限制沿 z 轴和绕 x、y 轴的三个不定度；与工件侧面接触的两个支承点，相当于两个支承钉所确定的直线，限制沿 x 轴和绕 z 轴的两个不定度；与工件端面接触的一个支承点，相当于一个支承钉所确定的点，限制最后一个沿 y 轴的不定度，实现完全定位。

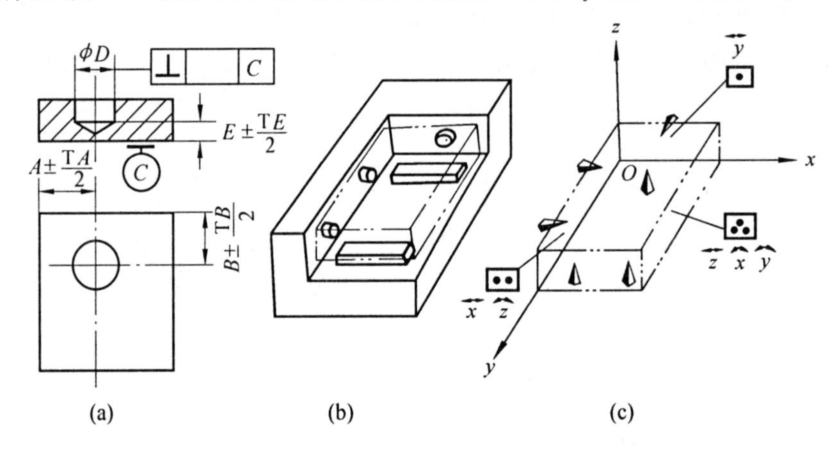

图 2-9 长方形工件钻孔工序及工件定位分析

(二) 部分定位

工件在机床上或夹具中定位，若六个不定度没有被全部限制，称为部分定位。按工件加工前的结构特点和工序加工精度要求，又可分成如下两种情况：

1. 由于工件加工前的结构特点，无法限制、也没有必要限制某些方面的不定度

图 2-10 所示，在球面上钻孔、在光轴上车一段轴颈、在套筒上铣一平面及在圆盘周边铣一个槽等，都没有必要、也不可能限制绕它们自身回转轴线或球心的不定度。这方面的不定度未被限制，并不影响一批工件在加工中位置的一致性。

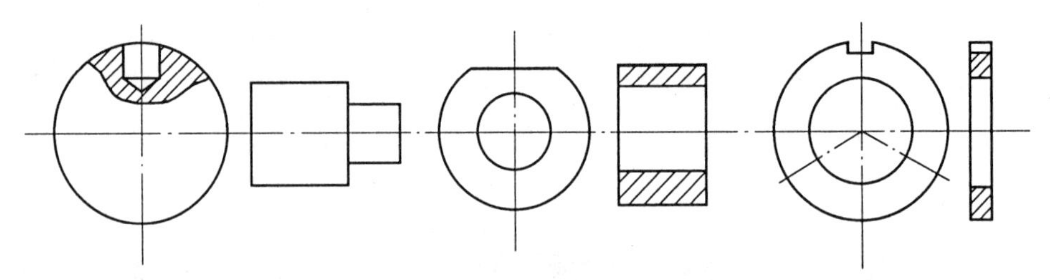

图 2-10 不必限制绕自身回转轴线或球心不定度的几个实例

2. 由于工序的加工精度要求，工件在定位时允许保留某些方面的不定度

如图 2-11(a) 所示的工件，仅要求保证被加工的上平面与工件底面的高度尺寸 H 及平行度精度，因而在刨床工作台上定位时只需限制 $\overset{\leftrightarrow}{z}$、$\overset{\frown}{x}$ 及 $\overset{\frown}{y}$ 三个不定度。又如图 2-11(b) 所示的工件，在立式铣床上用角度铣刀加工燕尾槽时，只需限制 $\overset{\leftrightarrow}{y}$、$\overset{\leftrightarrow}{z}$、$\overset{\frown}{x}$、$\overset{\frown}{y}$ 及 $\overset{\frown}{z}$ 五个不定度。从定位原理上分析，这一沿 x 轴的不定度可以不被限制，但在夹具设计和使用时，往往为了承受切削力和便于控制刀具行程，仍在夹具体上设置一个如图 2-11(c) 中所示的挡销 A。这里需说明，增加挡销之后，虽从形式上来看工件已实现了完全定位，但从工件的定位原理分析，仍属于部分定位，此时该挡销主要作用并不是定位。

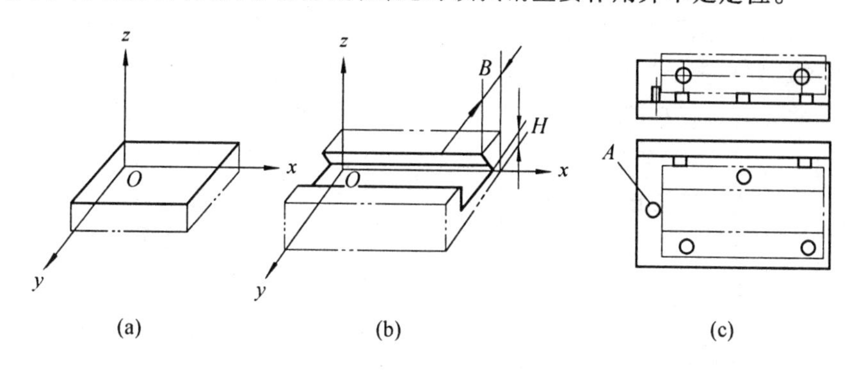

图 2-11　部分定位实例

(三) 欠定位

工件在机床上或夹具中定位时，若定位支承点数少于工序加工要求应予以限制的不定度数，则工件定位不足，称为欠定位。

如图 2-12(a) 所示的铣键槽工序，工件在夹具中定位时，加工键槽的宽度 b 由键槽铣刀的直径尺寸保证，其距离尺寸 A、B、C 及键槽侧面、底面对工件侧面、底面的平行度精度，则由夹具上定位支承点的合理布置保证。为满足上述工序加工要求，工件在夹具中必须实现如图 2-12(b) 所示的限制六个不定度的完全定位。

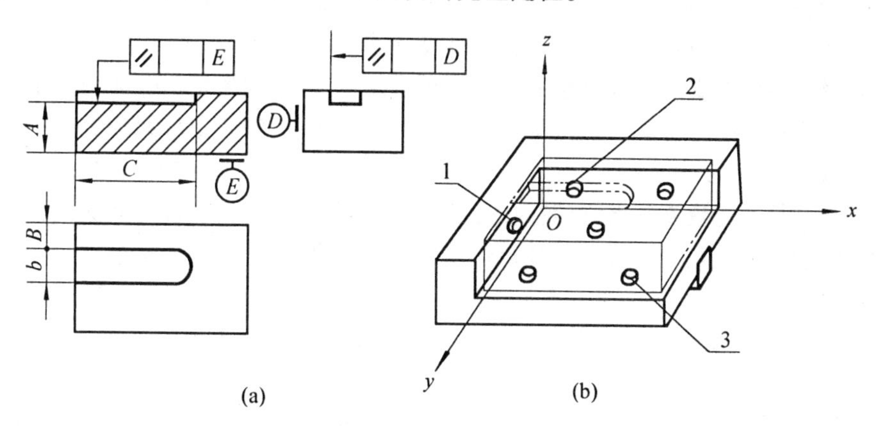

图 2-12　铣键槽工序及工件在夹具中的定位

在设计夹具时，若没有设置图中的端面支承点 1(即未限制 $\overset{\leftrightarrow}{x}$)，则铣出键槽的长度 C 无法保证；若在工件侧面只设置一个支承点 2(即未限制 $\overset{\frown}{z}$)，则铣出键槽的侧面就不能保证对工件侧面 D 平行；若在工件底面上仅设置两个支承点 3(即未限制 $\overset{\frown}{x}$)，则铣出键槽的底面也就不能保证对工件底面的平行度。

总之，工件的定位，若应限制的不定度没有被全部限制，出现欠定位，则不能保证一批工件在夹具中位置的一致性和工序的加工精度要求，因而是不允许的。

(四) 重复定位

工件在机床上或夹具中定位，若几个定位支承点重复限制同一个或几个不定度，称为重复定位。工件的定位是否允许重复定位应根据工件的不同情况进行分析。一般来说，对于工件上以形状精度和位置精度很低的毛坯表面作为定位基准时，是不允许出现重复定位的；而对以已加工过的工件表面或精度高的毛坯表面作为定位基准时，为了提高工件定位的稳定性和刚度，在一定的条件下是允许采用重复定位的。

在立式铣床上用端铣刀加工矩形工件的上平面，若如图 2-13(a) 所示将工件以底面为定位基准放置在三个支承钉上，此时相当于三个定位支承点限制了三个不定度，属于部分定位。若将工件放置在四个支承钉上(见图 2-13b)，就会造成重复定位。

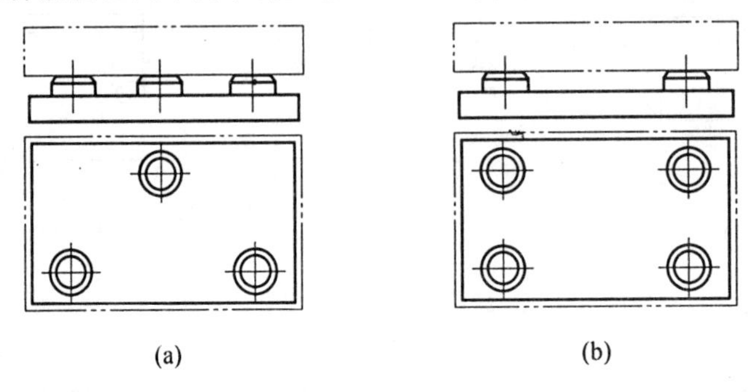

图 2-13　矩形工件的部分定位和重复定位

如果工件的底面为形状精度很低的毛坯表面或四个支承钉不在同一平面上，则工件放置在支承钉上时，实际上只有三个点接触。从而造成一个工件定位时的位置不定或一批工件定位时位置的不一致。如果工件的底面是已加工过的表面，虽将它放在四个支承钉上，只要此四个支承钉处于同一平面上，则一个工件在夹具中的位置基本上是确定的，一批工件在夹具中的位置也是基本一致的。由于增加了支承钉可使工件在夹具中定位稳定，反而对保证工件加工精度有好处。故在夹具设计中对以已加工过的表面为工件的定位表面时，大多采用多个支承钉或支承板定位。由于这些定位元件的定位表面均处于同一平面上，它们起着相当于三个支承点限制三个不定度的作用，是符合定位原理的。

当被加工工件在夹具中不是只用一个平面定位，而是用两个或两个以上的组合表面定位，由于工件各定位基准面之间存在位置误差，夹具上各定位元件之间的位置也不可能绝对准确，故采用重复定位将给工件定位带来不良后果。

图 2-14(a) 所示为连杆加工大头孔时工件在夹具中定位的情况，连杆的定位基准为端面、小头孔及一侧面，夹具上的定位元件为支承板、长销及一挡销。根据工件定位原理，支承板与连杆端面接触相当于三点定位，限制 $\overleftrightarrow{z}$、$\widehat{x}$、$\widehat{y}$ 三个不定度；长销与连杆小头孔配合相当于四点定位，限制 $\overleftrightarrow{x}$、$\overleftrightarrow{y}$、$\widehat{x}$、$\widehat{y}$ 四个不定度；挡销与连杆侧面接触，限制一个不定度 $\widehat{z}$。这样，三个定位元件相当于八个定位支承点，共限制了八个不定度，其中 $\widehat{x}$ 及 $\widehat{y}$ 被重复限制，属于重复定位。若工件小头孔与端面有较大的垂直度误差，且长销与工件小头孔的配合间隙很小，则会产生连杆小头孔套入长销后，连杆端面与支承板不完全接触的情况(见图 2-14b)。当施加夹紧力 W 迫使它们相接触后，则会造成长销或连杆的弯曲变形(见图 2-14c)，进而降低了加工后大头孔与小头孔之间的平行度精度。

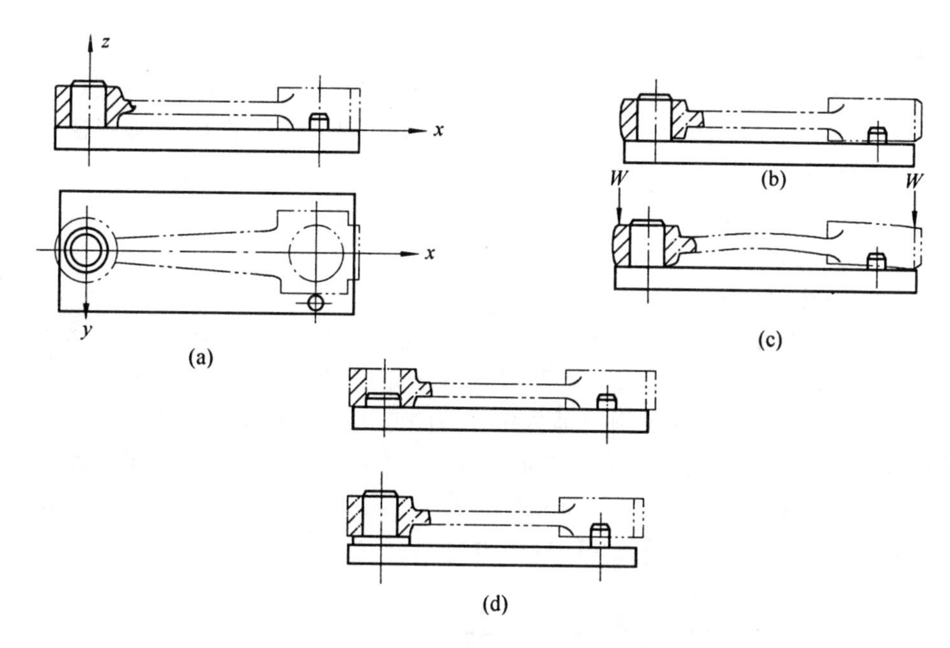

图 2-14　连杆加工大头孔时工件在夹具中的定位

图 2-15(a) 所示为加工轴承座时工件在夹具中的定位情况，工件的定位基准为底面及两孔中心线，夹具上定位元件为支承板 1 及两短圆柱销 2 和 3。根据定位原理，支承板相当于三个定位支承点限制了 $\overleftrightarrow{z}$、$\overset{\frown}{x}$、$\overset{\frown}{y}$ 三个不定度，短圆柱销 2 相当于两个定位支承点限制了 $\overleftrightarrow{x}$、$\overleftrightarrow{y}$ 两个不定度，另一短圆柱销 3 也相当于两个定位支承点限制 $\overset{\frown}{z}$ 及 $\overleftrightarrow{x}$ 两个不定度。共限制了七个不定度，其中 $\overleftrightarrow{x}$ 被重复限制，属于重复定位。在这种情况下，当工件两孔中心距和夹具上两短圆柱销中心距误差较大，就会产生有的工件装不上的现象。

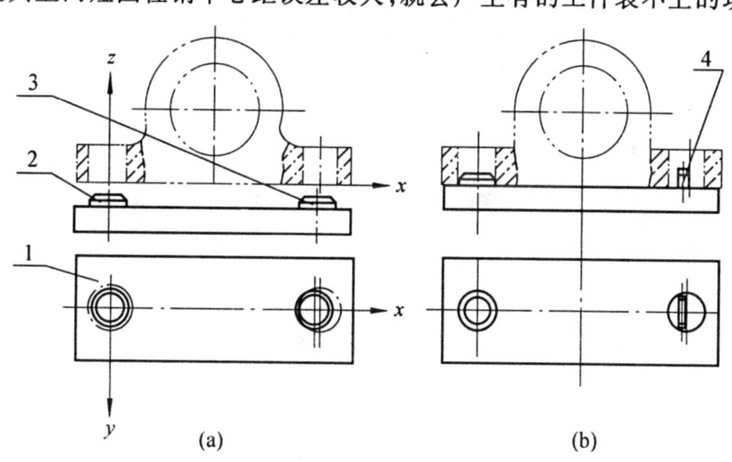

1— 支承板；　2、3— 短圆柱销；　4— 削边销

图 2-15　轴承座加工时工件在夹具中的定位

从上述工件定位实例可知，形成重复定位的原因是由于夹具上的定位元件同时重复限制了工件的一个或几个不定度。重复定位的后果是使工件定位不稳定，破坏一批工件位置的一致性，使工件或定位元件在夹紧力作用下产生变形，甚至使部分工件不能进行装夹。

为了减少或消除重复定位造成的不良后果，可采取如下措施。

1. 改变定位元件的结构

如图 2-14(d) 所示，将长销改为短销，使其失去限制 $\overset{\frown}{x}$、$\overset{\frown}{y}$ 的作用以保证加工大头孔与端面的垂直度，或将支承板改为小的支承环，使其只起限制 $\overleftrightarrow{z}$ 的作用，以保证加工大头孔与小头孔的平行度。

又如图 2-15(b) 所示，将短圆柱销 3 改为削边销 4，使它失去限制 $\overleftrightarrow{x}$ 的作用，从而保证所有工件都能套在两个定位销上。

2. 撤消重复限制不定度的定位元件

图 2-16(a) 所示为加工轴承座上盖下平面的定位简图。夹具中的定位元件为 V 形块 1 及支承钉 2、3，V 形块限制 $\overleftrightarrow{x}$、$\overleftrightarrow{z}$、$\overset{\frown}{x}$ 及 $\overset{\frown}{z}$ 四个不定度，两个支承钉又限制了 $\overleftrightarrow{z}$ 及 $\overset{\frown}{y}$ 两个不定度，显然 $\overleftrightarrow{z}$ 被重复限制属于重复定位。由于工件上尺寸 d 和 H 的误差，定位时沿 z 轴的不定度有的由两个支承钉限制，有的则由 V 形块限制，从而造成了一批工件在夹具中位置的不一致。这时，可将支承钉 2、3 撤消一个或将其中的一个改为只起支承作用不限制任何不定度的辅助支承(见图 2-16(b)) 即可。

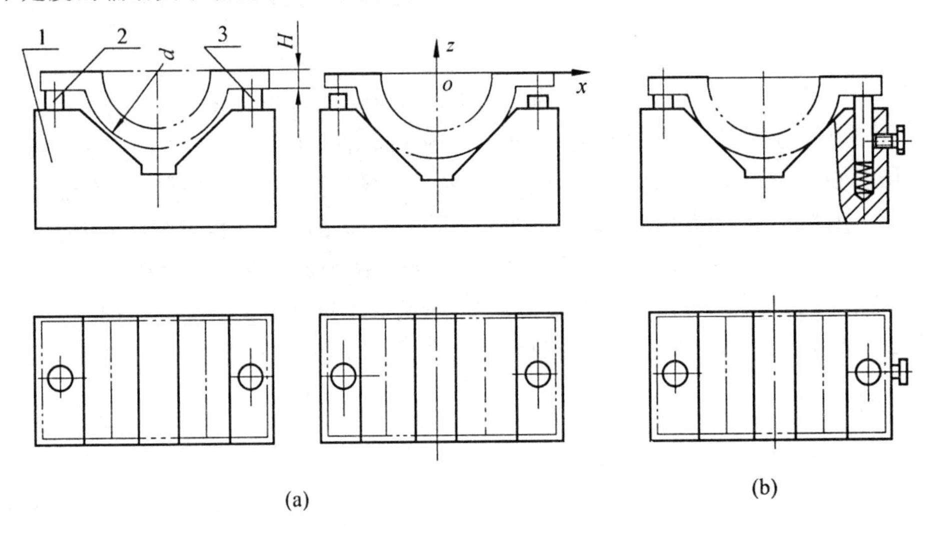

图 2-16　轴承座上盖下平面加工的重复定位及其改进

3. 提高工件定位基准之间及定位元件工作表面之间的位置精度

这种提高工件定位基准之间及夹具定位元件工作表面之间位置精度的措施，往往要求提高工件的加工精度和夹具的制造精度，故一般只在重要零件的精加工工序中采用。

二、定位元件的选择

工件在机床上或夹具中的定位，主要是通过各种类型的定位元件实现的。在机械加工中，虽然被加工工件的种类繁多，形状各异，但从它们的基本结构来看，不外乎是由平面、圆柱面、圆锥面及各种成形面组成。工件在夹具中定位时，可根据各自的结构特点和工序加工精度要求，选取其上的平面、圆柱面、圆锥面或它们之间的组合表面作为定位基准。为此，在工件装夹中可根据需要选用下述各种类型的定位元件。

(一) 平面定位元件

1. 主要支承

在工件定位时起主要的支承定位作用，根据需要又可选用如下几种。

(1) 固定支承。在夹具中定位支承点的位置固定不变的定位元件，称为固定支承。根据工件上平面的加工状况，可选取如图 2-17 所示的各种支承钉或支承板。

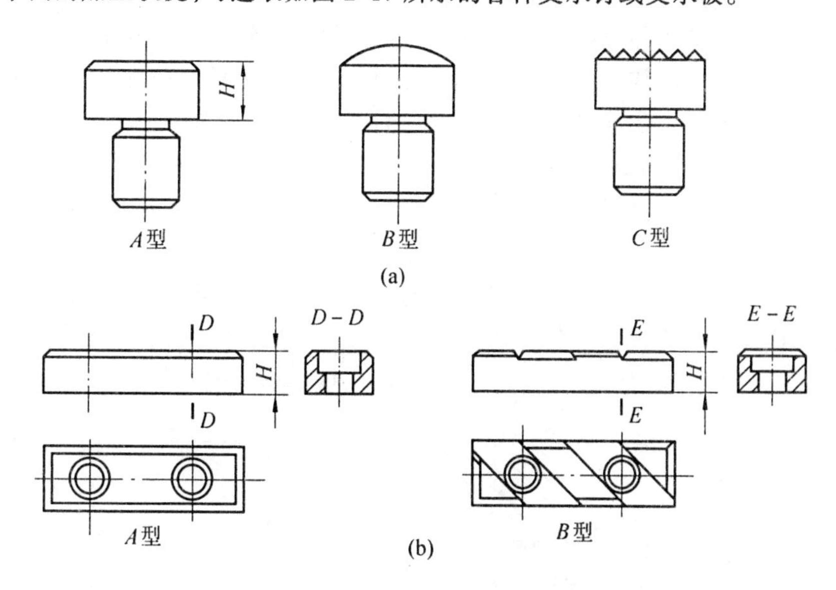

图 2-17　各种类型的固定支承

图 2-17(a) 所示为用于工件平面定位的各种固定支承钉；图中 A 型为平头支承钉，主要用于工件上已加工过的平面的定位；图中 B 型为球头支承钉，主要用于工件上未经加工的毛坯表面的定位；图中 c 型为网纹顶面的支承钉，常用于要求摩擦力大的工件侧平面的定位。

图 2-17(b) 所示为用于平面定位的各种固定支承板，主要用于工件上经过较精密加工过的平面的定位。图中 A 型支承板，结构简单、制造方便，但于由埋头螺钉处积屑不易清除，一般多用于工件的侧平面定位；图中 B 型支承板，则易于清除切屑，广泛应用于工件上已加工过的平面定位。

(2) 可调支承。在夹具中定位支承点的位置可调节的定位元件，称为可调支承。图 2-18 所示的即为常用的几种可调支承结构，这几种可调支承都是通过螺钉和螺母来实现定位支承点位置的调节。

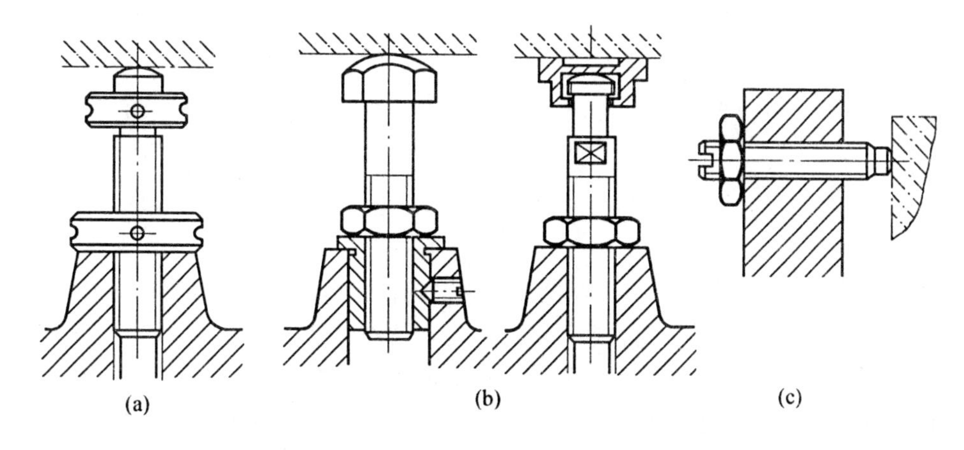

图 2-18　各种可调支承

可调支承主要用于工件的毛坯制造精度不高，而又以未加工过的毛坯表面作为定位基准的工序中。尤其在中批生产的情况下不同批的毛坯尺寸往往差别较大，若选用固定支承定位，在调整法加工的条件下，则由于各批毛坯尺寸的差异而引起后续工序有关加工表面位置的变动，从而因加工余量变化而影响其加工精度。为了避免发生上述情况，保证后续工序的加工精度，则需选用可调支承对不同批工件进行调节定位。

(3) 自位支承。自位支承是指定位支承点的位置在工件定位过程中，随工件定位基准位置变化而自动与之适应的定位元件。图 2-19 所示的即为经常采用的几种自位支承结构。

由于自位支承在结构上是活动或浮动的，虽然它们与工件定位表面可能是两点或三点接触，但实质上只能起到一个定位支承点的作用。这样，当以工件的毛坯表面定位，由于增加了与工件的接触点数，故可提高工件定位时的刚度和精度。

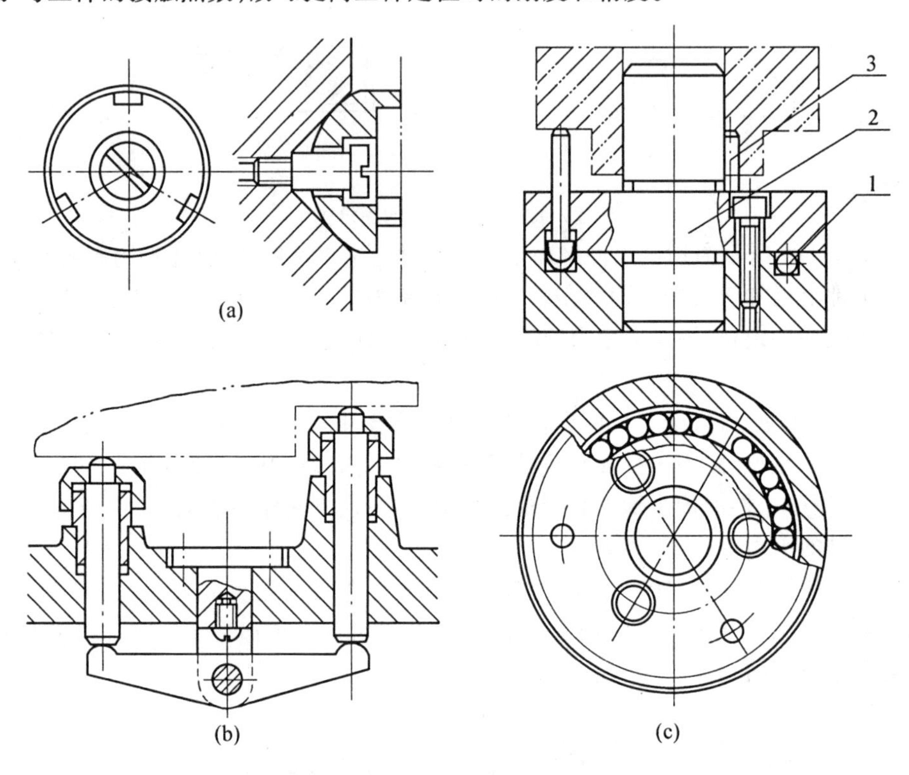

(a) 球面三点式自位支承　(b) 杠杆两点式自位支承　(c) 三点浮动式自位支承
1—钢球；2—心轴；3—支承杆

图 2-19　常用的几种自位支承

2. 辅助支承

在工件定位时只起提高工件支承刚性或辅助定位作用的定位元件，称为辅助支承。在工件装夹中，为实现工件的预定位或提高工件的定位稳定性，常采用此种辅助支承。如图 2-20(a) 所示，在一阶梯轴上铣一键槽，为保证键槽的位置精度采用长 V 形块定位。在未夹紧工件前，由于工件的重心超出主要支承而使工件一端下垂，进而使工件上的定位基准脱离定位元件。为此，可以在工件重心部位的下方设置辅助支承，先实现预定位，然后再在夹紧力作用下实现与主要定位元件全部接触的准确定位。又如图 2-20(b) 所示，在精刨车床床鞍的下部导轨面时，虽已选用了燕尾导轨面及一侧面为定位基准，但由于其定位基准与定位元件接触面积较小，在加工时工件右端定位不够稳定且易受力变形，为了保证精刨床鞍导轨面的加工精度，也必须在工件右端设置两个不破坏工件原有定位的辅助支承。

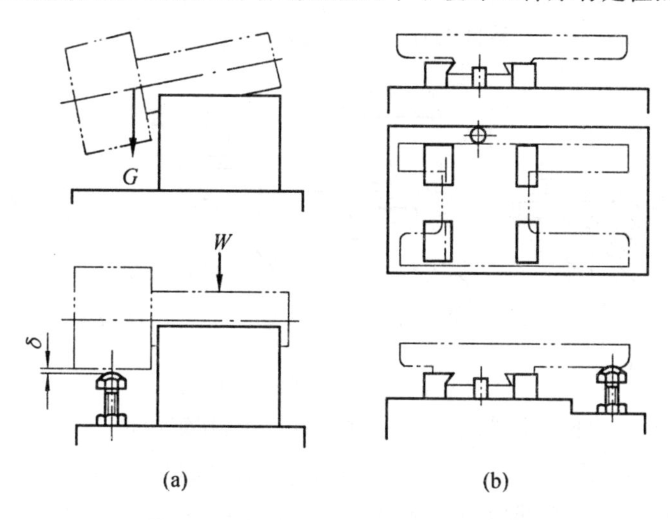

图 2-20　辅助支承在工件定位中的作用

从图 2-20(b) 中所示的辅助支承来看，虽在结构上与图 2-18(b) 中所示的可调支承相同，但在作用上却有很大区别，选用时应特别注意以免混淆。螺钉 - 螺母式辅助支承虽结构简单，但使用操作却较麻烦，使用板手操作易用力过度破坏工件的原有定位。

为提高辅助支承的操作效率和控制其对已定位工件的作用力，也可采用图 2-21 所示的自引式和升托式辅助支承。

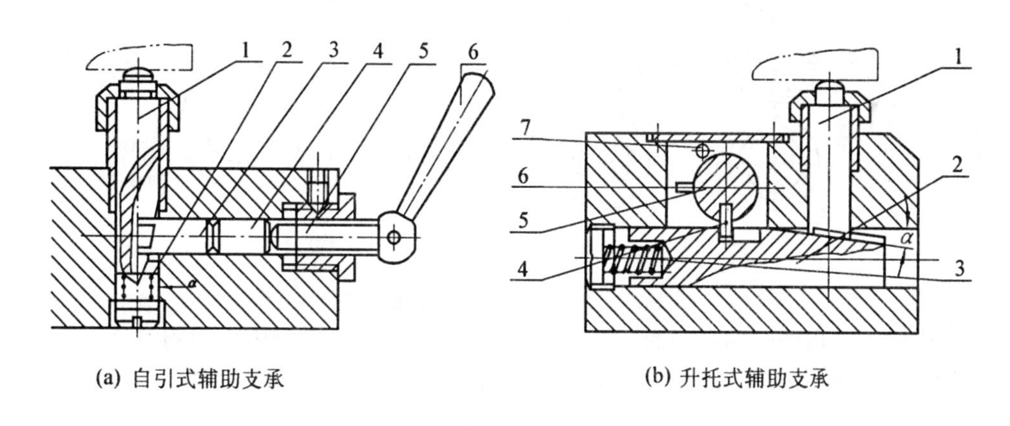

(a) 自引式辅助支承　　(b) 升托式辅助支承

1— 支承销； 2— 弹簧； 3— 斜面顶销； 4— 滑柱； 5— 销紧螺杆； 6— 操作手柄

1— 支承销； 2— 斜楔； 3— 弹簧； 4— 拨销； 5— 手柄轴； 6— 挡销； 7— 限位销钉

图 2-21　自引式和升托式辅助支承

图 2-21 中所示的两种辅助支承，均可承受工件重量及加工时的切削分力，而其中的升托式辅助支承则可承受更大的载荷。

(二) 圆孔表面定位元件

工件装夹中，常用于圆孔表面的定位元件有定位销、刚性心轴和小锥度心轴。

1. 定位销

图 2-22 所示为常用的固定式定位销的几种典型结构。被定位工件的圆孔尺寸较小时，可选用图(a) 所示的结构；当圆孔尺寸较大时选用图(b) 所示结构；当工件同时以圆孔和端面组合定位时，则应选用图(c) 所示的带有端台或支承垫圈的结构。为保证定位销在夹具上的位置精度，一般与夹具体的连接采用过盈配合。

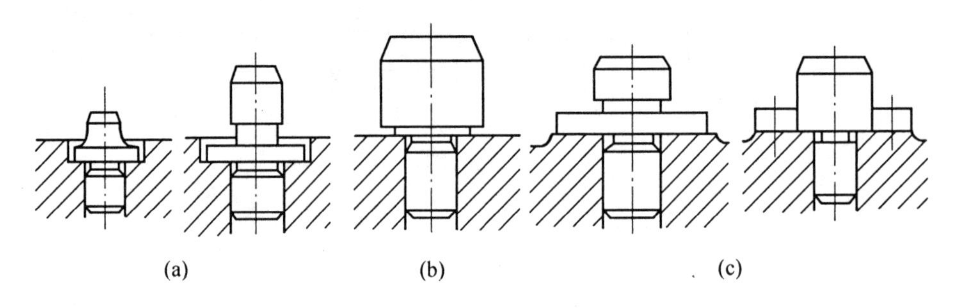

图 2-22 固定式定位销

图 2-23(a) 所示为便于定期更换的可换式定位销，在定位销与夹具体之间装有衬套，定位销与衬套采用间隙配合，而衬套与夹具体则采用过渡或过盈配合。为便于工件的顺利装入，上述定位销的定位端部均加工成 15° 的大倒角。各种类型定位销对工件圆孔定位限制的不定度，应视其与工件定位孔的接触长度而定，一般选用长定位销限制四个不定度，短定位销则限制两个不定度，短削边销限制一个不定度。当采用图 2-23(b) 所示的锥面定位销，则相当于三个定位支承点，限制三个不定度。

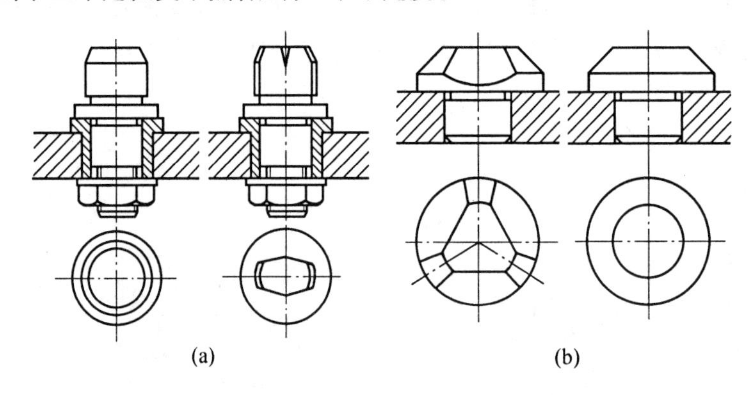

图 2-23 可换式定位销及锥面定位销

为适应工件以两个圆孔表面组合定位的需要，需在两个定位销中采用一个削边定位销。图 2-24(a) 所示为常用削边定位销的形状，分别用于工件孔径 $D < 3$mm、3mm $< D <$ 50mm 及 $D > 50$mm 的定位。直径尺寸为 3 ~ 50mm 的削边定位销都做成菱形，其标准结构如图 2-24(b) 所示。圆柱部分的宽度 b 是为保证一定孔中心距偏差的补偿量而计算出来的，而 b_1 则是为了修圆菱形尖角所需要的削边部分宽度。

标准菱形定位销的结构尺寸可按表 2-1 所列数值直接选取

表 2-1　标准菱形定位销的结构尺寸(mm)

d	> 3 − 6	> 6 − 8	> 8 − 20	> 20 − 25	> 25 − 32	> 32 − 40	> 40 − 50
B	$d-0.5$	$d-1$	$d-2$	$d-3$	$d-4$	$d-5$	$d-6$
b	1	2	3	3	3	4	5
b_1	2	3	4	5	5	6	8

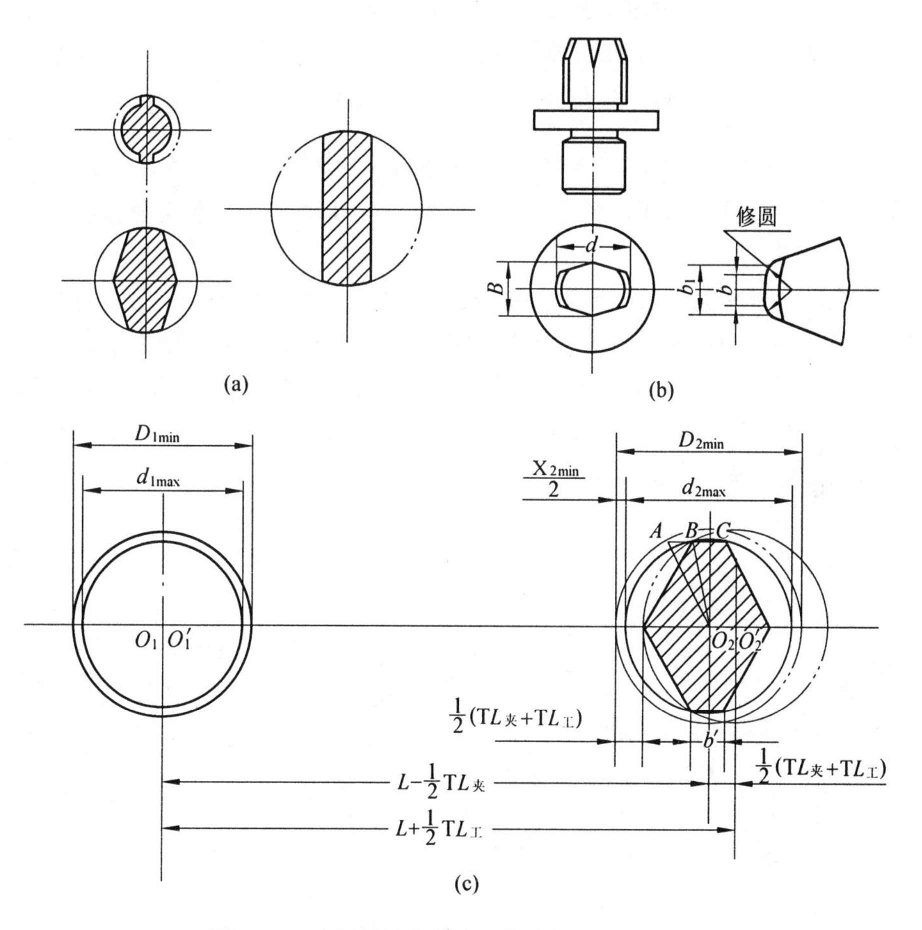

图 2-24　常用削边定位销及菱形定位销的标准结构

当被定位工件上的两个定位孔中心距尺寸精度及其与两个定位销的配合精度较高时,还需对表 2-1 选取的宽度 b 进行校验。为此,如图 2-24(c) 所示,可按一批工件定位时的极端情况的几何关系,找出所需菱形定位销的宽度 b'。

由图 2-24(c) 中知

$$\overline{CO_2^2} = \overline{AO_2^2} - \overline{AC^2} = \overline{BO_2^2} - \overline{BC^2}$$

$$\overline{AO^2} = \frac{1}{2}D_{2\min}$$

$$\overline{AC} = \overline{AB} + \overline{BC} = \frac{1}{2}(\mathrm{T}L_{夹} + \mathrm{T}L_{工}) + \frac{b'}{2}$$

$$\overline{BO_2} = \frac{1}{2}d_{2\max} = \frac{1}{2}(D_{2\min} - \mathrm{X}_{2\min})$$

$\overline{BC} = \frac{b'}{2}$

代入上式$(\frac{1}{2}D_{2\min})^2 - [\frac{1}{2}(\mathrm{T}L_{夹} + \mathrm{T}L_{工}) + \frac{b'}{2}]^2 = [\frac{1}{2}(D_{2\min} - X_{2\min})]^2 - (\frac{b'}{2})^2$

化简并略去二次微量$(\mathrm{T}L_{夹} + \mathrm{T}L_{工})^2$和$X_{2\min}{}^2$得

$$b' \approx \frac{D_{2\min}X_{2\min}}{\mathrm{T}L_{夹} + \mathrm{T}L_{工}}$$

式中　$D_{2\min}$—— 工件定位孔 O_2 的最小直径尺寸；

$X_{2\min}$—— 工件定位孔 O_2 与菱形定位销的最小配合间隙；

$\mathrm{T}L_{工}$ —— 工件两定位孔 O_1 及 O_2 的中心距公差；

$\mathrm{T}L_{夹}$ —— 夹具上两定位销的中心距公差，其值一般取 $\mathrm{T}L_{工}$ 的$\frac{1}{3} \sim \frac{1}{5}$。

若 $b' < b$，则应按计算的 b' 最后确定菱形定位销修圆后的圆柱部分宽度。

2. 刚性心轴

对套类工件，常采用刚性心轴做为定位元件。图 2-25 所示，刚性心轴由导向部分 1、定位部分 2 及传动部分 3 组成。导向部分的作用是使工件能迅速正确地套在心轴的定位部分上，其直径尺寸按间隙配合选取。心轴两端设有顶尖孔，其左端传动部分铣扁，以便能迅速放入车床主轴上带有长方槽孔的拨盘中。刚性心轴也可设计成带有莫氏锥柄的结构，使用时直接插入车床主轴的前锥孔内即可。

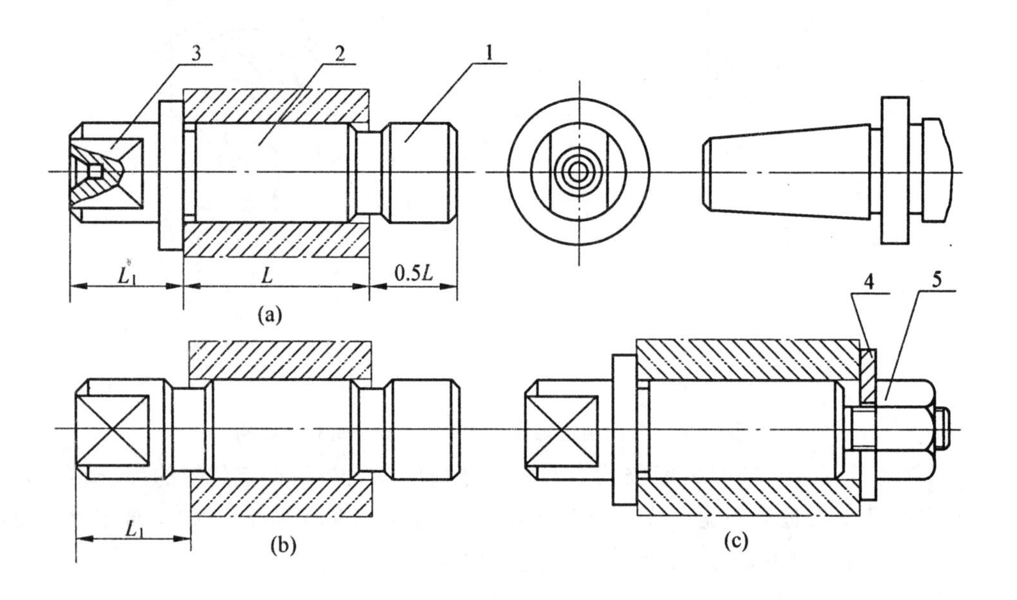

(a) 带凸肩过盈配合心轴　　(b) 无凸肩过盈配合心轴　　(c) 带凸肩螺母夹紧的间隙配合心轴

1— 导向部分；　2— 定位部分；　3— 传动部分；　4— 开口垫圈；　5— 螺母

图 2-25　刚性心轴

刚性心轴定位时限制的不定度分析与定位销相同，对过盈配合的长心轴限制了四个不定度，对间隙配合的心轴则视其与工件圆孔接触的长短，确定是限制四个还是两个不定度。

3. 小锥度心轴

为了消除工件与心轴的配合间隙，提高定心定位精度和便于装卸工件，还可选用如图 2-26 所示的小锥度心轴。为了防止工件在心轴上定位时的倾斜，此类心轴的锥度 K 通常取

$$K = \frac{1}{5\ 000} \sim \frac{1}{1\ 000}$$

心轴的长度则根据被定位工件圆孔的长度、孔径尺寸公差和心轴锥度等参数确定。

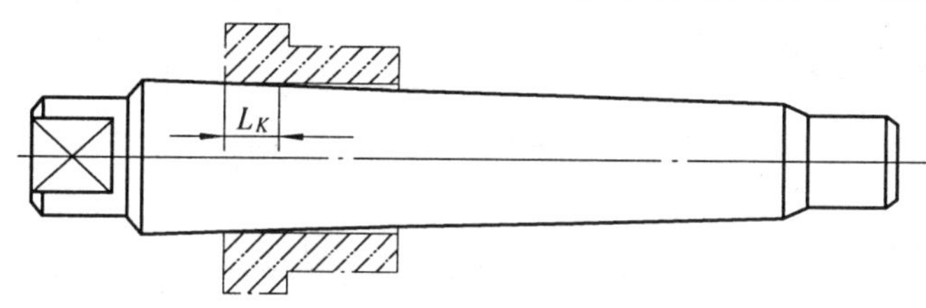

图 2-26　小锥度心轴

定位时，工件楔紧在心轴的锥面上，楔紧后由于孔表面的局部弹性变形，使其与心轴在长度 L_K 上产生过盈配合，从而保证工件定位后不致倾斜。此外，加工时也靠其楔紧产生的过盈部分带动工件，而不需另外再进行夹紧。

（三）外圆表面定位元件

在工件装夹中，常用于外圆表面的定位元件有定位套、支承板和 V 形块等。各种定位套对工件外圆表面主要实现定心定位，支承板实现对外圆表面的支承定位，V 形块则实现对外圆表面的定心、对中定位。

1. 定位套

图 2-27 所示为各种类型定位套。图(a) 所示为短定位套和长定位套，它们的内孔分别限制两个和四个不定度。图(b) 所示为锥面定位套，它和锥面定位销一样限制三个不定度。图(c) 所示为便于装取工件的半圆定位套，其限制不定度数需视其与工件定位表面接触长短而定。

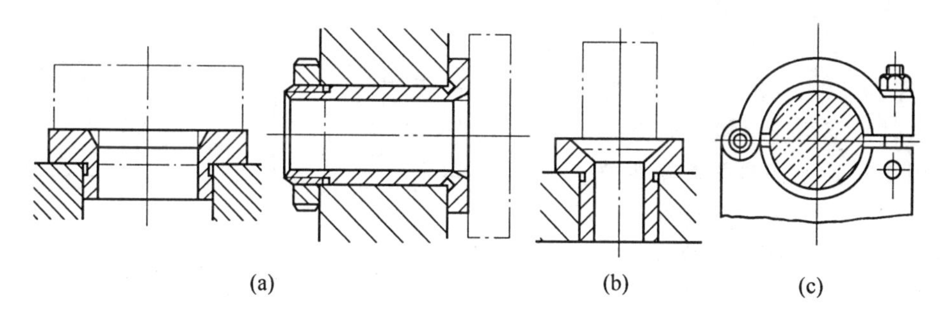

图 2-27　各种类型定位套

2. 支承板

在夹具中，工件以外圆表面的侧母线定位时，常采用平面定位元件 —— 支承板。支承板对工件外圆表面的定位属于支承定位，定位时限制不定度数的多少将由其与工件外圆侧母线接触的长短而定。如图 2-28(a) 所示，当两者接触较短，支承板对工件限制了一个不定度；当两者接触较长(见图 2-28b)，则限制了两个不定度。

3.V 形块

在夹具中，为了确定工件定位基准 —— 外圆表面中心线的位置，也常采用两个支承平面组成的 V 形块定位。此种 V 形块定位元件，还可对具有非完整外圆表面的工件进行定位。常见的 V 形块结构如图 2-29 所示，其中长 V 形块用于较长外圆表面的定位，限制四个

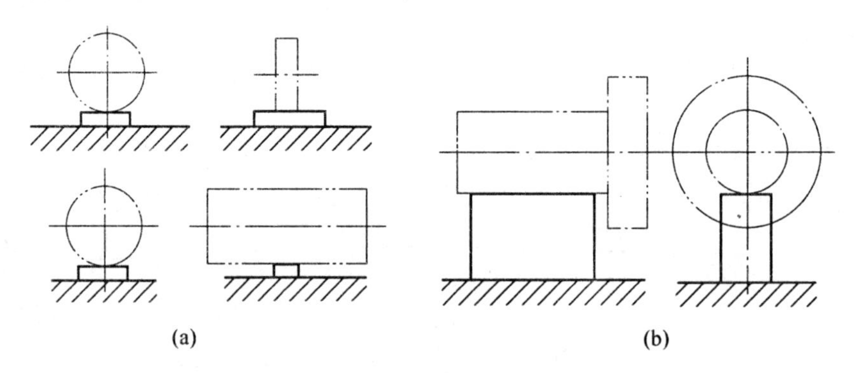

图 2-28　支承板对工件外圆表面定位

不定度，短 V 形块只限制两个不定度。对由两个高度不等的短 V 形块组成的定位元件，还可实现对阶梯形的两段外圆表面中心连线的定位。V 形块对工件外圆的定位，还可起对中作用，即通过与工件外圆两侧母线的接触，使工件上的外圆轴心线对中在 V 形块两支承面的对称面上。

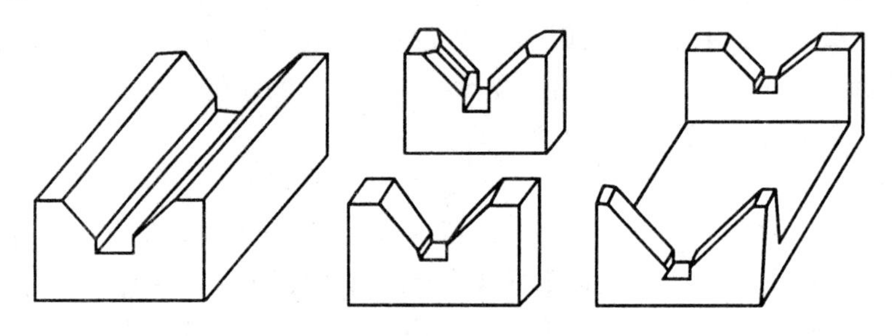

图 2-29　常见 V 形块的结构型式

(四) 锥面定位元件

加工轴类工件或某些要求精确定心的工件，常以工件上的锥孔作为定位基准，这时就需要选用相应的锥面定位元件。图 2-30 所示为锥孔套筒在锥度心轴上定位磨外圆及精密齿轮在锥形心轴上定位进行滚齿加工的情况。此时，锥形心轴对被定位工件将限制五个不定度。

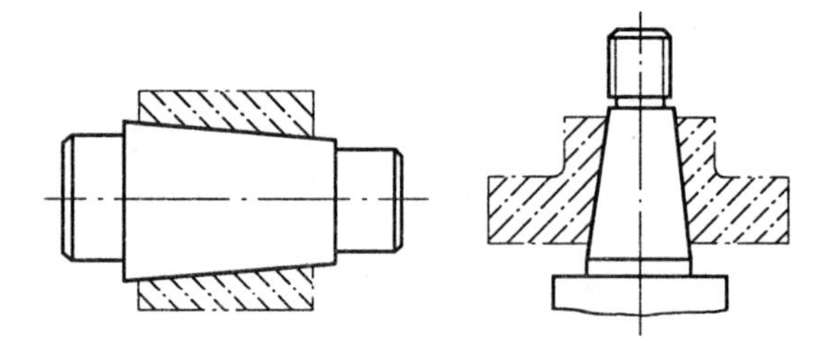

图 2-30　长圆锥孔在锥形心轴上的定位

图 2-31(a) 所示为轴类零件以顶尖孔在顶尖上定位的情况，左端固定顶尖限制了三个不定度，右端的可移动顶尖则只限制了两个不定度。为了提高工件轴向的定位精度，可采用如图 2-31(b) 所示的固定顶尖套和活动顶尖的结构，此时左端的活动顶尖只限制两个不定度，沿轴线方向的不定度则由固定顶尖套限制。

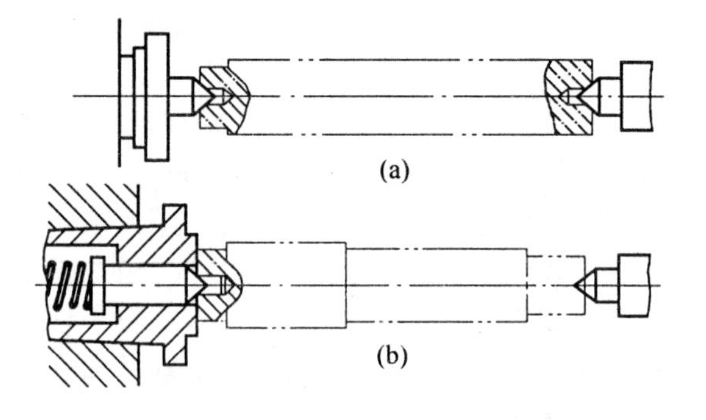

图 2-31　工件上顶尖孔在顶尖上的定位

前述的各种类型定位元件的结构

尺寸，大多数已标准化和规格化了，为此，可根据需要直接由国家标准《机床夹具零件及部件》或有关的《机床夹具设计手册》中选用，或者参考其中的典型结构和尺寸自行设计。

三、定位误差的分析与计算

设计夹具过程中选择和确定工件的定位方案，除了根据定位原理选用相应的定位元件外，还必须对选定的工件定位方案能否满足工序的加工精度要求作出判断，为此就需对可能产生的定位误差进行分析和计算。

（一）定位误差及其计算方法

1. 定位误差的概念及其产生原因

定位误差是指由于定位不准而造成某一工序在工序尺寸（通常指加工表面对工序基准的距离尺寸）或位置要求方面的加工误差。对某一定位方案，经分析计算其可能产生的定位误差，只要小于工件有关尺寸或位置公差的 1/3 或满足前述夹具装夹中的加工误差不等式，即认为此定位方案能满足工序加工精度要求。工件在夹具中的位置是由定位元件确定的，当工件上的定位基准一旦与夹具上的定位元件相接触或相配合，工件的位置也就确定了。但对一批工件来说，由于在各个工件的有关表面本身和它们之间在尺寸和位置上均存在着在公差范围内的差异，夹具定位元件本身和各定位元件之间也具有一定的尺寸和位置公差，这样，工件虽已定位，但每个被定位工件的某些表面都会存在自己的位置变动量，从而造成在工序尺寸和位置要求方面的加工误差。

如在图 2-32(a) 所示的套筒形工件上钻一个通孔，要求保证的工序尺寸为 $H_{-TH}^{\ 0}$，加工时所使用的钻床夹具如图 2-32(b) 所示。被加工孔的工序基准为工件外圆 $d_{-Td}^{\ 0}$ 的下母线 A，工件以内孔 $D_{\ 0}^{+TD}$ 与短圆柱定位销 1 配合，定位基准为内孔中心线 O。工件端面与支承垫圈 2 接触，限制工件的三个不定度，工件内孔与短圆柱定位销配合，限制两个不定度。

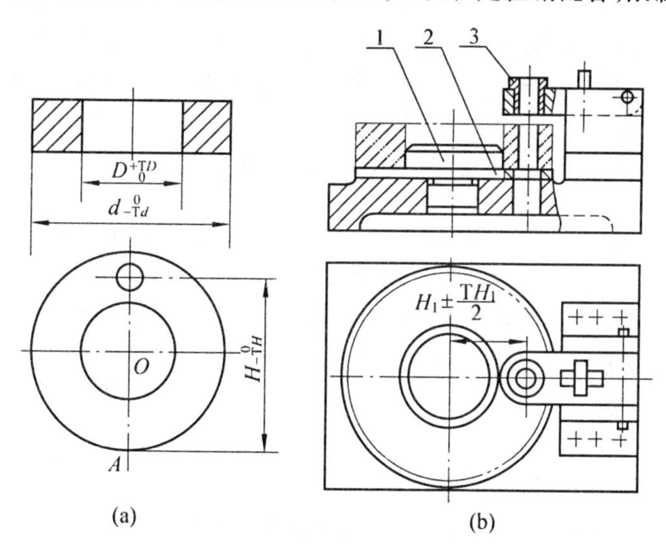

1— 短圆柱定位销； 2— 支承垫圈； 3— 钻套

图 2-32 钻孔工序简图及钻孔夹具

若被加工的这一批工件的内孔、外圆及夹具上的定位销均无制造误差，且工件内孔与定位销又无配合间隙，则这一批被加工工件的内孔中心、外圆中心均与定位销中心重合。此时每个工件的内孔中心线和外圆下母线的位置也均无变动，加工后这一批工件的工序尺寸是完全相同的。但是,实际上工件的内孔、外圆及定位销的直径尺寸不可能制造得绝对准确,且工件内孔与定位销也不是无间隙配合,故一批工件的内孔中心线及外圆下母线均在一定范围内变动,加工后这一批工件的工序尺寸也必然是不相同的。

图 2-33 表示的是,当夹具上定位销尺寸按 $d_{1}{}_{-Td_1}^{\ 0}$、工件内孔及外圆尺寸分别按 $D_{\ 0}^{+TD}$ 及 $d_{-Td}^{\ 0}$ 制造,且定位销与工件内孔的最小配合间隙为 $D - d_1 = X_{min}$ 时,一批工件定位基准 O 和工序基准 A 相对定位基准理想位置 O' 的最大变动量。其中图(a) 中的 O_1、O_2、O_3 及 O_4 为定位基准 O 最大位置变动的几个极端位置,图(b) 中的 A_1 及 A_2 表示在定位基准 O 没有位置变动时工序基准 A 的两个极端位置。

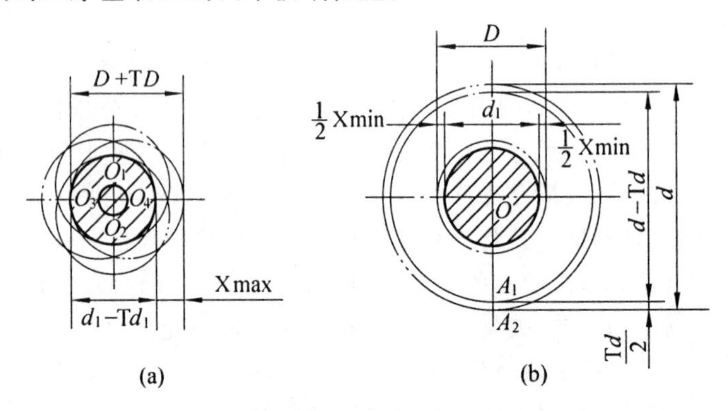

图 2-33　一批工件定位基准 O 和工序基准 A 相对定位基准理想位置 O' 的最大变动量

定位基准 O 的最大变动量称为定位基准的位置误差(简称基准位置误差),以 $\delta_{位置(O)}$ 表示。基准位置误差可由图 2-33(a) 中求得,即

$$\delta_{位置(O)} = O_1O_2 = O_3O_4 = TD + Td_1 + X_{min} = X_{max}$$

工序基准 A 相对定位基准理想位置 O' 的最大变动量称为工序基准与定位基准不重合误差(简称基准不重合误差) 以 $\delta_{不重(A)}$ 表示。基准不重合误差可由图 2-33(b) 中求得,即

$$\delta_{不重(A)} = A_1A_2 = \frac{1}{2}Td$$

采用夹具加工通孔,将按夹具上的钻套 3 确定钻头的位置,而钻套 3 的中心对定位销 1 的中心位置已由夹具上的尺寸 $H_1 \pm TH_1/2$ 确定。在加工一批工件的过程中,钻头的切削成形面(即被加工通孔表面) 中心的位置可认为是不变的。因此,在加工通孔时造成工序尺寸 $H_{-TH}^{\ 0}$ 定位误差的原因,就是一批工件定位时其定位基准和工序基准相对定位基准理想位置的最大变动量。

2. 定位误差的组成及计算方法

由上述实例分析可以进一步明确,定位误差是指一批工件采用调整法加工,仅仅由于定位不准而引起工序尺寸或位置要求的最大可能变动范围。定位误差主要是由尺寸位置误差和基准不重合误差组成。

根据定位误差的上述定义,在设计夹具时,对任何一个定位方案均可通过一批工件定位可能出现的两个极端位置,直接计算出工序基准的最大可能变动范围,即为该方案的定位误差。现仍以已分析过的钻孔工序为例,如图 2-34 所示,在工件内孔尺寸最大而定位销尺寸最小的条件下,当工件相对定位销沿 OO_1 向上处于最高位置 O_1 且工件外圆尺寸最小，这时，工序尺寸为最小值 H_{min}；当工件相对定位销沿 OO_2 向下处于最低位置 O_2 且工件外圆尺寸最大，这时，工序尺寸为最大值 H_{max}。此时，工序尺寸 H 的定位误差 $\delta_{定位(H)}$ 由图可知

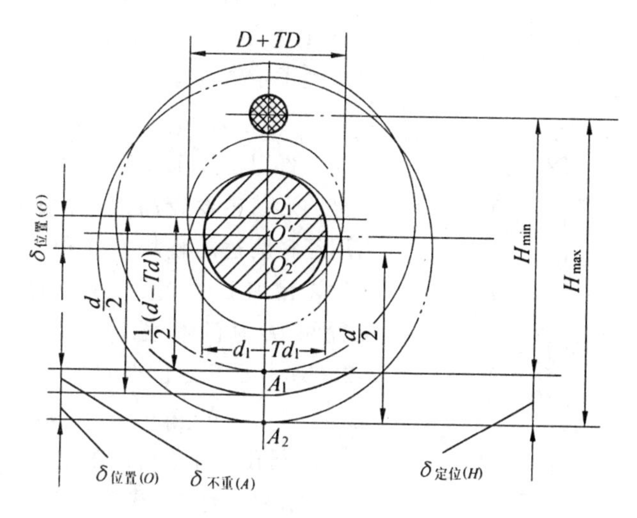

图 2-34　计算定位误差时工件的两个极端位置

$$\delta_{定位(H)} = A_1A_2 = H_{max} - H_{min} = O_1O_2 + \frac{1}{2}d - \frac{1}{2}(d - \mathrm{T}d) = O_1O_2 + \frac{1}{2}\mathrm{T}d$$

$\delta_{定位(H)}$ 也可按定位误差的组成进行计算，即

$$\delta_{定位(H)} = \delta_{位置(O)} + \delta_{不重(A)} = O_1O_2 + \frac{1}{2}\mathrm{T}d$$

3. 结论

(1) 定位误差只产生在采用调整法加工一批工件的条件下，若一批工件逐个按试切法加工，则不存在定位误差。

(2) 定位误差是由于工件定位不准而产生的加工误差。它的表现形式为工序基准相对加工表面可能产生的最大尺寸或位置的变动范围。它的产生原因是工件的制造误差、定位元件的制造误差、两者的配合间隙及基准不重合等。

(3) 定位误差由基准位置误差和基准不重合误差两部分组成，但并不是在任何情况下这两部分都存在。当定位基准无位置变动，则 $\delta_{位置} = 0$；当定位基准与工序基准重合，则 $\delta_{不重} = 0$。

(4) 定位误差的计算可按定位误差的定义，根据所画出的一批工件定位可能产生定位误差的两种极端位置，再通过几何关系直接求得。也可按定位误差的组成，由公式 $\delta_{定位} = \delta_{位置} \pm \delta_{不重}$ 计算得到。但计算时应特别注意，一批工件的定位由一种可能的极端位置变为另一种可能的极端位置时 $\delta_{位置}$ 和 $\delta_{不重}$ 的方向的同异，以确定公式中的加减号。

(二) 几种典型表面定位时的定位误差

1. 平面定位时的定位误差

在夹具设计中，平面定位的主要方式是支承定位，常用的定位元件为各种支承钉、支承板、自位支承和可调支承。

工件以未加工过的毛坯表面定位，一般只能采用三点支承方式，定位元件为球头支承钉，这样可减少支承钉与工件的接触面积，以便能与粗糙不平的毛坯表面稳定接触。若一

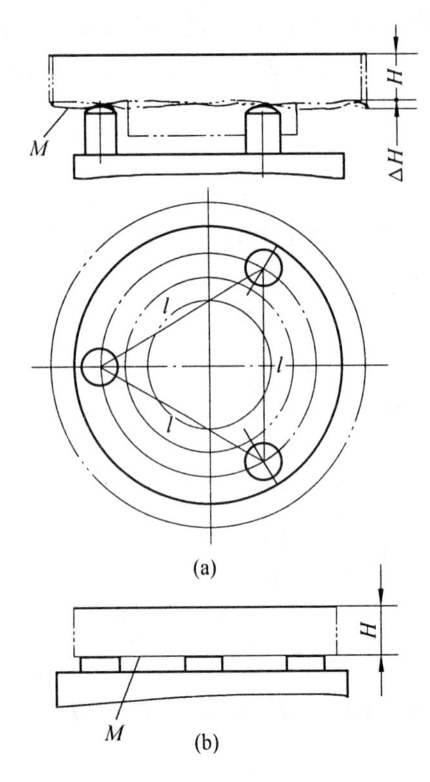

图 2-35　平面定位时的定位误差

批工件以毛坯表面定位，虽然三个支承钉已确定了定位基准面的位置，但由于每个工件作为定位基准——毛坯表面本身的表面状况不相同，将产生如图 2-35(a) 所示的基准位置在一定范围 ΔH 内变动，从而产生了定位误差，即

$$\delta_{定位(H)} = \delta_{位置(M)} = \Delta H$$

工件以已加工过的表面定位，由于定位基准面本身的形状精度较高，故可采用多块支承板，甚至采用经精磨过的整块大面积支承板定位。这样，对一批以已加工过的表面定位的工件，其定位基准的位置可认为没有任何变动的可能，此时如图 2-35(b) 所示其定位误差为

$$\delta_{定位(H)} = \delta_{位置(M)} = 0$$

2. 圆孔表面定位时的定位误差

在夹具设计中，圆孔表面定位的主要方式是定心定位，常用的定位元件为各种定位销及各种心轴。

一批工件在夹具中以圆孔表面作为定位基准进行定位，其可能产生的定位误差将随定位方式和定位时工件上圆孔与定位元件配合性质的不同而各不相同，下面分别进行分析和计算。

(1) 工件上圆孔与刚性心轴或定位销过盈配合，定位元件水平或垂直放置

图 2-36(a) 所示，在套类工件上铣一平面，要求保持与内孔中心 O 的距离尺寸为 H_1 或与外圆下母线 A 的距离尺寸为 H_2，现分析计算采用刚性心轴定位时的定位误差。

画出一批工件定位时可能出现的两种极端位置如图 2-36(b) 所示。由图(a) 中可知，工序尺寸 H_1 的工序基准为 O，工序尺寸 H_2 的工序基准为 A，加工时的定位基准均为工件内孔中心 O。

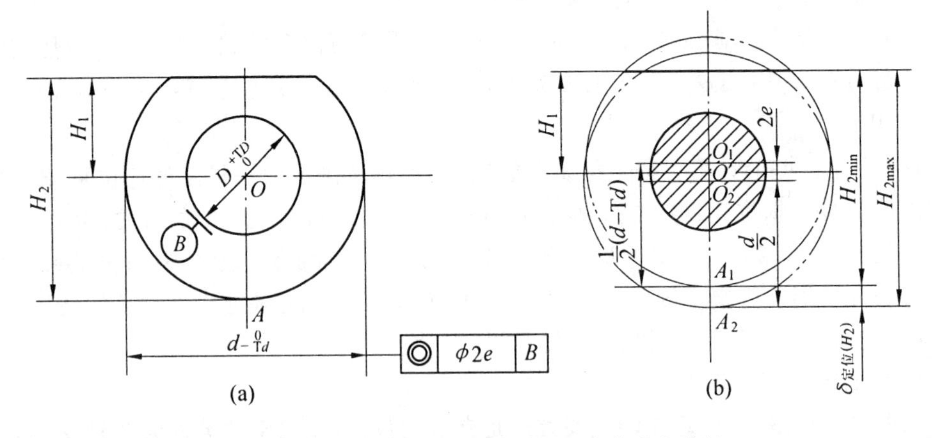

图 2-36　套类工件铣平面工序简图及定位误差分析

当一批工件在刚性心轴上定位，虽然作为定位基准的内孔尺寸在其公差 TD 的范围内变动，但由于与刚性心轴系过盈配合，故每个工件定位后的内孔中心 O 均与定位心轴

中心 O' 重合。此时，一批工件的定位基准在定位时没有任何位置变动，即 $\delta_{位置(O)}=0$。对工序尺寸 H_1，由于工序基准又与定位基准重合、即 $\delta_{不重(O)}=0$，故无论用哪种方法计算其定位误差均为

$$\delta_{定位(H_1)}=\delta_{位置(O)}\pm\delta_{不重(O)}=0$$

对工序尺寸 H_2，则因工件的外圆本身尺寸及其对内孔位置均有公差，故工序基准 A 相对定位基准理想位置的最大变动量为工件外圆尺寸公差之半与同轴度公差之和，故 H_2 的定位误差为

$$\delta_{定位(H_2)}=A_1A_2=H_{2\max}-H_{2\min}=\frac{\mathrm{T}d}{2}+2e=\delta_{不重(A)}$$

采用自动定心心轴定位，因是无间隙配合的定心定位，故定位误差的分析计算同上。

经分析计算可知，采用这种定位方案设计夹具，可能产生的定位误差仅与工件有关表面的加工精度有关，而与定位元件的精度无关。

(2) 工件上圆孔与刚性心轴或定位销间隙配合，定位元件水平或垂直放置

图 2-37(a) 所示，在套类工件上铣一键槽，要求保持工序尺寸分别为 H_1、H_2 或 H_3，现分别分析计算采用定位销定位时的定位误差。

虽然当定位销水平放置时，在未施加夹紧力之前，每个工件在自身重力作用下均使其内孔上母线与定位销单边接触。但在施加夹紧力的过程中会改变单边接触为内孔任意方向侧母线接触，故与定位销垂直放置时相同。由于各工序尺寸的工序基准不同，在对定位误差进行分析时所依据的两个极端位置也有所不同，现分别对三个工序尺寸的定位误差分析计算如下：

对于工序尺寸 H_1 或 H_2：取定位销尺寸最小、工件内孔尺寸最大，且工件内孔分别与定位销上、下母线接触，如图 2-37(b) 所示，它们的定位误差为

$$\delta_{定位(H_1)}=O_1O_2=H_{1\max}-H_{1\min}=\mathrm{T}D+\mathrm{T}d_1+\mathrm{X}_{\min}=\delta_{位置(0)}$$

$$\delta_{定位(H_2)}=B_1B_2=H_{2\max}-H_{2\min}=\mathrm{T}D+\mathrm{T}d_1+\mathrm{X}_{\min}=\delta_{位置(0)}\pm0$$

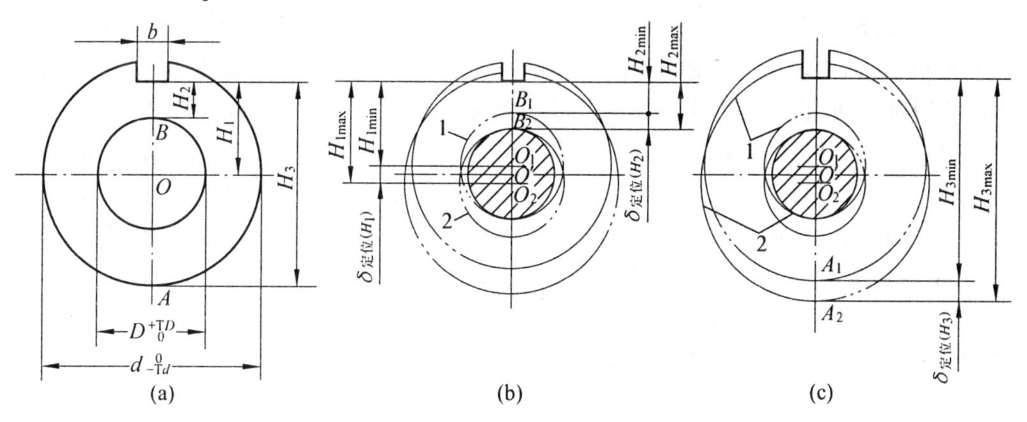

图 2-37　套类工件铣键槽工序简图及定位误差分析

对于工序尺寸 H_3：取定位销尺寸最小、工件内孔尺寸最大且与定位销下母线接触、工件外圆尺寸最小和定位销尺寸最小、工件内孔尺寸最大且与定位销上母线接触、工件外圆尺寸最大两种极端位置，如图 2-37(c) 所示其定位误差为

$$\delta_{定位(H_3)}=A_1A_2=H_{3\max}-H_{3\min}=\frac{d}{2}+\mathrm{X}_{\min}-\frac{d-\mathrm{T}d}{2}=\mathrm{T}D+\mathrm{T}d_1+\mathrm{X}_{\min}+\frac{\mathrm{T}d}{2}$$

$$\delta_{定位(H_3)} = \delta_{位置(O)} + \delta_{不重(A)} = \mathrm{T}D + \mathrm{T}d_1 + X_{\min} + \frac{\mathrm{T}d}{2}$$

(因由极端位置1到极端位置2,$\delta_{位置(O)}$方向与$\delta_{不重(A)}$的方向相同故式中取"+"号。)

(3) 工件上圆孔在锥度心轴或锥面支承上定位

工件以其上的圆孔表面在锥度心轴或锥面支承上定位,虽可实现定心,保证一批工件定位后的内孔中心线的位置不变,但沿内孔轴线方向却产生了定位误差。

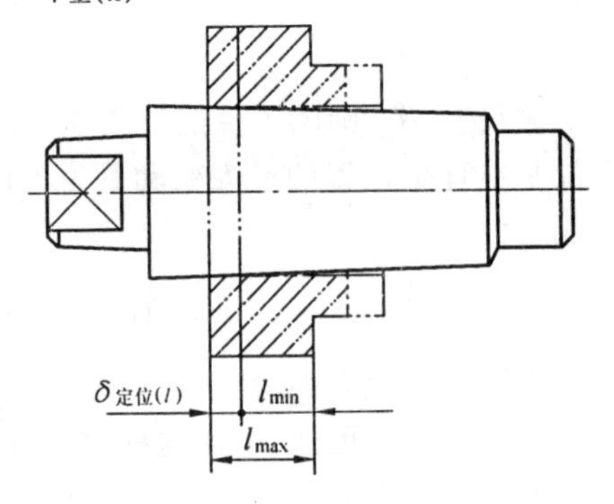

图 2-38 齿轮工件上的圆孔在小锥度心轴上定位时的定位误差分析

图2-38为齿轮工件上的圆孔在小锥度心轴上定位,精车加工外圆及端面时的情况。由于一批工件的内孔尺寸有制造误差,将引起工序基准(左侧端面)位置的变动,从而造成工序尺寸 l 的定位误差。此项定位误差与内孔尺寸公差 TD 及心轴锥度 K 有关,即

$$\delta_{定位(l)} = l_{\max} - l_{\min} = \frac{\mathrm{T}D}{K}$$

3. 外圆表面定位时的定位误差

在夹具设计中,外圆表面定位的方式是定心定位或支承定位,常用的定位元件为各种定位套、支承板和V形块。采用各种定位套或支承板定位,定位误差的分析计算与前述圆孔定位和平面定位相同,现着重分析外圆表面在V形块上的定位。

图2-39(a)所示,在一轴类工件上铣一键槽,要求键槽与外圆中心线对称并保证工序尺寸为 H_1、H_2 或 H_3,现分别分析计算采用V形块定位时各工序尺寸的定位误差。

工件以其外圆在一支承板上定位,由于工件外圆上的侧母线与支承板接触,故属于支承定位,此时定位基准即为工件外圆的侧母线。而工件以其外圆在V形块上定位,虽工件与V形块(相当两个成 α 角的支承板)接触亦为工件外圆上的侧母线,但由于定位是两个侧母线同时接触,故从定位作用来看可以认为属于对中-定心定位,此时定位基准为工件外圆的中心线。当V形块和工件外圆均制造得非常准确,则被定位工件外圆的中心是确定的,并与V形块所确定的理想中心位置重合。但是,实际上对一批工件来说,其外圆尺寸有制造误差,此项误差将引起工件外圆中心在V形块的对称中心面上相对理想中心位置的偏移,从而造成有关工序尺寸的定位误差。

工序尺寸 H_1 的定位误差分析如图2-39(b)所示,图中1及2为一批工件在V形块上定位的两种极端位置,根据图示的几何关系可知

$$\delta_{定位(H_1)} = O_1O_2 = H_{1\max} - H_{1\min}$$

因
$$O_1O_2 = O_1E - O_2E = \frac{O_1F_1}{\sin\frac{\alpha}{2}} - \frac{O_2F_2}{\sin\frac{\alpha}{2}} = \frac{O_1F_1 - O_2F_2}{\sin\frac{\alpha}{2}}$$

$$O_1F_1 - O_2F_2 = \frac{d}{2} - \frac{d - \mathrm{T}d}{2} = \frac{\mathrm{T}d}{2}$$

故
$$\delta_{定位(H_1)} = \mathrm{T}d/2\sin\frac{\alpha}{2}$$

此外,按定位误差计算公式也可以求出工序尺寸 H_1 的定位误差。对工序尺寸 H_1,其

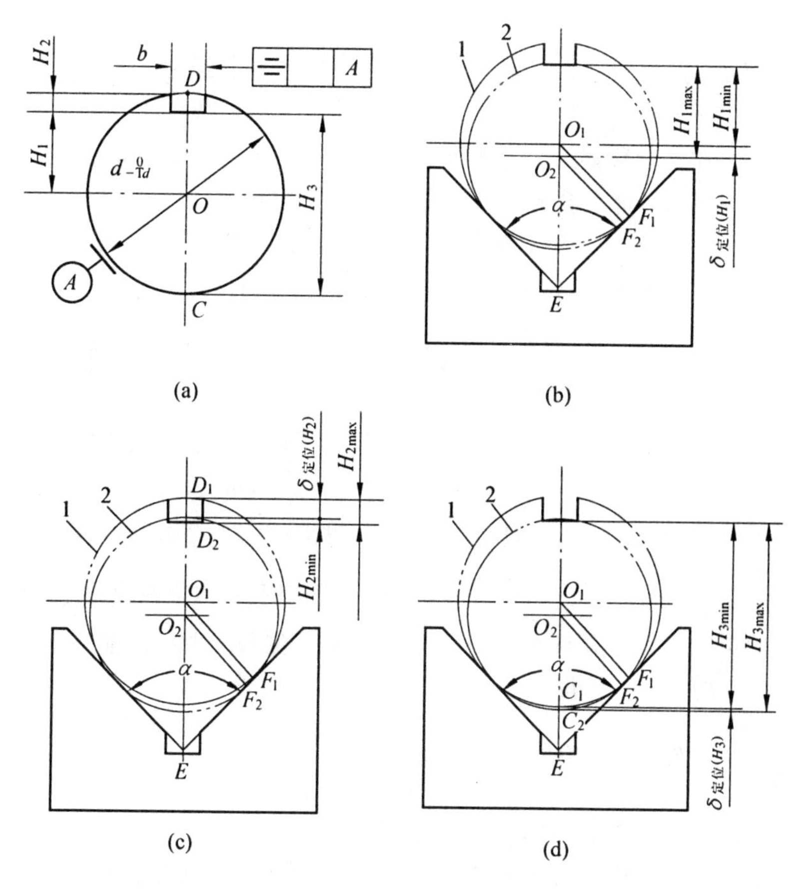

图 2-39　轴类工件铣键槽工序简图及定位误差分析

工序基准为工件外圆中心 O，在 V 形块上定位属于定心定位，其定位基准亦为工件外圆中心 O，故属于工序基准与定位基准重合，即 $\delta_{不重(O)}=0$。

$$\delta_{定位(H_1)}=\delta_{位置(O)}\pm\delta_{不重(O)}=O_1O_2\pm 0=\mathrm{T}d/2\sin\frac{\alpha}{2}$$

工序尺寸 H_2 的定位误差分析如图 2-39(c) 所示，图中 1 及 2 为一批工件在 V 形块上定位的两种极端位置，根据图示的几何关系可知

$$\delta_{定位(H_2)}=D_1D_2=H_{2\max}-H_{2\min}$$

因
$$D_1D_2=O_2D_1-O_2D_2=(O_1O_2+O_1D_1)-O_2D_2$$

$$O_1O_2=\frac{\mathrm{T}d}{2\sin\frac{\alpha}{2}}\qquad O_1D_1=\frac{d}{2}\qquad O_2D_2=\frac{d-\mathrm{T}d}{2}$$

故
$$\delta_{定位(H_2)}=\frac{\mathrm{T}d}{2\sin\frac{\alpha}{2}}+\frac{\mathrm{T}d}{2}=\frac{\mathrm{T}d}{2}\left(\frac{1}{\sin\frac{\alpha}{2}}+1\right)$$

按定位误差计算公式，工序尺寸 H_2 的工序基准 D 与定位基准 O 不重合，基准不重合误差为 $\delta_{不重(D)}=\frac{d}{2}-\frac{d-\mathrm{T}d}{2}=\frac{\mathrm{T}d}{2}$。当一批工件的定位由极端位置 1 到极端位置 2，定位基准 O 的位置变动由上向下，而工序基准相对定位基准理想位置的变动亦是由上向下，故在计算公式中取“+”号，即

$$\delta_{定位(H_2)} = \delta_{位置(O)} + \delta_{不重(D)} = \frac{\mathrm{T}d}{2\sin\frac{\alpha}{2}} + \frac{\mathrm{T}d}{2} = \frac{\mathrm{T}d}{2}\left(\frac{1}{\sin\frac{\alpha}{2}} + 1\right)$$

工序尺寸 H_3 的定位误差分析如图 2-39(d) 所示，图中 1 及 2 为一批工件在 V 形块上定位的两种极端位置，根据图示的几何关系可知

$$\delta_{定位(H_2)} = C_1C_2 = H_{3\max} - H_{3\min}$$

因
$$C_1C_2 = O_1C_2 - O_1C_1 = (O_1O_2 + O_2C_2) - O_1C_1$$

$$O_1O_2 = \frac{\mathrm{T}d}{2\sin\frac{\alpha}{2}} \qquad O_2C_2 = \frac{d - \mathrm{T}d}{2} \qquad O_1C_1 = \frac{d}{2}$$

故
$$\delta_{定位(H_3)} = \frac{\mathrm{T}d}{2\sin\frac{\alpha}{2}} - \frac{\mathrm{T}d}{2} = \frac{\mathrm{T}d}{2}\left(\frac{1}{\sin\frac{\alpha}{2}} - 1\right)$$

按定位误差计算公式，工序尺寸 H_3 的工序基准 C 与定位基准 O 不重合，基准不重合误差为 $\delta_{不重(C)} = \frac{d}{2} - \frac{d - \mathrm{T}d}{2} = \frac{\mathrm{T}d}{2}$。当一批工件的定位，由极端位置 1 到极端位置 2，定位基准 O 的位置变动由上向下，而工序基准相对定位基准理想位置的变动则由下向上，故在计算公式中取“-”号，即

$$\delta_{定位(H_3)} = \delta_{位置(O)} - \delta_{不重(C)} = \frac{\mathrm{T}d}{2\sin\frac{\alpha}{2}} - \frac{\mathrm{T}d}{2} = \frac{\mathrm{T}d}{2}\left(\frac{1}{\sin\frac{\alpha}{2}} - 1\right)$$

4. 圆锥表面定位时的定位误差

在夹具设计中，圆锥表面的定位方式是定心定位，常用的定位元件为各种圆锥心轴、圆锥套和顶尖。此种定位方式由于工件定位表面与定位元件之间没有配合间隙，故可获得很高的定心精度，即工件定位基准的位置误差为零。但由于定位基准 —— 圆锥面直径尺寸不可能制造得绝对准确和一致，故一批工件的定位将产生沿工件轴线方向的定位误差。图 2-40 所示即为由于工件锥孔直径尺寸偏差和轴类工件顶尖孔尺寸误差引起的工序尺寸 l 的定位误差及轴类工件基准 A 的位置误差，其大小均与锥孔(或顶尖孔) 的尺寸公差 TD 和圆锥心轴(或顶尖) 的锥角 α 有关，即

$$\delta_{定位(l)} = \frac{\mathrm{T}D}{2}\mathrm{ctg}\,\frac{\alpha}{2} \qquad \delta_{位置(A)} = \frac{\mathrm{T}D}{2}\mathrm{ctg}\,\frac{\alpha}{2}$$

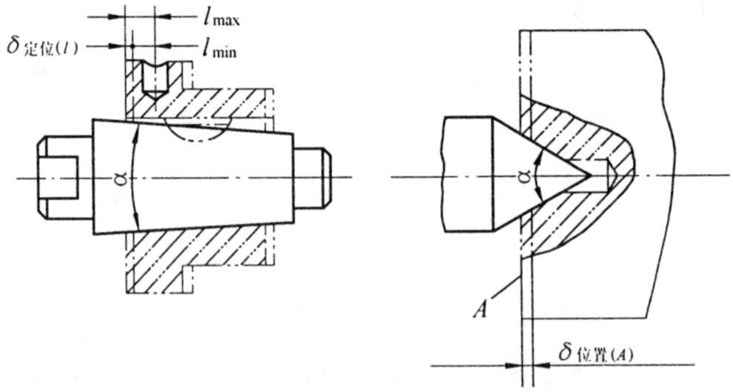

图 2-40　圆锥表面的定位误差

（三）表面组合定位时的定位误差

机械加工中采用的夹具，有很多工件是以多个表面作为定位基准，以实现表面组合定位的。如箱体类工件以三个相互垂直的平面或一面两孔组合定位，套类、盘类或连杆类工件以平面和内孔表面组合定位，以及阶梯轴类工件以两个外圆表面组合定位等。

采用表面组合定位时，由于各个定位基准面之间存在位置误差，故定位误差的分析和计算也必须加以考虑。为了便于分析和计算，通常把限制不定度最多的主要定位表面称为第一定位基准，然后再依次划定为第二、第三定位基准。一般来说，采用多个表面组合定位的工件，其第一定位基准的位置误差最小，第二定位基准的次之，而第三定位基准的位置误差最大。下面将对几种典型的表面组合定位的定位误差进行分析和计算。

1. 平面组合定位

图 2-41(a) 所示为长方体工件以三个相互垂直的平面为定位基准在夹具上实现平面组合定位的情况。为达到完全定位，工件底面 A 与夹具上处于同一平面的六个支承板 1 接触，限制了三个不定度，属于第一定位基准；工件以侧面 B 与夹具上处于同一直线上的两个支承钉 2 接触，限制了两个不定度，属于第二定位基准；工件上的 C 面与夹具上的一个支承钉 3 接触，限制了一个不定度，属于第三定位基准。

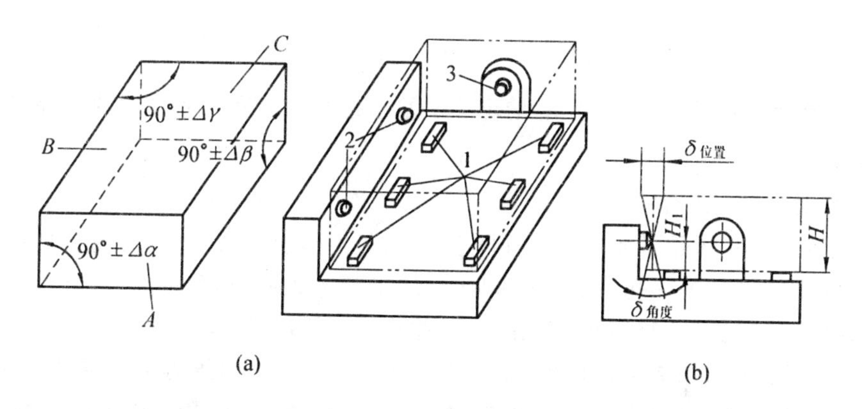

图 2-41　长方体工件的平面组合定位及其定位误差

当一批工件在夹具中定位，由于工件上三个定位基准面之间的位置（即垂直度）不可能做得绝对准确，它们之间存在着角度偏差（偏离 90°）$\pm\Delta\alpha$、$\pm\Delta\beta$ 和 $\pm\Delta\gamma$，将引起各定位基准的位置误差。如图 2-41(b) 所示，工件上的 A 面已经过加工，按前述平面定位的定位误差分析可知，其定位基准的位置几乎没有什么变动，即位置误差可以忽略不计。对于工件上的第二定位基准 B 面，则由于其与 A 面有角度偏差 $\pm\Delta\alpha$，将造成此定位基准的位置误差 $\delta_{位置(B)}$ 和角度误差 $\delta_{角度(B)}$，其值可由图示的几何关系求得

$$\delta_{位置(B)} = \pm(H - H_1)\mathrm{tg}\Delta\alpha \left(当\ H_1 < \frac{H}{2}\right)$$

$$\delta_{角度(B)} = \pm\Delta\alpha$$

同理，工件上的第三定位基准 C 面，由于与 A 面和 B 面均有角度偏差 $\pm\Delta\beta$ 及 $\pm\Delta\gamma$，故在定位时将造成更大的基准位置误差和基准角度误差。

例如，图 2-42 所示，在卧式铣床上用三面刃铣刀加工一批长方形工件，工件在夹具中实现部分定位。图(a)为该工件的工序简图，加工要求为保证工序尺寸 H、L_1 及加工面对 A 面的平行度。根据图(b) 所示的几何关系可知

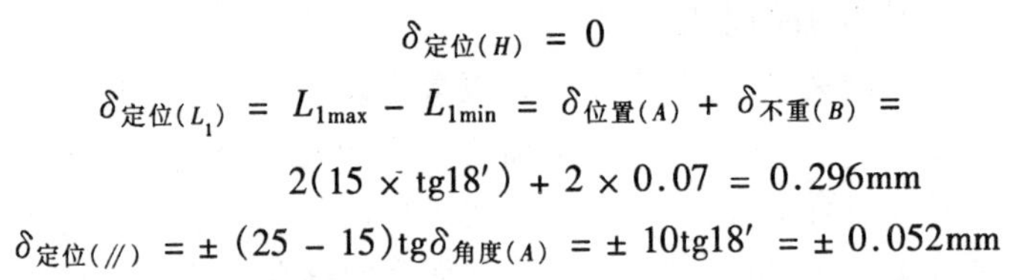

$$\delta_{定位(H)} = 0$$

$$\delta_{定位(L_1)} = L_{1\max} - L_{1\min} = \delta_{位置(A)} + \delta_{不重(B)} =$$

$$2(15 \times \mathrm{tg}18') + 2 \times 0.07 = 0.296\mathrm{mm}$$

$$\delta_{定位(//)} = \pm (25 - 15)\mathrm{tg}\delta_{角度(A)} = \pm 10\mathrm{tg}18' = \pm 0.052\mathrm{mm}$$

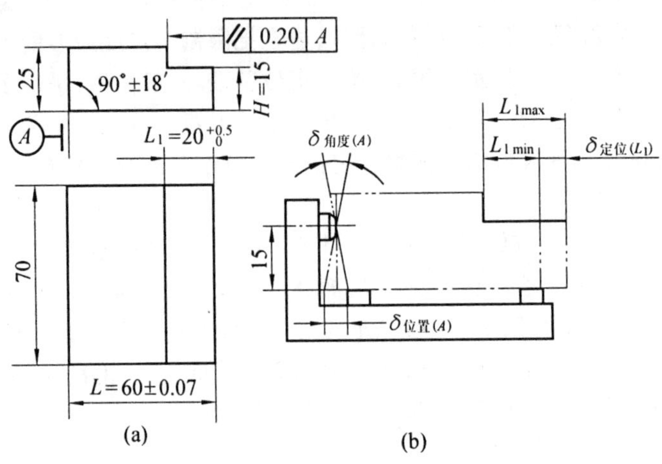

图 2-42　长方形工件加工工序简图及定位误差分析

经过分析和计算，工序尺寸 L_1 的定位误差已超过该工序尺寸公差的 $\frac{1}{3}$，故需改变定位方案。

2. 平面与内孔组合定位

工件在夹具中采用平面与内孔组合定位，常见的组合方式主要有内孔和一个与内孔垂直的端面（简称一面一孔）及平面和两个与平面垂直的孔（简称一面二孔）两种。

采用工件上的内孔与端面组合定位，根据选取主要定位基准的不同，将产生不同形式的基准位置误差。对图 2-43(a) 所示的套类工件，根据工序加工要求可采用内孔为第一定位基准，也可采用端面为第一定位基准。如图 2-43(b) 所示，采用工件内孔为第一定位基

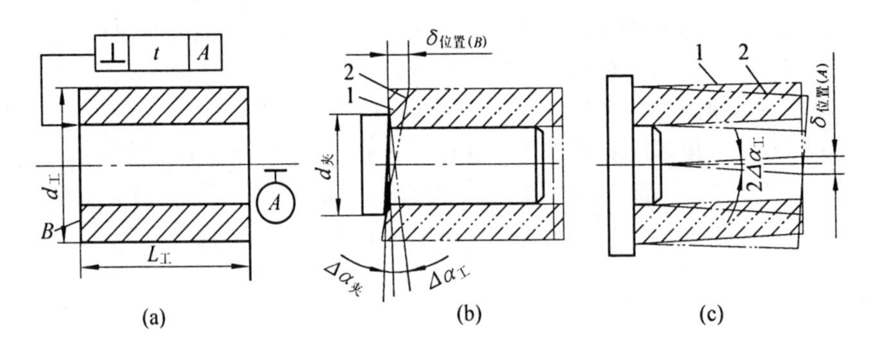

图 2-43　内孔与端面组合定准位时第二定位基准的位置误差和角度误差

在长心轴或长定位销上定位，内孔中心线 A 的位置误差可按前内孔表面定位误差的分析确定，而第二定位基准——端面 B 将因其对内孔中心线的垂直度误差而引起基准的位置误差 $\delta_{位置(B)}$ 及角度误差 $\delta_{角度(B)}$，其值为

$$\delta_{位置(B)} = d_{工}\,\mathrm{tg}\Delta\alpha_{工} + d_{夹}\,\mathrm{tg}\Delta\alpha_{夹}$$

$$\delta_{角度(B)} = \pm \Delta\alpha_{工}$$

如图 2-43(c) 所示，采用工件端面为第一定位基准在短心轴或短定位销上定位，作为第一定位基准的端面没有基准位置误差(即 $\delta_{位置(B)} = 0$)，而第二定位基准——内孔中心线 A 将因其对端面的垂直度误差而引起基准的位置误差 $\delta_{位置(A)}$ 及角度误差 $\delta_{角度(A)}$，其值为

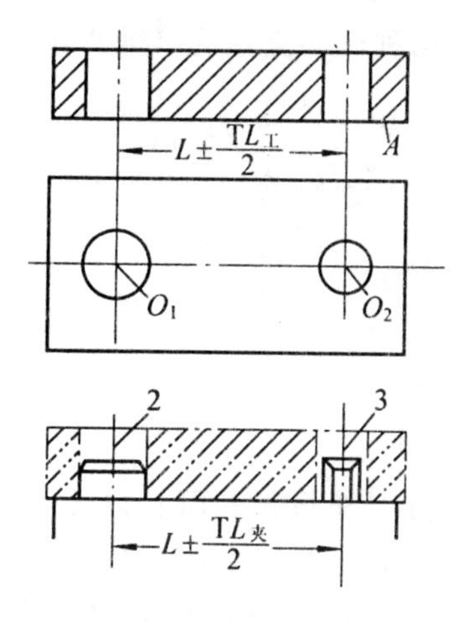

图 2-44　长方体工件在夹具中的一面两销上定位

$$\delta_{位置(A)} = 2L_{工}\ \mathrm{tg}\Delta\alpha_{工}$$

$$\delta_{角度(A)} = \pm \Delta\alpha_{工}$$

采用工件上的一面二孔组合定位，根据工序加工要求可采用平面为第一定位基准，也可采用其中某一个内孔为第一定位基准。图 2-44 所示为一长方体工件及其在一面两销上的定位情况，因系采用短定位销，故工件底面 A 为第一定位基准，工件上的内孔 O_1 及 O_2 分别为第二和第三定位基准。

一批工件在夹具中定位，工件上作为第一定位基准的底面 A 没有基准位置误差。定位孔较浅，其内孔中心线由于内孔与底面垂直度误差而引起的位置误差也可忽略不计。但作为第二、第三定位基准 O_1、O_2 由于与定位销的配合间隙及两孔、两销中心距误差引起的基准位置误差必须考虑。如图 2-45(a) 所示，当工件内孔 O_1 的直径尺寸最大、圆柱定位销直径尺寸最小、且考虑工件上两孔中心距的制造误差，根据图示的两种极端位置可知

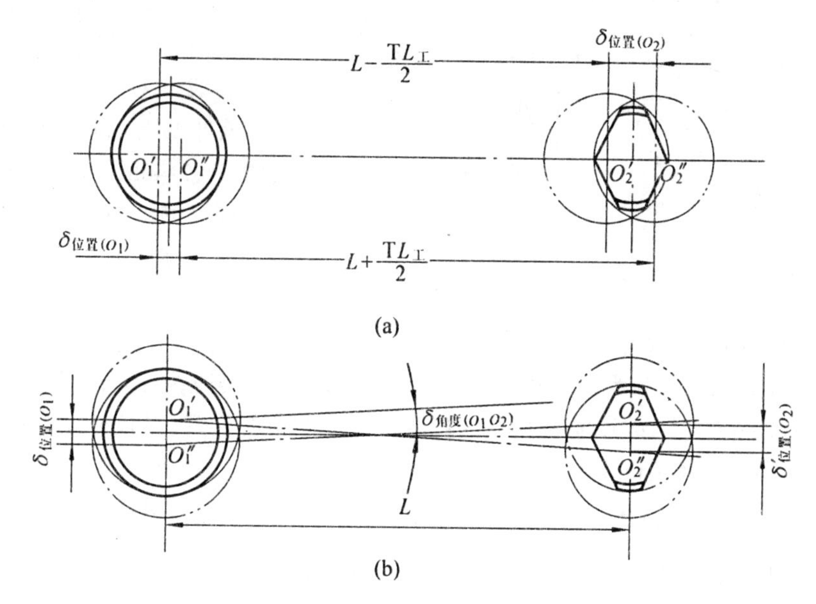

图 2-45　一面二孔定位时，第二、第三定位基准的位置误差和角度误差

$$\delta_{位置(O_1)} = O_1'O_1'' = TD_1 + Td_1 + X_{1\min}$$

$$\delta_{位置(O_2)} = O_2'O_2'' = O_1'O_1'' + TL_{工} =$$

$$TD_1 + Td_1 + X_{1\min} + TL_{工}$$

式中　TD_1—— 工件内孔 O_1 的公差；

Td_1—— 夹具上短圆柱定位销的公差；

X_{1min}—— 工件内孔 O_1 与定位销的最小配合间隙；

$TL_{工}$ —— 工件上两定位孔中心距公差。

如图 2-45(b) 所示，当工件内孔 O_2 的直径尺寸最大、菱形定位销的直径尺寸最小，且工件上两孔及夹具上两定位销中心距均为 L，根据图示的两种极端位置可求得两孔中心连线 O_1O_2 的角度误差，即

$$\delta_{角度(O_1O_2)} = \pm \operatorname{arctg} \frac{\delta_{位置(O_1)} + \delta'_{位置(O_2)}}{2L}$$

$$\delta'_{位置(O_2)} = TD_2 + Td_2 + X_{2min}$$

式中　TD_2—— 工件内孔 O_2 的公差；

Td_2—— 夹具上菱形定位销的公差；

X_{2min}—— 工件内孔 O_2 与菱形定位销的最小配合间隙。

对以外圆和平面及以外圆、内孔和平面组合定位的工件，其各定位基准的位置误差和角度误差的分析与上述一面一孔和一面二孔组合定位类似，可参考上述有关公式进行计算。

例如，图 2-46(a) 所示，在一个套类工件上铣一键槽，加工工序要求为键槽的位置尺寸 L，H 及其对内孔中心线的对称度，现分析计算采用带有小凸台的长心轴间隙配合定位时(图 2-46b) 的定位误差。

键槽的工序尺寸及键槽对内孔中心线对称度的定位误差分析计算如下。

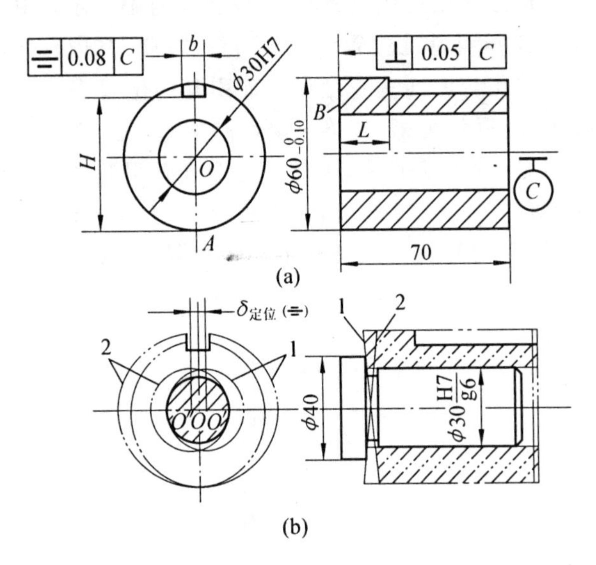

图 2-46　套类工件铣键槽工序的定位误差

(1) 键槽的轴向尺寸 L

尺寸 L 的工序基准为工件的左端面 B，工件的定位基准也为 B 面，属于基准重合，但 B 面为第二定位基准，故可能有基准位置误差和基准角度误差。对尺寸 L，只是基准位置误差对它有影响，按定位误差计算公式得

$$\delta_{定位(L)} = \delta_{位置(B)} \pm \delta_{不重(B)} = \delta_{位置(B)} \pm 0 = d_{工}\,\operatorname{tg}\Delta\alpha_{工} + d_{夹}\,\operatorname{tg}\Delta\alpha_{夹}$$

由图中有关尺寸及位置公差知：$d_{工} = \phi60\text{mm}$，$d_{夹} = \phi40\text{mm}$，$\operatorname{tg}\Delta\alpha_{工} = \frac{0.05}{60}$，$\operatorname{tg}\Delta\alpha_{夹} = \frac{0.015}{60}$（定位元件的精度按被定位工件相应精度的$\frac{1}{3}$ 选取）

$$\delta_{定位(L)} = 60 \times \frac{0.05}{60} + 40 \times \frac{0.015}{60} = 0.06\text{mm}$$

(2) 键槽深度尺寸 H

尺寸 H 的工序基准为外圆下母线 A，工件的定位基准为内孔中心 O，属于基准不重合。虽然工件内孔为第一定位基准，但由于与定位心轴为间隙配合，故也有基准位置误差，按定位误差计算公式得

$$\delta_{定位(H)} = \delta_{位置(O)} + \delta_{不重(A)} = (\mathrm{T}D + \mathrm{T}d_1 + \mathrm{X}_{\min}) + \frac{\mathrm{T}d}{2}$$

由图示中有关尺寸及配合可知：$\mathrm{T}D = 0.021\mathrm{mm}$，$\mathrm{T}d_1 = 0.013\mathrm{mm}$，$\mathrm{X}_{\min} = 0.007\mathrm{mm}$，$\mathrm{T}d = 0.10\mathrm{mm}$

$$\delta_{定位(H)} = (0.021 + 0.013 + 0.007) + \frac{0.10}{2} = 0.091\mathrm{mm}$$

(3) 键槽的对称度

键槽的位置精度——对称度的工序基准和定位基准均为内孔中心 O，故无基准不重合误差。但由于有配合间隙，故仍存在着基准位置误差，按图 2-46(b) 所示的两个极端位置 1 及 2 可知：

$$\delta_{定位(\equiv)} = \delta_{位置(O)} \pm \delta_{不重(O)} = \delta_{位置(O)} \pm 0 = \mathrm{T}D + \mathrm{T}d_1 + X_{\min} =$$

$$0.021 + 0.013 + 0.007 = 0.041\mathrm{mm}$$

3. 外圆与外圆组合定位

图 2-47 所示为阶梯轴以两个外圆表面 d_1 和 d_2 为定位基准，放置在两个不等高的短 V 形块及支承钉上实现组合定位的情况；现分析计算在轴颈上铣半圆键及端面上钻孔时工序尺寸的定位误差。

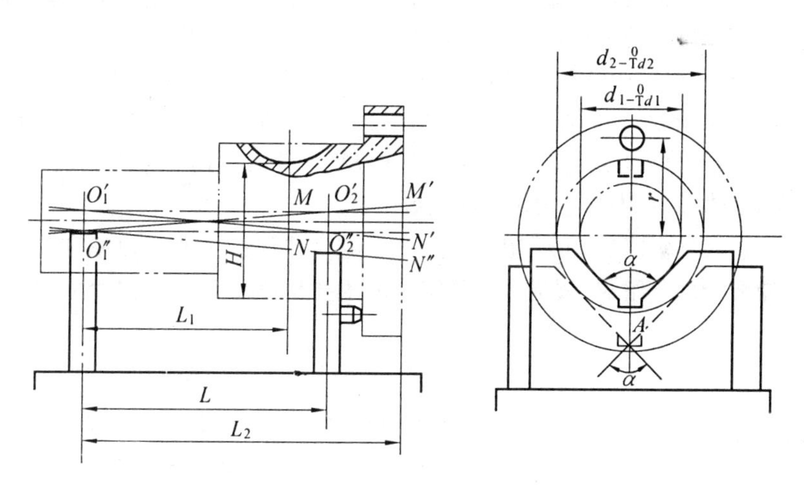

图 2-47　阶梯轴以两个外圆表面组合定位加工时的定位误差

(1) 在阶梯轴轴颈 d_2 上铣半圆键的工序尺寸 H

工序尺寸 H 的工序基准为轴颈 d_2 的下母线 A，定位基准为阶梯轴两轴颈 d_1、d_2 中心连线 O_1O_2，属于基准不重合情况。由于两轴颈有尺寸公差 $\mathrm{T}d_1$ 及 $\mathrm{T}d_2$，故定位基准 O_1O_2 对一批工件的定位来讲，也将产生位置变动，即产生基准位置误差 $\delta_{位置(O_1O_2)}$。当两个轴颈均为最大尺寸和均为最小尺寸的情况下，定位基准 O_1O_2 处于两个极端位置 $O'_1O'_2$ 及 $O''_1O''_2$。从图中所示的几何关系可求得工序尺寸 H 的定位误差为

$$\delta_{定位(H)} = \delta_{位置(O_1O_2)} - \delta_{不重(A)} = MN - \frac{\mathrm{T}d_2}{2}$$

因 $$MN = O'_1O''_1 + \frac{L_1}{L}(O'_2O''_2 - O'_1O''_1)$$

$$O'_1O''_1 = \frac{Td_1}{2\sin\frac{\alpha}{2}} \qquad O'_2O''_2 = \frac{Td_2}{2\sin\frac{\alpha}{2}}$$

故 $$\delta_{定位(H)} = \frac{Td_1}{2\sin\frac{\alpha}{2}} + \frac{L_1}{L}\left(\frac{Td_2}{2\sin\frac{\alpha}{2}} - \frac{Td_1}{2\sin\frac{\alpha}{2}}\right) - \frac{Td_2}{2}$$

(2) 在阶梯轴端面上钻孔的工序尺寸 r

工序尺寸 r 的工序基准为阶梯轴两轴颈中心连线 O_1O_2，定位基准亦为 O_1O_2，无基准不重合误差，即 $\delta_{不重(O_1O_2)} = 0$。同铣半圆键一样，定位基准仍有基准位置误差。当两个轴颈一个为最大尺寸另一个为最小尺寸及一个为最小尺寸另一个为最大尺寸时，其定位基准 O_1O_2 的两种极端位置为 $O'_1O''_2$ 及 $O''_1O'_2$。从图中所示的几何关系可求得工序尺寸 r 的定位误差为

$$\delta_{定位(r)} = \delta'_{位置(O_1O_2)} \pm \delta_{不重(O_1O_2)} = \delta'_{位置(O_1O_2)} \pm 0 = M'N'$$

因 $$M'N' = M'N'' - N'N'' = \frac{L_2}{L}(O'_1O''_1 + O'_2O''_2) - O'_1O''_1$$

故 $$\delta_{定位(r)} = \frac{L_2}{L}\left(\frac{Td_1}{2\sin\frac{\alpha}{2}} + \frac{Td_2}{2\sin\frac{\alpha}{2}}\right) - \frac{Td_1}{2\sin\frac{\alpha}{2}}$$

由上面阶梯轴加工时的定位误差分析可知，为求得可能出现的定位误差的最大值，对一批工件定位可能出现的两个极端位置的选取，将随工序尺寸所在部位的不同而不同。对工序尺寸 H，因是处于两个V形块之间，取 $O'_1O'_2$ 及 $O''_1O''_2$ 两个极端位置；而对工序尺寸 r，因是处于两个V形块之外，则应取 $O'_1O''_2$ 及 $O''_1O'_2$ 两个极端位置。对以一面二孔定位的工件，其定位误差分析也有相似情况，在进行分析计算时应加以注意。

(四) 提高工件在夹具中定位精度的主要措施

一批工件在夹具中定位，由于定位不准产生的定位误差主要是由基准位置误差和基准不重合误差两个部分组成，故提高定位精度的主要措施也就在于减少或消除这两方面的误差。

1. 减少或消除基准位置误差的措施

(1) 选用基准位置误差小的定位元件

对以平面为主要定位基准的工件，若以未加工过的毛坯表面定位，当采用三个球头支承钉定位则往往由于一批工件定位表面状况的不同，而产生较大的基准位置误差。若将三个球头支承钉改为三个多点自位支承，由于自位支承上的两个或三个支承点与工件接触时仅反映这几个接触点处毛坯表面的平均状况，故可减少此毛坯表面的位置误差。

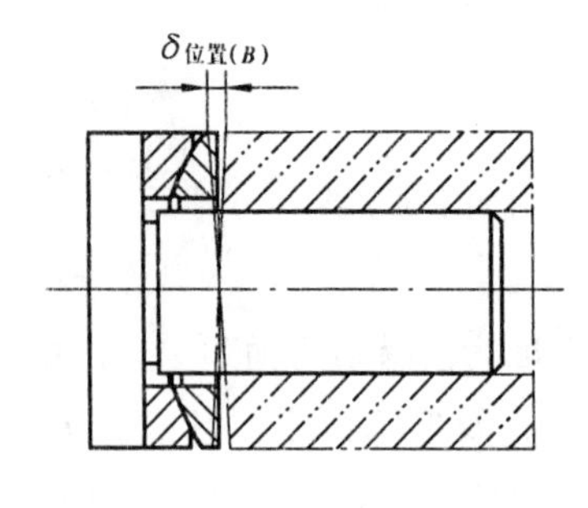

图 2-48 通过浮动球面支承减少基准位置误差

对以内孔和端面为定位基准的工件，作为第二定位基准的端面可能产生较大的位置误差，其大小由前述表面组合定位的分析中可知为 $\delta_{位置(B)} = d_工 \operatorname{tg}\Delta\alpha_工 + d_夹 \operatorname{tg}\Delta\alpha_夹$。若改变定位元件的结构，将定位心轴上的台肩改为如图 2-48 所示

的浮动球面支承，即可使基准位置误差减少，其值为

$$\delta_{位置(B)} = d_{工}\ \mathrm{tg}\Delta\alpha_{工}$$

(2) 合理布置定位元件在夹具中的位置

对以平面组合定位的工件，若定位基准面是未经加工的毛坯表面，为提高一批工件的定位精度，应尽量将与第一定位基准接触的三个支承钉或与第二定位基准接触的两个支承钉之间的距离拉开(如增大图 2-35 中的尺寸 l)。这样，不仅可增加工件定位时的稳定性，还可减小定位基准的位置误差。同理，对一面两孔组合定位，平面、外圆与内孔组合定位，以及外圆与外圆组合定位等，也可通过尽可能增大有关定位元件之间的距离来减小工件定位基准的位置误差，如增大图 2-47 所示两个短 V 形块之间距离 L 等。

对以圆锥表面定位的工件，虽然定心精度很高，但往往在轴向有较大的位置误差，为此可将固定的圆锥心轴(顶尖) 或套筒改为活动的，并与一固定平面支承组合定位(见图 2-49)，即可提高工件的轴向定位精度。

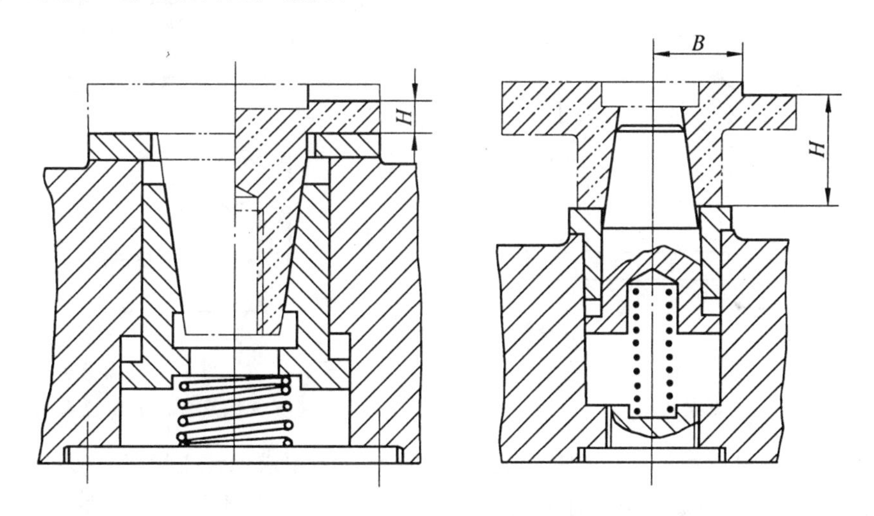

图 2-49　固定平面支承与活动锥面组合定位

(3) 提高工件定位表面与定位元件的配合精度

对以内孔或外圆等为定位基准的工件，在定位时尽可能提高它们与定位心轴、定位销或各种定位套的配合精度，从而由于减小了配合间隙而减少了工件定位表面的位置误差。

(4) 正确选取工件上的第一、第二和第三定位基准

通过各种类型的表面组合定位的分析可知，第一定位基准的位置误差最小，第二和第三定位基准的位置误差则较大。为此，设计夹具选取定位基准时，应以直接与工件加工精度有关的基准为第一定位基准。如图 2-50 所示，在一法兰套上钻一小孔，若要求孔与法兰套端面平行，则应选此端面 B 为第一定位基准；若要求孔与法兰套内孔垂直，则应选内孔中心线 A 为第一定位基准。

2. 消除或减少基准不重合误差的措施

在夹具设计时，为了消除或减小基准不重合误差，应尽可能选择该工序的工序基准为定位基准。若一个工件在加工中，对加工表面有几项加工精度要求，则应根据各项加工精度要求的高低相应选取工件定位的第一、第二和第三定位基准。

如对图 2-32(a) 所示的工件，为保证钻孔的工序尺寸 H，在定位时消除基准不重合误

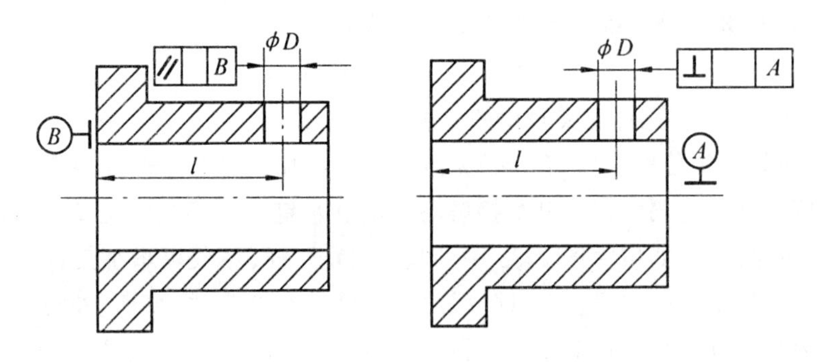

图 2-50　按不同加工精度要求选取不同的第一定位基准

差可采用如图 2-51 所示的定位方案。

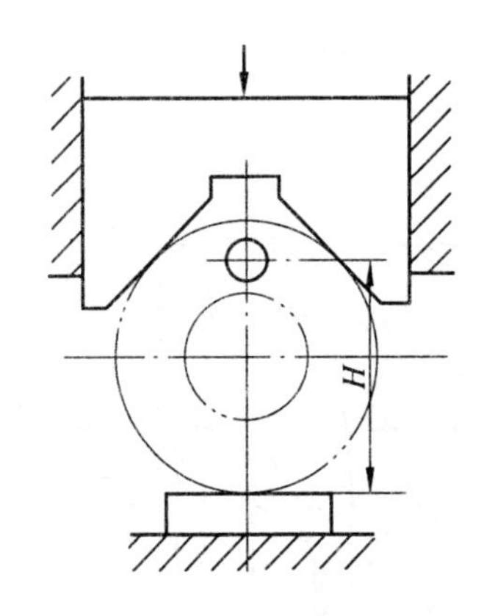

图 2-51　消除基准不重合误差的定位方案

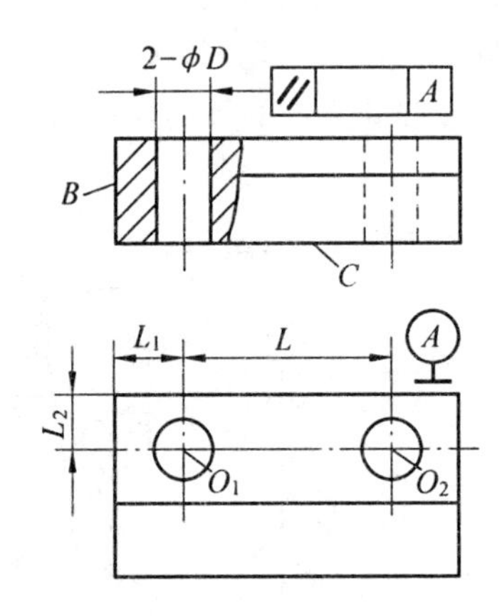

图 2-52　工件加工表面有多项加工精度要求的定位基准选取

又如图 2-52 所示的工件，加工其上两孔 O_1 及 O_2、要求保证工序尺寸 L、L_1、L_2 和两孔中心线对 A 面的平行度。在设计夹具时，两孔中心距 L 由夹具上的两个钻套的位置保证，其它工序尺寸 L_1、L_2 及平行度的要求，则由工件在夹具中的定位保证。经分析，其中以两孔中心线对 A 面的平行度精度要求最高，其次是尺寸 L_1 及 L_2。为此，就应相应选取 A 面为第一定位基准，选取 B 面为第二定位基准，而面积较大的底面 C 却为第三定位基准。这样的定位方案可能引起工件在钻孔加工时的不稳定（因工件底面只有一个支承点），为此可在工件底面上增加几个辅助支承解决之。

四、工件定位方案设计及定位误差计算举例

在夹具设计时，工件在夹具中的定位可能有多种方案，为了进行方案之间的比较和最后确定能满足工序加工精度要求的最佳方案，需要进行定位方案的设计和定位误差的计算。下面以杠杆工件铣槽工序的定位方案为例加以分析和讨论。

工件的外形及有关尺寸见图 2-53。工件上的 A、B 面及两孔 O_1、O_2 均已加工完毕，本工序要铣一通槽。通槽的技术要求为：槽宽为 $6^{+0.042}_{0}$mm，槽的两侧面 C、D 对 B 面的垂直度公差为 0.05mm，槽的对称中心面与两孔中心连线 O_1O_2 之间的夹角为 $\alpha = 105° \pm 30'$。

（一）定位方案设计

由定位原理可知，为满足工序加工精度要求需限制五个不定度，但考虑加工时工件定

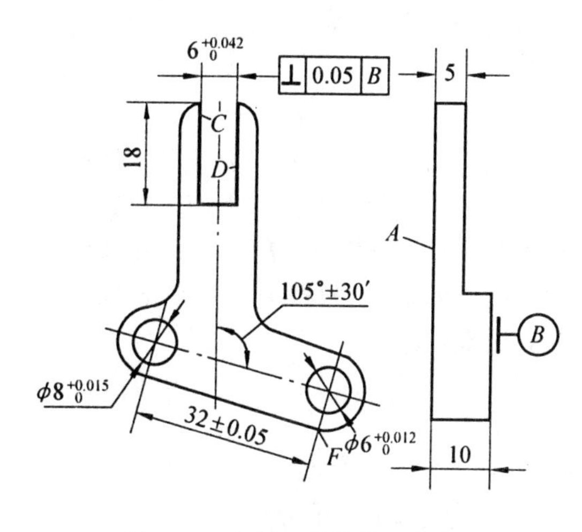

图 2-53 杠杆工件铣槽工序简图

位的稳定性,也可以将六个不定度全部限制。

为保证垂直度要求,应选择 A 面或 B 面作为定位基准,限制三个不定度。从基准重合的角度考虑,应选 B 面作为第一定位基准,为保证工件加工时的稳定性,还需在加工表面附近增加辅助支承。从工序加工精度要求看,通槽两侧面对 B 面的垂直度精度要求并不很高,且前工序已保证了 A、B 面之间的平行度,为此也可选取 A 面为第一定位基准。最后,经全面分析,在都能满足工序加工精度要求的前提下,为简化夹具结构,选定 A 面为第一定位基准。

为保证夹角 $\alpha = 105° \pm 30'$ 的要求,可选择如图 2-54(a) 所示的孔 O_1 及孔 O_2 附近外圆上一点 F(或孔 O_2 处的外圆中心) 为第二和第三定位基准,通过圆柱定位销 1 和挡销 2(或活动V形块3) 实现定位;也可选择两个孔中心 O_1 及 O_2 为第二和第三定位基准,通过图 2-54(b) 所示的圆柱定位销 1 及菱形定位销 4 实现定位;亦可通过如图 2-54(c) 所示的两个活动锥面定位销 5 及 6(其中 6 为削边锥面定位销) 实现定位。经分析,若以孔 O_2 附近外圆表面定位,由于该表面为毛坯表面,所以不能保证工件的加工精度要求,故最后确定以孔 O_1 及 O_2 为第二及第三定位基准。对两孔 O_1 及 O_2 定位是采用固定式定位销还是采

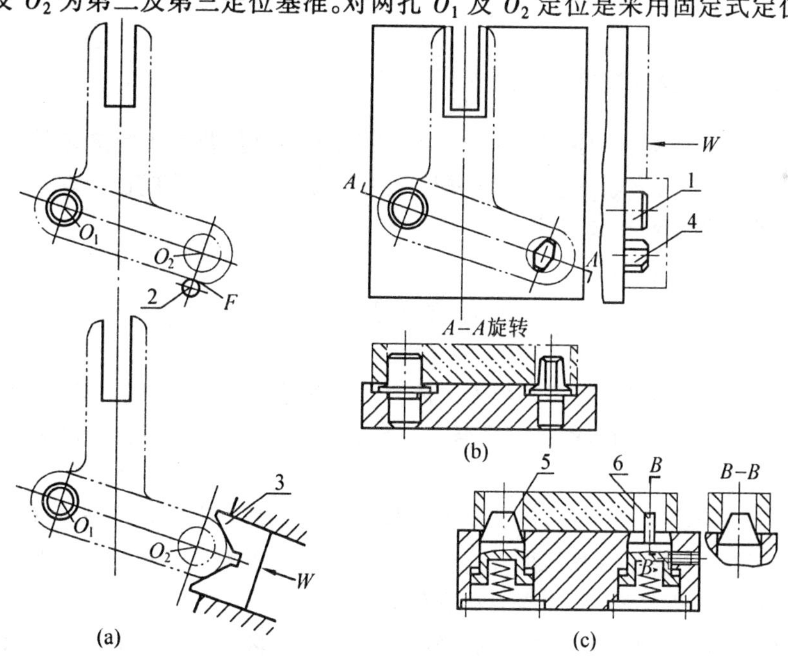

1— 圆柱定位销; 2— 挡销; 3—V 形块; 4— 菱形定位销; 5— 活动的锥面定位销;
6— 活动的削边锥面定位销

图 2-54 杠杆工件铣槽工序的定位方案

用活动的锥面定位销，需通过定位误差计算确定。若能同样满足工序加工精度要求，应选用结构简单的固定式定位销定位。

(二) 定位误差计算

从工件的工序加工精度要求可知，保证夹角 $\alpha = 105° \pm 30'$ 这一要求是关键性的问题。它的定位误差来自两定位销与工件上两孔的最大配合间隙及夹具上两定位销的装配位置误差所造成的基准位置误差。现选取工件上两孔与两定位销的配合均为 H7/g6，夹具上两定位销的装配位置误差取 ± 6′(按工件夹角公差的 1/5)，根据 H7/g6 配合，圆柱定位销的直径为 $\phi 8_{-0.014}^{-0.005}$mm，削边定位销的直径为 $\phi 6_{-0.012}^{-0.004}$mm。

按前面推导的有关计算公式

$$\delta_{定位(\alpha)} = \delta_{位置(O_1O_2)} \pm \delta_{不重(O_1O_2)} = \delta_{角度(O_1O_2)} \pm 0 = \pm \operatorname{arctg} \frac{\delta_{位置(O_1)} + \delta'_{位置(O_2)}}{2L}$$

因

$$\delta_{位置(O_1)} = (8 + 0.015) - (8 - 0.014) = 0.029$$

$$\delta'_{位置(O_2)} = (6 + 0.012) - (6 - 0.012) = 0.024$$

故

$$\delta_{定位(\alpha)} = \pm \operatorname{arctg}\left(\frac{0.029 + 0.024}{2 \times 32}\right) = \pm \operatorname{arctg}0.0008 = \pm 3'$$

连同夹具上两定位销的装配位置误差，总的夹角定位误差为

$$\delta'_{定位(\alpha)} = (\pm 6') + (\pm 3') = \pm 9'$$

与工序加工要求相比，小于其公差 ± 30′ 的 2/3，故最后选定如图 2-54(b) 所示的定位方案。

§2-3　工件的夹紧

一、夹紧装置的组成及设计要求

工件在机床上或夹具中定位后还需进行夹紧。采用直接装夹或找正装夹，工件由机床上的附件(如各种夹紧卡盘、虎钳等)或螺钉压板等进行夹紧，而采用夹具装夹，则需通过夹具中相应的夹紧装置夹紧工件。

(一) 夹紧装置的组成

夹具中的夹紧装置一般由下面两个部分组成。

1. 动力源

即产生原始作用力的部分。如用人的体力对工件进行夹紧，称为手动夹紧；若采用气动、液动、电动以及机床的运动等动力装置来代替人力进行夹紧，则称为机动夹紧。

2. 夹紧机构

即接受和传递原始作用力，使其变为夹紧力并执行夹紧任务的部分。它包括中间递力机构和夹紧元件。中间递力机构把来自人力或动力装置的力传递给夹紧元件，再由夹紧元件直接与工件受压面接触，最终完成夹紧任务。

根据动力源的不同和工件夹紧的实际需要，一般中间递力机构在传递力的过程中可起到如下作用：

(1) 改变原始作用力的方向；

(2) 改变原始作用力的大小；

(3) 具有一定的自锁性能，以保证夹紧的可靠性，这方面对手动夹紧尤为重要。

(二) 夹紧装置的设计要求

夹紧装置的设计和选用是否正确合理，对于保证加工精度、提高生产效率、减轻工人劳动强度有很大影响。为此，对夹紧装置设计提出如下基本要求：

(1) 夹紧力应有助于定位，而不应破坏定位；

(2) 夹紧力的大小应能保证加工过程中工件不发生位置变动和振动，并能在一定范围内调节；

(3) 工件在夹紧后的变形和受压表面的损伤不应超出允许的范围；

(4) 应有足够的夹紧行程；

(5) 手动夹紧要有自锁性能；

(6) 结构简单紧凑、动作灵活，制造、操作、维护方便，省力、安全并有足够的强度和刚度。

为满足上述要求，其核心问题是正确地确定夹紧力。

二、夹紧力的确定

正确确定夹紧力，主要是正确确定夹紧力的方向、作用点和大小。

(一) 夹紧力的方向

1. 夹紧力的方向应垂直于主要定位基准面

为使夹紧力有助于定位，则工件应靠紧各支承点，并保证工件上各个定位基准与定位元件接触可靠。一般来说，工件的主要定位基准面的面积较大、精度较高，限制的不定度多，夹紧力垂直作用于此面上，有利于保证工件的准确定位。

如图 2-55(a) 所示，在角形支座工件上镗一与 A 面有垂直度要求的孔，根据基准重合的原则，应选择 A 面为主要定位基准，因而夹紧力应垂直于 A 面而不是 B 面。只有这样，不论 A、B 面之间的垂直度误差有多大，A 面始终靠紧支承面，故易于保证垂直度要求。

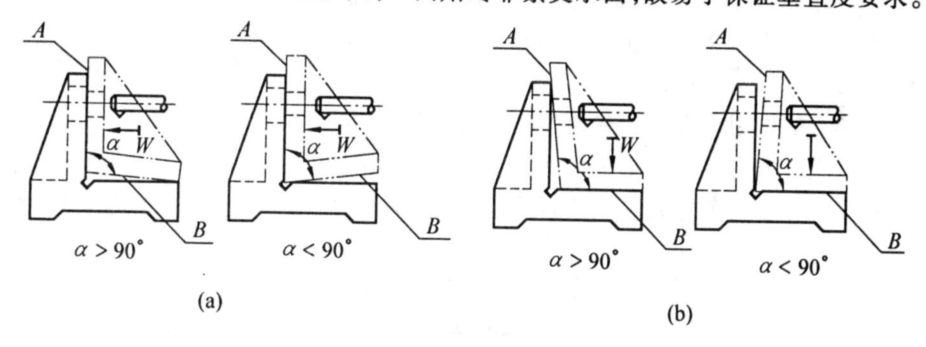

图 2-55　夹紧力方向垂直于主要定位基准面

若要求所镗之孔平行于 B 面，则夹紧力的方向应垂直于 B 面(见图 2-55b)。

若需要对几个支承面同时施加夹紧力，可分别加力或采用一定形状的压块，实现一力多用。如图 2-56(a) 所示，可对第一定位基准施加 W_1、对第二定位基准施加 W_2；也可如图 2-56(b)、(c) 所示，施加 W_3 代替 W_1 和 W_2，使两个定位基准同时受到夹紧力的作用。

2. 夹紧力的方向应有利于减小夹紧力

图 2-57 所示为工件装夹时重力 G、切削力 F 和夹紧力 W 之间的相互关系。其中以图(a) 所示的夹紧力与切削力及重力同方向时，需要的夹紧力最小，而以图(d) 所示的夹紧

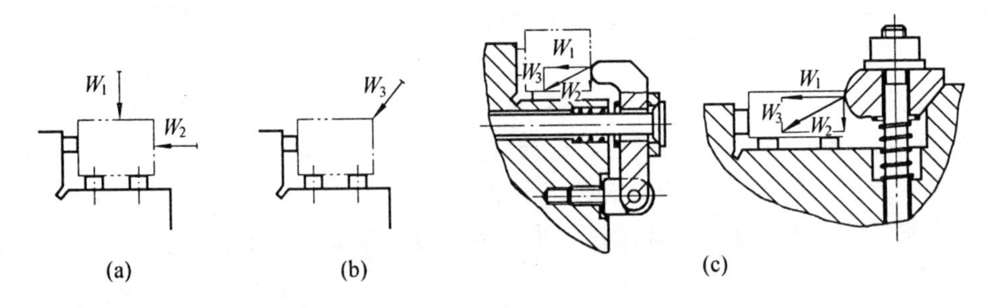

图 2-56 分别施力和一力两用

力与切削力及重力垂直时，所需的夹紧力最大。

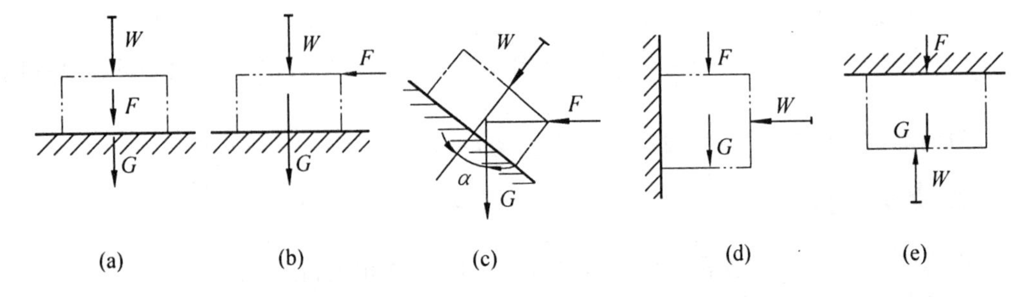

图 2-57 工件装夹时重力 G、切削力 F 与夹紧力 W 间的关系

(二) 夹紧力的作用点

夹紧力的作用点是指夹紧元件与工件相接触的一小块面积。选择夹紧力作用点的位置和数目，应考虑工件定位稳定可靠，防止夹紧变形，确保工序的加工精度。

1. 夹紧力的作用点应能保持工件定位稳定，不致引起工件产生位移或偏转

图 2-58(a) 所示，夹紧力虽垂直主要定位基准面，但作用点却在定位元件的支承范围以外，夹紧力与支反力构成力矩，工件将产生偏转使定位基准与支承元件脱离，从而破坏原有定位，为此，应将夹紧力作用在如图 2-58(b) 所示的稳定区域内。

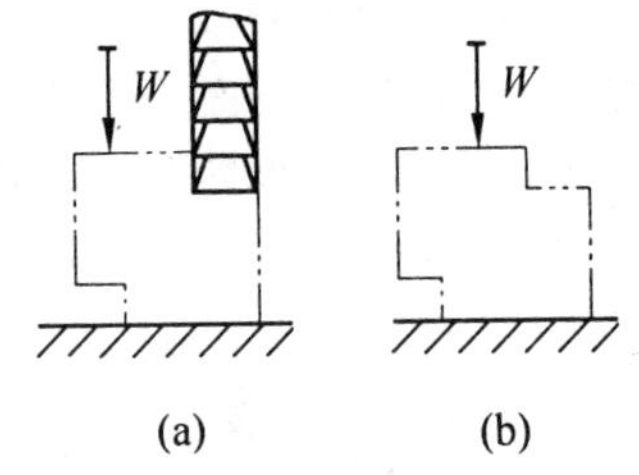

图 2-58 夹紧力作用点对工件定位稳定性的影响

2. 夹紧力的作用点应使被夹紧工件的夹紧变形尽可能小。设计夹具时，为尽量减少工件的夹紧变形，可采用增大工件受力面积和合理布置夹紧点位置等措施。如图 2-59(a)

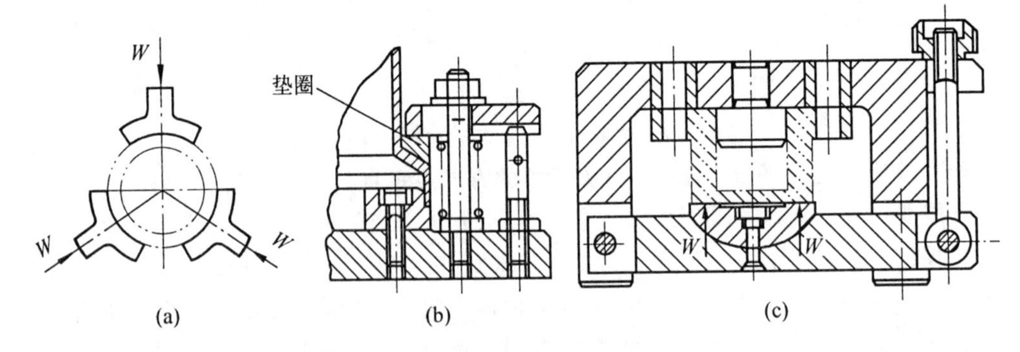

图 2-59 增大工件受力面积和改进夹紧力作用点位置以减小工件夹紧变形

为采用具有较大弧面的卡爪，防止薄壁套筒的受力变形；图(b) 为在压板下增加垫圈，使

夹紧力均匀地作用在薄壁上，以减少工件压陷变形；图(c) 为用球面支承代替固定支承夹压工件，以减少夹紧变形。

3. 夹紧力的作用点应尽量靠近切削部位，以提高夹紧的可靠性，若切削部位刚性不足，可采用辅助支承

图 2-60(a) 所示为滚齿时齿坯的装夹简图，若压板 1 及垫板 2 的直径过小，则夹紧力离切削部位较远，从而降低工件夹紧的可靠性，滚切时易产生振动。图 2-60(b) 所示的工件，为提高工件夹紧的可靠性和工件加工部位的刚度，可在靠近工件加工部位另加一辅助支承和相应的夹紧点。

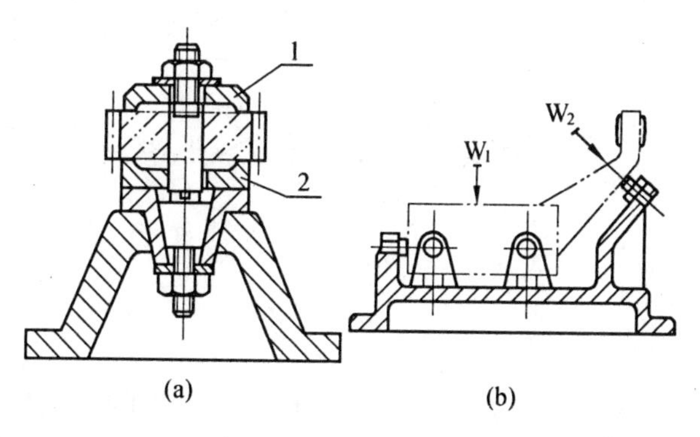

1— 压板； 2— 垫板

图 2-60 夹紧力作用点靠近工件加工表面

(三) 夹紧力的大小

夹紧力的大小必须适当，夹紧力过小，工件在夹具中的位置可能在加工过程中产生变动，破坏原有的定位。夹紧力过大，不但会使工件和夹具产生过大的变形，对加工质量不利，而且还将造成人力、物力的浪费。

计算夹紧力，通常将夹具和工件看成一个刚性系统以简化计算。然后根据工件受切削力、夹紧力(大工件还应考虑重力，高速运动的工件还应考虑惯性力等) 后处于静力平衡条件，计算出理论夹紧力 W，再乘以安全系数 K，作为实际所需的夹紧力 W_0，即

$$W_0 = KW$$

根据生产经验，一般取 $K = 1.5 \sim 3$，粗加工取 $K = 2.5 \sim 3$，精加工取 $K = 1.5 \sim 2$。

夹紧工件所需夹紧力的大小，除与切削力的大小有关外，还与切削力对定位支承的作用方向有关。下面通过几个实例进行分析计算。

[**例** 1] 车削端面

图 2-61 所示为在车床上用三爪卡盘装夹工件车削端面时的受力情况简图，当开始切削时切削力矩最大，故应以此做为计算夹紧力的主要依据。在车削加工端面时，对工件有 F_z、F_y 和 F_x 三个切削分力，其中主要是 F_z 和 F_y 将可能引起工件在卡爪中相对转动和轴向移动，为此取理论夹紧力 W 与切削分力 F_z 及 F_y 的静力平衡，即可计算出夹紧力的大小。

为简化计算，设每个卡爪的理论夹紧力大小相等，均为 W。在每个卡爪处使工件转动的力为 $M_{F_z}/3r$，使工件轴向移动的力为 $F_y/3$，此两力的合力应由每个卡爪对工件夹紧时所产生的摩擦力 F_μ 来平衡，即

$$F_\mu = W\mu = \sqrt{(\frac{M_{F_z}}{3r})^2 + (\frac{F_y}{3})^2}$$

$$W = \sqrt{[(\frac{F_z d}{6r})^2 + (\frac{F_y}{3})^2]}/\mu$$

考虑安全系数 K 时，则实际所需的夹紧力为

$$W_0 = KW = K\sqrt{[(\frac{F_z d}{6r})^2 + (\frac{F_y}{3})^2]}/\mu$$

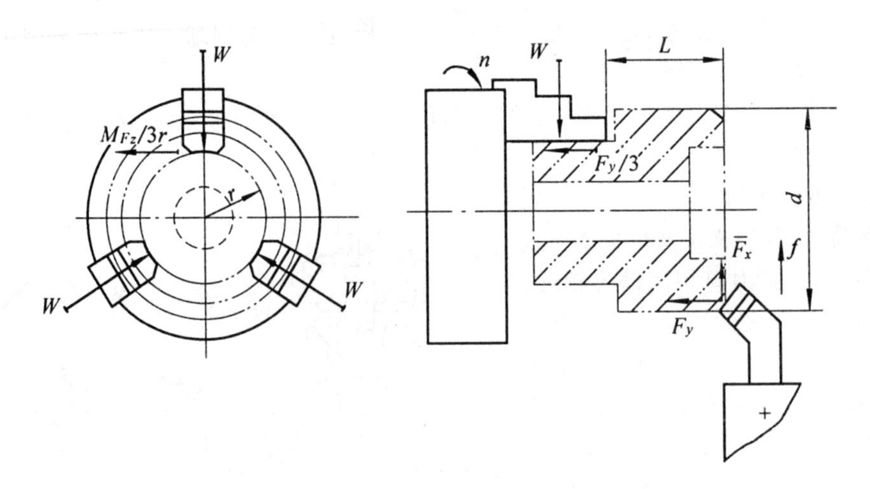

图 2-61　在车床上车削端面时工件的受力情况

[**例** 2] 钻孔

图 2-62 所示为在立式钻床上以工件底面和外圆中心线定位,用两个 V 形块 2 夹持工件钻不通孔时的受力情况。由图示可知,工件底面的定位支承板承受钻孔时的轴向力 F,而钻削力矩则由工件底面与定位支承板产生的摩擦力矩和两 V 形块夹持工件时产生的摩擦力矩所平衡,即

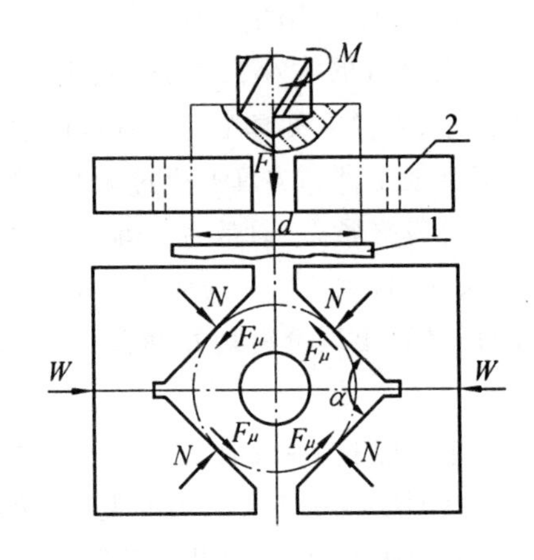

1— 定位支承板； 2—V 形块

图 2-62　在立式钻床上钻不通孔时工件受力情况

$$4F_\mu \times \frac{d}{2} + F\mu_1 \times r' = M$$

因
$$F_\mu = N\mu_2 = \frac{W\mu_2}{2\sin\frac{\alpha}{2}}$$

$$F_{\mu 1} = F\mu_1$$

$$r' = \frac{2}{3}\left(\frac{d}{2}\right) = \frac{d}{3}$$

故
$$\frac{W\mu_2 d}{\sin\frac{\alpha}{2}} + \frac{F\mu_1 d}{3} = M$$

$$W = \left(\frac{M - \frac{F\mu_1 d}{3}}{\mu_2 d}\right)\sin\frac{\alpha}{2}$$

考虑安全系数 K 时,则实际所需的夹紧力为

$$W_0 = KW = K\left(\frac{M - \frac{F\mu_1 d}{3}}{\mu_2 d}\right)\sin\frac{\alpha}{2}$$

式中　F_μ——V 形块与工件的摩擦力；

$F_{\mu 1}$—— 定位支承板与工件的摩擦力；

μ_1—— 定位支承板与工件的摩擦因数；

μ_2——V 形块与工件的摩擦因数；

r'—— 工件底面与定位支承板的当量摩擦半径。

［**例** 3］铣平面

图 2-63 所示为在卧式铣床上用圆柱铣刀铣平面时的工件受力情况。工件在六点支承的夹具中定位，由侧面的压板压紧。铣削平面时切削力的作用点、方向和大小都是变化的，应按工件最易脱离定位元件的最坏情况建立工件的受力平衡关系式。开始铣削且切深最大是最坏的情况，此时工件将可能绕 O 点翻转。引起工件翻转的力矩是 FrL，而阻止工件翻转的是支承 A、B 上的摩擦力矩 $M_{F\mu A}$ 和 $M_{F\mu B}$（因采用浮动压板，故不计夹紧点的摩擦阻力），当 A、B 处的正压力 $N_A = N_B = W/2$ 时，根据力矩平衡得

$$FrL = M_{F\mu A} + M_{F\mu B}$$

因

$$M_{F\mu A} \approx N_A \cdot \mu \cdot L_1 = \frac{W}{2}\mu L_1$$

$$M_{F\mu B} \approx N_B \cdot \mu \cdot L_2 = \frac{W}{2}\mu L_2$$

故

$$FrL = \frac{W}{2}(L_1 + L_2)\mu$$

$$W = \frac{2FrL}{(L_1 + L_2)\mu}$$

考虑安全系数 K 时，则实际所需的夹紧力为

$$W_0 = KW = \frac{2KFrL}{(L_1 + L_2)\mu}$$

式中　Fr—— 铣削合力。

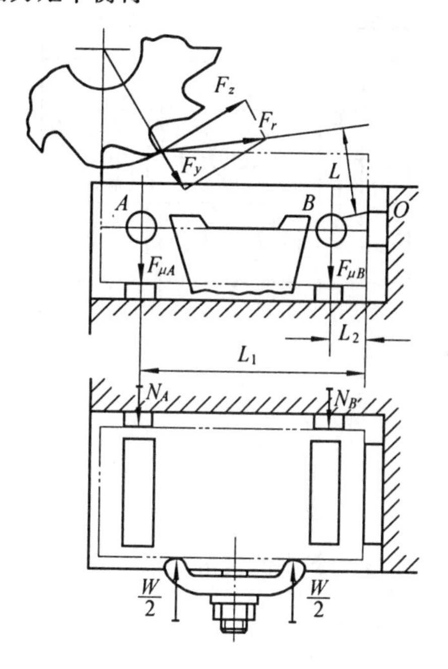

图 2-63　卧式铣床上铣平面时工件受力情况

三、夹紧机构设计

从夹紧装置的组成中可以看出，不论采用何种动力源（手动或机动），外加的原始作用力要转化为夹紧力，都必须通过夹紧机构。夹具中常用的夹紧机构有斜楔夹紧机构、螺旋夹紧机构、圆偏心夹紧机构、定心对中夹紧机构及联动夹紧机构等。

（一）斜楔夹紧机构

斜楔夹紧机构是夹紧机构中最基本的形式之一，螺旋夹紧机构、圆偏心夹紧机构、定心对中夹紧机构等均是斜楔夹紧机构的变型。

1．作用原理及夹紧力

图 2-64(a) 所示，工件 2 是在 6 个支承钉 1 上定位进行钻孔加工的。夹具体上有导槽，将斜楔 3 插入导槽中，敲击其大头端即可将工件压紧。加工完毕后，敲击斜楔的小头端，便可拔出斜楔，取下工件。由此可见，斜楔主要是利用其斜面移动时所产生的压力夹紧工件的，也即是一般所说的楔紧作用。

斜楔受外加原始作用力 Q 后所产生的夹紧力 W，可按斜楔受力的平衡条件求得。斜楔受力如图 2-64(b) 所示，斜楔受到工件对它的反作用力 W 和摩擦力 $F\mu_2$，夹具体的反作用力 N 和摩擦力 $F\mu_1$。设 N 和 $F\mu_1$ 的合力为 N'，W 和 $F\mu_2$ 的合力为 W'，则 N 和 N' 的夹角为夹具体与斜楔之间的摩擦角 φ_1，W 与 W' 的夹角为工件与斜楔之间的摩擦角 φ_2。

夹紧工件时，Q、W'、N' 三力平衡，由图示的力平衡图可得

$$Q = W\mathrm{tg}(\alpha + \varphi_1) + W\mathrm{tg}\varphi_2$$

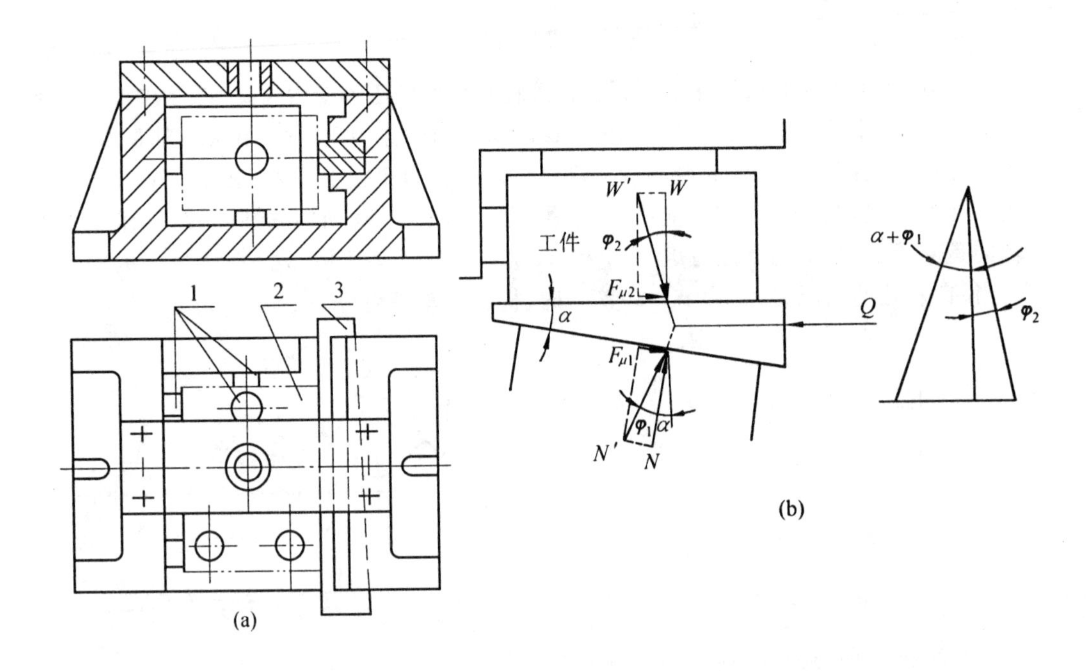

1— 支承钉； 2— 工件； 3— 斜楔

图 2-64 斜楔夹紧机构的作用原理及受力分析

$$W = \frac{Q}{\mathrm{tg}(\alpha + \varphi_1) + \mathrm{tg}\varphi_2}$$

式中 α 为斜楔的楔角，当 α、φ_1、φ_2 均很小，且 $\varphi_1 = \varphi_2 = \varphi$ 时，上式可简化为

$$W \approx \frac{Q}{\mathrm{tg}\alpha + 2\mathrm{tg}\varphi}$$

对楔角 $\alpha \leqslant 11°$ 的斜楔夹紧机构，按简化公式计算夹紧力时，其误差不超过 7%。但对楔角较大的斜楔夹紧机构，则不宜采用简化公式计算。

2. 结构特点

(1) 斜楔的自锁性

图 2-65(a) 所示为自锁斜楔的一种结构，其楔角一般取为 1 : 10。

一般对夹具的夹紧机构，都要求具有自锁性能，也就是当外加的原始作用力 Q 一旦消失或撤除后，夹紧机构在摩擦力的作用下仍应保持其处于夹紧状态而不松开。对斜楔夹紧机构而言，这时摩擦力的方向应与斜楔企图松开退出的方向相反。由图 2-65(b) 所示斜楔满足自锁要求，则必须是

$$F\mu_2 \geqslant N' \sin(\alpha - \varphi_1)$$

因 $$F\mu_2 = W\mathrm{tg}\varphi_2 \qquad W = N'\cos(\alpha - \varphi_1)$$

故 $$W\mathrm{tg}\varphi_2 \geqslant W\mathrm{tg}(\alpha - \varphi_1)$$

$$\varphi_1 + \varphi_2 \geqslant \alpha$$

由此可见，满足斜楔自锁条件，其楔角应小于斜楔与工件以及斜楔与夹具体之间的摩擦角 φ_1 与 φ_2 之和。通常取 $\varphi_1 = \varphi_2 = 6°$，因此取 $\alpha \leqslant 12°$。但考虑到斜楔的实际工作条件，为自锁更可靠，则实际取 $\alpha = 6°$，这时 $\mathrm{tg}6° \approx 0.1 = 1/10$。

(2) 斜楔能改变原始作用力的方向

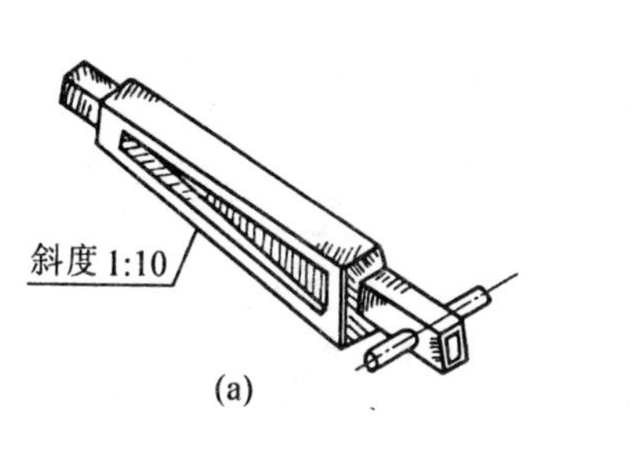

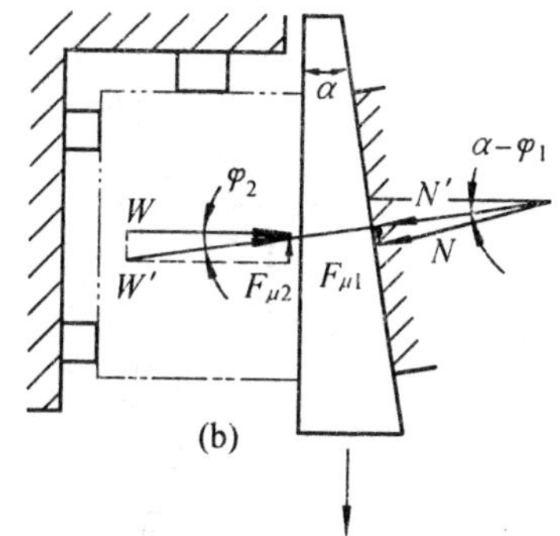

图 2-65　自锁斜楔结构及自锁条件分析

由图 2-64 中可以看出，当外加一个作用力 Q，则斜楔产生一个与 Q 力方向垂直的夹紧力 W。

(3) 斜楔具有扩力作用

从夹紧力计算公式中可知，斜楔具有扩力作用，即外加一个较小的原始作用力 Q，却可获得一个比 Q 大好几倍的夹紧力 W，一般以扩力比 $i_p(i_p = \frac{W}{Q})$ 表示，而且当 Q 一定时，α 越小，扩力比越大。因此，在以气动或液压作为动力源的夹紧装置中，常用斜楔作为扩力机构。

(4) 斜楔的夹紧行程小

一般斜楔的夹紧行程很小，而且与斜楔的楔角 α 有关。楔角 α 越小，自锁性越好，但夹紧行程也越小，因此，在斜楔长度一定时，增加夹紧行程和斜楔的自锁性能是相矛盾的。

在设计斜楔夹紧机构选取楔角时，应综合考虑自锁、扩力和行程三方面问题。当要求具有较大的夹紧行程，且机构又要求自锁时，可采用双升角的斜楔。图 2-66 所示的夹紧机构，其前端大升角 α_0 仅用于加大夹紧行程，后端小升角 α 则用于夹紧和自锁。采用双升角斜楔，也可放宽被夹工件在夹紧方向的尺寸精度要求。

(5) 斜楔夹紧的效率低

斜楔与夹具体及工件之间为滑动摩擦，故夹紧的效率低。为提高其效率，可采用带滚子的斜楔夹紧机构，但此时自锁性能降低，故一般用于机动夹紧上。采用带滚子的斜楔夹紧机构的夹紧力 W，可通过图 2-67 所示的静力平衡关系求得

$$Q = W\text{tg}(\alpha + \varphi'_1) + W\text{tg}\varphi_2$$

$$W = \frac{Q}{\text{tg}(\alpha + \varphi'_1) + \text{tg}\varphi_2}$$

式中　φ'_1—— 滚子滚动的当量摩擦角

$$\text{tg}\varphi'_1 = \frac{2\rho}{d_2} = \mu(\frac{d_1}{d_2}) = \text{tg}\varphi(\frac{d_1}{d_2})$$

d_1—— 滚子销轴直径；

d_2—— 滚子直径；

φ—— 滚子与销轴的摩擦角；

φ_2—— 斜楔对夹具体的摩擦角。

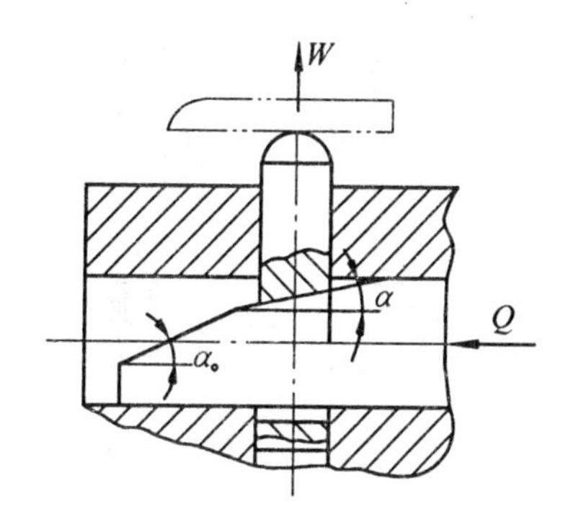

图 2-66　具有两个升角的斜楔

3. 适用范围

由于手动的斜楔夹紧机构在夹紧工件时既费时又

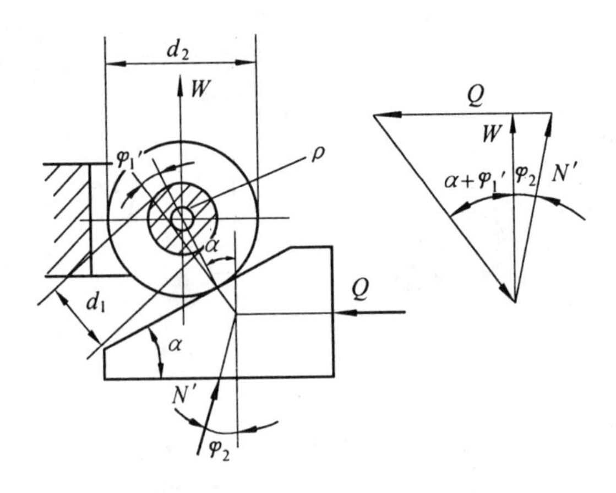

图 2-67　带滚子斜楔夹紧机构的夹紧力计算

费力,效率很低,故实际上多在机动夹紧装置中采用。

(二) 螺旋夹紧机构

利用螺杆直接夹紧工件,或者与其它元件组成复合夹紧机构夹紧工件,是应用较广泛的一种夹紧机构。

1. 作用原理及典型结构

螺旋夹紧机构中所用的螺杆,实际上相当于把斜楔绕在圆柱体上,因此其作用原理与斜楔是相同的。不过这里是通过转动螺杆,使相当于绕在圆柱体上的斜楔高度发生变化来夹紧工件的。

图 2-68(a) 所示是最简单的螺旋夹紧机构,直接用螺杆压紧工件表面。图 2-68(b) 所示是典型的螺旋夹紧机构,手柄 1 固定在螺杆 2 上,旋转手柄使螺杆在螺母套筒 3 的内螺纹中转动,从而起夹紧或松开的作用。用止动螺钉 4 防止螺母套筒松动。为了避免压坏工件表面和在拧动螺杆时可能带动工件偏转,在螺杆头部装有摆动的压块 5。

压块的典型结构及其与螺杆头部的连接方式如图 2-68(c) 所示。图中光面压块用于压紧加工过的工件表面,端面带有花纹的压块则用于压紧未加工过的毛坯表面。图中所示的 *A* 型、*B* 型为压块与螺杆连接的两种方式。

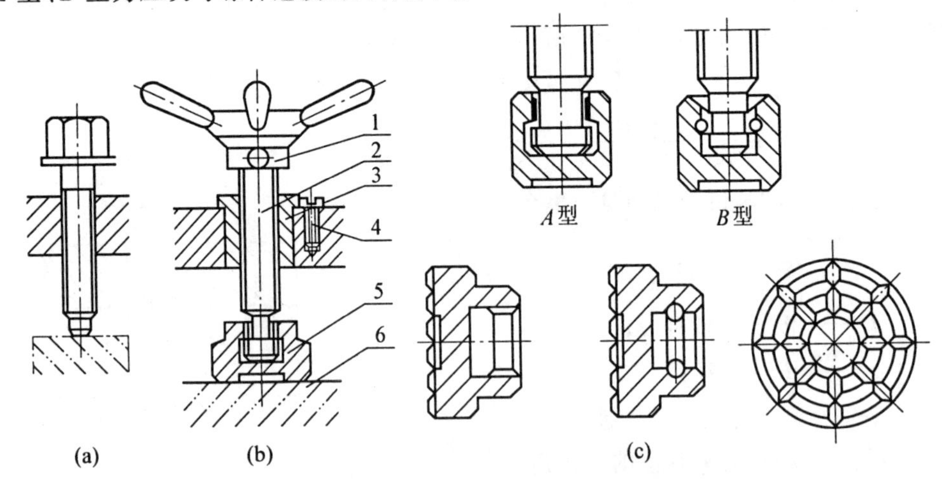

1— 手柄； 2— 螺杆； 3— 螺母套筒； 4— 止动螺钉； 5— 压块； 6— 工件

图 2-68　典型螺旋夹紧机构及压块结构

2. 夹紧力的计算

螺旋夹紧机构的夹紧力计算与斜楔相似，螺杆可以看作是绕在圆柱体上的斜楔，其螺旋升角即为楔角。若沿螺杆中径展开，则螺杆相当于一个斜楔作用在工件与螺母之间，其受力情况如图 2-69 所示。

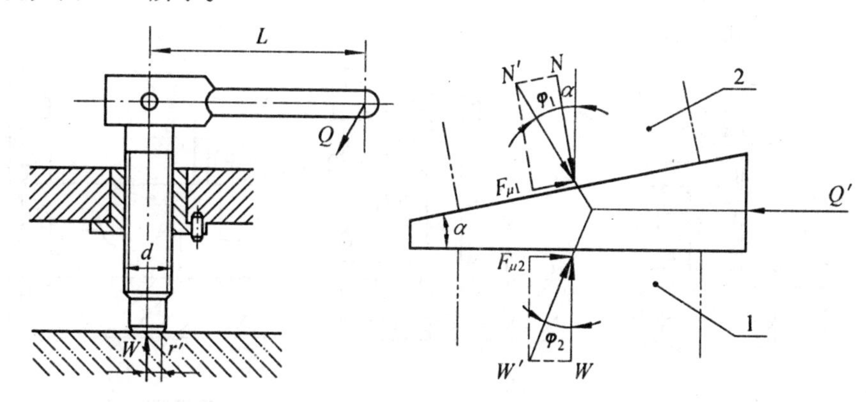

图 2-69　螺旋夹紧中的螺杆受力分析

当在螺旋夹紧机构的手柄上施加原始作用力矩 $M_Q = QL$ 后，工件对螺杆的作用力有垂直于螺杆端部的反作用力 W（即夹紧力）及摩擦力 F_{μ_2}。摩擦力分布在整个接触面上，计算时可视为集中在当量半径 r' 的圆环上，其力矩为 $M_{F_{\mu_2}}$。夹具体上的螺母对螺杆的作用力有垂直于螺旋面的正压力 N 及螺旋面上的摩擦力 F_{μ_1}，其合力为 N'。此力分布在整个螺旋面上，计算时可视为集中在螺纹中径 d_2 处，其作用力矩为 $M_{N'}$。根据平衡条件，对螺杆中心线的力矩为零，即

$$M_Q - M_{F_{\mu_2}} - M_{N'} = 0$$

因

$$M_Q = QL$$

$$M_{F_{\mu_2}} = F_{\mu_2} r' = W \mathrm{tg} \varphi_2 r'$$

$$M_{N'} = N' \sin(\alpha + \varphi_1) d_2/2 = W \mathrm{tg}(\alpha + \varphi_1) d_2/2$$

故

$$QL - W \mathrm{tg} \varphi_2 r' - W \mathrm{tg}(\alpha + \varphi_1) d_2/2 = 0$$

$$W = \frac{QL}{\frac{d_2}{2} \mathrm{tg}(\alpha + \varphi_1) + r' \mathrm{tg} \varphi_2}$$

式中　φ_1—— 方牙螺纹螺杆的摩擦角；

φ_2—— 螺杆端部与工件（或压脚）的当量摩擦角；

r'—— 螺杆端部与工件（或压脚）的当量摩擦半径，螺杆端部为球面时，$r' = 0$。

对其它类型螺纹的螺杆夹紧机构，可按下式计算

$$W = \frac{QL}{\frac{d_2}{2} \mathrm{tg}(\alpha + \varphi''_1) + r' \mathrm{tg} \varphi_2}$$

式中　φ''_1—— 螺母与螺杆的当量摩擦角。

对于三角形螺纹 $\varphi''_1 = \mathrm{arctg}(1.15 \mathrm{tg} \varphi_1)$

对于梯形螺纹 $\varphi''_1 = \mathrm{arctg}(1.03 \mathrm{tg} \varphi_1)$

3. 适用范围

由于螺旋夹紧机构具有结构简单、制造容易、夹紧可靠、扩力比大和夹紧行程不受限制等特点，所以在手动夹紧装置中被广泛使用。其缺点是夹紧动作慢、效率低。

在夹具中除采用螺杆直接夹紧工件外，经常采用螺旋压板夹紧机构，常用的螺旋压板夹紧机构如图 2-70 所示。

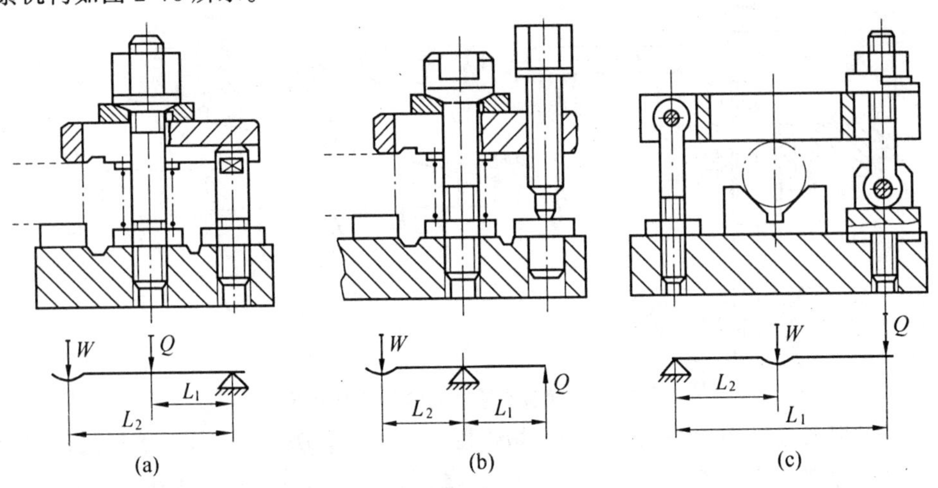

图 2-70　螺旋压板夹紧机构

图(a)所示，螺杆位于压板中间，螺母下用球面垫圈，支柱顶端也为球面，以便在夹紧过程中压板能根据工件表面位置作少量偏转。这种支点在一端的结构，可增大夹紧行程。图(b)所示的结构是压板的支点在中间，这样可以改变原始作用力的方向。图(c)所示为工件的夹紧点在压板中间的结构，可起扩力作用。夹紧力 W 可按下式计算

$$W = \frac{L_1 Q}{L_2}$$

在夹具设计中，受到结构尺寸的限制，还可采用图 2-71 所示的螺旋钩形压板夹紧机构。计算此种压板夹紧力 W 时，压板与导向孔之间的正压力 N 可近似按图示的力三角形 abc 分布考虑，根据力的平衡条件可求得

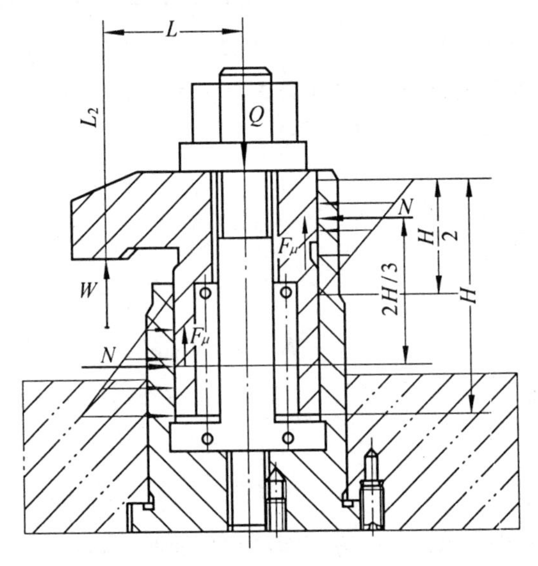

图 2-71　螺旋钩形压板夹紧机构及其受力分析

$$Q = W + 2F_\mu = W + 2N\mu = W + \frac{3WL\mu}{H} = W\left(1 + \frac{3L\mu}{H}\right)$$

$$W = \frac{Q}{1 + \frac{3L\mu}{H}}$$

式中　μ—— 钩形压板外圆与导向孔间的摩擦因数。

(三) 圆偏心夹紧机构

1. 圆偏心的夹紧原理及几何特性

(1) 圆偏心的夹紧原理

图 2-72(a) 所示的偏心圆,其几何中心为 O_1,直径为 d,回转中心为 O,偏心距为 e。由图可知,该偏心圆系由半径为 r_0 的偏心基圆和两个套在其上的弧形楔 mnn' 所构成。若将操控手柄装在上半部,就可以用下半部的弧形楔来工作。当偏心圆顺时针绕 O 回转时,其回转中心至偏心圆上压紧点的距离(即回转半径 r) 不断增大,相当于此弧形楔向前楔紧在偏心基圆与工件之间,从而将工件压紧。

(2) 圆偏心的几何特性

圆偏心夹紧实际上是斜楔夹紧的一种变形,与平面斜楔夹紧相比,主要区别是其工作表面上各夹紧点的升角 α 是一个变数。

偏心圆工作表面上任意夹紧点 x 的升角α_x 是指工件受压表面与偏心圆上过与工件接触点 x 的回转半径 r 的法线之间的夹角α_x。由图 2-72(a) 可知,α_x 亦是 O 点和 O_1 点与夹紧点 x 连线之间的夹角。若以偏心基圆周长的一半为横坐标,相应的半径差 $r-r_0$ 为纵坐标,将弧形楔展开即可得到图 2-72(b) 所示的曲线楔。曲线 mPn 上任意点 x 的切线和水平线间的夹角,即为该夹紧点的升角 α_x。由图中曲线可知,随着偏心圆工作时转角 φ_x 的增大,升角 α_x 也将由小变大再变小,其中必有一个最大的升角 $\alpha_{\max}$。

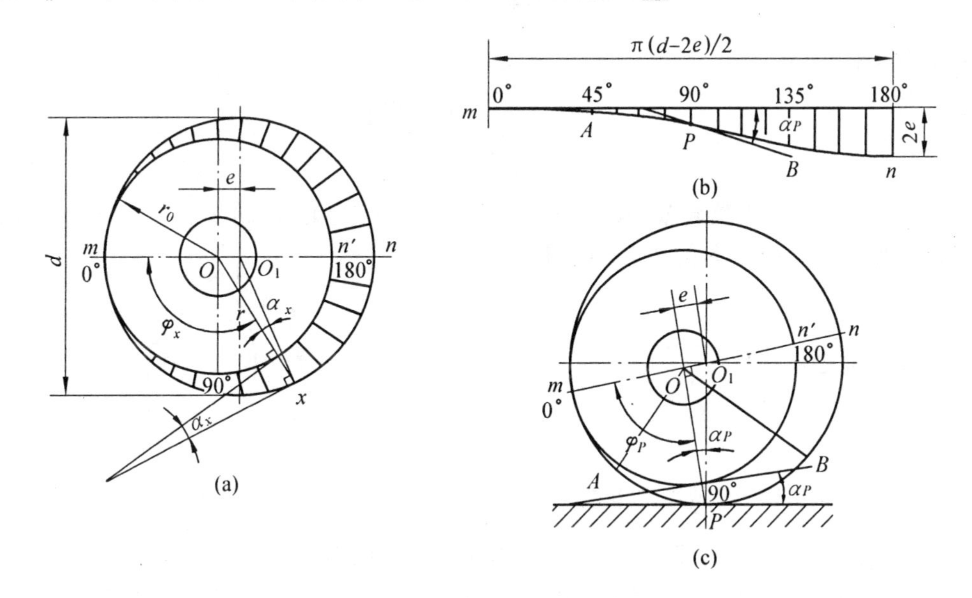

图 2-72　圆偏心的夹紧原理及几何特性

由图 2-72(a) 中所示的 ΔOxO_1 中知

$$\frac{\sin\alpha_x}{e} = \frac{\sin(180^\circ - \varphi_x)}{d/2}$$

故

$$\sin\alpha_x = \frac{2e}{d}\sin\varphi_x$$

当 $\varphi_x = 0^\circ$ 时

$$\alpha_m = 0^\circ$$

当 $\varphi_x = 90^\circ$ 时

$$\alpha_{\max} = \arcsin\left(\frac{2e}{d}\right) = \alpha_p$$

当 $\varphi_x = 180^\circ$ 时

$$\alpha_n = 0^\circ$$

偏心圆各工作点升角变化的这一特性很重要,因为其工作弧段的选择、自锁性能、夹紧力以及主要结构尺寸的确定等,均与升角变化和最大升角 α_p 有关。

2. 偏心圆工作弧段的选择

理论上,偏心圆下半部轮廓上的任何一点都可用来夹紧工件,图 2-72(a) 中可知,由 m 点到 n 点,相当于偏心圆转过 180°,夹紧的总行程为 $2e$。实际上,为保证夹紧可靠和操作方便,一般仅取下半圆周的 1/3 ~ 1/2 圆弧为工作弧段。如取图 2-72(c) 中的 $\widehat{Pn}$ 为工作弧段,或取以 P 点为中心,$\varphi_P \pm (30° \sim 45°)$ 的 $\widehat{AB}$ 为工作弧段。其中后者由于升角变化较小且夹紧行程较大,故工作性能较好。

3. 圆偏心夹紧的自锁条件

保证自锁是设计圆偏心夹紧机构时必须注意的一个主要问题。要保证圆偏心夹紧时的自锁性,和前述的斜楔夹紧一样,应满足如下条件

$$\alpha_{max} \leqslant \varphi_1 + \varphi_2$$

式中 α_{max}—— 偏心圆工作弧段的最大升角;

φ_1—— 偏心圆与工件间的摩擦角;

φ_2—— 偏心圆转轴处的摩擦角。

前已证明

$$\alpha_P = \alpha_{max} = \arcsin(\frac{2e}{d})$$

当 α_P 较小时

$$\alpha_P = \alpha_{max} \approx \mathrm{arctg}(\frac{2e}{d})$$

或

$$\mathrm{tg}\alpha_P = \mathrm{tg}\alpha_{max} \approx \frac{2e}{d}$$

因

$$\mathrm{tg}\alpha_{max} \leqslant \mathrm{tg}(\varphi_1 + \varphi_2)$$

为确保自锁、现忽略转轴处的摩擦,即可取 $\varphi_2 = 0°$ 这时 $\mathrm{tg}(\varphi_1 + \varphi_2) = \mathrm{tg}\varphi_1 = \mu_1$。故自锁时,偏心圆直径 d 和偏心距 e 应满足如下关系

$$\frac{2e}{d} \leqslant \mu_1$$

当 $\mu_1 = 0.1 \sim 0.5$

$$\frac{d}{e} \geqslant 14 \sim 20$$

$\frac{d}{e}$ 之值称为偏心率或偏心参数。

按上述偏心率设计的偏心圆,当外径相同时,取偏心率为 14 时具有较大的偏心距,而转角相同时夹紧行程较大,有较好的使用性能。所以在实际应用中多采用摩擦因数 $\mu_1 = 0.15$、偏心率 $\frac{d}{e} = 14$ 的圆偏心夹紧工件。

4. 圆偏心夹紧力计算

由于偏心圆上各夹紧点的升角不同,故夹紧力也不相同,它随 φ 角不同而变化。当偏心圆在 P 点夹紧工件,其升角最大,产生的夹紧力最小,其它各点均大于 P 点的夹紧力,故计算夹紧力时,只计算 P 点的夹紧力即可。偏心圆的受力情况如图 2-73 所示。

设偏心圆的手柄上所施加的原始作用力为 Q,其作用点至回转中心 O 的距离为 L,则所产生的力矩为

$$M = QL$$

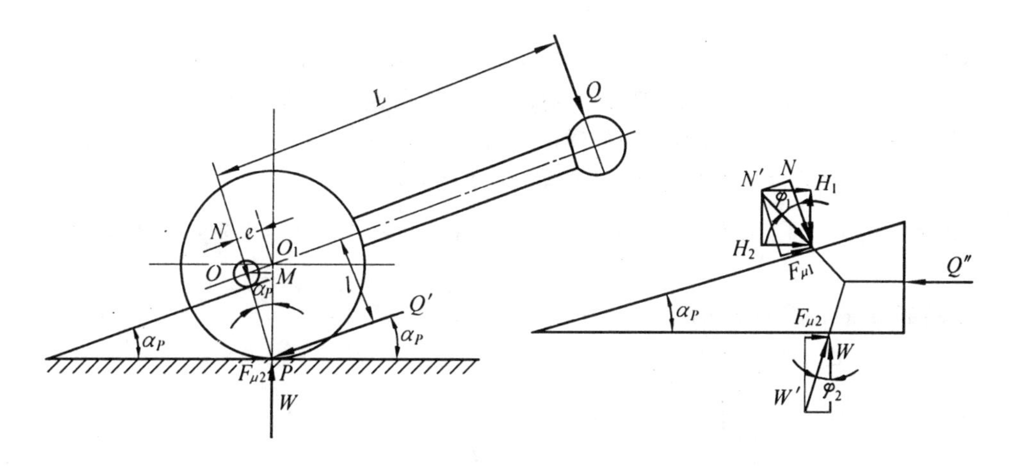

图 2-73　偏心圆的受力情况及分析

在此力矩 M 作用下，在夹紧接触点 P 处必然有一相当的楔紧力 Q'，其对 O 点的力矩为

$$M' = Q'l$$

$$M = M'$$

故

$$QL = Q'l$$

$$Q' = \frac{QL}{l}$$

偏心圆的夹紧作用可看作是在偏心轴与夹紧接触点之间有一个升角等于 α_P 的斜楔在楔紧工件，因此在斜楔上除有 Q' 的水平分力 Q''，还受到夹紧点的夹紧力 W 和摩擦力 $F\mu_2$ 以及偏心轴给予斜楔面的反作用力 N 和摩擦力 $F\mu_1$。W 与 $F\mu_2$ 的合力为 W'，N 与 $F\mu_1$ 的合力为 N'，而 N' 又可分解为水平分力 H_2 和垂直分力 H_1 按静力平衡条件

$$Q'' = H_2 + F\mu_2$$

$$W = H_1$$

$$Q'' = Q'\cos\alpha_P$$

而

$$F\mu_2 = W\mathrm{tg}\varphi_2$$

$$H_2 = H_1\mathrm{tg}(\alpha_P + \varphi_1) = W\mathrm{tg}(\alpha_P + \varphi_1)$$

$$Q'\cos\alpha_P = W\mathrm{tg}(\alpha_P + \varphi_1) + W\mathrm{tg}\varphi_2$$

故

$$W = \frac{Q'\cos\alpha_P}{\mathrm{tg}(\alpha_P + \varphi_1) + \mathrm{tg}\varphi_2} = \frac{QL\cos\alpha_P}{l[\mathrm{tg}(\alpha_P + \varphi_1) + \mathrm{tg}\varphi_2]}$$

又因

$$l = \frac{d}{2}\cos\alpha_P(\text{因 } OO_1 \perp OP)$$

故

$$W = \frac{2QL}{d[\mathrm{tg}(\alpha_P + \varphi_1) + \mathrm{tg}\varphi_2]}$$

式中　α_P—— 偏心圆在 P 点与工件接触时的升角，$\alpha_P = \arcsin\frac{2e}{d}$；

　　d—— 偏心圆直径。

5. 圆偏心的设计步骤

(1) 确定偏心圆工作弧段的行程

图 2-74 所示，偏心圆工作弧段为 $\overset{\frown}{AB}$。理论上，当操纵手柄顺时针转动时，偏心圆以 A 点夹紧最大极限尺寸的工件，以 B 点夹紧最小极限尺寸的工件，这样，工作弧段的行程等

于被夹紧工件的尺寸公差 T 就够了。但实际上还需考虑下列几方面的因素:

① 为便于装卸工件而必须留有的间隙 S_1,一般取 $S_1 \geqslant 0.3$mm。

② 受夹紧力作用时,夹紧机构的弹性变形量 S_2,一般取 $S_2 = 0.05 \sim 0.15$mm。

③ 工作弧段的行程贮备量 S_3,一般取 $S_3 = 0.1 \sim 0.3$mm。

因此,偏心圆的工作弧段 $\overset{\frown}{AB}$ 的总行程 h_{AB} 必须大于工件的尺寸公差 T,其值应为

$$h_{AB} = S_1 + S_2 + S_3 + \mathrm{T}$$

(2) 确定偏心圆的结构尺寸

主要是确定下面两个参数:

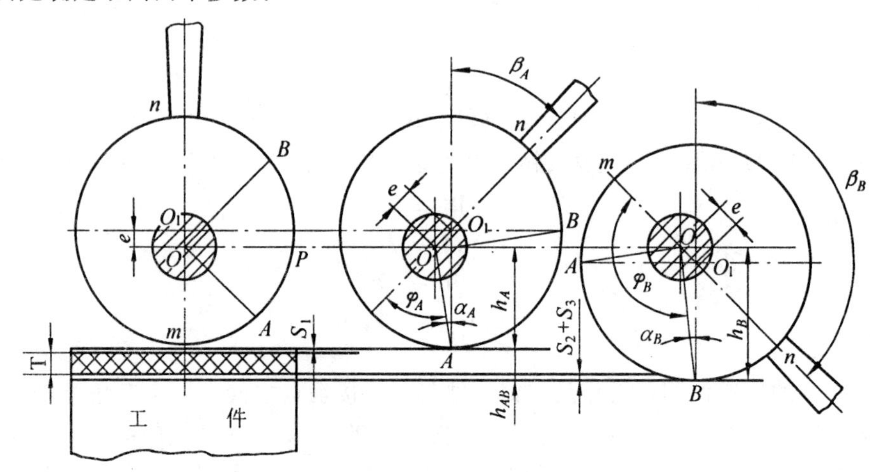

图 2-74　偏心圆工作弧段的行程

① 偏心圆的偏心距 e。

由图 2-74 中知

$$h_{AB} = h_B - h_A$$

$$h_A = r - e\cos\beta_A \quad (\beta_A = \varphi_A - \alpha_A)$$

$$h_B = r + e[\cos(180° - \beta_B)] = r - e\cos\beta_B \quad (\beta_B = \varphi_B - \alpha_B)$$

$$h_{AB} = h_B - h_A = e(\cos\beta_A - \cos\beta_B)$$

式中 β_A、β_B—— 分别为操纵手柄在夹紧点 A、B 的转角,计算时也可以近似取 $\beta_A \approx \varphi_A$、$\beta_B \approx \varphi_B$。

由上式可得

$$e = \frac{h_{AB}}{\cos\beta_A - \cos\beta_B} \approx \frac{S_1 + S_2 + S_3 + \mathrm{T}}{\cos\varphi_A - \cos\varphi_B}$$

② 偏心圆直径 d

偏心圆直径可根据自锁条件确定,一般可按下式取

$$d = (14 \sim 20)e$$

6. 适用范围

(1) 由于偏心圆的夹紧力小,自锁性能又不是很好,故只适用于切削负荷不大且无很大振动的场合

(2) 为满足自锁条件,其夹紧行程也相应受到限制,一般多用于夹紧行程较小的情况

(3) 一般很少直接用于夹紧工件,大多是与其它夹紧元件联合使用

（四）铰链夹紧机构

1．作用原理及夹紧力

图 2-75 所示是常用的铰链夹紧机构的几个典型示例，现以图(a) 所示的单臂铰链夹紧机构为例，说明其作用原理及夹紧力的计算。

由图(a) 所示结构可知，铰链臂 3 的两端是由铰链连接，一端带滚子 2。滚子 2 由气缸活塞杆推动，可在垫板 1 上左右运动。当滚子向左运动到垫板左端斜面时，压板 4 离开工件，当滚子向右运动时，通过铰链臂 3 使压板 4 压紧工件。

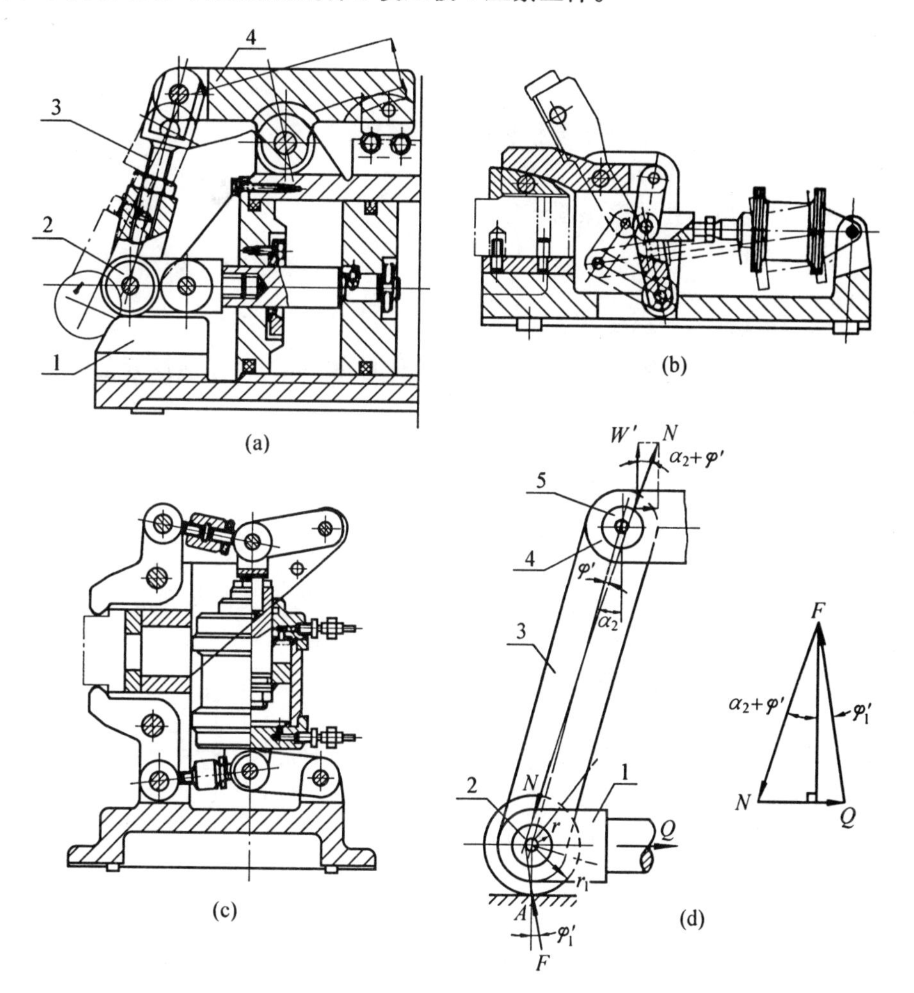

(a) 单臂铰链夹紧机构：1— 垫板； 2— 滚子； 3— 铰链臂； 4— 压板

(b) 双臂单作用铰链夹紧机构；

(c) 双臂双作用铰链夹紧机构；

(d) 单臂铰链夹紧机构中铰链臂的受力分析　1— 拉杆； 2,5— 销轴； 3— 铰链臂； 4— 压板

图 2-75　几种铰链夹紧机构及受力分析

图 2-75(d) 所示是单臂铰链夹紧机构中铰链臂的受力分析。为计算夹紧力 W，需先由销轴 2 的受力分析开始。销轴 2 所受到的外力有：拉杆 1 作用于销轴 2 的力 Q(此力近似等于动力源的原始作用力)；滚子对销轴 2 的反作用力 F，此力通过滚子与垫板的接触点 A 并与销轴处的摩擦圆相切；铰链臂 3 对销轴 2 的反作用力为 N，此力与铰链臂两端二销轴处的摩擦圆相切。上述三个力处于静力平衡，即

$$Q - N\sin(\alpha_2 + \varphi') - F\sin\varphi_1' = 0$$

$$N\cos(\alpha_2+\varphi')-F\cos\varphi_1'=0$$

解上式联立方程得

$$N=\frac{Q}{\cos(\alpha_2+\varphi')\mathrm{tg}\varphi_1'+\sin(\alpha_2+\varphi')}$$

式中　φ'—— 铰链臂两端铰链的当量摩擦角

$$\mathrm{tg}\varphi'\approx\frac{2\rho}{L}=\frac{2r}{L}\cdot\mathrm{tg}\varphi$$

φ'_1—— 滚子滚动当量摩擦角

$$\mathrm{tg}\varphi_1'\approx\frac{r}{r_1}\mathrm{tg}\varphi$$

φ—— 铰链与销轴或滚子与销轴间的摩擦角；

α_2—— 夹紧时铰链臂的倾斜角度；

ρ—— 铰链销轴处的摩擦圆半径；

r—— 销轴半径；

r_1—— 滚子半径；

L—— 铰链臂上两铰链孔中心距。

N 力又通过销轴 5 作用于压板 4 上，其垂直分力 W' 即为使压板压紧工件的作用力。由图 2-75(d) 可得

$$W'=N\cos(\alpha_2+\varphi')$$

当压板 4 的杠杆比为 1 : 1 时，则得夹紧力 W 为

$$W=W'=\frac{Q}{\mathrm{tg}(\alpha_2+\varphi')+\mathrm{tg}\varphi_1'}$$

为夹紧可靠，式中 α_2 应按夹紧一批工件铰链臂所处的最大倾斜角 α_{max} 值进行计算。

2. 压板的夹紧总行程及气缸的工作行程

图 2-76 所示，夹紧工件所需的总行程为

$$h=h_1+h_2+h_3$$

其中 h_1 为满足装卸工件所需的夹紧行程，一般取 $h_1\geqslant 0.3$mm；h_2 为与被夹紧工件表面位置变化（主要是有关尺寸的公差）和夹紧机构的弹性变形（可取 0.05 ~ 0.15mm）有关的行程。而图中 h_3 则为行程的最小储备量，以防止铰链臂超过垂直位置而使夹紧机构失效，一般可取 $h_3=0.5$mm 或 $\alpha_2=5°$。

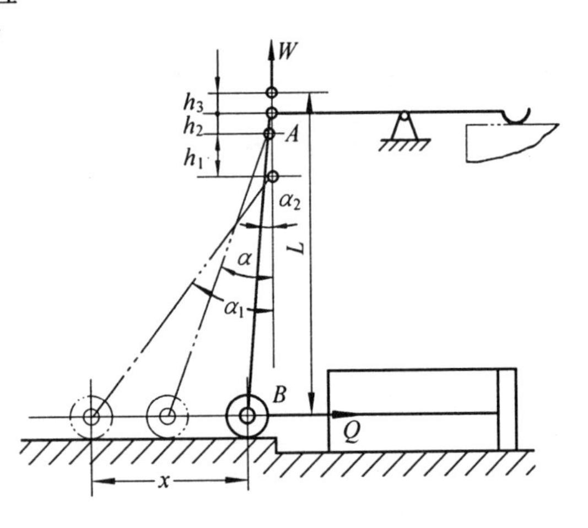

图 2-76　压板夹紧总行程及气缸的工作行程

由图中几何关系可求得压板的夹紧总行程 h 及气缸的工作行程 x 分别为

$$h=L(\cos\alpha_2-\cos\alpha_1)=h_1+h_2+h_3$$

$$x=L(\sin\alpha_1-\sin\alpha_2)$$

式中　α_1—— 未夹紧时铰链臂的倾斜角；

α_2—— 夹紧工件后铰链臂的倾斜角。

3. 适用范围

因铰链夹紧机构的结构简单、扩力比大且摩擦损失小，故适用于多点或多件夹紧，在气动或液动夹具中广泛应用。

（五）定心、对中夹紧机构

定心、对中夹紧机构，是一种特殊的夹紧机构，工件在其上同时实现定位和夹紧。在这种夹紧机构上与工件定位基准面相接触的元件，即是定位元件，又是夹紧元件。

在机械加工中，很多加工表面是以其中心线或对称面作为工序基准的，如加工与外圆同轴的内孔或加工与两侧面对称的通槽等工件。这时，若采用定心、对中夹紧机构装夹加工，则可以使基准位置误差为零，确保该工序的加工精度。又如，在主轴箱体加工时，为保证主轴孔有均匀的余量，以主轴毛坯孔为定位基准进行第一道工序精基准面的加工所采用的定心夹紧心轴，也属于定心、对中夹紧机构。

定心、对中夹紧机构之所以能实现准确的定心、对中的原理，就在于它们利用了定位-夹紧元件的等速移动、转动或均匀弹性变形的方式，来消除一批工件定位基准面的制造误差对定位基准位置的影响。为此，定心、对中夹紧机构的种类虽多，但就其各自实现定心和对中的工作原理而言，不外乎下述两种基本类型。

1. 按定位夹紧元件的等速移动或转动原理实现定心或对中夹紧

属于这一类定心、对中夹紧机构的典型结构如图 2-77 所示。

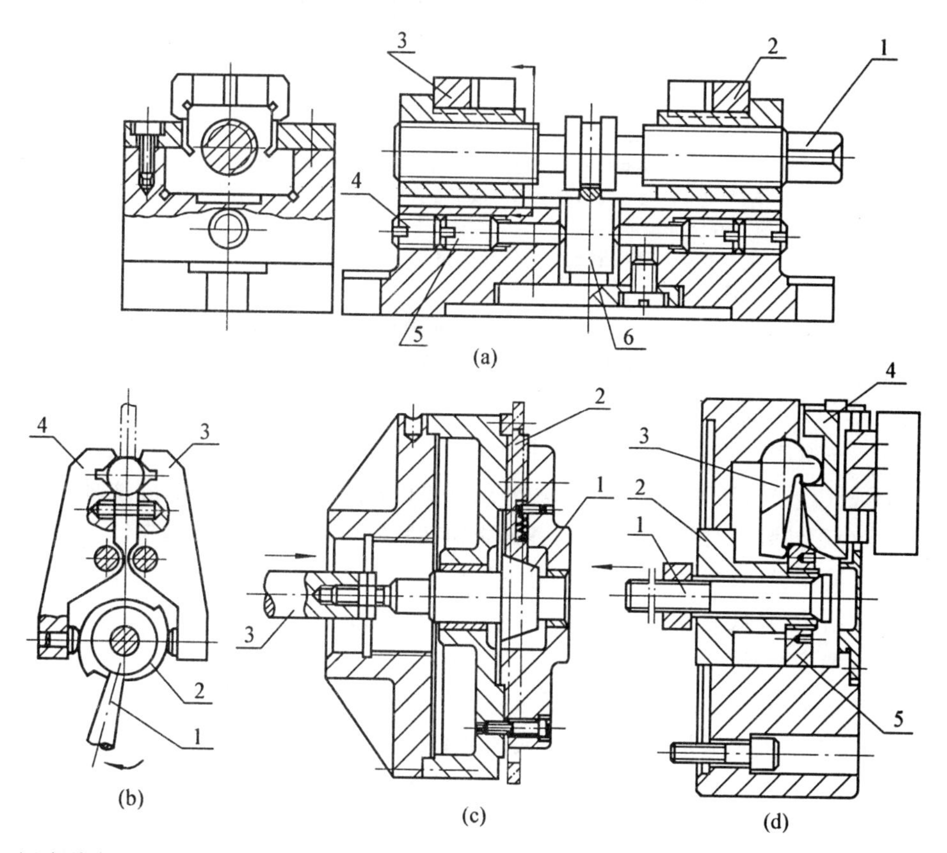

（a）螺旋式定心对中夹紧机构：1— 螺杆； 2、3—V 形块； 4— 紧固螺钉； 5— 螺钉； 6— 叉形件

（b）偏心式对中夹紧机构：1— 手柄； 2— 双面凸轮； 3、4—— 卡爪

（c）斜面定心夹紧机构：1— 锥体； 2— 卡爪； 3— 推杆

（d）杠杆定心夹紧机构：1— 拉杆； 2— 滑块； 3— 勾形杠杆； 4— 卡爪； 5— 螺母

图 2-77　按定位夹紧元件等速移动或转动原理实现定心、对中夹紧的典型结构

2. 按定位-夹紧元件均匀弹性变形原理实现定心夹紧

属于这一类的定心夹紧机构的典型结构如图 2-78 所示。

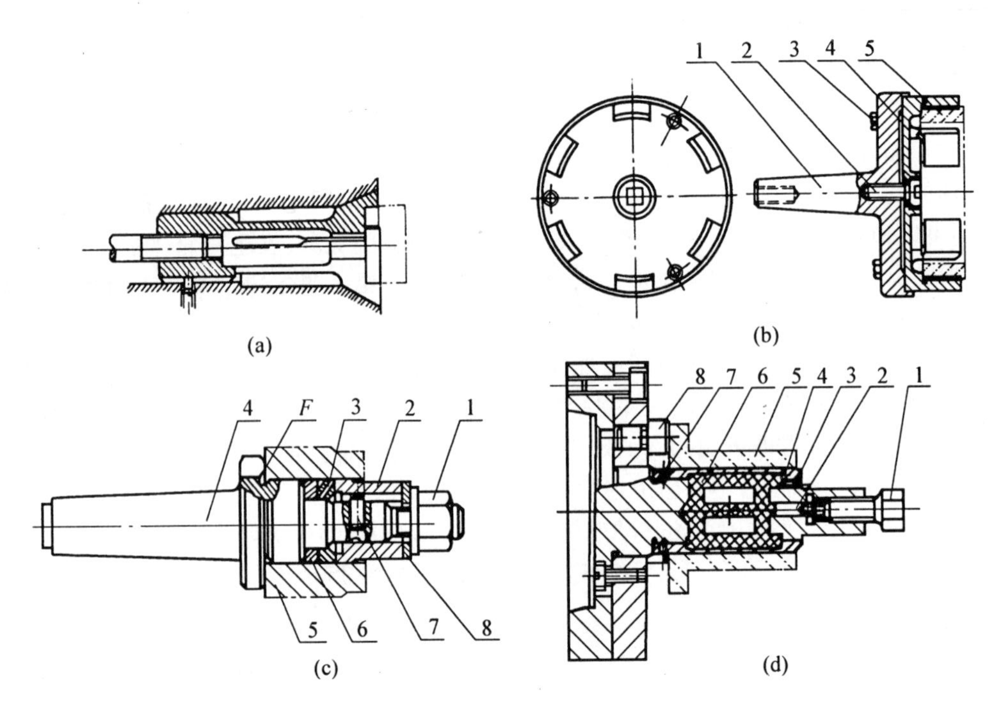

(a) 弹簧卡头；

(b) 膜片卡盘；1— 卡盘体； 2— 压紧螺钉； 3— 膜片固定螺钉； 4— 弹簧膜片； 5— 工件；

(c) 碟形簧片夹具；1— 压紧螺母； 2— 压紧套； 3— 碟形簧片； 4— 心轴体； 5— 工件； 6— 支承环； 7— 销； 8— 垫圈； F— 定位端面；

(d) 液性塑料夹具；1— 夹紧螺钉； 2— 柱塞； 3— 放气螺钉； 4— 薄壁套筒； 5— 工件； 6— 液性塑料； 7— 紧定螺钉； 8— 支承钉

图 2-78 按定位夹紧元件均匀弹性变形原理实现定心夹紧的典型结构

上面提到的定心、对中夹紧机构，选用时可参考有关夹具设计的资料。

(六) 联动夹紧机构

工件装夹所使用的夹具，有的需要同时有几个点对工件进行夹紧，而有的则需要同时夹紧几个工件。另外，还有除了夹紧作用外还需要松开或紧固辅助支承等。这时，为了提高生产率，减小工件装夹时间，可以采用各种联动夹紧机构。对于手动夹具来说，采用此种夹紧机构可以简化操作，减轻劳动强度。对于机动夹具来说，则可减少动力装置（如气缸、油缸等），简化结构，降低成本。下面介绍一些常见的联动夹紧机构。

1. 多点夹紧机构

多点夹紧是用一个原始作用力，通过一定的机构将该力分散到数个点上对工件进行夹紧。最简单的多点夹紧是采用浮动压头的夹紧，图 2-79 所示就是几种常见的浮动压头。

所谓浮动压头，就是在压头中有一个浮动零件 1，当夹紧工件过程中若有其中一个夹紧点接触，该零件即能够摆动（见图 a）或移动（见图 b）使两个（或更多个）夹紧点都接触，直到最后均衡夹紧。图(c) 为四点双向浮动夹紧机构，夹紧力分别作用在两个相互垂直的方向上，每个方向上又各有两个夹紧点。为保证四个点都接触和夹紧工件，也需通过浮动零件 1。两个方向上夹紧力的比例，可通过杠杆 L_1、L_2 的长度比来调整。

2. 多件夹紧机构

用一个原始作用力，通过一定的机构对数个相同或不同的工件进行夹紧称为多件夹紧。多件夹紧机构多用于夹紧小型工件，在铣床夹具中用得最广。根据夹紧力的方向和作

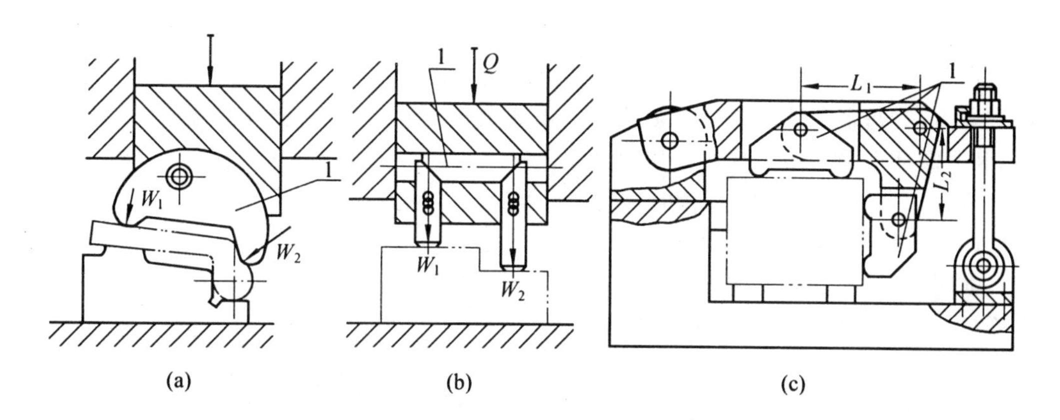

图 2-79　浮动压头及四点双向浮动夹紧机构

用情况，一般有下列几种形式。

(1) 平行式多件夹紧

如图 2-80 所示，各个夹紧力的方向相互平行，从理论上分析，分配到各工件上的夹紧力应相等。

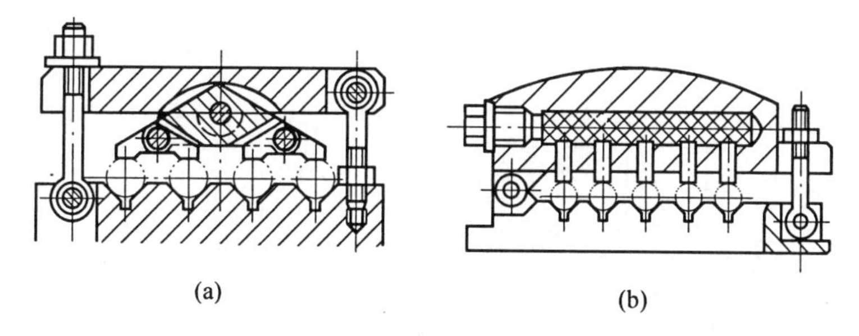

图 2-80　平行式多件夹紧

图(a) 为利用浮动压块对工件进行夹紧。每两个工件就需要用一个浮动压块，工件多于两个，浮动压块之间还需要用浮动件联接。图(b) 则是用流体介质(如液性塑料) 代替浮动元件实现多件夹紧，在有的夹具结构中也可采用小钢球代替流体介质。

(2) 对向式和复合式多件夹紧

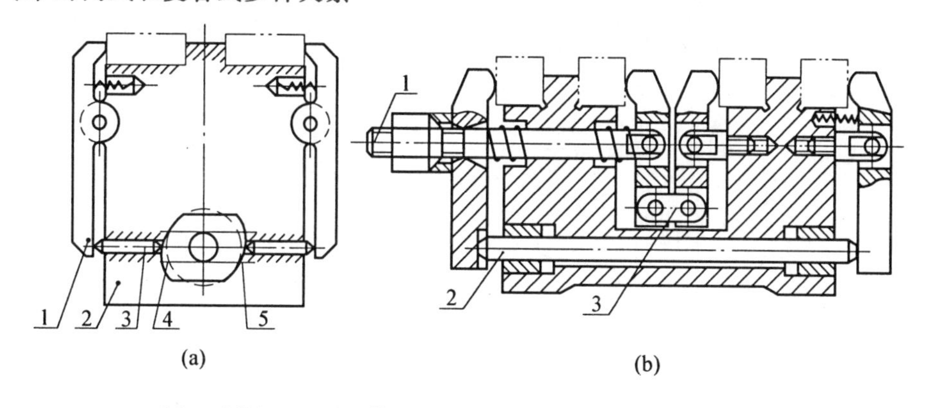

(a)1— 压板； 2— 夹具体； 3— 滑柱； 4— 偏心轮； 5— 水平导轨

(b)1— 螺杆； 2— 顶杆； 3— 连杆

图 2-81　对向式多件夹紧

对向式多件夹紧是通过浮动夹紧机构产生两个方向相反、大小相等的夹紧力，并同时将各工件夹紧，如图 2-81 所示。

图 2-81(a) 所示，转动偏心轮 4，通过滑柱 3 和两侧的压板 1 即产生大小相等方向相反的夹紧力，对每个工件进行对向夹紧。偏心轮的转轴可在水平导轨 5 上浮动。图 2-81(b) 所示，利用螺杆 1、顶杆 2 和连杆 3 作为浮动元件，对四个工件进行对向夹紧。

复合式多件夹紧多为平行和对向夹紧的综合，详见夹具设计手册

(3) 依次连续式多件夹紧

如图 2-82 所示，以工件本身为浮动件，不需另加浮动元件就可实现依次连续多件夹紧。

夹紧力依次由一个工件传至下一个工件，一次可以夹紧很多工件。

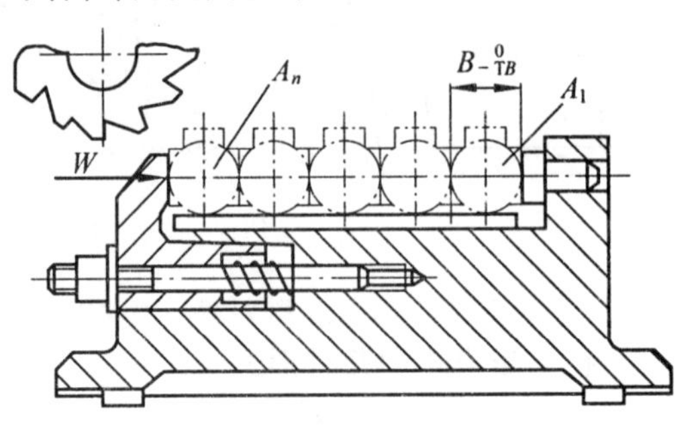

图 2-82　依次连续多件夹紧

3. 夹紧与其它动作联动

图 2-83(a) 所示为夹紧与移动压板联动的机构。工件定位后，逆时针板动手柄，

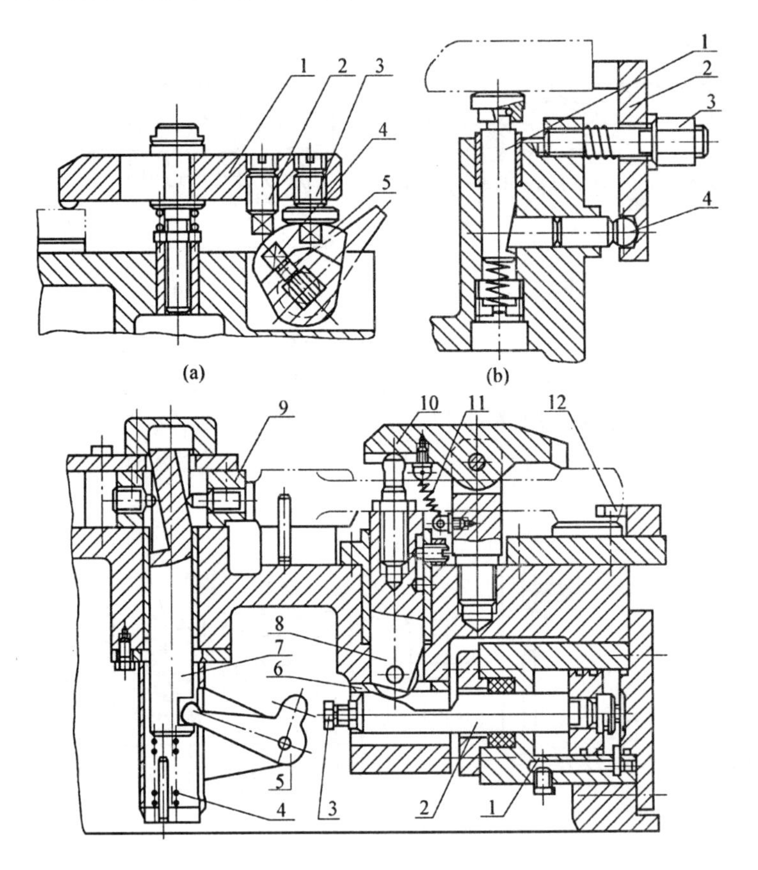

(a)1— 压板； 2、3— 螺钉； 4— 拨销； 5— 偏心轮

(b)1— 辅助支承； 2— 压板； 3— 螺母； 4— 锁销

(c) 1— 油缸； 2— 活塞杆； 3— 螺钉； 4— 弹簧； 5— 拨杆； 6— 滚子； 7— 推杆； 8— 推杆； 9— 活块； 10— 压板； 11— 弹簧； 12—V 形定位块

图 2-83　夹紧与其它动作联动示例

先是由拨销 4 拨动压板上的螺钉 2 使压板 1 进到夹紧部位。继续板动手柄，拨销与螺钉 2 脱开，而由偏心轮 5 顶起压板右端而夹紧工件。松开时，由拨销 4 拨动螺钉 3 而将压板退出工件。

图 2-83(b) 所示为夹紧与锁紧辅助支承联动的机构。工件定位后，辅助支承 1 在弹簧作用下与工件接触。转动螺母 3 推动压板 2，压板 2 在压紧工件的同时，通过锁销 4 将辅助支承 1 锁紧。

图 2-83(c) 所示为先定位后夹紧的联动机构。当压力油进入油缸 1 的左腔时，在活塞杆 2 向右移动过程中，先是左端的螺钉 3 离开拨杆 5 的短头，推杆 7 在弹簧 4 的作用下向上抬起，并以其斜面推动活块 9 使工件靠在 V 形定位块 12 上。然后，活塞杆 2 继续向右移动，其上斜面通过滚子 6、推杆 8，顶起压板 10 压紧工件。当活塞杆向左移动时，压板 10 在弹簧 11 的作用下松开工件，然后螺钉 3 推转拨杆 5，压下推杆 7，在斜面作用下带动活块 9 松开工件，此时即可取下工件。

设计联动夹紧机构，应注意进行运动分析和受力分析，以确保设计意图的实现。此外，还应注意避免机构过分复杂，致使效率低，动作不够可靠。

四、工件夹紧方案设计及夹紧力计算举例

夹紧装置是夹具的重要组成部分之一，选择工件的夹紧方案，必须与选择定位方案结合起来同时考虑。这里仅举一个夹紧装置设计实例，进行分析和计算。

(一) 工序加工要求

图 2-84 所示是离合器外壳零件铣顶面的工序简图，要求保证左右两端的厚度尺寸为 14mm，表面粗糙度为 Ra6.3。因系大批量生产，故采用在双轴转盘铣床上，用粗、精两把端面铣刀对装夹在圆工作台上的多个工件进行连续加工。

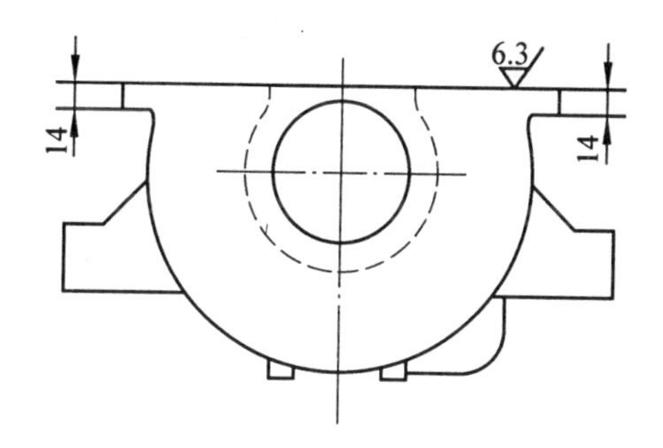

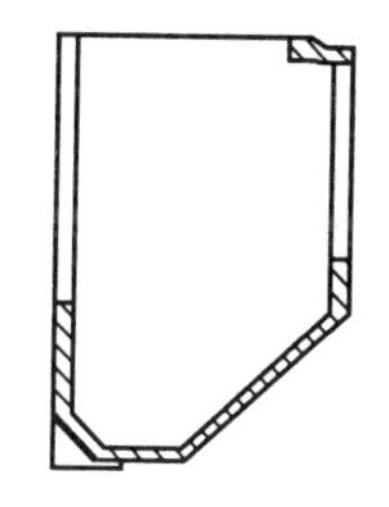

图 2-84　工序简图

(二) 定位夹紧方案

为保证工序加工要求，采用如图 2-85 所示的定位夹紧方案，左右两个固定支承板 1 限制 $\widehat{y}$、$\overleftrightarrow{z}$ 两个不定度，工件侧面用三个固定支承钉 3 限制 $\overleftrightarrow{y}$、$\widehat{z}$ 及 $\widehat{x}$ 三个不定度。为防止工件夹紧变形，采用与三个侧面定位支承钉相对应的带有三个爪的可卸压板 4，通过拉杆 2 在工件内壁夹紧工件。

(三) 夹紧力计算及夹紧元件的确定

工件在顶面的铣削加工过程中，在不同加工部位的切削力是变化的，故在计算夹紧力时需通过作图法找出对工件夹紧最不利的加工部位，据此计算所需的夹紧力 W。

在作切削力图解分析时，可将工件的圆周进给运动转化为铣刀中心相对工件做圆周

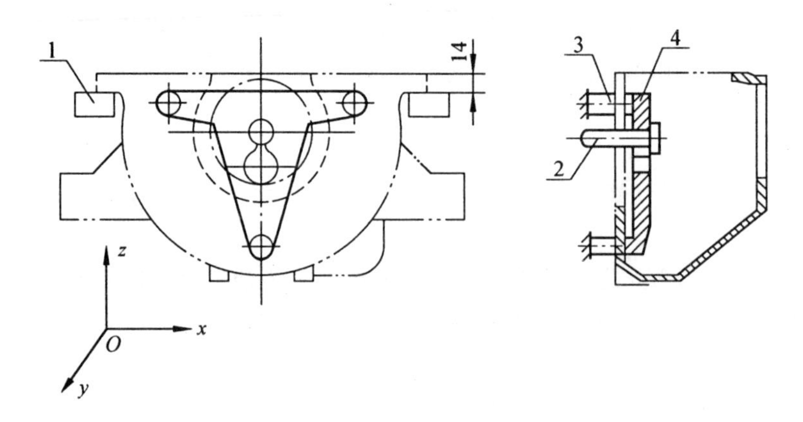

1— 支承板； 2— 拉杆； 3— 支承钉； 4— 可卸压板

图 2-85　定位夹紧方案

进给运动，其步骤如图 2-86 所示。

1. 以一定的比例划出工件在机床回转工作台上的布置图。

2. 划出铣刀中心相对工件作圆周进给运动的轨迹 S。

3. 划出对工件夹紧最不利的铣刀切削时的中心位置。

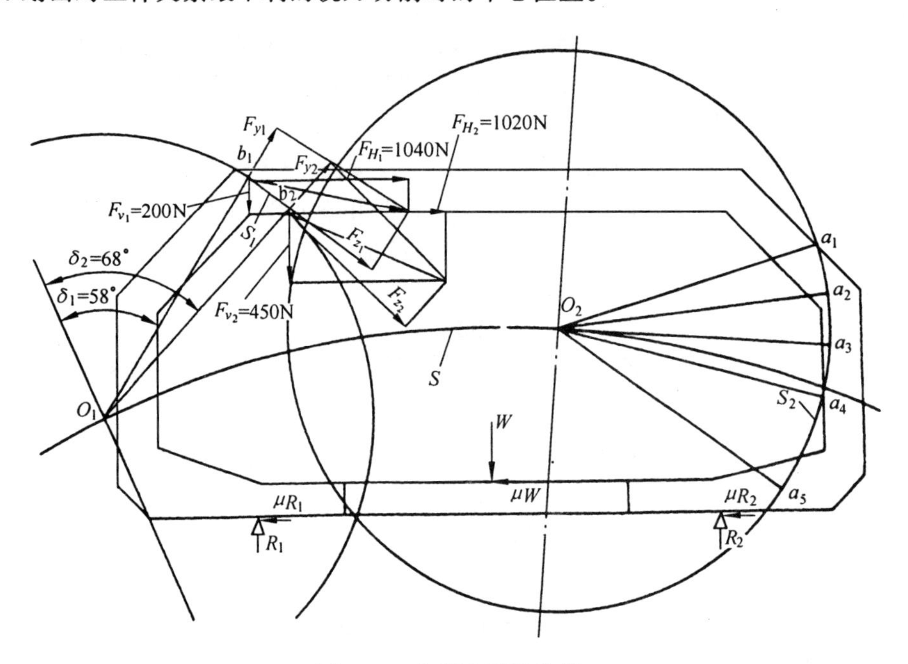

图 2-86　切削力图解分析

由图中可找出两个铣刀切削时的中心位置 O_1 和 O_2。虽然在 O_2 的位置上是圆周切削力最大时的铣刀中心位置，但由于加工时五个刀齿（a_1、a_2、a_3、a_4 和 a_5）切削时产生的 F_H 较小，且相互部分抵消，故需夹紧力不大。而 O_1 则是夹紧力最大的铣刀中心位置。因在此位置上两个刀齿（b_1 和 b_2）切削时所产生的 F_H 最大，需要通过夹紧力产生的摩擦力来平衡。

铣刀中心处于 O_1 位置时的铣削切削分力 F_H 及 F_V 可按有关公式及切削力图解中得出为

$$F_{H_1} = 1040\text{N} \qquad F_{V_1} = 200\text{N}$$

$$F_{H_2} = 1020\text{N} \qquad F_{V_2} = 450\text{N}$$

为使夹紧力计算简化,设切削力、夹紧力和支反力处于同一平面上,且支反力减为 R_1 及 R_2 两个,取摩擦因数 $\mu = 0.3$,则按力的平衡方程式即可求出夹紧力 W。

$$\sum F_H = 0 \qquad F_{H_1} + F_{H_2} - \mu W - \mu R_1 - \mu R_2 = 0$$

$$R_1 + R_2 + W = (F_{H_1} + F_{H_2})/\mu$$

$$W + R_1 + R_2 = \frac{2060}{0.3} = 6867 \tag{1}$$

$$\sum F_V = 0 \qquad W + F_{V_1} + F_{V_2} - R_1 - R_2 = 0$$

$$W - R_1 - R_2 = - F_{V_1} - F_{V_2}$$

$$R_1 + R_2 - W = 650 \tag{2}$$

联立解方式(1) 及(2) 得

$$W = 3108.5\text{N}$$

取安全系数为 $K = 2.5$,则实际夹紧力

$$W_0 = KW = 2.5 \times 3108.5 = 7770\text{N}$$

经计算,作用在拉杆上的气缸可选用 $\phi150$mm 直径,此时在 $p = 0.5$MPa时可产生拉力为 8584N。

五、夹紧动力装置设计

工件在装夹中所使用的高效率夹具,大多采用机动夹紧方式,如气动、液动、电动等。其中以气动和液动夹紧动力装置应用最为普遍,下面主要介绍气动夹紧和液动夹紧动力装置。

(一) 气动夹紧

气动夹紧是使用最广泛的一种机动夹紧方式,其动力来源是压缩空气。一般压缩空气由压缩空气站供应,经过管路损失后,通到夹紧装置中的压缩空气为 4 ~ 6 个大气压。

1. 气缸结构及其夹紧作用力

常用的气缸结构有两种基本型式,即活塞式和薄膜式。

(1) 活塞式气缸

活塞式气缸,按其在工作过程中的运动情况可分为固定式、摆动式、差动式和回转式等;按气缸进气情况又可分为单向作用和双向作用两种。在夹具中最常采用的是固定式气缸。

图 2-87 所示为单向、双向作用活塞式气缸及薄膜式气缸结构简图。

图(a) 所示为单向作用气缸,由单面进气完成夹紧动作,当气缸左腔与大气接通时,活塞便在弹簧力作用下退回原位以实现松开动作。

图(b) 所示为双向作用气缸。气缸的前盖 1 和后盖 5 用紧固螺钉与气缸体 2 连接,活塞 3 在压缩空气的推动下,左右往复运动,实现夹紧和松开。O 型密封圈 4 用于防止工作时漏气。

活塞式气缸的特点在于其工作行程可根据需要自行设计,且作用力不随行程长短而变化,但气缸结构较庞大,制造成本高,且滑动副间易漏气。

(2) 薄膜式气缸

图(c) 所示为薄膜式气缸。薄膜 4 夹在壳体 1 和 3 之间,用紧固螺钉夹紧。当压缩空气由管接头 5 进入气室 A 后,薄膜凸起向右压缩弹簧 6,推动推杆 7 实现夹紧动作。当 A 室接通大气时,推杆又在弹簧力 P 作用下连同薄膜一起复位。排气孔 2 供 B 腔排气用,以减小背压。通常薄膜做成碗形,其目的是防止薄膜处在反复的弯曲 —— 拉伸应力下减小变形功,又可利用这一转折增大薄膜的行程。

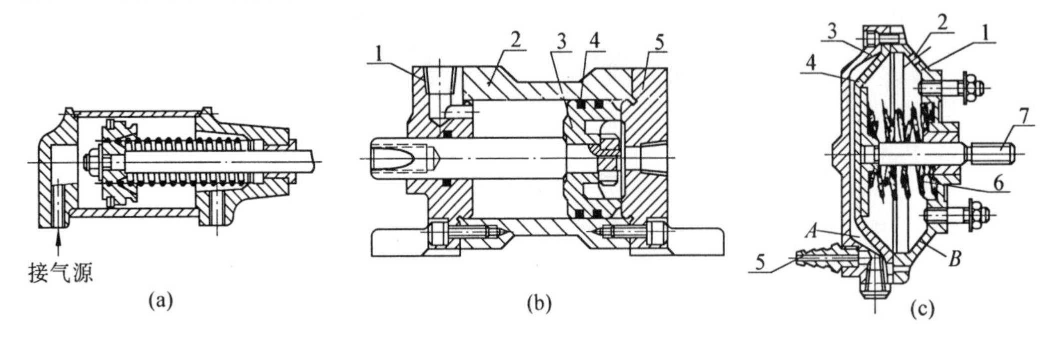

(a) 单向作用活塞式气缸;

(b) 双向作用活塞式气缸;

1— 前盖; 2— 气缸体; 3— 活塞; 4—O 型密封圈; 5— 后盖;

(c) 薄膜式气缸;

1— 气室壳体; 2— 排气孔; 3— 气室壳体; 4— 薄膜; 5— 管接头; 6— 弹簧; 7— 推杆;

图 2-87 单向、双向作用活塞式气缸及薄膜式气缸

显然,这种薄膜式气缸中推杆输出的作用力 Q 是个变值,当行程越大,则此 Q 力减小越多。当薄膜的有效直径 d 一定,增大推杆支承板直径 d_0,可提高 Q 之值。薄膜式气缸推杆输出的作用力 Q,可按下式计算

$$Q = \frac{\pi p_0}{12}(d^2 + dd_0 + d_0^2) - P$$

薄膜式气缸的优点是结构简单、维修方便,且没有密封问题。其缺点则是行程小,且其输出的作用力随行程增大而减小。

上述两种气缸的结构尺寸都已标准化,可以查阅有关资料设计或选用。

2. 气动夹紧的特点

气动夹紧一般具有作用力基本稳定、夹紧动作迅速和操作省力等优点。其不足之处是因压缩空气工作压力较小而结构较庞大,且工作时噪声较大。

(二) 液动夹紧

液动夹紧所采用的油缸结构和工作原理基本与气缸相同,只不过所使用的工作介质是液压油。由于油压比气压高得多(一般可达 6MPa 以上) 及液体的不可压缩性,因而产生同样大小的作用力,油缸尺寸比气缸尺寸小很多,液动夹紧刚度比气动夹紧刚度大得多,工作平稳,没有气动夹紧时那样的噪音。

液动夹紧不如气动夹紧应用广泛的主要原因是需要单独为液动夹紧装置配置专门的油泵站,成本高,因此,它大多应用在本身已具有液压传动系统装置的机床设备上。

(三) 气 - 液联合夹紧

气 - 液联合夹紧的能量来源仍为压缩空气,但它综合了气动夹紧与液动夹紧的优点,又部分克服了它们的缺点, 所以得到了发展和使用。气 - 液联合夹紧要使用特殊的增

压器，其基本工作原理如图 2-88 所示。

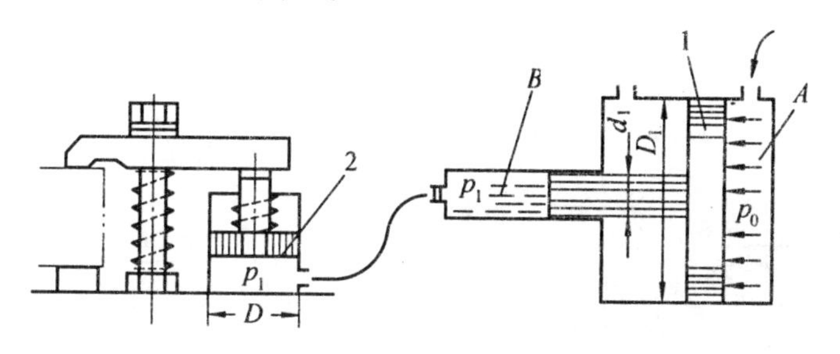

1—活塞；2—活塞

图 2-88 增压器的工作原理

压缩空气进入增压器的 A 腔，推动活塞 1 左移。增压器 B 腔内充满了油，并与工作油缸接通。当活塞左移时，活塞杆就推动 B 腔的油进入工作油缸夹紧工件。设 B 腔的油压为 p_1，A 腔的气压为 p_0，根据活塞 1 受力平衡条件可得

$$p_1 \frac{\pi d_1^2}{4\eta_1} = p_0 \frac{\pi D_1^2}{4} \eta_2$$

$$p_1 = (\frac{D_1}{d_1})^2 p_0 \eta$$

式中 η_1、η_2—— 活塞 d_1 和 D_1 移动时的效率；

η—— 总效率，$\eta = \eta_1 \times \eta_2$；

当 $\frac{D_1}{d_1} = 5, \eta = 0.8$ 时，$p_1 = 20p_0 = (8 \sim 12)\mathrm{MPa}$

工作油缸的作用力为

$$Q = \frac{\pi D^2}{4} p_1 = \frac{\pi D^2}{4} \times (\frac{D_1}{d_1})^2 p_0 \eta$$

因此，为获得高压，必须使 d_1 尽可能小些。另一方面，为了保证工作油缸的夹紧作用力，D 必须足够大，所以通常取 $D > d_1$，这就造成活塞 1 的行程大于工作油缸中活塞 2 的行程，设活塞 1 的行程为 S_1，活塞 2 的行程为 S_2，根据油的体积不可压缩的性质可得

$$\frac{S_1}{S_2} = (\frac{D}{d_1})^2$$

当 $D/d_1 = 2$ 时，则 $S_1 = 4S_2$。

S_1 增大就意味着增压器的结构增大，压缩空气的消耗量也增大，为了克服这一缺点，在实际生产中采用如图 2-89(a) 所示的增压器。图 2-89(b) 为其工作原理。使用这种增压器操纵油缸工作是分两步进行的。将三位五通阀手柄转到预夹紧位置，压缩空气进入左气缸 B 腔，活塞 1 向右移动，此时输出低压油至夹具工作油缸，实现预夹紧。预夹紧力为

$$Q = \frac{\pi D_0^2}{4} p_1 = \frac{\pi D_0^2}{4} \times (\frac{D}{D_1})^2 p_0 \eta$$

预夹紧后，夹紧动作的空行程已经完成，但夹紧力不够。(因 D_1 与 D 相差不多，p_1 较 p_0 增大也就不多)。为了进一步增大夹紧力，可将手柄转到高压夹紧位置，压缩空气同时进入右气缸 C 腔，使活塞 2 向左移动，先将油腔 a 与油腔 b 断开，并输出高压油至夹具工作油缸，实现高压夹紧。此时，高压夹紧力为

$$Q = \frac{\pi D_0^2}{4} p = \frac{\pi D_0^2}{4} \times (\frac{D}{D_2})^2 p_0 \eta$$

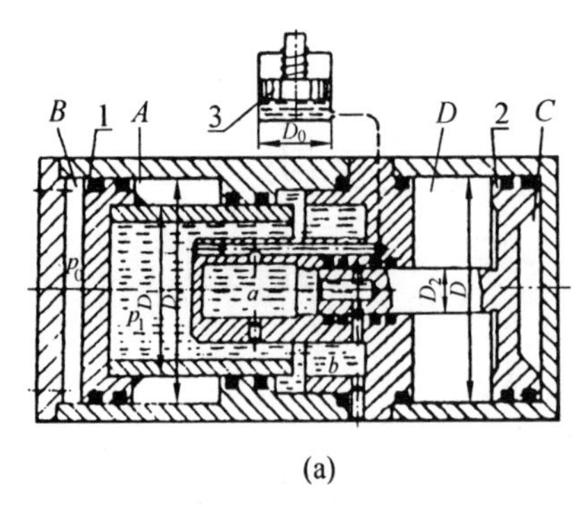

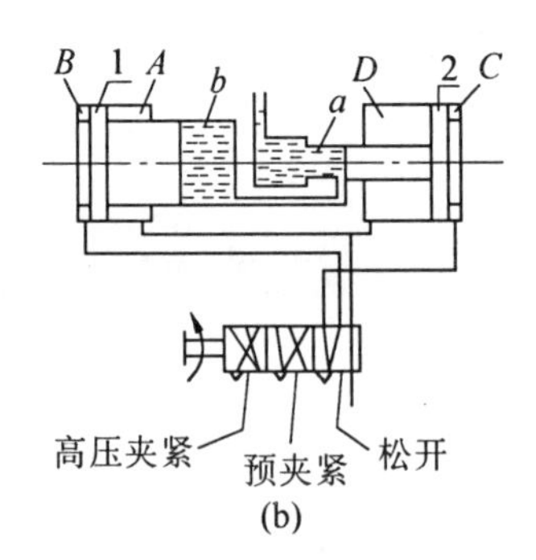

1,2,3— 活塞

图 2-89　气动增压器

若 D 较 D_2 大 5 倍，$\eta = 0.8$，即可使 p 比 p_0 增大 20 倍。

把手柄转到放松位置，压缩空气进入 A、D 两腔，使活塞 1 左移，活塞 2 右移。与此同时，夹具工作缸的活塞在弹簧作用下复位，放松工件，油又回到增压器中。

由于压力可以提高，故夹具上的工作油缸体积很小，安装在夹具中灵活方便。

§2-4　夹具设计

夹具设计一般是在零件的机械加工工艺过程制订之后按照某一工序的具体要求进行的。制订工艺过程，应充分考虑夹具实现的可能性，而设计夹具时，如确有必要也可以对工艺过程提出修改意见。夹具设计质量的高低，应以能否稳定地保证工件的加工质量，生产效率高，成本低，排屑方便，操作安全、省力和制造、维护容易等为其衡量指标。

一、夹具设计的步骤

一般情况下，夹具设计大致可分为四个步骤，即收集和研究有关资料，确定夹具的结构方案，绘制夹具总图和确定并标注有关尺寸、公差及技术条件等。

1. 收集和研究有关资料

工艺人员在编制零件的机械加工工艺过程中，应提出相应的夹具设计任务书，对其中定位基准、夹紧方案及有关要求作出说明。夹具设计人员，则应根据夹具设计任务书进行夹具的结构设计。为了使所设计的夹具能够满足上述基本要求，设计前要认真收集和研究如下有关资料。

(1) 生产批量

被加工零件的生产批量对工艺过程的制定和夹具设计都有着十分重要的影响。夹具结构的合理性及经济性与生产批量有着密切的关系。大批、大量生产多采用气动、液动或其它机动夹具，其自动化程度高，同时夹紧的工件数量多，结构也比较复杂。中、小批生产，宜采用结构简单，成本低廉的手动夹具，以及万能通用夹具或组合夹具。

(2) 零件图及工序图

零件图是夹具设计的重要资料之一，它给出了工件在尺寸、位置等方面精度的总要求。工序图则给出了所用夹具加工工件的工序尺寸、工序基准、已加工表面、待加工表面、工序加工精度要求等等，它是设计夹具的主要依据。

(3) 零件工艺规程

零件的工艺规程表明了该工序所用的机床、刀具、加工余量、切削用量、工步安排、工时定额及同时加工的工件数目等等；这些都是确定夹具的结构尺寸 、形式、夹紧装置以及夹具与机床连接部分的结构尺寸的主要依据。

(4) 夹具典型结构及有关标准

设计夹具还要收集典型夹具结构图册和有关夹具零部件标准等资料。了解本厂制造、使用夹具情况以及国内外同类型夹具的资料，以便使所设计的夹具能够适合本厂实际，吸取先进经验，并尽量采用国家标准。

2. 确定夹具的结构方案

在广泛收集和研究有关资料的基础上，着手拟定夹具的结构方案，主要包括：

(1) 根据工件的定位原理，确定工件的定位方式、选择定位元件；

(2) 确定工件的夹紧方式，选择适宜的夹紧装置；

(3) 确定刀具的对准及导引方式，选取刀具的对刀及导引元件；

(4) 确定其它元件或装置的结构型式，如定向元件、分度装置等；

(5) 协调各元件、装置的布局，确定夹具体的总体结构及尺寸。

在确定夹具结构方案的过程中，工件定位、夹紧、对刀和夹具在机床上定位等各部分的结构以及总体布局都会有几种不同的方案可供选择，因而，都应画出草图，并通过必要的计算（如定位误差及夹紧力计算等）和分析比较，从中选取较为合理的方案。

3. 绘制夹具总图

绘制夹具总图应遵循国家制图标准，绘图比例应尽量取 1 : 1，以便使图形有良好的直观性。如被加工工件的尺寸过大，夹具总图可按 1 : 2 或 1 : 5 的比例绘制；被加工工件尺寸过小，总图也可按 2 : 1 或 5 : 1 的比例绘制。夹具总图中视图的布置也应符合国家制图标准，在能清楚表达夹具内部结构和各元件、装置位置关系的情况下，视图的数目应尽量少。

总图的主视图应取操作者实际工作时的位置，以便于夹具装配及使用时参考。被加工工件在夹具中被看作为“透明体”，所画的工件轮廓线与夹具上的任何线彼此独立，不相干涉，其外廓以黑色双点划线表示。

绘制总图的顺序是先用双点划线绘出工件轮廓外形和主要表面的几个视图，并用网纹线表示出加工余量。围绕工件的几个视图依次绘出定位元件、夹紧机构、对刀及夹具定位元件以及其它元件、装置，最后绘制出夹具体及连接元件，把夹具的各组成元件和装置连成一体。

夹具总图上，还应画出零件明细表和标题栏，写明夹具名称及零件明细表上所规定的内容。

4. 确定并标注有关尺寸及技术条件

(1) 应标注的尺寸及公差

在夹具总图上应标注的尺寸、公差有下列五类：

① 工件与定位元件的联系尺寸　常指工件以孔在心轴或定位销上（或工件以外圆在内孔中）定位时，工件定位表面与夹具上定位元件间的配合尺寸。

② 夹具与刀具的联系尺寸　用来确定夹具上对刀、导引元件位置的尺寸。对于铣、刨床夹具，是指对刀元件与定位元件的位置尺寸；对于钻、镗床夹具，则是指钻（镗）套与定位元件间的

位置尺寸,钻(镗)套之间的位置尺寸,以及钻(镗)套与刀具导向部分的配合尺寸等。

③ 夹具与机床的联系尺寸　用于确定夹具在机床上正确位置的尺寸。对于车、磨床夹具,主要是指夹具与主轴端的配合尺寸;对于铣、刨床夹具,则是指夹具上的定向键与机床工作台上的T型槽的配合尺寸。

④ 夹具内部的配合尺寸　它们与工件、机床、刀具无关,主要是为了保证夹具装配后能满足规定的使用要求。

⑤ 夹具的外廓尺寸　一般指夹具最大外形轮廓尺寸。若夹具上有可动部分,应包括可动部分处于极限位置所占的空间尺寸。

上述诸尺寸公差的确定可分为两种情况处理:一是夹具上定位元件之间,对刀、导引元件之间的尺寸公差,直接对工件上相应的加工尺寸发生影响,因此可根据工件的加工尺寸公差确定,一般可取工件加工尺寸公差的$\frac{1}{3}\sim\frac{1}{5}$。二是定位元件与夹具体的配合尺寸公差,夹紧装置各组成零件间的配合尺寸公差等,则应根据其功用和装配要求,按一般公差与配合原则决定。

(2) 应标注的技术条件

在夹具总图上应标注的技术条件(位置精度要求)有如下几个方面:

① 定位元件之间或定位元件与夹具体底面间的位置要求,其作用是保证工件加工面与工件定位基准面间的位置精度。

② 定位元件与连接元件(或找正基面)间的位置要求。如图2-6中,为保证键槽与工件轴心线平行,定位元件V形块的中心线必须与夹具定向键侧面平行。

③ 对刀元件与连接元件(或找正基面)间的位置要求。如图2-6中对刀块的侧对刀面相对于两定向键铡面的平行度要求,是为了保证所铣键槽与工件轴心线的平行度。

④ 定位元件与导引元件的位置要求。如图2-90所示,若要求所钻孔的轴心线与定位基准面垂直,必须以夹具上钻套轴线与定位元件工作表面A垂直及定位元件工作表面A与夹具体底面B平行为前提。

上述技术条件是保证工件相应的加工要求所必需的,其数值应取工件相应技术要求所规定数值的$\frac{1}{3}\sim\frac{1}{5}$。

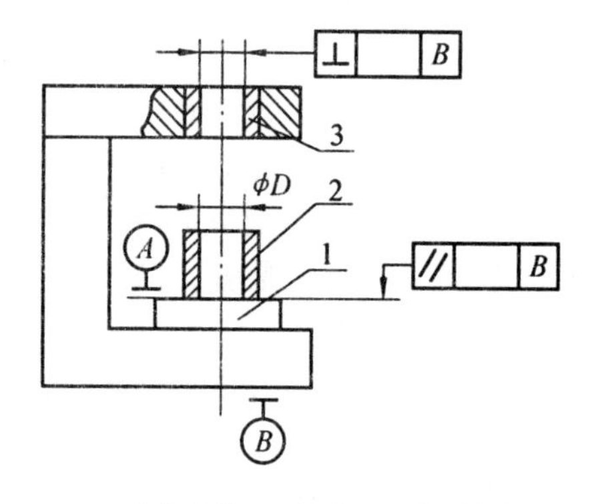

1—定位元件;2—工件;3—导引元件

图2-90　定位元件与导引元件之间的位置要求

二、夹具设计举例

图2-91所示为CA6140车床上接头的零件图。该零件系大批生产,材料为45号钢,毛坯采用模锻件。现要求设计加工该零件上尺寸为28H11的槽口时所使用的夹具。

零件上槽口的加工要求是:保证宽度28H11、深度40mm,表面粗糙度侧面为Ra3.2μm,底面为Ra6.3μm。并要求两侧面对孔ϕ20H7的轴心线对称,公差为0.1mm;两侧面对孔ϕ10H7的轴心线垂直,其公差为0.1mm。

零件的加工工艺过程安排是在加工槽口之前,除孔ϕ10H7尚未进行加工外,其它各面均已加工达到图纸要求。槽口的加工采用三面刃铣刀在卧式铣床上进行。

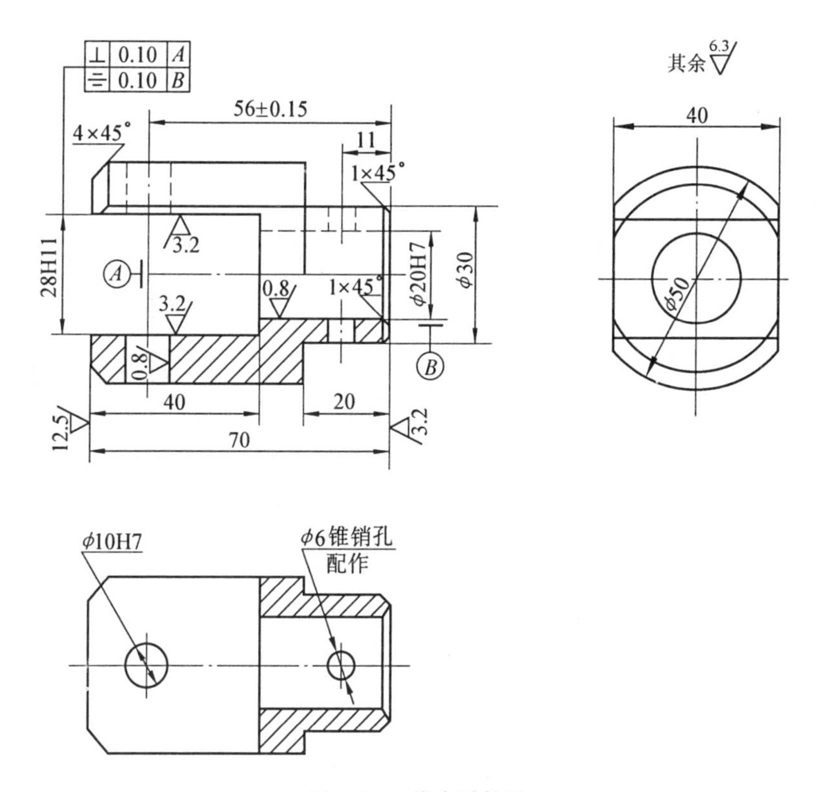

图 2-91　接头零件图

1. 工件装夹方案的确定

工件定位方案的确定，首先应考虑满足加工要求。槽口两侧面之间的宽度 28H11 取决于铣刀的宽度，与夹具无关，而深度 40mm 则由调整刀具相对夹具的位置保证。两侧面对孔 ф10H7 轴心线的垂直度要求，因该孔尚未进行加工，故可在后面该孔加工工序中保证。为此，考虑定位方案，主要应满足两侧面与孔 ф20H7 轴心线的对称度要求。根据基准重合的原则，应选孔 ф20H7 的轴心线为第一定位基准。由于要保证一定的加工深度，故工件沿高度方向的不定度也应限制。此外，从零件的工作性能要求可知，需要加工的两侧面应与已加工过的两外侧面互成 90°，因此在工件定位时还必须限制绕孔 ф20H7 轴心线的不定度。故工件的定位基准的选择如图 2-92 所示，除孔 ф20H7（限制沿 x、y 轴和绕 x、y 轴的不定度）之外，还应以一端面（限制沿 z 轴的不定度）和一外侧面（限制绕 z 轴的不定度）进行定位，共限制六个不定度，属于完全定位。

工件定位方案的确定除了考虑加工要求外，还应结合定位元件的结构及夹紧方案实现的可能性而予以最后确定。

对接头这个零件，铣槽口工序的夹紧力方向，不外乎是沿径向或沿轴向两种。如采用如图 2-93(a) 所示的沿径向夹紧的方案，由于 ф20H7 孔的轴心线是定位基准，故必须采用定心夹紧机构，以实现夹紧力方向作用于主要定位基面。但孔 ф20H7 的直径较小，受结构限制不易实现，因此，采用如图 2-93(b) 所示的沿轴向夹紧的方案较为合适。

在一般情况下，为满足夹紧力应主要作用于第一定位基准的要求，就应将定位方案改为以上端面 A 作为第一定位基准。此时，ф20H7 孔轴心线及另一外侧面则为第二、第三定位基准。若以上端面 A 为主要定位基准，虽然符合“基准重合”原则，但由于夹紧力需自下而上布置，将导致夹具结构的复杂化。

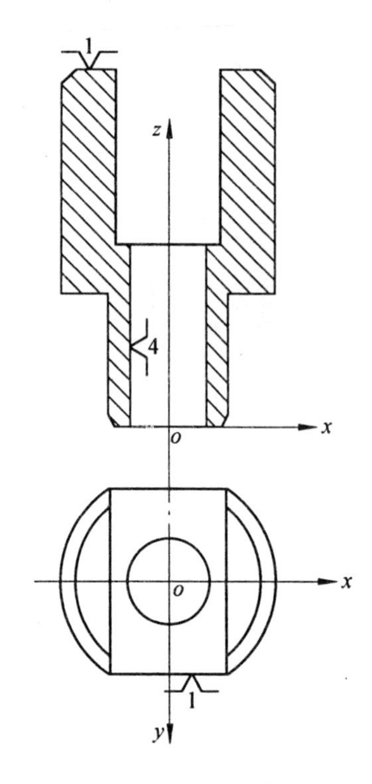

图 2-92　接头零件铣槽口工序的定位方案

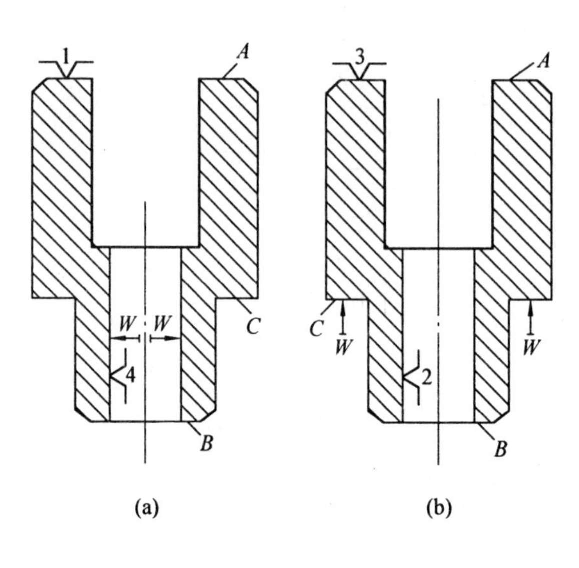

图 2-93　接头零件铣槽口工序的夹紧方案

考虑到孔 ϕ20H7 与下端面 *B* 及端台 *C* 均是在一次装夹下加工的，它们之间有一定的位置精度，且槽口深度尺寸 40mm 为一般公差，故改为以 *B* 或 *C* 面为第一定位基准，也能满足加工要求。为使定位稳定可靠，故宜选取面积较大的 *C* 面为第一定位基准。定位元件则可相应选择一个平面（限制三个不定度）、一个短圆柱销（与 ϕ20H7 孔相配合限制两个不定度）和一个挡销（与 *D* 面接触限制一个不定度），如图 2-94 所示，这时夹紧力就可以自上而下施加于工件上。由于上端面 *A* 的中间部分还要进行加工，故只能从两边进行夹紧。

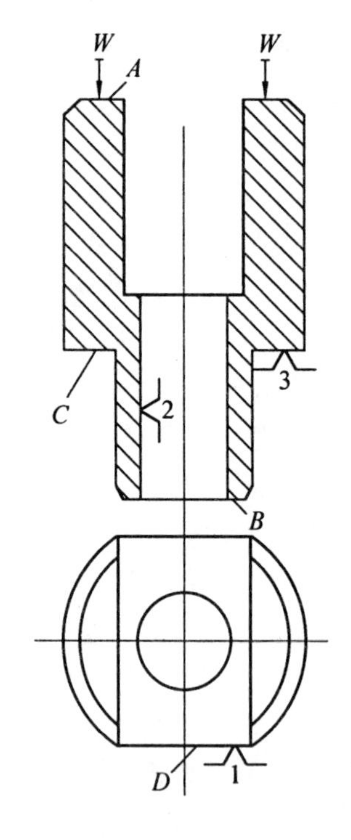

图 2-94　接头零件铣槽口工序的装夹方案

考虑到工件为大批生产，为提高生产效率，减轻工人劳动强度，宜采用气动夹紧，即以压缩空气为动力源。若将气缸水平方向的作用力转变为垂直方向的夹紧力，可利用气缸活塞杆推动一开有斜面槽的滑块，使两钩形压板同时向下压紧工件。为缩短工作行程，斜槽作成两个升角，前端的大升角用于加大夹紧空行程，后端的小升角用于夹紧工件并自锁。当钩形压板向上松开工件时，靠其上斜槽的作用使钩形压板向外张开。夹紧装置的工作原理如图 2-95 所示。

工件装夹方案确定之后，要进行定位误差计算以确定定位元件的结构尺寸与精度，进行夹紧力计算以确定夹紧气缸的尺寸及结构型式，同时对夹紧机构中的薄弱环节进行强度校核以确定夹紧元件的结构尺寸。

2. 其它元件的选择与设计

夹具的设计除了考虑工件的定位和夹紧之外，还要考虑夹具如何在机床上定位，以及刀具相对夹具的位置如何得到确定。

对铣床夹具而言，在机床上是以夹具体底面与铣床工作台面接触和夹具体上两个定位键与铣床工作台上的T形槽配合而定位的。定位键的结构和使用情况可由夹具设计手册查得。

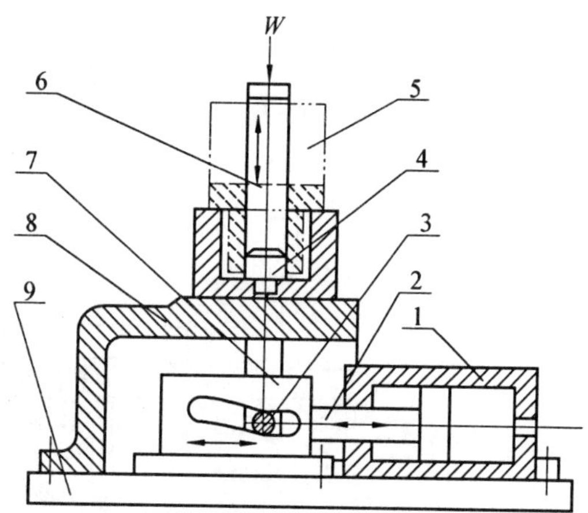

1— 气缸体； 2— 活塞； 3— 浮动支轴； 4— 定位销；
5— 工件； 6— 钩形压板； 7— 滑块； 8— 箱体；
9— 底座；

图 2-95　接头零件铣槽口工序夹紧装置工作原理图

调整刀具与夹具的相对位置是为了保证刀具相对工件有一个正确位置，以保证工序加工要求。铣床夹具上调刀最方便的方法是在夹具上安装一个对刀装置(通常为对刀块)。图 2-96 所示的铣槽口夹具，为保证对称性及深度要求，采用了一个直角对刀块。设计时应使对刀块的工作面(对刀面) 与定位元件的工作面有位置尺寸精度要求，其公差一般取相应工序尺寸公差的 1/3 ~ 1/5。对刀面相对定位元件工作面的位置尺寸，由于对刀时铣刀与对刀面之间留有一定的空隙(为避免刀具直接与对刀块接触)，计算时必须加以考虑。

3. 夹具总图的绘制

在上述确定工件定位、夹紧方案，选择和设计相应定位元件和夹紧装置，以及选取和设计夹具的其它元件之后，即可进行夹具总图的绘制。接头零件铣槽口工序夹具总图如图 2-96 所示。

在夹具总图上应标注的五类尺寸为：

(1) 工件定位孔与定位销 4 的配合尺寸为 $\phi 20\,\frac{H7}{n7}$。

(2) 对刀元件的对刀面与定位元件中心线及工作面间的位置尺寸为 17 ± 0.03mm 及 7 ± 0.05mm。

(3) 夹具定位键 18 与夹具底座 16 的配合尺寸为 $18\,\frac{H7}{k6}$ 或 $18\,\frac{H7}{n6}$。

(4) 夹具内部的配合尺寸为：定位销 4 与支座 2 的配合尺寸为 $\phi 10\,\frac{H7}{n7}$；挡销 20 与支座 2 的配合尺寸为 $\phi 4\,\frac{H7}{h7}$；轴销 9 与滑块 13 的配合尺寸为 $\phi 10\,\frac{P9}{h9}$；轴销 9 与连接轴 5 的配合尺寸为 $\phi 10\,\frac{D9}{h9}$；钩形压板 1 与支座 2 的配合尺寸为 $\phi 15\,\frac{H9}{d9}$。

(5) 夹具的外廓尺寸为 370mm × 200mm × 125mm。

在夹具总图上应标注的技术条件为：

(1) 定位销 4 和挡销 20 的位置尺寸为 23 ± 0.03mm 和 13 ± 0.03mm；定位平面与夹具

体底面的平行度公差为 0.05mm。。

(2) 对刀块的侧对刀面相对于两定位键 18 侧面的平行度公差为 0.05mm 等。

夹具总图绘制完毕,还应在夹具设计说明书中,就夹具的使用、维护和注意事项等给予简要的说明。

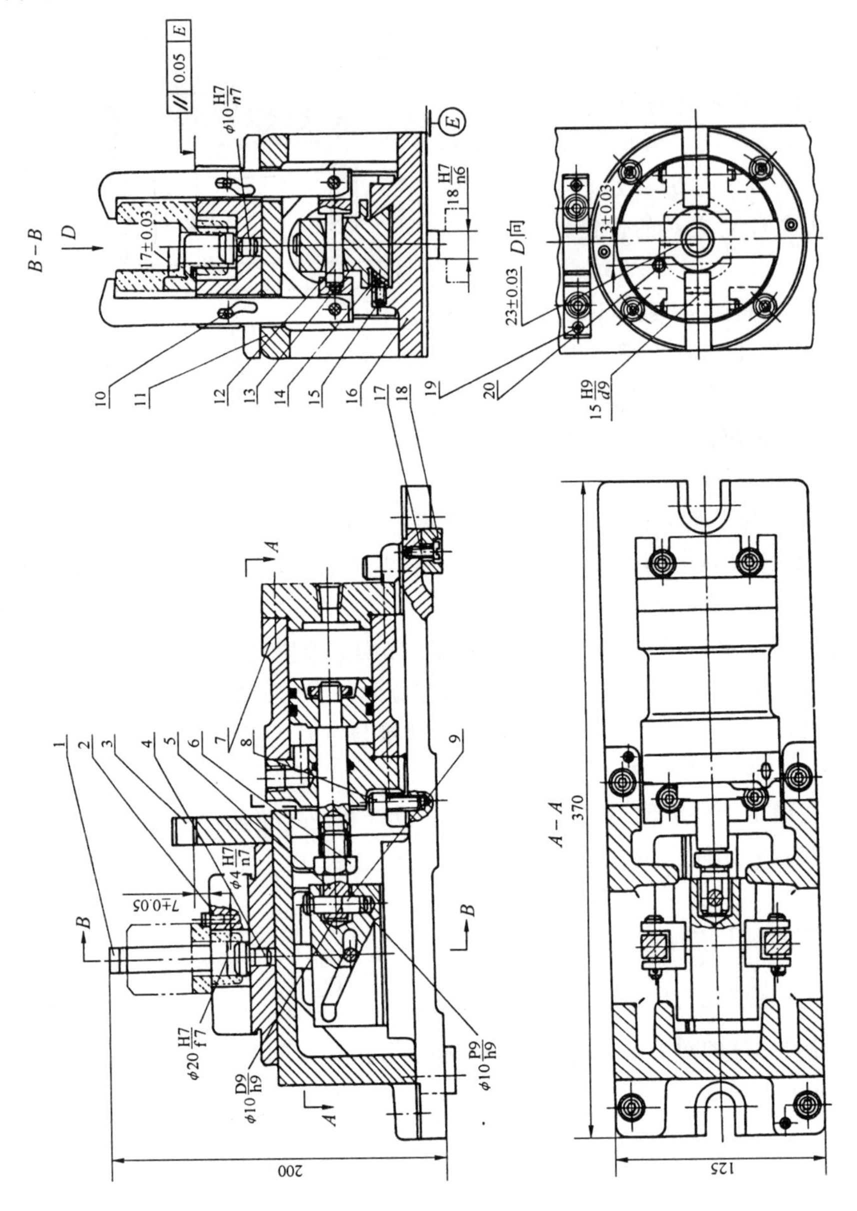

1— 钩形压板; 2— 支座; 3— 对刀块; 4— 定位销; 5— 连接轴; 6— 螺母; 7— 气缸; 8— 螺钉; 9— 轴销; 10— 小轴; 11— 箱体; 12— 浮动支轴; 13— 滑块; 14— 斜铁; 15— 紧定螺钉; 16— 底座; 17— 螺钉; 18— 定位键; 19— 定位销; 20— 挡销

图 2-96 接头零件铣槽口夹具总图

习　　题

2-1　机床夹具都由哪些部分组成？每个组成部分起何作用？

2-2　试分析使用夹具加工零件时，产生加工误差的因素有哪些？它们与零件公差成何比例？

2-3　一批工件在夹具中定位的目的是什么？它与一个工件在加工时的定位有何不同？当工件在夹具中已确定和保持了准确位置时，是否就可以保证工件的加工精度？为什么？

2-4　何谓"六点定位原理"？工件的合理定位是否一定要限制其在夹具中的六个不定度？

2-5　试举例说明何谓工件在夹具中的"完全定位"、"部分定位"、"欠定位"、"重复定位"？

2-6　定位支承点不超过六个，就不会出现重复定位，这种说法对吗？举例说明之。

2-7　工件在夹具中由于受定位元件的约束而得到定位，与工件被夹紧而得到固定的位置有何不同？工件不受定位元件的约束只靠夹紧而固定在某一位置，是否也算定位了？

2-8　何谓定位误差？定位误差是由哪些因素引起的？定位误差的数值一般应控制在零件公差的什么范围之内？

2-9　在夹具中对一个零件进行试切法加工时，是否还有定位误差？为什么？

2-10　工件在夹具中夹紧的目的是什么？夹紧和定位有何区别？对夹紧装置的基本要求是什么？

2-11　试举例论述在设计夹具时，对夹紧力的三要素（力的作用点、方向、大小）有何要求？

2-12　试比较斜楔、螺旋、圆偏心和定心夹紧机构的优缺点，并举例说明它们的使用范围。

2-13　常用的机动夹紧动力装置有哪些？各有何优缺点？

2-14　根据六点定位原理，分析习图 2-1 所示各定位方案中，各个定位元件分别限制了哪些不定度？

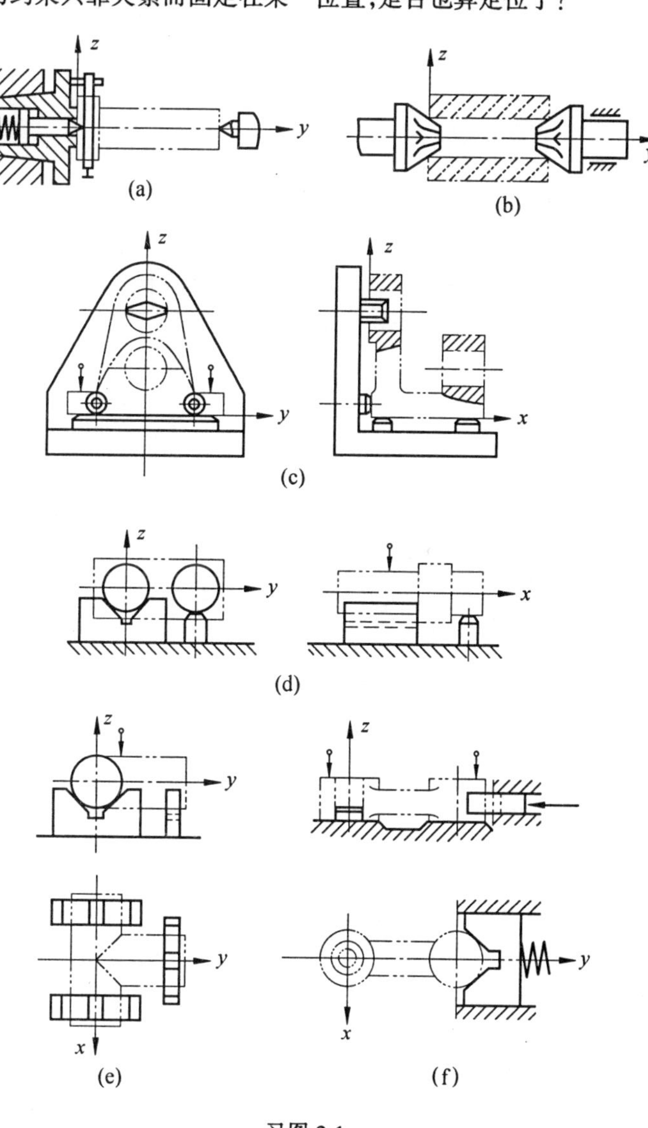

习图 2-1

2-15 根据习图 2-2 所示各题的加工要求,试确定合理的定位方案,并绘制草图。

1)在球形零件上钻一通过球心 O 的小孔 D(图 a)

2)在一长方形零件上钻一不通孔 D(图 b)

3)在圆柱体零件上铣一键槽 b(图 c)

4)在一连杆零件上钻一通孔 D(图 d)

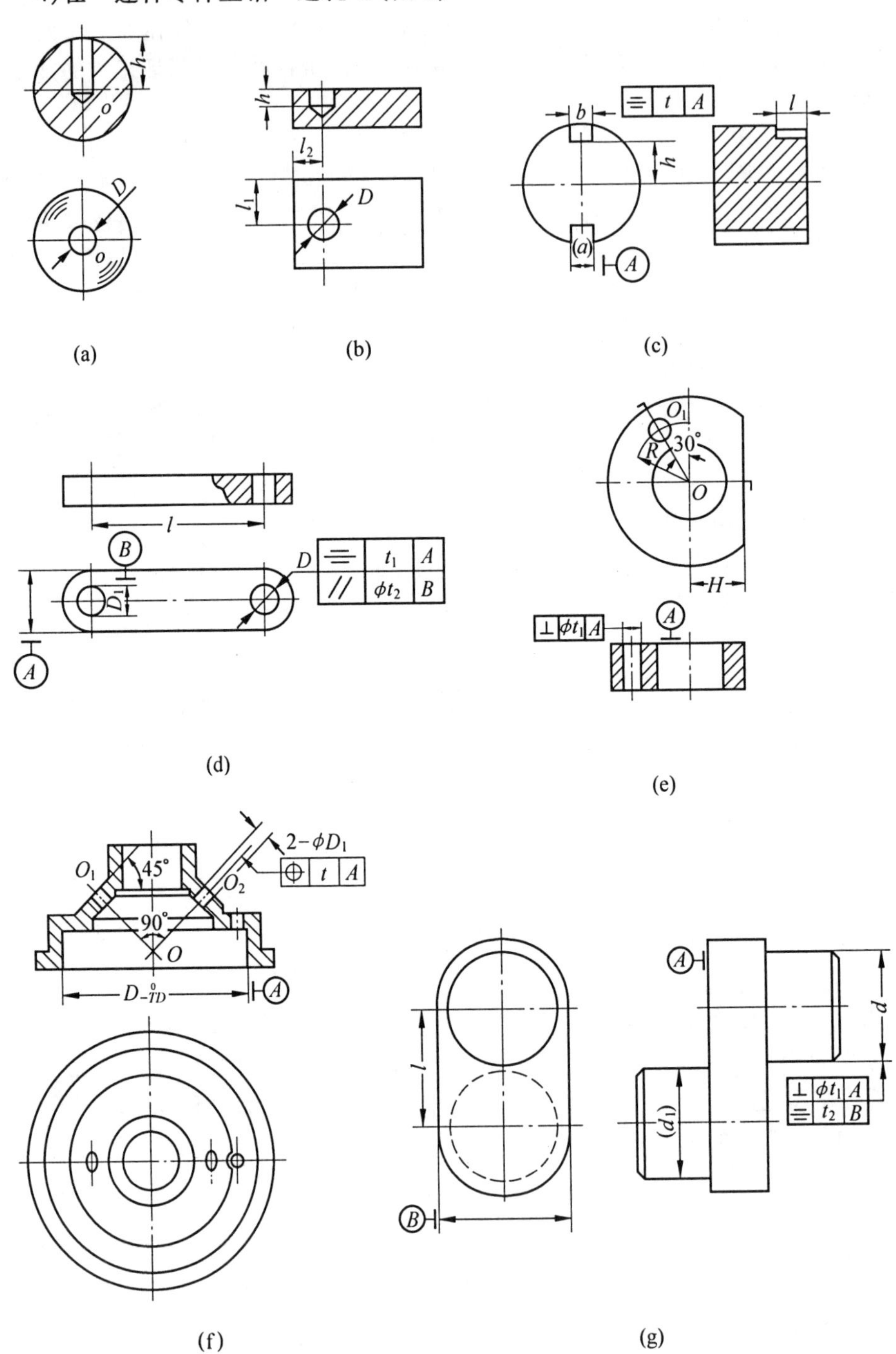

习图 2-2

5)在一套类零件上钻一小孔 O_1(图 e)

6)在图示零件上钻二小孔 O_1 及 O_2(图 f)

7)在图示零件上车轴颈 d(图 g)

2-16 工件定位如习图 2-3 所示,试分析计算能否满足工序尺寸要求?若不能应如何改进?

2-17 习图 2-4 为工件加工平面 BD 的三种定位方案,孔 O_1 已加工,1、2、3 为三个支钉,分析计算工序尺寸 A 的定位误差,并提出更好的定位方案。

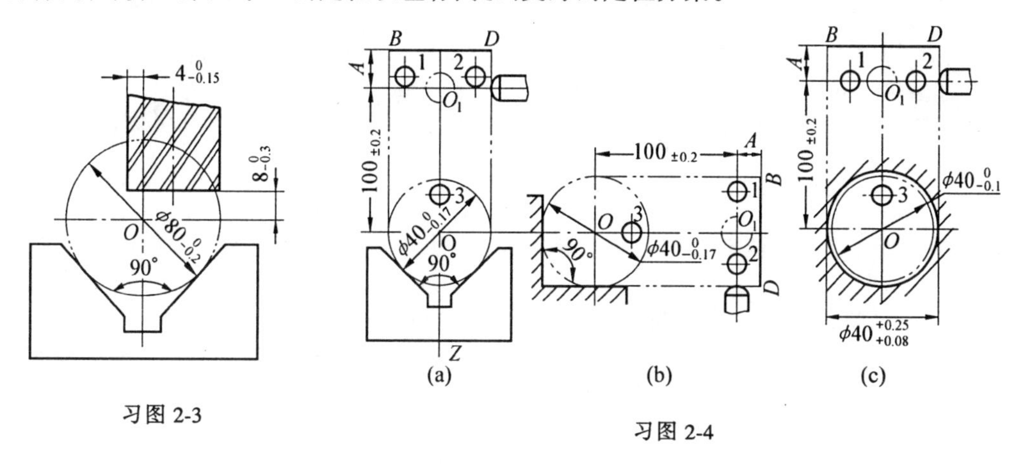

习图 2-3

习图 2-4

2-18 工件定位如习图 2-5 所示,试分析计算由定位引起的加工表面与两轴颈中心连线的平行度误差有多少?

2-19 零件的有关尺寸如习图 2-6a 所示,现欲铣一缺口采用习图 2-6b、c 两种定位方案,试分析能否满足工序尺寸要求?若不能应如何改进?

2-20 工件定位如习图 2-7 所示,试分析计算工序尺寸 A 的定位误差。

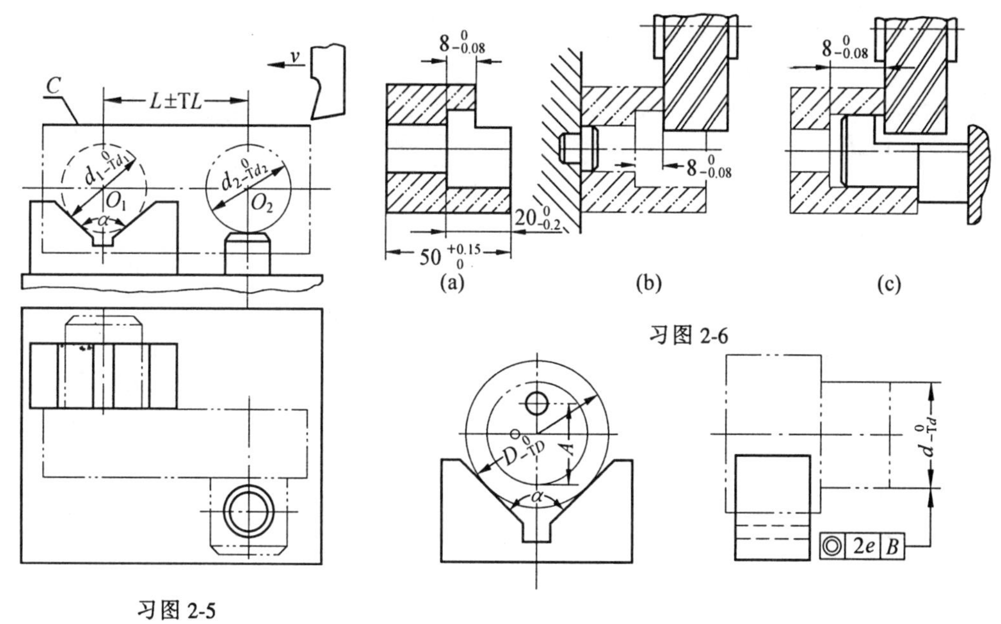

习图 2-5

习图 2-6

习图 2-7

2-21　工件定位如习图 2-8 所示，两定位销垂直放置，现欲在其上钻孔 O_1 及 O_2。试通过计算判断能否满足两孔 O_1 及 O_2 的位置尺寸精度要求？若不能可采取哪些措施？

2-22　工件在钻模夹具中定位如习图 2-9 所示，试分别计算 a、b 两种定位方案的 R 及 β 的定位误差。

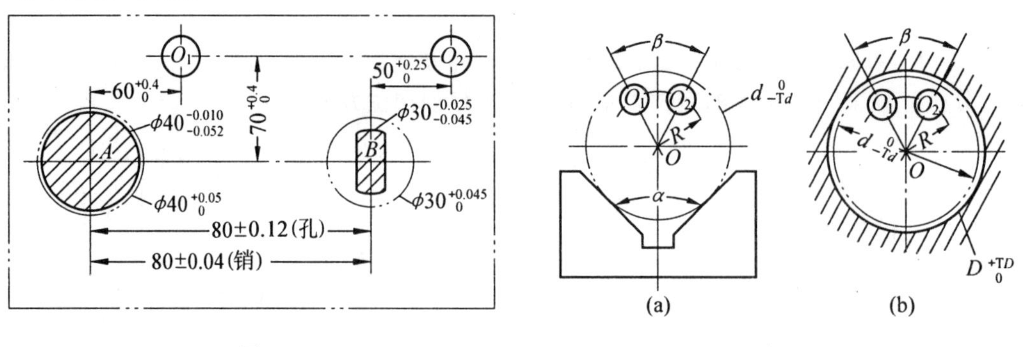

习图 2-8　　　　习图 2-9

2-23　习图 2-10 所示为套筒端面铣槽 b 的定位简图，已知 $D_1=\phi25H6$、$d_1=\phi25h5$、$D_2=\phi10H6$、$d_2=\phi10f5$、$L=40\pm0.05$mm。试计算该定位方案能否满足加工后的槽与两孔中心连线交角 $\alpha=45°\pm10'$ 的要求？

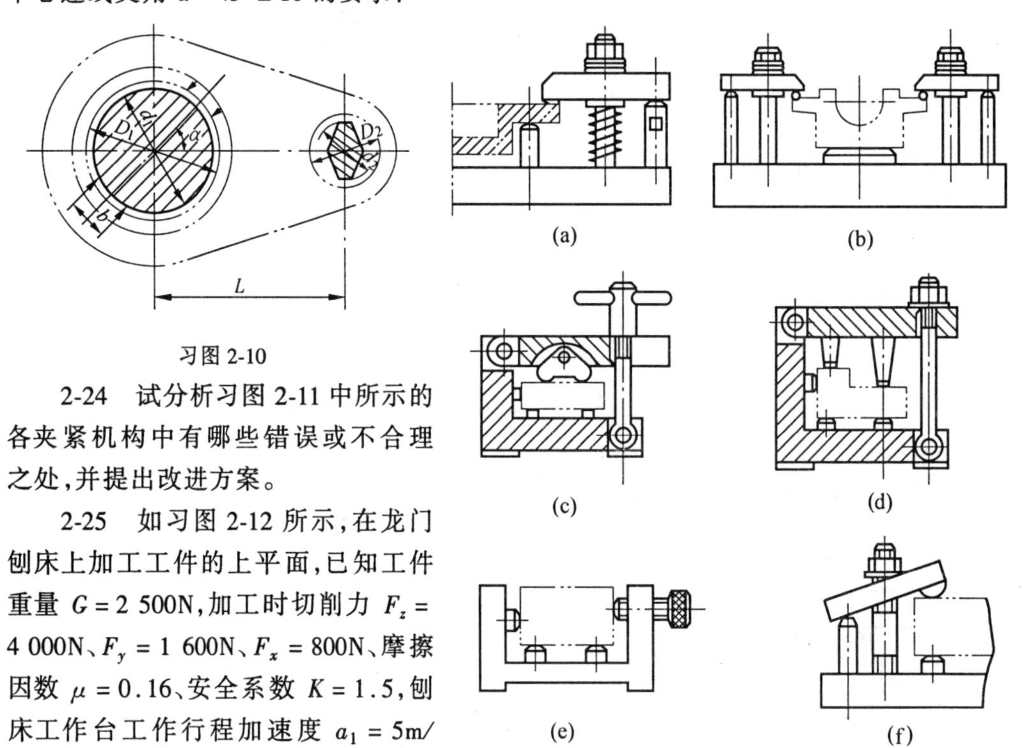

习图 2-10

习图 2-11

2-24　试分析习图 2-11 中所示的各夹紧机构中有哪些错误或不合理之处，并提出改进方案。

2-25　如习图 2-12 所示，在龙门刨床上加工工件的上平面，已知工件重量 $G=2\,500$N，加工时切削力 $F_z=4\,000$N、$F_y=1\,600$N、$F_x=800$N、摩擦因数 $\mu=0.16$、安全系数 $K=1.5$，刨床工作台工作行程加速度 $a_1=5\text{m/s}^2$、空行程加速度为 $a_2=12\text{m/s}^2$，试计算所需夹紧力 W 的大小。

2-26　工件夹紧如习图 2-13 所示，已知加工时刀具对工件切削的两个分力为 $F_1=2\,000$N、$F_2=5\,000$N、$a=60$mm、$b=260$mm、$l=20$mm，摩擦因数 $\mu=0.16$、安全系数 $K=2$，试计算所需的夹紧力 W。

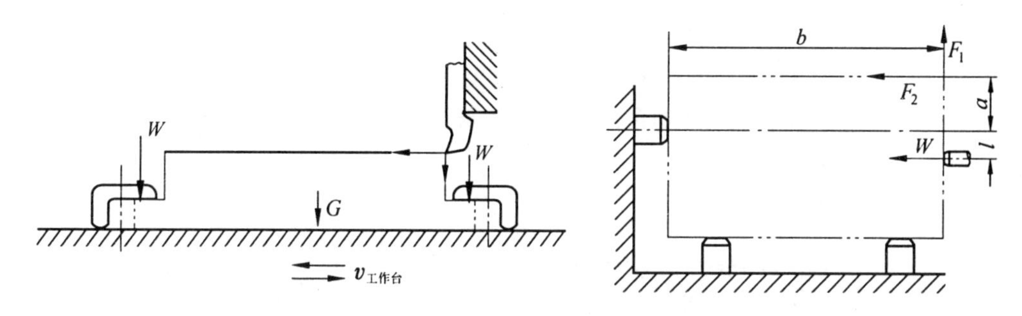

习图 2-12　　　　习图 2-13

2-27　欲在一批圆柱形工件的一端铣槽，要求槽宽与外圆中心线对称，工件外圆为 $\phi 25_{-0.053}^{-0.020}$mm。工件的装夹如习图 2-14 所示的三种方案。试分析比较三种装夹方案哪种比较合理，为什么？

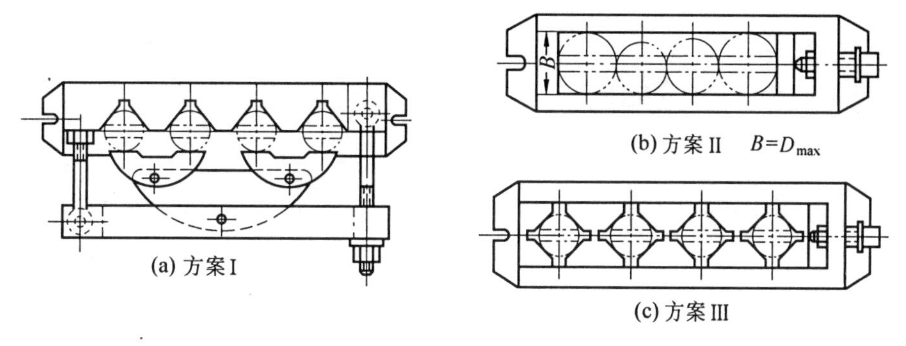

(a) 方案Ⅰ　(b) 方案Ⅱ　$B=D_{max}$　(c) 方案Ⅲ

习图 2-14

2-28　如习图 2-15 所示，工件装夹在两个 $\alpha = 90°$的 V 形块中，欲同时钻削其上两孔 d 及 d_1。已知 $d = d_1 = \phi 15$mm、$a = 50$mm、$D = \phi 40$mm、$M = 14$N－M、$F = 3\ 600$N、$\mu = 0.16$、$K = 2$，试计算 W = ?

2-29　在习图 2-16 所示的夹紧装置中，$L_1 = 100$mm、$L_2 = 45$mm、$d = 10$mm、$D = 30$mm、$\alpha = 15°$、滚轮轴与滚轮间的摩擦因数 $\mu_2 = 0.15$、滚轮与斜面的当量摩擦角 $\varphi' = 2°$、$L_3 = L_4 = 20$mm。当夹紧力为 W = 18 000N 时，试求所需的外力 Q 为多少？（其余各种摩擦忽略不计）

2-30　如习图 2-17 所示，若用 100N 的手力通过 200mm 长的板手对工件进行夹紧。现已知 $F_z = 4\ 000$N、$F_y = 1\ 600$N、$F_x = 400$N、$\mu = 0.15$、$K = 2$。试分析计算夹紧是否可靠？

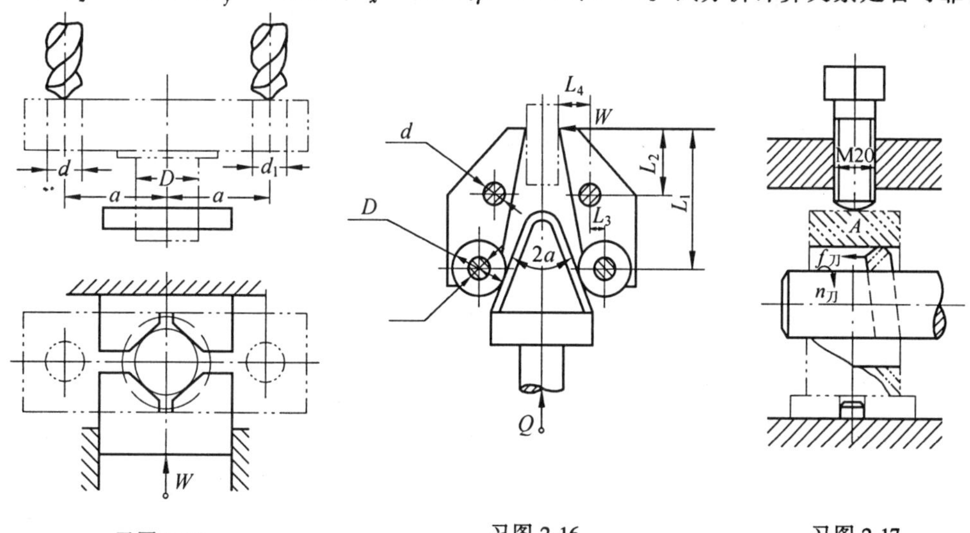

习图 2-15　　　　习图 2-16　　　　习图 2-17

2-31 试分别设计习图 2-18 所示零件某工序的夹具方案

a)拨叉零件钻 ϕ14H7 孔工序的钻床夹具；

b)法兰盘零件铣两端台面 M 和 N 的铣床夹具。

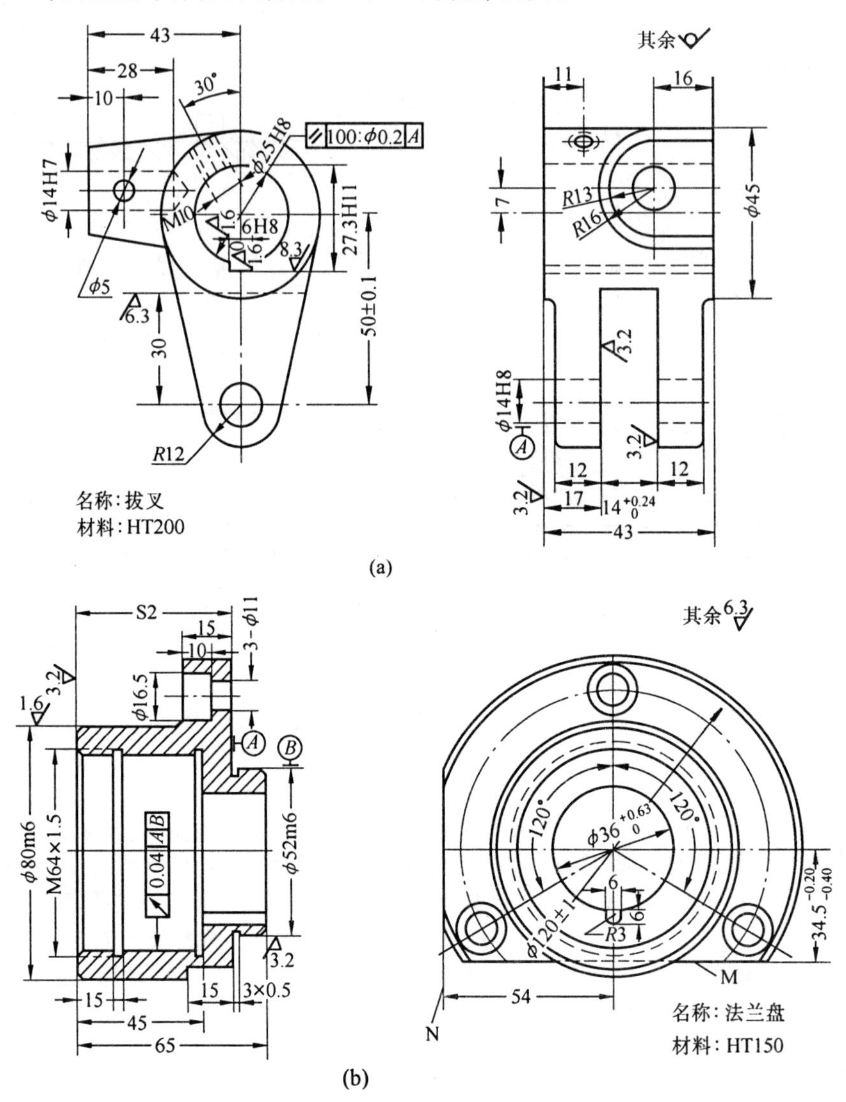

习图 2-18

第三章　机械加工工艺规程的制订

§3-1　概　　述

一、机械加工工艺规程的作用

机械加工工艺规程是规定产品或零部件制造工艺过程和操作方法等的工艺文件。

正确的机械加工工艺规程是在总结长期的生产实践和科学实验的基础上，依据科学理论和必要的工艺试验而制订的，并通过生产过程的实践不断得到改进和完善。机械加工工艺规程的作用有如下三个方面。

（一）机械加工工艺规程是组织车间生产的主要技术文件

机械加工工艺规程是车间中一切从事生产的人员都要严格、认真贯彻执行的工艺技术文件，按着它组织和进行生产，就能做到各工序科学地衔接，实现优质、高产和低消耗。

（二）机械加工工艺规程是生产准备和计划调度的主要依据

有了机械加工工艺规程，在产品投入生产之前就可以根据它进行一系列的准备工作，如原材料和毛坯的供应，机床的调整，专用工艺装备（如专用夹具、刀具和量具）的设计与制造，生产作业计划的编排，劳动力的组织，以及生产成本的核算等。有了机械加工工艺规程，就可以制定所生产产品的进度计划和相应的调度计划，使生产均衡、顺利地进行。

（三）机械加工工艺规程是新建或扩建工厂、车间的基本技术文件

在新建或扩建工厂、车间时，只有根据机械加工工艺规程和生产纲领，才能准确确定生产所需机床的种类和数量，工厂或车间的面积，机床的平面布置，生产工人的工种、等级、数量，以及各辅助部门的安排等。

二、机械加工工艺规程的制订程序

制订机械加工工艺规程的原始资料主要是产品图纸、生产纲领、现场加工设备及生产条件等，有了这些原始资料并由生产纲领确定了生产类型和生产组织形式之后，即可着手机械加工工艺规程的制订，其内容和顺序如下：

1. 分析被加工零件；
2. 选择毛坯；
3. 设计工艺过程：包括划分工艺过程的组成、选择定位基准、选择零件表面的加工方法、安排加工顺序和组合工序等；
4. 工序设计：包括选择机床和工艺装备、确定加工余量、计算工序尺寸及其公差、确定切削用量及计算工时定额等；
5. 编制工艺文件。

三、机械加工工艺规程制订研究的问题

为了能优质、高产、低消耗地加工出合格的产品，在机械加工工艺规程制订中应研究如下问题：

1. 零件工艺性分析和毛坯选择；
2. 工艺过程设计；
3. 工序设计；
4. 提高劳动生产率的工艺措施；
5. 工艺方案的经济分析。

§3-2 零件的工艺性分析及毛坯的选择

一、零件的工艺性分析

在制订零件的机械加工工艺规程之前，首先应对该零件的工艺性进行分析。零件的工艺性分析包括以下两方面内容。

(一)了解零件的各项技术要求，提出必要的改进意见

分析产品的装配图和零件的工作图，其目的是熟悉该产品的用途、性能及工作条件，明确被加工零件在产品中的位置和作用，进而了解零件上各项技术要求制订的依据，找出主要技术要求和加工关键，以便在拟订工艺规程时采取适当的工艺措施加以保证。在此基础上，还可对图纸的完整性、技术要求的合理性以及材料选择是否恰当等方面问题提出必要的改进意见。如图 3-1(a)所示的汽车板弹簧和弹簧吊耳内侧面的表面粗糙度，可由原设计的 Ra 3.2 改为 Ra 25，这样就可以在铣削加工时增大进给量，以提高生产效率。又如图 3-1(b)所示的方头销零件，其方头部份要求淬硬到 HRC55～60，其销轴 $\phi8^{+0.01}_{+0.001}$上有一个 $\phi2^{+0.01}$的孔，系在装配时配作，零件材料为 T8A，小孔 $\phi2^{+0.01}_{0}$因是配作，不能预先加工

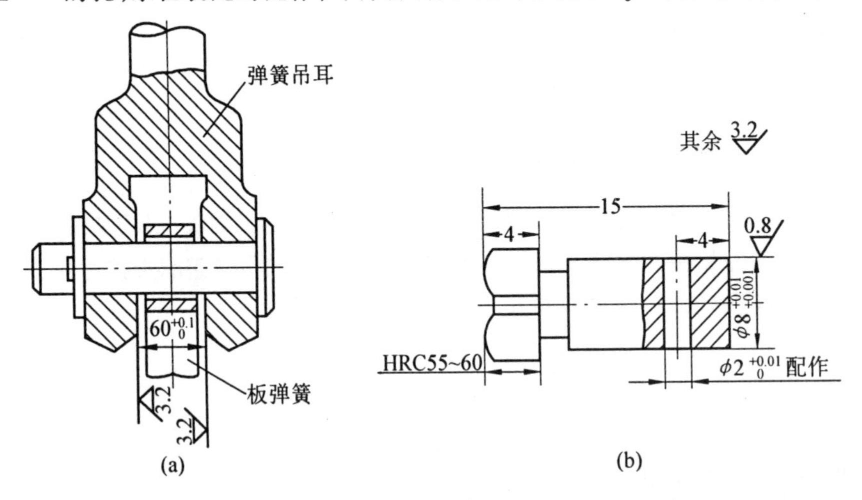

图 3-1 零件加工要求和零件材料选择不当的示例

好，若采用 T8A 材料淬火，由于零件长度仅 15mm，淬硬头部时势必全部被淬硬，造成 $\phi2^{+0.01}_{0}$小孔很难加工。若将该零件材料改为 20Cr，可局部渗碳，在小孔 $\phi2^{+0.01}_{0}$处镀铜保

护，则零件的加工就没有什么困难了。

（二）审查零件结构的工艺性

零件结构的工艺性，是指所设计的零件在能满足使用要求的前提下制造的可行性和经济性。

零件的结构对其机械加工工艺过程的影响很大。使用性能完全相同而结构不同的两个零件，它们的加工难易和制造成本可能有很大差别。所谓良好的工艺性，首先是这种结构便于机械加工，即在同样的生产条件下能够采用简便和经济的方法加工出来。此外，零件结构还应适应生产类型和具体生产条件的要求。

图 3-2 所示为零件局部结构能否进行加工或是否便于加工的一些实例。每个实例的左边系不合理结构，右边为合理的正确结构。

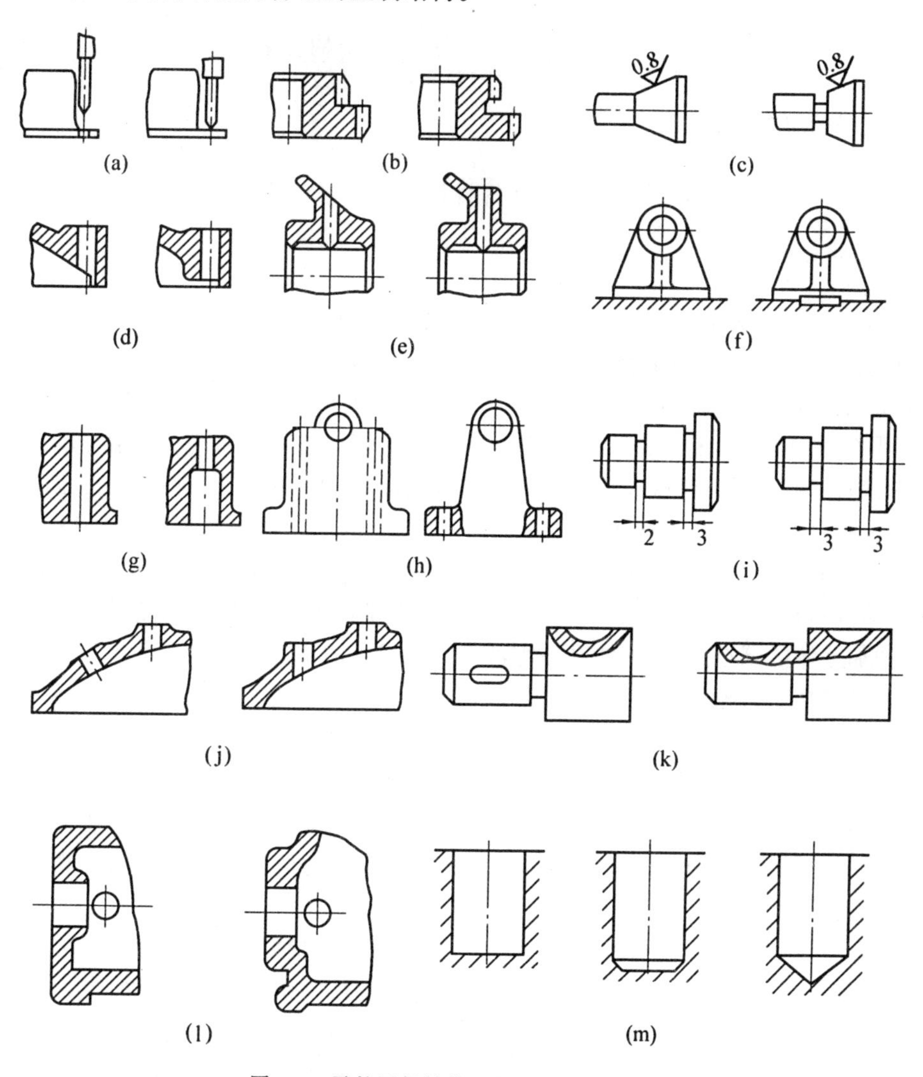

图 3-2　零件局部结构工艺性的一些实例

（三）零件结构工艺性的评定指标

零件结构工艺性涉及面很广，具有综合性，必须全面综合地分析。为满足不同的生产类型和生产条件下，零件结构工艺性更合理，在对零件结构工艺性进行定性分析的基础上，也可采用定量指标进行评价。零件结构工艺性的主要指标项目有：

1) 加工精度参数 K_{ac}

$$K_{ac} = \frac{\text{产品(或零件)图样中标注有公差要求的尺寸数}}{\text{产品(或零件)图样中的尺寸总数}}$$

2) 结构继承性系数 K_s

$$K_s = \frac{\text{产品中借用件数} + \text{通用件数}}{\text{产品零件总数}}$$

3) 结构标准化系数 K_{st}

$$K_{st} = \frac{\text{产品中标准件数}}{\text{产品零件总数}}$$

4) 结构要素统一化系数 K_e

$$K_e = \frac{\text{产品中各零件所用同一结构要素数}}{\text{该结构要素的尺寸数}}$$

5) 材料利用系数 K_m

$$K_m = \frac{\text{产品净重}}{\text{该产品的材料消耗工艺定额}}$$

二、毛坯的选择

在制订零件机械加工工艺规程之前，还要对零件加工前的毛坯种类及其不同的制造方法进行选择。由于零件机械加工的工序数量、材料消耗、加工劳动量等都在很大程度上与毛坯的选择有关，故正确选择毛坯具有重大的技术经济意义。常用的毛坯种类有：铸件、锻件、型材、焊接件、冲压件等，而相同种类的毛坯又可能有不同的制造方法。如铸件有砂型铸造、离心铸造、压力铸造和精密铸造等，锻件有自由锻、模锻、精密锻造等。因此，影响毛坯选择的因素很多，必须全面考虑后确定。例如，选择毛坯的种类及制造方法时，总希望毛坯的形状和尺寸尽量与成品零件接近，从而减小加工余量，提高材料利用率，减少机械加工劳动量和降低机械加工费用。但这样往往使毛坯制造困难，需要采用昂贵的毛坯制造设备，增加毛坯的制造成本，可能导致零件生产总成本的增加。反之，若适当降低毛坯的精度要求，虽增加了机械加工的成本，但可能使零件生产的总成本降低。

选择毛坯应该考虑生产规模的大小，它在很大程度上决定采用某种毛坯制造方法的经济性。如生产规模较大，便可采用高精度和高生产率的毛坯制造方法，这样，虽然一次投资较高，但均分到每个毛坯上的成本就较少。而且，由于精度较高的毛坯制造方法的生产率一般也较高，既节约原材料又可明显减少机械加工劳动量，再者，毛坯精度高还可简化工艺和工艺装备，降低产品的总成本。

选择毛坯应考虑工件结构形状和尺寸大小。例如，形状复杂和薄壁的毛坯，一般不能采用金属型铸造；尺寸较大的毛坯，往往不能采用模锻、压铸和精铸。再如，某些外形较特殊的小零件，由于机械加工很困难，则往往采用较精密的毛坯制造方法，如压铸、熔模铸造等，以最大限度地减少机械加工量。

选择毛坯应考虑零件的机械性能的要求。相同的材料采用不同的毛坯制造方法，其机械性能往往不同。例如，金属型浇铸的毛坯，其强度高于用砂型浇铸的毛坯，离心浇铸和压力浇铸的毛坯，其强度又高于金属型浇铸的毛坯。强度要求高的零件多采用锻件，有时也可采用球墨铸铁件。

选择毛坯，应从本厂的现有设备和技术水平出发考虑可能性和经济性。例如，我国生产的第一台 12 000 吨水压机的大立柱，整锻困难，就采用焊接结构；72 500 千瓦水轮机的大轴，采用了铸焊结构。中间轴筒用钢板滚压焊成，大法兰用铸钢件，然后将它们焊成一体。

选择毛坯还应考虑利用新工艺、新技术和新材料的可能性，如精铸、精锻、冷轧、冷挤压、粉末冶金和工程塑料等。应用这些毛坯制造方法后，可大大减少机械加工量，有时甚至可不再进行机械加工，其经济效果非常显著。

§3-3 工艺过程设计

在对零件的工艺性进行分析和选定毛坯之后，即可制订机械加工工艺过程，一般可分两步进行。第一步是设计零件从毛坯到成品零件所经过的整个工艺过程，这一步是零件加工的总体方案设计；第二步是拟定各个工序的具体内容，也就是工序设计。这两步内容是紧密联系的，在设计工艺过程时应考虑有关工序设计的问题，在进行工序设计时，又有可能修改已设计的工艺过程。

由于零件的加工质量、生产率、经济性和工人的劳动强度等，都与工艺过程有着密切关系，为此应在进行充分调查研究的基础上，多设想一些方案，经分析比较，最后确定一个最合理的工艺过程。

设计工艺过程时所涉及的问题主要是划分工艺过程的组成、选择定位基准、选择零件表面加工方法、安排加工顺序和组合工序等，现分述如下。

一、工艺过程的组成

零件的机械加工工艺过程是按一定的顺序逐步进行的。为了便于组织生产，合理使用设备和劳力，以确保加工质量和提高生产效率，机械加工工艺过程由一系列工序、安装、工位和工步等组成。

1. 工序

一个或一组工人在一个工作地对同一个或同时对几个工件所连续完成的那一部分工艺过程称为工序。例如，一个工人在一台车床上完成车外圆、端面、空刀槽、螺纹、切断；一组工人刮研一台机床的导轨；一组工人在对一批零件去毛刺等等。

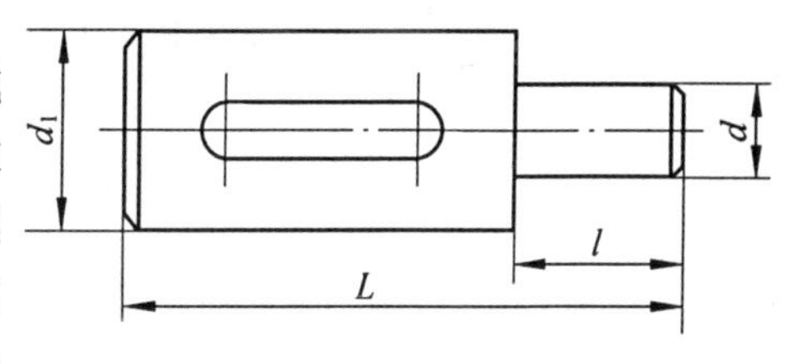

图 3-3 阶梯小轴

图 3-3 所示的阶梯小轴其工艺过程可分为如表 3-1 所列的五个工序。因为在车完一批工件的大端外圆和倒角后再进行车小端外圆和倒角，故分为两个工序。工序 2 和 3 可先后在同一台机床上完成，也可分别在两台机床上完成，如果车完一个工件的大端外圆及倒角后，立即掉头车小端外圆及倒角，这样在一台机床上连续完成大、小端外圆加工，工序 2 和 3 便合并成一个工序。

表 3-1　阶梯小轴的工序

工　序　号	工　序　名　称	加　工　设　备
1	备　　料	锯　床
2	车端面、车大端外圆及倒角	车　床
3	车端面、车小端外圆及倒角	车　床
4	铣　键　槽	铣　床
5	去　毛　刺	钳工台

2. 安装

在某一工序中，有时需要对零件进行多次装夹加工，工件经一次装夹后所完成的那一部分工序称为安装。如表 3-1 中，若工序 2 和工序 3 合并成一个工序，则需要进行两次装夹：先装夹工件一端，车端面、大端外圆及倒角，称为安装 1；再调头装夹工件，车另一端面、小端外圆及倒角，称为安装 2。如车床刀架座，在平面磨床磨四个侧面，每磨一个侧面为一次安装，则此磨削工序需四次安装。

3. 工位

为了完成一定的工序部分，一次装夹工件后，工件与夹具或设备的可动部分一起相对刀具或设备的固定部分所占据的每一个位置，称为工位。

在某一工序中，有时为了减少由于多次装夹而带来的误差及时间损失，往往采用转位（或移位）工作台或夹具，不须重新装夹工件而能改变工件位置，以加工不同表面。

图 3-4(a) 所示，在具有回转工作台的多轴立式钻床上，由工位 2、3、4 分别对工件进行钻、扩、铰孔加工，工位 1 装卸工件，此工序是一次安装四个工位。图 3-4(b) 所示，在具有可转位的夹具上对车床下部刀架的燕尾导轨面进行刨削加工，工位 1 刨削加工燕尾导轨左侧，工位 2 则刨削加工燕尾导轨(1 : 60) 右侧。

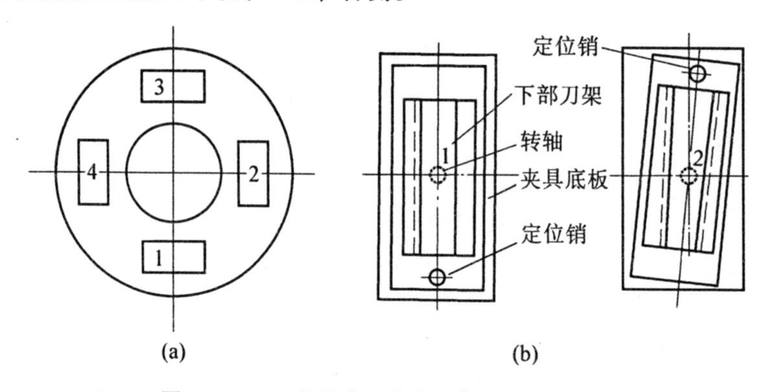

图 3-4　四工位转位工作台及两工位刨床夹具

4. 工步

一道工序(一次安装或一个工位) 中，可能需要加工若干个表面只用一把刀具，也可能虽只加工一个表面，但却要用若干把不同刀具。在加工表面和加工工具不变的情况下，所连续完成的那一部分工序，称为一个工步。如果上述二项中有一项改变，就成为另一工步。

表 3-1 中的工序 2，一次安装后要进行 3 个工步：车端面，称为工步 1；车大端外圆，称为工步 2；倒角，称为工步 3。

图 3-5 所示为六角车床上加工套类零件的工序包括六个工步。当几个相同的工步连续进行时，为了简化工艺，通常算作一个工步。

为了提高生产效率，采用几把刀具或一把复合刀具同时加工一个或几个表面可算作一个工步，称为复合工步。如图 3-5 中工步 3 和工步 4 就是复合工步。

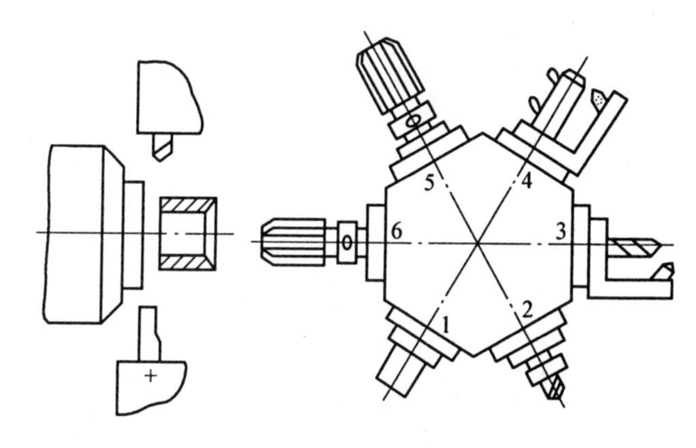

图 3-5 具有六个工步的工序

5. 行程

有些工步，由于余量较大或其它原因，需要用同一刀具，对同一表面进行多次切削，这样，刀具对工件每切削一次就称为一次行程。如图 3-6 所示，将棒料加工成阶梯轴，第二工步车右端外圆分两次行程。此外，螺纹表面的车削和磨削加工，也属多次行程。

二、定位基准的选择

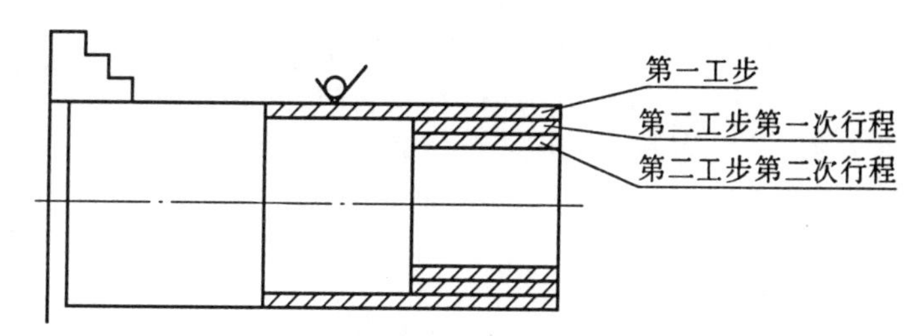

图 3-6 棒料车削加工成阶梯轴的多次行程

正确地选择定位基准是设计工艺过程的一项重要内容。

在最初的工序中只能选择未经加工的毛坯表面(即铸造、锻造或轧制等表面)作为定位基准，这种表面称为粗基准。用加工过的表面作定位基准称为精基准。另外，为了满足工艺需要在工件上专门设计的定位面，称为辅助基准。

(一) 粗基准的选择

粗基准的选择影响各加工面的余量分配及不需加工表面与加工表面之间的位置精度。这两方面的要求常常是相互矛盾的，因此在选择粗基准时，必须首先明确哪一方面是主要的。

如图 3-7 所示的毛坯，在铸造时内孔 2 与外圆 1 有偏心，因此在加工时，如果用不需加工的外圆 1 作为粗基准(用三爪自定心卡盘夹持外圆 1) 加工内孔 2，则内孔 2 与外圆是同轴的，即加工后的壁厚是均匀的，但内孔 2 的加工余量不均匀(图 a)。如选用内孔 2 作粗基准(用四爪卡盘夹持外圆 1，然后按内孔 2 找正)，则内孔 2 的加工余量均匀，但它与外圆 1 不同轴，加工后的壁厚不均匀(图 b)。

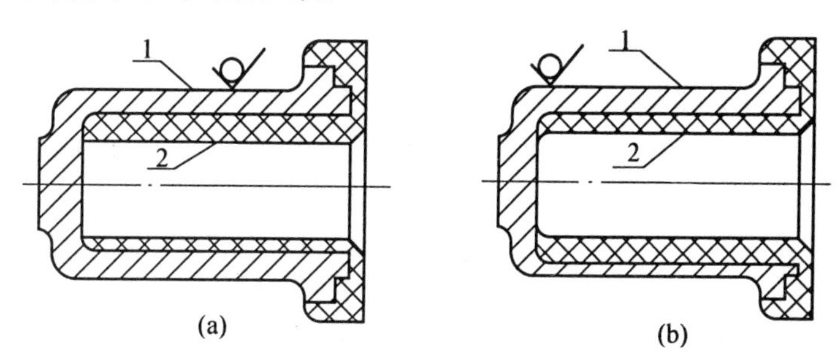

图 3-7 选择不同粗基准时的不同加工结果

(一) 选择粗基准时，一般应遵循的原则

1. 如果必须首先保证工件上加工表面与不加工表面之间的位置要求，则应以不加工表面作为粗基准。如果在工件上有很多不需加工的表面，则应以其中与加工表面的位置精度要求较高的表面作粗基准。

如图 3-8 所示零件，由于 $\phi22^{+0.033}_{0}$ 孔要求与 $\phi40$ 外圆同轴，因此在钻 $\phi22^{+0.033}_{0}$ 孔时，应选择 $\phi40$ 圆作粗基准，利用定心夹紧机构使外圆与所钻孔同轴。

2. 如果必须首先保证工件某重要表面的余量均匀，应选择该表面作粗基准。

例如床身导轨面不仅精度要求高，而且导轨表面要有均匀的金相组织和较高的耐磨性，这就要求导轨面的加工余量较小而且均匀(因为铸件表面不同深度处的耐磨性相差很多)，故首先应以导轨面作为粗基准加工床身的底平面，然后再以床身的底平面为精基准加工导轨面(图 3-9a)，反之将造成导轨面余量不均匀。(3-9b)

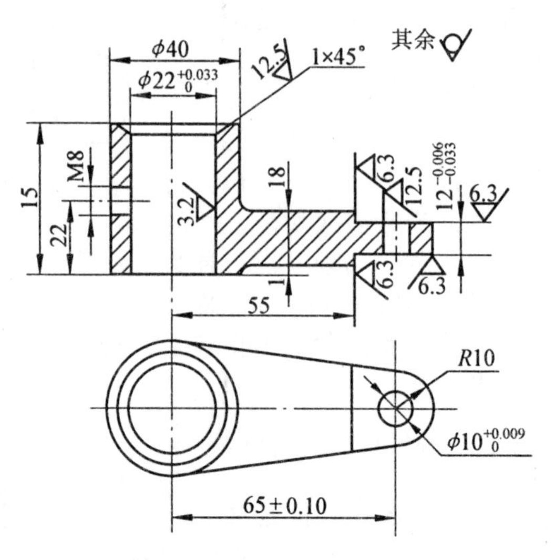

图 3-8　不需加工表面较多时粗基准的选择

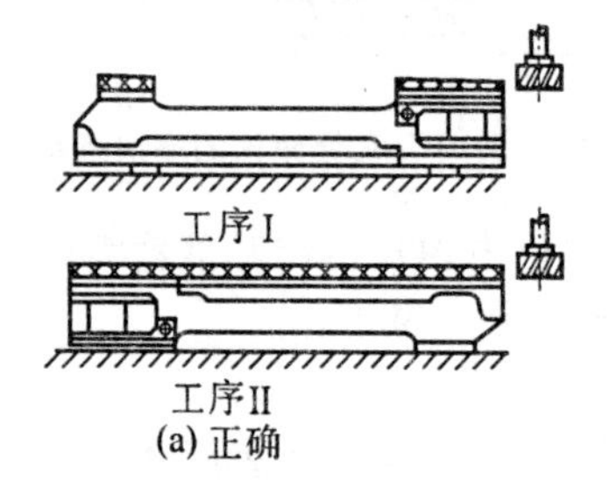

(a) 正确

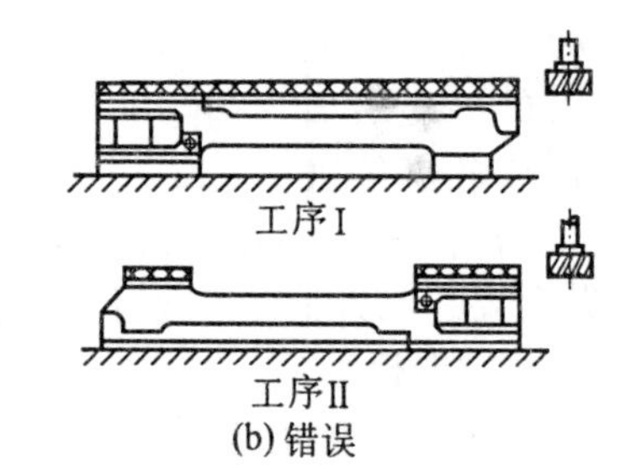

(b) 错误

图 3-9　床身加工的粗基准选择

3. 选作粗基准的表面，应平整，没有浇口、冒口或飞边等缺陷，以便定位可靠。

4. 粗基准一般只能使用一次，即不应重复使用，以免产生较大的位置误差。

(二) 精基准的选择

选择精基准应考虑如何保证加工精度和装夹准确方便，一般应遵循如下原则：

1. 用设计基准作为精基准，以便消除基准不重合误差，即所谓“基准重合” 原则。

图 3-10(a) 所示的零件其孔间距 20 ± 0.04mm 和 30 ± 0.03mm 有很严格的要求，$\phi30^{+0.015}_{0}$ 孔与 B 面的距离 35 ± 0.1 却要求不高，当 $\phi30^{+0.015}_{0}$ 孔和 B 面加工好后，在加工 2-ϕ18mm 孔时，如果如图 3-10(b) 那样以 B 面作为精基准，夹具虽然比较简单，但孔间距 20 ± 0.04mm 很难保证，除非把尺寸 35 ± 0.1mm 的公差缩小到 35 ± 0.03mm 以下。但如果改用图 3-10(c) 所示的夹具，直接以 2 个孔 ϕ18mm 的设计基准 $\phi30^{+0.015}_{0}$ 的中心线作为精基准，虽然夹具较复杂，但很容易保证尺寸 20 ± 0.04mm 和 30 ± 0.03mm 的要求。

2. 当工件以某一组精基准定位可以较方便的加工其它各表面时，应尽可能在多数工序中采用此组精基准定位，即所谓“基准统一” 原则。

选作统一基准的表面，一般都应是面积较大、精度较高的平面、孔以及其它距离较远的几个面的组合，例如：

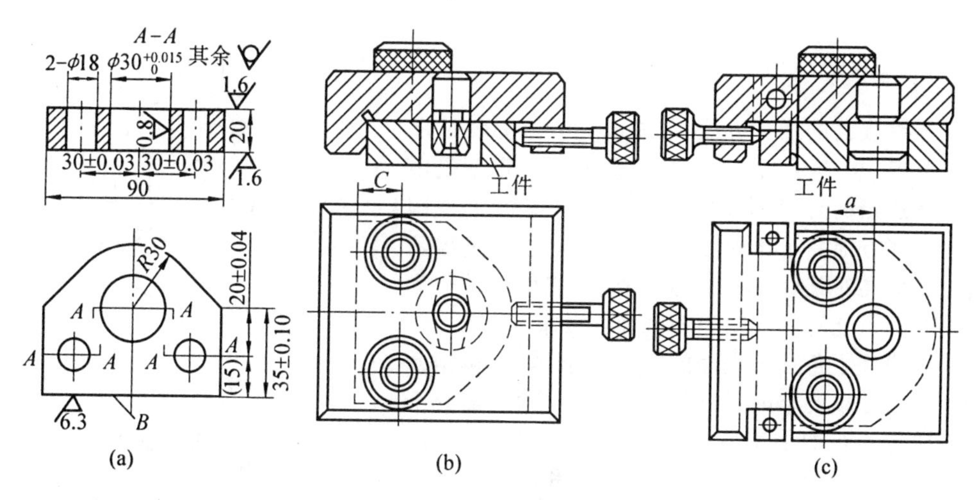

图 3-10　基准重合原则的示例

① 箱体零件用一个较大的平面和两个距离较远的孔作精基准(没有孔时用大平面及两个与大平面垂直的边作精基准,或者专门加工出两个工艺孔);

② 轴类零件用两个顶尖孔作精基准;

③ 圆盘类零件(如齿轮等)用其端面和内孔作精基准。

使用统一基准并不排斥个别工序采用其它基准,特别当统一的基准与设计基准不重合时,可能因基准不重合误差过大而超差,这时应直接用设计基准作为定位基准。

3. 当精加工或光整加工工序要求余量尽量小而均匀时,应选择加工表面本身作为精基准,而该加工表面与其它表面之间的位置精度则要求由先行工序保证,即遵循"自为基准"的原则。

例如在最后磨削床身导轨面时,为了使加工余量小而均匀以提高导轨面的加工精度和磨削生产率,可在磨头上装百分表,在床身下装可调支承,以导轨面本身为精基准调整找正,其它如用浮动铰刀铰孔、用圆拉刀拉孔、用珩磨头珩孔、用无心磨床磨外圆等,都是以加工表面本身作为精基准的例子。

图 3-11 所示为镗连杆小头孔时以本身作为精基准的夹具。工件除以大孔中心和端面为定位基准外,还以被加工的小头孔中心为定位基准,用削边定位插销定位。定位以后,在小头两侧用浮动平衡夹紧装置在原处夹紧。然后拔出定位插销,伸入镗杆对小头孔进行加工。

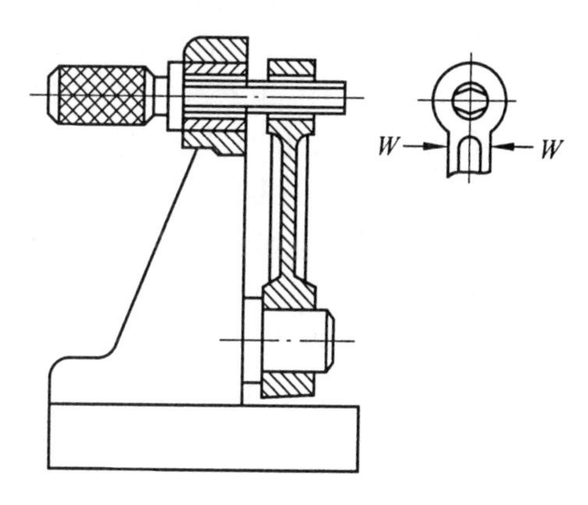

图 3-11　以加工表面本身为精基准的示例

4. 为了获得均匀的加工余量或较高的位置精度,在选择精基准时,可遵循"互为基准的"原则。

例如加工精密齿轮,当高频淬火把齿面淬硬后,需再进行磨齿。因其淬硬层较薄,所以磨削余量应小而均匀,这样就得先以齿面为基准磨内孔(图 3-12),再以孔为基准磨齿面,以保证齿面余量均匀。

5. 精基准的选择应使定位准确,夹紧可靠。为此,精基准的面积与被加工表面相比,应有较大的长度和宽度,以提高其位置精度。

三、零件表面加工方法的选择

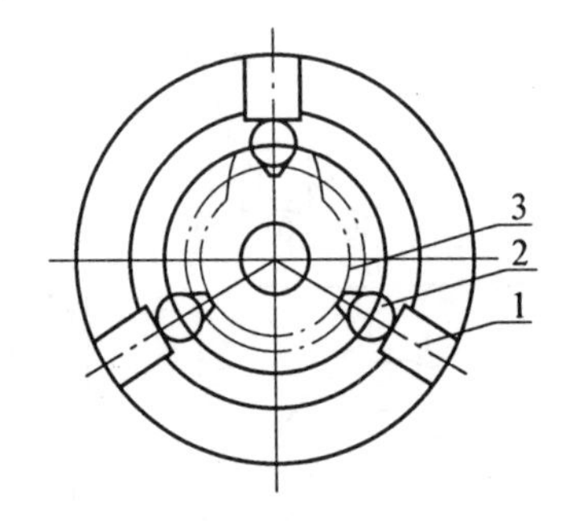

1-三爪卡盘；2-滚柱；3-工件

图 3-12　以齿形表面定位磨内孔

零件表面的加工方法，首先取决于加工表面的技术要求。但应注意，这些技术要求不一定就是零件图所规定的要求，有时还可能由于工艺上的原因而在某些方面高于零件图上的要求。如由于基准不重合而提高对某些表面的加工要求，或由于被作为精基准而可能对其提出更高的加工要求。

当明确了各加工表面的技术要求后，即可据此选择能保证该要求的最终加工方法，并确定需几个工步和各工步的加工方法。所选择的加工方法，应满足零件的质量、良好的加工经济性和高的生产效率的要求。为此，选择加工方法时应考虑下列各因素：

1. 任何一种加工方法能获得的加工精度和表面粗糙度都有一个相当大的范围，但只有在某一个较窄的范围才是经济的，这个范围的加工精度就是经济加工精度。为此，在选择加工方法时，应选择相应的能获得经济加工精度的加工方法。例如，公差为 IT7 级和表面粗糙度为 Ra0.4 外圆表面，通过精心车削是可以达到精度要求的，但这不如采用磨削经济。各种加工方法可达到的经济加工精度和表面粗糙度，可参阅工艺设计手册中的有关资料。

2. 要考虑工件材料的性质。例如，对淬火钢应采用磨削加工，但对有色金属采用磨削加工就会发生困难，一般采用金刚镗削或高速精细车削加工。

3. 要考虑工件的结构形状和尺寸大小。例如，回转工件可以用车削或磨削等方法加工孔，而箱体上 IT7 级公差的孔，一般就不宜采用车削或磨削，而通常采用镗削或铰削加工。孔径小的宜用铰孔，孔径大或长度较短的孔则宜用镗孔。

4. 要考虑生产率和经济性要求。大批大量生产时，应采用高效率的先进工艺，如平面和孔的加工采用拉削代替普通的铣、刨和镗孔等加工方法。甚至可以从根本上改变毛坯的制造方法，如用粉末冶金来制造油泵齿轮，用石腊铸造柴油机上的小零件等，均可大大减少机械加工的劳动量。

5. 要考虑工厂或车间的现有设备情况和技术条件。选择加工方法时应充分利用现有设备，挖掘企业潜力，发挥工人的积极性和创造性。但也应考虑不断改进现有的加工方法和设备，采用新技术和提高工艺水平，此外还应考虑设备负荷的平衡。

四、加工顺序的安排

零件表面的加工方法确定之后，就要安排加工的先后顺序，同时还要安排热处理、检验等其它工序在工艺过程中的位置。零件加工顺序安排得是否合适，对加工质量、生产率和经济性有较大的影响。现将有关加工顺序安排的原则和应注意的问题分述如下。

(一) 加工阶段的划分

零件加工时，往往不是依次加工完各个表面，而是将各表面的粗、精加工分开进行，为此，一般都将整个工艺过程划分几个加工阶段，这就是在安排加工顺序时所应遵循的工艺过程划分阶段的原则。按加工性质和作用的不同，工艺过程可划分如下几个阶段：

1. 粗加工阶段 —— 这阶段的主要作用是切去大部分加工余量，为半精加工提供定位基准，因此主要是提高生产率问题。

2. 半精加工阶段——这阶段的作用是为零件主要表面的精加工作好准备(达到一定的精度和表面粗糙度,保证一定的精加工余量),并完成一些次要表面的加工(如钻孔、攻丝、铣键槽等),一般在热处理前进行。

3. 精加工阶段——对于零件上精度和表面粗糙度要求高(精度在IT7级或以上,表面粗糙度在Ra0.8以下)的表面,还要安排精加工阶段。这阶段的任务主要是提高加工表面的各项精度和降低表面粗糙度。

有时由于毛坯余量特别大,表面十分粗糙,在粗加工前还需要去黑皮的加工阶段,称为荒加工阶段。为了及时地发现毛坯的缺陷和减少运输工作量,通常把荒加工放在毛坯车间中进行。此外,对零件上精度和表面粗糙度要求特别高的表面还应在精加工后进行光整加工。称为光整加工阶段。

划分加工阶段的原因在于:

1. 粗加工时切去的余量较大,因此产生的切削力和切削热都较大,功率的消耗也较多,所需要的夹紧力也大,从而在加工过程中工艺系统的受力变形、受热变形和工件的残余应力变形也都大,不可能达到高的加工精度和表面质量,需要有后续的加工阶段逐步减小切削用量,逐步修正工件的原有误差。此外,各加工阶段之间的时间间隔相当于自然时效,有利于使工件消除残余应力和充分变形,以便在后续加工阶段中得到修正。

2. 粗加工阶段中可采用功率大而精度一般的高效率设备,而精加工阶段中则应采用相应的精密机床。这样,既发挥了机床设备的各自性能特点,又可延长高精度机床的使用寿命。

3. 零件的工艺过程中插入了必要的热处理工序,这样也就使工艺过程以热处理为界,自然地划分为几个各具不同特点和目的的加工阶段。例如,在精密主轴的加工中,在粗加工后进行消除残余应力的时效处理,半精加工后进行淬火,精加工后进行冰冷处理和低温回火,最后再进行光整加工。

此外,划分加工阶段还有两个好处:一是粗加工后可及早发现毛坯的缺陷,及时修补或报废;二是零件表面的精加工安排在最后,可防止或减少表面损伤。

零件加工阶段的划分也不是绝对的,当加工质量要求不高、工件刚度足够、毛坯质量高和加工余量小,可以不划分加工阶段,如在自动机上加工的零件。有些重型零件,由于安装运输费时又困难,也常在一次装夹中完成全部的粗加工和精加工。有时为了减少夹紧力的影响,并使工件消除残余应力及其产生的变形,在粗加工后可松开工件,再以较小的力重新夹紧,然后直接进行精加工。但是,对于精度要求高的重型零件,仍要划分加工阶段,并插入时效等消除残余应力的处理。

应当指出,工艺过程划分加工阶段是指零件加工的整个过程而言,不能以某一表面的加工和某一工序的加工来判断。例如,有些定位基准面,在半精加工阶段甚至在粗加工阶段就需加工得很准确,而某些钻小孔的粗加工工序,又常常安排在精加工阶段。

(二)机械加工顺序的安排

一个零件上往往有几个表面需要加工,这些表面不仅本身有一定的精度要求,而且各表面间还有一定的位置要求。为了达到这些精度要求,各表面的加工顺序就不能随意安排,而必须遵循一定的原则,这就是定位基准的选择和转换决定着加工顺序,以及前工序为后续工序准备好定位基准的原则。

1. 作为精基准的表面应在工艺过程一开始就进行加工,因为后续工序中加工其它表面时要用它来定位。即“先基准后其它”。

2. 在加工精基准面时,需要用粗基准定位。在单件、小批生产、甚至成批生产中,对于形状复杂或尺寸较大的铸件和锻件,以及尺寸误差较大的毛坯,在机械加工工序之前首先应安排划线工序，以便为精基准加工提供找正基准。

3. 精基准加工好以后，接着应对精度要求较高的各主要表面进行粗加工、半精加工和精加工。精度要求特别高的表面还需要进行光整加工。主要表面的精加工和光整加工一般放在最后阶段进行，以免受其它工序的影响。次要表面的加工可穿插在主要表面加工工序之间。即“先主要后次要，先粗后精”。

4. 在重要表面加工前，对精基准应进行一次修正，以利于保证重要表面的加工精度。当位置精度要求较高，而加工是由一个统一的基准面定位、分别在不同工序中加工几个有关表面时，这个统一基准面本身的精度必须采取措施予以保证。

例如在轴加工中，同轴度要求较高的几个台阶圆柱面的加工，从粗车、精车一直到精磨，全是用顶尖孔作基准来定位的。为了减少几次转换装夹带来的定位误差，应使顶尖孔有足够高的精度，为此常把顶尖孔提高到 IT6 级精度和 Ra0.1 ~ Ra0.2 的表面粗糙度，并在热处理之后，精加工之前安排修研顶尖孔工序。

再如箱体零件，轴孔中心线不仅有平行度要求，与轴孔端面还有垂直度要求。为了保证这些位置精度，在加工时就需对其统一的基准面（箱体装配基面或顶面），专门增加精刨、磨削、刮研等工序。

5. 对于和主要表面有位置要求的次要表面，例如箱体主轴孔端面上的轴承盖螺钉孔，对主轴孔有位置要求，就应排在主轴孔加工后加工，因为加工这些次要表面时，切削力、夹紧力小，一般不影响主要表面的精度。

6. 对于容易出现废品的工序，精加工和光整加工可适当放在前面，某些次要小表面的加工可放在其后。因为加工这些小表面时，切削力和夹紧力都小，不会影响其它已加工表面的精度。次要表面后加工，这可减少由于加工主要表面产生废品而造成的工时损失。

（三）热处理工序的安排

热处理工序在工艺过程中的安排是否恰当，是影响零件加工质量和材料使用性能的重要因素。热处理的方法、次数和在工艺过程中的位置，应根据零件材料和热处理的目的而定。

1. 退火与正火

为了得到较好的表面质量、减少刀具磨损，需要对毛坯预先进行热处理，以消除组织的不均匀，降低硬度、细化晶粒，提高加工性。对高碳钢零件用退火降低其硬度，对低碳钢零件却要用正火的办法提高其硬度；对锻造毛坯，因表面软硬不均不利于切削，通常也进行正火处理。退火、正火等，一般应安排在机械加工之前进行。

2. 时效

为了消除残余应力应进行时效处理（其中包括人工时效和自然时效）。残余应力无论在毛坯制造还是在切削加工时都会残留下来，不设法消除就要引起工件变形，降低产品质量，甚至造成废品。

对于尺寸大、结构复杂的铸件，需在粗加工之前进行一次时效处理，以消除铸造残余应力；粗加工之后、精加工之前还要安排一次时效处理，一方面可将铸件原有的残余应力消除一部分，另一方面又将粗加工时所产生的残余应力消除，以保证粗加工后所获得的精度稳定。对一般铸件，只需在粗加工后进行一次时效处理即可，或者在铸造毛坯以后安排一次时效处理。对精度要求高的铸件，在加工过程中需进行两次时效处理，即粗加工后，半精加工前以及半精加工之后，精加工前，均需安排时效处理。例如坐标镗床箱体的加工工艺路线中即安排两次人工时效：

铸造 → 退火 → 粗加工 → 人工时效 → 半精加工 → 人工时效 → 精加工。

对于精度高、刚性差的零件，如精密丝杠(6 级精度) 的加工，一般安排三次时效处理：粗车毛坯后、粗磨螺纹后、半精磨螺纹后。

3. 淬火

淬火可以提高材料的机械性能(硬度和抗拉强度等)。淬火后尚需回火以取得所需要的硬度与组织。由于工件淬火后常产生较大的变形，因此，淬火工序一般安排在精加工阶段的磨削加工之前进行。

4. 渗碳

由于渗碳的温度高，容易产生变形，因此一般渗碳工序安排在精加工之前进行。

氮化处理是为了提高零件表面硬度和抗腐蚀性，一般安排在工艺过程的后部、该表面的最终加工之前。氮化处理前应调质。

5. 表面处理

为了提高零件的抗腐蚀能力、耐磨性、抗高温能力和导电率等，一般都采用表面处理的方法。如在零件的表面镀上一层金属镀层(铬、锌、镍、铜以及金、银、钼等) 或使零件表面形成一层氧化膜(如钢的发蓝、铝合金的阳极化和镁合金的氧化等)。表面处理工序一般均安排在工艺过程的最后进行。

(四) 辅助工序的安排

辅助工序种类很多，包括中间检验、洗涤、防锈、特种检验和表面处理等。

1. 检验

检验工序一般安排在粗加工全部结束之后，精加工之前；送往外车间加工的前后(特别是热处理前后)；花费工时工序和重要工序的前后。以便及时控制质量，避免浪费工时。

2. 特种检验

X 射线、超声波探伤等多用于工件材料内部质量的检验，一般安排在工艺过程的开始。荧光检验、磁力探伤主要用于工件表面质量的检验，通常安排在精加工阶段。如果荧光检验用于检查毛坯的裂纹，则安排在加工前进行。

3. 清洗、涂防锈油

一般安排在最后工序。

五、工序的集中与分散

同一个工件，同样的加工内容，可以安排两种不同形式的工艺规程：一种是工序集中，另一种是工序分散。所谓工序集中，是使每个工序中包括尽可能多的工步内容，因而使总的工序数目减少，夹具的数目和工件的安装次数也相应地减少。所谓工序分散，是将工艺路线中的工步内容分散在更多的工序中去完成，因而每道工序的工步少，工艺路线长。

工序分散的特点是：

1. 所使用的机床设备和工艺装备都比较简单，容易调整，生产工人也便于掌握操作技术，容易适应更换产品；

2. 有利于选用最合理的切削用量，减少机动工时；

3. 机床设备数量多，生产面积大，工艺路线长。

工序集中的特点是：

1. 有利于采用高效的专用设备和工艺装备，显著提高生产率；

2. 减少了工序数目，缩短了工艺过程，简化了生产计划和生产组织工作；

3. 减少了设备数量，相应地减少了操作工人人数和生产面积，工艺路线短；

4. 减少了工件装夹次数，不仅缩短了辅助时间，而且由于一次装夹加工较多的表面，就容易保证它们之间的位置精度；

5. 专用机床设备、工艺装备的投资大、调整和维修费事，生产准备工作量大，转为新产品的生产也比较困难。

工序的分散和集中各有特点，必须根据生产规模、零件的结构特点和技术要求、机床设备等具体生产条件综合分析，以便决定采用哪一种原则来组合工序。

传统的流水线、自动线生产多采用工序分散的组织形式(个别工序亦有相对集中的形式，例如，对箱体类零件采用专用组合机床加工孔系)。这种组织形式可以实现高生产率生产，但适应性较差。

采用高效自动化机床，以工序集中的形式组织生产(典型例子是采用加工中心机床组织生产)，除具有上述工序集中的优点以外，生产适应性强，转产相对容易，因而虽然设备价格昂贵，但仍然受到越来越多的重视。

当零件的加工精度要求比较高时，常需要把工艺过程划分为不同的加工阶段，在这种情况下，工序必须比较分散。

§3-4 工序设计

零件的工艺过程设计以后，就应进行工序设计。工序设计的内容是为每一工序选择机床和工艺装备，确定加工余量、工序尺寸和公差，确定切削用量、工时定额及工人技术等级等。

一、机床和工艺装备的选择

(一) 机床的选择

选择机床应遵循如下原则：

1. 机床的加工范围应与零件的外廓尺寸相适应

2. 机床的精度应与工序加工要求的精度相适应；

3. 机床的生产率应与零件的生产类型相适应。

(二) 工艺装备的选择

工艺装备包括夹具、刀具和量具，其选择原则如下。

1. 夹具的选择

在单件小批生产中，应尽量选用通用夹具和组合夹具。在大批大量生产中，则应根据工序加工要求设计制造专用夹具。

2. 刀具的选择

刀具的选择主要取决于工序所采用的加工方法、加工表面的尺寸、工件材料、所要求的精度和表面粗糙度、生产率及经济性等，在选择时一般应尽可能采用标准刀具，必要时可采用高生产率的复合刀具和其它一些专用刀具。

3. 量具的选择

量具的选择主要是根据生产类型和要求检验的精度。在单件小批生产中，应尽量采用通用量具量仪，而在大批大量生产中则应采用各种量规和高生产率的检验仪器和检验夹具等。

二、加工余量及工序尺寸的确定

零件在机械加工工艺过程中，各个加工表面本身的尺寸及各个加工表面相互之间的距离尺寸和位置关系，在每一道工序中是不相同的，它们随着工艺过程的进行而不断改变，一直到工艺过程结束，达到图纸上所规定的要求。在工艺过程中，某工序加工应达到的尺寸称为工序尺寸。

工序尺寸的正确确定不仅和零件图上的设计尺寸有关系，还与各工序的工序余量有关系。

（一）加工余量的确定

1. 加工余量的概念

加工余量是指在加工过程中，从被加工表面上切除的金属层厚度。加工余量分工序余量和加工总余量（毛坯余量）二种。相邻两工序的工序尺寸之差称为工序余量。毛坯尺寸与零件图的设计尺寸之差称为加工总余量（毛坯余量），其值等于各工序的工序余量总和。

由于加工表面的形状不同，加工余量又可分为单边余量和双边余量两种。如平面加工，加工余量为单边余量，即实际切除的金属层厚度。又如轴和孔的回转面加工，加工余量为双边余量，实际切除的金属层厚度为工序余量的一半。

因各工序尺寸都有公差，故实际切除的金属层厚度大小不等，就产生了工序余量的最大值和最小值。在工艺过程中，用极值法还是用调整法计算工序余量的最大值和最小值，它们的概念是不同的。极值法是按试切加工原理计算，调整法是按加工过程中误差复映的原理来计算。为了便于加工和计算，工序尺寸一般按“入体原则”标注极限偏差。对于外表面的工序尺寸取上偏差为零，而对于内表面的工序尺寸取下偏差为零。平面和回转面加工时的工序余量、工序余量和工序尺寸的关系见图 3-13、图 3-14。

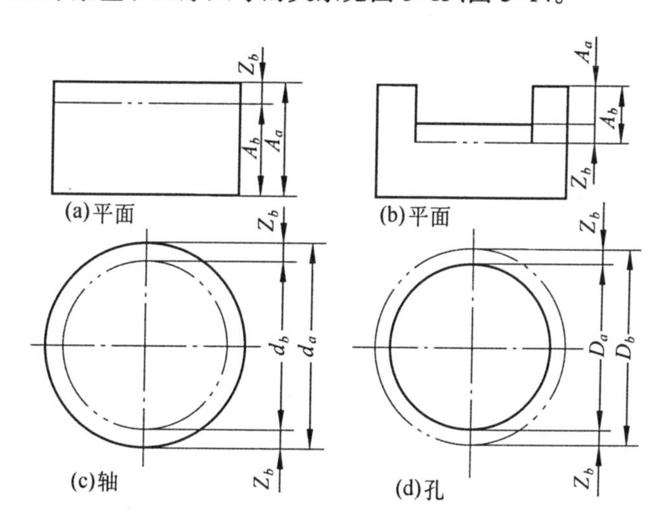

图 3-13　平面和回转面加工时的工序余量

图中：

A_{aj}（d_{aj}、D_{aj}）—— 上工序的基本尺寸；

$A_{bj}(d_{bj}、D_{bj})$—— 本工序的基本尺寸；

$A_{a\max}(d_{a\max}、D_{a\max})$—— 上工序的最大极限尺寸；

$A_{a\min}(d_{a\min}、D_{a\min})$—— 上工序的最小极限尺寸；

$A_{b\max}(d_{b\max}、D_{b\max})$—— 本工序最大极限尺寸；

$A_{b\min}(d_{b\min}、D_{b\min})$—— 本工序的最小极限尺寸；

$\mathrm{T}A_a(\mathrm{T}d_a、\mathrm{T}D_a)$—— 上工序的工序尺寸公差；

$\mathrm{T}A_b(\mathrm{T}d_b、\mathrm{T}D_b)$—— 本工序的工序尺寸公差；

$Z_b、Z_{b\max}、Z_{b\min}$—— 本工序的工序基本余量、工序最大余量、工序最小余量；

$\mathrm{T}Z_b$—— 本工序的工序余量公差。

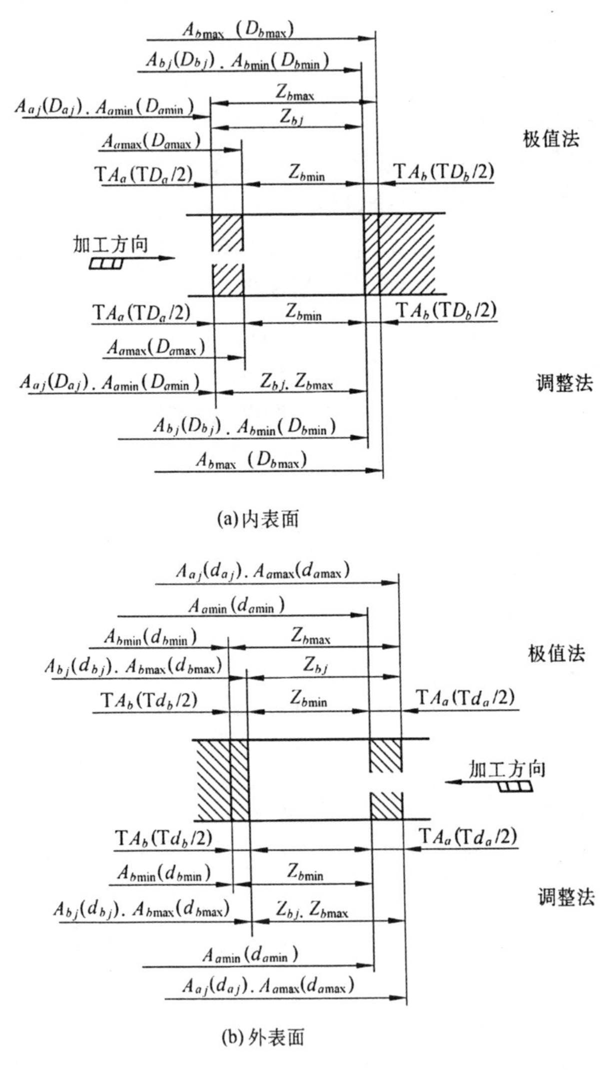

图 3-14　工序余量和工序尺寸的关系

图 3-13(a)、(c) 和图 3-14(b) 为外表面加工，图 3-13(b)、(d) 和图 3-14(a) 为内表面加工。

工序余量的计算公式见表 3-2。从表中可看出这二种方法计算工序最大余量和工序最小余量的结果不一样。极值法计算的工序最大余量偏大，工序最小余量偏小，使得工序余量波动较大，工序余量的公差过大。所以在制订机械加工工艺规程中，单件或小批量生产时用极值法计算，大批量生产和生产稳定时用调整法计算，这样可节省材料，降低成本。

表 3-2　工序余量的计算公式

加工面		有关余量的名称（方法）	极值法	调整法
平面	外表面	本工序基本余量	$Z_{bj} = A_{aj} - A_{bj} = A_{a\max} - A_{b\max} = Z_{b\max} - TA_b = Z_{b\min} + TA_a$	$Z_{bj} = A_{aj} - A_{bj} = A_{a\max} - A_{b\max} = Z_{b\max} = Z_{b\min} + TA_a - TA_b$
		本工序最大余量	$Z_{b\max} = A_{a\max} - A_{b\min} = Z_{bj} + TA_b = Z_{b\min} + TA_a + TA_b$	$Z_{b\max} = A_{a\max} - A_{b\max} = Z_{bj} = Z_{b\min} + TA_a - TA_b$
		本工序最小余量	$Z_{b\min} = A_{a\min} - A_{b\max} = Z_{bj} - TA_a = Z_{b\max} - TA_a - TA_b$	$Z_{b\min} = A_{a\min} - A_{b\min} = Z_{bj} - TA_a + TA_b = Z_{b\max} - TA_a + TA_b$
		本工序余量的公差	$TZ_b = Z_{b\max} - Z_{b\min} = TA_a + TA_b$	$TZ_b = Z_{b\max} - Z_{b\min} = TA_a - TA_b$
	内表面	本工序基本余量	$Z_{bj} = A_{bj} - A_{aj} = A_{b\min} - A_{a\min} = Z_{b\max} - TA_b = Z_{b\min} + TA_a$	$Z_{bj} = A_{bj} - A_{aj} = A_{b\min} - A_{a\min} = Z_{b\max} = Z_{b\min} + TA_a - TA_b$
		本工序最大余量	$Z_{b\max} = A_{b\max} - A_{a\min} = Z_{bj} + TA_b = Z_{b\min} + TA_a + TA_b$	$Z_{b\max} = A_{b\max} - A_{a\max} = Z_{bj} = Z_{b\min} + TA_a - TA_b$
		本工序最小余量	$Z_{b\min} = A_{b\min} - A_{a\max} = Z_{bj} - TA_a = Z_{b\max} - TA_a - TA_b$	$Z_{b\min} = A_{a\max} - A_{a\max} = Z_{bj} - TA_a + TA_b = Z_{b\max} - TA_a + TA_b$
		本工序余量的公差	$TZ_b = Z_{b\max} - Z_{b\min} = TA_a + TA_b$	$TZ_b = Z_{b\max} - Z_{b\min} = TA_a - TA_b$
圆柱面	外表面	本工序基本余量	$2Z_{bj} = d_{aj} - d_{bj} = d_{a\max} - d_{b\max} = 2Z_{b\max} - Td_b = 2Z_{b\min} + Td_a$	$2Z_{bj} = d_{aj} - d_{bj} = d_{a\max} - d_{b\max} = 2Z_{b\max} = 2Z_{b\min} + Td_a - Td_b$
		本工序最大余量	$2Z_{b\max} = d_{a\max} - d_{b\min} = 2Z_{bj} + Td_b = 2Z_{b\min} + Td_a + Td_b$	$2Z_{b\max} = d_{a\max} - d_{b\max} = 2Z_{bj} = 2Z_{b\min} + Td_a - Td_b$
		本工序最小余量	$2Z_{b\min} = d_{a\min} - d_{b\max} = 2Z_{bj} - Td_a = 2Z_{b\max} - Td_a - Td_b$	$2Z_{b\min} = d_{a\min} - d_{b\min} = 2Z_{bj} - Td_a + Td_b = 2Z_{b\max} - Td_a + Td_b$
		本工序余量的公差	$TZ_b = Z_{b\max} - Z_{b\min} = (Td_a + Td_b)/2$	$TZ_b = Z_{b\max} - Z_{b\min} = (Td_a - Td_b)/2$
	内表面	本工序基本余量	$2Z_{bj} = D_{bj} - D_{aj} = D_{b\min} - D_{a\min} = 2Z_{b\max} - TD_b = 2Z_{b\min} + TD_a$	$2Z_{bj} = D_{bj} - D_{aj} = D_{b\min} - D_{a\min} = 2Z_{b\max} = 2Z_{b\min} + TD_a - TD_b$
		本工序最大余量	$2Z_{b\max} = D_{b\max} - D_{a\min} = 2Z_{bj} + TD_b = 2Z_{b\min} + TD_a + TD_b$	$2Z_{b\max} = D_{b\min} - D_{a\min} = 2Z_{bj} = 2Z_{b\min} + TD_a - TD_b$
		本工序最小余量	$2Z_{b\min} = D_{b\min} - D_{a\max} = 2Z_{bj} - TD_a = 2Z_{b\max} - TD_a - TD_b$	$2Z_{b\min} = D_{b\max} - D_{a\max} = 2Z_{bj} - TD_a + TD_b = 2Z_{b\max} - TD_a + TD_b$
		本工序余量的公差	$TZ_b = Z_{b\max} - Z_{b\min} = (TD_a + TD_b)/2$	$TZ_b = Z_{b\max} - Z_{b\min} = (TD_a - TD_b)/2$

2. 加工余量的确定方法

加工余量的大小,对零件的加工质量和生产率以及经济性均有较大的影响。余量过大将增加金属材料、动力、刀具和劳动量的消耗,并使切削力增大而引起工件的变形较大。反之,余量过小则不能保证零件的加工质量。确定加工余量的基本原则是在保证加工质量的前提下尽量减少加工余量。目前,工厂中确定加工余量的方法一般有两种,一是靠经验确定,但这种方法不够准确,为了保证不出废品,余量总是偏大,多用于单件小批生产。另一种是查阅有关加工余量的手册来确定,这种方法应用比较广泛。

比较合理的方法是加工余量的分析计算法。这种方法是在了解和分析影响加工余量基本因素的基础上,加以综合计算来确定余量的大小。

图 3-15 是用调整法加工一个平面时工序最小余量的组成。

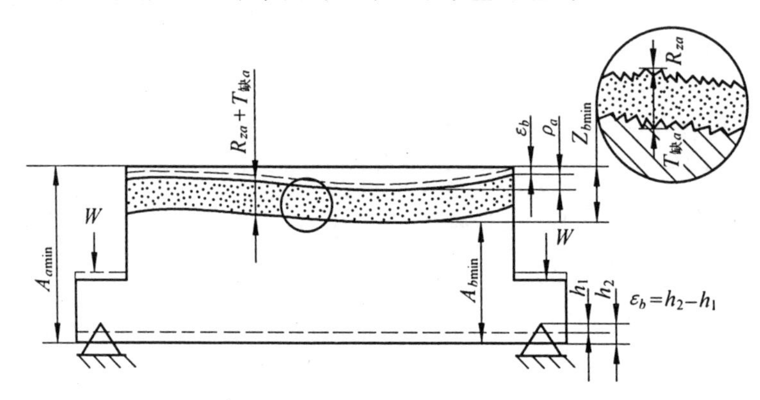

图 3-15　调整法加工平面时工序最小余量的组成

由图中可知本工序的最小工序余量为

$$Z_{b\min} = A_{a\min} - A_{b\min}$$

它一般由下面四部分组成:

(1) 上工序加工后的表面粗糙度 R_{za},应在本工序切去

(2) 上工序加工后产生的表面缺陷层 $T_{缺a}$,亦应在本工序切去

(3) 上工序加工后形成的表面形状及空间位置误差,它包括弯曲度、平面度、同轴度、平行度和垂直度等应在本工序予以修正的各种形位误差,其向量值以 $\boldsymbol{\rho}_a$ 表示

(4) 本工序工件的装夹误差,如圆柱表面加工时工件装夹时的偏心,夹紧工件时由于夹紧力的波动使工件的定位基准产生的变动量等,这些误差也都要求加大余量以求补偿。装夹误差也是向量值,以 $\boldsymbol{\varepsilon}_b$ 表示。

因此,最小余量为

$$Z_{b\min} = R_{za} + T_{缺a} + |\boldsymbol{\rho}_a + \boldsymbol{\varepsilon}_b|$$

式中 R_{za}、$T_{缺a}$ 等值可以参考有关手册。

计算每一道工序的工序尺寸,可看图 3-16。

图中 Z_{1j}、Z_{2j}、Z_{3j} 和 Z_{4j} 分别为粗加工、半精加工、精加工和终加工的基本余量。TA_1、TA_2、TA_3 和 TA_4 分别为粗加工、半精加工、精加工和终加工的公差,其中 TA_4 也就是零件图所规定的公差,TM 为毛坯尺寸的公差。从最终加工工序尺寸逐步向前推算,便可得到各工序尺寸及毛坯尺寸。如图中(b) 所示的外表面加工,当各工序的工序余量确定后,即可计算各工序尺寸及毛坯尺寸,即

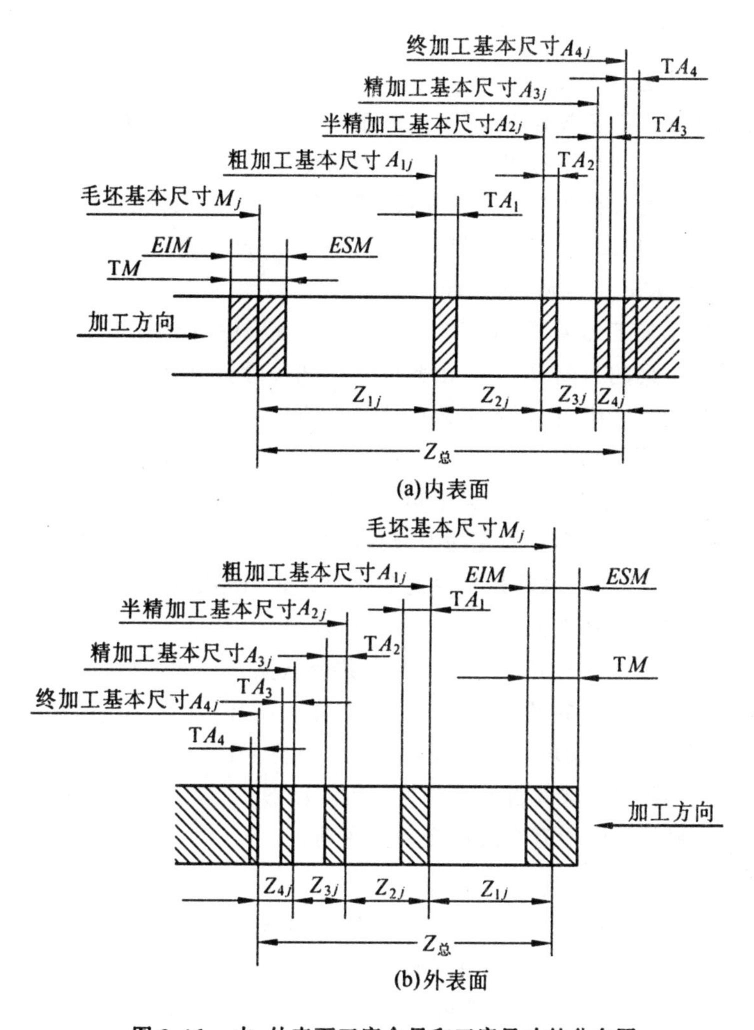

图 3-16　内、外表面工序余量和工序尺寸的分布图

终加工的工序尺寸 A_4；

精加工工序尺寸 $A_3 = A_4 + Z_{4j}$；

半精加工工序尺寸 $A_2 = A_3 + Z_{3j} = A_4 + Z_{4j} + Z_{3j}$

粗加工工序尺寸 $A_1 = A_2 + Z_{2j} = A_4 + Z_{4j} + Z_{3j} + Z_{2j}$；

毛坯基本尺寸 $M_j = A_1 + Z_{1j} = A_{4j} + Z_{4j} + Z_{3j} + Z_{2j} + Z_{1j}$。

加工总余量(毛坯余量)为

$$Z_总 = \sum_{i-1}^{n} Z_{ij}$$

式中　Z_{ij}—— 第 i 个工序的工序基本余量；

n—— 工序的个数。

工序尺寸的公差，如 TA_1、TA_2 和 TA_3，一般根据经济加工精度选取。但如后续工序是一些光整加工工序(例如：研磨、珩磨、金刚镗等)，它们有一最合适的加工余量范围，过大会使光整加工工时过长，甚至达不到光整加工的要求(会破坏原有精度及表面粗糙度)；过小又会使加工面的某些部位加工不出来，因此确定光整加工的前一工序的公差时要考虑这一因素。

(二) 工序尺寸的确定

1. 工序尺寸及工艺尺寸链

在零件的机械加工工艺过程中,各工序的工序尺寸及工序余量在不断地变化,其中一些工序尺寸在零件图上往往不标出或不存在,需要在制定工艺过程时予以确定。而这些不断变化的工序尺寸之间又存在着一定的联系,需要用工艺尺寸链原理去分析它们的内在联系,掌握它们的变化规律,正确地计算出各工序的工序尺寸。

(1) 工艺尺寸链及其组成环、封闭环的确定

工艺尺寸是根据加工的需要,在工艺附图或工艺规程中所给出的尺寸。尺寸链是互相联系且按一定顺序排列的封闭尺寸组。由此可知工艺尺寸链是在零件加工过程中的各有关工艺尺寸所组成的尺寸组。把列入工艺尺寸链中的每一个工艺尺寸称为环。在零件加工过程中最后形成的一环(必有这样一个工艺尺寸,并且也仅有这样一个工艺尺寸) 称为封闭环。那么在工艺尺寸链中对封闭环有影响的全部环称为组成环。组成环分二类,一类叫增环,另一类叫减环。增环是本身的变动引起封闭环同向变动,即该环增大时封闭环增大或该环减小时封闭环也减小。减环是本身的变化引起封闭环反向变动,即该环增大时封闭环减小或该环减小时封闭环增大。

有时两个或两个以上的尺寸链通过一个公共环联系在一起,这种尺寸链称为相关尺寸链,这时应注意:其中的公共环在某一尺寸链中做封闭环,那么在与其相关的另一尺寸链中必为组成环。从以上概念可知工艺尺寸链有以下特征:

① 封闭性　工艺尺寸彼此首尾连接构成封闭图形;

② 关联性　封闭环随所有组成环变动而变动;

③ 封闭环的一次性。

图 3-17(a) 所示的零件图中,标注了尺寸 $A_1 = 60 \pm 0.2$mm 及 $A_0 = 25 \pm 0.3$mm 两个尺寸,尺寸 A_2 未予标注。现在要检查 A_0 的尺寸是否合格,但这个尺寸不便直接测量,只能由 A_1 和 A_2 两个尺寸来判断 A_0 是否合格。如尺寸 A_1 已经检查合格,现要通过测量尺寸 A_2 来判断 A_0 是否合格。因此,必须从这三个尺寸的相互关系中来计算出 A_2 的尺寸及公差,作为检查 A_0 的依据。在这个检查工序中,A_1 是已经检查合格的尺寸,A_2 是检查工序中直接测量得到的尺寸,A_0 是应保证的设计尺寸,它是 A_1 及 A_2 两个尺寸所共同形成的尺寸,因此它是最后得到的尺寸。尺寸 A_2 就是要计算的工序尺寸,为此要建立相应的工艺尺寸链并作出工艺尺寸链简图。在这个工艺尺寸链中有 A_1、A_2 及 A_0 三个环。其中 A_0 是由 A_1 及 A_2 所共同形成的,因此是封闭环,A_1 及 A_2 是组成环。工艺尺寸链简图的作法是先从封闭

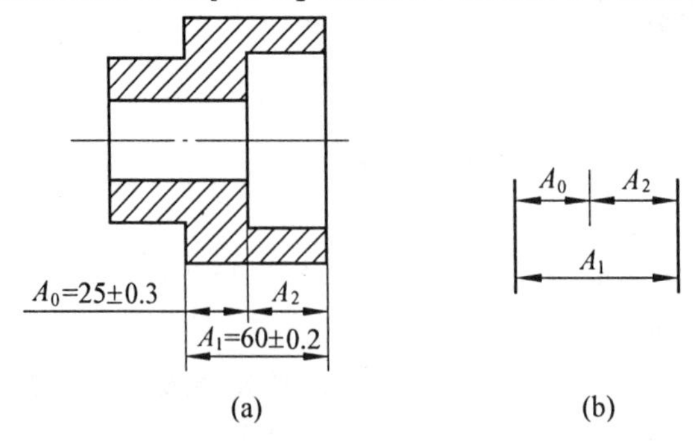

图 3-17　检查工件时的工艺尺寸链

环开始,按照各有关尺寸在工序图上的原有位置和顺序依次首尾相接作出代表各有关尺寸的线段(大致按比例画),直到尺寸线段的终端回到封闭环尺寸线段的起端而形成一个封闭的图形,这个如图 3-17(b) 所示的图形就是工艺尺寸链简图。封闭环用 A_0 表示;组成环 A_1 为增环,用 $\overrightarrow{A}_1$ 表示;与之相反,组成环 A_2 为减环,用 $\overleftarrow{A}_2$ 表示。

(2) 工艺尺寸链的计算式

工艺尺寸链的计算方法有两种,即极值法和概率法。

1) 极值法计算公式

$$A_{0j} = \sum_{i=1}^{m} \xi_i A_{ij} = \sum \overrightarrow{A}_{ij} - \sum \overleftarrow{A}_{ij}$$

$$A_{0\max} = \sum \overrightarrow{A}_{i\max} - \sum \overleftarrow{A}_{i\min}$$

$$A_{0\min} = \sum \overrightarrow{A}_{i\min} - \sum \overleftarrow{A}_{i\max}$$

$$ESA_0 = \sum ES\overrightarrow{A}_i - \sum EI\overleftarrow{A}_i$$

$$EIA_0 = \sum EI\overrightarrow{A}_i - \sum ES\overleftarrow{A}_i$$

$$\mathrm{T}A_0 = \sum_{i=1}^{m} \mathrm{T}A_i$$

式中 A_{0j}, $A_{0\max}$ 和 $A_{0\min}$—— 封闭环的基本尺寸、最大极限尺寸和最小极限尺寸;

$\overrightarrow{A}_{ij}$, $\overrightarrow{A}_{i\max}$ 和 $\overrightarrow{A}_{i\min}$—— 组成环中增环的基本尺寸、最大极限尺寸和最小极限尺寸;

$\overleftarrow{A}_{ij}$, $\overleftarrow{A}_{i\max}$ 和 $\overleftarrow{A}_{i\min}$—— 组成环中减环的基本尺寸、最大极限尺寸和最小极限尺寸;

ESA_0, $ES\overrightarrow{A}_i$ 和 $ES\overleftarrow{A}_i$—— 封闭环、增环和减环的上偏差;

EIA_0, $EI\overrightarrow{A}_i$ 和 $EI\overleftarrow{A}_i$—— 封闭环、增环和减环的下偏差;

$\mathrm{T}A_0$, $\mathrm{T}A_i$—— 封闭环、组成环的公差;

m—— 尺寸链中的组成环数;

ξ_i—— 传递系数,对直线尺寸链中的增环 $\xi_i = +1$,减环 $\xi_i = -1$。

上述六个工艺尺寸链的计算式,分别用于封闭环和组成环的基本尺寸、最大极限尺寸、最小极限尺寸、上偏差、下偏差和公差的计算。

2) 概率法计算公式

将工艺尺寸链中各环的基本尺寸改用平均尺寸标注,且公差变为对称分布的形式。这时组成环的平均尺寸为

$$A_{iM} = \frac{A_{i\max} + A_{i\min}}{2} = A_{ij} + \frac{ESA_i + EIA_i}{2}$$

封闭环的平均尺寸为

$$A_{0M} = \frac{A_{0\max} + A_{0\min}}{2} = A_{0j} + \frac{ESA_0 + EIA_0}{2} = \sum \overrightarrow{A}_{iM} - \sum \overleftarrow{A}_{iM}$$

式中 $\overrightarrow{A}_{iM}$—— 增环的平均尺寸;

$\overleftarrow{A}_{iM}$—— 减环的平均尺寸。

封闭环的公差为:

$$\mathrm{T}A_0 = \sqrt{\sum_{i=1}^{m} \mathrm{T}A_i^{\,2}}$$

采用概率法,各环尺寸及偏差可标注如下形式:

$$A_0 = A_{0M} \pm \frac{TA_0}{2}$$

$$A_i = A_{iM} \pm \frac{TA_i}{2}$$

2. 工序尺寸计算举例

(1) 同一表面需要经过多次加工时的工序尺寸计算

加工精度和表面粗糙度要求较高的外圆、内孔和平面等,往往都要经过多次加工,这时各次加工的工序尺寸计算比较简单,不必列出尺寸链后再进行计算,只要先确定各次加工的加工余量直接进行计算便可。但需说明,对于平面加工,只有当各次加工时的基准不变的情况下才可以直接进行计算。

[例] 加工某一个钢制零件上的一个孔,其设计尺寸为 $\phi72.5^{+0.03}_{0}$mm,表面粗糙度为 Ra0.4。现经过粗镗、半精镗、精镗、粗磨和精磨五次加工,计算各次加工的工序尺寸及其公差。

查表确定各工序的双边工序余量为:

精磨	0.2mm
粗磨	0.3mm
精镗	1.5mm
半精镗	2.0mm
粗镗	4.0mm
总余量	8.0mm

各工序的基本尺寸分别为

精磨后	由零件图知 $\phi72.5$mm
粗磨后	$72.5 - 0.2 = \phi72.3$mm
精镗后	$72.3 - 0.3 = \phi72$mm
半精镗后	$72 - 1.5 = \phi70.5$mm
粗镗后	$70.5 - 2 = \phi68.5$mm
毛坯孔	$68.5 - 4 = \phi64.5$mm

各工序的尺寸公差按加工方法的经济精度确定,并按"入体原则"标注为:

精磨	由零件图知	$\phi72.5^{+0.03}_{0}$mm
粗磨	按 IT8 级	$\phi72.3^{+0.045}_{0}$mm
精镗	按 IT9 级	$\phi72^{+0.074}_{0}$mm
半精镗	按 IT10 级	$\phi70.5^{+0.12}_{0}$mm
粗镗	按 IT12 级	$\phi68.5^{+0.3}_{0}$mm
毛坯		$\phi64.5 \pm 1$mm

根据计算结果可作出工序余量、工序尺寸及其公差的分布图,见图 3-18。

(2) 基准不重合时的工序尺寸计算

① 定位基准与设计基准不重合时的工序尺寸计算。

当采用调整法加工一批零件,若所选的定位基准与设计基准不重合,那么该加工表面的设计尺寸就不能由加工直接得到,这时,就需进行有关的工序尺寸计算以保证设计尺寸

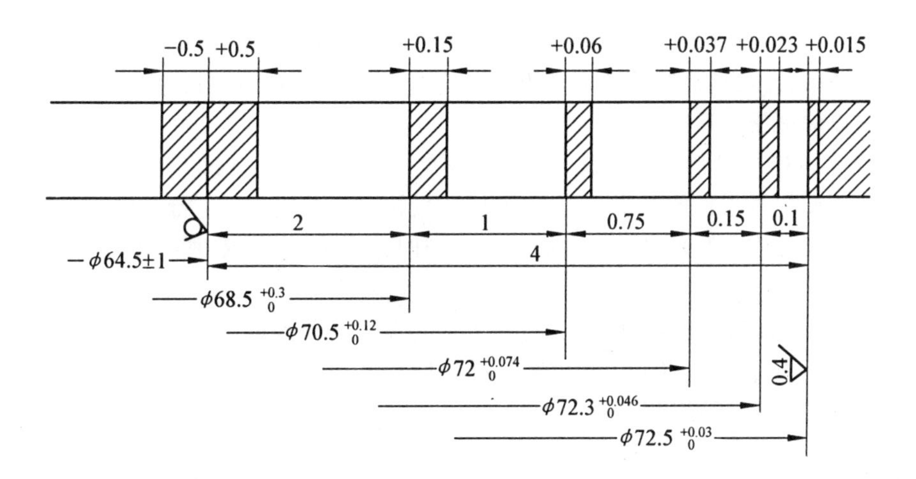

图 3-18　孔的工序余量、工序尺寸及其公差的分布图

的精度要求,并将计算的工序尺寸标注在该工序的工序图上。

例如,图 3-19(a) 所示零件的加工,镗孔工序的定位基准为 A 面,但孔的设计基准是 C 面,属于基准不重合。加工时镗刀按定位基准 A 面调整,故需对该工序尺寸 A_3 进行计算。

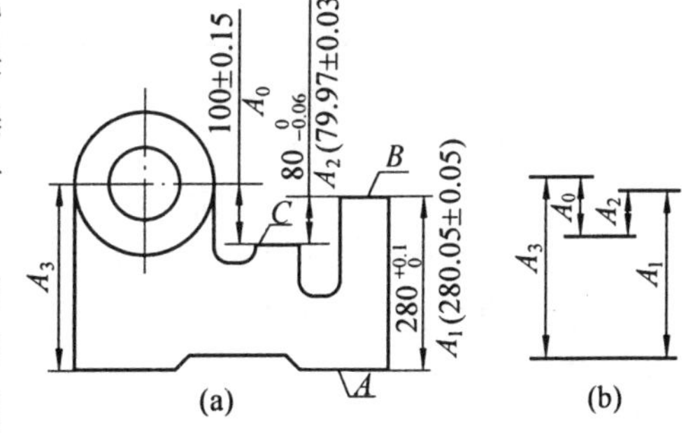

图 3-19　定位基准与设计基准不重合时的工序尺寸计算

要确定工序尺寸 A_3 应控制在什么范围内才能保证设计尺寸 A_0 的要求,首先应查明与该尺寸有联系的各尺寸,并作出如图 3-19(b) 所示的工艺尺寸链简图。

由于工件在镗孔前 A、B 和 C 面都已加工完毕,故尺寸 A_1 和 A_2 在本工序中是已有的尺寸,而尺寸 A_3 将是本工序加工直接得到的尺寸,因此这三个尺寸都是尺寸链中的直接尺寸,它们都是组成环。尺寸 A_0 是最后得到的尺寸,所以是封闭环。为了计算方便,可将各尺寸换算成平均尺寸。

由工艺尺寸链简图可知组成环 A_2 和 A_3 是增环,A_1 是减环。根据前述计算式得

$$A_{0M} = \vec{A}_{2M} + \vec{A}_{3M} - \overleftarrow{A}_{1M}$$

$$A_{3M} = A_{0M} + A_{1M} - A_{2M} = 100 + 280.05 - 79.97 = 300.08\text{mm}$$

$$TA_0 = TA_1 + TA_2 + TA_3$$

$$TA_3 = TA_0 - TA_1 - TA_2 = 0.3 - 0.10 - 0.06 = 0.14\text{mm}$$

$$A_3 = 300.08 \pm 0.07 = 300^{+0.15}_{+0.01}\text{mm}$$

若图纸规定的设计尺寸 A_0 为 100 ± 0.08mm,则封闭环公差已等于尺寸 A_1 和 A_2 两者的公差之和,尺寸 A_3 的公差为零,这是不能实现的。为此,可压缩 TA_1 及 TA_2,留给尺寸 A_3 必要的公差。如将尺寸 A_1 的公差压缩为 0.06mm,并取其为上偏差 +0.06mm,尺寸 A_2 的公差压缩为 0.04mm,并取其为下偏差 -0.04mm,则 A_3 的公差为 0.06mm。用同样的方法计算得

$$A_3 = 300.05 \pm 0.03 = 300^{+0.08}_{+0.02}\text{mm}$$

可见，当各组成环公差的总和等于或超过封闭环公差时，就要压缩各组成环的公差以保证封闭环的公差。这意味着要提高组成环的加工精度，有时可能还要改变组成环的原来加工方法以保证压缩后的公差。

② 测量基准与设计基准不重合时的工序尺寸计算。

在加工或检查零件的某个表面时，有时不便按设计基准直接进行测量，就要选择另外一个合适的表面作为测量基准，以间接保证设计尺寸，为此，需要进行有关工序尺寸的计算。

如图 3-20(a) 所示的零件，图示的尺寸 $10_{-0.4}^{\ 0}$mm 不便测量，于是改为测量尺寸 A_2，以间接保证这个设计尺寸。为此，需计算工序尺寸 A_2。

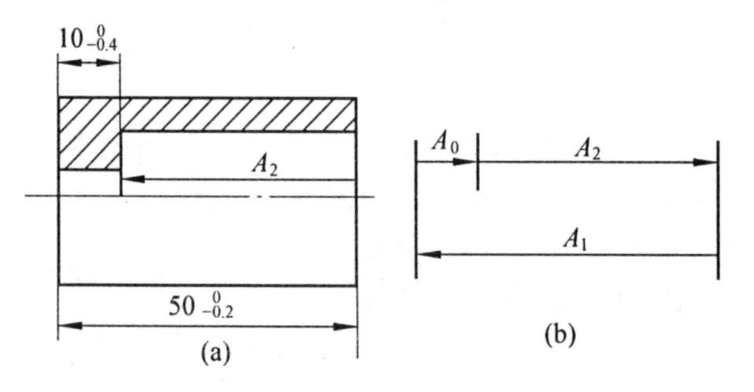

图 3-20 测量基准与设计基准不重合时的工序尺寸计算

作出工艺尺寸链简图(图 3-20(b))，其中 A_2 为测量直接得到的尺寸，A_1 为已有尺寸，A_0 则为由此两个尺寸最后形成的尺寸。所以，A_1、A_2 为组成环，A_0 为封闭环，根据工艺尺寸链计算式

$$A_{0j} = \vec{A}_{1j} - \overleftarrow{A}_{2j}$$

$$A_{2j} = A_{1j} - A_{0j} = 50 - 10 = 40\text{mm}$$

$$ESA_0 = ES\vec{A}_1 - EI\overleftarrow{A}_2$$

$$EIA_2 = ESA_1 - ESA_0 = 0 - 0 = 0$$

$$EIA_0 = EI\vec{A}_1 - ES\overleftarrow{A}_2$$

$$ESA_2 = EIA_1 - EIA_0 = -0.2 + 0.4 = 0.2\text{mm}$$

$$A_2 = 40_{\ 0}^{+0.20}\text{mm}$$

这里应指出，当 A_2 尺寸超差时，尺寸 A_0 不一定超差。例如，当 A_2 的实际尺寸为 40.4mm，已超过规定值，所以认为 A_0 不合格而报废，但如果 A_1 的实际尺寸为 50mm，则 $A_0 = 50 - 40.4 = 9.6$mm，仍符合零件图的要求，所以是假废品。一般情况下，测量尺寸超差的值如不超过另一组成环的公差，就可能产生假废品。这时，就应再测出另一组成环的实际尺寸，以判定是否是废品。

(3) 零件加工过程中的中间工序尺寸计算

在零件的机械加工过程中，凡与前后工序尺寸有关的工序尺寸属于中间工序尺寸，这类工序尺寸的计算又可分成下列几种类型。

① 与加工余量有关的中间工序尺寸的计算

图 3-21(a) 所示的阶梯轴，其设计尺寸如图所示。零件已钻好顶尖孔，其轴向尺寸的加工过程如下：

ⅰ 车外圆及端面 3(保留顶尖孔)，保证尺寸 A_1；

ⅱ 车平面1(保留顶尖孔)至尺寸 $80_{-0.2}^{0}$mm(直接测量),车小直径外圆至 A_a(直接测量);

ⅲ 热处理;

ⅳ 磨端面2至尺寸 $30_{-0.14}^{0}$mm(直接测量)。

各工序的工序简图如图3-21(b)所示,第一道工序尺寸 A_1 的计算属于前述同一表面多次加工的工序尺寸计算,仅与工序余量有关,而第二道工序尺寸 A_a 计算则还与后工序加工有关,故属于中间工序尺寸计算。

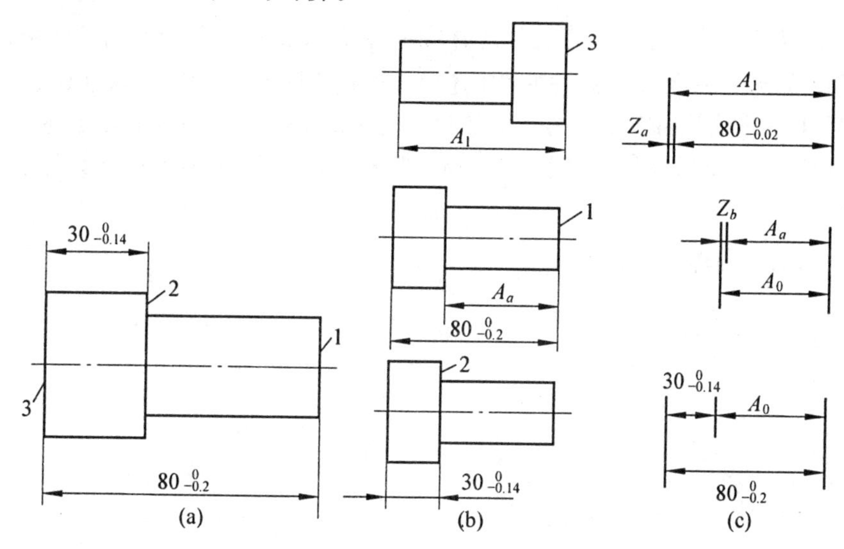

图3-21　阶梯轴加工的工序简图及工艺尺寸链

为应用余量计算公式确定中间工序尺寸 A_a,除需确定磨端面2的余量 Z_b 外,还需确定与下一工序有关的工序尺寸。由图3-21(c)所示的第二工序和第四工序的尺寸关系中可知,中间工序尺寸 A_a 与第四工序磨端面后得到的尺寸 A_0 直接有关,两者之间仅差端面余量 Z_b。

尺寸 A_0 可从解工艺尺寸链中求得。由于尺寸 $80_{-0.2}^{0}$mm 和 $30_{-0.14}^{0}$mm 均为直接加工得到的,故 A_0 为三者组成尺寸链的封闭环。

$$A_{0\max} = 80 - 29.86 = 50.14 = A_{b\max}$$

$$A_{0\min} = 79.8 - 30 = 49.8 = A_{b\min}$$

$$A_0 = 50_{-0.20}^{+0.14}\text{mm} = A_b \qquad TA_0 = 0.34\text{mm} = TA_b$$

为求 A_a,可利用前述调整法加工内表面余量的计算公式,经查表得 $Z_{b\min} = 0.5$mm,并取 $TA_a = 0.4$mm($>TA_b$)。则

$$Z_{b\min} = A_{b\max} - A_{a\max}$$

$$A_{a\max} = A_{b\max} - Z_{b\min} = 50.14 - 0.5 = 49.64\text{mm}$$

$$A_{a\min} = A_{a\max} - TA_a = 49.64 - 0.4 = 49.24\text{mm}$$

$$A_a = 49.5_{-0.26}^{+0.14}\text{mm}$$

$$Z_{b\max} = Z_{b\min} + TA_a - TA_b = 0.5 + 0.4 - 0.34 = 0.56\text{mm}$$

$$TZ_b = Z_{b\max} - Z_{b\min} = 0.06\text{mm}$$

② 工序基准是尚待继续加工的设计基准时的中间工序尺寸计算

加工图 3-22(a) 所示的零件,其上有一具有键槽的内孔,加工过程为

ⅰ 镗孔至 $\phi39.6^{+0.10}_{0}$mm

ⅱ 插键槽,工序基准为镗孔后的内孔母线,工序尺寸为 A;

ⅲ 热处理

ⅳ 磨内孔至 $\phi40^{+0.05}_{0}$mm,同时保证 $43.6^{+0.34}_{0}$mm 的设计尺寸。

现要计算中间工序尺寸 A,需作出如图 3-22(b) 所示的工艺尺寸链简图。图中尺寸 $19.8^{+0.05}_{0}$mm 是前工序镗孔所得到的半径尺寸,是直接尺寸,是组成环;图中尺寸 $20^{+0.025}_{0}$mm 是将在后工序磨孔直接得到的尺寸,在尺寸链中是不受其它环影响的直接尺寸,也是组成环;图中尺寸 A 则是在本工序中加工直接得到的尺寸,所以也是组成环;图中剩下的尺寸 $43.6^{+0.34}_{0}$mm 则是将在磨孔工序中间接得到的尺寸,它又是由上述三个组成环共同形成的尺寸,所以是尺寸链中的封闭环。现根据工艺尺寸链计算公式计算中间工序尺寸 A 如下:

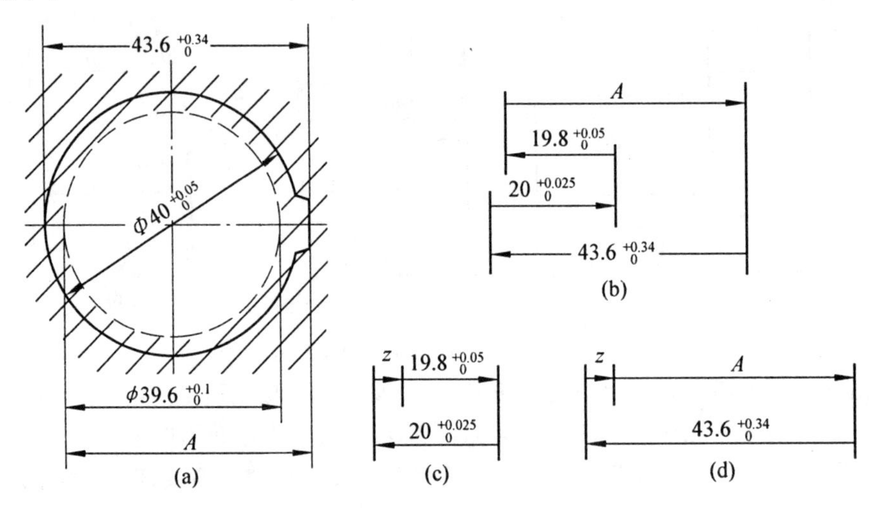

图 3-22　零件上内孔及键槽加工的工艺尺寸链

$$A_{0j} = 43.6 = 20 + A_j - 19.8$$

$$A_j = 43.4$$

$$ESA_0 = 0.34 = 0.025 + ESA - 0$$

$$ESA = 0.315\text{mm}$$

$$EIA_0 = 0 = 0 + EIA - 0.05$$

$$EIA = 0.05\text{mm}$$

得到插键槽的中间工序尺寸 A 为

$$A = A_{j\,+EIA}^{\;+ESA} = 43.4^{+0.315}_{+0.05} = 43.45^{+0.265}_{0}\text{mm}$$

即按此工序尺寸插键槽,磨孔后即可保证设计尺寸 $43.6^{+0.34}_{0}$mm。

此外,还可以根据磨孔余量来计算中间工序尺寸 A,为此需作出图 3-22(c)、(d) 两个工艺尺寸链简图。

在图(c) 中,余量 z 是由镗孔得到的尺寸和磨孔得到的尺寸所形成的,故是此尺寸链的封闭环,尺寸 $19.8^{+0.05}_{0}$mm 和尺寸 $20^{+0.025}_{0}$mm 都是组成环。经计算得

$$z = 0.2^{+0.025}_{-0.05}\text{mm}$$

在图(d)中,余量 z 和尺寸 A 都是组成环,尺寸 $43.6^{+0.34}_{0}$mm 是由该两个组成环所形成的尺寸,所以是封闭环。经计算得

$$A = 43.4^{+0.315}_{+0.05} = 43.45^{+0.265}_{0}\text{mm}$$

结果相同。

设计尺寸 $43.6^{+0.34}_{0}$mm 的公差是 0.34mm,中间工序尺寸 A 的公差是 0.265mm,两者差为 0.075mm,恰等于余量 z 的公差。这就是以尚待继续加工的设计基准为工序基准时中间工序尺寸的计算特点。

③ 为了保证应有的渗氮(或渗碳、电镀)层深度的工序尺寸计算

有些零件的表面要求渗氮(或渗碳、电镀),在零件图上还规定了渗(或镀)层厚度,这就要求计算有关的工序尺寸以确定渗氮(或渗碳、电镀)的渗(或镀)层厚度,从而保证零件图所规定的渗(或镀)层厚度。

如图3-23(a)所示为轴颈衬套,内孔 $\phi145^{+0.04}_{0}$mm 的表面要求渗氮,渗层厚度为 0.3 ~ 0.5mm。内孔表面的加工过程为:磨内孔到 $\phi144.76^{+0.04}_{+0}$mm→渗氮(其厚度为 δ)→磨内孔到 $\phi145^{+0.04}_{0}$mm,达到设计要求,并保证磨后零件表面所留的渗层厚度为零件图所规定的 0.3 ~ 0.5mm。

渗氮工序的渗层厚度 δ 的计算如下:

作出如图 3-23(b) 所示的工艺尺寸链简图,图中各尺寸为半径的平均尺寸。应保证的渗层0.4 ± 0.1mm 是封闭环,经计算得渗氮工序时的渗层厚度为

$$\delta = 0.52 \pm 0.08\text{mm}$$

$$\delta = 0.44 \sim 0.60\text{mm}$$

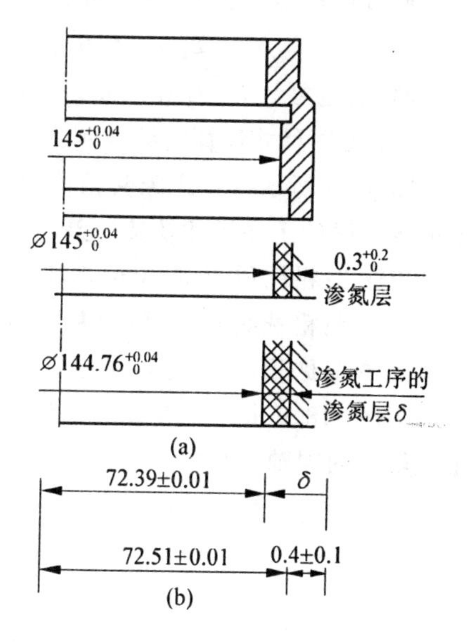

图 3-23 轴颈衬套及保证渗层厚度的工艺尺寸链

(4) 箱体孔系加工工序中,坐标尺寸的计算

图 3-24(a) 所示为箱体零件孔系加工的工序简图,O_1 孔的座标位置为 x_1、y_1,需计算 O_2 及 O_3 孔相对 O_1 孔的座标位置。图示 O_1、O_2 两孔中心距为 $L = 100 \pm 0.1$mm,$\alpha = 30°$。此两孔在坐标镗床上加工,为满足两孔中心距要求,现计算 O_2 孔的相对坐标尺寸 L_x 及 L_y。

由图 3-24(b) 的尺寸链简图可知,它是由 L_x、L_y 和 L 三个尺寸组成的平面尺寸链,其中 L 是在按 L_x、L_y 坐标尺寸调整加工后才获得的,是封闭环,而 L_x、L_y 则是组成环。对平面尺寸链,需将 L_x、L_y 向 L 尺寸线上投影,这样即可转化为 $L_x\cos\alpha$、$L_y\sin\alpha$ 及 L 组成的线性尺寸链并进行计算。

由箱体工序图上几何关系可知

$$L_{xj} = L_j\cos30° = 86.6\text{mm}$$

$$L_{yj} = L_j\sin30° = 50\text{mm}$$

由线性尺寸链关系知

$$\text{T}L = \text{T}L_x\cos\alpha + \text{T}L_y\sin\alpha$$

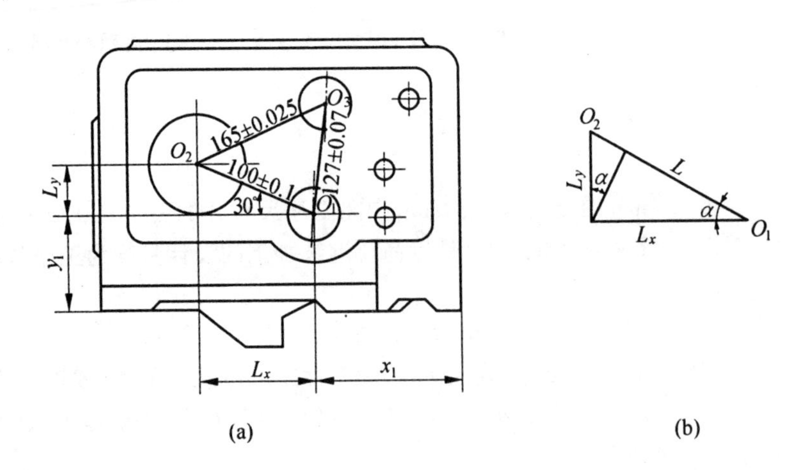

图 3-24　箱体零件镗孔工序图及镗孔工艺尺寸链

设
$$\mathrm{T}L_x = \mathrm{T}L_y$$
则
$$\mathrm{T}L_x = \mathrm{T}L_y = \frac{\mathrm{T}L}{\cos\alpha + \sin\alpha} = \frac{0.2}{\cos 30^\circ + \sin 30^\circ} = 0.146\mathrm{mm}$$

最后得镗 O_2 孔的工序尺寸为
$$L_x = 86.6 \pm 0.073\mathrm{mm} \qquad L_y = 50 \pm 0.073\mathrm{mm}$$

同理,也可计算 O_3 孔的相对坐标尺寸。

(5) 工序尺寸计算的综合例题

图 3-25 所示为车床床头箱体加工顶面、底面及主轴孔的部分工艺过程,需计算确定下例各工序的工序尺寸及其公差。

工序 3:粗铣顶面 R,定位基准为主轴支承孔,保证尺寸 A_1;

工序 5:粗铣底面 M,定位基准为顶面 R,保证尺寸 A_2;

工序 6:磨顶面 R,定位基准为底面 M,保证尺寸 A_3,磨削余量 $Z_3 = 0.35\mathrm{mm}$;

工序 7,8,9:镗主轴支承孔,定位基准为顶面 R,保证尺寸 A_4,箱体主轴毛坯孔与待加工主轴孔的同轴度为
$$\varepsilon = \pm 0.5\mathrm{mm}$$

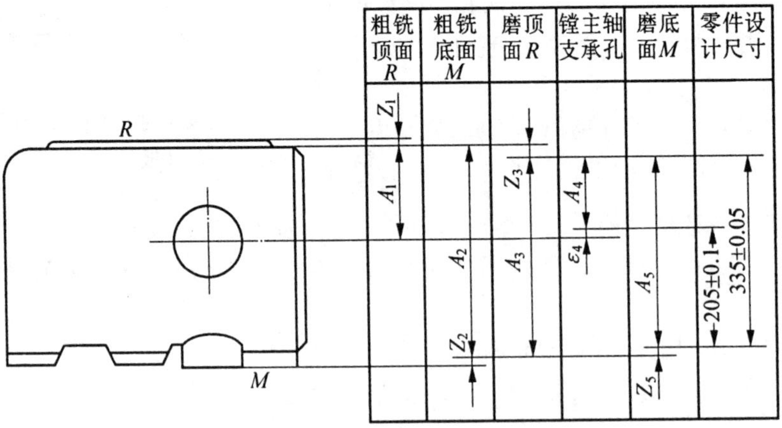

图 3-25　车床床头箱体部分工艺过程的尺寸加工联系图

工序 12:磨底面 M,定位基准为顶面 R,保证尺寸 A_5,亦即零件图上规定的尺寸 335 ±

0.5mm，磨削余量 $Z_5 = 0.25$mm。

根据图 3-25 所示的各工序的尺寸联系，利用尺寸链和余量的基本公式，从后向前逐步求出各工序尺寸。

① $A_5 = 335 \pm 0.05$mm

② A_4 可从包含该尺寸的尺寸链（图 3-26(a)）中求出。镗后主轴孔至底面距离尺寸 205 ± 0.1mm 是该工序要保证的技术要求，故为封闭环。

$$A_4 = 130 \pm 0.05\text{mm}$$

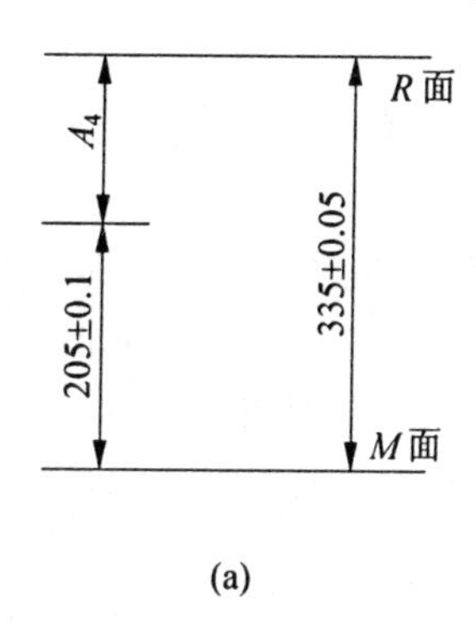

(a)

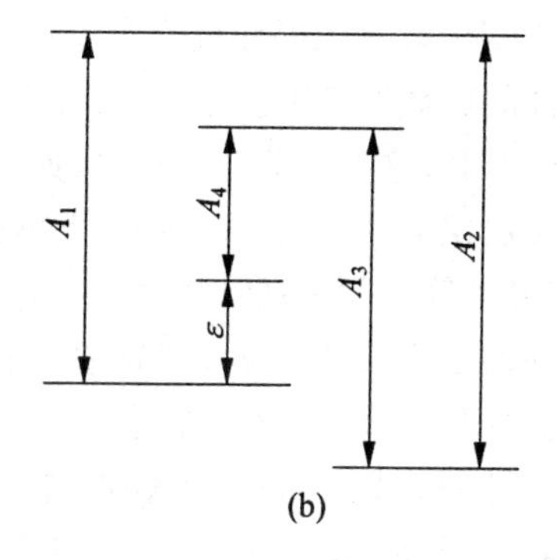

(b)

图 3-26　包含 A_4 和 A_1 的工艺尺寸链

③ A_3 是磨削顶面 R 后所获得的尺寸，再磨去余量 $Z_5 \approx 0.25$mm，即得所要求的尺寸 A_5。按外表面余量计算公式，可求 A_3。

$$Z_{5\min} = 0.25 = A_{3\min} - A_{5\min} = A_{3\min} - 334.95$$

$$A_{3\min} = 0.25 + 334.95 = 335.20$$

若按 IT10 规定 A_3 的公差等级，$TA_3 = 0.23$mm，则 $A_{3\max} = 335.43$。将该尺寸标注为单向入体偏差形式，即 $A_3 = 335.43_{-0.23}^{\ 0}$mm。

④ A_2 是粗铣底面后所获得尺寸，去掉余量 $Z_3 = 0.35$mm，即得 A_3。根据外表面余量计算公式

$$Z_{3\min} = 0.35 = A_{2\min} - 335.20 \quad A_{2\min} = 335.55\text{mm}$$

若按 IT11 级规定 A_2 的公差，即 $TA_2 = 0.36$mm

$$A_{2\max} = 335.91\text{mm}$$

则根据“公差入体”原则，将 A_2 标注为单向偏差，即

$$A_2 = 335.91_{-0.36}^{\ 0}\text{mm}$$

⑤ A_1 可从有关尺寸链中求出（图 3-26(b)）。在此尺寸链中 ε 为所镗孔实际中心（即毛坯孔中心）与理论中心之偏差。因孔的中心位置是由底面标注的，但加工时采用了顶面为定位基准，经多次基准变换要产生误差。当 A_2，A_3，A_4 已给定的情况下，A_1 的大小就决定了 ε 值，故 ε 是最后得到的尺寸，为封闭环。

$$A_{1M} - \varepsilon_M - A_{4M} + A_{3M} - A_{2M} = 0$$

$$A_{1M} = A_{2M} - A_{3M} + A_{4M} + \varepsilon_M$$

因　$\varepsilon = 0 \pm 0.5$

故　$A_{1M} = 335.73 - 335.315 + 130 + 0 = 130.415\text{mm}$

令 T_ε 为同轴度公差；则

$$T_\varepsilon = TA_1 + TA_2 + TA_3 + TA_4$$

$$TA_1 = 1 - 0.36 - 0.23 - 0.1 = 0.31\text{mm}$$

$$A_1 = 130.415 \pm 0.155\text{mm}$$

由上述诸例可知，当对一个表面进行调整法加工时，其工序尺寸应用基本余量公式计算。对于基准转换、试切法加工、工序尺寸复核及非机械加工等工序尺寸，多用尺寸链极值解法公式计算。

3．工艺尺寸跟踪图表法确定工序尺寸

在零件的机械加工工艺过程中，计算工序尺寸时运用工艺尺寸链计算式逐个对单个工艺尺寸链计算，这称为单链计算法。如前面所述，画一个工艺尺寸链简图就计算一次，这种单链计算法仅适用于工序较少的零件。若对于工序多，基准不重合或基准多次变换的零件，工序尺寸计算也用单链计算法，就很复杂烦琐，往往容易出错。一旦出错需返工计算。而前后工序的工序尺寸又互相牵联着，在实际的工艺尺寸链计算中常会出现全部或大部分返工计算的现象。所以对零件所有工序尺寸进行整体联系计算可避免差错。

工艺尺寸跟踪图表法就是整体联系计算的方法，它运用经济的加工精度来计算工序尺寸和工序余量，并考虑到全部工序尺寸间存在的有机联系。工艺尺寸跟踪图表法是把全部工序尺寸和工序余量画在一张图表上，去直观地查找它们之间的传递过程和简便地计算工序尺寸和工序余量的方法。这种图表法还能便于利用计算机进行辅助计算。现以套筒零件(图 3-27)为例，简介尺寸跟踪图表法的运用过程。

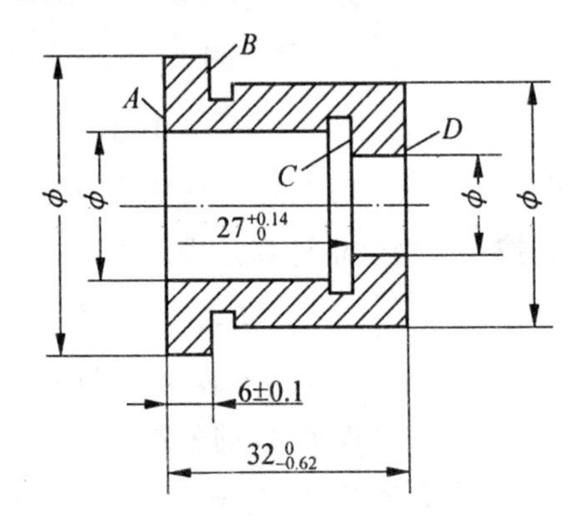

图 3-27　套筒零件图

图 3-27 所示零件有关轴向尺寸加工工序如下：

工序 1：轴向以 D 面定位，粗车 A 面，然后以 A 面为基准粗车 C 面，保证工序尺寸 A_1 和 A_2；

工序 2：轴向以 A 面定位，粗、精车 B 面，保证工序尺寸 A_3；粗车 D 面，保证工序尺寸 A_4；

工序 3：轴向以 B 面定位，精车 A 面，保证工序尺寸 A_5；精车 C 面，保证工序尺寸 A_6；

工序 4：热处理。

工序 5：用靠火花磨削法磨 B 面，控制磨削余量 Z_7。

绘制尺寸跟踪图表如图 3-28 所示，将有关尺寸，余量一一填入，具体方法及步骤如下：

(1) 工序尺寸公差 $\pm \dfrac{TA_i}{2}$ 的填写

工序尺寸公差的计算和确定是整个图表法计算过程的基础。确定工序尺寸公差必须符合二个原则：

第一，所确定的工序尺寸公差不应超过图纸上要求的公差，应能保证最后加工尺寸的公差符合设计要求；

第二，各工序尺寸公差应符合该工序加工的经济性，有利于降低加工成本。

根据这两个原则，首先逐项初步确定各工序尺寸的公差（可参阅工艺人员手册中有关"尺寸偏差的经济精度"来确定），按对称标注形式自下而上填入"$\pm\frac{TA_i}{2}$"栏内。

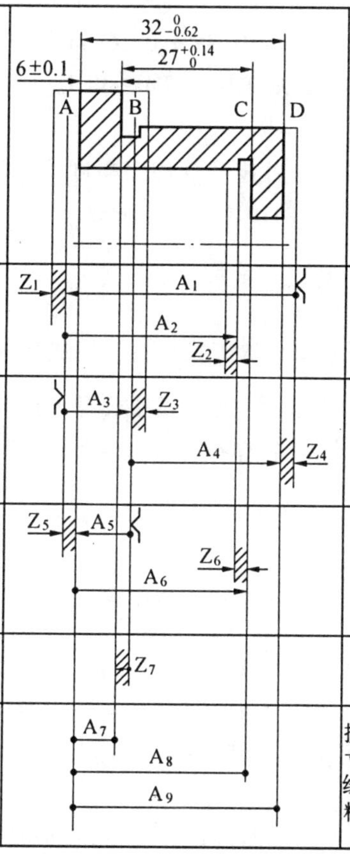

工序号	工序内容	$32^{0}_{-0.62}$，$27^{+0.14}_{0}$，6 ± 0.1；A B C D	工序尺寸公差 $\pm\frac{TA_i}{2}$	余量公差 $\pm\frac{TZ_i}{2}$	最小余量 Z_{imin}	平均余量 Z_{iM}	平均尺寸 A_{iM}
1	粗车A面 保证A_1	Z_1 A_1	±0.3	毛坯	1.2		33.8
	粗车C面 保证A_2	A_2 Z_2	±0.2	毛坯	1.2		26.8
2	粗精车B面 保证A_3	A_3 Z_3	±0.1	毛坯	1.2		6.58
	精车D面 保证A_4	A_4 Z_4	±0.23	±0.63	1	1.63	25.59
3	精车A面 保证A_5	Z_5 A_5	±0.08	±0.18	0.3	0.48	6.1
	精车C面 保证A_6	Z_6 A_6	±0.07	±0.45	0.3	0.75	27.07
5	靠磨B面 控制余量Z	Z_7	±0.02	±0.02	±0.08	0.1	
设计尺寸	6±0.1 27.07±0.07 31.69±0.31	A_7 A_8 A_9	按工序尺寸链或按经济加工精度确定	按余量尺寸链确定	按经验选取	前二栏相加	按线迭加

注：图中"——→"表示工序尺寸；"〉"表示定位基准；"•——•"表示封闭环；"┼"表示测量基准；"▨"表示工序余量；"——|"表示加工表面。

图 3-28　尺寸跟踪图表

① 对间接保证的设计尺寸，以它做封闭环，按图解跟踪法去找出有关组成环。尺寸跟踪规则：由被计算的间接保证的设计尺寸两端开始一起向上找箭头，找到箭头就拐弯到该工序尺寸起点，然后继续向上找箭头，一直到找到两端的跟踪路线在某一个工序尺寸起点相遇为止。各组成环的公差可按等公差或等精度法将设计尺寸的公差按极值法分配给各组成环。当设计尺寸精度较高（封闭环公差很小）组成环又较多时，为了使每个工序尺寸尽可能公差大一些，也可以用概率法去分配设计尺寸的公差。

可按下列公式计算间接保证的设计尺寸的公差

极值法：

$$\frac{1}{2}TA_0 = \sum_{i=1}^{m}\frac{1}{2}TA_i$$

概率法：

$$\frac{1}{2}TA_0 = \kappa\sqrt{\frac{1}{4}\sum_{i=1}^{m}(TA_i)^2}$$

上二式中　m—— 组成环的个数；

κ—— 组成环的分布特性系数，$\kappa = 1.2 \sim 1.5$，若 κ 值取得比较大时，计算结果保险，反之，比较冒险。

如 6 ± 0.1mm 的尺寸链为 $A_7 - Z_7 - A_5$，则 $TA_7 = TZ_7 + TA_5$，若靠磨量为 $Z_7 \pm \frac{TZ_7}{2} = 0.1 \pm 0.02$mm，则 $TA_5 = TA_7 - TZ_7 = 0.2 - 0.04 = 0.16$mm，填入表中。又如设计尺寸 31.69 ± 0.31mm，其尺寸链为 $A_9 - A_5 - A_4$，则 $TA_9 = TA_5 + TA_4$，TA_5 已定，$TA_4 = TA_9 - TA_5 = 0.62 - 0.16 = 0.46$mm。

② 不进入尺寸链计算的工序尺寸公差，可按经济加工精度或工厂经验值确定。如取粗车：$0.3 \sim 0.6$mm；精车：$0.1 \sim 0.3$mm；磨削：$0.02 \sim 0.1$mm。

(2) 余量(公差) $\pm \frac{T_{Z_i}}{2}$ 的填写，通常分以下两种情况：

① 以待定公差的余量做封闭环，图解跟踪法查找有关的组成环，按 $TA_0 = \sum_{i=1}^{m} TA_i$ 的关系，即将各组成环公差值(从第一栏内可直接找出) 相加求得 TZ_i。

如 Z_6 的尺寸链为 $Z_6 - A_8 - A_5 - A_3 - A_2$，$TZ_6 = TA_8 + TA_5 + TA_3 + TA_2 = (0.14 + 0.16 + 0.2 + 0.4) = 0.9$mm，则 $\pm \frac{TZ_6}{2} = \pm 0.45$。

又如，Z_4 的尺寸链为 $Z_4 - A_4 - A_3 - A_1$

则

$$\pm \frac{TZ_4}{2} = \pm \left(\frac{TA_4}{2} + \frac{TA_3}{2} + \frac{TA_1}{2}\right) = \pm (0.23 + 0.1 + 0.3) = \pm 0.63\text{mm}。$$

② 没有进入尺寸链关系的余量多系由毛坯切除得来，余量公差较大，可不必填(也可填入毛坯公差)，如表中第二栏前三行可空格，这里写作“毛坯”。

(3) 最小余量 $Z_{i\min}$ 的填写

此项若资料充分，可利用余量的四项构成通过计算求得，一般情况下按经验取值，如取：磨削为 $0.08 \sim 0.12$mm；精车为 $0.1 \sim 0.3$mm，粗车为 $0.8 \sim 1.5$mm。

(4) 平均余量 Z_M 的填写

计算确定工序余量的原则是工序余量足够和合理，特别是要确保工序余量的最小值足以消除图 3-15 中各项因素，因此工序的平均余量

$$Z_{iM} \geqslant Z_{i\min} + \frac{TZ_i}{2}$$

可见，只要将表中余量公差$\left(\frac{TZ_i}{2}\right)$与最小余量栏 $Z_{i\min}$ 直接相加即得本栏数值，如 $Z_{7M} = Z_{7\min} + \frac{TZ_7}{2} = 0.08 + 0.02 = 0.1$mm，又如 $Z_6 = 0.3 + 0.45 = 0.75$mm。

(5) 计算确定各工序的平均尺寸

从待求尺寸两端沿竖线上、下寻找，看它可从由哪些已知了的工序尺寸、设计尺寸、加工余量叠加而成。所以，简称其计算方法为“按线叠加”。如 $A_{4M} = A_{9M} - A_{5M} = 31.69 - 6.1 = 25.59$mm，又如 $A_{2M} = A_{8M} + Z_{5M} - Z_{6M} = 27.07 + 0.48 - 0.75 = 26.8$mm。

可见，此栏尺寸可利用图中已有的尺寸求得。

最后将各工序尺寸改写成入体分布形式 A_i。如 $A_1 = 34.1_{-0.6}^{\ 0}$mm，$A_2 = 26.6^{+0.4}_{\ 0}$mm。

综上所述，利用图解跟踪表格法确定工序尺寸，一方面它利用了跟踪图可以很快找到尺寸链的优势，另一方面又利用了工序平均尺寸，平均余量与余量公差、工序尺寸公差的内在关系，配置表格，可以用简单计算很快求得各项数值的特点，所以为我们提供了很大的方便。

4. 工艺尺寸链的计算机辅助计算

利用工艺尺寸链跟踪图表，为计算机辅助计算工艺尺寸链提供了方便。其具体步骤和方法如下：

(1) 如图 3-29 所示，将该零件从毛坯到成品零件在加工过程中所得到的各端面分别记作：A，A_1，A_2，B_2，B_1，B，C，C_1，C_2，D_1，D。将各工序尺寸按加工顺序分别记作：DA_1，A_1C_1，A_1B_1，B_1D_1，B_1A_2，A_2C_2(如以 D 面为定位基准粗车 A 面至 A_1 面得到的工序尺寸记作 DA_1 其它同理)。各设计尺寸分别记作：A_2B_2，A_2C_2，A_2D_1。将工序间余量分别记作：AA_1，CC_1，B_1B，D_1D，A_1A_2，C_1C_2，B_2B_1(如粗车 A 面至 A_1 面得到的工序余量记作 AA_1，其它同理)。

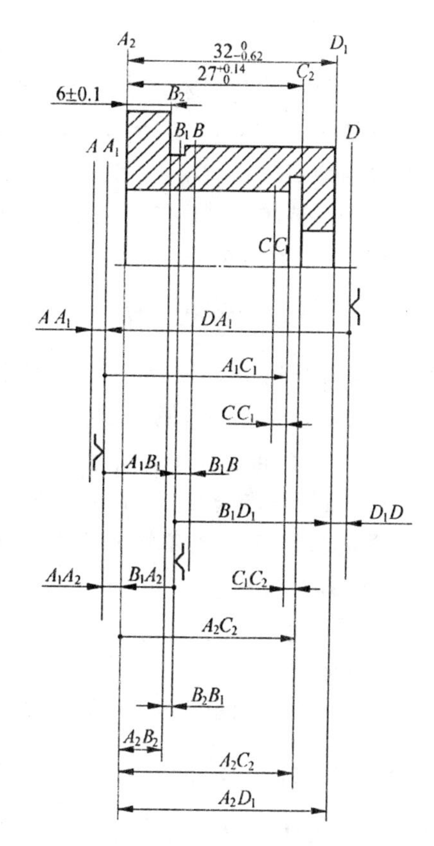

图 3-29　尺寸式关系及符号表示

(2) 建立如图 3-30 尺寸式表格，确定尺寸链关系。

工序号	工序名称	工序尺寸代号	余量尺寸式	工序尺寸公差 $\pm\frac{TA_i}{2}$	余量公差 $\pm\frac{TZ}{2}$	最小余量 $Z_{\min}$	平均余量 Z_M	平均尺寸 A_{im}
1	粗车 A	DA_1	AA_1	± 0.3		1.2		33.8
	C	A_1C_1	CC_1	± 0.2		1.2		26.8
2	粗精车 B	A_1B_1	B_1B	± 0.1		1.2		6.58
	D	B_1D_1	$D_1D = D_1B_1A_1D$	± 0.23	± 0.63	1	1.63	25.59
3	精车 A	BA_2	$A_1A_2 = A_1B_1A_2$	± 0.08	± 0.18	0.3	0.48	6.1
	C	A_2C_2	$C_1C_2 = C_1A_1B_1A_2C_2$	± 0.07	± 0.45	0.3	0.75	27.07
	靠磨 B	B_2B_1	$B_2B_1 = B_2B_1$	± 0.02	± 0.02	0.08	0.1	解尺寸式联立方程得来
设计尺寸	6 ± 0.1	A_2B_2	$A_2B_2 = A_2B_1B_2$					
	27.07 ± 0.07	A_2C_2	$A_2C_2 = A_2C_2$					
	31.69 ± 0.31	A_2D_1	$A_2D_1 = A_2B_1D_1$					

图 3-30　尺寸式表格

(3) 确定尺寸式

设计尺寸式写在表的下方设计尺寸栏内每个设计尺寸之后，如 $A_2B_2 = A_2B_1B_2$，该尺寸链组成为：A_2B_2 -- B_2B_1 -- B_1A_2，将该尺寸链简称为 $A_2B_1B_2$；又如 $A_2D_1 = A_2B_1D_1$，该尺寸链组成为：A_2D_1 -- B_1D_1 -- B_1A_2。将该尺寸链简称为 $A_2B_1D_1$。其公差值以双向对称分布形式填入其后的第一栏内，如 A_2B_2 后面第一栏内的"±0.1mm"。

(4) 工序尺寸公差

和尺寸跟踪图表法一样，按 $TA_0 = \sum_{i=1}^{m} TA_i$ 的关系式将设计尺寸公差分配给各组成环，所以最好先确定设计尺寸公差小、组成环又多的尺寸式各各环公差。如先确定 A_2B_2（公差为 0.2mm），使 $B_1B_2 = \pm 0.02$mm，$B_1A_2 = \pm 0.08$mm，再确定 A_2D_1……

然后再确定那些直接保证设计尺寸的工序尺寸的公差，如设计尺寸 A_2C_2 的公差 ±0.07mm 可直接填入工序尺寸 A_2C_2 后的第一栏内。若它进入其它尺寸链，则按其它尺寸链分配的公差值（注意不能大于已知的设计尺寸公差）。

(5) 最小余量

按经验选取。

(6) 余量公差

可由余量尺寸式关系，根据已确定的各工序尺寸公差按 $TA_0 = \sum_{i=1}^{m} TA_i$ 的关系直接求得各余量公差。其中 $D_1D = D_1B_1A_1D$ 表示该尺寸链是由 D_1D -- B_1D_1 -- A_1B_1 -- DA_1 组成；$A_1A_2 = A_1B_1A_2$ 表示该尺寸链是由 A_1A_2 -- B_1A_2 -- A_1B_1 组成；$C_1C_2 = C_1A_1B_1A_2C_2$ 表示该尺寸链是由 C_1C_2 -- A_1C_1 -- A_1B_1 -- B_1A_2 -- A_2C_2 组成。

(7) 平均余量　最小余量加余量公差的一半即可得出（即前二栏数值相加）。

(8) 平均尺寸　将各尺寸式写成解算方程式，联立求解可得各段尺寸，如：

由 $A_2C_2 = A_2C_2$ 得 $A_2C_2 = 27.07$mm。

由 $A_2B_2 = A_2B_1B_2$ 得 $B_1A_2 - B_1B_2 = A_2B_1 - 0.1\text{mm} = 6\text{mm}$。

因此 $B_1A_2 = 6.1$mm。

由 $A_2D_1 = A_2B_1D_1$ 得 $B_1A_2 + B_1D_1 = 6.1\text{mm} + B_1D_1 = 31.69$mm。

得 $B_1D_1 = 25.59$mm。

由 $C_1C_2 = C_1A_1B_1A_2C_2$ 得 $-A_1C_1 + A_1B_1 - B_1A_2 + A_2C_2 = 0.75\text{mm} = 27.07 - 6.1 + A_1B_1 - C_1A_1$

由 $A_1A_2 = A_1B_1A_2$ 得 $A_1B_1 - B_1A_2 = A_1B_1 - 6.1$

得 $A_1B_1 = 6.58$mm

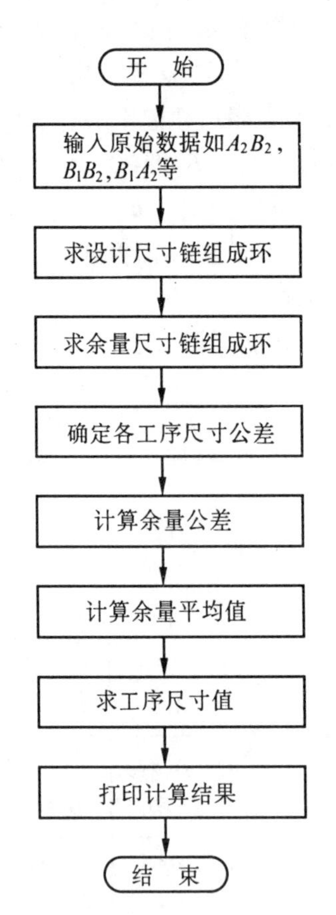

图 3-31　工艺尺寸链计算机辅助计算流程图

由 $DA_1 - B_1D_1 - A_1B_1 = DA_1 - 25.59 - 6.58 = 1.63$

得 $DA_1 = 33.8\text{mm}$

将 $A_1B_1 = 6.58\text{mm}$ 代入 C_1C_2 式得 $A_1C_1 = 26.8\text{mm}$

至此全部工序尺寸求出。

根据上述尺寸关系式,我们就可以利用计算机计算各工序尺寸公差、余量公差、工序尺寸值等。也就是说利用计算机的编程语言(如C语言、Pasic语言等)来描述上述关系式,运用计算机灵活、准确、快速的特点得到所要求的结果。其工艺尺寸链辅助计算流程图如图3-31所示。

§3-5　时间定额及提高劳动生产率的工艺措施

一、时间定额的估算

在一定生产条件下,规定生产一件产品或完成一道工序所消耗的时间称为时间定额。合理的时间定额能促进工人的生产技能和技术熟练程度的不断提高,调动工人的积极性,从而不断促进生产向前发展和不断提高劳动生产率。时间定额是安排生产计划、成本核算的主要依据,在设计新厂时,又是计算设备数量、布置时间、计算工人数量的依据。

时间定额 $t_{定额}$ 的组成:

1. 基本时间 $t_{基}$

直接改变生产对象的尺寸、形状、相对位置,表面状态或材料性质等工艺过程所消耗的时间称为基本时间。它包括刀具的趋近、切入、切削加工和切出等时间。

2. 辅助时间 $t_{辅}$

为实现工艺过程所必须进行的各种辅助动作所消耗的时间称为辅助时间。如装卸工件、启动和停开机床、改变切削用量、测量工件等所消耗的时间。

基本时间和辅助时间的总和称为作业时间 $t_{作}$。它是直接用于制造产品或零、部件所消耗的时间。

3. 布置工作地时间 $t_{布}$

为使加工正常进行,工人照管工作地(如更换刀具、润滑机床、清理切屑、收拾工具等)所消耗的时间称为布置工作地时间。

$t_{布}$ 很难精确估计,一般按操作时间 $t_{作}$ 的百分数 α(约 2 ~ 7) 来计算。

4. 休息和自然需要时间 $t_{休}$

指工人在工作班时间内为恢复体力和满足生理上的需要所消耗的时间。也按操作时间的百分数 β(一般取 2) 来计算。

所有上述时间的总和称为单件时间

$$t_{单件} = t_{基} + t_{辅} + t_{布} + t_{休} = (t_{基} + t_{辅})(1 + \frac{\alpha + \beta}{100}) = (1 + \frac{\alpha + \beta}{100})t_{作}$$

5. 准备终结时间 $t_{准终}$

工人为了生产一批产品或零、部件,进行准备和结束工作所消耗的时间,如熟悉工艺文件、领取毛坯、安装刀具和夹具、调整机床以及在加工一批零件终结后所需要拆下和归还工艺装备、发送成品等所消耗的时间。

准备终结时间对一批零件只需要一次,零件批量 $N_{零}$ 越大,分摊到每个工件上的准备终结时间越小。为此,成批生产时的单件时间定额为

$$t_{定额} = t_{单件} + \frac{t_{准终}}{N_{零}} = (t_{基} + t_{辅})(1 + \frac{\alpha + \beta}{100}) + \frac{t_{准终}}{N_{零}}$$

大量生产时,因为零件批量 $N_{零}$ 很大,$\frac{t_{准终}}{N_{零}}$ 就可以忽略不计,故这时的单件时间定额为

$$t_{定额} = (t_{基} + t_{辅})(1 + \frac{\alpha + \beta}{100}) = t_{单件}$$

二、提高劳动生产率的工艺措施

劳动生产率是指一个工人在单位时间内生产出的合格产品的数量,也可以用完成单件产品或单个工序所耗费的劳动时间来衡量。

劳动生产率是衡量生产效率的一个综合性指标,它表示一个工人在单位时间内为社会创造财富的多少。不断地提高劳动生产率是降低成本、增加积累和扩大社会再生产的主要途径。

(一) 缩减基本时间

1. 提高切削用量

增大切削速度、进给量和切削深度都可以缩减基本时间,从而减少单件时间。这是机械加工中广泛采用的提高劳动生产率的有效方法。

近年来国外出现了聚晶金钢石和聚晶立方氮化硼等新型刀具材料,切削普通钢材的切削速度可达 900m/min。在加工 HRC60 以上的淬火钢、高镍合金钢时,在 980℃ 仍能保持其红硬性,切削速度可在 900m/min 以上。

高速滚齿机的切削速度可达 65 ~ 75m/min。

磨削方面,近年的发展趋势是在不影响加工精度的条件下,尽量采用强力磨削,提高金属的切除率,磨削速度已达 60m/s 以上。

2. 减少切削行程长度

减少切削行程长度也可以缩减基本时间。例如,用几把车刀同时加工同一表面,用宽砂轮作切入磨削,均可明显提高劳动生产率。某厂用宽 300mm、直径 600mm 的砂轮采用切入法磨削花键轴上长度为 200mm 的表面,单件时间由原来的 4.5min 减少到 45s。切入法加工时,要求工艺系统具有足够的刚性和抗振性,横向进给量要适当减小以防止振动,同时要求增大主电动机的功率。

3. 合并工步

用几把刀具或一把复合刀具对同一工件的几个不同表面或同一表面同时进行加工,把原来单独的几个工步集中为一个复合工步。各工步的基本时间就可以全部或部分相重合,从而减少了工序的基本时间。

4. 采用多件加工

多件加工有三种方式:

顺序多件加工,即工件顺着行程方向一个接着一个地装夹,如图 3-32(a) 所示。这种方法减少了刀具切入和切出的时间,也减少了分摊到每一个工件上的辅助时间。

平行多件加工，即在一次行程中同时加工 n 个平行排列的工件，如图 3-32(b) 所示。

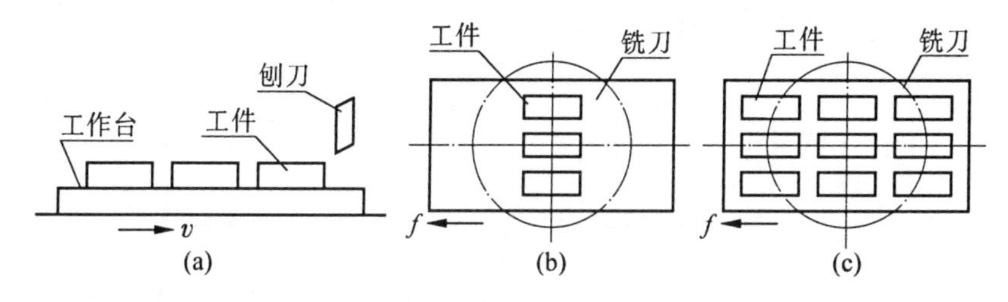

图 3-32　顺序多件、平行多件和平行顺序多件加工

平行顺序多件加工为上述两种方法的综合应用。如图 3-32(c) 所示。这种方法适用于工件较小、批量较大的情况。

5. 改变加工方法，采用新工艺、新技术

在大批大量生产中采用拉削、滚压代替铣、铰、磨削，在中、小批生产中采用精刨或精磨、金刚镗代替刮研等，都可以明显提高劳动生产率。又如：用线电极电火花加工机床加工冲模可以减少很多钳工工作量；用充气电解加工锻模，一个锻模的加工时间从 40 ~ 50h 缩短到 1 ~ 2h；用粗磨代替铣平面，不但一次可切去大部分余量，而且磨出的平面精度高，可直接作定位面之用；用冷挤压齿轮代替剃齿，劳动生产率可提高 4 倍，表面粗糙度可达 Ra0.4 ~ Ra0.8。

在毛坯制造中：诸如精锻、挤压、粉末冶金、石蜡浇铸、爆炸成型等新工艺的应用，都可以从根本上减少大部分的机械加工劳动量，并节约原材料，从而取得十分显著的经济效果。

(二) 缩减辅助时间

如果辅助时间占单件时间的 55% ~ 70% 以上，若仍采用提高切削用量来提高生产率，就不会取得显著的效果。

1. 采用先进夹具。这不仅可以保证加工质量，而且大大减少了装卸和找正工件的时间。

2. 采用转位夹具或转位工作台、直线往复式工作台以及几根心轴等，使在加工时间内装卸另一个或另一组工件，从而使装卸工件的辅助时间与基本时间重合，如图 3-33(a) 所示。

3. 采用连续加工。例如在立式或卧式连续回转工作台铣床(图 3-33(b)) 和双端面磨床上加工等。由于工件连续送进，使机床的空程时间明显缩减，装卸工件又不需停止机床，能显著提高生产率。

4. 采用各种快速换刀、自动换刀装置。例如在钻床或镗床上采用不需停车即可装卸钻头的快换夹头；车床和铣床上广泛采用不重磨硬质合金刀片、专用对刀样板或对刀样件；机外对刀的快换刀夹及数控机床上的自动换刀装置等，即可以节省刀具的装卸、刃磨和对刀的辅助时间。

5. 采用主动检验或数字显示自动测量装置。零件在加工过程中需要多次停机测量，尤其在精密零件和重型零件的加工中更是如此。这不仅降低了劳动生产率，不易保证加工精度，而且还增加了工人的劳动强度，主动测量的自动测量装置能在加工过程中测量工件的实际尺寸，并能用测量的结果控制机床的自动补偿调整。这在内、外圆磨床和金刚镗床等机床上已取得了显著的效果。

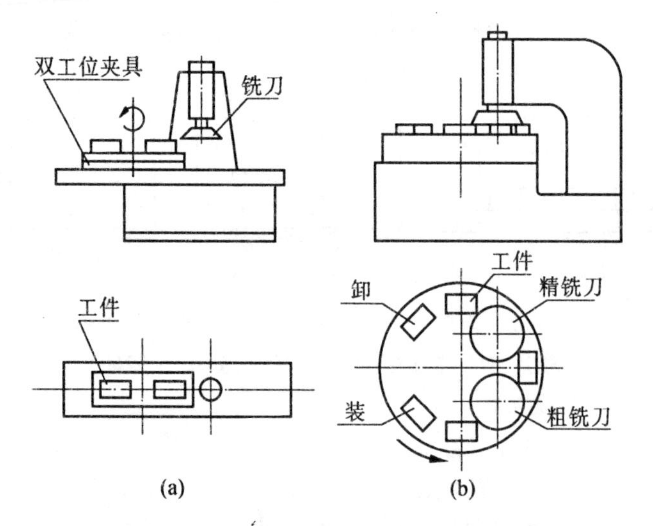

图 3-33　辅助时间与基本时间重合的示例

（三）缩减准备终结时间

1. 使夹具和刀具调整通用化

把结构形状、技术条件和工艺过程都比较接近的工件归为一类，制定出典型的工艺规程并为之选择设计好一套工、夹具。这样，在更换下批同类工件时，就不需要更换工、夹具或只需经过少许调整就能投入生产，从而减少了准备终结时间。

2. 采用可换刀架或刀夹

例如六角车床，若每台配备几个备用转塔刀架或刀夹，事先按加工对象调整好，当更换加工对象时，把事先调整好的刀架或刀夹换上，用较少的准备终结时间即可进行加工。

3. 采用刀具的微调和快调

在多刀加工中，在刀具调整上往往要耗费大量工时。如果在每把刀具的尾部装上微调螺丝，就可以使调整时间大为减少。

4. 减少夹具在机床上的安装找正时间

如在夹具体上装有定向键，安装夹具时，只要将定向键靠向机床工作台 T 型槽的一边就可迅速将夹具在机床上定好位，而不必找正夹具。

5. 采用准备终结时间极少的先进加工设备

如液压仿形，插销板式程序控制和数控机床等。

（四）实施多台机床看管

多台机床看管是一种先进的劳动组织措施。由于一个工人同时管理几台机床（同类型或不同类型）。工人劳动生产率可相应提高几倍。

如图 3-34 所示，如果一个工人看管三台机床，则当工人做完第一台机床上的手动操作后，即转到第二台机床，然后转到第三台机床。完成一个循环后，又回到第一台机床。组织多机床看管的必要条件是：

1. 如果一个工人看管 m 台机床，则任意 $m-1$ 台机床上的手工操作时间之和必须小于其余一台机床的机动时间，设在这些机床上执行相同的工序，则有

$$t_{机动} \geqslant (m-1)t_{手动}$$

式中　$t_{机动}$—— 一台机床机动工作的时间(min)；

$t_{手动}$—— 一台机床上所需要的手工操作时间(min)。包括工人实际的手动操作时间

和从一台机床转移到另一台机床所需的时间。

2. 每台机床都有自动停车装置

3. 布置机床时应考虑工人往返行程最短

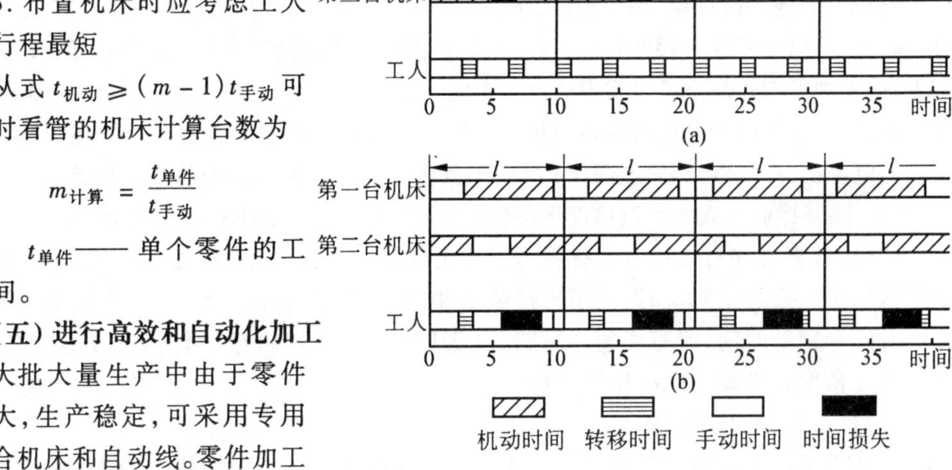

图 3-34 多机看管的时间循环

从式 $t_{机动} \geqslant (m-1)t_{手动}$ 可得同时看管的机床计算台数为

$$m_{计算} = \frac{t_{单件}}{t_{手动}}$$

式中 $t_{单件}$—— 单个零件的工序时间。

(五) 进行高效和自动化加工

大批大量生产中由于零件批量大，生产稳定，可采用专用的组合机床和自动线。零件加工的整个工作循环都是自动进行，操作工人的工作只是在自动线一端装上毛坯，在另一端卸下成品，以及监视自动线的工作是否在正常进行。这种生产方式的劳动生产率极高。

在机械加工行业中，属于大批大量生产的产品是少数，以品种论不超过 20%。故研究中、小批生产的高效和自动化加工受到广泛的重视。

人们对中、小批生产情况进行了分析，得到如图 3-35 所示的曲线。从图中看出一般产品的主要零件占零件总数的 10%，但它们的制造成本却占总制造成本的 50%；占总数 40% 的中型零件，其制造成本占总成本的 30%；占总数 50% 的小型零件，制造成本只占 20%。主要零件制造成本较高的原因是它们消耗较多的材料，一般说来机械加工劳动量也大。

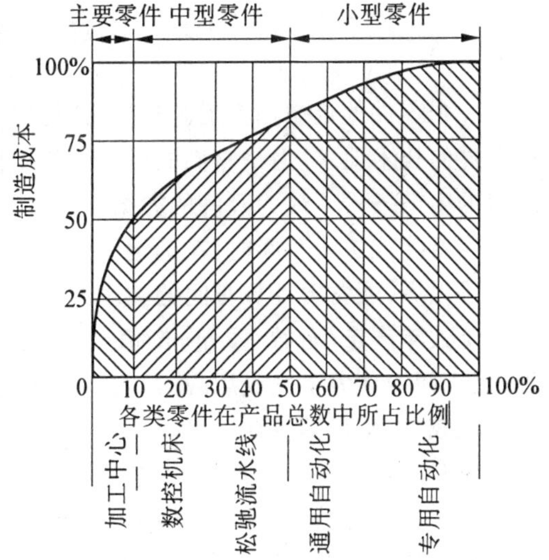

图 3-35 零件类型与制造成本的关系

因此，对中、小批生产主要零件用加工中心；中型零件用数控机床、流水线或非强制节拍的自动线；小型零件则视情况不同，可用各种自动机及简易程控机床为最经济。

1. 自动机和简易程控机床加工

小型零件如数量较大，可用专用的自动机或通用的自动机加工。如批量不大，用一般的自动机加工就不合适了。因为一般自动机床的工作循环多半是用凸轮控制的，每换一个工件就要更换或制造一套凸轮，周期长、成本高，只适用于大批大量生产。为适应中小批生产，出现了液压和电气操纵的自动机，如各种类型的半自动和全自动磨床、自动化插齿机、插销板式程序控制半自动液压仿形车床及其它类型的简易程控机床，可以很方便地调整出所需的自动控制程序。

2. 数控机床加工

数控机床的工作原理是根据被加工工件的加工尺寸及加工轨迹的特点，按NC(数控)程序代码规定的格式编写NC加工程序，然后将NC程序输入给数控机床的控制计算机、控制计算机通过解释NC程序去控制伺服进给电机，进而驱动机床的工作台或刀架按预定轨迹实现加工。这种加工方式甚至可以实现三维复杂曲面的加工。按电机控制方式可分为开环控制和闭环控制。开环控制的执行器通常为步进电机：而闭环控制的执行器通常为直流伺服电机或交流伺服电机，再配以光栅(或磁栅)尺或码盘将当时工作台或刀架的位置反馈给控制计算机，因此，闭环控制方式的控制精度更高(可以实现1μm甚至更小的进给当量)。

这样，计算机和自动控制系统就可以完全代替工人操作，自动加工出所需要的零件。数控机床上更换加工对象时，只需另行编制NC加工程序，机床调整简单，明显减少了准备终结时间和辅助时间，缩短了生产周期。因此非常适宜于小批量、周期短、改型频繁、形状复杂以及精度要求高的中小型零件加工。

3. 加工中心机床加工

这种机床一般就是多工序可自动换刀的立式镗铣床。它有多坐标控制系统，例如可实现点位控制进行钻、镗、铰或连续控制进行铣削。各种刀具装在一个刀库中，可由程序控制器发出指令进行换刀。这样，加工中心机床便可完成钻、扩、铰、镗、铣和攻丝等复杂零件所有各面(除底面外)的加工。它改变了传统小批生产中一人、一机、一刀和一个工件的落后工艺，而把许多相关工序集中在一起，形成了以一个工件为中心的多工序自动加工机床，它本身就相当于一条自动生产线。

§3-6 工艺方案的技术经济分析

一个零件的机械加工工艺过程，往往可以拟定出几个不同的方案，这些方案都能满足该零件的技术要求。但是它们的经济性是不同的，因此要进行经济分析比较，选择一个在给定的生产条件下最为经济的方案。

当新建或扩建车间时，在确定了主要零件的工艺规程、工时定额、设备需要量和厂房面积等以后，通常要计算车间的技术经济指标。例如：单位产品所需劳动量(工时及台时)、单位工人年产量(台数、重量、产值或利润)、单位设备的年产量、单位生产面积的年产量等。在车间设计方案完成后，总是要将上述指标与国内外同类产品的加工车间的同类指标进行比较，以衡量其设计水平。

有时，在现有车间中制定工艺规程时，也需计算一些技术经济指标。例如：劳动量(工时及台时)、工艺装备系数(专用工、夹、量具与机床数量之比)、设备构成比(专用设备与通用设备之比)、工艺过程的分散与集中程度(用一个零件的平均工序数目来表示)等。

因此，对工艺方案进行经济分析时，通常采用如下两种方法。其一是对同一加工对象的几种工艺方案进行比较；其二是计算一些技术经济指标，再加以分析。

一、工艺方案的比较

当用于同一加工内容的几种工艺方案均能保证所要求的质量和劳动生产率指标时，

一般可通过经济评比加以选择。

经济分析就是比较不同方案的生产成本的多少。生产成本最少的方案就是最经济的方案。生产成本是制造一个零件或一台产品所必需的一切费用的总和。在分析工艺方案的优劣时，只需分析与工艺过程直接有关的生产费用，这部分生产费用就是工艺成本。工艺成本又可分为可变费用和不变费用两大类。表 3-3 列出了零件生产成本的组成情况。

表 3－3　零件生产成本的组成

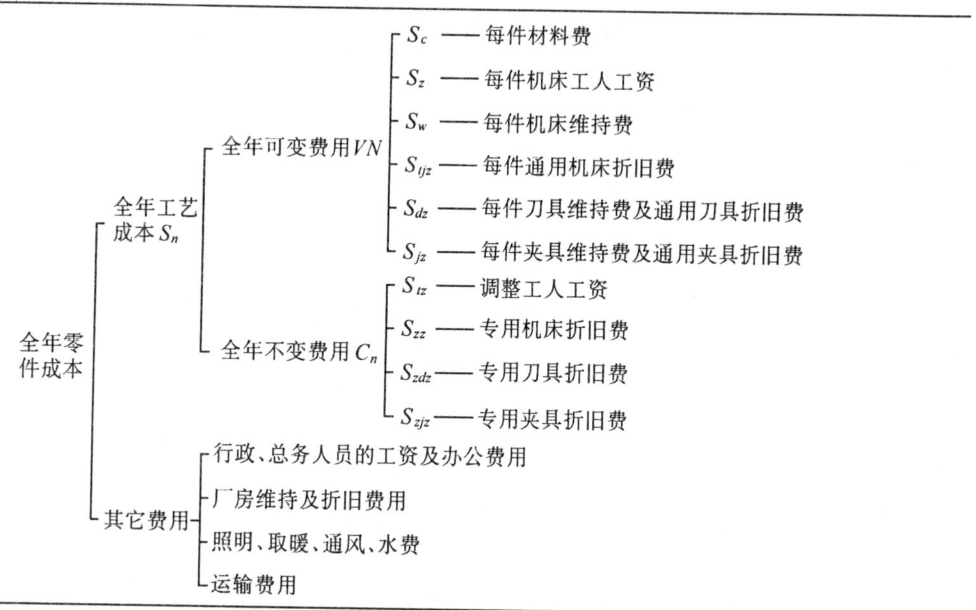

注：有些费用是随生产批量而变化的，如调整费、用于在制品占用资金等，在一般情况下不予单例。

从上表可以看出，可变费用(如材料费、通用机床折旧费等)是与年产量有关并与之成正比例的费用，用 V 表示；不变费用(如专用机床折旧费等)是与年产量的变化没有直接关系的费用，用 C_n 表示。由于专用机床是专为某零件的某加工工序所用，它不能被用于其它工序的加工，当产量不足，负荷不满时，就只能闲置不用。由于设备的折旧年限(或年折旧费用)是确定的，因此专用机床的全年费用不随年产量变化。

零件(或工序)的全年工艺成本 S_n 为

$$S_n = VN + C_n$$

式中　V—— 每零件的可变费用(元／件)；

N—— 零件的年生产纲领(件)；

C_n—— 全年的不变费用(元)。

单个零件(或单个工序)的工艺成本 S_d 应为

$$S_d = V + \frac{C_n}{N}$$

根据以上两式就可以进行不同工艺方案的经济分析比较。如有三个不同的工艺方案，它们的全年工艺成本为

$$S_{n1} = C_{n1} + V_1 \cdot N$$
$$S_{n2} = C_{n2} + V_2 \cdot N$$
$$S_{n3} = C_{n3} + V_3 \cdot N$$

由于全年工艺成本 S_n 与年产量 N 成线性正比关系，可以作出如图 3-36 的图形。在图

中对第一方案来说，当年产量 N 超过 N_1 时，就需增加一套专用机床和专用工艺装备，因此不变费用 C_{n1} 就要增加一倍。同样当 N 再增到某一值时，C_n 还要增加。这种关系在图上表现为折线。

现在就可以根据该图对这三种不同的工艺方案进行经济分析比较。当年产量从零到 N_1 时第一种方案经济；从 N_1 到 N_3 时第二种方案经济；超过 N_3 时则第三种方案经济。如果只比较第一和第二两个方案，则 N_1 在零到 N_1 和 N_3 到 N_4 范围内第一方案经济，除此以外则第二方案经济。

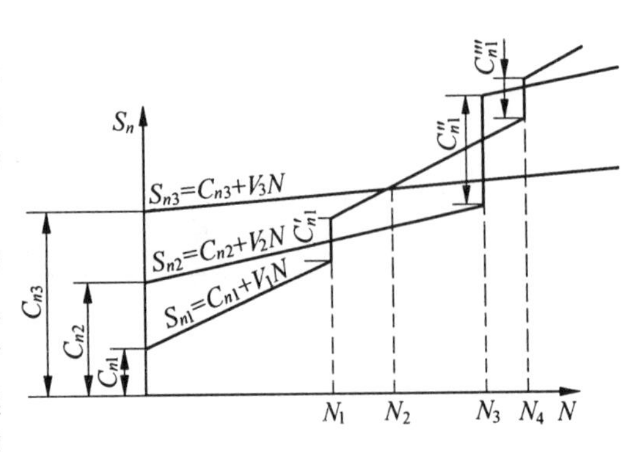

图 3-36　比较三个工艺方案的经济性的图解法

顺便指出，当工件的复杂程度增加时，例如具有复杂曲面的成型零件，则不论年产量多少，采用数控机床加工在经济上都是合理的，如图 3-37 所示。当然，在同一用途的各种数控机床之间，仍然需要进行经济评比。

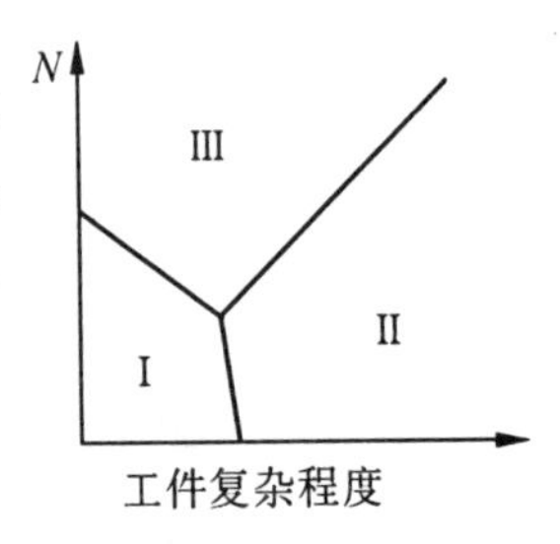

Ⅰ— 通用机床　Ⅱ— 数控机床　Ⅲ— 专用机床

图 3-37　工件复杂程度与机床选择

二、技术经济分析

对工艺方案的技术经济指标进行计算和分析，是制订零件加工工艺规程，尤其是在新建或扩建车间时所必须进行的工作。技术经济指标的好坏是衡量工艺方案合理性的重要依据之一。

某车间生产 5 种规格的车床溜板箱，其结构基本相同，只是零件的形状、尺寸有所不同。因此，可根据成组技术的原理，将组成该部件的零件进行分类成组，进行成组加工。如可将零件分为短轴、长轴、箱体、板件等几组。

除了采用通常的单件生产方式(方案 Ⅰ)外，尚可考虑采用水平不同的成组生产单元(方案 Ⅱ 至 Ⅳ)。现对 4 种方案进行分析对比。各方案的设备与工人如表 3-4 所示。

方案 Ⅰ 所用的设备均为通用设备，采用图 3-38 所示的机群式布置形式。

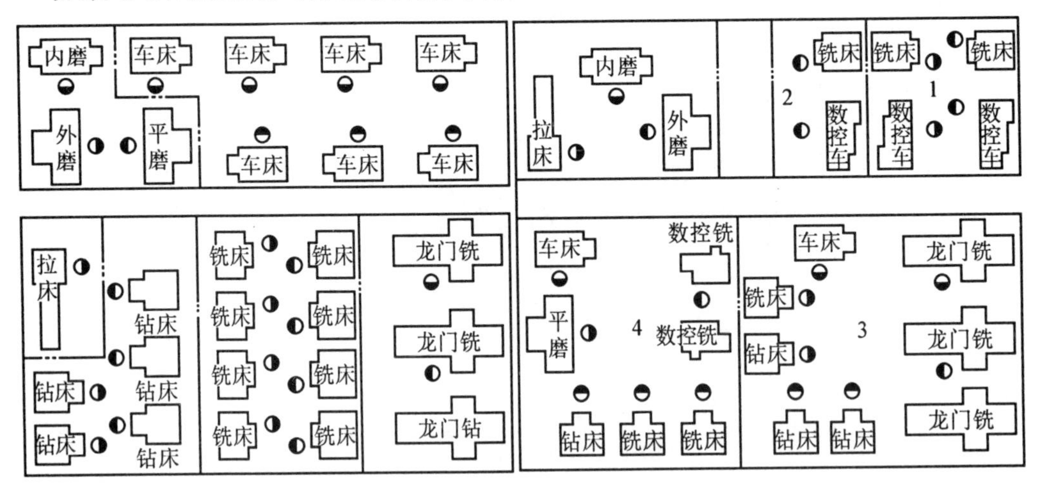

图 3-38　方案 Ⅰ 的设备布置　　　图 3-39　方案 Ⅱ 的设备布置

方案Ⅱ按轴、箱体、板件组成四个成组单元，如图3-39所示，其中采用3台数控车床，2台数控铣床。磨床与拉床为各单元共用。

表3-4 4种方案的设备与工人比较表

	方案Ⅰ			方案Ⅱ			方案Ⅲ			方案Ⅳ		
	组	设备种类	台数	组	设备种类	台数	组	设备种类	台数	组	设备种类	台数
设备	1 2	车床 铣床	7 8	1	数控车床 铣床	1 1	1	数控车床 铣床	1 1	1	数控车床	3
	3	钻床	5	2	数控车床 铣床 钻床			数控车床 铣床 钻床			数控铣床	4
	4	龙门铣床	3	3	龙门铣床 铣床 车床 钻床	3 1 1 3	3	加工中心	4	2	加工中心	5
				4	铣床 数控铣床 车床 钻床 平面磨床	2 2 1 1 1	4	数控铣床 车床 钻床 平面磨床	3 1 1 1			
	5	平面磨床 外圆磨床 内圆磨床 拉床	1 1 1 1	5	外圆磨床 内圆磨床 拉床	1 1 1	3	平面磨床 外圆磨床 内圆磨床 拉床				
										其它	自动运输系统 工业机器人	
		合计	27		合计	24		合计	19		合计	18
工人		直接人员 间接人员 合计	26 14 40		直接人员 间接人员 合计	22 16 38		直接人员 间接人员 合计	13 12 25		直接人员 间接人员 合计	4 10 14

方案Ⅲ同样组成四个成组单元，如图3-40所示，其中采用3台数控车床，3台数控铣床和4台加工中心。磨床与拉床为各单元共用。

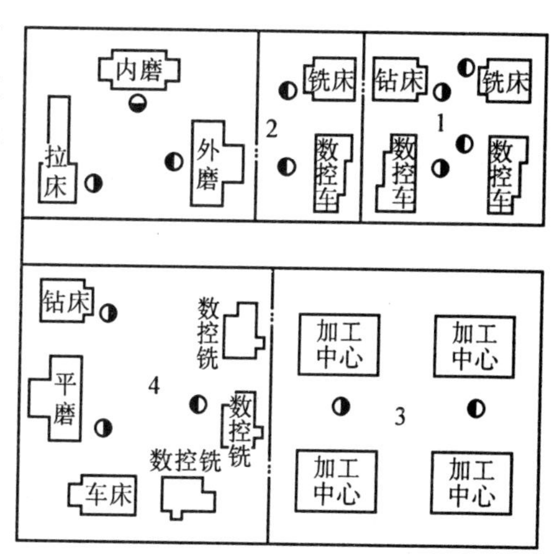

图3-40 方案Ⅲ的设备布置

方案Ⅳ是柔性制造系统(FMS)。该方案大量采用数控机床和加工中心，还采用自动仓库，输送带系统和工业机器人，实现工件的装卸、搬运和贮存自动化。该系统由中央计算机进行控制，其设备布置见图3-41所示。

工件由左侧输入，在分类装置处被分成轴和箱体两大类，其中轴类输送到上半部加工线，箱体输送到下半部加工线。加工完的工件被输送到中间传送带上，从右侧向左侧输出。并暂时存放在自动仓库中，其中若有需要继续加工的工件，则按调度程序再进行有关加工。

四种方案的部分技术经济指标如表3-5所示。每套部件的产值为4000元，人均月工资(包括奖金)为600元。

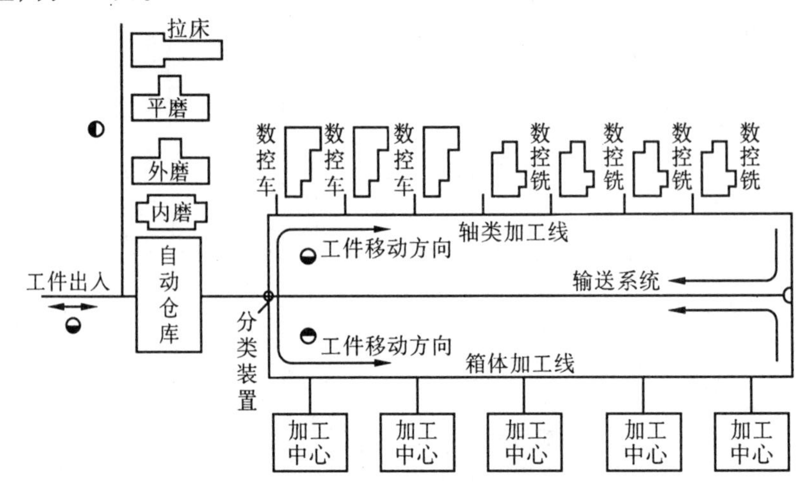

图3-41 方案Ⅳ的设备布置

表3-5 四种方案的技术经济指标

指 标	方案Ⅰ	方案Ⅱ	方案Ⅲ	方案Ⅳ
生产设备总数(台)	27	24	19	18
设备构成比 $=\frac{\text{高效机床}}{\text{通用机床}}$	0	0.26	1.11	3.5
设备折旧费(万元/年)	28	64	168	420
工作人员总数(人)	40	38	25	14
工资总额(万元/年)	28.8	27.36	18	10.08
产量(套/年)	300	484	880	1560
材料费(万元/年)	36	58.08	105.6	187.2
产值(万元/年)	120	193.6	352	624
盈利①(万元/年)	27.2	44.16	60.4	6.72
人均产值(万元/年)	3	5.09	14.08	44.57
人均盈利(万元/年)	0.68	1.16	2.42	0.48
台均产值(万元/年)	4.44	8.07	18.53	34.67
台均盈利①(万元/年)	1.01	1.84	3.18	0.37

① 为了简化计算，比较各种方案的盈利时，只考虑本生产单位内的设备折旧费、工作人员工资与材料费三项费用。

即： 年盈利额 = 年产量 × (产品单价 − 材料单价) − 年工资总额 − 年设备折旧费

当所比较的各方案生产能力不完全相同时，用技术经济指标进行分析对比是较好的办法。

值得注意的是，当产品产值不太高，而年产量又增加不多时，实施高水平成组技术的经济效益有时不一定显著。尤其当设备投资很大时，反而可能使效益下降，特别是在工资水平不高的地区。因此，在推广成组技术时，首先应选择附加值高的高新技术产品。在这种情况下，即使产量增加不多，采用高水平成组技术也是合适的。

§3-7 机械加工工艺规程制订及举例

一、制订机械加工工艺规程的基本要求

制订机械加工工艺规程的基本要求，是在保证产品质量前提下，能尽量提高劳动生产率和降低成本。同时，还应在充分利用本企业现有生产条件的基础上，尽可能采用国内、外先进工艺技术和经验，并保证良好的劳动条件。

由于工艺规程是直接指导生产和操作的重要技术文件，所以工艺规程还应正确、完整、统一和清晰。所用术语、符号、计量单位、编号都要符合相应标准。

二、机械加工工艺规程的制订原则

制订机械加工工艺规程应遵循如下原则：

1) 必须可靠地保证零件图上技术要求的实现。在制订机械加工工艺规程时，如果发现零件图某一技术要求规定得不适当，只能向有关部门提出建议，不得擅自修改零件图或不按零件图去做。

2) 在规定的生产纲领和生产批量下，一般要求工艺成本最低。

3) 充分利用现有生产条件，少花钱、多办事。

4) 尽量减轻工人的劳动强度，保障生产安全、创造良好、文明的劳动条件。

三、制订机械加工工艺规程的内容和步骤

1. 对零件进行工艺分析

在对零件的加工工艺规程进行制订之前，应首先对零件进行工艺分析。其主要内容包括：

(1) 分析零件的作用及零件图上的技术要求。

(2) 分析零件主要加工表面的尺寸、形状及位置精度、表面粗糙度以及设计基准等；

(3) 分析零件的材质、热处理及机械加工的工艺性。

2. 确定毛坯

毛坯的种类和质量对零件加工质量、生产率、材料消耗以及加工成本都有密切关系。毛坯的选择应以生产批量的大小、零件的复杂程度、加工表面及非加工表面的技术要求等几方面综合考虑。正确选择毛坯的制造方式，可以使整个工艺过程更加经济合理，故应慎重对待。在通常情况下，主要应以生产类型来决定。

3. 制订零件的机械加工工艺路线

(1) 制订工艺路线。在对零件进行分析的基础上，制订零件的工艺路线和划分粗、精加工阶段。对于比较复杂的零件，可以先考虑几个方案，分析比较后，再从中选择比较合理

的加工方案。

(2) 选择定位基准，进行必要的工序尺寸计算。根据粗、精基准选择原则合理选定各工序的定位基准。当某工序的定位基准与设计基准不相符时，需对它的工序尺寸进行计算。

(3) 确定工序集中与分散的程度，合理安排各表面的加工顺序。

(4) 确定各工序的加工余量和工序尺寸及其公差。

(5) 选择机床及工、夹、量、刃具。机械设备的选用应当既保证加工质量、又要经济合理。在成批生产条件下，一般应采用通用机床和专用工夹具。

(6) 确定各主要工序的技术要求及检验方法。

(7) 确定各工序的切削用量和时间定额。

单件小批量生产厂，切削用量多由操作者自行决定，机械加工工艺过程卡片中一般不作明确规定。在中批，特别是在大批量生产厂，为了保证生产的合理性和节奏的均衡，则要求必须规定切削用量，并不得随意改动。

(8) 填写工艺文件

四、制订机械加工工艺规程举例

成批生产某型号车床，现要制订其开合螺母外壳下半部的机械加工工艺规程。

零件图如图 3-42 所示。

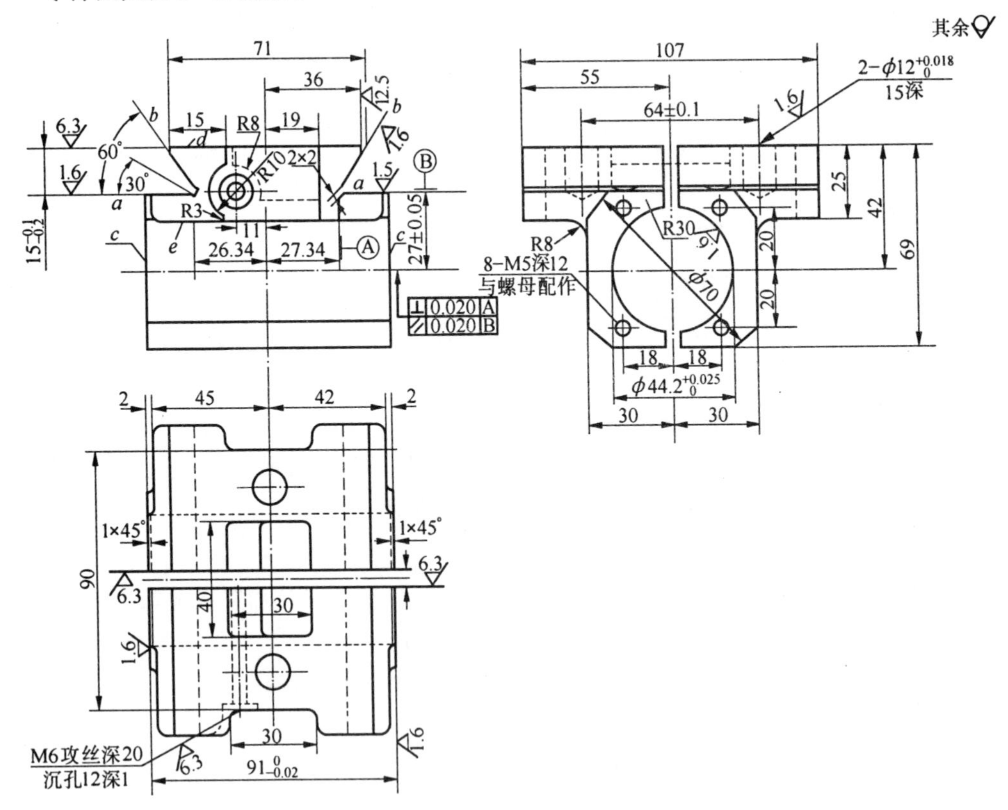

图 3-42　开合螺母外壳下半部

1. 对零件图进行工艺分析

该零件的主要加工面有：

燕尾导轨面 *aa* 和 *bb*，它们是部件装配时的装配基准，与相配导轨配合，因此它们本身应有较高的形状精度，它们又是 $\phi12^{+0.018}_{0}$ 和 $\phi44.2^{+0.025}_{0}$ 孔的设计基准；

$\phi44.2^{+0.025}_{0}$ 孔用来装配开合螺母，本身有一定的尺寸精度要求，其中心线对燕尾导轨面又有平行度和垂直度要求；

两个端面 *cc* 在装配时，将与开合螺母的两个内侧面配合，因此对它们之间的尺寸规定了0.02mm的公差，并对 $\phi44.2^{+0.025}_{0}$ 孔中心线有垂直度要求；$\phi12^{+0.018}_{0}$ 孔为销孔，用于对开螺母的开合。

关于非加工面与加工面间的要求，零件图上仅标出了导轨 *d* 面的厚度为 25mm，是不注公差的尺寸，虽说不难保证，但由于基准不重合，有关毛坯尺寸亦有较大公差，所以必要时还得计算一下有关的工艺尺寸，以查明导轨面的厚度是否产生过大的误差。根据该零件的结构及作用，主要应保证 $\phi44.2^{+0.025}_{0}$ 孔壁厚和它的均匀性，但在零件图上并未明确提出，在安排工艺时必须予以考虑。

2. 选择毛坯

零件的材料是铸铁，所以是铸件毛坯。小批生产可用木模手工造型的毛坯，成批生产时则用金属模机器造型的毛坯。前者可用 Ⅲ 级精度的铸件，后者可用 Ⅱ 级精度的铸件。

为了保证 $\phi44.2^{+0.025}_{0}$ 孔的加工质量和使加工方便，将其上下两部分铸成一个整体毛坯，分型面可以通过 $\phi44.2^{+0.025}_{0}$ 孔中心线垂直于 *aa* 导轨面。$\phi44.2^{+0.025}_{0}$ 孔铸出毛坯孔（留有余量），要求其中心对 $\phi70$ 外圆中心的偏移小于 1mm 并对 25mm 导轨壁厚的不加工面 e 有 ± 0.3mm 的距离精度要求。$\phi70$ 外圆的尺寸精度亦不应大于 ± 0.3mm。燕尾导轨面不予铸出。铸件应进行人工时效，消除残余应力后再送机械加工车间加工，否则工件切开将产生较大的变形。

3. 工艺过程设计

（一）定位基准的选择

（1）精基准的选择。从上述对零件图的工艺分析可知燕尾导轨面是装配基准，它又是 $\phi44.2^{+0.025}_{0}$ 和 $\phi12^{+0.018}_{0}$ 孔的有关距离尺寸要求和位置要求的设计基准。它的面积亦较大，根据先面后孔的原则，应选它为加工其它有关表面的精基准。

（2）粗基准的选择。选择粗基准时，首先考虑保证 $\phi44.2^{+0.025}_{0}$ 和 $\phi70$ 外圆不需加工表面间壁厚的均匀性。此时，$\phi44.2^{+0.025}_{0}$ 孔的加工余量的均匀性可不考虑。因为这两者是难于同时保证的，对加工余量不均匀所引起的误差，可以通过多次行程予以修正。如果用 $\phi44.2^{+0.025}_{0}$ 毛坯孔作为粗基准，则由于它直径较小而长度较大，定位亦不可靠，它的加工余量的均匀性仍难保证。并且以它为粗基准加工燕尾导轨面，再以燕尾导轨面作为精基准加工 $\phi44.2^{+0.025}_{0}$ 孔，将使孔的壁厚很不均匀，不仅影响零件的强度，而且切开后会变形。根据以上分析，所选择的粗基准应保证在以燕尾导轨面为精基准加工 $\phi44.2^{+0.025}_{0}$ 孔时，其轴心线基本上与 $\phi70$ 外圆的轴心线相重合。具体选择哪组表面为粗基准，在下面再叙述。

（二）加工方法的选择

燕尾导轨面是与相配件的配合面，又是加工其它表面的精基准，其终加工最好是刮研。其前面的工步则是粗刨、精刨或精铣。

$\phi 44.2^{+0.025}_{0}$ 孔的终加工可用精铰或精细镗。其前面的工步则是粗镗、半精镗、粗铰或精镗。两端面 cc 之间有 0.02mm 的距离尺寸精度要求，终加工为互为基准进行精磨。其前面的工序可为粗车或粗铣、精车或精铣。

$\phi 12^{+0.018}_{0}$ 孔的加工方法为钻、粗铰、精铰。

其它加工面的加工方法从略。

(三) 确定加工顺序和组合工序

在小批生产时，第一道工序为划线，划出作为精基准的燕尾导轨面的加工线。划加工线的基准，就是粗基准。粗基准是 $\phi 70$ 外圆的轴心线、$\phi 12^{+0.018}_{0}$ 两孔中心连线和25mm壁厚的不加工毛坯面。$\phi 70$ 外圆轴心线是 aa 导轨面加工线距该中心尺寸的基准；$\phi 12^{+0.018}_{0}$ 两孔中心连线是导轨面加工线的划线基准；以该25mm导轨的毛坯面 e 为基准划出 aa 面的加工线，可得到较均匀的壁厚。第二道工序将工件按划线找正装夹在虎钳中，在牛头刨床上粗、精刨燕尾导轨面和粗刨出底面 d。第三道工序是刮研导轨面。此后就可用已加工好的导轨面作为精基准加工其它表面。第四道工序是加工 $\phi 12^{+0.018}_{0}$ 两孔，以导轨面作为精基准，另外为保证在镗 $\phi 44.2^{+0.025}_{0}$ 孔时壁厚的均匀性，还应以 $\phi 70$ 外圆毛坯面的一点(该点处于 $\phi 70$ 外圆的平行 aa 导轨面的中心线上) 作为粗基准。第五道工序是在车床上镗 $\phi 44.2^{+0.025}_{0}$ 的孔，工件装在花盘上的弯板上，弯板上可布置简单的定位元件、使作为精基准的 aa 导轨面与车床主轴轴心线平行并相距一定的尺寸，以保证零件图要求；bb 导轨面则与车床主轴轴心线垂直；此外 $\phi 12^{+0.018}_{0}$ 孔在一个菱形定位销中定位，以保证孔壁厚均匀。在镗孔时可粗车、精车一个端面 c，然后再掉头装夹车另一端面 c。以后工序是磨两端面、切开、加工M6螺孔和锪 $\phi 10$ 孔。还应安排辅助工序；一是在切开前安排检查工序；由于该零件在装配时成对装配，所以在切开后还应安排一个钳工工序，在上下部打配对号码，同时去毛刺。于是，小批生产时，该零件加工工序和工序的组合可安排如下：

划线 —— 粗精刨导轨面及刨底面 d—— 刮研导轨面 —— 钻、铰 $\phi 12^{+0.018}_{0}$ 孔 —— 在车床上粗精镗 $\phi 44.2^{+0.025}_{0}$ 孔并粗、精车两端面 —— 磨两端面 —— 检查 —— 切开 —— 上下部打配对号码并去毛刺 —— 钻、攻M6螺孔 — 锪 $\phi 12$ 孔。

在成批生产时，为了提高生产率，燕尾导轨面的加工方法改为粗刨、精铣和刮研。如果加工导轨面的粗基准，仍用上述划线时的基准。即两端 $\phi 70$ 外圆在两个V形块中定位，消除四个不定度，使加工后的 aa 面对 $\phi 70$ 外圆轴心线有一定的距离尺寸和平行度；$\phi 70$ 外圆一端面用档销定位，消除沿 $\phi 70$ 外圆轴心的不定度，使加工后的 bb 面对称于 $\phi 12^{+0.018}_{0}$ 两孔中心连线；在导轨厚25mm的不加工面 e 并距 $\phi 70$ 外圆中心最远的一点放一个支承钉，以消除绕 $\phi 70$ 外圆轴心线的不定度。选用这一组粗基准，存在两个问题：一是由于燕尾导轨面粗刨和精铣不可能在一个工序中，因此粗基准在刨、铣两个工序中重复使用，定位误差大，不易保证加工精度；二是难于设计一个简单可靠的夹紧方案，在划线找正装夹时，可在虎钳中通过两端面 cc 沿 $\phi 70$ 外圆轴心线轴向夹紧工件，但在上述定位方案的夹具中，就不便轴向夹紧工件，因为已由活动V形块消除了轴向不定度，如采用轴向夹紧的方案，必须用浮动夹紧机构，夹具结构很复杂。如通过 $\phi 44.2^{+0.025}_{0}$ 的毛坯孔内壁夹紧，就要采用可移动的压板，此外为了避免夹紧变形和使装夹稳定可靠，还需另加辅助支承，夹具结构仍是复杂，且操作费时。

通过上述分析，在成批生产中，选用这一组粗基准来加工燕尾导轨面，不是一个理想的方案。所以要改变加工方案。先设想一个方案，第一道工序粗刨导轨面时，仍用这一组粗基准，d 面按距 aa 面一定的工艺尺寸刨出，同时按一定的工艺尺寸在一个端面 c 上刨出一段平面（因有压板，不能全部刨出），然后以这两个表面作为精基准定位，通过两端 $\phi70$ 外圆向上压 d 面，精铣燕尾导轨面。这个方案虽有利于保证精铣导轨面的精度，但切削力向下，装夹工件也麻烦，同时夹具结构仍然比较复杂，也不是理想方案。

另一方案，第一道工序以两端 $\phi70$ 外圆表面及导轨厚25mm的不加工面 e 定位，通过 d 面夹紧，铣出两端 c 面，第二道工序以一个铣出的端面，25mm 导轨厚的不加工面 e 及 $\phi70$ 外圆浮动 V 形块实现完全定位，沿 $\phi70$ 外圆轴心线夹紧工件，粗刨 b、a、d 面，第三道工序以同一方式定位、精铣燕尾导轨面。这个方案，装夹方便可靠、夹具比较简单，且这两个工序所用的夹具结构相似。虽然粗基准用了两次，但不是主要定位基准，且由于定位元件的布置方式，保证了工件的粗基准与定位元件的接触点，在两个夹具中，基本不变，不会引起过大的定位误差。所以这个方案比较理想。

燕尾导轨面精铣后，再刮研。此后即可用它们为精基准加工其它表面，其加工顺序和定位方式均与前述小批生产的相似。大孔加工虽仍可在车床上进行，但工件应安装在车床溜板上的镗模中，用尺寸刀具加工，以提高生产率。

在切开时，用燕尾导轨面和 $\phi12^{+0.018}_{0}$ 孔定位，在卧式铣床上用锯片铣刀铣开。

成批生产时，加工顺序和工序的组合安排如下：

粗铣两个端面 c—— 粗刨燕尾导轨面和 d 面 —— 精铣燕尾导轨面 —— 刮研燕尾导轨面 —— 钻、铰 $\phi12^{+0.018}_{0}$ 孔 —— 镗 $\phi44.2^{+0.025}_{0}$ 孔 —— 精铣两个端面 c—— 磨两个端面 c—— 检查 —— 切开 —— 去毛刺，打配对号码 —— 钻、攻 $M6$ 螺孔并锪 $\phi12$ 孔。

4. 工序设计

工序设计的主要内容有机床和工艺装备的选择，确定余量，计算工序尺寸，确定切削用量和时间定额等。

在成批生产中主要用通用机床，适当采用专用夹具，本例的工序尺寸的计算比较简单，在此不再赘述。

5. 填写工艺文件

表 3-6 为工艺过程卡片。

表 3-7 为镗 $\phi40^{+0.025}_{0}$ 孔的工序卡片。

表 3-6　机械加工工艺过程卡片

（工厂名）	机械加工工艺过程卡片	产品型号		零(部)件名称			
		产品名称	车床	零(部)件名称	开合螺母外壳下半部	共(　)页	第(　)页

材料牌号		毛坯种类	铸　件	毛坯外型尺寸		每毛坯可制件数		每台件数		备注	

	工序号	工序名称	工序内容	车间	工段	设备	工艺装备	工时 准终	工时 单件
	0	铸	铸造、清砂、退火	铸造					
	10	铣	粗铣两端面 c	机加		X6125	铣夹具，端铣刀 $\phi110$，0.05/150 游标卡尺		
	20	刨	粗刨燕尾导轨面和 d 面	机加		B6050	虎钳，刨刀 6，刨刀 1，样板		
	30	铣	精铣燕尾导轨面	机加		X6125	虎钳，55°角铣刀，样板		
	40	钳	刮研燕尾导轨面	机加			研具		
	50	钻	钻、铰 $2-\phi12^{+0.018}_{0}$ 孔	机加		Z5025	翻转式钻模，钻头 $\phi11.8$，铰刀 $\phi12H7$		
							快换夹头，塞规 $\phi12H7$		
插图	60	镗	镗 $\phi44.2^{+0.025}_{0}$ 孔	机加		C6136	镗模，K34 单尺镗刀，镗杆Ⅰ，W18Cr4V 镗刀块 3		
							镗杆Ⅱ，塞规 $\phi44.2H7$		
	70	铣	精铣两个端 c	机加		X6125	端铣刀 $\phi110$，0.05/150 游标卡尺		
描校	80	磨	磨两个端面 c	机加			卡规		
	90	检查							
	100	铣	铣开	机加		X6125	铣夹具，锯片铣刀 b = 3，$\phi200$		
底图号	110	钳	去毛刺，打配对号码	机加					
	120	钻	钻、攻 M6 螺孔并锪 $\phi12$ 孔	机加		Z5025	钻头 $\phi4.9$，丝锥 M6，锪孔刀 $\phi12$ 攻丝夹头 M6，塞规		
装订号	1	检	最终检查						
			入库						

标记	处数	更改文件号	签字	日期	标记	处数	更改文件名	签字	日期	设计(日期)	审核(日期)	标准化(日期)	会签(日期)	

表 3-7　机械加工工序卡片

(工厂名)	机械加工工艺过程卡片	产品型号		零(部)件名称			
		产品名称	车床	零(部)件名称	开合螺母外壳下半部	共(　)页	第(　)页

车间	工序号	工序名称	材料牌号
机加	60	镗孔	
毛坯种类	毛坯外型尺寸	每毛坯可制件数	每台件数
铸件			
设备名称	设备型号	设备编号	同时加工件数
车床	C6136		
夹具编号		夹具名称	切削液
		镗模	
工位器具编号		工位器具名称	工序工时
			准终 / 单件

工步号	工步内容	工艺装备	主轴转速 r/min	切削速度 m/min	进给量 mm/r	切削深度 mm	进给次数	工步工时 机动	工步工时 辅助
1.	粗镗孔到 $\phi40$	K34 单刃镗刀，镗杆 Ⅰ	450	42.2	0.28	3.00	1		
2.	半精镗孔至 $\phi42.5$	W18Cr4V 镗刀块，镗杆 Ⅱ	187	22.6	0.42	1.25	1		
3.	精镗孔至 $\phi43.5$	W18Cr4V 镗刀块，镗杆 Ⅱ	187	23.2	0.22	0.50	1		
4.	细镗孔至 $\phi44.2^{+0.025}_{0}$	W18Cr4V 镗刀块，镗杆 Ⅱ	187	23.5	0.22	0.35	1		
		塞规 $\phi44.2H7$							

插图　描校　底图号　装订号

标记	处数	更改文件号	签字	日期	标记	处数	更改文件名	签字	日期	设计(日期)	审核(日期)	标准化(日期)	会签(日期)

习　　题

3-1　什么是机械加工的工艺过程，工艺规程？工艺规程在生产中起什么作用？

3-2　制订工艺规程时，为什么要划分加工阶段？什么情况下可以不划分或不严格划分加工阶段？

3-3　什么是工序、安装、工位、行程？

3-4　什么是劳动生产率？提高劳动生产率的工艺措施有哪些？

3-5　什么是时间定额、单件时间？

3-6　何谓生产成本与工艺成本？两者有何区别？比较不同工艺方案的经济性时，需要考虑哪些因素？

3-7　习图 3-1 所示零件的 A、B、C 面，$\phi10^{+0.027}_{0}$mm 及 $\phi30^{+0.033}_{0}$mm 孔均已加工。试分析加工 $\phi12^{+0.018}_{0}$ 孔时，选用哪些表面定位最合理？为什么？

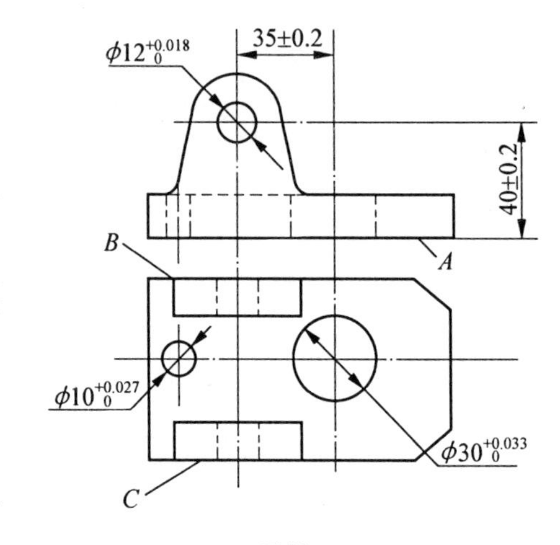

习图 3-1

3-8　习图 3-2 所示，床身的主要工序如下：

1. 加工导轨面 A、B、C、D、E、F：粗铣、半精刨、粗磨、精磨；

2. 加工底面 J：粗铣、半精刨、精刨；

3. 加工压板及齿条安装面 G、H、I：粗刨、半精刨；

4. 加工床头箱安装面 K、L：粗铣，精铣，精磨；

5. 其它：划线，人工时效，导轨面高频淬火。

试将上述各工序安排成合理的工艺路线，并指出各工序的定位基准。零件为小批量生产。

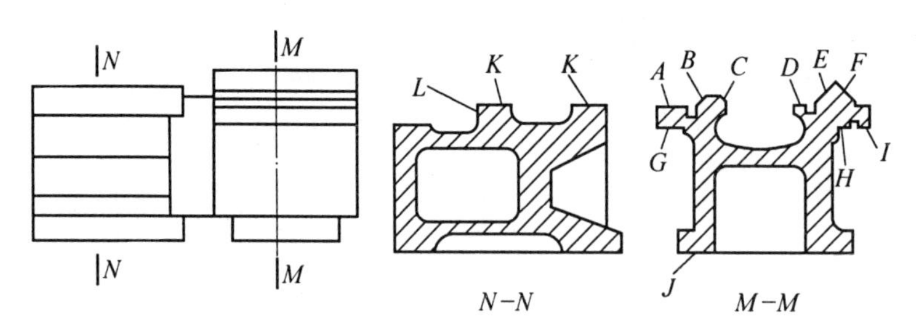

习图 3-2

3-9　习图3-3至习图3-6所示各零件均为成批生产，试拟定其工艺路线，并指出各工序的定位基准。

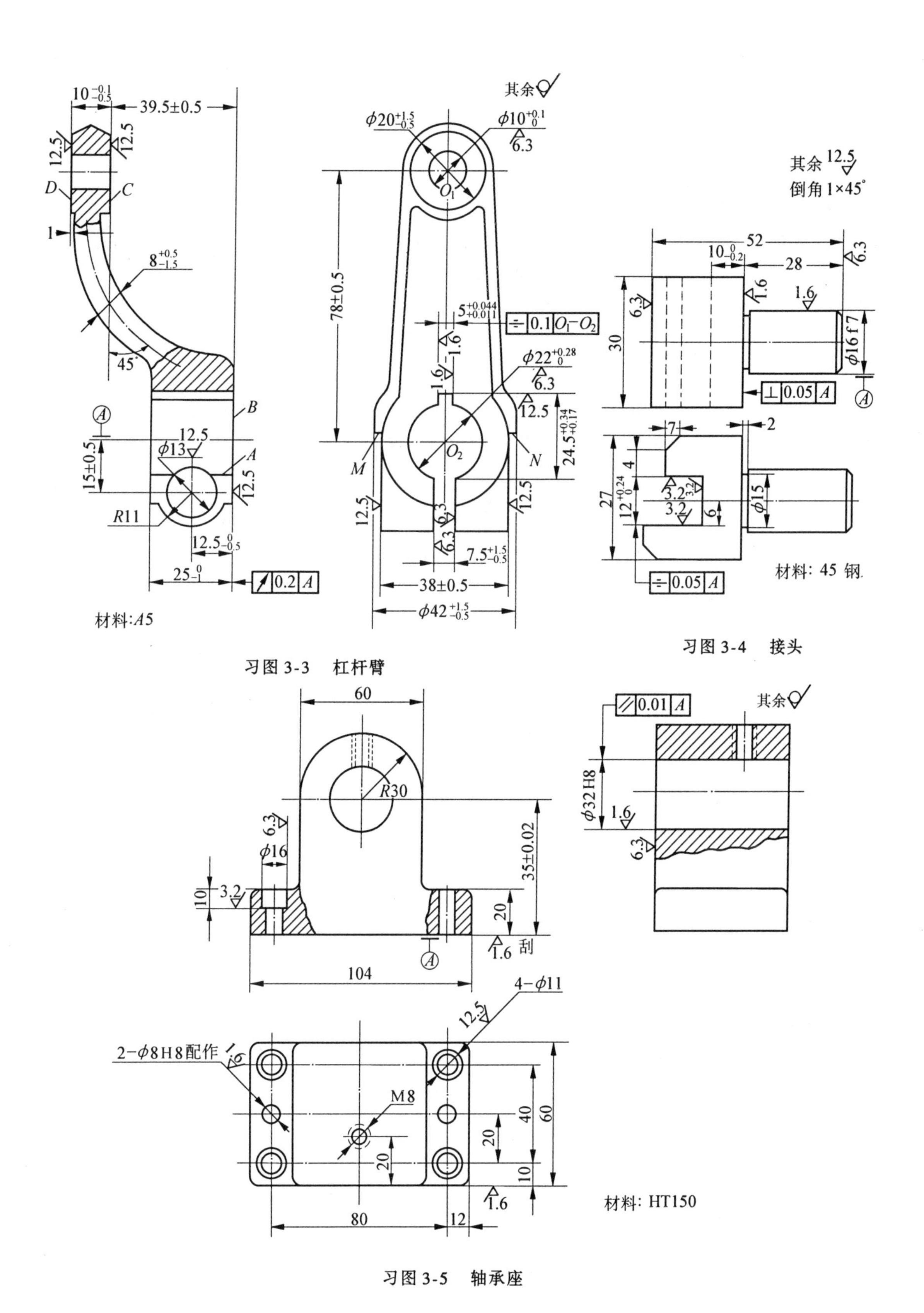

习图 3-3　杠杆臂

习图 3-4　接头

习图 3-5　轴承座

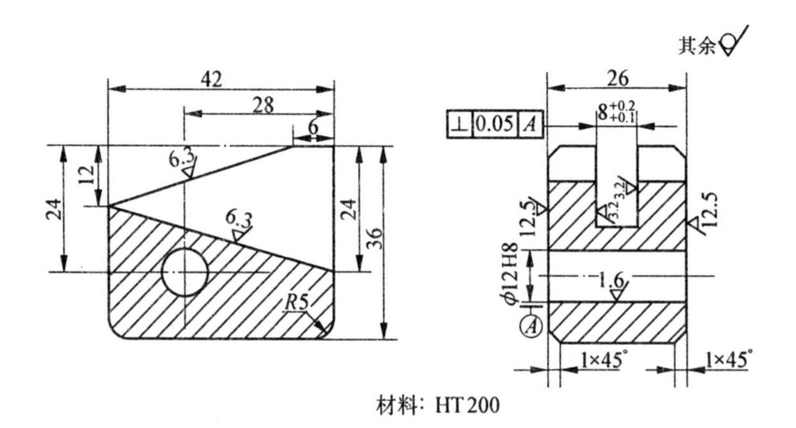

材料：HT200

习图 3-6 拨块

3-10 习图 3-7 所示的矩形零件，其上平面加工工序为粗铣、精铣、粗磨、半精磨、精磨。为保证图纸要求，试确定各工序的加工余量、基本尺寸及公差。

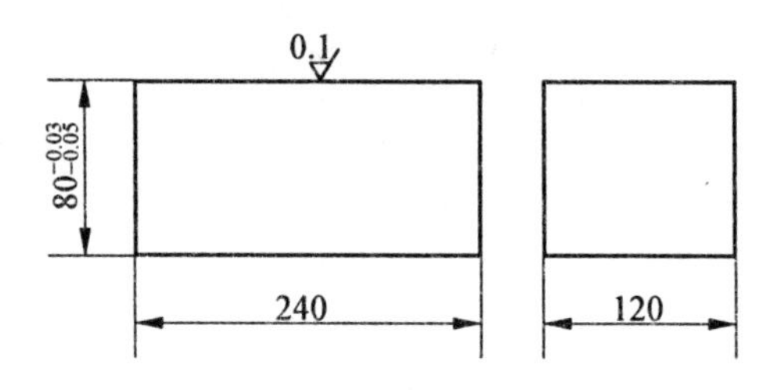

习图 3-7

3-11 习图 3-8 所示盘状零件，按生产批量不同有下列两种加工方案（如表 3-8），计划年产量按 5 000 件。试比较两种方案的经济性。

表 3-8

方案	工序	工 序 内 容	所 用 设 备
Ⅰ	1	车端面 C 及外圆 ϕ200mm，镗孔 $\phi60^{+0.074}_{0}$mm，内孔倒角 调头，车端面 A，内孔倒角，车 ϕ96mm 外圆，车端面 B	C620 - 1
	2	插键槽	B5020
	3	划线 钻孔 去毛刺	平台 Z525 钳工台
Ⅱ	1	车端面 C，镗 $\phi60^{+0.074}_{0}$mm 孔，内孔倒角	C620 - 1
	2	车外圆 ϕ200mm、ϕ96mm，端面 A、B，内孔倒角	C620 - 1（可涨心轴）
	3	拉键槽	L6110（专用夹具）
	4	钻孔	Z525（钻模）
	5	去毛刺	钳工台

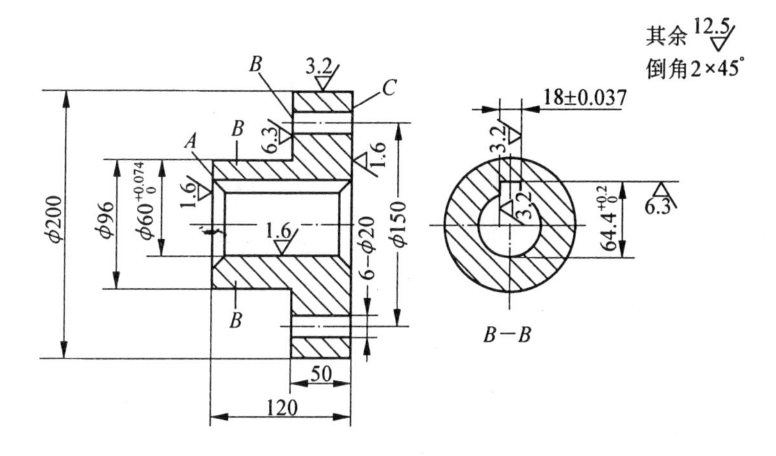

习图 3-8

3-12　习图 3-9 所示工件，成批生产时以端面 *B* 定位加工表面 *A*，保证尺寸 $10^{+0.20}_{0}$mm，试标注铣此缺口时的工序尺寸及公差。

3-13　习图 3-10 所示工件的部分工艺过程为：以端面 *B* 及外圆定位粗车端面 *A*，留精车余量 0.4mm 镗内孔至 *C* 面。然后以尺寸 $60_{-0.05}^{0}$mm 定距装刀精车端面 *A*。孔的深度要求为 22 ± 0.10mm。试标出粗车端面 *A* 及镗内孔深度的工序尺寸 L_1，L_2 及其公差。

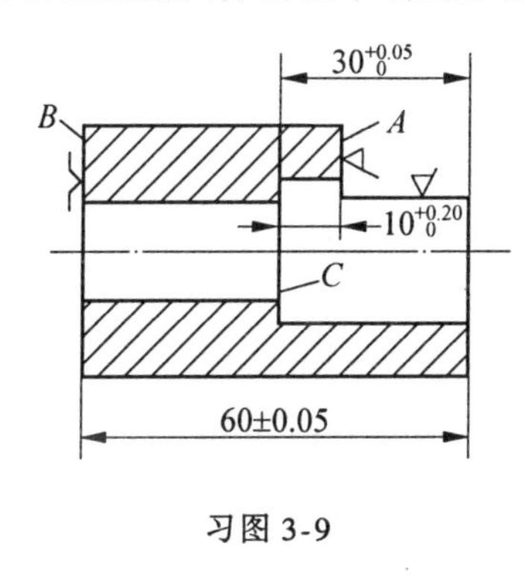

习图 3-9

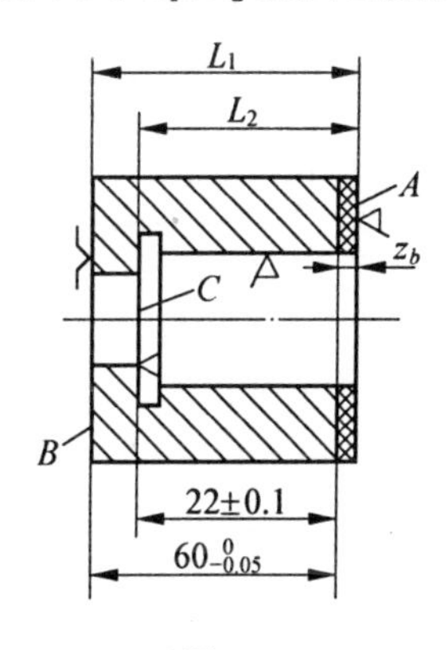

习图 3-10

3-14　何谓加工经济精度？选择加工方法时应考虑的主要问题有哪些？

3-15　习图 3-11 所示为某零件简图，其内、外圆均已加工完毕，现铣键槽，其深度要求为 $5^{+0.3}_{0}$mm，该尺寸不便直接测量，试问可直接测量哪些尺寸？试标出它们的尺寸及公差。

3-16　某成批生产的小轴，工艺过程为车、粗磨、精磨、镀铬。镀铬后尺寸要求为 $\phi52_{-0.03}^{0}$mm，镀层厚度为 0.008 ~ 0.012mm。试求镀前精磨小轴的外径尺寸及公差。

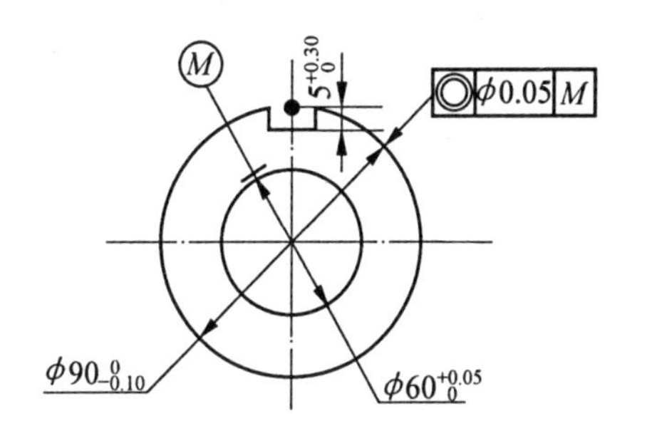

习图 3-11

3-17　习图 3-12 所示工件，某部分工艺过程如下：

1. 以 *A* 面及 φ30 外圆定位车 *D* 面，φ20mm 外圆及 *B* 面；

2. 以 D 面及 $\phi20$ 外圆定位车 A 面，钻孔并镗孔至 C 面；

3. 以 A 面定位磨 D 面至图纸要求尺寸 $30_{-0.05}^{\ 0}$mm。

试分别用工艺尺寸跟踪图表法和尺寸式表格确定各中间工序的工序尺寸及上下偏差以及加工余量。

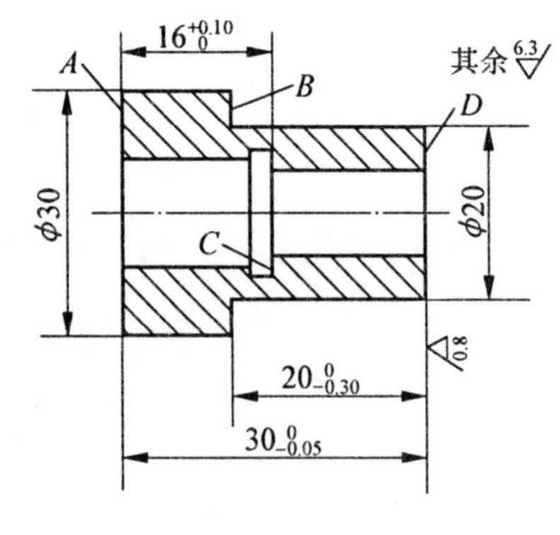

习图 3-12

3-18　习图 3-13a 所示为某零件简图，其部分工序如习图 3-13b、c、d 所示，试校核工序图上所标注的工序尺寸及上下偏差是否正确？若有错误应如何修正？

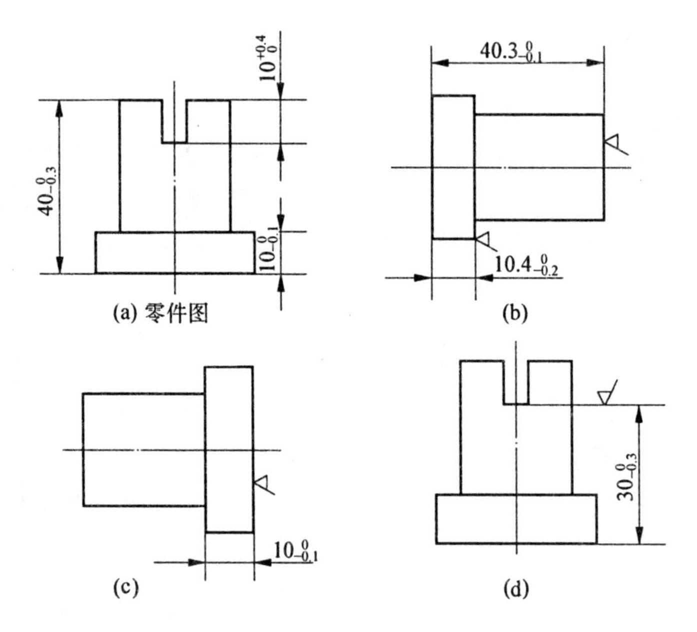

习图 3-13

第四章　机械加工精度

§4-1　概　　述

一、加工精度

对任何一台机器或仪器,为了保证它们的使用性能,必然要对其组成零件提出许多方面的质量要求。加工精度就是质量要求的一个方面,此外还有强度、刚度、表面硬度、表面粗糙度等方面的质量要求。

任何一个零件,其加工表面本身或各加工表面之间的尺寸、加工表面形状和它们之间的相互位置都是通过不同的机械加工方法获得的。实际加工所获得的零件在尺寸、形状或位置方面都不能绝对准确和一致,它们与理想零件相比总有一些差异,为此,在零件图上对其尺寸、形状和有关表面间的位置都必须以一定形式标注出能满足该零件使用性能的允许误差或偏差,这就是公差。习惯上是以公差值的大小或公差等级表示对零件的机械加工精度要求。对一个零件来说,公差值或公差等级越小,表示对它的机械加工精度要求越高。在机械加工中,所获得的每个零件的实际尺寸、形状和有关表面之间的位置,都必须在零件图上所规定的有关的公差范围之内。可靠地保证零件图纸所要求的精度是机械加工最基本的任务之一。

加工精度是指零件加工后的实际几何参数(尺寸、形状和位置)对理想几何参数的符合程度。加工精度包括尺寸精度、形状精度和位置精度三个方面。

1. 尺寸精度:指加工后零件表面本身或表面之间的实际尺寸与理想尺寸之间的符合程度。这里所提出的理想尺寸是指零件图上所标注的有关尺寸的平均值。

2. 形状精度:指加工后零件各表面的实际形状与表面理想形状之间的符合程度。这里所提出的表面理想形状是指绝对准确的表面形状。如平面、圆柱面、球面、螺旋面等。

3. 位置精度:指加工后零件表面之间的实际位置与表面之间理想位置的符合程度。这里所提出的表面之间理想位置是指绝对准确的表面之间位置,如两平面平行,两平面垂直,两圆柱面同轴等。

对任何一个零件来说,其实际加工后的尺寸、形状和位置误差若在零件图所规定的公差范围内,则在机械加工精度这个质量要求方面能够满足要求,即是合格品。若有其中任何一项超出公差范围,则是不合格品。

二、加工误差

(一)加工误差和原始误差

加工误差是指零件加工后的实际几何参数对理想几何参数的偏离程度。无论是用试切法加工一个零件,还是用调整法加工一批零件,加工后则会发现可能有很多零件在尺寸、形状和位置方面与理想零件有所不同，它们之间的差值分别称为尺寸、形状或位置误差。

零件加工后产生的加工误差，主要是由机床、夹具、刀具、量具和工件所组成的工艺系统，在完成零件加工的任何一道工序的加工过程中有很多误差因素在起作用，这些造成零件加工误差的因素称之为原始误差。

在零件加工中，造成加工误差的主要原始误差大致可划分为如下两个方面。

1. 工艺系统的原有误差——即在零件未进行正式切削加工以前，加工方法本身存在着加工原理误差或由机床、夹具、刀具、量具和工件所组成的工艺系统本身就存在有某些误差因素，它们将在不同程度上以不同的形式反映到被加工的零件上去，造成加工误差。工艺系统原有的原始误差主要有加工原理误差、机床误差、夹具和刀具误差、工件误差、测量误差，以及定位和安装调整误差等。

2. 加工过程中的其它因素——即在零件的加工过程中在力、热和磨损等因素的影响下，将破坏工艺系统的原有精度，使工艺系统有关组成部分产生新的附加的原始误差，从而进一步造成加工误差。加工过程中其它造成原始误差的因素，主要有工艺系统的受力变形、工艺系统热变形、工艺系统磨损和工艺系统残余应力等。

(二)加工误差的性质

在零件加工过程中，虽然有很多原始误差在不同程度上以不同形式反映到被加工零件上造成各种加工误差，但从它们的性质上分，不外乎有系统误差和随机误差两大类。

1. 系统误差——即在相同的工艺条件下，加工一批零件时产生的大小和方向不变或按加工顺序作有规律性变化的误差，就是系统误差。前者称为常值系统误差，后者称为变值系统误差。

机床、夹具、刀具和量具本身的制造误差，机床、夹具和量具的磨损，加工过程中刀具的调整以及它们在恒定力作用下的变形等造成的加工误差，一般都是常值系统误差。机床、夹具和刀具等在热平衡前的热变形，加工过程中刀具的磨损等都是随时间的顺延而作规律性变化的，故它们所造成的加工误差，一般可认为是变值系统误差。

2. 随机误差——即在相同的工艺条件下，加工一批零件时产生的大小和方向不同且无变化规律的加工误差。

零件加工前的毛坯或工件的本身误差(如加工余量不均或材质软硬不等)，工件的定位误差，机床热平衡后的温度波动以及工件残余应力变形等所引起的加工误差均属于随机误差。

虽然引起随机误差的因素很多，它们的作用情况又是错综复杂的，但我们可以用数理统计的方法找出随机误差的规律，并用来控制和掌握随机误差。

在完全排除变值系统误差的情况下加工一批零件的轴颈，加工后准确地测量出每个轴颈的尺寸，并记录下来。然后，按尺寸的大小把整批零件分成若干组，每一组零件的尺寸处在一定的尺寸间隔范围内。同一尺寸间隔内的零件数量称为频数，频数与这批零件总数的比值叫做频率。以频数或频率为纵坐标，零件尺寸为横坐标，则可得若干个点，用直线将这些点连接起来，就可得到一根折线(见图 4-1(a)中实线)。当加工零件数量增加、尺寸间隔减到很小(即组数分得很多)时，这根折线就非常接近于曲线，这类曲线叫做实验分布曲线(见图 4-1(a)中虚线)。

图中曲线上频率的最大值处于这批零件轴颈的算术平均尺寸的位置。平均尺寸的横坐标位置就是这批零件的尺寸分布中心(或误差聚集中心)。整批零件中最大尺寸和最小尺寸之差，就是尺寸分散范围。

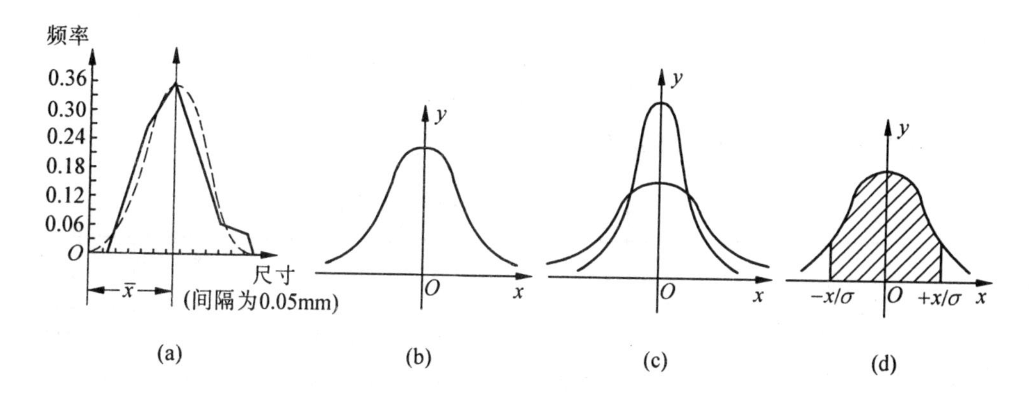

图 4-1　误差分布曲线

从实验分布曲线可以归纳出一些随机误差的规律：

(1)随机误差有大有小，它们对称分布在尺寸分布中心的左右；

(2)距尺寸分布中心越近的随机误差，出现的可能性越大，反之越小；

(3)随机误差在实用中可以认为有一定的分散范围。

实践证明，在一般无某种优势因素影响的情况下，在机床上用调整法加工一批零件时得到的实验分布曲线符合正态分布曲线(见图 4-1(b))。图中以尺寸分布中心为坐标原点，其方程式为

$$y = \frac{1}{\sigma\sqrt{2\pi}}e^{-\frac{x^2}{2\sigma^2}}$$

曲线方程式的纵坐标 y 代表尺寸分布曲线的分布密度，分布密度等于以尺寸间隔值除以频数所得的商。横坐标 x 表示各零件实测尺寸相对于平均尺寸的偏差值。x 即等于图 4-1(a) 中的 $x_i - \bar{x}$，σ 为均方根偏差，其值为

$$\sigma = \sqrt{\frac{\sum_{i=1}^{n}(x_i - \bar{x})^2}{n}}$$

式中　n—— 为一批零件总数；

x_i—— 为一批零件中各零件的实测尺寸。

从正态分布曲线方程可知：

$x = 0$ 时，$y = \frac{1}{\sigma\sqrt{2\pi}}$ 是曲线纵坐标的最大值；在 $\pm|x|$ 处，y 值相等，即曲线对称于 y 轴；当 $x = \pm\infty$ 时，$y \to 0$，即曲线以 x 轴为其渐近线。

当对曲线下的面积进行积分可得。

$$A = \frac{1}{\sigma\sqrt{2\pi}}\int_{-\infty}^{+\infty}e^{-\frac{x^2}{2\sigma^2}}dx = 1$$

即曲线下的面积等于 1，亦即相当于所有各种尺寸零件数之和占这批零件数的 100%。

图 4-1(c) 所示为不同 σ 值的两条正态分布曲线，σ 越大，y_{max} 越小，曲线趋向平坦并向两端伸展。

欲求任意尺寸范围内的零件数占这批零件数的百分比(即频率)，可通过相应的定积分求得。例如，在 $\pm\frac{x}{\sigma}$ 范围内的面积(见图 4-1(d))，可求积分如下

$$A = \frac{1}{\sqrt{2\pi}} \int_{-\frac{x}{\sigma}}^{+\frac{x}{\sigma}} e^{-\frac{x^2}{2\sigma^2}} d\left(\frac{x}{\sigma}\right)$$

各种不同的$\frac{x}{\sigma}$值时 A 的部分数值可由表 4-1 查得。

表 4-1　不同$\frac{x}{\sigma}$值时 A 的部分数值

$\frac{x}{\sigma}$	A	$\frac{x}{\sigma}$	A	$\frac{x}{\sigma}$	A	$\frac{x}{\sigma}$	A
0	0.0000	0.3	0.2359	1.5	0.8664	3	0.9973
0.1	0.0746	0.5	0.3830	2.0	0.9542	3.5	0.9994
0.2	0.1856	1.0	0.6826	2.5	0.9876	4	0.9999

由上述部分定积分表的数值可知,随机误差出现在 $x = \pm 3\sigma$ 以外的概率仅占0.27%,这个数值很小,故可认为随机误差的实用分散范围就是 $\pm 3\sigma$。

三、加工精度的研究内容

研究加工精度的根本目的就在于通过减少和控制各种原始误差来不断提高机器零件的加工精度,以适应机器性能和使用寿命方面不断提高的要求。在机械制造业中,对加工精度的要求越来越高,从加工精度不断提高的过程就可明显地看到这一点。据统计,从 19 世纪初开始,加工的极限精度几乎每隔 50 年提高一个数量级,即由 1800 年的 1mm 提高到 1850 年的 0.1mm,1900 年的 0.01mm 和 1950 年的 0.001mm。而从 20 世纪 50 年代开始,机械加工精度提高的步伐更加迅速,到 1970 年,其最高精度已达到 0.0001mm,目前超精密加工的极限精度为 0.000005mm,预计到 2000 年可达 10^{-6}mm,即 1 纳米。此外,我国的齿轮和丝杠的精度标准已由原来的旧标准五级改为包括尚未定具体数值待发展级在内的新标准十级,我国公差标准也由原来的旧标准十二级改为新标准的二十级。这些都充分说明了对加工精度要求不断提高的总趋势。

为了适应加工精度不断提高的趋势和解决机械加工中出现的新问题,加工精度研究的主要内容如下:

1. 加工精度的获得方法;
2. 工艺系统原有误差对加工精度的影响及其控制;
3. 加工过程中其它因素对加工精度的影响及其控制;
4. 加工总误差的分析与估算;
5. 保证和提高加工精度的主要途径。

§ 4-2　加工精度的获得方法

在机械加工中,根据生产批量和生产条件的不同,可采用如下一些获得加工精度的方法。

一、尺寸精度的获得方法

在机械加工中,获得尺寸精度的方法主要有下述四种。

（一）试切法——是获得零件尺寸精度最早采用的加工方法，同时也是目前常用的能获得高精度尺寸的主要方法之一。所谓试切法，即是在零件加工过程中不断对已加工表面的尺寸进行测量，并相应调整刀具相对工件加工表面的位置进行试切，直到达到尺寸精度要求的加工方法。零件上轴颈尺寸的试切车削加工、轴颈尺寸的在线测量磨削、箱体零件孔系的试镗加工及精密量块的手工精研等，均属试切法加工。

（二）调整法——是在成批生产条件下采用的一种加工方法。所谓调整法，即是按试切好的工件尺寸、标准件或对刀块等调整确定刀具相对工件定位基准的准确位置，并在保持此准确位置不变的条件下，对一批工件进行加工的方法。如在多刀车床或六角自动车床上加工轴类零件、在铣床上铣槽，在无心磨床上磨削外圆及在摇臂钻床上用钻床夹具加工孔系等，均属调整法加工。

（三）尺寸刀具法——即是在加工过程中采用具有一定尺寸的刀具或组合刀具，以保证被加工零件尺寸精度的一种方法。如用方形拉刀拉方孔、用钻头、扩孔钻、铰刀或镗刀块加工内孔、及用组合铣刀铣工件两侧面和槽面等。均属尺寸刀具法加工。

（四）自动控制法——即在加工过程中，通过由尺寸测量装置、动力进给装置和控制机构等组成的自动控制系统，使加工过程中的尺寸测量、刀具的补偿调整和切削加工等一系列工作自动完成，从而自动获得所要求尺寸精度的一种加工方法。如在无心磨床上磨削轴承圈外圆时，通过测量装置控制导轮架进行微量的补偿进给，从而保证工件的尺寸精度，以及在数控机床上，通过数控装置、测量装置及伺服驱动机构，控制刀具在加工时应具有的准确位置，从而保证零件的尺寸精度等，均属自动控制法加工。

二、形状精度的获得方法

在机械加工中，获得形状精度的方法主要有下述两种。

（一）成形运动法——即以刀具的刀尖做为一个点相对工件做有规律的切削成形运动，从而使加工表面获得所要求形状的加工方法。此时，刀具相对工件运动的切削成形面即是工件的加工表面。

机器上的零件虽然种类很多，但它们的表面不外乎由几种简单的几何形面所组成。例如，常见的零件表面有圆柱面、圆锥面、平面、球面、螺旋面和渐开线面等等，这些几何形面均可通过成形运动法加工出来。

在生产中，为了提高效率，往往不是使用刀具刃口上的一个点，而是采用刀具的整个切削刃口（即线工具）加工工件。如采用拉刀、成形车刀及宽砂轮等对工件进行加工，这时由于制造刀具刃口的成形运动已在刀具的制造和刃磨过程中完成，故可明显简化零件加工过程中的成形运动。采用宽砂轮横进给磨削、成形车刀切削及螺纹表面的车削加工等，都是这方面的实例。

在采用成形刀具的条件下，通过它对相对工件所做的展成啮合运动，还可以加工出形状更为复杂的几何形面。如各种花键表面和齿形表面的加工，就常常采用这种方法。此时，刀具相对工件做展成啮合的成形运动，其加工后的几何形面即是刀刃在成形运动中的包络面。

（二）非成形运动法——即零件表面形状精度的获得不是靠刀具相对工件的准确成形运动，而是靠在加工过程中对加工表面形状的不断检验和工人对其进行精细修整加工的方法。

这种非成形运动法，虽然是获得零件表面形状精度最原始的加工方法，但直到目前为止某些复杂的形状表面和形状精度要求很高的表面仍然采用。如具有较复杂空间型面锻模的精加工，高精度测量平台和平尺的精密刮研加工及精密丝杠的手工研磨加工等。

三、位置精度的获得方法

在机械加工中，获得位置精度的方法主要有下述两种。

(一)一次装夹获得法——即零件有关表面间的位置精度是直接在工件的同一次装夹中，由各有关刀具相对工件的成形运动之间的位置关系保证的。如轴类零件外圆与端面、端台的垂直度，箱体孔系加工中各孔之间的同轴度、平行度和垂直度等，均可采用一次装夹获得法。

(二)多次装夹获得法——即零件有关表面间的位置精度是由刀具相对工件的成形运动与工件定位基准面(亦是工件在前几次装夹时的加工面)之间的位置关系保证的。如轴类零件上键槽对外圆表面的对称度、箱体平面与平面之间的平行度、垂直度，箱体孔与平面之间的平行度和垂直度等，均可采用多次装夹获得法。在多次装夹获得法中，又可根据工件的不同装夹方式划分为直接装夹法、找正装夹法和夹具装夹法。

§4-3 工艺系统原有误差对加工精度的影响及其控制

由于对零件加工精度影响的工艺系统的原有误差因素很多且错综复杂，为了便于抓住主要的影响因素，现分别对零件加工精度的三个方面——尺寸精度、形状精度和位置精度进行分析。

一、工艺系统原有误差对尺寸精度的影响及其控制

(一)影响尺寸精度的主要因素

在机械加工中，虽然获得尺寸精度的方法有试切法、调整法、尺寸刀具法和自动控制法等四种，但对调整法和尺寸刀具法进行分析时，则发现调整法所依据的试切工件或标准样件的尺寸和尺寸刀具法所使用刀具的尺寸都是靠试切法加工获得的。而自动控制法的实质就是试切法加工的自动化，它的基础也是试切法，因此，分析影响获得尺寸精度的因素，从根本上来说主要是分析影响试切法精度的因素。此外，采用调整法加工获得一批零件尺寸精度时，还应分析影响这一批零件尺寸精度的其它因素。为此，影响零件获得尺寸精度的主要因素为：

1. 尺寸测量精度——即试切法加工时对工件试切尺寸的测量精度；
2. 微量进给精度——即试切法加工时机床进刀机构的微量进给精度；
3. 微薄切削层的极限厚度——即试切法加工时能切下微薄切削层的最小厚度；
4. 定位和调整精度——即调整法加工时工件的定位及刀具的调整精度。

(二)尺寸测量精度

零件尺寸精度的获得，往往首先受到尺寸测量精度的限制。目前，有不少零件从现有的加工工艺方法来看，完全可以加工得非常精确，但由于尺寸测量精度不高而无法分辨。例如，常见的滚动轴承中的钢球，采用滚磨和滚研的方法可以加工得很准确，但因为没有相应精度的测量工具而不能进行精确的尺寸测量和尺寸分组。过去只能制造出尺寸精度

为 0.5μm 的钢球,而现在则可制造出尺寸精度为 0.1μm 或更高精度的钢球。然而,钢球的加工工艺方法并没有什么变化,主要是尺寸测量精度有了相应的提高。当前,精确的尺寸测量方法是利用光波干涉原理将被测尺寸与激光光波波长相比较,其测量精度可达 0.01μm。这种光波干涉测量法主要用于实体基准——精密量块和精密刻度尺的测量。对一般机器零件的尺寸,则主要采用万能量具、量仪进行测量。

1. 尺寸测量方法

在机械加工中,常采用如下几种测量方法:

(1)绝对测量和直接测量——测量示值直接表示被测尺寸的实际值,如用游标卡尺、百分尺、千分尺和测长仪等具有刻度尺的量具或量仪测量零件尺寸的方法。

(2)相对测量——测量示值只反映被测尺寸相对于某个定值基准的偏差值,而被测尺寸的实际值等于基准与偏差值的代数和,如在具有小范围细分刻线尺或表头的各种测微仪、比较仪上,用精密量块调零后再测零件尺寸的方法。

(3)间接测量——测量示值只是与被测尺寸有关的一些尺寸或几何参数,测出后还必须再按它们之间的函数关系计算出被测零件的尺寸。如采用三针和百分尺测量螺纹中径,采用弓高弦长规测量非整圆样板或大尺寸圆弧直径等。

2. 影响尺寸测量精度的主要因素

采用上述几种尺寸测量方法对零件尺寸进行测量,从其测量过程、测量条件及使用的测量工具来看,影响尺寸测量精度的主要因素有如下几个方面:

(1)测量工具本身精度的影响

在对零件尺寸进行测量时,由于使用的测量工具不可能制造得绝对准确,因而测量工具的精度必然对被测零件尺寸的测量精度产生直接的影响。测量工具精度主要是由示值误差、示值稳定性、回程误差和灵敏度等四个方面综合起来的极限误差(测量工具可能产生的最大测量误差)Δ_{lim}表示的。各种常用测量工具的极限误差值可以从各种测量工具的使用说明书中查出,也可参考表 4-2 的数据选用。

当选择使用测量工具时,应明确分清测量工具的最小分度值(刻度值)和测量工具的测量精度(极限误差)这两个概念。对一般常用的万能量具和量仪来说,其测量精度大多低于最小分度值。例如,从表 4-2 中可知,当采用分度值为 0.05mm 的游标卡尺测量 80 ~ 120mm 范围内的工件内尺寸时,其极限误差为 ± 0.06mm,若测量一工件的尺寸为88.64 mm,则此工件的实际尺寸应为 88.64 ± 0.06mm。又如,采用分度值为 0.01mm 的内径百分尺测量一工件内孔尺寸为 ϕ45.35mm 时,则其实际尺寸为 ϕ45.35 ± 0.01mm。

(2)测量过程中测量部位、目测或估计不准的影响。

在对零件尺寸进行测量的过程中,测量者的视力、判断能力和测量经验等都会影响尺寸测量精度。当采用卡钳、游标卡尺或百分尺测量轴颈或孔径尺寸时,往往由于测量的部位不准确而造成测量误差,如图 4-2 所示。按图示的几何关系,通过近似计算可求得由于测量偏离被测部位 φ 角时,被测轴颈或孔径的测量误差。

当测量轴颈 d 时,见图 4-2(a),其测量误差 Δd 为

$$\Delta d = d - d' = 2\Delta r = 2r(1 - \cos\varphi) = 4r\sin^2\frac{\varphi}{2}$$

因 φ 很小,
$$\sin\frac{\varphi}{2} \approx \frac{\varphi}{2}$$

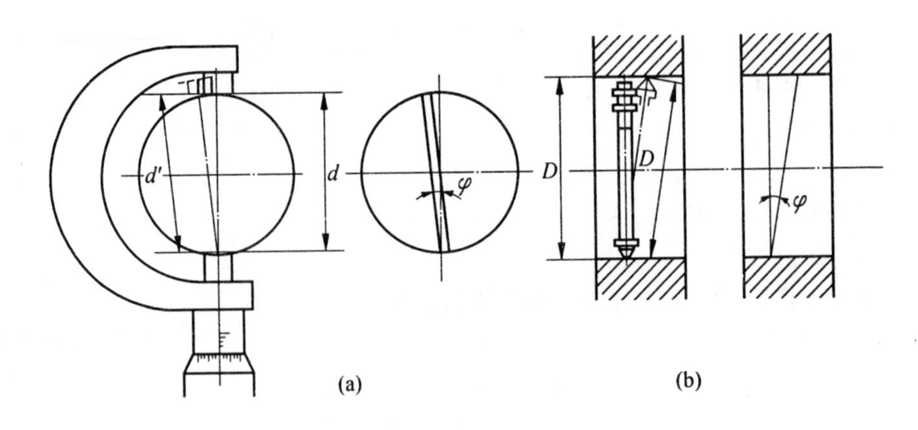

图 4-2 测量部位不准确的影响

故

$$\Delta d = 4r\left(\frac{\varphi}{2}\right)^2 = r\varphi^2$$

表 4-2 常用测量工具和测量方法的极限误差 $\Delta_{\lim}$

量具及量仪名称	相对测量法用量块 等	相对测量法用量块 级	1~10	10~50	50~80	80~120	120~180	180~260	260~360	360~500
			被测尺寸分段(mm) 测量的极限误差(μm)							
刻度值为 0.001mm 的各式比较仪及测微表	3 4 5	0 1 2 3	0.5 0.6 0.7 0.8	0.7 0.8 1.0 1.5	0.8 1.0 1.4 2.0	0.9 1.2 1.8 2.5	1.0 1.4 2.0 3.0	1.2 2.0 2.5 4.5	1.5 2.5 3.0 6.0	1.8 3.0 3.5 8.0
刻度值为 0.002mm 的千分表(标准段内使用)	5	2 3	1.2 1.4	1.5 1.8	1.8 2.5	2.0 3.0	2.8 3.5	3.0 5.0	4.0 6.5	5.0 8.0
刻度值为 0.002mm 的千分表(标准段内使用)	5	2 3	2.0 2.2	2.2 2.5	2.5 3.0	3.0 3.5	3.5 4.0	4.0 5.0	5.0 6.0	7.0
刻度值为 0.001mm 的千分表(在 0.1mm 内使用)		3	3.0	3.0	3.5	4.0	5.0	6.0	7.0	8.5
一级杠杆式百分表(在 0.1mm 内使用)		3	8	8	9	9	9	10	10	11
二级杠杆式百分表(在 0.1mm 内使用)		3	10	10	10	11	11	12	12	13
一级钟表式百分表(在 0.1mm 内使用)		3	15	15	15	15	15	16	16	16
二级钟表式百分表(在任一转内使用)		3	20	20	20	20	22	22	22	22
一级内径百分表(在指针转动范围内使用)		3	16	16	17	17	18	19	19	20
二级内径百分表(在指针转动范围内使用)		3	22	22	26	26	28	28	32	36

续表

量具及量仪名称	相对测量法用量块（等 / 级）	被测尺寸分段(mm) 1～10	10～50	50～80	80～120	120～180	180～260	260～360	360～500
		测量的极限误差(μm)							
杠杆千分尺	绝对测量法	3	4	–	–	–	–	–	–
0级百分尺		4.5	5.6	6	7	8	10	12	15
1级百分尺		7	8	9	10	12	15	20	15
2级百分尺		12	13	14	15	18	20	25	30
1级测深百分尺		14	16	18	22	–	–	–	–
2级内测百分尺		22	25	30	35	–	–	–	–
3级内测百分尺		16	18	–	–	–	–	–	–
内径百分尺		24	30	–	–	–	–	–	–
刻度值为0.02mm游标卡尺量外尺寸量内尺寸		–	16	18	20	22	25	30	35
刻度值为0.05mm游标卡尺量外尺寸量内尺寸		40 –	40 50	45 60	45 60	50 70	50 70	60 80	70 90
刻度值为0.10mm游标卡尺量外尺寸量内尺寸		80 –	80 100	90 130	100 130	100 150	100 150	110 150	110 150
刻度值为0.02mm的游标深度尺及高度尺		150 –	150 200	160 230	170 260	190 280	200 300	210 300	230 300
刻度值为0.05mm的游标深度尺及高度尺		60	60	60	60	60	60	70	80
刻度值为0.10mm的游标深度尺及高度尺		100 200	100 250	150 300	150 300	150 300	150 300	150 300	150 300

当测量孔径 D 时，见图 4-2(b)，其测量误差 ΔD 为

$$\Delta D = D' - D = \sqrt{D^2 + D^2\mathrm{tg}^2\varphi} - D = D\sqrt{1+\mathrm{tg}^2\varphi} - D =$$

$$D(\frac{1}{\cos\varphi} - 1) = D(\frac{1-\cos\varphi}{\cos\varphi}) = \frac{2D\sin^2\frac{\varphi}{2}}{\cos\varphi}$$

因 φ 很小，$\cos\varphi \approx 1$ $\qquad \sin\frac{\varphi}{2} \approx \frac{\varphi}{2}$

故 $\qquad \Delta D \approx \frac{D}{2}\varphi^2$

由上述分析可知，当 φ 角一定时，被测工件的尺寸越大，造成的测量误差也越大，故在测量大尺寸的轴颈或孔径时应特别注意保持正确的测量部位。

此外，在测量过程中目测刻度值时，往往由于观测方向不垂直而产生斜视的测量误差，这种测量误差有时甚至大到半格之多。在精密测量时，若量仪指针停留在两条示值刻线之间时，这就要求用目测来估计指针移过刻线的小数部分，因而也会产生目测估计不准

的误差。

(3)测量过程中所使用的对比标准、其它测量工具的精度及数学运算精度的影响

当采用相对测量或间接测量时，还应考虑所使用的对比标准、其它测量工具的精度及数学运算的精度等影响因素。如图 4-3 所示，当采用机械式测微仪和精密量块测量工件直径(图 4-3(a))、用千分尺和三针测量精密螺纹中径 d_2(图 4-3(b))或通过弓高弦长规测量计算非整圆样板直径(图 4-3(c))时，所使用的精密量块、三针、弓高弦长规的精度及有关的数学运算的精度，都对测量精度有所影响。

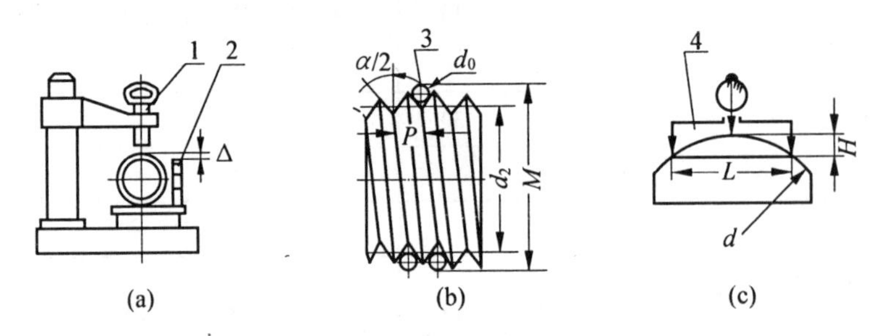

1—机械测微仪； 2—精密量块； 3—三针； 4—弓高弦长规

图 4-3 对比标准和其它测量工具精度的影响

例如，采用弓高弦长规测量非整圆样板直径 d 及采用千分尺和三针(直径为 d_0)测量精密螺纹中径 d_2 时，其值分别为

$$d = H + \frac{L^2}{4H}$$

$$d_2 = M - d_0\left(1 + \frac{1}{\sin\frac{\alpha}{2}}\right) = \frac{P}{2}\operatorname{ctg}\frac{\alpha}{2}$$

现分别对上述关系式进行全微分，并以增量代替微分，则得出相应的测量误差与其它测量工具精度(如弓高弦长规、三针等)的关系式

$$\Delta d = \frac{L}{2H}\Delta L - \left[\left(\frac{L}{2H}\right)^2 - 1\right]\Delta H$$

$$\Delta d_2 = \Delta M - \left(1 + \frac{1}{\sin\frac{\alpha}{2}}\right)\Delta d_0 + \frac{1}{2}\operatorname{ctg}\frac{\alpha}{2}\Delta P + \frac{1}{\sin^2\frac{\varphi}{2}}\left(d_0\cos\frac{\alpha}{2} - \frac{P}{2}\right)\Delta\alpha$$

式中 P—— 被测螺纹的螺距。

(4) 单次测量判断不准的影响

尺寸测量精度的高低是由测量误差 $\Delta_{测}$ 来衡量的，而测量误差的大小则以实际测得值 $L_{测}$ 与所谓“真值”$L_{真}$ 之差表示，即

$$\Delta_{测} = L_{测} - L_{真}$$

然而，真值在测量前并不知道，其本身就是要通过测量确定的。为了衡量测量误差的大小，就需要寻找一个非常接近真值的数值代替真值以评价测量精度的高低。为此，只有在排除测量过程中系统误差的前提下，对某一测量尺寸进行多次重复测量，多次重复测量值的算术平均值 $\bar{L}$ 即很接近其真值，一般以 $\bar{L}$ 代替 $L_{真}$。

在对零件尺寸进行测量时，若只根据一次测量的数据来确定被测尺寸的大小，则由于一次测量结果的随机性而不能更准确地判断其值与 $\bar{L}$ 的接近程度(见图 4-4)，测量误差

$\Delta_{测}$ 为所使用测量工具的系统误差 $\Delta_{系}$ 与随机误差 $\Delta_{随}$ 之代数和，即

$$\Delta_{测} = \Delta_{系} \pm \frac{\Delta_{随}}{2} = \Delta_{系} \pm 3\sigma_{测}$$

式中　$\sigma_{测}$ —— 测量工具或测量方法的均方根偏差。

3. 保证尺寸测量精度的主要措施

(1) 选择的测量工具或测量方法应尽可能符合“阿贝原则”

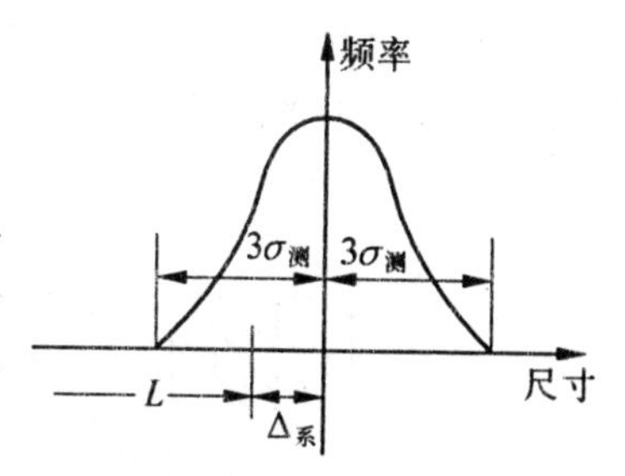

图 4-4　单次测量的判断不准造成的测量误差

“阿贝原则”即是指零件上的被测线应与测量工具上的测量线重合或在其延长线上。例如，常用的外径百分尺、测深尺、立式测长仪和万能测长仪等测量时是符合“阿贝原则”的，而游标卡尺及各种工具显微镜的测量则不符合“阿贝原则”。采用的测量工具不符合“阿贝原则”，则存在较大的测量误差。如图 4-5 所示，采用游标卡尺测量一个小轴直径尺寸 d，比采用百分尺测量存在较大的测量误差。下面分析测头移动时，由于配合间隙产生相同的倾斜角 φ 而引起的测量误差。

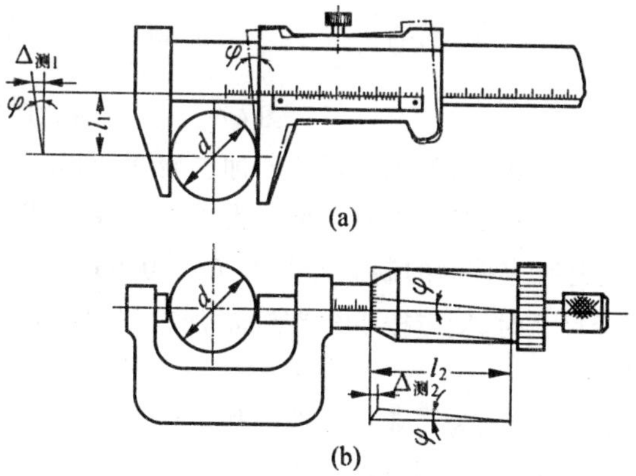

采用游标卡尺测量时的测量误差如图 4-5(a)

$$\Delta_{测1} = l_1 \text{tg}\varphi \approx l_1 \varphi$$

当 $l_1 = 15\text{mm}, \varphi = 1' = 0.00029$

$$\Delta_{测1} = 15 \times 0.00029 = 0.00435\text{mm}$$

采用百分尺测量时的测量误差(图 b)

$$\Delta_{测2} = l_2 - l_2 \cos\varphi \approx \frac{l_2}{2}\varphi^2$$

当 $l_2 = 40\text{mm}, \varphi = 1' = 0.00029$

$$\Delta_{测2} = \frac{40}{2} \times (0.00029)^2 = 0.0000017\text{mm}$$

(a)

(b)

图 4-5　游标卡尺和百分尺的测量误差

$\Delta_{测1}$ 约为 $\Delta_{测2}$ 的 2 559 倍。

(2) 合理选择测量工具及测量方法

由于在进行尺寸测量过程中所使用的各种量具、量仪、长度基准件和其它测量工具等也都是按一定的公差制造的，故在应用时也必然有它们相应的精度范围。在对零件尺寸进行测量之前，首先应了解所采用的各种测量工具或测量方法所能达到的测量精度，然后再根据被测零件的尺寸精度合理地选取相应精度的测量工具或测量方法。

由于在尺寸测量过程中存在着测量误差，因此在测量具有一定尺寸精度要求的零件时，就必须解决测量误差 $\Delta_{测}$ 与零件制造公差 $T_{制}$ 之间的精度合理分配问题。例如，采用某种测量工具或测量方法对零件尺寸进行测量时，它们之间的分配关系如图 4-6 所示。

从保证零件的加工精度来看，要求由制造公差和测量误差组成的保证公差 $T_{保}$ 应严格地限制在零件的尺寸公差 T 的范围之内，即 $T_{保} = T = T_{制} + \Delta_{测}$(见图 4-6(a))。但这样

会由于测量误差占去相当部分的零件尺寸公差，而使零件加工困难以至提高成本。为了使零件的加工不致过于困难，可以相应地控制测量误差，但这样又会增加所使用的量具本身制造的困难及它的成本(见图 4-6(b)) 若兼顾加工和测量两个方面，则可将保证公差适当地扩大到被测零件的尺寸公差范围之外，即 $T_{保} = T_{制} + \Delta_{测} = T + \Delta_{测}$(见图 4-6(c))。这时虽可较合理地解决零件加工与量具本身制造的困难，但会将可能处于零件尺寸公差之外和保证公差之内的废品误认为合格产品。

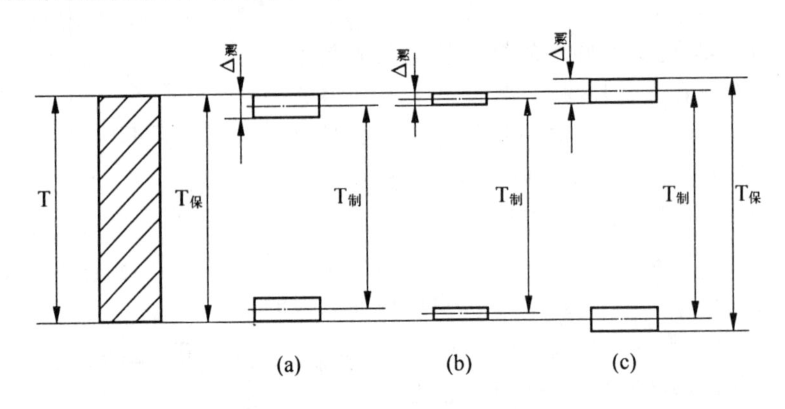

图 4-6　$\Delta_{测}$ 与 $T_{制}$ 之间的分配关系

在生产中，若要确保零件的加工精度，则可按图 4-6(a)所示的分配关系控制零件的制造公差。例如，某零件直径尺寸为 $\phi 45^{+0.06}_{0}$mm，若采用测量工具的极限误差为 $\Delta_{lim} = 0.01$ mm，则此时应控制的制造公差为 $T_{制} = 0.06 - 2 \times 0.01 = 0.04$mm。为此，工人在加工此零件直径尺寸时，则应按 $\phi 45^{+0.05}_{+0.01}$mm 加工，这样得到的实际尺寸不会超出图纸给定的尺寸范围。

在生产中，为了兼顾零件的加工精度和成本，若允许将可能误收进来的废品率控制在一定的范围之内，则可按图 4-6(c)所示的分配关系，即按测量工具或测量方法的极限误差与被测零件尺寸公差之间的比值——测量方法精度系数 $K_{方}$，来选取测量工具或测量方法应具有的精度，即

$$K_{方} = \frac{\Delta_{lim}}{T}$$

$K_{方}$ 一般可取$\frac{1}{3} \sim \frac{1}{10}$，也可根据被测零件尺寸精度的公差等级，参考表 4-3 选择相应的 $K_{方}$。

表 4-3　测量方法精度系数 $K_{方}$

公差等级	IT5	IT6	IT7	IT8	IT9	IT10	IT11 ~ IT16
$K_{方}$(%)	32.5	30	27.5	25	20	15	10

例如，被测零件为 $\phi 80^{+0.03}_{0}$mm 的轴颈，所需相应的测量工具选择过程如下：

由被测零件的轴颈尺寸 $\phi 80^{+0.03}_{0}$mm 可知为 IT7 级公差，查表 4-3 得 $K_{方} = 27.5\%$，故选用测量工具的极限误差为 $\Delta_{lim} = K_{方} \times T = 0.275 \times 0.03 = 0.00825$mm。

最后，由表 4-2 中查得，可选用分度值为 0.01mm 的 0 级百分尺。

(3)合理使用测量工具

①使用量具或量仪量程中测量误差最小的标准段进行测量。

相对测量时，对百分表类的量仪，最好使用其线性关系较好的标准段对零件尺寸进行测量。机械式测微仪，由于其传动结构有原理性误差，最好使用示值为零那点附近非线性误差较小的那一段量程对零件尺寸进行测量。若选用机械式测微仪，为了减少其原理误差的影响，最好选用量程等于或大于被测零件尺寸公差两倍的量仪。

②采用具有示值误差校正值的量具或量仪进行测量，这时可以通过消除所使用测量工具本身的系统误差（即量具的示值误差）提高测量精度。

(4)采用多次重复测量

对被测零件尺寸进行多次重复测量，然后对测量数据进行处理，就可以得到较接近于被测零件尺寸真值的测量结果。

前面曾提及，当对一个被测零件尺寸进行多次重复测量时，在只有单纯的随机误差因素影响下，其大量测得值的算术平均值就非常趋近其真值。然而，实际进行重复测量的次数 n 是有限的，这时有限 n 次重复测量的算术平均值的分布规律与大量 N 次重复测量中各测量值的分布规律之间的关系如图 4-7 所示。

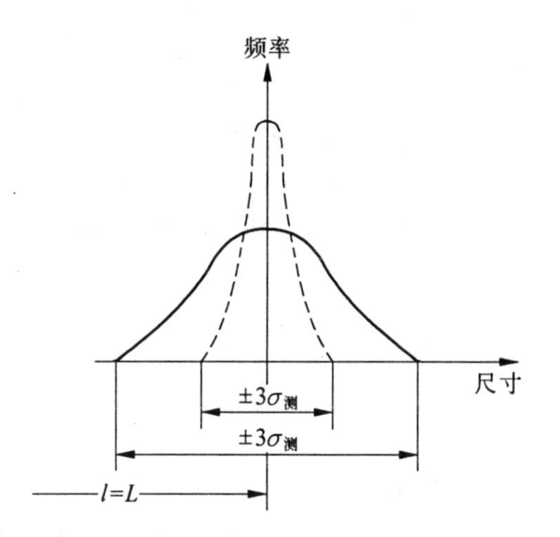

图 4-7　有限 n 次重复测量的算术平均值分布规律与大量 N 次重复测量中各测量值分布规律间的关系

由图 4-7 可知，有限次重复测量的次数 n 越多，其算术平均值的分布范围（见图中虚线）越小，即越集中于尺寸分布中心。有限 n 次重复测量的算术平均值的分布规律与大量 N 次重复测量中各测量值的分布规律之间的关系可推导如下：

对被测零件尺寸经大量 N 次重复测量，其各次测量值为 L_1、L_2、…、L_N，经统计计算得

$$\overline{L} = \frac{L_1 + L_2 + \cdots + L_N}{N}$$

$$\sigma_{测} = \sqrt{\frac{(L_1 - \overline{L})^2 + (L_2 - \overline{L})^2 + \cdots + (L_N - \overline{L})^2}{N}} = \sqrt{\frac{\Delta_1^2 + \Delta_2^2 + \cdots + \Delta_N^2}{N}}$$

若将这些大量 N 次重复测量值等分为 m 组，每组均为有限 n 次重复测量，则每组测量值的算术平均值为 $l_1, l_2, \cdots, l_n$，即

$$l_1 = \frac{L_1 + L_2 + \cdots + L_n}{n}$$

$$l_2 = \frac{L_{n+1} + L_{n+2} + \cdots + L_{2n}}{n}$$

$$\vdots \qquad \vdots$$

$$l_n = \frac{L_{(m-1)n+1} + L_{(m-1)n+2} + \cdots + L_{mn}}{n}$$

经统计计算得

$$\bar{l}=\frac{l_1+l_2+\cdots+l_m}{m}=\frac{L_1+L_2+\cdots+L_n+L_{n+1}+\cdots+L_{2n}+\cdots+L_{mn}}{mn}=$$

$$\frac{L_1+L_2+\cdots+L_N}{N}=\bar{L}$$

$$\sigma_{测n}=\sqrt{\frac{(l_1-\bar{l})^2+(l_2-\bar{l})^2+\cdots+(l_m-\bar{l})^2}{m}}=$$

$$\sqrt{\frac{\Delta_1'^2+\Delta_2'^2+\cdots+\Delta_m'^2}{m}}$$

由于

$$\Delta'_1=l_1-\bar{l}=\frac{L_1+L_2+\cdots+L_n}{n}-\frac{n\bar{L}}{n}=\frac{\Delta_1+\Delta_2+\cdots+\Delta_n}{n}$$

$$\Delta'_2=l_2-\bar{l}=\frac{L_{n+1}+L_{n+2}+\cdots+L_{2n}}{n}-\frac{n\bar{L}}{n}=\frac{\Delta_{n+1}+\Delta_{n+2}+\cdots+\Delta_{2n}}{n}$$

$$\vdots \qquad \vdots \qquad \vdots \qquad \vdots$$

$$\Delta'_m=l_m-\bar{l}=$$

$$\frac{L_{(m-1)n+1}+L_{(m-1)n+2}+\cdots+L_{mn}}{n}-\frac{n\bar{L}}{n}=\frac{\Delta_{(m-1)n+1}+\Delta_{(m-1)(n+2)}+\cdots+\Delta_{mn}}{n}$$

代之上式

$$\sigma_{测n}=\sqrt{\frac{(\Delta_1+\Delta_2+\cdots+\Delta_n)^2+(\Delta_{n+1}+\Delta_{n+2}+\cdots+\Delta_{2n})^2+\cdots+(\Delta_{(m-1)n+1}+\Delta_{(m-1)n+2}+\cdots+\Delta_{mn})^2}{n^2m}}=$$

$$\sqrt{\frac{(\Delta_1^2+\Delta_2^2+\cdots+\Delta_{mn}^2)+2(\Delta_1\Delta_2+\Delta_2\Delta_3+\cdots+\Delta_{m(n-1)}\Delta_{mn})}{n^2m}}$$

因尺寸重复测量的随机误差同样符合正态分布规律，故式中根号内的 $2(\Delta_1\Delta_2+\Delta_2\Delta_3+\cdots+\Delta_{m(n-1)}\Delta_{mn})$ 部分的数值为零，即

$$\sigma_{测n}=\sqrt{\frac{\Delta_1^2+\Delta_2^2+\cdots+\Delta_N^2}{nN}}=\frac{\sigma_{测}}{\sqrt{n}}$$

经上述推导说明：有限 n 次重复测量的算术平均值的分布中心 $\bar{l}$ 与大量 N 次重复测量中各测量值的分布中心 $\bar{L}$ 重合；有限 n 次重复测量的算术平均值的分布宽度 $6\sigma_{测n}$ 仅为大量 N 次重复测量中各测量值分布宽度 $6\sigma_{测}$ 的 $\frac{1}{\sqrt{n}}$，亦即有限 n 次重复测量的算术平均值的随机测量误差 $\Delta_{随n}$ 仅为单次测量时的随机测量误差 $\Delta_{随}$ 的 $\frac{1}{\sqrt{n}}$。

有限 n 次重复测量的测量误差为

$$\Delta_{测n}=\Delta_{系}\pm\frac{\Delta_{随n}}{2}=\Delta_{系}\pm3\sigma_{测n}=\Delta_{系}\pm\frac{3\sigma_{测}}{\sqrt{n}}$$

为了保证一定的测量精度，并兼顾测量效率，一般取有限次重复测量的次数 $n=5\sim15$。

对有限 n 次重复测量值进行处理，若事先没有经过统计得到大量重复测量值的均方

根偏差 $\sigma_{测}$，则可用 n 个测量值的均方根偏差 $\sigma_{测n}$ 计算，即

$$\sigma_{测n} = C_{校}\sqrt{\frac{\sum_{i=1}^{n}\Delta_i^2}{n(n-1)}}$$

式中　$C_{校}$ —— 有限次重复测量次数较少时的校正系数，可按表 4-4 选取；

Δ_i—— 有限 n 次重复测量中各次测量值的残差，$\Delta_i = L_i - \overline{L}$。

表 4-4　有限次重复测量次数较少时的校正系数

重复测量次数 n	5	10	15	>20
校正系数 $C_{校}$	1.14	1.06	1.04	≈ 1

例如，采用试切法加工一零件的轴颈尺寸，为了提高试切时尺寸测量的精度而进行 5 次重复测量，其测量值分别为 ϕ40.56mm，ϕ40.57mm，ϕ40.55mm，ϕ40.56mm，ϕ40.55mm，现通过测量数据处理确定此试切轴颈的实际尺寸 d。

$$d = \bar{d} \pm 3\sigma_{测n}$$

$$\bar{d} = \frac{\sum_{i=1}^{n}}{n} = \frac{40.56 + 40.57 + 40.55 + 40.56 + 40.55}{5} = 40.558\text{mm}$$

$$\sigma_{测n} = C_{校}\sqrt{\frac{\sum_{i=1}^{n}\Delta_i^2}{n(n-1)}} =$$

$$1.14\sqrt{\frac{2(40.55-40.558)^2 + 2(40.56-40.558)^2 + (40.57-40.558)^2}{5(5-1)}} =$$

$$0.0042\text{mm}$$

$$d = 40.558 \pm 0.0126\text{mm}$$

(三)微量进给精度

1. 微量进给方法及影响微量进给精度的因素

在机床上实现微量进给的方法，大多是通过一套减速机构实现的，如通过图 4-8 所示的蜗杆蜗轮、行星齿轮或棘轮棘爪等减速装置，均可获得微小的进给量。

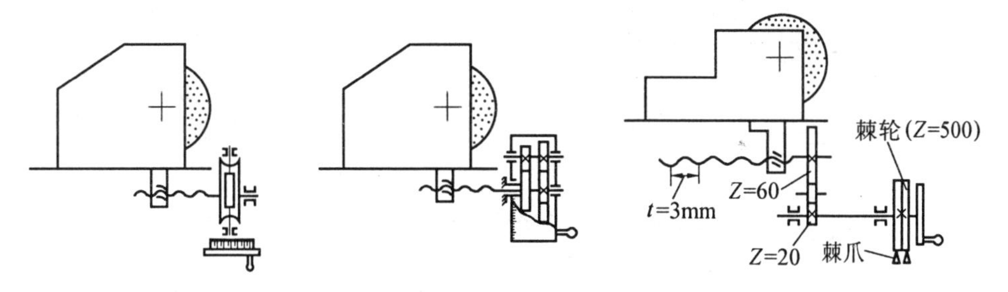

图 4-8　常用的微量进给机构

对于常见的各种机械减速的微量进给机构，从传动的角度看，进给手轮转动一小格使工作台进给移动 1μm 或更小的数值是很容易的。但在实际进行的低速微量进给过程中，常常会出现如图 4-9(a)所示的现象。即当开始转动进给手轮时，只是消除了进给机构的内部间隙，工作台并没有移动。再将进给手轮转动一下，工作台可能还不移动，直到进给

手轮转动到某一个角度，工作台才开始移动。但此刻工作台往往一下突然移动一个较大的距离，而后，又处于停滞不动的状态。这种在进给手轮低速微量转动过程中，工作台由不动到移动，再由移动到停滞不动的反复过程，称之为跃进(或爬行)现象。图 4-9(b)所示即为一个进给刀架的实测结果。

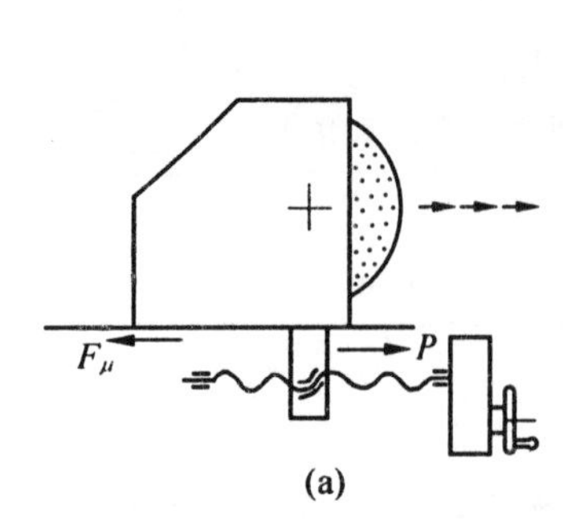

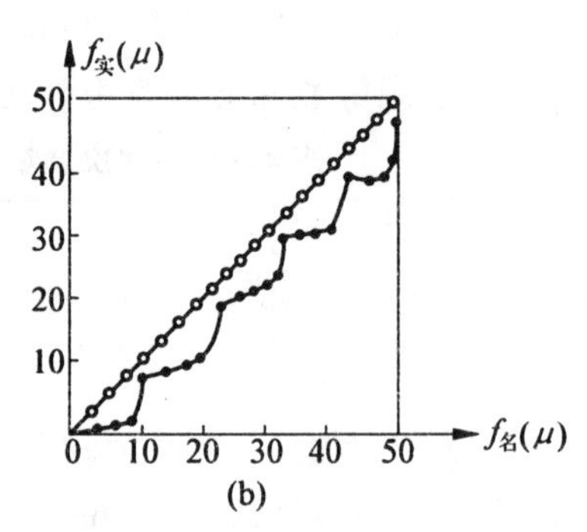

图 4-9　低速微量进给时的跃进现象

产生这种现象的根本原因在于进给机构中各相互运动的零件表面之间存在着摩擦力，其中主要的是进给系统的最后环节 —— 即机床工作台与导轨之间的摩擦力。这些摩擦力在开始转动进给手轮时就阻止工作台移动，并促使整个进给机构产生相应的弹性变形。随着进一步转动进给手轮，进给机构的弹性变形程度和相应产生的弹性驱动力 P 逐渐增大，当其值达到能克服工作台与床身导轨之间的静摩擦力 $G\mu_0$(即 $P_1 \geqslant G\mu_0$) 时，工作台便开始进给移动了。工作台一开始移动，相互运动表面由静摩擦状态变为动摩擦状态，这时由于摩擦系数下降而使工作台产生一个加速度，因而工作台就会移动一个较大的距离。当工作台移动一定距离后，又会因动摩擦力 $G\mu$ 大于逐渐由于弹性恢复而减小的弹性驱动力(即 $G\mu \geqslant P_2$) 而暂时停止下来，又恢复到静止不动的状态。这样周而复始地进行，即出现了跃进现象。

为了进一步分析影响微量进给精度的因素，可将整个进给机构简化为一个弹性系统，产生跃进的过程如图 4-10(a)所示。

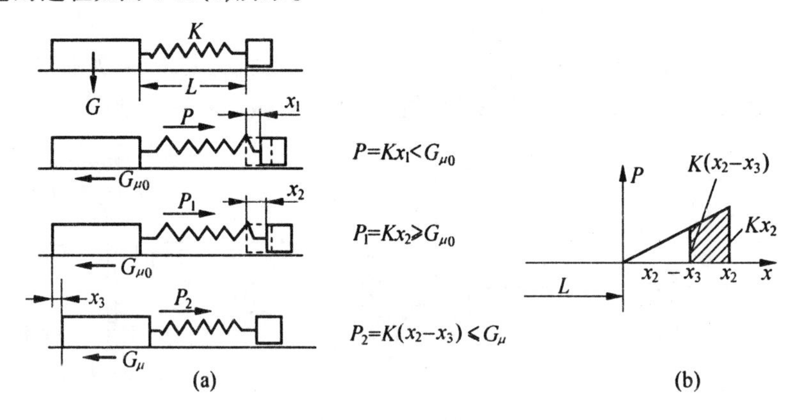

图 4-10　跃进现象产生的过程及功能转换

由图示可知，工作台开始移动的条件为

$$P_1 = Kx_2 = G\mu_0 > G\mu$$

式中　G—— 工作台重量；

μ_0、μ—— 工作台导轨面的静、动摩擦因数；

K—— 进给机构的弹性模量(传动刚度)。

工作台开始移动后，每次可能产生的跃进距离 x_3 的大小，可粗略地通过功能转换(见图 4-10b)的原理进行定性分析

设 $x_3 < x_2$ 且 μ_0 及 μ 均为常数

则

$$\frac{1}{2}Kx_2^2 - \frac{1}{2}K(x_2 - x_3)^2 = G\mu x_3$$

$$Kx_3^2 - 2(Kx_2 - G\mu)x_3 = 0$$

$$x_3[Kx_3 - 2(Kx_2 - G\mu)] = 0$$

解此方程

$$x_3 = 0(\text{不符合实际情况})$$

$$Kx_3 - 2(Kx_2 - G\mu) = 0$$

$$x_3 = \frac{2(Kx_2 - G\mu)}{K} = \frac{2G(\mu_0 - \mu)}{K}$$

从上述的粗略分析可知，在低速微量进给过程中，跃进现象的产生与整个进给机构的传动刚度、工作台重量和静、动摩擦因数有关。虽然微量进给过程中，动摩擦因数并不是一个常数，故每次跃进的距离也不是一个定值，但仍可确定工作台每次产生跃进的距离 x_3 与进给机构的传动刚度 K、工作台重量 G 和静、动摩擦因数 μ_0 及 μ 的大致关系为

$$x_3 \propto \frac{G(\mu_0 - \mu)}{K}$$

即工作台每次产生跃进的距离与工作台重量和静、动摩擦系数的差值成正比，而与进给机构的传动刚度成反比。

2. 提高微量进给精度的主要措施

(1)提高进给机构的传动刚度

①在进给机构结构允许的条件下，可以适当加粗进给机构中传动丝杠的直径，缩短传动丝杠的长度，以减少其在进给传动时的受力变形。设计进给机构中的传动丝杠，若按一般的强度、磨损等条件计算，所需直径尺寸往往很小，以至刚度较低。为此，可适当地加大直径尺寸，一般可参考下述经验公式进行计算

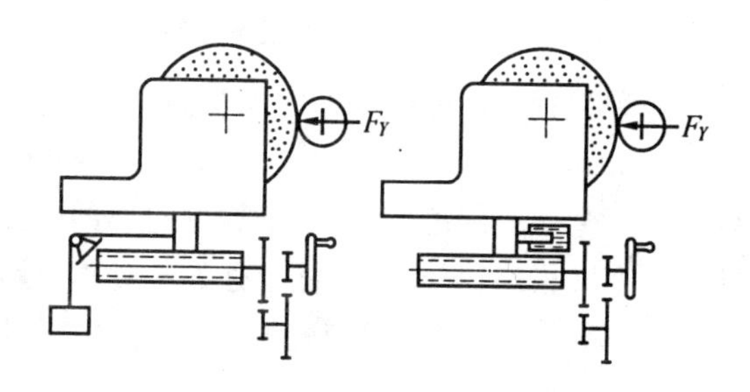

图 4-11　消除丝杠、螺母间隙的装置

$$d_2 = 1.5\sqrt{L}$$

式中　d_2—— 传动丝杠的螺纹中径(mm)；

L—— 传动丝杠的长度(mm)。

②尽量消除进给机构中各传动元件之间的间隙，特别是最后传动环节——丝杠和螺母之间的间隙。精加工用外圆磨床进给机构中的丝杠和螺母间隙，如图 4-11 所示，可通过重锤或油缸产生的与磨削径向分力方向一致的外力消除之。这不仅可以消除间隙，而且还可以产生一定的预加载荷，从而进一步提高丝杠和螺母的刚度。

③尽量缩短进给机构的传动链。为了提高微量进给精度，还可以采用传动链极短的高刚度无间隙的微量进给机构。这类微量进给机构是利用某些金属材料在磁场、电压、温度和负荷等物理因素作用下，其长度发生变化的性质设计的，磁致伸缩微量进给机构就是

其中的一种。

铁磁材料，如镍、钴、铁等合金材料在磁场中的长度将随周围磁场强度的变化而变化，其长度变化量 ΔL 和铁磁材料本身长度 L 成正比，即

$$\Delta L = \lambda L$$

式中　λ—— 铁磁材料的磁致伸缩系数。

各种铁磁材料磁致伸缩系数的大小与磁场强度 H 或产生磁场的电流强度与线圈匝数有关，图 4-12 为部分铁磁材料磁致伸缩性能的实验曲线。磁致伸缩系数一般很小，约为 $10^{-4} \sim 10^{-6}$之间，即长度为1m的磁致伸缩棒，其伸缩量仅为 $1 \sim 100\mu$m。因此，通过选用不同长度的磁致伸缩棒和改变通入线圈的电流强度，就可以获得精确的微小进给量。

为了实现较大行程的精确进给，可采用如图 4-13 所示的装置，通过前后两个夹头的依次放松或夹紧，并配合铁磁材料的磁致伸缩作用，即可精确地连续微量进给。

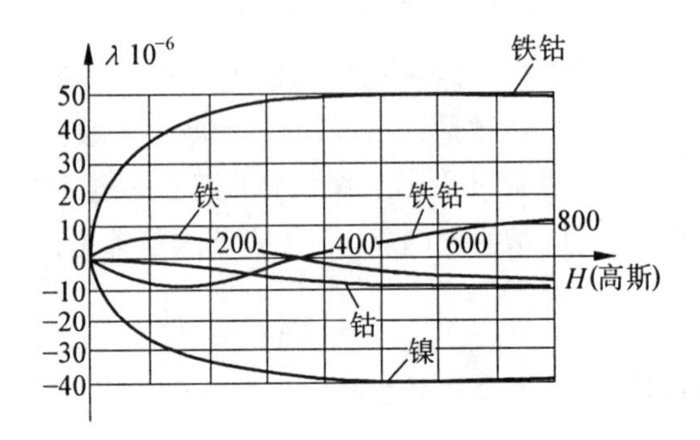

图 4-12　部分铁磁材料的磁致伸缩系数 λ 与磁场强度 H 的关系曲线

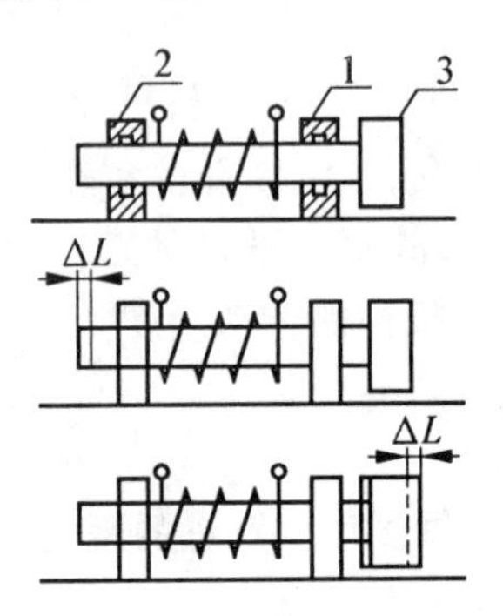

1,2—夹头；3—磁致伸缩杆

图 4-13　连续微量给进装置示意图

这种装置顺次循环动作一次（即夹头 1 夹紧，夹头 2 松开——接通电源，磁致伸缩杆 3 缩短 ΔL——夹头 2 夹紧，夹头 1 松开——切断电源，磁致伸缩杆 3 又恢复原长度），精确地移动一个微小距离 ΔL。由于铁磁材料的磁致伸缩性能是稳定的，进给装置的磁致伸缩杆的刚度又很高，只要连续做上述循环动作，就可以获得精度很高的连续微量进给。夹头 1 和 2 可采用薄壁套筒式液性塑料夹头，并通过电气或液压系统对其动作的先后顺序及总进给行程进行控制。

这种连续微量进给装置的总进给行程较小，一般多作为机床进给机构上的一个附加微进给环节使用。

(2)减少进给机构各传动副之间的摩擦力和静、动摩擦因数的差值

①采用滚珠丝杠螺母、滚动导轨或静压螺母、静压导轨。采用滚珠丝杠螺母和滚动导轨结构，变滑动摩擦为滚动摩擦，由于滚动摩擦因数很小且几乎不随速度的提高而下降，故可显著提高微量进给精度。

采用静压螺母和导轨，可使各滑动副表面之间保持着一定压力的油膜层，变固体摩擦为液体摩擦，这样可以显著降低静、动摩擦因数并使它们数值相近，从而提高微量进给精度。

②采用特殊的润滑油。理想的润滑油应具有表面张力小且吸附力强的性能，这样才能在相对滑动面上形成一层不易被挤掉的薄油膜层。从经常采用的润滑油来看，这二个性能往往是矛盾的。粘度小的润滑油，虽然表面张力小，容易形成薄油膜层，但它的吸附

力也小，很容易被挤破；而粘度大的润滑油，虽然吸附力大，油膜层不易被挤破，但由于表面张力也很大，又很难形成一层较薄的油膜层。

若在一般的润滑油中，添加少量表面活性物质，就可以形成表面张力小而吸附力又很强的油膜层。油酸物质的分子呈长链状，其一端带有正电荷，另一端带有负电荷，故可牢固地以其一端吸附在金属表面上，整齐定向排列。在电场的作用下，可以使润滑油中的非极性分子极化，吸附在油酸分子上，从而形成一层强度较大的油膜层，其厚度约为 0.9 ~ 1.2μm。

凡是具有羧基(—COOH)或羟基(—OH)的物质，都含有这种极性分子。目前，效果较好的有硬脂酸铝(添加量 1.75% ~ 2%)和软脂酸(添加量 2%)。例如，在平面磨床的导轨上使用 20 号润滑油时，其工作台产生跃进的临界速度为 600mm/min，当改用含 2% 硬脂酸铝的 12 号润滑油，则其临界速度下降到 50mm/min。

③采用新的导轨材料。理想的导轨材料应是摩擦因数小且动摩擦因数无下降特性的材料。导轨材料中，大多数塑料的摩擦因数都很小，但其动摩擦因数一般仍有下降的特性。塑料中的聚四氟乙烯则有所不同，它的静摩擦因数很小($\mu_0 = 0.04$ 左右)，且动摩擦因数几乎无下降特性，因而是一种较理想的滑动导轨材料。但这种塑料的刚度低并很难与金属粘接在一起，故不能直接应用。为了解决这个问题，可在厚度为 1.5 ~ 3mm 的钢板上(按导轨宽度预先裁好)先喷镀一层青铜粉或烧结一层细目的青铜网作为中间层，然后在聚四氟乙烯溶液中浸附上一层厚度约为 25 ~ 50μm 的薄膜，最后用机械方法或粘接剂固定在床身和工作台上。

(3)合理布置进给机构中传动丝杠的位置。在机床进给机构的设计中，还必须合理布置进给丝杠的位置，否则会由于扭侧力矩的作用使工作台与床身导轨搭角接触，从而增加了摩擦阻力，影响进给精度，严重时甚至可能造成“卡死”现象。

对外圆磨床，其砂轮架进给丝杠的位置可通过受力分析和计算确定。如图 4-14 所

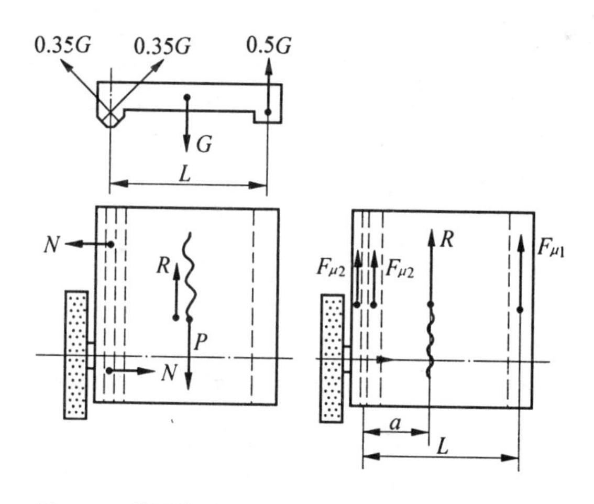

图 4-14　外圆磨床进给丝杠位置及导轨受力分析

示，若砂轮架重量 G 作用在两导轨中间，则左右两导轨面上的摩擦力分别为：

$$F_{\mu_1} = \frac{1}{2}G\mu_0 = 0.5G\mu_0$$

$$F_{\mu_2} = \frac{1}{2} G\mu_0 \cos 45^\circ = 0.35 G\mu_0$$

现对两导轨上摩擦力的合力 R 取力矩，则

$$F_{\mu_1}(L - a) = 2F_{\mu 2} a$$

$$0.5 G\mu_0 (L - a) = 0.7 G\mu_0 a$$

$$a \approx 0.42L$$

即砂轮架的进给丝杠位置应布置在距 V 形导轨 $0.42L$ 处，则可防止产生扭侧力矩。

在平面磨床上，由于砂轮架在垂直导轨上升降，故在其重力的作用下若进给丝杠的位置布置不当，造成对垂直导轨的扭侧力矩则更为严重，在设计时更应给予重视。

(四) 微薄切削层的极限厚度

1. 微薄切削加工方法及影响微薄切削层极限厚度的主要因素。

在机械加工中，实现微薄切削的加工方法有如下几种：

(1) 精密车削　主要用于有色金属及其合金、未淬硬钢和铸铁的加工；

(2) 精密磨削　主要用于黑色金属，特别是淬硬钢的加工；

(3) 研磨及超精加工　主要用于黑色金属、各种合金钢和淬硬钢的加工。

无论是采用精密车削、精密磨削、研磨及超精加工等哪种加工方法，加工时所能切下金属层的最小极限厚度主要取决于刀具或磨粒的刃口半径 ρ。

在机械加工中，所使用的刀具或砂轮能切下的金属层的实际厚度，总是与理论的切削层厚度不同。每次行程切削后，总是留有一层极薄的金属层切不下来，这一金属层的厚度就是影响尺寸精度的极限厚度 $a_{\lim}$。它的大小和刀具或磨粒刃口半径 ρ 之间的关系可以通过对切削刃口前每个被切金属质点的受力情况分析求得(图 4-15)。

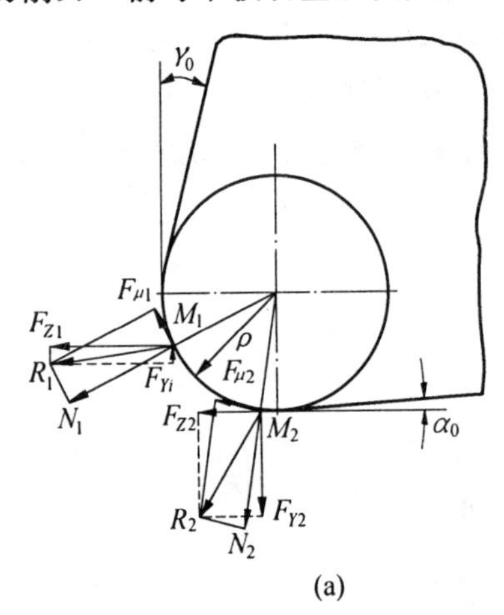

(a)

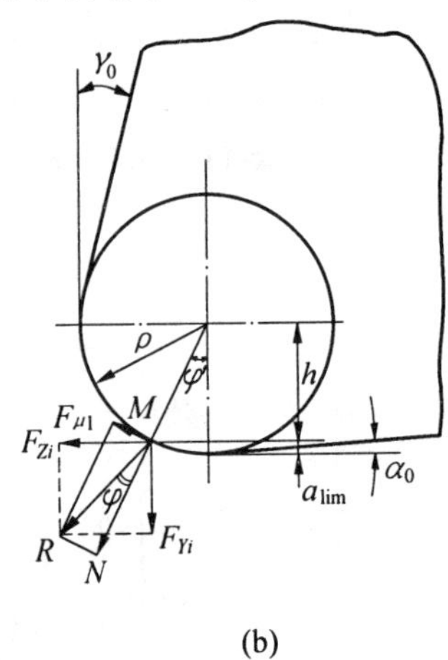

(b)

图 4-15　刀具切削刃口前金属质点的受力情况分析

如图 4-15(a) 所示，在自由切削的条件下，刀具切削刃口对其上的每个金属质点切削合力 F_r，主要产生两个方向的分力 F_z 及 F_y，其中水平分力 F_z 将推金属质点向前移动，而垂直分力 F_y 则将金属质点压向金属内部。对 M_1 点处(此时，$F_{z1} > F_{y1}$) 的金属质点，由于形成切屑的金属剪切滑移面处于被切金属质点 M_1 的上方，易于形成切屑；而对 M_2 点处(此时 $F_{z2} < F_{y2}$) 的金属质点，则由于形成切屑的金属剪切滑移面处于被切金属质点 M_2 的下方，产生挤压而没有切屑形成。切屑能否形成的分界点，即为 $F_z = F_y$ 的那一点 M(见

图 4-15b)。

由图 4-15(b) 可知

$$a_{\lim} = \rho - h = \rho(1 - \cos\psi)$$

因

$$\psi = 45° - \varphi = 45° - \mathrm{arctg}\frac{F_{\mu}}{N}$$

当

$$\frac{F_{\mu}}{N} = 0.3 \sim 0.8 \text{时}, \psi = 28° \sim 6°$$

故

$$a_{\lim} = \rho[1 - \cos(28° \sim 6°)] = (0.117 \sim 0.005)\rho$$

由上述分析可知,当切削层厚度大于 $a_{\lim}$ 时,金属可以被切下来。此外,生产实践证明,微薄切削能切下金属层的最小极限厚度 $a_{\lim}$ 可达刀具或磨粒刃口半径 ρ 的 1/10 左右。

2. 实现微薄切削层加工的主要措施

(1)选择切削刃口半径小的刀具材料或磨料,并对刀具刃口进行精细研磨

对于磨削、研磨加工所使用的砂轮或磨料,主要应尽量选取粒度号大的细磨粒,利用刃口半径非常小的磨粒进行相应的微薄切屑层的磨削加工。

对于切削加工,主要是尽可能减小所使用刀具的切削刃口半径。刀具切削刃口半径的大小主要与刀具材料和刃磨方法有关。在刀具楔角相同的条件下,选用碳素工具钢刀具可获得比高速钢和硬质合金刀具小的切削刃口半径。为了得到更小的切削刃口半径,还可采用金刚石刀具。在相同的刀具材料条件下,对刀具切削刃口进行一般刃磨后再进行研磨,可获得较小的切削刃口半径。若想获得更小的刀具切削刃口半径,则还需要在一般研磨的基础上再进行精密研磨。

(2)提高刀具刚度

为了实现微薄切削,必须提高整个工艺系统的刚度,而其中所使用刀具的刚度又是一个关键的环节,可以采取提高刀具淬火硬度的办法来提高其刚度。如精车精密丝杠螺纹,采用淬硬后硬度为 HRC68 以上的高速钢车刀,经过精细研磨后,切下来的切削层厚度可达 0.004mm。

(五)定位和调整精度

加工一批零件有关表面的尺寸或它们之间位置尺寸,为了提高生产率,可采用调整法在工件的一次装夹或多次装夹中获得。这时,这一批零件加工后的尺寸精度还取决于工件的定位和刀具的调整精度。工件的定位精度在第二章中已详细做了分析和论述,这里着重分析刀具的调整精度。

对一批零件来说,无论是加工表面本身尺寸还是加工表面之间的位置尺寸,若想获得其精度都需解决刀具的调整精度问题。当采用一把刀具加工时,主要是调整刀具相对工件的准确位置;当同时采用几把刀具加工时,则还需要调整刀具与刀具之间的准确位置。

1. 刀具调整方法和影响刀具调整精度的主要因素

生产中常采用的刀具调整方法主要有:按标准样件或对刀块(导套)调整刀具及按试切一个工件后的实测尺寸调整刀具两种方法。

当采用标准样件或对刀块(导套)调整刀具,影响刀具调整精度的主要因素有标准样件本身的尺寸精度、对刀块(导套)相对工件定位基准之间的尺寸精度、刀具调整时的目测精度及切削加工时刀具相对工件加工表面的弹性退让和行程挡块的受力变形等。

当采用按试切一个工件后的实测尺寸调整刀具,虽可避免上述一些因素的影响,提高

刀具的调整精度,但对于一批工件,可能导致由于进给机构的重复定位误差和按试切一个工件尺寸调整刀具的不准确性,引起加工后这一批零件尺寸分布中心位置的偏离。

如图4-16(a)所示,行程档块的重复定位误差将造成一批工件加工后轴向尺寸 l 的分散。由于是按试切一个工件后的实测尺寸调整刀具的径向位置的,不能将试切加工一批工件的平均尺寸 $\bar{d}$ 准确调整到理想尺寸 $d_{理}$ 从而造成加工后这批零件尺寸分布中心位置的偏离。这种由于不能准确判断一批工件尺寸分布中心位置而可能产生的刀具调整误差,称之为判断误差,其最大值为 $\Delta_{判} = \pm 3\sigma$(见图4-16(b))。

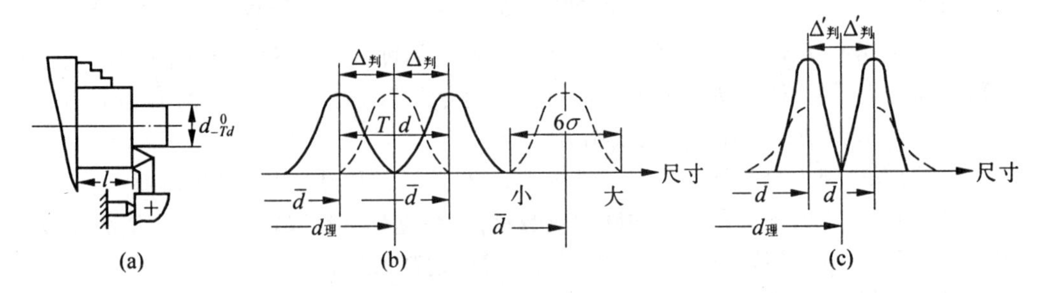

图4-16　调整刀具时可能产生的误差

2. 提高刀具调整精度的主要措施

①提高进给机构的重复定位精度。

对机床上进给机构进行重复定位,可采用行程挡块或量仪。当采用行程挡块时,进给机构的重复定位精度主要与行程挡块的刚度有关。一般情况下,采用刚性挡块,其重复定位精度可达0.01~0.05mm。行程挡块刚度较低时,其重复定位精度仅能达到0.10~0.30mm。因此,当采用行程档块刚度较底时,必须尽量提高行程挡块本身的刚度及其接触刚度。为进一步提高进给机构的重复定位精度,还可采用万能量仪(如百分表或千分比较仪)实现之。但这时在加工过程中只能采用手动进给,不能实现自动停车和反向,这将影响劳动生产率。

②提高对一批工件尺寸分布中心位置判断的准确性。

为了进一步提高对一批工件尺寸分布中心位置判断的准确性,可采取多试切几个工件的办法。例如,按提高尺寸测量精度的多次重复测量原理,采取按试切一组 n 个工件的平均尺寸调整刀具的办法,就可以进一步提高对一批工件尺寸分布中心位置判断的准确性。如图4-16(c)所示,这时由于判断不准而引起的刀具调整误差由 $\Delta_{判} = 3\sigma$ 下降到 $\Delta_{判}' = \frac{3\sigma}{\sqrt{n}}$。

二、工艺系统原有误差对形状精度的影响及其控制

(一)影响形状精度的主要因素

在机械加工中,获得零件加工表面形状精度的基本方法是成形运动法,当零件形状精度要求超过现有机床设备所能提供的成形运动精度时,还可采用非成形运动法。

虽然组成零件的几何形面的种类很多,但就其加工时所采用的成形运动来看,不外乎是由回转运动和直线运动这两种最基本的运动形式所形成。如圆柱面和圆锥面是由一个回转运动和一个直线运动形成;平面是由两个直线运动形成;球面是由两个回转运动形成;渐开线齿面则是由两个回转运动和一个直线运动形成等。在加工中,要想获得准确的

表面形状,就要求各成形运动本身及它们之间的关系均应准确。如加工圆柱面时,不仅要求回转运动和直线运动本身准确,还要求它们之间具有准确的相互位置关系——即直线运动与回转运动轴线平行。当加工螺旋面或渐开线齿面时,除了要求各成形运动本身和它们之间的相互位置关系准确外,还要求有关成形运动之间具有准确的速度关系。采用成形刀具加工时,还与成形刀具的制造安装精度有关。因此,采用成形运动法获得零件表面形状,影响其精度的主要因素是:

(1)各成形运动本身的精度;

(2)各成形运动之间的相互位置关系的精度;

(3)各成形运动之间的速度关系的精度;

(4)成形刀具的制造和安装的精度。

采用非成形运动法获得零件加工表面形状,影响其精度的主要因素是对零件加工表面形状的检测精度。

(二)各成形运动本身的精度

1. 回转运动精度

准确的回转运动,主要取决于在加工过程中其回转中心相对刀具(或工件)的位置始终不变。当在机床上通过主轴部件夹持工件(或刀具)进行加工时,其回转运动精度则主要取决于机床主轴的回转精度。

(1)机床主轴回转精度的概念

机床主轴做回转运动时,主轴的各个截面必然有它的回转中心。理想的回转中心在空间相对刀具(或工件)的位置是固定不变的,如图 4-17(a) 所示,在主轴的任一截面上,主轴回转时若只有一点 O 的速度始终为零,则这一点 O 即为理想的回转中心。但在主轴的实际回转过程中,理想的回转中心是不存在的,而是存在着一个其位置时刻变动的回转中心(见图 4-17(b) 的 O_1 点),此中心称为瞬时回转中心。主轴各截面瞬时回转中心的连线叫瞬时回转轴线,理想回转中心的连线叫理想回转轴线,对刚性主轴它们都是直线。

机床主轴回转精度的高低,主要是以在规定测量截面内,主轴一转或数转内诸瞬时回转中心相对其平均位置的变动范围(见图 4-17(c)) 来衡量。这个变动范围越小,则主轴回转精度越高。

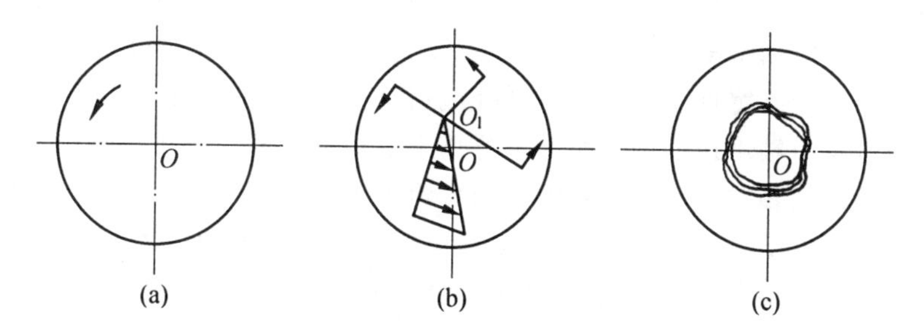

图 4-17　主轴回转中心与主轴回转精度

(2) 机床主轴回转精度分析

现以车床滑动轴承主轴为例进行分析。在车床上加工工件的外圆表面,如图 4-18 所示。当车刀加工至工件的某一截面位置时,其主轴在切削合力 F_r、传动力 $F_{传}$ 及主轴重力 G 等合成的合力及力矩的作用下,使主轴前后支承轴颈分别与前后轴承孔的 M_1 和 M_2 点接触。这时车床主轴的回转精度主要取决于主轴瞬时回转轴线相对其平均位置的变动程度,即主要取决于主轴前后支承轴颈的形状精度及它们之间的位置精度,而轴承孔的形状精度影响则较小。若主轴前后支承轴颈没有圆度误差,则主轴瞬时回转轴线始终处于某一固定位置,此时主轴回转运动没有任何误差。若主轴前后支承轴颈有圆度误差(如椭圆)时,则由于在加工过程中主轴瞬时回转轴线相对其平均位置的变动,使随其一同回转的工件的加工截面,也被加工成具有相应的圆度误差(椭圆)。

在实际车削加工过程中,由于工件材料、加工余量和切削条件等因素的影响,很难保持切削合力 F_r 的大小和方向恒定。此外,主轴和所夹持的工件也会由于刀具加工的位置不同,使其重力 G 的大小和位置发生变化。因此,很难保持主轴前后支承轴颈与前后轴承孔的接触点不变,故主轴轴承孔的形状精度也将对主轴回转精度有所影响,只是其影响程度比主轴轴颈要小得多。

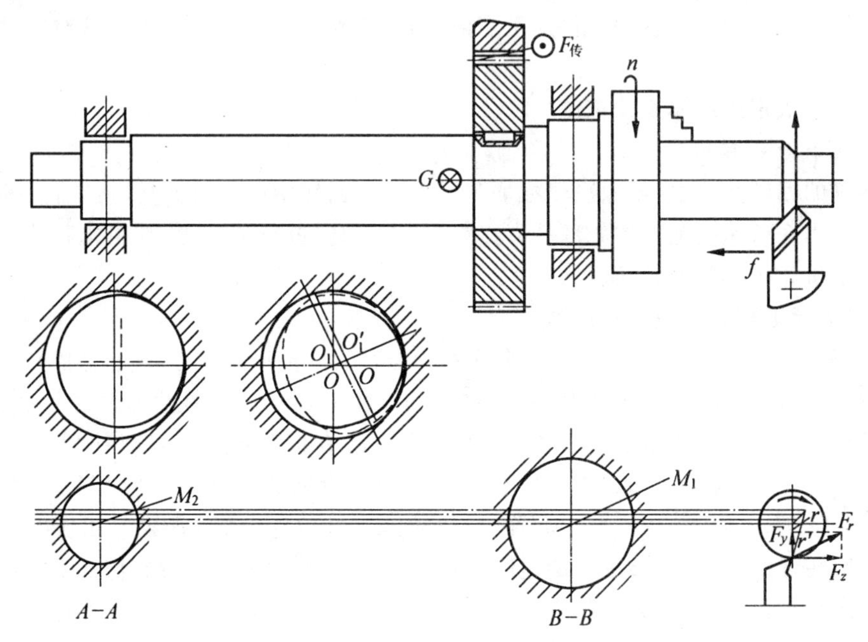

图 4-18　车床滑动轴承主轴的回转精度分析

对于其它类型机床主轴,影响主轴回转精度的主要因素,也可参照上述分析方法进行具体分析。如镗床滑动轴承主轴,若作用在主轴上各种力的大小和方向不变,可使主轴前后支承轴颈上某两个固定点 M_1 及 M_2 始终沿前后轴承孔滑动,这时镗床主轴的瞬时回转轴线的运动轨迹将与轴承孔的形状相似。若镗床主轴轴承孔无圆度误差,则镗床主轴回转时其瞬时回转轴线相对其平均位置的变动量为零,故其回转运动没有任何误差。若镗床主轴轴承孔有圆度误差(如棱圆),则由于镗床主轴瞬时回转轴线相对其平均位置的变动而产生主轴回转运动误差,加工后工件内孔也会出现圆度误差(棱圆)。因此,镗床滑动轴承主轴的回转精度主要取决于主轴轴承孔的形状精度及它们之间的位置精度,而对主轴前后支承轴颈的形状精度要求可适当降低。

(3)提高回转运动精度的主要措施

提高回转运动精度的主要措施,可从提高零件加工时所使用机床主轴的回转精度和保证零件加工时的回转精度两个方面入手。

①提高机床主轴回转精度的主要措施

ⅰ　采用精密滚动轴承并预加载荷。

由于在主轴部件上采用了精密滚动轴承，并通过预加载荷的方法消除了轴承间隙(有时甚至造成微量的过盈)，这不仅消除了轴承间隙的影响，而且还可以提高主轴轴承刚度，使主轴回转精度进一步提高。对 NN30 和 NNU49 型主轴轴承的装配间隙，推荐采用表 4-5 所列数据。

表 4-5　NN30 和 NNU49 型主轴轴承的装配间隙(μm)

速度参数 $d \times n_{max}$(mm × r/min)	轴承精度等级		
	D 级	C 级	高于 C 级
小于 0.5×10^5	-3 ~ +3	-5 ~ 0	-5 ~ +2
$(0.5 \sim 1.5) \times 10^5$	0 ~ +6	-2 ~ +3	-3 ~ 0
$(1.5 \sim 2.5) \times 10^5$	+5 ~ +2	-1 ~ +4	-2 ~ +3

注：对大直径高转速主轴取大值。

在装配轴承时，可通过先试装调整所需间隙或过盈，并测好此时轴承端面与主轴的轴向间隙，再根据实测的间隙配磨调整垫圈，装上此垫圈后即可达到预定的装配间隙或过盈。

ⅱ　改进滑动轴承结构，采用短三瓦自位轴承。

为了适应精密磨削加工的需要，可将外圆磨床滑动轴承的原长三瓦结构改为短三瓦自位轴承结构。这样，就可明显减小主轴回转时的轴承间隙，从而提高了砂轮主轴的回转精度。

ⅲ　采用液体或气体静压轴承

为进一步提高主轴回转精度，在很多精密机床的主轴部件上采用静压轴承结构，这种结构有如下特点：

(ⅰ)主轴刚度高　液体静压轴承主轴刚度一般比滚动轴承主轴的刚度提高 5 ~ 6 倍。例如，对油腔面积为 $60 \times 100 = 6\,000mm^2$、油压为 3MPa 及油封间隙为 0.02mm 的四油腔静压轴承主轴，其刚度可达 800kN/mm 以上。

(ⅱ)回转精度高　由于在各轴承孔的油腔中有压力油，油腔又是对称分布，故对主轴轴颈圆度误差中的椭圆度反应极不敏感。此外，对主轴轴颈其它类型的形状误差也可起到均化作用，如对具有棱圆度误差的主轴，经均化作用可使工作时的回转运动误差减小到轴颈形状误差的 1/3 ~ 1/5，甚至更小。

(ⅲ)轴承的加工工艺性好　静压轴承轴承孔的加工精度要求可比精密滑动轴承低，往往只需将几个径向封油边加工到要求精度即可。

(ⅳ)空气静压轴承还具有不发热、压缩空气不需要回收处理和结构简单等优点，故更适于在轻载的精密机床主轴上采用。

②保证零件加工时回转精度的主要措施

ⅰ　采用固定顶尖定位加工

为了保证零件加工时的瞬时回转轴线不变，对轴类零件可采用两个固定顶尖定位的加工方案。零件在加工过程中，由于始终围绕两个固定顶尖的联线转动，故可加工出圆度很高的外圆表面。采用两个固定顶尖定位，此方法很早以前就被采用了，但目前仍是获得高回转精度的主要方法，并且被广泛应用于检验仪器和精密机床的结构中。

采用两个固定顶尖定位的加工方案。为保证零件在加工时的回转精度，还必须保证两个固定顶尖、零件上的两个顶尖孔本身的精度和它们之间的位置精度。

若零件上两个顶尖孔本身有形状误差，如图 4-19(a)所示其右端顶尖孔的研磨质量不良，经检验有明显的三点接触情况，用其定位并对零件外圆进行磨削加工时，由于零件瞬时回转轴线位置的变动，虽进行多次精磨，但零件的外圆仍有圆度误差，其形状如图 4-19(b)所示，呈现与零件右端顶尖孔相似的三棱形。

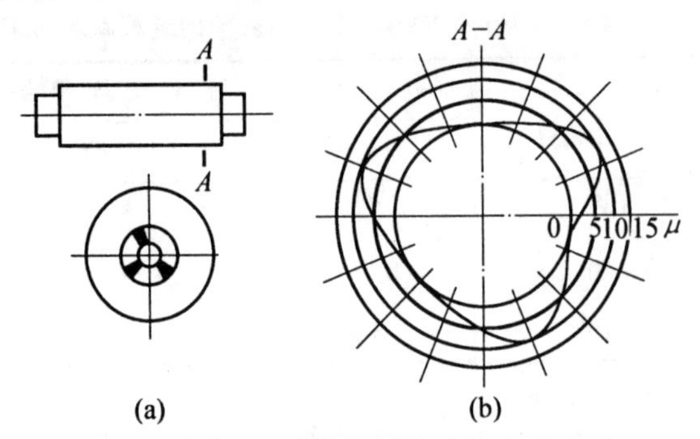

图 4-19　顶尖孔形状误差对零件回转精度的影响

若零件上两个顶尖孔有同轴度误差时，也同样会影响零件在加工时的回转精度，如图 4-20 所示，在零件每回转一周的过程中，由于顶尖孔与固定顶尖实际接触面积的不同，加工时会产生不同程度的接触变形，从而使零件原有准确回转运动受到影响。

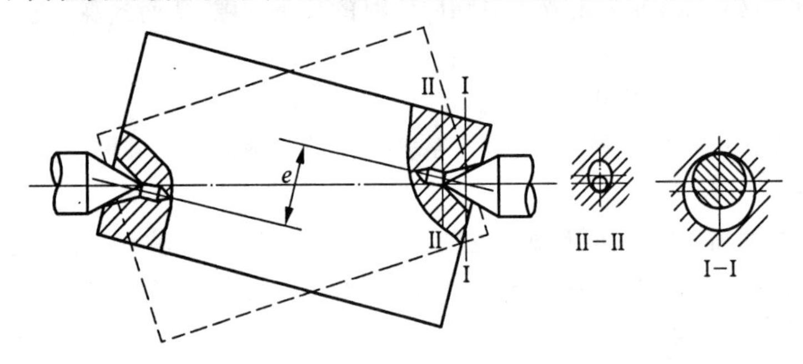

图 4-20　两顶尖孔同轴度误差对零件回转精度的影响

从上述分析可知，要使零件在加工时具有精确的回转运动，除需将机床上两个具有准确形状的固定顶尖调整到同一轴线上外，还要求被加工零件具有准确的顶尖孔。为了获得较准确的顶尖孔和提高顶尖孔的加工效率，在成批生产中可采用专用的铣端面钻顶尖孔机床，图 4-21(a)即为这种机床加工时的示意图。此外，为提高顶尖孔与固定顶尖的配合精度和接触精度，还可采用具有圆弧母线的顶尖孔(对小直径尺寸零件)和短锥顶尖孔

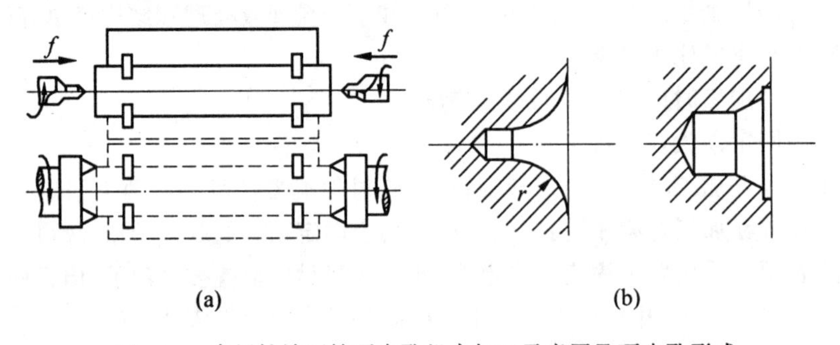

图 4-21　专用铣端面钻顶尖孔机床加工示意图及顶尖孔形式

(对未淬硬零件)结构,如图 4-21(b)所示。对于小直径尺寸的零件,由于采用了圆弧母线顶尖孔,就可以使两个具有同轴度误差的顶尖孔零件在加工回转时,顶尖孔与固定顶尖接触面积变化不大,从而保证了零件在加工时的回转精度。对未淬硬的零件,采用短圆锥顶尖孔结构,则可在零件加工前通过两个硬质合金顶尖对其进行挤压跑合而进一步提高两个顶尖孔的同轴度及其与固定顶尖的接触精度。

ⅱ 采用无心磨削加工。

在加工精密薄壁套类零件(如滚动轴承的内外圈)时,加工后的形状精度往往受到所使用的内圆磨床主轴回转精度的限制。如加工圆度精度要求为 0.001~0.002mm 或更高的超精密轴承时,其轴承的内外圈,就很难用现有的机床加工出来。但若在加工轴承内外圈时,使其回转精度不受加工机床主轴回转精度的影响,就可以突破这个限制而取得更高的加工精度。现在生产中广泛采用的电磁无心磨削加工,就是解决这一问题的有效措施。

电磁无心磨削的加工原理是建立在自为基准、互为基准和反复进行磨削基础之上的,即轴承内外圈的外圆可通过以其本身定位的无心磨削获得较精确的形状,再以此为精基准对其内孔进行精密无心磨削。这样经过多次无心精密磨削,就可不断提高轴承内外圈的形状精度。显然,此时工件的回转精度已不再受内圆磨床主轴回转精度的任何影响。

电磁无心磨削装置的工作原理如图 4-22 所示。从图中可以看出,工件支承在可调整其位置的两个固定支承 A 和 B 上,以外圆及一端面定位,由电磁线圈产生的电磁力将工件吸在电磁吸盘上。由于工件的几何中心相对机床主轴回转中心有一偏心 e,故当机床主轴以每分钟 n 转转动时,则工件相对主轴有一个打滑转速 Δn,即工件相对电磁吸盘产生不断打滑的现象,并以每分钟 $n—\Delta n$ 转转动着。此时,工件将承受一个摩擦力矩 M_μ 和一个径向摩擦力 F_μ。摩擦力矩 M_μ 使工件转动,以实现正常的磨削加工,而径向摩擦力 F_μ 则始终处于与主轴回转中心 $O_{主}$ 和工件几何中心 $O_{工}$ 连线垂直的方向,并与磨削加工时的磨削力 F_r 合成一个总合力 R,将工件牢靠地与两个已固定的可调支承接触,以保证工件磨削加工表面的形状精度。

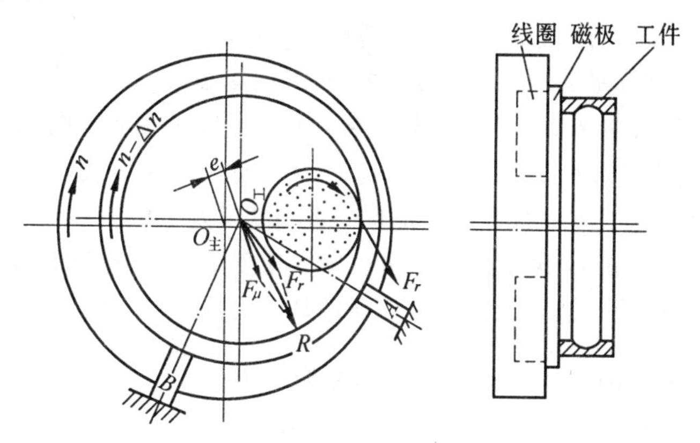

图 4-22 电磁无心磨削装置的工作原理

采用电磁无心磨削装置加工轴承圈时,由于排除了机床主轴回转精度的影响,故经过精细调整可以大大提高其内外圆表面加工的形状精度,如对直径尺寸 100mm 以下的轴承圈,其加工后的圆度误差可控制到 0.2~1.5μm。

2. 直线运动精度

准确的直线运动主要取决于机床导轨的精度及其与工作台之间的接触精度。

(1)机床导轨精度标准

各类机床,为了保证在其上移动部件的直线运动精度,对机床导轨都规定有如下几个方面的精度要求:

①导轨在水平面内的直线度(见图 4-23a);

②导轨在垂直平面内的直线度(见图 4-23b);

③导轨与导轨之间在垂直方向的平行度(见图 4-23c)。

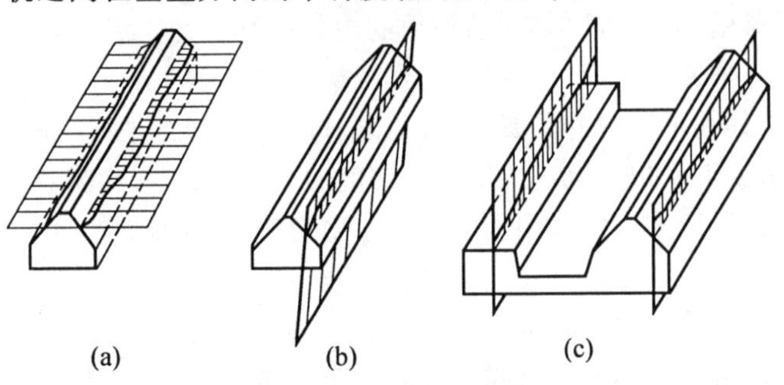

图 4-23　机床导轨的精度要求

对一般机床,要求导轨在两个平面内的直线度公差和两导轨之间在垂直方向的平行度公差均为 1 000:0.02,其相互配合的导轨面间的接触精度为每平方吋不少于 16 个接触斑点。而对于精密机床,则要求导轨在两个平面内的直线度公差和两导轨之间在垂直方向的平行度公差均为 1 000:0.01,其相互配合的导轨面间的接触精度为每平方吋不少于 20 个接触斑点。

(2)机床导轨误差对机床移动部件直线运动及零件形状精度的影响

机床导轨的误差将造成在其上移动部件的直线运动误差,从而在不同程度上反映到被加工工件的形状误差上去。现以车床和平面磨床为例,对机床导轨误差的影响进行分析:

①车床导轨误差对刀具直线运动及零件形状精度的影响。

当车床导轨只在水平面内有直线度误差时,如图 4-24(a) 所示,将使刀具本身的成形运动不呈直线,此时刀尖相对工件回转轴线将在加工表面的法线方向(即加工误差的敏感方向)按导轨的直线度误差做相应的位移运动,从而造成零件加工表面的轴向形状误差,其值 Δr 几乎等于导轨在水平面内相应部位的直线度误差 ΔY。当车床导轨只在垂直平面内有直线度误差时,如图 4-24(b) 所示,虽也同样使刀尖本身的成形运动不呈直线,但由于此时刀尖相对工件回转轴线将在加工表面的切线方向(即加工误差的非敏感方向)变化,故对零件加工表面的形状精度影响极小,它们之间的关系是 $\Delta r \approx \dfrac{\Delta Z^2}{d}$,一般可忽略不计。当车床两导轨之间在垂直方向存在平行度误差时,如图 4-24(c) 所示,工作台在直线进给运动中将产生摆动,刀尖本身的成形运动也将变成一条空间曲线,若前后导轨在某一段位置的平行度误差为 Δn 时。则在其相应的零件加工部位上将造成的形状误差大致为 $\Delta r = \Delta Y = \dfrac{H}{B}\Delta n$。

一般车床为 $\dfrac{H}{B} = \dfrac{2}{3}$,外圆磨床为 $H = B$,故 Δn 对零件加工表面形状精度的影响是不可忽视的。

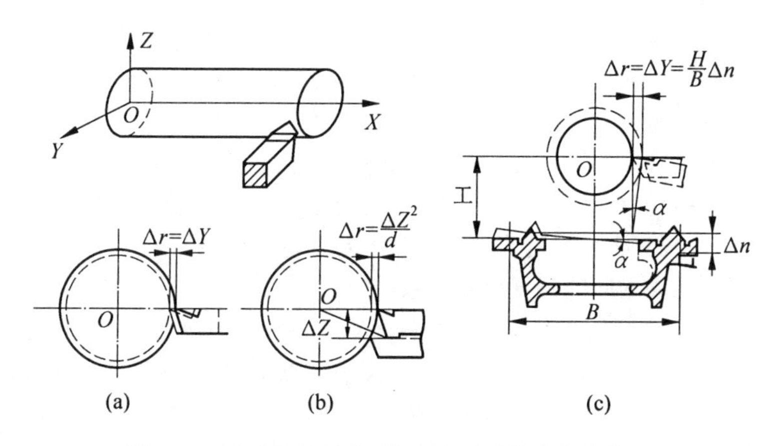

图 4-24 车床导轨误差对加工表面形状精度的影响

②平面磨床导轨误差对砂轮架和工作台直线运动及零件形状精度的影响。

对一般平面磨床，从其加工特点来看，对零件加工平面的形状精度起主要影响作用的是砂轮架和工作台导轨在垂直平面内的直线度误差及两导轨之间在垂直方向的平行度误差。这些导轨误差几乎是 1:1 地反映到被加工平面的平面度误差上；而导轨在水平面内的直线度误差，则由于它们不在加工误差的敏感方向而对零件加工平面的形状精度影响极小。

同理，对柜台式精密平面磨床，影响零件加工平面形状精度的主要方面是工作台纵、横进给导轨在垂直平面内的直线度误差和导轨之间在垂直方向的平行度误差。

(3)提高直线运动精度的主要措施

综上所述，直线运动精度主要取决于机床导轨的精度及其与工作台导轨的接触精度，故提高直线运动精度的关键就在于提高机床导轨的制造精度及其精度保持性，为此可采取如下一些主要措施：

①选用合理的导轨形状和导轨组合形式，并在可能的条件下增加工作台与床身导轨的配合长度。

机床导轨的形状很多，如矩形、三角形和燕尾形等等。从导轨与导轨的组合形式来看，又可采用双矩形、双三角形或矩形与三角形组合等。虽然机床导轨的形状和导轨的组合形式很多，但从导轨的承载情况、制造精度和使用过程中的精度保持性等方面综合分析，可获得直线运动精度高和精度保持性好的导轨形状和导轨组合形式是 90°的双三角形导轨。采用 90°双三角形导轨时，可通过双凸和双凹形检具对机床床身和工作台导轨进行精确的检测，也可以进行互检，故能大大提高机床导轨副的制造精度和接触精度。这种类型机床导轨的磨损主要产生在垂直方向，它对导轨在垂直平面内的直线度精度影响较大，而对其在水平面内的直线度和两导轨之间在垂直方向的平行度精度影响很小。因此，对机床导轨在垂直方向是加工误差的非敏感方向的加工机床来说，可以在较长时期保持它的原有精度。

在设计与床身导轨相配合的工作台时，应在结构允许的条件下适当增加其长度，这样可使床身导轨和工作台导轨的加工误差在工作时均化，从而进一步提高工作台的直线运动精度。

②提高机床导轨的制造精度。

在选用合理的导轨形状和导轨组合形式的基础上，提高直线运动精度的关键在于提高导轨的加工精度和配合接触精度。为此，要求尽可能提高导轨磨床精度和工作台导轨加工时的配磨精度。对于精度要求更高的机床导轨，则只能采用非成形运动法获得。

③采用静压导轨。

在机床上采用液体或气体静压导轨结构，由于在工作台与床身导轨之间有一层压力油或压缩空气，既可对导轨面的直线度误差起均化作用，又可防止导轨面在使用过程中的磨损，故能进一步提高工作台的直线运动精度及其精度保持性。

(三)各成形运动之间的相互位置关系精度

1. 各成形运动之间的相互位置关系精度对零件加工表面形状精度的影响

在机械加工中，为获得一个零件加工表面的准确形状，不仅要求各成形运动准确，而且还要求它们之间的相互位置关系也要准确，否则将对零件加工表面的形状精度产生影响。下面分别以车床、镗床、铣床和球面磨床加工为例分析其影响。

在车床上加工外圆表面时，如图 4-25(a)所示，若想获得准确的圆柱面，除了工件回转运动与刀具直线运动都要求准确外，还要求刀具的直线运动与工件的回转运动轴线平行，否则加工出来的外圆表面就不会是一个准确的圆柱面。

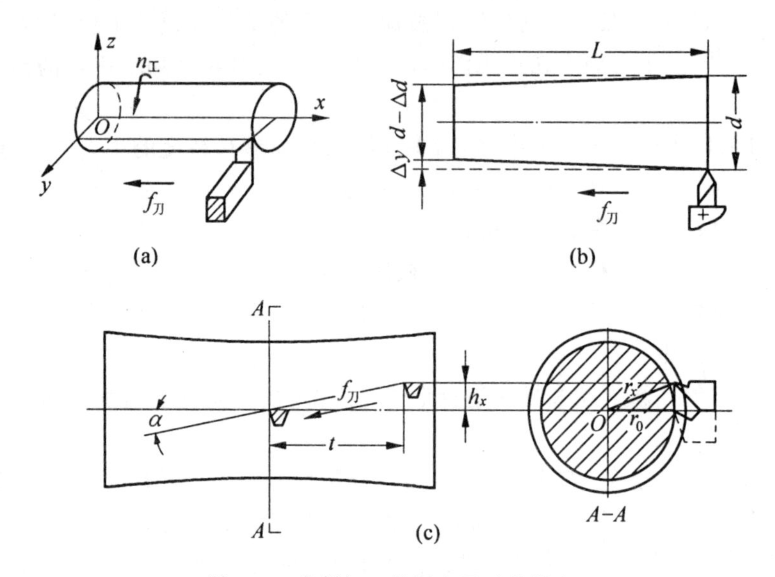

图 4-25 车削加工外圆表面时的影响

若刀具的直线运动在 xoy 平面内与工件回转运动轴线不平行，则加工后将是一个圆锥面(见图 4-25b)。例如，刀具直线运动与工件回转运动轴线的平行度误差为 400∶0.01 加工工件外圆表面为 $L = 400\text{mm}$、$d = \phi 40\text{mm}$ 时，则其加工后两端的直径差为

$$\Delta d = 2\Delta y = \frac{2 \times 0.01 \times 400}{400} = 0.02\text{mm}$$

若刀具的直线运动与工件回转运动轴线不在同一平面内，即在空间交错平行，则加工出来的表面将是一个双曲面(见图 4-25c)。为了进一步分析，现取一典型情况，即当刀具加工到工件中部时其刀尖恰好与工件回转轴线处于同一水平位置。若刀具直线运动处于与 xoz 平行的平面上，且其在 xoz 平面上的投影与工件回转运动轴线之间的平行度误差为 $\text{tg}\alpha$ 时，则距工件中部为 x 处的刀尖将高于工件回转运动轴线的距离为 h_x，这时从 A—A 剖视中可知，在 x 点处加工后的工件半径 r_x 将大于工件中部加工半径 r_0。r_x 与 x 之间的关系如下：

$$r_x = \sqrt{r_0^2 + h_x^2} = \sqrt{r_0^2 + x^2 \mathrm{tg}^2 \alpha}$$

$$r_x^2 = r_0^2 + x^2 \mathrm{tg}^2 \alpha$$

$$\frac{r_x^2}{r_0^2} - \frac{x^2 \mathrm{tg}^2 \alpha}{r_0^2} = 1$$

$$\frac{r_x^2}{r_0^2} - \frac{x^2}{r_0^2 \mathrm{ctg}^2 \alpha} = 1$$

由上述关系式可知，r_x 与 x 为一双曲线函数，因而绕工件回转轴线而得到的表面也必然是一个双曲面。双曲面误差反映在 x 处截面的加工半径误差 Δr 的大小为

$$\Delta r = r_x - r_0 = \sqrt{r_0^2 + h_x^2} - r_0$$

$$\Delta r + r_0 = \sqrt{r_0^2 + h_x^2}$$

$$\Delta r^2 + 2\Delta r \cdot r_0 + r_0^2 = r_0^2 + h_x^2$$

因 Δr^2 值很小，可略忽不计，故

$$\Delta r \approx \frac{h_x^2}{2r_0}$$

例如，加工工件外圆表面仍为 $L = 400\text{mm}$、$d = \phi 40\text{mm}$，各成形运动之间的平行度误差为 400∶0.01，则加工后的轴向形状误差为

$$\Delta d = 2\Delta r \approx \frac{2 \times (0.005)^2}{2 \times 40} = 0.00000125\text{mm}$$

这样微小的形状误差是完全可以忽略的，这也说明在非敏感方向的原始误差对加工精度的影响是很小的。

在车床上车削加工端面时，要求刀具直线运动与工件的回转运动轴线垂直，否则将产生加工后端面的内凹或外凸。如图 4-26(a)所示，若上述的垂直度不能保证而有误差 $\mathrm{tg}\alpha$ 时，则加工后端面的平面度误差为

$$\Delta = \frac{d_{工}}{2} \mathrm{tg}\alpha$$

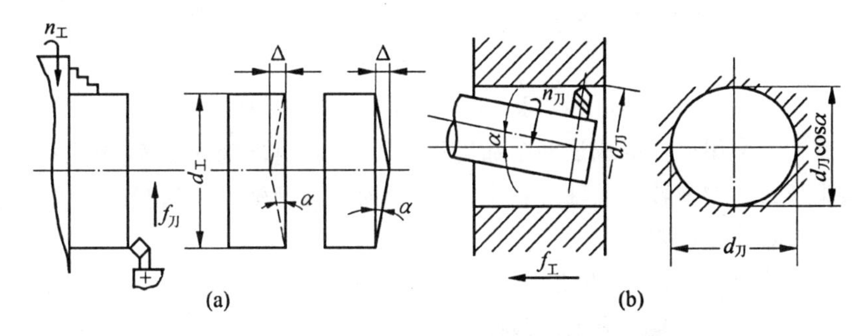

图 4-26　车削加工端面和卧式镗床镗孔时的影响

在卧式镗床上采取工件进给进行镗孔时，要求工件的直线进给运动与镗杆回转运动轴线平行，若有平行度误差 $\mathrm{tg}\alpha$，则加工出来的内孔呈椭圆形。如图 4-26(b)所示，加工后孔的圆度误差为

$$\Delta = \frac{d_{刀}}{2}(1 - \cos\alpha)$$

因 α 很小　　　　　　　　$\cos\alpha \approx 1 - \frac{\alpha^2}{2}$

故　　　　　　　　　　　　$\Delta \approx \frac{\alpha^2}{4} d_{刀}$

在立式铣床上用端铣刀对称铣削加工平面时，要求铣刀主轴回转运动轴线与工作台直线进给运动垂直，若有垂直度误差 $\mathrm{tg}\alpha$，则加工后的表面将产生平面度误差。如图 4-27 所示，加工后工件表面的平面度误差为

$$\Delta = b\sin\alpha =$$

$$\left[\frac{d_{刀}}{2} - \sqrt{\left(\frac{d_{刀}}{2}\right)^2 - \left(\frac{B}{2}\right)^2}\right]\sin\alpha =$$

$$\frac{d_{刀}}{2}\left[1 - \sqrt{1 - \left(\frac{B}{d_{刀}}\right)^2}\right]\sin\alpha$$

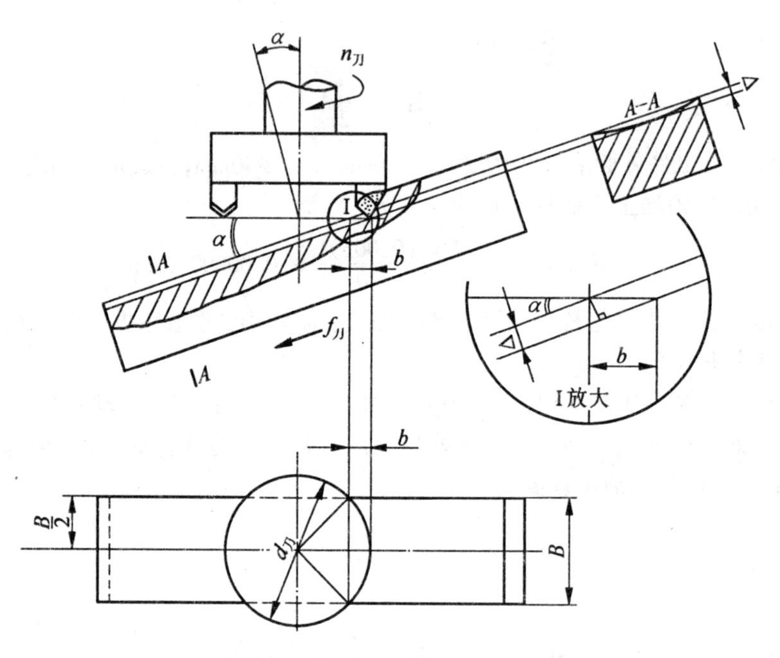

图 4-27　端铣刀对称铣削加工平面时的影响

在球面磨床上采用成形范成法磨削加工外球面，为获得准确的球面，要求杯形砂轮的回转运动轴线与工件的回转运动轴线相交，若两个回转运动轴线之间有位置误差，则加工后将产生球的面轮廓度误差。

如图 4-28 所示，当砂轮回转轴线相对工件回转轴线 $O_{砂}$ 下移一个 Δ 距离时，砂轮上半周参加磨削而下半周不参加磨削。因此，通过工件球心的任意截面的球半径都比通过 a 点横截面的球半径大，比通过 b 点横截面的球半径小。

由图中可知，通过任意 m 点横截面的球半径 r_m 为

$$r_m = \sqrt{x_m^2 + y_m^2 + z_m^2} =$$

$$\sqrt{(R_{砂}\cos\alpha_m)^2 + L^2 + (R_{砂}\sin_m - \Delta)^2} =$$

$$\sqrt{R_{砂}^2 + L^2 + \Delta^2 - 2R_{砂}\Delta\sin\alpha_m}$$

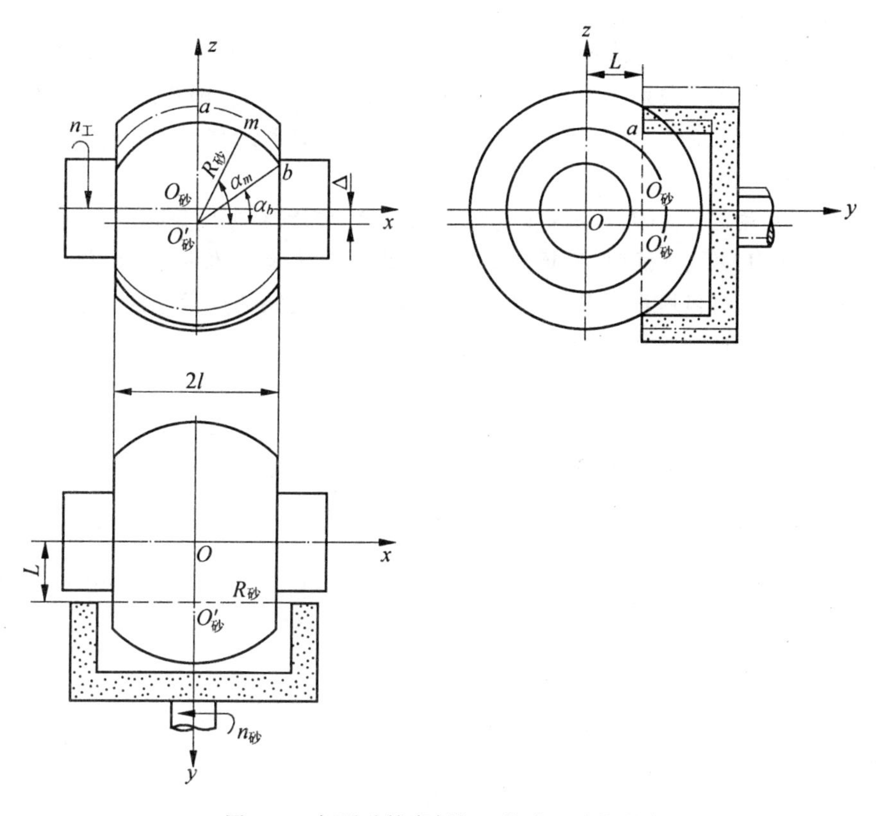

图 4-28　杯形砂轮磨削加工外球面时的影响

式中　L—— 砂轮端面与工件轴线间的距离；

$R_砂$ —— 砂轮磨削圆半径；

α_m—— 在砂轮磨削圆所在的平面上，$O'_砂 m$ 与水平方向的夹角。

当 $\alpha_m = \alpha_b$ 时

$$r_b = \sqrt{(R_砂 \cos\alpha_b)^2 + L^2 + (R_砂 \sin\alpha_b - \Delta)^2} =$$

$$\sqrt{l^2 + L^2 + \sqrt{(R_砂{}^2 - l^2 - \Delta)^2}}$$

当 $\alpha_m = 90°$ 时

$$r_a = \sqrt{(R_砂 \cos 90°)^2 + L^2 + (R_砂 \sin 90° - \Delta)^2} =$$

$$\sqrt{L^2 + (R_砂 - \Delta)^2}$$

加工后球的面轮廓度误差为

$$\Delta r_球 = r_b - r_a$$

2. 影响各成形运动之间相互位置关系精度的主要因素及提高其相互位置关系精度的措施。

通过对上述各种加工方法的分析可知，影响各成形运动之间相互位置关系精度的主要因素是机床上工件和工具两大系统有关部件的相对位置和相对运动精度，亦即是所使用机床的几何精度。

各成形运动之间相互位置关系精度的提高，主要是在保证机床有关零部件本身制造精度的基础上，通过总装时的调试、检测和精修达到。

(四)各成形运动之间的速度关系精度

对一些形状简单的零件表面,如外圆、内孔、平面、锥面及球面等,它们的成形过程对各成形运动之间的速度关系并没有什么严格的要求。但对形状较复杂的某些零件表面,如螺纹表面及齿形表面等,则在成形过程中还要求在各成形运动之间要有准确的速度关系。

1. 各成形运动之间速度关系精度对零件加工表面形状精度的影响

在车床上加工螺纹表面时,若想获得准确的表面形状,除工件回转运动和刀具直线运动本身以及它们之间和相互位置关系均要准确外,还必须保证这两个成形运动之间的速度关系也要准确,即

$$\frac{v_{刀}}{v_{工}} = \frac{nP}{\pi d_2 n} = \frac{P}{\pi d_2} = C$$

式中　$v_{刀}$ —— 刀具直线运动速度(m/min);

$v_{工}$ —— 工件螺纹中径处的圆周速度(m/min);

n—— 工件转速(r/min);

P—— 螺纹螺距(mm);

d_2—— 螺纹中径(mm);

C—— 常数。

如图 4-29 所示,当加工出来的表面是理想的螺纹表面时,将这个螺纹表面展开,其上位于中部的螺旋线应是一条直线。若在加工过程中各成形运动之间的速度关系不准确,则加工后展开的螺纹表面上中部的那条螺旋线将是一条无明显规律的曲线。此曲线与直线之间沿垂直方向的差值,即是反映螺纹表面形状精度的螺旋线误差 ΔP。

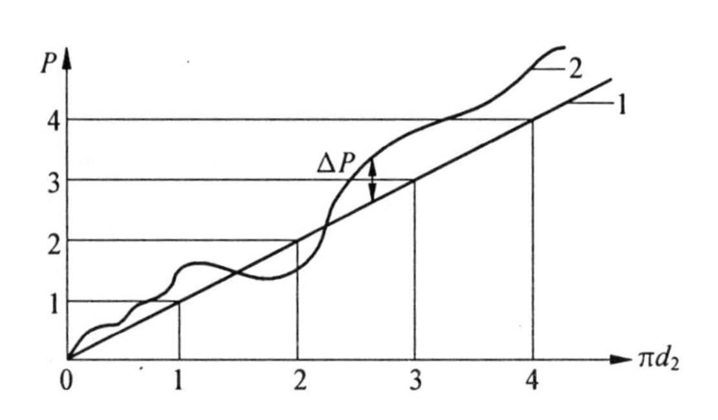

图 4-29　螺纹表面加工的螺旋线误差

在滚齿机上滚切加工齿形时,若想获得准确的渐开线齿形表面,除了要求滚刀与工件的回转运动和滚刀的直线垂直进给运动本身以及它们之间的位置关系准确外,还必须保持滚刀与工件两个回转运动之间的速比不变,即

$$\frac{n_{刀}}{n_{工}} = \frac{z_{工}}{z_{刀}} = C$$

式中　$n_{刀}$ —— 滚刀转速(r/min);

$n_{工}$ —— 工件转速(r/min);

$z_{工}$ —— 被切齿轮工件的齿数;

$z_{刀}$ —— 滚刀的头数。

若在加工过程中不能保持上述的准确速度关系,就要造成齿轮的齿形和圆周齿距等误差。

2. 影响各成形运动之间速度关系精度的主要因素

无论是在车床上加工螺纹表面,还是在齿轮机床上加工渐开线齿形表面,各成形运动之间的速度关系精度主要是由工件与切削刀具之间的机床内传动链的精度保证的。因

此，在机床内传动链中每个传动元件的加工和装配误差都将对获得准确的速度关系有影响。

如图 4-30 所示，在车削加工螺纹所使用的车床内传动链中，从带动工件回转运动的主轴到实现刀具直线进给运动的传动丝杠的螺母，每个传动元件的加工和装配误差都会引起加工后螺纹表面的螺旋线误差，只不过是产生误差的性质和数量有所不同。一般来说，车床主轴、传动丝杠的轴向、径向跳动和传动齿轮的加工、装配误差都会引起周期性的螺旋线误差 $\Delta P_{周}$。而车床挂轮的近似计算和传动丝杠本身的加工误差，则将造成有规律的非周期性的螺旋线误差 $\Delta P_{非}$。

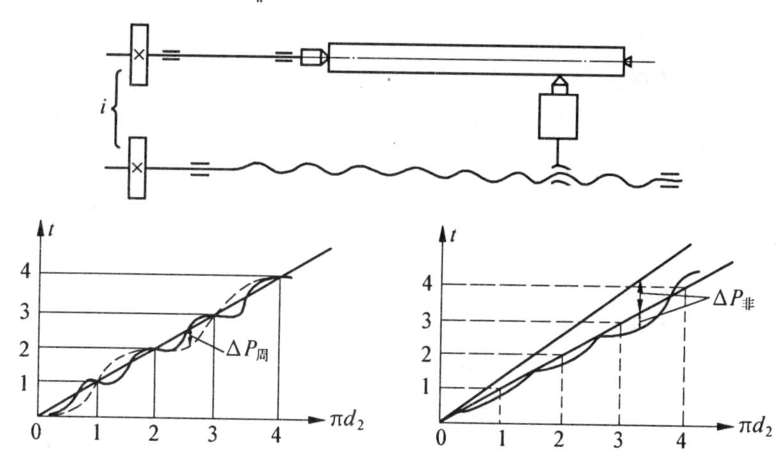

图 4-30

虽然对加工螺纹车床来说，由主轴到传动丝杠每个传动元件的加工和装配误差都会对加工螺纹表面的形状精度有影响，但处于不同位置的传动元件，其影响程度则有所不同。譬如，当每个传动齿轮由于加工和装配造成的转角误差一定时，则至传动丝杠的传动比越小的传动齿轮，其对被加工螺纹的螺旋线精度的影响也越小。故一般在降速的车床内传动链中，高速齿轮误差的影响是很小的，而直接固定在传动丝杠上的那个齿轮的误差，其影响最大。

3. 提高各成形运动之间速度关系精度的主要措施

从上面的分析可知，提高各成形运动之间速度关系精度的关键在于提高所使用机床内传动链的传动精度。目前，提高机床内传动链传动精度的方法有二：一是尽量减少或消除传动误差的来源；另一则是在传动链的传动系统中外加一个大小相等的反误差补偿之。具体的措施主要有下述几种：

(1)提高机床内传动链各传动元件的加工和装配精度

精密的螺纹加工和齿轮加工机床内传动链中的传动齿轮，一般均要求达到 6 级或更高的精度等级，并严格控制其内孔与配合轴颈之间的间隙。此外，还必须同时对机床主轴、传动丝杠、分度蜗轮副等提出相应的精度要求和严格控制它们装配后的径向、轴向跳动或安装偏心。达到上述要求的螺纹加工机床，可加工出 7 级精度左右的丝杠；达到上述要求的滚齿机，采用 *AA* 级精密滚刀并经精细调整，可加工出 6 级精度左右的齿轮。

(2)采用传动链极短的内传动链

对专门用于螺纹加工的机床，可采用更换挂轮的办法实现各种不同规格的螺纹加工，这样，可通过缩短机床的内传动链而得到较高的传动精度。

为了进一步减少传动环节,对某些专门用于加工某种规格螺丝的机床,如加工量具上千分螺丝的机床,还可采用去掉全部传动齿轮并将传动丝杠与主轴合并的结构。这样,即可彻底消除由机床主轴到传动丝杠所有中间传动元件误差的影响,而只剩下传动丝杠(即主轴)本身误差的影响了。在这种机床上加工出来的千分螺丝的螺距误差为 ±0.0015mm,而在一般螺纹磨床上加工的螺距误差则为 ±0.003mm。图 4-31 即为改装前后螺丝磨床的内传动链简图。

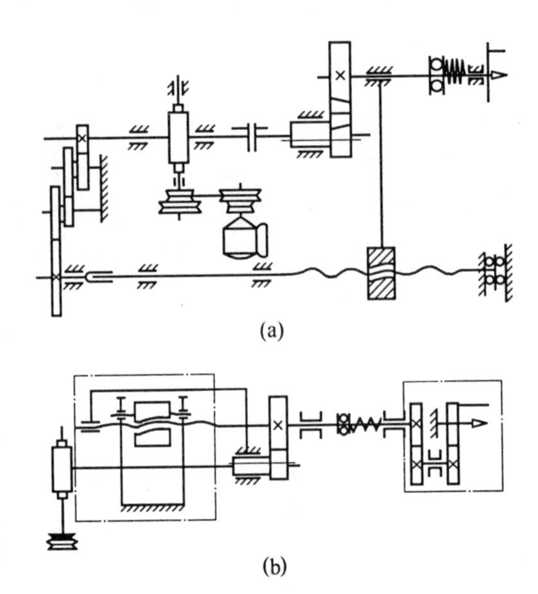

图 4-31　螺纹磨床改装前后的内传动链简图

改装前系 5810A 型苏制螺纹磨床。由图 4-31(a)可看出,从主轴到带动工作台移动的传动丝杠的内传动链过长,不仅在内传动链中有四对齿轮,还有两对花键连接件,从而使其传动误差增大。另外,由于床头箱主轴采用旋转顶尖结构,也会因主轴的径向和轴向跳动而引起加工后螺纹螺距误差的增大。由图 4-31(b)可看出,改装后的内传动链极短,带动工作台移动的传动丝杠本身就是带动工件回转的主轴,这样即可去掉改装前四对齿轮和两对花键连接件的传动误差。由不回转的顶尖结构代替改装前的旋转顶尖结构,可以消除主轴回转运动误差对加工螺纹螺距精度的影响。

(3)采用补偿传动误差的办法

为了减少螺纹或齿轮加工机床内传动链的传动误差,进一步提高其传动精度,还可采用补偿传动误差的办法。其实质是在机床内传动链的传动系统中加入一个与传动误差大小相等但方向相反的误差,使它们相互补偿。如图 4-32 所示是由校正尺 1 的校正曲线提供给可转动螺母 2 的附加转动来实现传动误差的补偿。在车削加工螺纹的某一瞬时,刀具进给运动速度过快,则通过可转动螺母 2 在校正尺 1 作用下使其与传动丝杠同向产生一个附加转动,从而使刀具恢复到准确的进给速度。反之亦然。

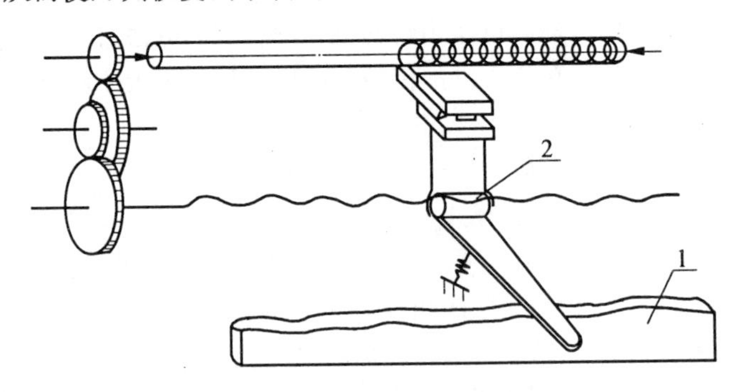

1—校正尺　2—可转动螺母

图 4-32　螺纹加工机床传动误差的补偿原理

实现传动误差的补偿,首先要解决机床传动误差的精确测量问题。目前,测量螺纹加工机床内传动链传动误差的方法很多，经常采用的有下述两种方法。

①静态间断测量法。

精密丝杠车床内传动链传动误差的测量，可采用精密水平仪和精密测长仪的直接读数串测法。如图 4-33 所示，通过精密水平仪实现对主轴转角的精确测量，再通过重锤、细钢丝、支杆和精密测长仪中的光学精密刻线尺、精密读数显微镜等，实现对工作台位移的的精确测量，从而获得传动误差的直接测量。由于在测量过程中采用了 200mm 高精度的光学精密刻线尺，为了能测量工作台整个移动行程的传动误差，则必须通过间断移动仪器底座的办法进行分段串测。此种测量方法的测量精度可达 0.5μm。在测量时，为了能反映出机床传动丝杠的内螺距误差，则可通过精密分度装置（如正多面体和光学准直仪）代替主轴上的精密水平仪或采用传动比为 4，6，8，12 的挂轮组实现之。

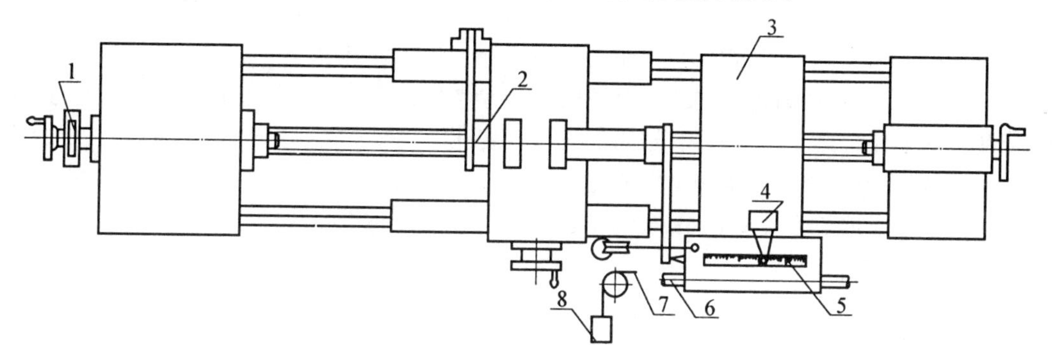

1—精密水平仪； 2—可转动螺母； 3—仪器底座； 4—精密读数显微镜；
5—精密刻线尺； 6—圆导轨； 7—细钢丝(0.2mm)； 8—重锤

图 4-33 精密丝杆车床内传动链传动误差的测量

②动态连续测量法。

对精密螺纹加工机床的传动误差，可采用光电式传动误差测量装置对其进行动态连续测量。

这种测量装置如图 4-34 所示，它是由圆光栅系统、激光干涉系统和电器计测系统等组成。其测量的原理是分别以圆光栅和激光的光波波长做为机床主轴回转角度和工作台直线位移的对比标准量。当机床内传动链非常准确时，则由圆光栅和指示光栅的相对转动产生的莫尔条纹与激光光波干涉转化的电信号一直保持着严格的定比关系，这时通过信号处理、分频、比相和滤波，最后在记录器上反映出一条直线。若机床内传动链有传动误差，则破坏了原有的严格定比关系，最后在记录器上反映出的是一条曲线。它们之间的差值即反映了机床的传动误差。

见图 4-34，在机床主轴上同步回转的圆光栅是一块圆玻璃板，周向刻有 139 06 条辐射黑线，两黑线之间的空白间隙与黑线宽度相等形成黑白相间的光栅。当此圆光栅回转一个黑线间距时，光源发出的光束透过圆光栅和指示光栅使光电管 1 感受到一次明暗的变化，发出一个电的正弦信号。

在机床工作台上安置一个与工作台同步移动的直角棱镜（动镜），随着工作台的移动可以改变动镜到分光镜的光程。由氦氖气体激光管所发出的一束红光，首先射向分光镜，然后分为两路，反射和透射返回的两路光在分光镜处汇合成相干光束。这一对相干光束在汇合时可能相加也可能相减，由两路的光程差而定。相加时形成亮场，相减时形成暗

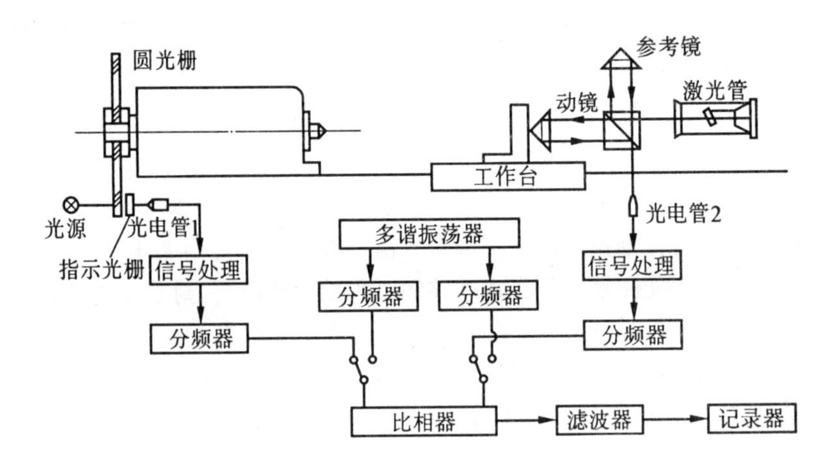

图 4-34　光电式传动误差测量装置的测量原理

场，由亮场变到暗场的光程差为半个波长。当参考镜固定不动时，这路的光程不变，这时若动镜随工作台移动半个波长，这路的光程就变化了一个波长，也就产生了一次明暗的变化，从而使光电管 2 也产生一个电的正弦信号。

由于激光波长为 $\lambda = 0.6328198 \pm 1 \times 10^{-7}\mu m$，故工作台每移动 1mm，光电管 2 就发出 N 个电的正弦信号

$$N = \frac{1\,000}{\lambda/2} = \frac{2\,000}{0.6328198} = 6\,953 \times \frac{5}{11}$$

当机床主轴和圆光栅一同回转 360° 时，光电管 1 就发出 13 906 个电的正弦信号，此时工作台和动镜的位移是一个传动丝杠的螺距 P，从而光电管 2 也将发出 $P \times N$ 个电的正弦讯号。两路讯号各自经过电器进行讯号处理和分频后，可以转变为两种频率相同的脉冲讯号：圆光栅一路的分频数为 $660/P$，因此当圆光栅转 360° 时经分频发出的讯号数为 $\frac{13\,096}{660/P} = \frac{6\,953}{330}P$；激光干涉一路的分频数为 150，则工作台移动 P 时，经分频后所发出的讯号数应为 $\frac{P \times N}{150} = 6\,953 \times \frac{5}{11} \times \frac{P}{150} = \frac{6\,953}{330}P$。

若被测的内传动链没有误差，则主轴转 θ 角时，工作台相应移动距离 l，即 $\frac{l}{\theta} = \frac{P}{360}$。这时圆光栅发出讯号与激光干涉发出讯号保持初始相位差 φ_0 不变，进入比相器转换为宽度相同的方波，并且以相同的平均电位 V_0 输出，由记录器画出一条没有传动误差的直线。

若被测的内传动链有误差，则主轴转 θ 角时，工作台相应移动的距离不是 l 而是 $l + \Delta l$。这时圆光栅发出讯号和激光干涉发出讯号的初始相位差不再保持原来的 φ_0，而变成 φ_1、φ_2 或 φ_3…，进入比相器转换为宽度变化的方波，并且以变化的平均电位 V_1，V_2 或 V_3…输入记录器，画出一条由于传动误差而形成的曲线。

比相器输出的方波包括有机床内传动链的累积误差、周期误差及其它高频误差讯号。经过滤波器滤波，可将不需要输出的误差讯号频率滤去，而让需要的讯号频率输出，使记录器上画出明显的机床内传动链的周期误差曲线或累积误差曲线。

在测量之前，用多谐振荡器产生同频率而相位差为 45°，90°或 180°的两讯号，进入比相器后转换为标准方波，以其相应的平均电位标定记录器的示值，以便于相比确定传动误差的数值。

当螺纹加工机床内传链的传动误差 ΔP(见图 4-35(a)) 测定后,即可根据误差补偿原理另外制造一个大小相等、方向相反的误差 $\Delta_{补}$(见图 4-35(b)) 以补偿之。为了实现传动误差的补偿,往往采用差动机构和校正尺组成的校正装置。差动机构的作用是为了将误差补偿运动引入原传动链中去,而校正尺的作用,则是提供给差动机构以准确的补偿运动。

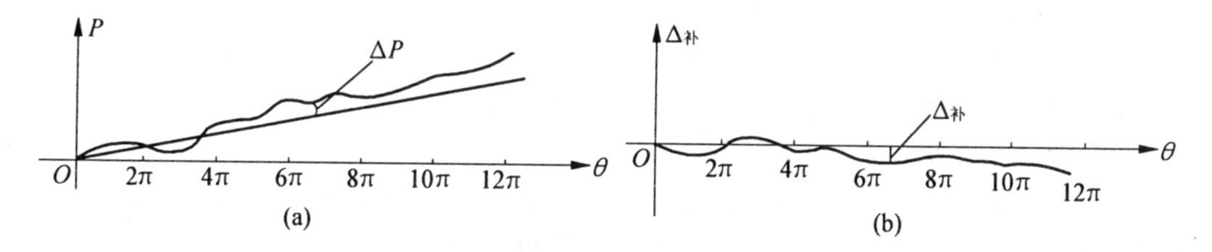

图 4-35 螺纹加工机床内传动链传动误差曲线与误差补偿曲线

图 4-36 所示,是精密丝杠车床的一种校正装置。校正尺 1 紧固在床身上,顶杆 11 从床鞍 2 中通过,利用弹簧 5 使顶杆端部的滚子 12 与校正尺 1 保持接触。顶杆的另一端通过钢球 3 与杠杆 4 保持接触。杠杆 4 摆动,通过小齿轮 10 和固定在螺母 8 上的齿扇 9 使螺母 8 作相对于传动丝杠 6 的附加转动,从而使刀架得到一个附加的移动来补偿传动误差。校正尺 1 上的校正曲线与精密丝杠车床传动误差曲线是相类似的,只不过是在方向上相反且在数值大小上具有一定的比例关系而已。校正尺上各部位的校正值 $\Delta_{校}$ 与误差补偿值 $\Delta_{补}$ 之间的关系,可近似地按下式确定

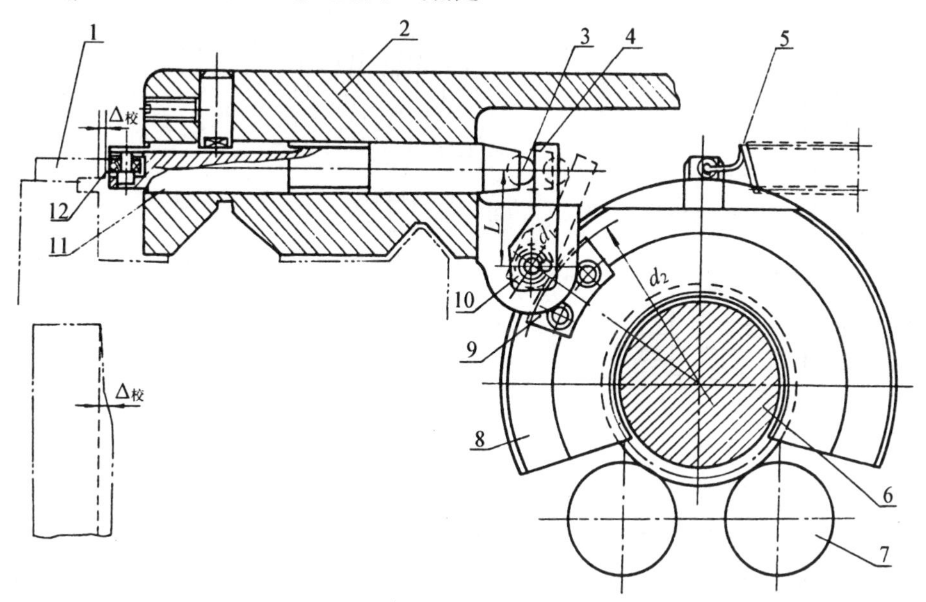

1—校正尺; 2—床鞍; 3—钢球; 4—杠杆; 5—弹簧; 6—传动丝杠; 7—支承滚子; 8—可转动螺母; 9—齿扇; 10—小齿轮; 11—顶杆; 12—滚子

图 4-36 丝杠车床传动误差校正装置

$$\Delta_{校} = \frac{2\pi L d_2}{d_1 P}\Delta_{补}$$

式中 L—— 顶杆 11 轴线对小齿轮中心的垂直距离;

d_1—— 小齿轮分度圆直径;

d_2—— 齿扇分度圆直径；

P—— 精密丝杠车床传动丝杠的螺距。

为了提高传动误差的补偿精度和制造校正尺的方便，常采取误差放大的原则，即上述关系中的$\dfrac{2\pi L d_2}{d_1 P}$为放大比，一般根据具体结构尺寸可取为 50 ~ 200。

采用这种校正装置，由于受到装置结构特点和其它方面条件的限制，往往只能对机床内传动链中的末端传动元件 —— 机床传动丝杠本身的误差进行补偿。

(五)成形刀具的制造和安装精度

零件加工表面形状精度的获得方法中，若采用成形刀具进行加工，其加工表面的形状精度还与成形刀具的形状及其在加工前的安装精度有关。

若零件加工表面在加工时所使用的成形刀具在制造和刃磨后本身形状不准确，其误差将直接反映到加工表面上。即使当所使用的成形刀具制造和刃磨得很准确，但在机床上安装有误差时，也会影响加工表面的形状精度。对旋转体成形表面，其所使用成形刀具的准确安装是要求刀具成形刃口所在平面必须通过被加工工件的轴线。

例如，当采用宽刃车刀横向进给加工短锥面时，若刀具刃口位置安装得偏高或偏低，将加工成一个双曲面(图 4-37(a))。又如，用成形螺纹车刀精车丝杠时，若车刀前刀面安装得偏高、偏低或倾斜时，也会造成加工后螺旋面的形状误差(图 4-37(b))。

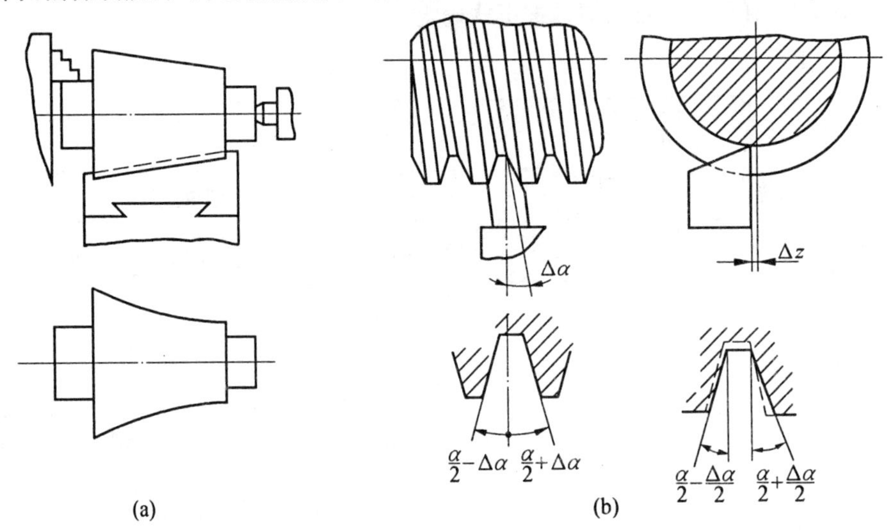

图 4-37 成形刀具安装误差对零件加工表面形状精度的影响

为了提高成形刀具的刃磨和安装精度，可采用光学曲线磨床对成形刀具进行精确刃磨和通过对刀样板或对刀显微镜实现成形刀具的准确安装。

(六)零件加工表面形状的检测精度

1. 检测精度对零件加工表面形状精度的影响

当零件的加工表面形状精度要求很高，从现有机床已得不到与其相应的高精度成形运动时，常采用非成形运动法加工。这时，被加工零件的形状精度在很大程度上取决于加工过程中对加工表面形状的检验和测量精度。如精密机床导轨的直线度、平行度及其截面的形状精度的最终工序，常采用刮研或研磨的方法，这些方法均属于非成形运动法。采用这些方法进行加工，要确知被加工导轨面各部位的高低，需要通过相应精度的对比标准

——平尺、样板和检具进行检验。为了获得精密量块的高精度平面,也常采用手工精研或精研机研磨,这时精密量块加工表面的平面度主要取决于高精度的研磨平板。高精度的精密丝杠的最终精研工序,也同样是与所使用螺母研具的精度有关。这些研磨平板或螺母研具等,在实质上即是加工工具又是检验工具。

2. 提高零件加工表面形状检测精度的主要措施

(1)提高检测用标准平尺和标准平台的精度

在检验和测量零件加工表面形状所使用的标准平尺和标准平台,应具有精度高、寿命长、刚度好和结构简单等特点。为此,对标准平尺和标准平台必须选取合理的结构形式和相应的精密加工方法。

①标准平台和标准平尺的合理形状及结构。

标准平台的形状,采用正方形或圆形是最理想的,只有这两种形状才能在三块平台依次互检和互研的过程中相对转位 90°或任意角度,从而获得平面度精度很高的平台。否则,若采用长方形,则因在三块长方形平台的依次互检和互研中,只能相对转位 180°或 360°,故较难彻底消除平台的平面度(扭曲)误差。此外,为了保证标准平台的精度,除采用变形小且耐磨的材质和合理形状外,还应采用具有很高刚度的箱式结构。对大型标准平台,为减小在制造和使用中的自重变形,最好采用多点浮动支承,即以对称分布且浮动的 12 个支承点分别支承在平台相应的筋板交叉部位上。

标准平尺,也应采用直角长箱式结构。这种结构不仅可以提高平尺的刚度,而且还可以为平尺的加工和检验带来很多方便。

②标准平台的最终精加工。

显然,高精度标准平台的最终精加工是不能在刨、铣、磨等机床上加工完成的,而是采用非成形运动法进行的。标准平台在最终精加工之前,除留有相应的余量和保证已具有一定的形状精度外,还应彻底消除其内部的残余应力。

对标准平台最终精加工的方法主要是精密刮研或研磨。为获得极高精度的平面,必须采取同时对三块平台的表面依次反复进行涂色互检和刮研的方法。采用这种方法,由于开始时平台的平面度精度较低,在第一和第二两个平台表面涂色互检时,还只有少量局部点相接触,这些局部接触点就呈黑色,刮研时就是要刮去这些黑色的凸起点。然后,再涂色互检再刮研,如图 4-38(a)所示,直到互研后的着色点细密地布满整个表面,这意味着此两块平台的表面已完全密合,但并不等于都是准确的平面。其后,取其中的第一块平台再与第第三块平台互检和刮研,也同样重复上述过程,直到第一块与第三块密合为止。然后,第三块平台与第二块平台表面同样地进行互检和刮研……。如此,依次反复地进行互检和刮研,直到最后这三块平台的表面都能彼此相互密合,这样就可获得三块平面度精度极高的标准平台。上述的互检和刮研过程如图 4-38(b)所示。

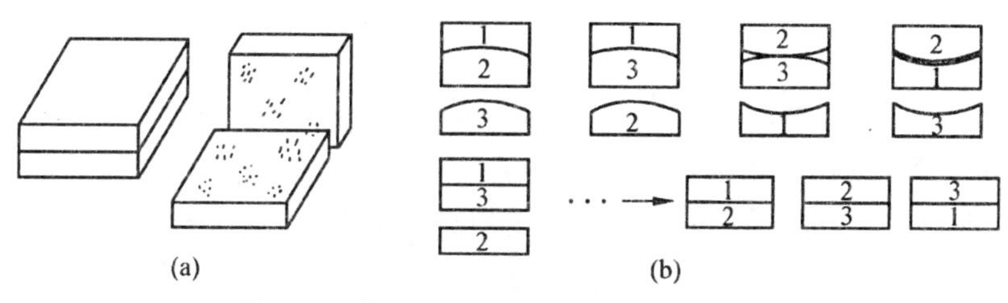

图 4-38 标准平台表面的互检和刮研过程

(2)提高对零件加工表面形状的测量精度

除采用精密平台、精密平尺对零件加工表面的形状进行检测外,还可采用精密水平仪和光学平直仪等测量工具进行测量。例如,对机床导轨面的测量,特别是对长导轨面的测量,往往由于受到标准平尺结构尺寸的限制,而只能采用上述测量方法。

采用精密水平仪测量机床导轨的形状精度时(见图 4-39(a)),将刻度值为 0.02/1 000 的精密水平仪放置在跨距为 l 的测量桥板上,通过测量桥板的依次分段移动并将每段由精密水平仪读出的倾角 $\alpha_1,\alpha_2\cdots$,画出如图 4-39(b) 所示之图线,则 OM_{10} 上部的折线即表明了机床导轨在垂直平面内各个部位的直线度误差。

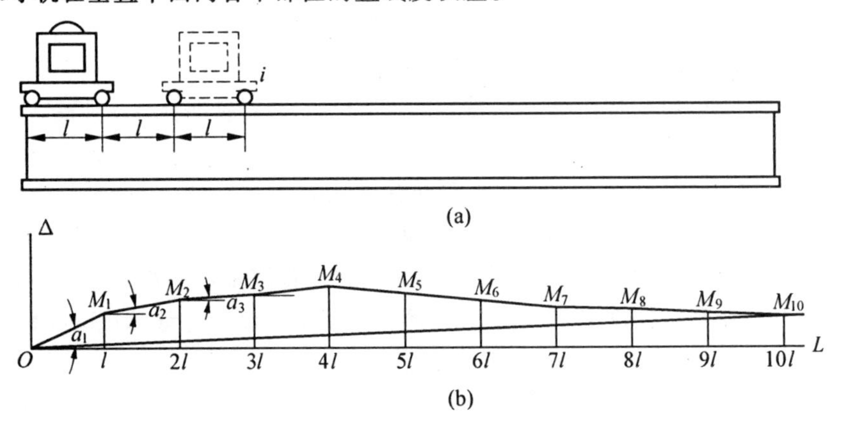

图 4-39　精密水平仪测量机床导轨的直线度误差

为了进一步提高机床导轨直线度测量的精度和效率,可采用刻度值为 1″ 的光学平直仪。采用这种测量仪器可同时测出机床导轨在水平面内和垂直平面内两个方向的直线度误差,其测量原理如图 4-40 所示。

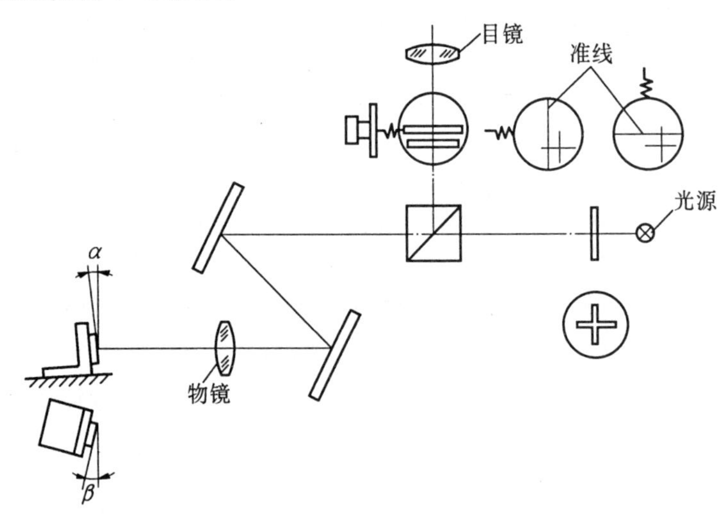

图 4-40　光学平直仪测量机床导轨直线度的原理

由光源经透镜发出一束带有“十”字的平行光,若置于被测机床导轨上的反射镜与平行光垂直,则反射回来的“十”字与准线板上的准线重合。当机床导轨面倾斜而使其上反射镜也倾斜(如在垂直平面内倾斜 α 角,而在水平面内倾斜 β 角)时,反射回来的“十”字将与准线偏离。调整与刻度盘相连的两个相互垂直的滑动准线板,使其准线与“十”字重合。这样,即可由两个刻度盘分别读出两个滑动准线板的移动数值,据此分别作出机床导轨在垂直和水平两个平面内的折线图,即为其在垂直和水平两个平面内的直线度误差。

为提高对零件加工表面形状的检测精度,在条件允许时还可采取被加工零件之间或零件与检具之间互检的方法。例如,对双V形导轨面的形状和位置精度,就可通过工作台导轨和与其相配合的床身导轨互检,或通过双凸和双凹的V形检具的检测,均可达到很高的测量精度。如图4-41所示,当工作台和床身上的双V形导轨或检具上的双凸和双凹V形导轨有误差时,则可在对研密合(见图a)之后再将其中之一旋转180°后再与相配合的导轨相接触,这样即可由接触斑点的不均匀分布位置(见图b)检测出这对双V形导轨的直线度误差和平行度误差。在此基础上,通过多次反复互检和修刮,就可获得精度很高的一对双V形导轨。

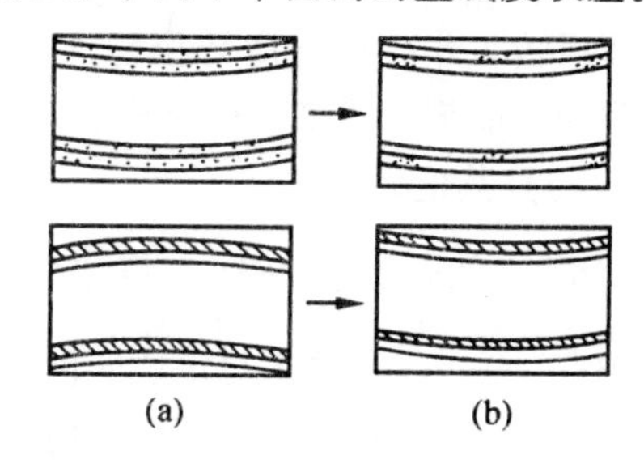

图4-41 双V形导轨副的互检

三、工艺系统原有误差对位置精度的影响及其控制

(一)影响位置精度的主要因素

在机械加工中,获得零件加工表面之间位置精度的基本方法有一次装夹获得法和多次装夹获得法。在多次装夹获得法中,又可根据工件装夹方式的不同划分为直接装夹、找正装夹及夹具装夹等。当零件加工表面之间的位置精度要求很高,不能依靠机床精度保证时,还可采用非成形运动法。根据上述零件加工表面间位置精度的不同获得方法,影响其精度的主要因素分别为:

1. 机床的几何精度;
2. 工件的找正精度;
3. 夹具的制造和安装精度;
4. 工件加工表面之间位置的检测精度。

(二)机床的几何精度

当采用一次装夹获得法或多次夹装获得法中的直接装夹加工时,影响加工表面之间位置精度的主要因素是所使用机床的几何精度。

当零件上各加工表面是在多刀车床、龙门刨床,多轴钻镗床或加工中心上一次装夹中,同时或顺序地由多把刀具加工获得时,则其各加工表面之间的位置精度可由图4-42所示的工艺系统几何关系所保证。图中的“刀具切削成形面”是指刀具切削刃口相对工件作成形运动的轨迹,因其亦是零件上的被加工表面,故对在加工中相互重合的表面之间用符号“=”表示。对图中有关面之间的精度联系(如位置精度、机床几何精度、找正精度及夹具精度)关系,则用符号“↔”表示。由图示可知,各加工表面之间的位置精度主要与机床有关部件之间的位置精度和运动精度有关,亦即是与机床几何精度有关,而与工件的装夹精度无关。

当零件上各加工表面是在一次装夹中的多个工位上分别由有关刀具加工获得时,其各加工表面之间的位置精度也是与机床的几何精度的组成部分——机床工作台的定位精度有关。例如,在多轴半自动、自动机床或多工位机床上加工零件时,其各加工表面之间的位置精度还与机床某些部件的移位、转位和重复定位等精度有关。如图4-43(a)所示,

在两个工位上分别加工零件的外圆和内孔，加工后外圆与内孔之间的同轴度误差主要取决于机床回转工作台的分度转位精度，亦即是机床工作台可能产生的最大相邻分度误差 $\Delta_{分}$（见图4-43(b)），其值为

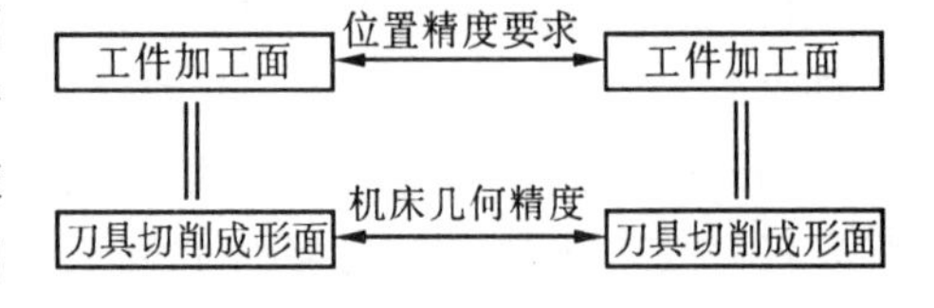

图 4-42　一次装夹保证零件各加工表面之间位置精度的工艺系统几何关系

$$\Delta_{分} = \Delta_1 + \Delta_2 + \frac{e}{2} + TL$$

式中　Δ_1—— 定位销与定位套内孔的最大配合间隙；

Δ_2—— 定位销与导向套内孔的最大配合间隙；

e—— 定位套本身内孔与外圆之间的同轴度公差；

TL—— 工作台分度盘相邻定位套底孔的中心距公差。

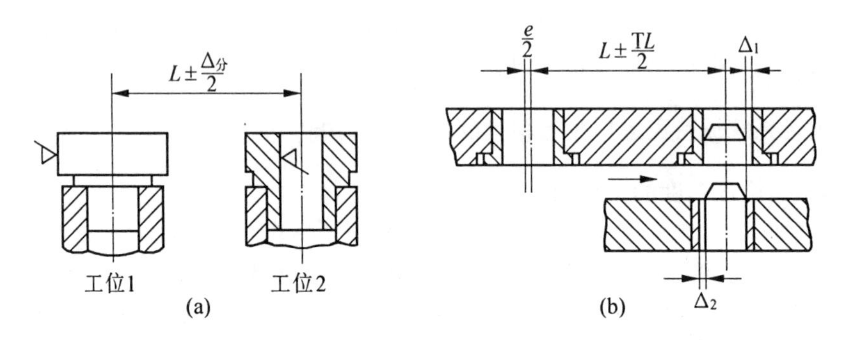

图 4-43　多工位加工时机床回转工作台的最大相邻分度误差

如被加工零件各有关表面之间位置精度是采用多次装夹获得法中的直接装夹获得时，保证加工表面与定位基准面（以前工序装夹时的加工面）之间位置精度的工艺系统几何关系如图 4-44 所示。

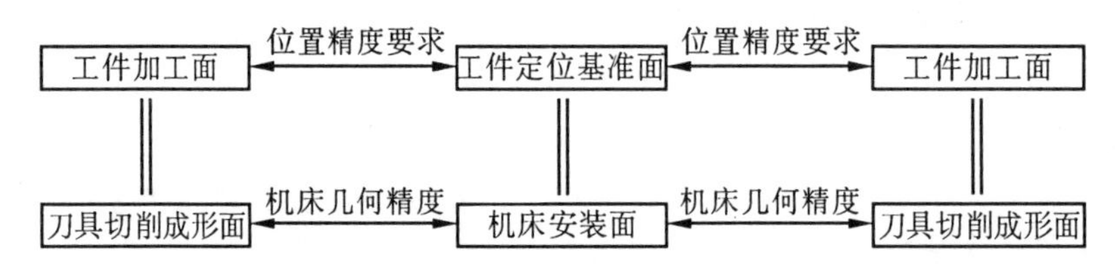

图 4-44　直接装夹保证零件加工表面与定位基准面之间位置精度的工艺系统几何关系

由上图所示的几何关系图可知，影响零件有关表面之间的位置精度，主要是机床的几何精度。如车床主轴回转轴线与三爪自定心卡盘轴线的同轴度、龙门铣床工作台面与各铣头主轴回转轴线的垂直度和平行度、工作台面和其上 T 形槽侧面与工作台移动导轨之间的平行度等，这些都是机床几何精度的重要指标。为此，可通过精化机床提高机床各有关部件之间的位置和运动精度来保证加工零件的位置精度。

（三）工件的找正精度

当零件各有关表面之间位置精度是采用多次装夹获得法中的找正装夹获得时，保证加工表面与定位基准面之间位置精度的工艺系统几何关系如图 4-45 所示。

由工艺系统几何关系可知，在加工前直接根据刀具刃口的切削成形面来找正并确定工件的准确位置，则此时零件各有关表面之间的位置精度已不再与机床的几何精度有关，而主要取决于工件装夹时的找正精度了。为此，可通过采用高精度量具或量仪和仔细的

操作来提高工件装夹时的找正精度。

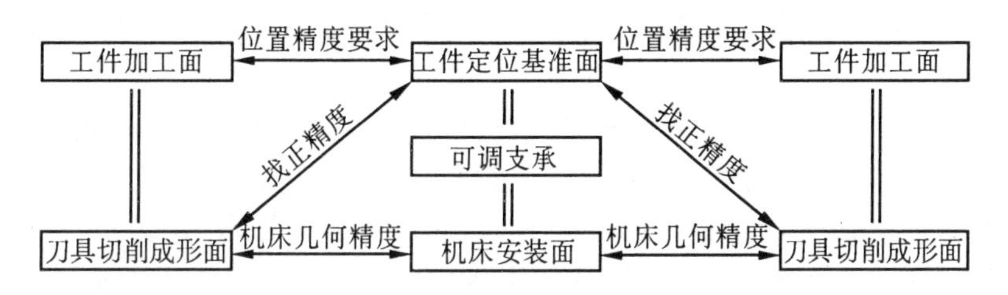

图 4-45 找正装夹保证零件加工表面与定位基准面之间位置精度的工艺系统几何关系

(四)夹具的制造和安装精度

在成批生产中,当零件有关表面之间位置精度是采用多次装夹获得法中的夹具装夹获得时,保证零件加工表面与定位基准面之间位置精度的工艺系统几何关系如图 4-46 所示。

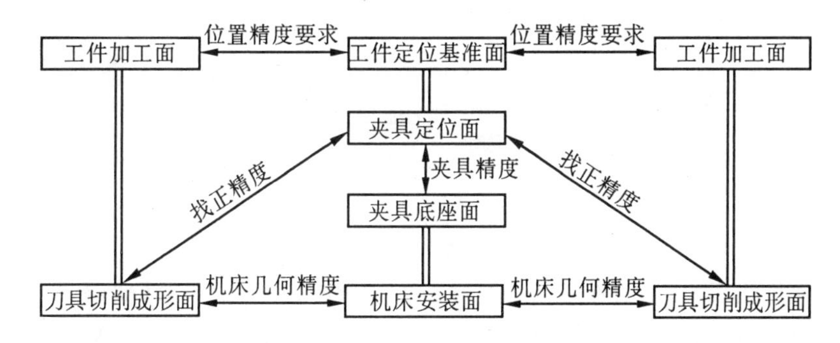

4-46 夹具装夹保证零件加工表面与定位基准面位置之间位置精度的工艺系统几何关系

由上述工艺系统几何关系图可知,当夹具通过其上有关表面直接安装到机床上时,由于增加了夹具这个环节,故影响零件加工表面与定位基准面之间位置精度的主要因素,除了机床的几何精度外,还与夹具的制造和安装精度(简称为夹具精度)有关。当夹具安装到机床上是采用找正装夹(即找正夹具上定位元件表面的准确位置),则此时影响零件加工表面与定位基准面之间位置精度的主要因素已转化为夹具装夹时的找正精度了。为此,在使用夹具装夹加工零件时,为获得较高的位置精度,则应采用找正夹具上定位元件相对刀具切削成形面准确位置的方法来提高夹具安装精度。

(五)工件加工表面之间位置的检测精度

当零件有关表面之间的位置精度要求甚高,通过采用上述各种装夹方法均达不到要求时,则只能采用非成形运动法来获得。此时,加工后零件有关表面间的位置精度将主要取决于对加工表面之间位置的检测精度。

例如,对精密量块的手工精研,其工作面之间的平行度精度,主要是通过不断检测其平行度误差和不断进行修整研磨达到。再如,对直角尺两工作面之间的垂直度精度,也是同精密平台的依次互检和互研的方法一样,通过对三个直角尺依次相互检验和刮研的办法,最后得到三个垂直度精度都非常高的直角尺。这种互检的方法,也就是在采用非成形运动法获得零件有关表面之间位置精度的高精度测量方法。

§4-4 加工过程中其它因素对加工精度的影响及其控制

在机械加工中,对一个零件的各种加工表面来说,若想获得准确的尺寸、形状和位置,首先应具备准确的尺寸测量、工件装夹、刀具调整以及刀具相对工件的成形运动等条件。这几方面的条件,主要是通过所使用与零件精度相适应的机床、夹具、刀具、量具及工人的正确操作来实现。上节分析和讨论的问题,都是属于这个方面的问题。但从另一方面来看,即使具备了上述几个方面的条件,但往往有时还不能获得所要求的零件,而在尺寸、形状和位置等精度方面达不到图纸要求。例如,在加工细长轴时往往出现腰鼓形误差;加工一个直径和长度尺寸都很大的内孔时经常会出现锥度;加工丝杠时常常产生螺距误差以及磨削薄工件表面后产生弯曲等等(见图 4-47)。

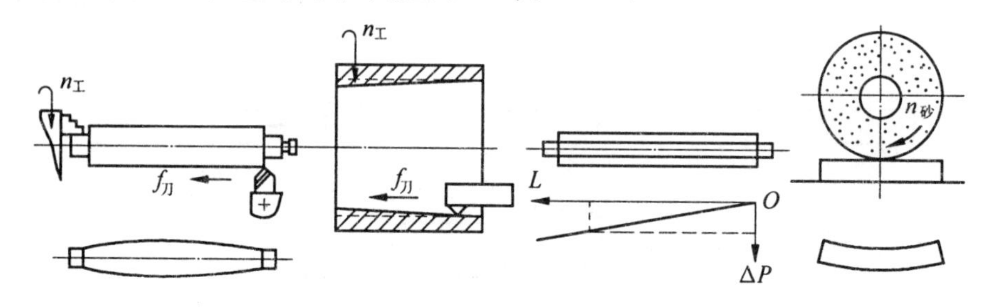

图 4-47 加工过程其它因素造成的加工误差

所以出现这些现象,说明在零件的机械加工过程中还有其它一些影响加工精度的因素,这主要是工艺系统受力变形、热变形、磨损及残余应力等。这些因素都会在不同程度上影响加工时刀具相对工件的位置、刀具相对工件的成形运动、工件的装夹及工件试切尺寸的测量等方面的精度。

虽然在加工过程中,各种力、热、磨损和残余应力等因素的影响在一般情况下不象工艺系统的原有误差影响表现的那样明显,可是在一些低刚度零件、特殊结构零件和精密零件加工中,它们的影响却占有较大的比重。为此,这里将较详细地分析和讨论在加工过程中影响加工精度的其它因素。

一、工艺系统受力变形对加工精度的影响及其控制

(一)各种力对零件加工精度的影响

在零件加工过程中,在各种力(夹紧力、拨动力、离心力、切削力、重力和测量力等)的作用下,整个工艺系统要产生相应的变形并造成零件在尺寸、形状和位置等方面的加工误差。

1. 夹紧力的影响

在加工过程中,由于工件或夹具的刚度过低或夹紧力确定不当,都会引起工件或夹具的相应变形,造成加工误差。(图 4-48(a))所示,在车床上用三爪自定心卡盘定位夹紧加工薄壁套或在平面磨床上磨削加工薄片类工件,由于夹紧力而产生弹性变形,工件加工后虽然在机床上测量加工表面的形状是合格的,但取下后它们将会因弹性恢复而超差。又如,当使用夹具时,由于夹具设计的不合理或其刚度不够,也会由于夹具某些受力部分的过大变形(图 4-48(b))而造成工件的加工误差。

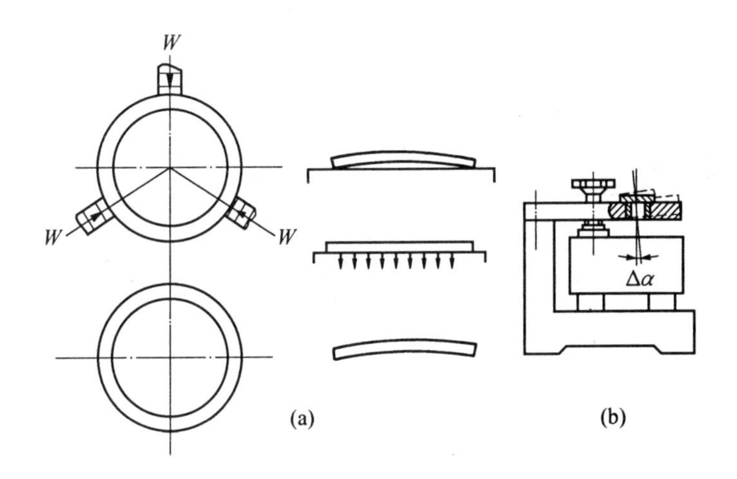

图 4-48　夹紧力的影响

2. 拨动力和离心力的影响

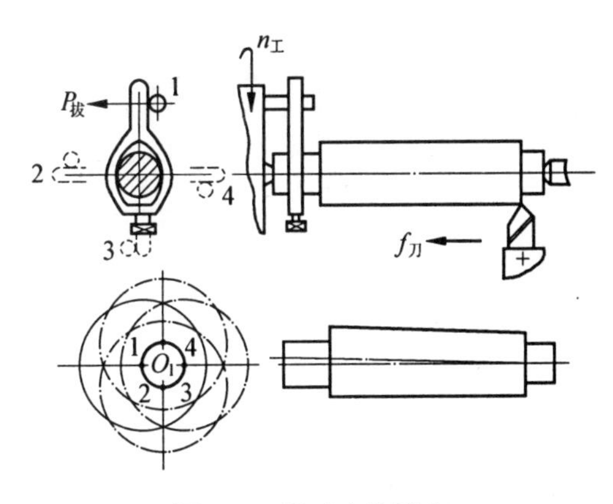

图 4-49　拨动力的影响

在加工过程中，若采用单爪拨盘带动工件回转时，将产生不断改变其方向的拨动力。对高速回转的工件，若其质量不平衡，也将产生方向不断变化的离心力。这些在工件每转一转其方向不断改变的力，会引起工艺系统有关环节的变形，并相应造成被加工工件的加工误差。如图 4-49 所示，在车床上用单爪拨盘拨动加工工件的外圆表面时，若只考虑单爪拨盘拨动力的影响，则在不断变化其方向的恒定拨动力的作用下，工件的瞬时回转中心已不再是工件的顶尖孔中心(如图示中的 1,2,3,4)，而是工件端面上某一固定点 O_1。这样，加工后将造成外圆表面与定位基准面(前后顶尖孔连线)的同轴度误差，且这项加工误差值将随距拨盘端面距离的增加而逐渐减小。同理，在只考虑不断改变其方向的恒定离心力的影响下，加工工件外圆和内孔也将造成它们与定位端面的位置误差。

3. 切削力的影响

在加工过程中，切削力会引起工艺系统有关的部分变形，从而造成加工误差。如图 4-50(a)所示，在外圆磨床用宽砂轮横向进给磨削工件的轴颈时，由于磨床头架刚度高于尾架刚度，将造成被加工轴颈的圆柱度误差。又如在牛头刨床上加工一长方形平板(见图 4 – 50(b))时，由于滑枕和工作台在切削力作用下的变形，将使加工后的平板产生平面度及平行度误差，其大致形状(如图 4 – 50(c))所示。

4. 重力的影响

在加工过程中，工艺系统有关部分在自身重力作用下所引起的相应变形，也会造成加工误差，这在切削力甚小的精密加工机床上表现得更为突出。如采用悬伸式磨头的平面磨床加工平面时，则由于磨头部件的自重变形而造成加工表面的平面度误差及其对工件底面的平行度误差(见图 4 – 51(a))。又如，在双立柱坐标镗床上加工箱体孔系时，则由

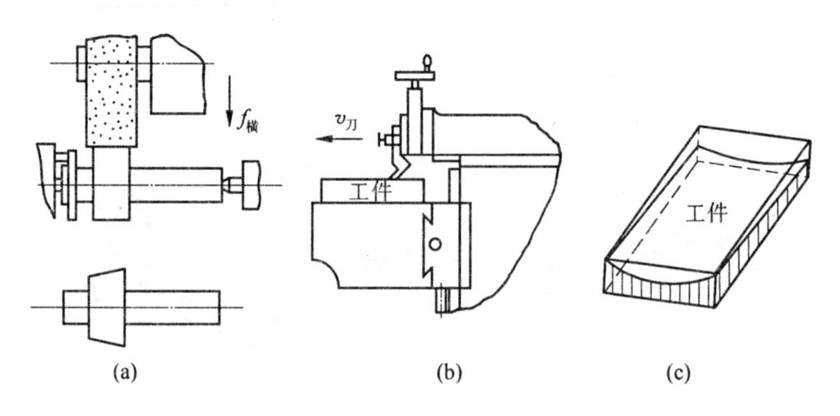

图 4-50 切削力的影响

于主轴箱部件的重力引起横梁变形，当主轴箱处于不同位置时其变形量不等，从而造成加工后各孔之间的位置误差(见图 4－51(b))。

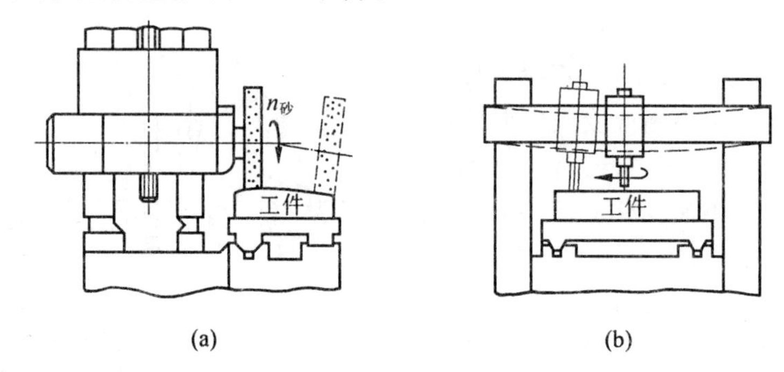

图 4-51 重力的影响

5. 测量力的影响

在加工过程中，当采用试切法或试切调整法加工时，由于对工件试切尺寸进行测量时测量力的作用，将使测量触头与工件表面产生接触变形，从而由于测量不准而造成加工误差。

(二)控制工艺系统受力变形对零件加工精度影响的主要措施

在加工过程中，控制工艺系统受力变形对零件加工精度影响的主要措施有如下几种：

1. 降低切削用量

在零件加工过程中，可通过降低切削用量来减少夹紧力、切削力、拨动力及离心力等对零件加工精度的影响。虽然这种措施会影响劳动生产率，但在精加工工序中，为确保加工精度还不得不经常采用。

2. 补偿工艺系统有关部件的受力变形

通过掌握工艺系统受力变形的规律，积极采取补偿变形的方法。即事先调整好工艺系统的某个部分，使其占有受力变形的相反位置，从而补偿加工过程中受力变形产生的误差。

在车床上采用调整法加工一批工件的外圆时，为了补偿刀架部件受力变形的影响，常常采取先试切几个工件，根据加工后工件的实际尺寸调整刀具的位置，或在已知变形量大小的前提下，采用径向尺寸略小的样件调整刀具位置等办法，以达到补偿刀架部件受力变形的目的。但有时则不能简单地采取事先调整刀具位置的办法进行补偿。譬如，在摇臂钻床上钻孔，其主轴回转轴线往往由于摇臂及其上主轴箱部件等重量引起的机床变形，而不能保证它与工作台面的垂直度。这时，由于受到机床结构的限制，就不能通过转动主轴箱的位置来保证其上主轴回转轴线与工作台面的垂直度精度要求。摇臂钻床主轴回转轴线对工作台面的垂直度误差，主要是由机床立柱和横臂部分的受力和自重变形造成的(见图 4－52(a))。为了解决这个问题，可采取如下两种补偿办法：

(1)采取横臂导轨略向上倾斜的结构(见图 4－52(b))；

(2)在转筒和立柱之间的上端加入一偏心套(见图 4－52(c))。

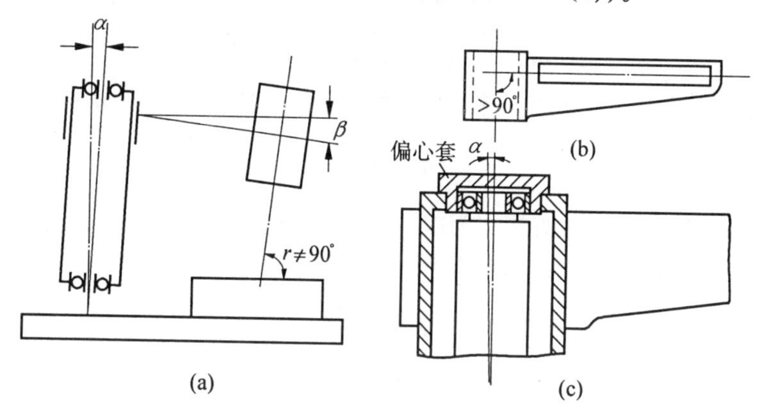

图 4-52　摇臂钻床横臂部件自重变形及其补偿

上述两种办法，都是使横臂导轨在未安装主轴箱前略向上倾斜，从而补偿了主轴箱本身重力对横臂的变形。

3. 采用恒力装置

在试切法加工的试切尺寸测量中，减少测量力对零件加工精度影响的主要措施是尽量减小测量力，而过小的测量力又会引起量具或量仪示值的不稳定性。为此，在常用万能量具量仪中，可采用恒力装置以保持测量力在一定的范围之内。为进一步减少测量力的影响，还可通过采用相对测量法，以便使测量力引起的接触变形误差在对比中相互抵消。

4. 提高工艺系统刚度

在上述措施中，降低切削用量是一种比较消极的办法，而补偿受力变形也往往由于结构限制或加工调整过于复杂，而使其采用受到一定限制。比较彻底的解决办法是提高工艺系统刚度，其中特别是提高工艺系统中薄弱环节的刚度。

(三)工艺系统刚度

1. 工艺系统刚度的概念及其特点

由材料力学可知，任何一个物体在外力作用下总要产生变形。(如图 4-53(a)) 所示，其变形量 y 的大小与外力 P 和物体本身的刚度 K 有关，一般以作用在物体上的外力 P(N) 与由它所引起在作用力方向上的位移 y(mm) 的比值表示，即

$$K = \frac{P}{y}(\mathrm{N/mm})$$

工艺系统刚度同一个物体本身刚度的概念一样，也是指整个工艺系统在外力作用下抵抗使其变形的能力。在零件加工过程中，工艺系统各部分在切削力作用下将在各个受力方向产生相应的变形。但从对零件加工精度的影响程度来看，则以在加工表面法线方向的变形影响最大。为此，可以将工艺系统刚度 $K_{系}$ 定义为零件加工表面法向分力 $F_{法}$ 与在该

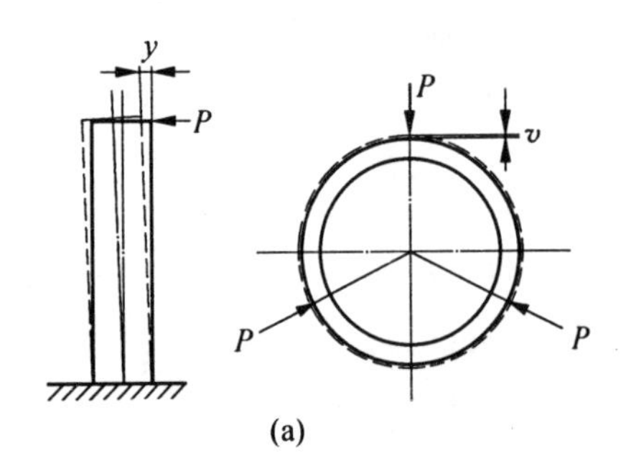

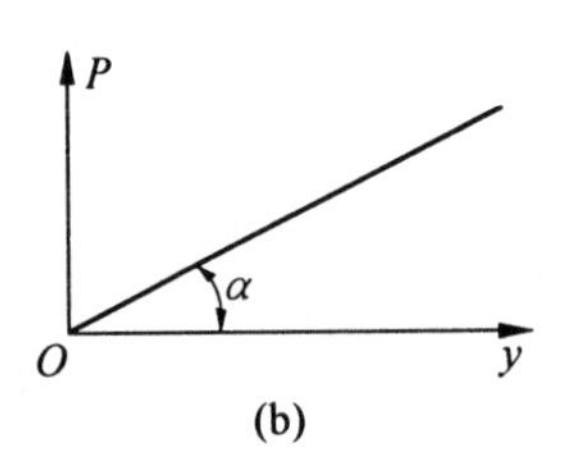

图 4-53　作用在一个物体上外力及其变形量

力作用下，刀具在此方向上相对工件的变形位移量 $y_{法}$ 之间的比值，即

$$K_{系} = \frac{F_{法}}{y_{法}}$$

如在车床或磨床上加工外圆表面时，则主要考虑径向切削分力 F_y 和径向相对变形位移量 y 的问题，此时工艺系统刚度即为

$$K_{系} = \frac{F_y}{y}$$

对一般物体或简单零件来说，其刚度值是一个常数，即外力与变形量之间呈线性关系，且变形与外力的方向一致（见图 4-53(b)）。然而，对整个工艺系统来说，则由于它是由机床、夹具、刀具和工件等很多零部件所组成，故其受力与变形之间的关系就比较复杂，且有它本身的特殊性。

例如，由很多零件所组成的车床刀架部件，如图 4-54 所示可简化为一个 90 × 90 × 200mm³ 的铸铁悬臂梁，现对其刚度进行粗略计算。

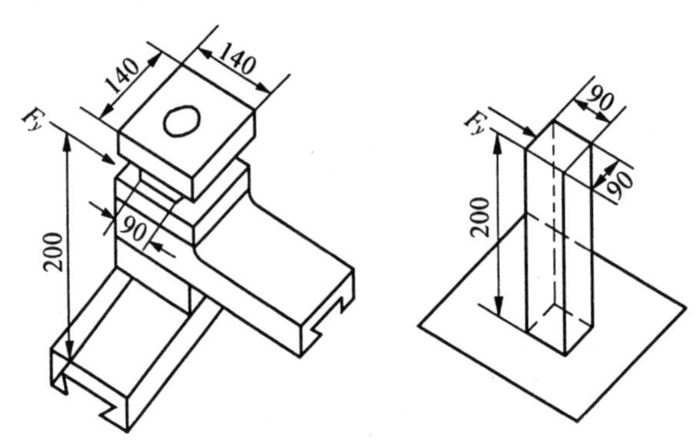

图 4-54　车床刀架部件刚度的简化计算

由材料力学有关公式计算可得

$$K_{计} = \frac{F_y}{y} = \frac{F_y}{F_y L^3/3EJ} = \frac{3EJ}{L^3}$$

$$E = 1.2 \times 10^7 (\mathrm{N/cm^2})$$

$$J = \frac{BH^3}{12} = \frac{9^4}{12}(\mathrm{cm^4})$$

$$L = 20(\mathrm{cm})$$

$$K_{计} = \frac{3 \times 1.2 \times 10^7 \times 9^4}{12 \times 20^3} = 2\ 460\ 000\text{N/cm} = 246\ 000\text{N/mm}$$

如采用单向测力装置对此刀架部件的刚度进行实测，其刚度值为 $K_{测} = 30\ 000\text{N/mm}$ 左右，远远低于上述的刚度计算值 $K_{计}$。这说明刀架部件的刚度要比相同尺寸铸铁块本身刚度低 8 倍多。车床刀架部件的实测刚度 $K_{测}$ 与计算刚度 $K_{计}$ 之间所以相差这样多，主要是由于组成刀架各有关零件不仅本身受力变形，而且在各有关零件之间的连接面也都在外力作用下产生相应的变形。

为了进一步了解工艺系统受力与变形之间的关系，就必须分析各有关组成零件之间连接面的受力变形规律。为此，可对放置在精密平台上的一块经过刨削加工，且每边长均为 10mm 的方铁进行加力和测量其变形量的实验(见图 4-55(a))。

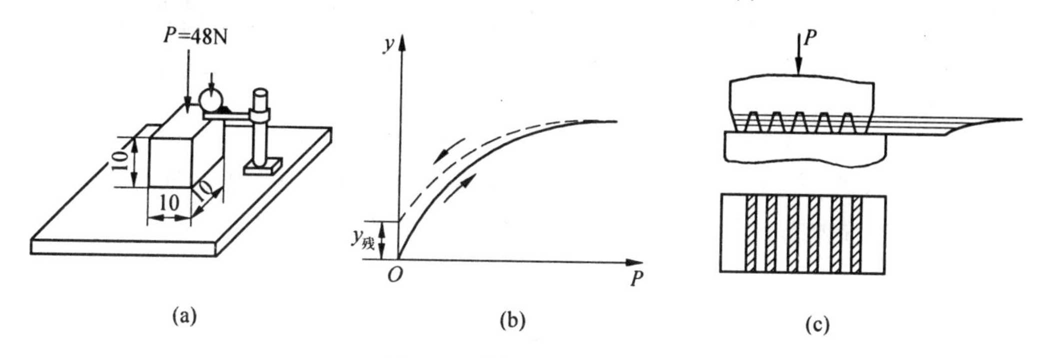

图 4-55　连接面受力变形实验

按材料力学的虎克定律计算，对刨削加工的方铁加力 48N 后，其本身的变形量为

$$y_{计} = \frac{PL}{EF} = \frac{48 \times 10}{1.2 \times 10^5 \times 10^2} = 4 \times 10^{-5}\text{mm} = 0.04\mu\text{m}$$

而通过实测却为

$$y_{测} = 1\mu\text{m}$$

$y_{测}$ 与 $y_{计}$ 之间相差这样多，主要是与连接面的接触变形大小有关。在理论上，加在方铁上的外力 48N 应平均分布作用在 100mm^2 的底面上，但实际上由于方铁底面加工不平和表面较粗糙而只有少数一些点在接触，这样就必然大大增加了实际的压强，从而产生很大的连接面变形。对用不同加工方法所得的试件再进行同样实验时，发现结果确是如此，连接面的平面度精度越高和表面粗糙度越低，其 $y_{测}$ 值越小。

为进一步寻求连接面受力变形的规律，还可进行外力 P 与试件变形量 $y_{测}$ 之间关系的实验。如图 4-55(b) 所示，实验曲线表明外力 P 与变形量 $y_{测}$ 之间不呈线性关系，亦即连接面刚度不是一个常数。连接面刚度不是一个常数的原因，主要是在不同外力作用下其实际接触面积也在变化。当外力增加时，连接面的实际接触面积却增加较快(见图 4-55(c))，从而由于实际压强的减小而使其变形量的增量也相应减小。

上述工艺系统刚度的定义和车床刀架部件刚度的测定，建立在只考虑对零件加工精度有直接影响的法向分力 $F_{法}$ 和在其作用下的变形位移量 $y_{法}$ 的比值，即和一般物体的刚度概念一样，建立在单方向受力和变形的基础之上。此时，由于变形方向与作用力方向一致，故其刚度均为正值。但在实际的加工过程中，不仅法向分力将直接引起刀具相对工件的变形位移，而且其它方向的分力也将间接引起刀具相对工件的变形位移。如图 4-56 所示，在车床上加工工件外圆时，刀架部件在径向切削切力 F_y 的作用下将主要产生法向的

变形位移 y_2，但其它两个切削分力 F_z 及 F_x 也将通过刀架部件的弯曲和扭转变形，而间接产生法向的变形位移 y_1 及 y_3。由于 y_1、y_3 与 y_2 方向相反，故在某些特定条件下可能出现 $y_1 + y_3 = y_2$ 或 $y_1 + y_3 > y_2$，即此时刀架部件的刚度可能为无穷大或负值。但是，一般在正常切削条件下，这种情况是很少出现的。

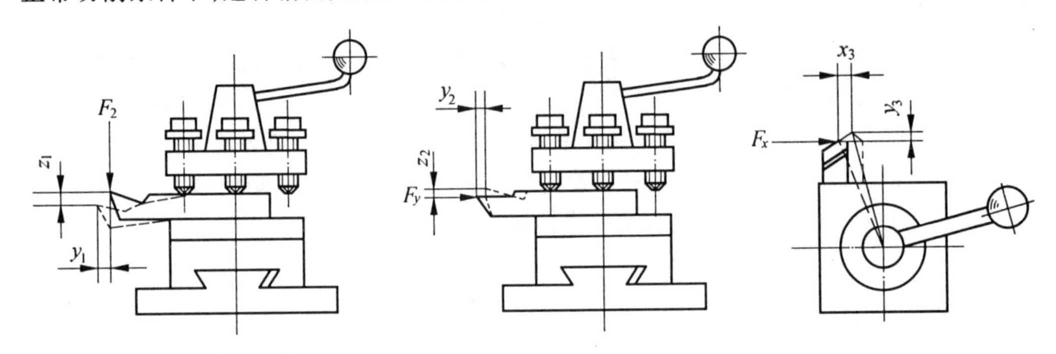

图 4-56 车削刀架部件在各种切削分力作用下的变形

为了切实反映工艺系统刚度对零件加工精度的实际影响，应将工艺系统刚度的定义最后确定为加工表面法向分力与在各切削分力作用下所产生的法向综合变形位移 $y_{法综}$ 之比，即：

$$K_{系} = \frac{F_{法}}{y_{法综}}$$

2. 工艺系统刚度与零件加工精度的关系

在分析工艺系统受力变形的问题时，不仅要知道工艺系统刚度对零件的加工精度有影响，而且还应知道其影响的性质和大小，以便找出工艺系统各部分刚度、切削力和零件加工精度之间的关系。现按不同情况分别进行分析和讨论：

(1)在加工过程中，由于工艺系统在工件加工各部位的刚度不等产生的加工误差

在车床前后顶尖之间加工外圆表面，当在切削力大小不变且只考虑切削力影响的条件下，分析在不同加工部位由于工艺系统刚度不等造成的加工误差。加工过程中，在切削力的作用下，车床的床头、尾座和工件要产生变形，刀架也要产生变形。在一般情况下，床头、尾座和工件的变形与刀架的变形方向相反，结果都使加工的工件尺寸增大，此时工艺系统的总变形量是它们每个部分变形量的总和。但在某些特定条件下，当车床刀架部件刚度处于负值(亦即其变形方向与床头、尾座和工件的方向相同)时，则刀架部件刚度以负值参与计算，此时工艺系统的总变形量是它们每个部分变形量的代数和。

在车床上加工外圆表面时，刀具所处不同加工位置而形成的不同工艺系统刚度值为

$$K_{系} = \frac{F_y}{y_{系}}$$

式中 F_y—— 车削加工时的径向切削分为(N)；

$y_{系}$ —— 车削过程中，在各切削分力作用下产生沿径向 y 方向的工艺系统总变形量(mm)。

由图 4-57 可知

$$y_{系} = y_{机} + y_{工} = y_{头} + (y_{尾} - y_{头})\frac{x}{L} + y_{架} + y_{工} =$$

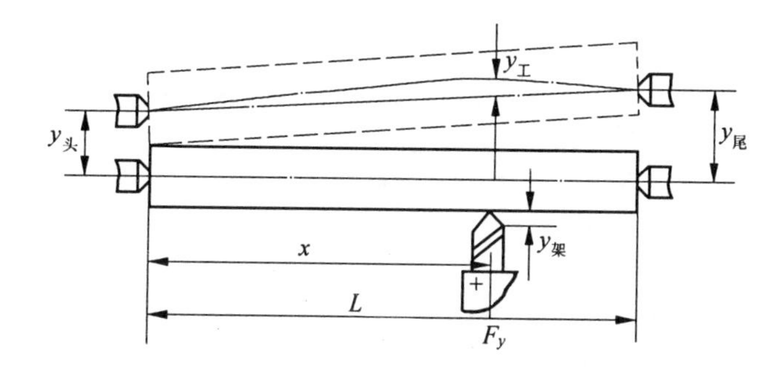

图 4-57　车削加工外圆表面时的工艺系统受力变形

$$(1-\frac{x}{L})y_头+(\frac{x}{L})y_尾+y_架+y_工$$

式中 $y_机$、$y_工$、$y_头$、$y_尾$ 及 $y_架$ 分别为机床、工件、床头、尾座及刀架部分在刀具切削加工到 x 位置时的变形量。

而

$$y_头=\frac{F_y}{K_头}(1-\frac{x}{L})$$

$$y_尾=\frac{F_y}{K}(\frac{x}{L})$$

$$y_架=\frac{F_y}{K_架}$$

$$y_工=\frac{F_yL^3}{3EJ}(\frac{x}{L})^2(\frac{L-x}{L})^2$$

代入上式并化简：

$$y_系=\frac{F_y}{K_头}(1-\frac{x}{L})^2+\frac{F_y}{K_尾}(\frac{x}{L})^2+\frac{F_y}{K_架}+\frac{F_yL^3}{3EJ}(\frac{x}{L})^2(\frac{L-x}{L})^2$$

最后得：

$$K_系=\frac{F_y}{y_系}=1/[\frac{1}{K_头}\left(1-\frac{x}{L}\right)^2+\frac{1}{K_尾}(\frac{x}{L})^2+\frac{1}{K_架}+\frac{L^3}{3EJ}(\frac{x}{L})^2(\frac{L-x}{L})^2]$$

式中 $K_头$、$K_尾$ 及 $K_架$ 分别为车床床头、尾座及刀架部件的实测平均刚度值。

由上式的工艺系统刚度与车床各部件刚度、工件刚度的关系式可知，工艺系统刚度将随刀具加工时位置的不同而不同。因此，在加工各部位时工艺系统刚度不等的条件下，所加工出来的工件外圆必然要产生相应的轴向形状误差。例如，当在车床上车削加工细长轴时，由于刀具在工件两端切削时工艺系统刚度较高，刀具对工件的变形位移很小；而在工件中间切削时，则工艺系统刚度（主要是工件刚度）很低，刀具相对工件的变形位移很大，从而使工件在加工后产生较大的腰鼓形误差（见图 4-58(a)）。

另外，当在车床上车削加工刚度很高的短粗轴时，也会因加工各部位时的工艺系统刚度（主要是车床刚度）不等，而使加工后的工件产生相应的形状误差，其形状恰与加工细长轴时相反呈现轴腰形（见图 4-58(b)）。加工后工件的最小直径处于中间略偏向床头或尾座部件中刚度较高的那一方。

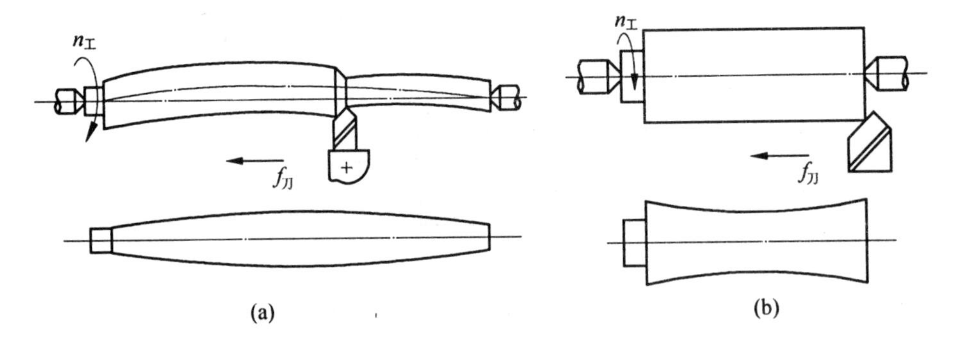

图 4-58 细长轴和短粗轴加工后的形状误差

同理,在车床上加工外圆表面时,若主轴部件的径向刚度在主轴一转中的各个部位不等,加工后将造成工件的圆度误差。

(2)在工件加工过程中,由于切削力变化而产生的加工误差

在工件加工时,由于加工余量不均或工件材料硬度不均,将引起切削力的变化,从而造成加工误差。这是工艺系统刚度对零件加工精度影响经常出现的情况。例如,如图 4-59(a)所示的工件,由于加工前有圆度误差(椭圆),在车削加工时切深将不一致($a_{p1} > a_{p2}$),因而在加工时的工艺系统变形量也不一致($y_1 > y_2$),这样在加工后的工件上仍留有较小的圆度误差(椭圆)。

工件加工前的误差 $\Delta_{前}$ 以类似的形状反映到加工后的工件上去(即加工后的误差 $\Delta_{后}$)的这个规律,称为误差复映规律。误差复映的程度是以误差复映系数 ε 表示的,其大

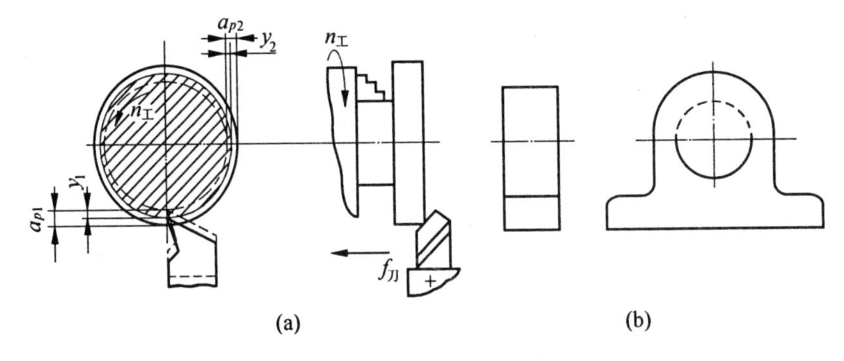

图 4-59 工艺系统刚度与加工误差的复映

小可根据工艺系统刚度计算公式估算如下

$$\Delta_{前} = a_{p1} - a_{p2}$$

$$\Delta_{后} = y_1 - y_2 = \frac{F_{y_1} - F_{y_2}}{K_{系}} = \frac{\lambda C_{F_z} F^{y_{F_z}}}{K_{系}}[(a_{p1} - y_1) - (a_{p2} - y_2)]$$

$$\varepsilon = \frac{\Delta_{后}}{\Delta_{前}} = \frac{y_1 - y_2}{a_{p1} - a_{p2}} = \frac{\lambda C_{F_z} F^{y_{F_z}}}{K_{系} + \lambda C_{F_z} F^{y_{F_z}}}$$

在一般情况下,因 $K_{系} \gg \lambda C_{F_z} F^{y_{F_z}}$,故可在简化计算时取

$$\varepsilon = \frac{\lambda C_{F_z} F^{y_{F_z}}}{K_{系}}$$

式中 λC_{F_z}—— 径向切削力系数;

f—— 进给量；

y_{F_z}—— 进给量指数。

当在加工过程中，采用多次行程时，则其加工后的总误差复映系数 $\varepsilon_{总}$ 为各次行程时误差复映系数 ε_1、ε_2、ε_3… 的乘积，即

$$\varepsilon_{总} = \varepsilon_1 \times \varepsilon_2 \times \varepsilon_3 \times \cdots$$

当加工材料硬度不均的工件时，也会引起工艺系统的变形不等，从而造成加工误差。如图 4-59(b)所示的轴承座，因铸造后其上部硬度常高于下部，故在一次行程镗孔后也会产生如图中实线所示的圆度误差。

对一批零件加工时，由于这批零件的加工余量和材料硬度不均，也还会引起这一批零件加工后的尺寸分散。

(3)磨削加工时，"过裕量磨削"对工件加工精度的影响

一般来说，在车床上车削加工工件时，其工艺系统变形量(即刀具相对工件的让刀量)只占名义切深的较小部分(见图 4-60a)，而在磨床上磨削加工工件时，则由于磨粒的切削条件很差而使其工艺系统变形量与名义切深的比值很大，如图 4-60(b)所示。

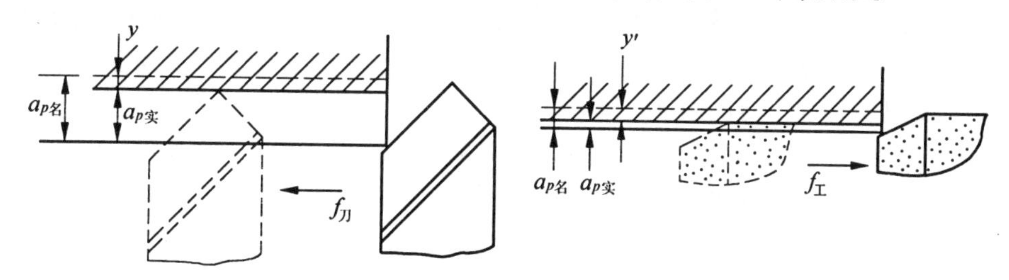

图 4-60　车削或磨削加工时，工艺系统变形量与名义切深之间的关系

由于磨削加工的上述特点，故在加工过程中必须在工艺系统保持有一定的正压力之后，才能进行正常进给量的磨削加工。如图 4-61 所示，在磨削加工开始阶段，工艺系统中的弹性压力尚未建立，此时每次磨削的实际横进给量与名义横进给量之间还有很大差别。只有当砂轮横进给到一定数值而使工艺系统变形量逐渐增大并建立一定的弹性压力后，才能实现每次横进给量都比较稳定的正常磨削。由于磨削加工时工艺系统的变形，而使磨削工件达到要求尺寸时的名义切深已大大超过了应磨去的加工余量，故称为"过裕量磨削"。

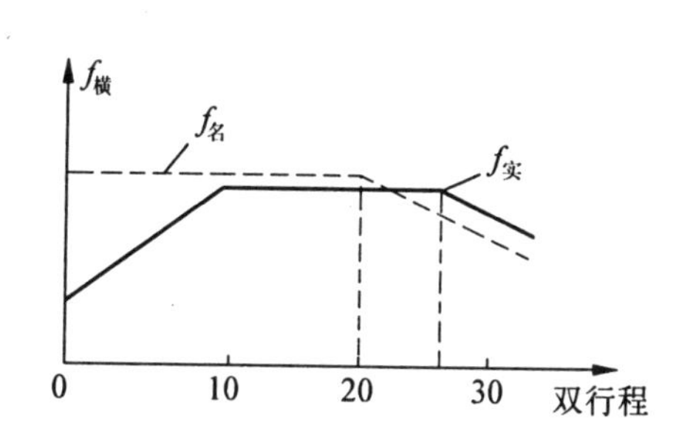

图 4-61　磨削加工过程的名义进给与实际进给

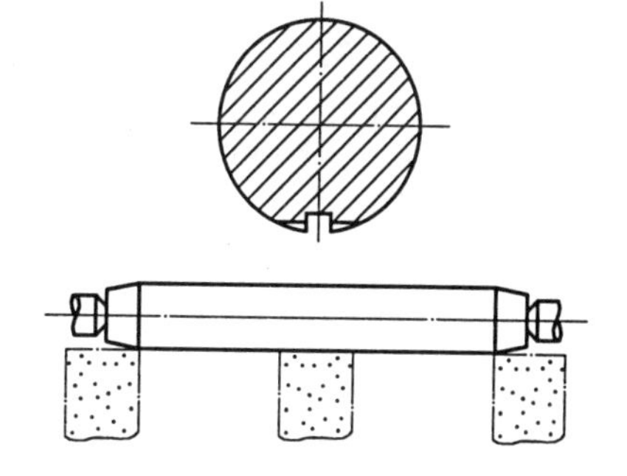

图 4-62　"过裕量磨削"时由于砂轮和工件接触面积变化产生的加工误差

在"过裕量磨削"时，加工后工件的形状精度不仅与车削加工类似受到工艺系统刚度

的影响外，还往往和砂轮与工件接触面积的变化有关。在磨削加工时，若砂轮与工件的接触面积有变化，其所磨去金属层的厚度也就有所不同，从而产生形状误差。如图4-62所示，在磨削加工轴类工件时，若砂轮磨至两端时超出量过大或磨削有键槽的轴颈时，都常常会产生图中所示的轴向或径向形状误差。

3. 工艺系统刚度的测定

工艺系统是由机床、夹具、刀具和工件等部分组成，因而工艺系统刚度也就包括有机床刚度、夹具刚度、刀具刚度和工件刚度等。为了估算工艺系统受力变形所造成工件加工误差的大小，就需确定工艺系统刚度值，并根据刚度与变形的关系式估算在一定切削规范条件下可能产生的加工误差值。对组成工艺系统的工件和刀具来说，结构比较简单，可通过简化和有关力学公式对其本身刚度进行计算。但对由很多零件组成的夹具和由很多零部件组成的机床来说，由于其结构复杂，就很难通过简化计算其刚度值，而必须通过实验的方法进行测定。

4. 提高工艺系统刚度的主要措施

提高工艺系统刚度就必须提高组成工艺系统的机床、夹具、刀具和工件等部分的刚度，特别是提高其中刚度最薄弱的部分。为此，在采取措施之前应先找出工艺系统中刚度最薄弱的环节，对这一环节采取有效措施即可使整个工艺系统的刚度有明显地提高。

(1)提高工件加工时的刚度

对薄壁套类零件，可采取另加刚性开口夹紧环或改用端面轴向夹紧(见图4-63a)等措施。对薄片类零件(如摩擦片等)的磨削加工，则可采用厚橡皮支承和弹性浮动滚轮夹压，或采用环氧树脂粘接等(见图4-63b)措施。对细长轴类的加工，可采用中心架、跟刀架或前后支承架等措施。

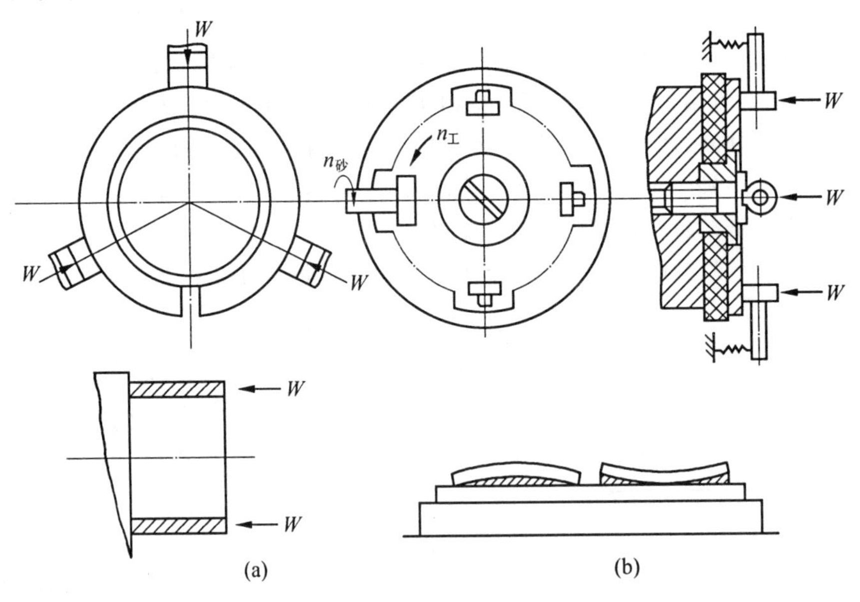

图4-63　提高低刚度零件在加工时刚度的措施

(2)提高刀具在加工时的刚度

在零件加工过程中，为了提高刀具的刚度，除从刀具材料、结构和热处理等方面采取相应的措施外，还可通过采用附加支承和具有对称刃口的刀具来提高刀具在加工时的刚度。例如，采用镗杆镗孔时，镗杆直径往往受到加工孔径尺寸的限制使其刚度明显降低，为此即可采用支承导向套和具有对称刃口的镗刀块代替单刀头，以提高镗杆在加工时的刚度。

(3)提高机床和夹具的刚度

在机械加工中使用的机床和夹具，多是由较多数量的零件组成，提高它们的刚度除了提高其组成零件本身的刚度外，还应着重提高各有关组成零件的连接面刚度。为此，可采取如下措施：

①在设计机床或夹具时，应尽量减少其组成零件数，以减少总的接触变形量。

例如，对精密丝杠车床的刀架部件，由普通车床的五个主要组成零件(床鞍、横刀架、转盘、小刀架和方刀架)的结构减为三个主要组成零件(床鞍、横刀架和小刀架)的结构；高精度蜗轮母机，大多将一般滚齿机上的可移动刀架结构改为固定式结构，都可大大提高刀架部件的刚度。这种减少组成零件数简化机床部件结构的措施，往往受到机床使用性能和范围的限制，而多用于专用机床或专门化机床。

②在加工机床或夹具的组成零件时，应尽量提高有关组成零件连接面的形状精度，并降低其表面粗糙度。由于机床或夹具有关组成零件连接面形状精度的提高和表面粗糙度的降低，就可通过大大增加连接时的实际接触面积而提高机床或夹具的刚度。

③对机床或夹具上的固定联接件，装配时采用预紧措施

由于对机床或夹具上有关组成零件在装配时加了预紧力，这样必然会增加实际接触面积并相应提高了它们的接触刚度。但有时又往往受到预紧力不能进一步增大的限制，为此可采取减少连接面接触面积的办法(见图 4-64(a))，以达到增大预紧力的目的。如图(4-64(b))所示，增大了预紧力就可使连接面的接触刚度处于接触刚度曲线的上部(如图中所示的 2 点)而得到提高。此外，由于预紧一段时期后有时还可能产生永久变形(蠕变)，从而又引起连接面松动和接触刚度下降。为此，需在一定时期内进行多次反复预紧解决之。

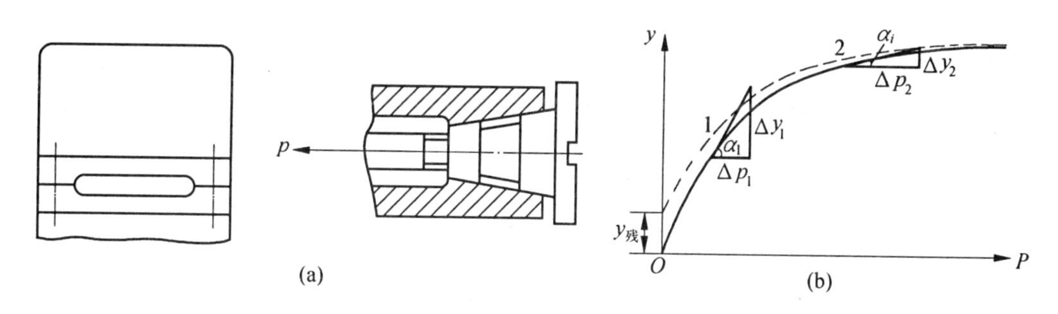

图 4-64　提高连接面接触刚度实例

二、工艺系统热变形对加工精度的影响及其控制

(一)工艺系统的热源

工艺系统的热变形是由于在加工过程中有各种热源的存在而引起的，加工过程中的热源大致可分为内部热源和外部热源两大类。

1. 内部热源

(1)摩擦热

任何一台机床都具有各种各样运动副，如轴承与轴、齿轮与齿轮或齿条、蜗杆与蜗轮、

丝杠与螺母、床鞍与床身导轨、摩擦离合器等等。这些运动副在相对运动时,产生一定的摩擦力而形成摩擦热。

(2)转化热

机床动力源的能量消耗也会部分地转化为热,如机床中的电机、油马达、液压系统、冷却系统等工作时所发出的热。

(3)切削热和磨削热

在工件切削加工过程中,消耗于弹、塑性变形及刀具与工件、切屑之间摩擦的能量,绝大部分转变为热能,形成一种热源。切削加工时产生的热量将传给工件、刀具和切屑。由于切削加工方法的不同,其分配的百分比也各不相同。

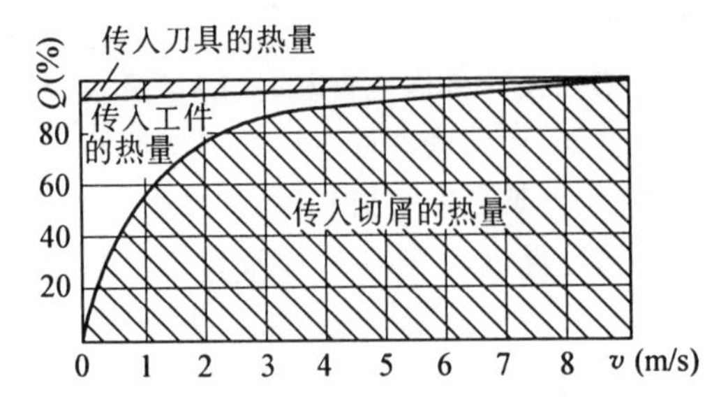

图 4-65 车削加工时切削热的分配

车削加工时,切削热的分配如图 4-65 所示。大量的切削热被切屑带走,切削速度越高,切屑带走的热量的百分比越大,传给工件的热量较少,一般为总热量的 30%左右,高速切削时甚至在 10%以下;传给刀具的热量最少,一般在 5%以下,高速切削时甚至在 1%以下。

铣削、刨削加工时,传给工件的热量一般在 30%以下。钻孔和卧式镗孔时,因有大量切屑留在工件孔内,因而传给工件的热量较多,一般在 50%以上。

磨削加工时,磨削热传给磨屑的数量较少,一般约为 4%,传给砂轮的热量为 12%左右,而 84%左右的热量将传入工件。由于在很短时间内有大量热传给工件,而热源面积又很小,故热量相当集中,以致磨削区温度可达 800 ~ 1 000℃或更高。磨削热既影响加工精度,也影响表面质量。

此外,摩擦热和切屑热还会在机床内部形成所谓的“次生热源”。如摩擦热通过润滑油的循环而散布到各处,同时使油池的温度升高;冷却液吸收切削热和磨削热后飞溅到各处,都会形成“次生热源”。又如,带有热量的切屑也是一种“次生热源”。当它们落在机床床身或工作台上,也会引起热变形。

2. 外部热源

(1)环境温度

在工件加工过程中,周围环境的温度随气温及昼夜温度的变化而变化,局部室温、空气对流、热风或冷风、以及地基温度的变化等都会使工艺系统的温度发生变化,从而影响工件的加工精度,特别是在加工大型精密零件时,其影响更为明显。

(2)辐射热

在加工过程中,阳光、照明、取暖设备等都会产生辐射热,这种外部热源也会使工艺系统产生变形。

此外,人体的体温也可以看成是一种外部热源,在一些精度要求特别高的精密零件的加工和测量中,人体体温产生的辐射热的影响也是不可忽视的一个因素。

虽然上述的工艺系统热源很多,但它们对工艺系统的影响有主有次。在分析工艺系统热变形时,应找出其中影响最大的主要热源,采取相应措施减少或消除其影响,这样就能更有效地控制工艺系统的热变形。

（二）工艺系统热变形及其对加工精度的影响

1. 机床热变形及其对加工精度的影响

机床在运转与加工过程中，由于内、外部热源的影响，其温度会逐渐升高。由于机床各部件的热源和尺寸形状的不同，各部件的温升也不相同。由不同温升形成的“温度场”将使机床各部件的相互位置和相对运动发生变化，使出厂时机床的原有几何精度遭到破坏，从而造成工件的加工误差。

机床在运转一段时间之后，当传入各部件的热量与由各部件散失的热量接近或相等时，其温度便不再继续上升而达到热平衡状态。此时，机床各部件的热变形也就不再继续而停止在相应的程度上，它们之间的相互位置和相对运动也就相应地稳定下来。达到热平衡之前，机床的几何精度是变化不定的，它对加工精度的影响也变化不定。因此，一般都要求在机床达到热平衡之后进行精密加工。

对于车、铣、镗床类机床，其主要热源是主轴箱的发热，如图 4-66 所示，它将使箱体和床身（或立柱）发生变形和翘曲，从而造成主轴的位移和倾斜。

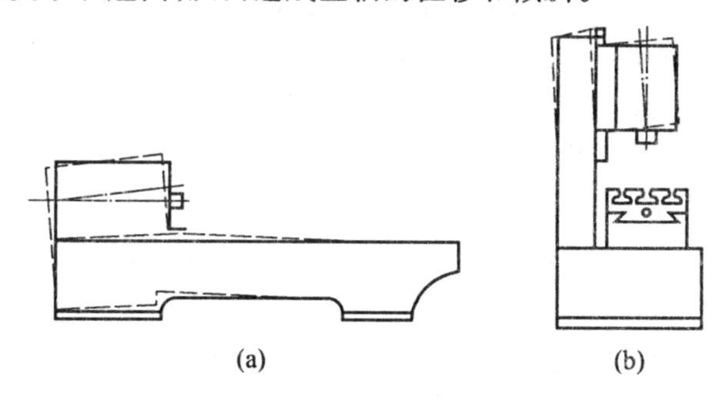

(a) (b)

图 4-66 车床和立式铣床的热变形

坐标镗床为精密机床，要求有很高的定位精度，其主轴由于热变形产生的位移和倾斜将破坏机床的原有几何精度。为此，需对机床的温升严加控制。例如，SIP-2P 型单柱立式坐标镗床，其立柱导轨的温升应控制在 0.75℃左右，主轴箱的温升应控制到 1.33 ~ 1.6℃才能保证精度要求。

磨床一般都是液压传动并有高速磨头，故这类机床的主要热源是磨头轴承和液压系统的发热。轴承的发热将使磨头轴线产生热位移，当前后轴承的温升不同时其轴线还会出现倾斜。液压系统的发热将使床身各处的温升不同，进而导致床身的弯曲变形。几种磨床的热变形情况如图 4-67 所示。

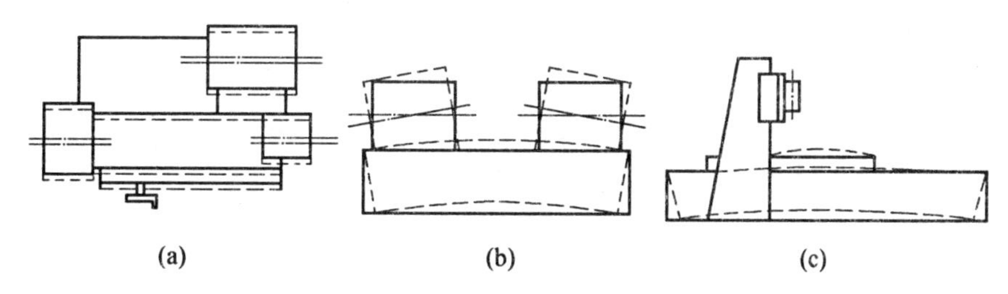

(a) (b) (c)

(a) 外圆磨床 (b) 双端面磨床 (c) 导轨磨床

图 4-67 几种磨床的热变形

对于大型机床，如导轨磨床、龙门铣床、立式车床等，除内部热源引起变形之外，车间温度变化也是一个必须重视的因素。例如，导轨磨床的床身，因其长度大，车间温度变化及其它辐射热对其影响比较显著。当车间温度变化时，地面因其热容量大故温度变化不大，而床身上部则随车间的温度变化。当车间温度高于地面温度时，床身呈中凸形。

大型机床的立柱，受局部温差的影响较大。车间温度一般上高下低，机床立柱上下温差可达 4～8℃，由此而引起的热变形也是不可忽视的。

2. 工件热变形及其对加工精度的影响

加工过程中产生的切削热或磨削热传给工件后，会引起工件热变形而造成加工误差。在加工过程中，外部热源也会引起工件的热变形，因影响较小一般可不予考虑。但对大型零件和精密零件的加工，外部热源的影响也是不可忽视的。

在生产中，由于加工方法、工件的形状和尺寸、对精度要求等的不同，工件热变形对加工精度的影响，有时可以忽略，有时则不能忽略。例如，在自动车床上用调整法加工一批小轴的外圆，由于工件的尺寸小和精度要求不高，热变形的影响可以忽略；而对大型精密零件，如精磨高 600mm、长 2 000mm 的精密机床床身导轨，其顶面和底面的温差为 2.4℃时，工件产生中凸变形，加工冷却后即出现中凹，其值约为 20μm，这就满足不了某些精密机床床身导轨的技术要求，因而热变形的影响就不能忽略。在加工铜、铝等线膨胀系数大的有色金属工件时，其热变形尤为显著，必须予以重视。

工件的热变形视受热的情况不同而有所不同。例如，车削或磨削外圆表面时，切削热或磨削热是从四周均匀传入工件的，因此主要是使工件的长度和直径增大。工件的直径是在胀大的状态下被加工到所要求尺寸的，当工件加工后冷却到室温，由于收缩显然就要小于所要求的尺寸而造成加工误差。

当工件受热不均，如磨削板类零件的上平面，由于工件单面受热就会因工件翘曲变形而产生中凹的形状误差。

当工件用顶尖装夹进行加工时，工件在长度方向的热伸长，有时对加工精度也有很大影响。特别是加工细长轴时，工件的热伸长将使两顶尖间产生轴向力，细长轴在轴向力和切削力的作用下，会出现弯曲并可能导致切削的不稳定。

在精密丝杠加工中，工件的热伸长将引起螺距累积误差。据实测，螺纹磨削时，工件丝杠的温度高于机床的传动丝杠的温度。如传动丝杠与工件丝杠的温差为 1℃，则 300mm 长度上将出现 3.6μm 的螺距累积误差。而对 5 级精度的丝杠，300mm 长度的螺距累积误差的允许值仅为 5μm，故必须采取措施减少工件热变形的影响。

如图 4-68(a)所示，在内圆磨床上磨削一个薄的圆环零件。磨削后冷却至室温，经测

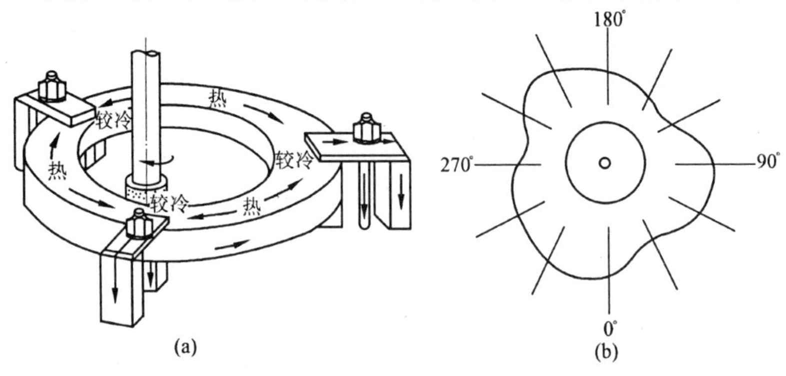

图 4-68　圆环零件内孔磨削时的热变形

量画出其内圆的极坐标轨迹时，发现有三棱形的圆度误差（见图 4-68b）。磨削时工件是装夹在三个支承垫上，当大大减少夹紧力之后，这种误差仍然出现。因此说明，这种误差不是由于三个夹紧点的受力变形所造成，而是由于加工中磨削热传给工件后，在三个支承垫的部位散热快，该处工件的温度较其它部位的温度低，磨削量较大所致。

3. 刀具热变形及其对加工精度的影响

在切削加工过程中，传入刀具的热量虽然占总切削热量的百分比很小，但由于刀具的体积小和热容量小，故仍有相当程度的温升，引起刀具的热伸长并造成加工误差。

图 4-69 所示为车削时车刀热伸长量与切削时间的关系，图中曲线 A 是车刀连续切削时热伸长曲线。开始时车刀热伸长量增长较快，随后趋于缓和，最后达到平衡状态，其热伸长量为 ξ。

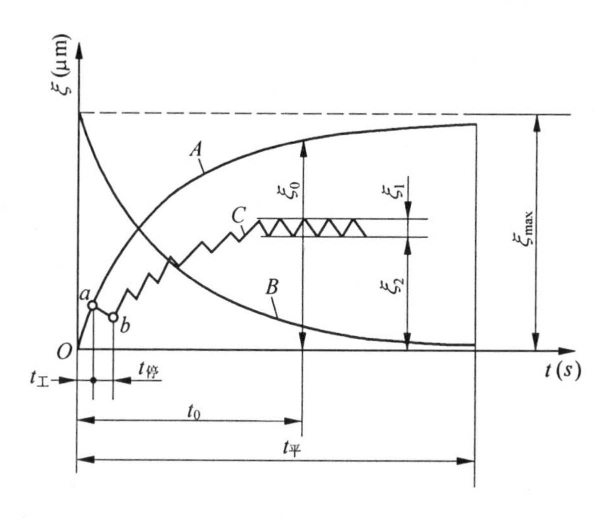

图 4-69　车刀热长伸量与切削时间的关系

当切削停止后，刀具温度立即下降，开始冷却较快，以后便逐渐减慢，如图中曲线 B 所示。

当加工一批短而小的轴类零件时，刀具热伸长曲线如图中曲线 C 所示。在一个工件的车削时间 $t_{工}$ 内，刀具伸长量由 O 到 a，在装卸工件时间 $t_{停}$ 内，刀具伸长量由 a 减到 b。以后继续加工，刀具的温升时上时下，其伸长和冷缩交替进行，但总的趋势是逐渐伸长而趋于热平衡状态。达到热平衡的时间为 t_0。在 t_0 前后，加工一个零件期间的刀具热伸长量为 ξ_1，而总伸长量为 $\xi_1+\xi_2$，比连续切削时的总伸长量 ξ_0 为小。

在调整好的车床上加工一批零件的外圆表面，最初的几个零件由于车刀处于热伸长较快的阶段，它们的直径尺寸变化及产生的圆柱度误差都较大。当车刀达到热平衡后，其伸长量基本稳定，仅有微小的变动量 ξ_1。以后加工的零件，其直径尺寸和圆柱度误差都较小。在六角车床、自动或半自动车床上用调整法加工小零件时，刀具热伸长的影响是不显著的，而加工长轴零件时则较明显。

除机床、工件、刀具的热变形影响加工精度外，夹具、量具的热变形也会引起加工误差。在精密加工时，这些问题都应认真加以处理。

（三）控制工艺系统热变形的主要措施

控制工艺系统热变形可以从下述几个方面采取措施：

1. 减少热量的产生及其影响

减少工艺系统的热源或减少热源的发热量及其影响，都可以达到减少热变形的目的。

在磨削加工中，磨削热的大小不仅与磨削用量有关，还受砂轮钝化和堵塞的影响。因此，除正确的选择砂轮和磨削用量外，还应及时地修整砂轮以避免过多的热量产生。

对机床中的运动部件，要减少其发热量，通常从结构和润滑等方面着手。如在主轴上应用静压轴承、低温动压轴承以及采用低粘度润滑油、锂基油脂和用油雾润滑等都可使其温升减少。在机床液压传动系统中减少节流元件，也能相应地降低油温，从而减少机床的热变形。

对机床的电动机、齿轮变速箱、油池、冷却箱等热源，如有可能都移出主机以外成为独立的单元，从而避免其影响。若不能分离出去时，则在这些部件和机床大件的结合面上装置隔热材料，或用隔热罩将热源罩起来，也能取得较好的效果。

对未安置在恒温车间的精密加工设备，应考虑安放在适当的位置，以防止阳光、暖气等外部热源的影响。

2．加强散热能力

加强散热也是控制工艺系统热变形的一个行之有效的措施。例如，在加工过程中供给充分的冷却液，并使其能喷射到应有的位置上，或者采用喷雾冷却等冷却效能较高的办法，以加强加工时的散热能力。

采用强制冷却控制热变形的效果是显著的。例如，对一台坐标镗铣床进行试验，当未采用强制冷却时，机床运转6小时其主轴与工作台之间在垂直方向的热位移即达190μm，此时机床尚未达到热平衡，热位移量随时间推移还在继续增大。当采用强制冷却后，主轴与工作台之间在垂直方向的热位移减小到15μm，且不到4小时机床就达到了热平衡状态。试验曲线如图4-70所示。

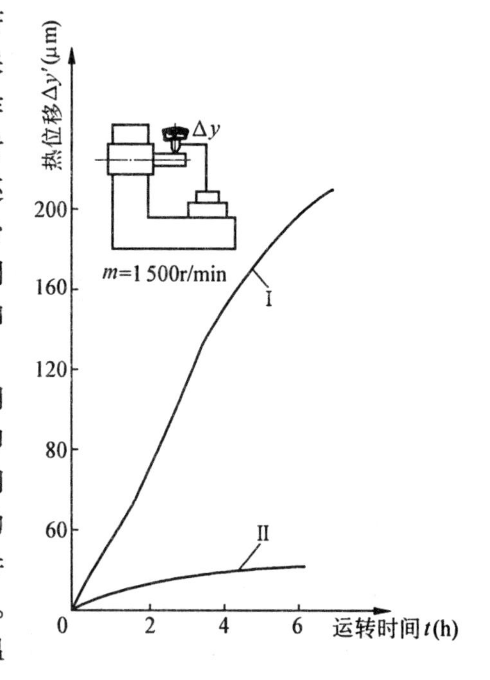

图4-70　坐标镗铣床采用强制冷却前后的试验曲线

目前，加工中心机床普遍采用冷冻机对润滑油进行强制冷却，将机床中的润滑油当冷却剂使用，主轴轴承和齿轮箱中产生的热量，由润滑油吸收带走，然后通过热交换器散出去。有的机床采用水冷装置，使冷却水流过绕主轴部件的空腔，这样可使主轴的温升不超过1～2℃。有些机床设有风冷装置，也可以改善机床的温升情况。

3．控制温度变化，均衡温度场

从热变形的很多实例来看，在热的影响中比较棘手的问题在于温度变化不定。若能保持温度稳定，则即使由于热变形产生的加工误差也都是常值系统误差，一般较易得到补偿。因此，控制温度变化也是控制热变形提高加工精度的一个有效措施。

对于加工周围环境温度的变化，主要是采用恒温的办法来解决。例如，对精密磨床、坐标镗床、螺纹磨床、齿轮磨床等精密机床，最好安放在恒温车间中使用。恒温的精度可根据加工精度要求而定，一般取 ±1℃，精度更高的机床应取 ±0.5℃。

在精加工之前，先让机床空运转一段时间，待机床达到或接近热平衡状态后再进行加工，也是解决温度变化的一项措施。

有些精度要求很高的机床，除需放置在恒温车间内之外，还需要进一步采取一些控制温度的措施，才能满足加工精度的要求。例如 S7450 大型精密螺纹磨床，要求控制机床传动丝杠的温度变化不超过 ±0.2℃，为此在机床上采用传动丝杠恒温控制系统，其原理如图 4-71 所示。

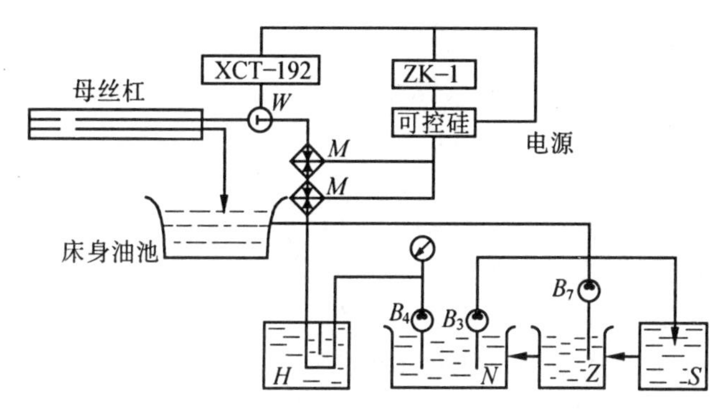

图 4-71　S7450 大型螺纹磨床传动丝杠恒温控制系统原理图

机床传动丝杠的整个恒温过程是先由泵 B_3 将油由 N 箱抽出，送入冷冻机的油冷却箱 S，油被冷却后流入 Z 箱与其中的油混合，然后靠其自然液面差流回到 N 箱。这样经过两次混合而使 N 箱中的油温得到降低，而且保持比较稳定的温度。

供传动丝杠的恒温油是由泵 B_4 将油抽出经 H 密封箱及电加热器 M，再经过测温元件 W 测得温度由 XCT—192 动圈调节仪显示，当温度有偏离时，则由 ZK—1 可控硅电压调压器调节电加热器的热量，使油达到预定温度后再送入传动丝杠，使其温度保持稳定。通过传动丝杠后的油流入床身油池内，再由泵 B_7 抽回到 Z 箱内，这样往复循环以达到传动丝杠衡温的目的。

传动丝杠的内部大致结构如图 4-72 所示，在空心丝杠中心装有一根金属管子，油从管子中流进，再沿丝杠的内壁流出。这种结构更易于保证传动丝杠温度的稳定性。

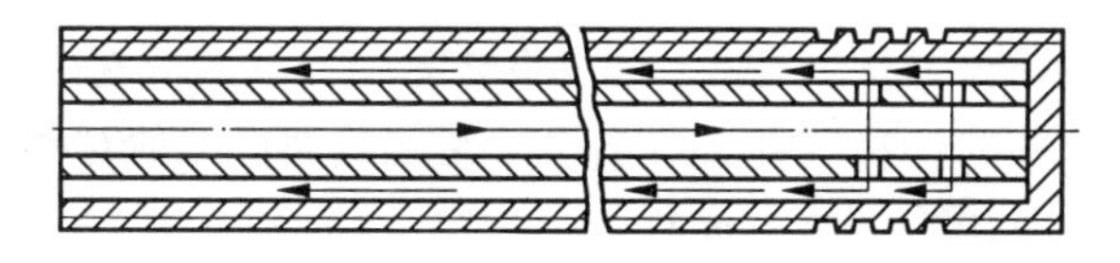

图 4-72　S7450 大型螺纹磨床传动丝杠的内部结构

图 4-73 为 M7150A 平面磨床所采用的均衡温度场措施的示意图。此平面磨床由于床身较长，加工时工作台纵向运动速度也较高，当将油池外移做成单独的油箱时，则床身上部温升高于下部，产生较大的热变形。现采取措施在床身下部开有油沟，用泵打入一部分润滑系统中的回油以加热床身下部，并使油循环，以保持一定的贮油量。采取这种措施后，床身上、下部的温差仅为 1 ~ 2℃，显著地减少了床身的热变形。

4. 采取补偿措施

当热变形不可避免时，可采取补偿措施来消除其对加工精度的影响。采用这种措施时必须先掌握热变形的规律。

例如，在解决 MB7650 双端面磨床主轴热伸长问题时，除改善主轴轴承的润滑条件减少发热外，还采用了图 4-74 所示的补偿机构，即在轴承与壳体间增设一个过渡套筒，此套筒与壳体仅在前端固定而后端不接触。当磨床主轴轴承发热向前伸长时，套筒发热向后伸长，并使主轴也向后移动，从而自动补偿了主轴向前的热伸长，消除了主轴热变形对加工精度的影响。

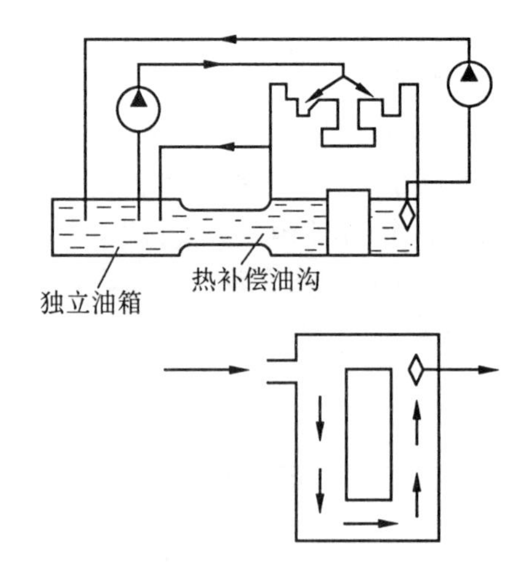

图 4-73　M7150A 平面磨床均衡温度场措施的示意图

在 JCS—013 型自动换刀数控卧式镗铣床中的滚珠丝杠是一关键部件，在工作时由于它的负荷大、转速高、散热条件又不好，因此会产生热变形。为防止滚珠丝杠的热变形，常采用一种所谓"预拉法"的措施，即在丝杠加工时故意将其螺距做得小一些，装配时对丝杠预先进行拉伸，使其螺距拉大到标准值。这样利用丝杠受拉力后产生的内应力来吸收热应力，从而补偿了丝杠的热变形。在装配上述机床时，用 7848 ~ 9810*N* 的预拉力使丝杠预伸长 0.03 ~ 0.04mm，机床工作时效果很好。

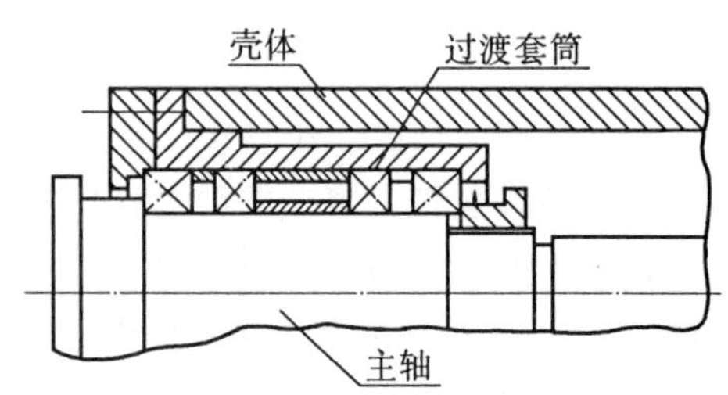

图 4-74　MB7650 双端面磨床主轴热伸长的补偿

5. 改进机床结构，进行计算机辅助设计

设计机床时，如何从结构上加以改进使热变形得到减小，这也是很重要的一个措施。

注意结构的对称性就可以减少热变形，如在主轴箱的设计中将传动元件（轴、轴承及传动齿轮等）安放于对称位置，可以均衡箱壁的温升从而减少其变形。有些机床采用双立柱结构，由于左右对称，其在左右方向的热变形就比单立柱的结构要小得多。再如高速往复运动的牛头刨床的滑枕，由于导轨部分摩擦生热，迫使整个滑枕弯曲变形。对 B6065 型牛头刨床，由于设计的滑枕截面结构（见图 4-75(a)）系导轨处于最下面，故其热变形量 Δ（见图 4-75(b)）较大，最大变形量甚至可达 0.25mm。为减少滑枕的热变形，在 B6063A 牛头刨床上，采用了（图 4-75(c)）所示的导轨处于滑枕截面中间的对称结构，滑枕工作时的热变形量 Δ 即下降到 0.01 ~ 0.015mm。

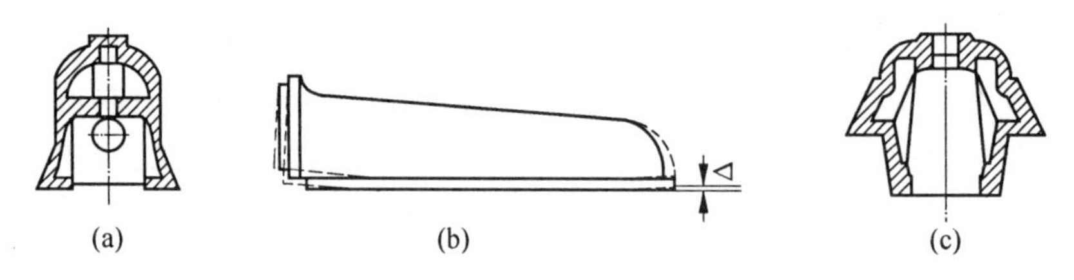

图 4-75　牛头刨床滑枕热变形及改进前后的结构

在结构设计时，使关键部件的热变形只在无碍于加工精度的方向上产生，这也是从结构上解决热变形对加工精度影响的一个措施。图 4-76 所示车床主轴箱和床身连接的结构中，图(a)比图(b)有利。因图(a)中，主轴轴线相对于装配基准 H 而言，只产生 *z* 方向的热变形,此方向主轴的热位移对加工精度影响很小。而图(b)中,主轴的热位移不仅在 z 方向而且在 y 方向也产生,这就直接影响了主轴轴线和刀具之间的径向位置,从而造成较大的加工误差。

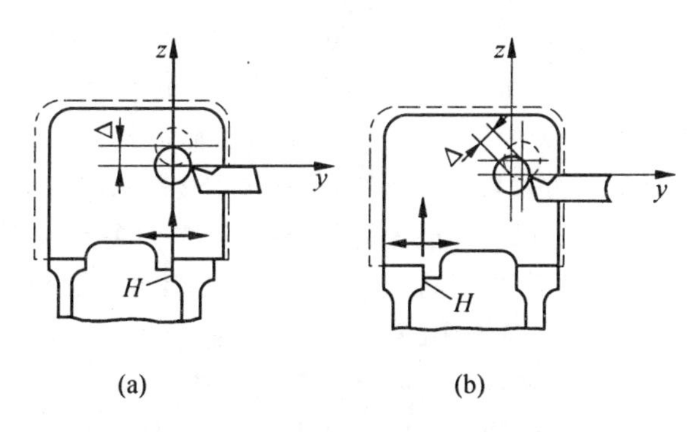

图 4-76　车床主轴箱两种设计结构的热位移示意图

此外,在结构设计时为减少热变形的影响,还可以从选择材料上加以考虑。例如,对一些十分关键的零件,可采用线膨胀系数小的材料,如铟钢,其线膨胀系数在室温下为2.4×10^{-6},仅为普通钢材的 1/5。

近年来,为在机床设计阶段就控制其结构的变形(包括由切削力引起的变形及由内、外部热源引起的热变形),做到一次设计、制造成功,采用所谓计算机辅助设计(CAD)。其基本思想是首先根据机床的加工精度、效率和工艺范围等,提出对机床静、动、热三方面刚度和变形的要求,并初步拟出能满足这些要求的几个机床结构模型。然后,将刚度要求、设计模型和有关的技术数据输入到电子计算机的“最佳结构选择程序”中去。结构方案的选择分两个步骤:首先计算机床结构的静刚度和稳态热变形,对所提出的几种方案进行第一次选择;然后再从选出的方案中进行非稳态热变形和动刚度的计算,并以制造成本为评价函数,从中选出最佳方案,最后再把它送入“环境决定程序”中去,为机床建立正确的环境条件(如环境温度和安装条件等)。结构方案确定之后,便可进行具体的设计工作。CAD 是机床设计的一个重要发展方向。

三、工艺系统磨损对加工精度的影响及其控制

(一) 工艺系统磨损对零件加工精度的影响

在零件加工过程中,组成工艺系统各部分的有关摩擦表面之间,在力的作用下,经过一段时间后就不可避免地要产生磨损。无论是加工用的机床,还是夹具、量具和工具,有了磨损就会破坏工艺系统原有的精度,对零件的加工精度产生影响,现分别进行分析和讨论。

在加工过程中长期使用的机床,由于有关零部件的结构、工作条件和维护情况等方面的不同,而在有相对运动的表面上产生不同程度的磨损。机床有关零部件的磨损,将影响机床上的工件和工具两大系统本身的运动精度及其间的关系精度,从而造成被加工零件的加工误差。例如,当车床主轴轴承部件产生较大磨损时,将使主轴回转精度下降并影响被加工零件的径向形状精度;当车床导轨产生不均匀磨损时,将破坏在其上移动部件的直线运动精度及其与主轴回转轴线的位置精度,从而造成被加工零件的轴向形状误差;当车床内传动链中的传动齿轮、传动丝杠和螺母有较明显的磨损时,将引起内传动链传动精度下降,并使被加工零件上的螺纹产生过大的螺旋线误差。总之,机床有关零部件的明显磨

损，都会通过破坏机床原有的成形运动精度而造成被加工零件的形状和位置误差。

夹具和量具在长期使用过程中有关零件的磨损，也会影响工件的定位精度和测量精度。例如，在加工过程中所使用的夹具，其上的定位元件有了较大的磨损时，夹具上对刀元件和定位元件之间的尺寸和位置也就产生相应的变化。在这种情况下加工一批零件，将造成加工表面与定位基准面之间的尺寸和位置误差。又如，在加工过程中使用量具的测量头或量具中的传动元件有较大磨损时，也会使测量精度下降，并进而影响试切零件的尺寸精度。

在加工过程中所使用的刀具或磨具的磨损，将直接影响刀具或磨具相对工件的位置，从而造成一批被加工零件的尺寸分散度增大，或当加工大表面时造成单个零件的形状误差。对成形刀具或成形砂轮，其磨损将直接引起被加工零件的形状误差。

虽然在加工过程中，工艺系统中的机床、夹具、量具和工具等都产生磨损，但在一段时期内它们的磨损程度及其对零件加工精度的影响都是不同的。一般来说，机床、夹具和量具在一两周或一两天的加工时间内的磨损极小，但对刀具或磨具来说，则有很大的不同，它们的磨损常常较快，甚至在加工一个工件的过程中就可能出现不允许的磨损，这在加工表面尺寸大的零件精加工中表现得更为突出。

(二) 控制工艺系统磨损的主要措施

虽然在工艺系统中的机床、夹具和量具的磨损不象刀具或磨具在使用过程的磨损那样明显，但在精加工中，为保持精密机床、夹具和量具的原有精度，也必须采取各种措施来控制它们的磨损。对于加工过程中使用的工具，特别是尺寸刀具、成形刀具及成形磨具，更应尽可能地减少它们在加工过程中的磨损。目前，对工艺系统磨损的控制可采取如下措施：

1. 合理设计机床有关零部件的结构

(1) 对机床有关零部件的易磨损表面采用防护装置

对精密机床的床身导轨、传动丝杠或传动蜗轮等采用密封防护装置，以防止灰尘或金属微粒进入而造成急剧的非正常磨损。有的精密机床甚至将传动丝杠或蜗轮完全浸入油中，以减少它们在工作过程中的磨损。

(2) 采用静压结构

在机床主轴、导轨和丝杠螺母部分，采用静压结构，这样就可以在机床有关部件的相对运动表面间充满压力油或压缩空气，从而使其不再产生磨损。显然，采用这种静压结构就可以长期保持机床有关部件的原有精度。例如，为解决大型精密螺纹加工机床传动丝杠和螺母的磨损问题，可采用液体静压丝杠螺母结构，其结构原理如图 4-77 所示。

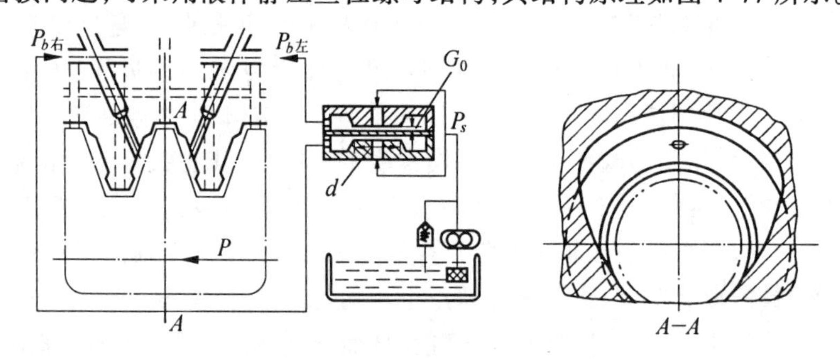

图 4-77　液体静压丝杠螺母结构原理

由图中可看出，从油泵打出的压力油 P_s 经过节流器后降压为 $P_{b左}$ 和 $P_{b右}$ 分别进入静压螺母的两个连续油腔之内。节流器的作用是依靠尺寸为 d 的圆环和薄膜组成的间隙为 G_0 的缝隙实现的。由于薄膜本身具有弹性，当作用于两边的压力不等时就会产生相应的变形，这样两边的间隙也随之变动，从而使节流阻力也相应变动，因而一般称之为可变节流器。这种节流器起反馈作用，可使液体静压结构的灵敏度和刚度提高。

2. 提高有关零件表面的耐磨性

在精密机床、夹具和量具中，对有相对运动的表面采取提高其耐磨性的办法，也可控制它们的磨损速度，为此可采取如下措施：

(1)在设计时采用耐磨的金属材料或非金属材料。如对机床床身导轨采用耐磨铸铁、钢质导轨或在工作台导轨上镶粘耐磨塑料板等。

(2)对易磨损的零件表面进行热处理。如对精密机床采用淬硬的钢制导轨，并最后进行精细研磨，可使其耐磨性比一般铸铁导轨提高十倍左右。

(3)提高具有相对运动的有关零件表面的形状精度和降低其表面粗糙度。

(4)采用合理的润滑方式，保持摩擦表面之间的润滑油膜层，也可以减少摩擦表面的磨损。

3. 合理选择刀具材料、切削用量及刀具刃口形式

为了合理选择刀具材料、切削用量及刀具刃口形式，需要分析刀具磨损的规律及其对零件加工精度的影响。为此，应首先明确刀具尺寸磨损的概念。

在切削原理中分析和研究刀具磨损，主要是从刀具切削性能是否丧失出发，因而主要是考虑刀具在后刀面上的磨损量是否超过允许值。(如图 4-78(a))所示，当刀具后刀面的磨损量 $\Delta_{磨}$ 过大造成刀具后角 $\alpha_0 = 0°$时，刀具将无法进行正常的切削加工。

从加工精度这方面来看，直接与零件加工精度有关的是刀具在前刀面的磨损(见图 4-78(b))，一般称之为尺寸磨损 $\Delta_{尺磨}$。刀具尺寸磨损与切削路程的关系见图 4-78(c)。在切削初始的一段时间内(切削路程 $L < L_0$)磨损较剧烈，初始磨损量为 $\Delta_{初磨}$；以后就进入正常磨损阶段，其磨损量与切削路程($L - L_0$)成正比，其斜率 K 称为单位磨损量，即为刀具相对工件每切削加工 1 000m 路程时的尺寸磨损量；到最后阶段($L > L'$)磨损又急剧增加，这时应停止切削并对刀具重新刃磨。刀具的尺寸磨损量可由下式计算

$$\Delta_{尺磨} = \Delta_{初磨} + \frac{K(L - L_0)}{1\,000} \approx \Delta_{初磨} + \frac{KL}{1\,000}$$

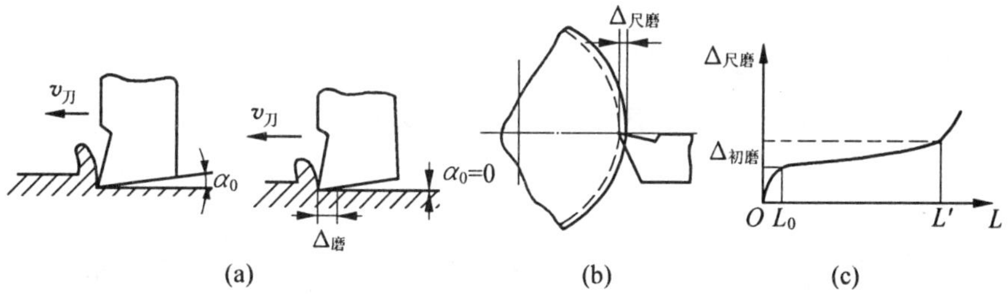

图 4-78　刀具磨损及刀具尺寸磨损与切削路程的关系

刀具的初始磨损量 $\Delta_{初磨}$及单位磨损量 K 与刀具材料和切削用量有关，其数值可查阅有关手册。

为了既满足零件的加工精度要求，又不降低生产率，则还需寻找有关刀具尺寸磨损的规律，以便使其在尺寸磨损最小的条件下工作。

减少刀具尺寸磨损的主要措施：

(1)选用耐磨的刀具材料

由切削原理知，影响刀具磨损的主要因素之一是刀具材料，长期以来刀具材料的不断发展(碳素工具钢、高速钢、硬质合金、陶瓷、金刚石及立方氮化硼等)，就充分说明了这一点。采用 YT60、YT30 等耐磨的刀具材料可提高刀具的耐磨性。当前在精加工采用的陶瓷刀具及金刚石刀具，则其耐磨性更高，可在精车大直径外圆或内孔表面时采用。

(2)选用最佳的切削用量

在加工过程中，若切削用量选择不当，对刀具的尺寸磨损也有较大的影响。一般来说，切削深度 a_p 及进给量 f 对刀具尺寸磨损的影响不大，而切削速度 v 的影响则较大，故需进行分析。

由切削原理知，切削速度提高则刀具耐用度迅速下降。若从提高刀具耐用度来看，则切削速度越低越好，但从零件的加工精度来看，仅以刀具一次刃磨后的使用时间来表示刀具耐用度往往不能说明问题，而应以刀具的尺寸磨损程度，即以每千米切削路程的单位磨损量 K 表示之。从零件加工精度来看，则是单位磨损量 K 越小越好。

很多实验证明，切削速度 v 与刀具单位磨损量 K 之间的关系，并非是简单的线性关系。如图 4-79 所示，不同刀具材料和被加工工件的材料均有类似的曲线关系，只不过是最佳的切削速度数值不同而已。一般高速钢刀具，其最佳切削速度为 $v_{佳} = 0.4 \sim 0.5\text{m/s}$，硬质合金刀具，则为 $v_{佳} = 1.7 \sim 3.2\text{m/s}$。

所以产生如图 4-79 所示的曲线关系，主要是由于在不同切削速度下刀具本身温度和性能不同所致。刀具磨损主要是通过冲击破坏磨损和摩擦磨损两种方式进行的。当在低速切削时，刀具本身温度较低而性脆，这时对刀具切削刃口的冲击破坏磨损起主导作用而使其磨损随切削速度提高而增大；随着切削速度提高，刀具本身温度也相应提高并使其韧性增加，这时冲击破坏磨损的作用也就减少，因而刀具磨损也相应地下降；而当切削速度再提高时，则由于刀具本身温度过高而使刀具硬度下降，此时虽然冲击破坏磨损的作用不大，但摩擦磨损又开始起主导作用而使刀具磨损又增加起来。

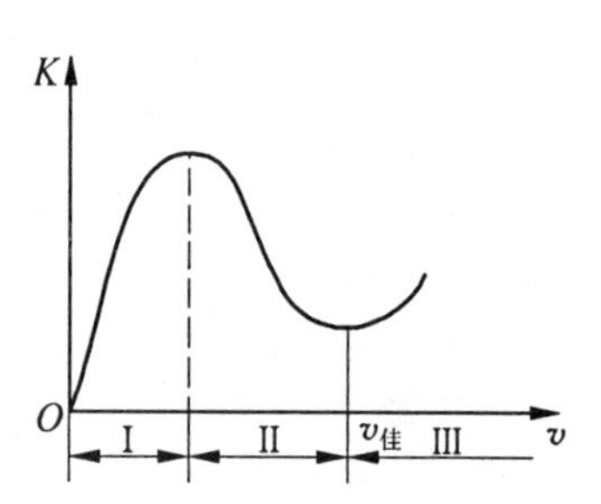

图 4-79　切削速度与刀具单位磨损量之间关系

(3)选用适当的冷却润滑液

选用适当的冷却润滑液，可降低刀具温度和减少切屑与刀具之间的摩擦，从而使刀具磨损下降。

(4)采用宽刃刀具

减少刀具的尺寸磨损，除合理选取刀具材料、切削用量和冷却润滑液外，还可以从缩短加工表面所需的刀具切削加工路程考虑。如采用宽刃刀和大进给量精车大轴或精刨大型机床床身导轨面等均有较好的效果。但当采用宽刃刀具进行大进给量切削加工时，一定要对其刃口进行精细研磨，并且还要采取相应措施以防止在加工过程中产生自激振动。

四、工艺系统残余应力对加工精度的影响及其控制

(一)残余应力的概念及其特点

零件在没有外力加载的条件下,其内部仍存有的应力称为残余应力。这种残余应力的特点是始终要求处于相互平衡状态,且随时间的推移会逐渐缓慢地减小,直到自行消失。具有残余应力的零件,在外观上一般没有什么表现,只有当应力大到超过材料的强度极限时,才会在零件表面上出现裂纹。

零件中的残余应力,往往在开始时就处于平衡状态,但是一旦失去原有的平衡,则会重新分布以达到新的平衡。这种残余应力的重新平衡或长时期的逐渐减小直到自行消失的过程会引起零件的相应变形。例如,有些零件加工后经过一段时间就出现了变形;有的机器装配时检验其精度是合格的,但出厂或使用一个时期后发现其某些精度有明显的下降,这大都和零件内部存有残余应力有关。为了保证零件加工精度和提高机器产品的精度稳定性,特别是对精密机器和零件,必须对残余应力产生的原因,它们对零件加工精度的影响及其消除措施进行分析和研究。

(二)残余应力产生的原因及其对零件加工精度的影响

在毛坯的制造和零件的加工过程中,由于热或力的作用使毛坯或零件的局部材料产生了塑性变形,使这一部分尺寸与整个毛坯或零件的有关尺寸间产生了不同的变化,但这时毛坯或零件的整体与该部分仍要求保持同一尺寸,从而产生了残余应力。

1. 在毛坯制造过程中,若其某些部分冷却速度不均且又互相受到牵制时,则将产生残余应力

例如一个铸件,从浇铸铁水到冷凝成铸件,体积要收缩,若其各部分在冷却收缩的过程中不互相牵制,则其内部不会产生任何残余应力。但在很多情况下,由于铸件各部分的厚薄不均,在冷凝的过程中常常会出现冷却速度不同而又互相受到牵制的情况,此时就会产生残余应力。

如图 4-80(a)所示的铸件,具有厚薄不均的Ⅰ、Ⅱ、Ⅲ三个部分,其中Ⅰ与Ⅲ厚度相同。在铸造冷却(由浇铸温度 θ_0 到室温 θ_2)时,若将三部分割开成自由状态,则Ⅰ和Ⅲ将按图 4-80(b)中所示的曲线 1 的规律收缩,Ⅱ则按曲线 2 收缩,它们的长度均由 L_1 缩短到 L_2。实际上,由于它们是一个整体,在冷却收缩时势必要互相牵制而只能按另一条曲线 3 进行,这样就产生了残余应力。

第一阶段:时间从 $0 \rightarrow t_1$

此时铸件各部分均在弹、塑性转变温度 θ_1 ℃以上,故均处于塑性状态,尽管由于冷却速度不同使Ⅱ被拉长和Ⅰ、Ⅲ被压缩,但在铸件内部不会产生残余应力。

第二阶段:时间从 $t_1 \rightarrow t_2$

此时铸件中的薄壁部分Ⅱ已降到 θ_1 ℃以下并开始进入弹性状态,而厚壁部分Ⅰ及Ⅲ由于冷却速度较慢仍处于塑性状态。因此,铸件将按薄壁Ⅱ的曲线 2 的规律收缩,其实际收缩曲线为图中虚线所示的曲线 2 的等距曲线。由于这时厚壁部分Ⅰ、Ⅲ仍处于塑性状态,故在铸件内部仍不会产生残余拉应力。

第三阶段:时间从 $t_2 \rightarrow t_3$

此时铸件各部分都进入 θ_1 ℃以下的弹性状态。若此刻立即将它们分割开,则将分别按曲线 AB_1 及 AB_2 进行收缩。实际上,由于它们是相互联系在一起的,故只能都按曲线 AB(图中虚线)收缩。这样,对薄壁部分Ⅱ将产生残余压应力,厚壁部分Ⅰ和Ⅲ将产生残余拉应力,其大小分别为:

$$\sigma_{\text{II}} = E \times \frac{\delta_1}{L_0}(\text{压})$$

$$\sigma_1 = \sigma_{\text{III}} = E \times \frac{\delta_2}{L_0}(\text{拉})$$

由上式可知，铸件材料的弹性模量 E 越大，产生的残余应力也越大。例如，铸钢件的残余应力将比同样的铸铁件高一倍左右。

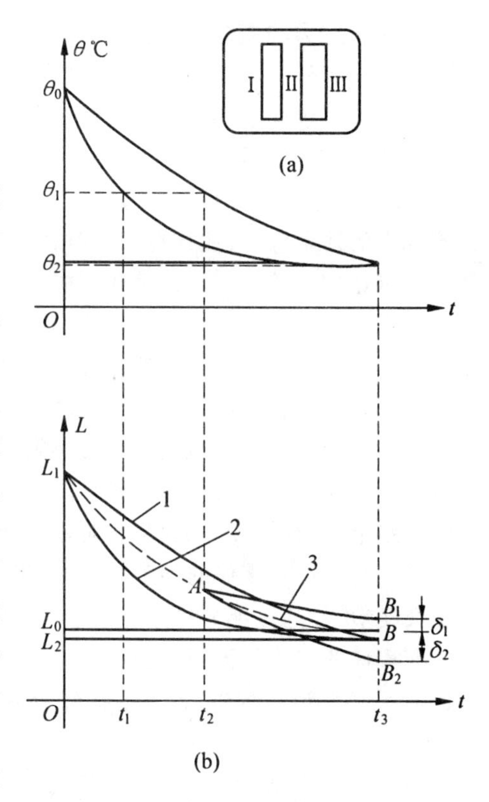

图 4-80　铸件产生残余应力的过程

在机床制造中，为了保证床身导轨面的质量，铸造时将导轨面朝下（见图 4-81(a)）。这样在浇铸后冷却时，上面的底座及下面的导轨部分都冷却较快，而中间部分则冷却较慢，从而使床身底座和导轨部分产生残余压应力，中间部分则产生残余拉应力，如图 4-81(b)所示。在机械加工过程中，当床身导轨面被刨去一层金属后，由于切去了部分残余应力层，床身内部残余应力要求重新分布和平衡，因而产生较大的变形并造成加工后床身导轨的直线度误差（见图 4-81(c)）。

2. 在机械加工过程中，由于力和热的作用，使工件表面层产生塑性变形，也会产生相应的残余应力。

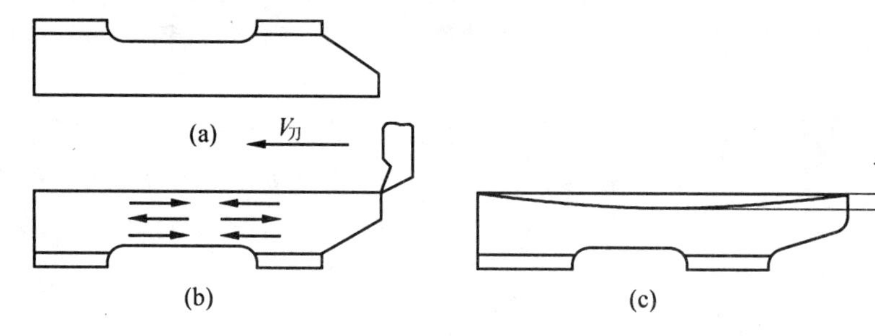

图 4-81　床身铸件的残余应力及加工后的变形

3. 在长棒料或细长零件的冷校直过程中，也会因其局部的塑性变形而产生残余应力

某些低刚度的轴类零件，如细长轴、丝杠、曲轴等，常因机械加工后满足不了轴线的直线度要求，而需要进行校直工序。其原理是使工件产生与原弯曲方向相反的残留变形，以补偿原有的弯曲误差。轴线弯曲的细长轴的冷校直过程如图 4-82 所示。

图(a)为未加外力校直前的情况，假设此时工件内部还没有残余应力。当加上一定外力使工件达到平直（见图(b)）时，由于工件内部还都处于弹性状态，因此当外力去掉后仍要恢复到原有的弯曲状态。只有当外力增大到使工件向反方向弯曲并使其表面层产生局部塑性变形（见图(c)）时，才有可能将工件校直。此时，当去掉外力，工件内部的弹性力会促使工件逐渐恢复变直，而与此同时却产生了如图(d)所示的残余应力。

由于冷校直后的工件都要产生残余应力，这样就不可能长期保持已校直的形状精度。为此，对精密丝杠等高精度零件的加工，都是严禁采用冷校直工序的。

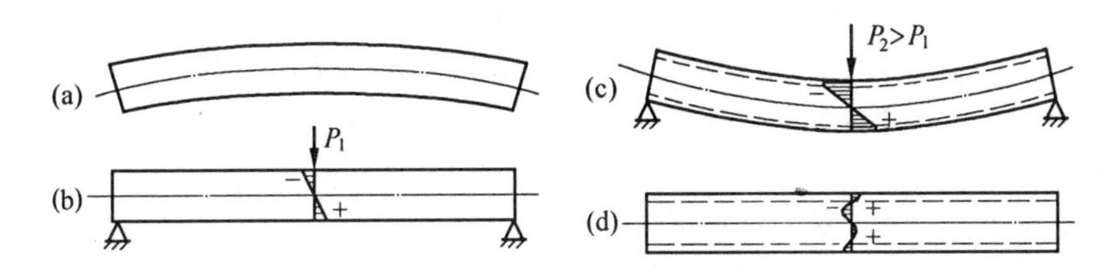

图 4-82 细长轴冷校直过程及校直后的残余应力

(三)减少或消除残余应力的措施

上述的一些实例说明,无论是在毛坯制造还是在零件的机械加工过程中,都会由于局部塑性变形而产生不同程度的残余应力,并相应地造成毛坯或工件的变形。一般来说,对刚度高或精度要求不高的零件,残余应力的影响可不考虑,但对刚度低的零件,特别是精密零件,则必须设法减少或消除之。减少和消除残余应力的措施如下。

1. 合理设计零件结构

在机器零件的结构设计中,应尽量减少其各组成部分的尺寸差和壁厚差,以减少在铸、锻件毛坯制造中产生的残余应力。

2. 采取时效处理

目前,消除残余应力的办法,主要是在毛坯制造之后,粗、精加工或其它有关工序之间,停留一段时间进行自然时效。不同尺寸类型的零件所需的自然时效时间是不同的,有的需要几个小时即可,但对一些大型零件(如机床床身、箱体等)则需很长的时间。为此,对大型零件的毛坯,往往是放到室外进行长时间的自然时效,以达到充分变形和逐渐消失残余应力的目的。但对正在进行机械加工的大型零件,则往往为避免长期占用车间生产面积而采用加快时效速度的人工时效方法。

人工时效处理,就是将工件放到炉中去加热,加热到一定温度并保持一段时间后再随炉冷却。有时也可采取敲击的办法进行人工时效,如对中、小型铸件,将它们放入大滚筒中进行清砂,在此过程中也就同时达到了人工时效的目的。对某些小型精密零件,为避免人工时效处理时加工表面产生氧化,则可采用油煮的处理方法。近年来,国内一些单位研制出来的机械式激振时效装置,其主要特点是利用共振原理消除工件中的残余应力,从而达到人工时效的目的。这种振动时效,已在大型机体零件中应用并获得了良好的效果。

§ 4-5 加工总误差的分析与估算

一、加工总误差的分析方法

对加工误差进行分析的目的在于将两大类不同性质的加工误差分开,确定系统误差的数值和随机误差的范围,从而找出造成加工误差的主要因素,以便采取相应的措施提高零件的加工精度。目前,加工误差的分析方法基本有两类:即分析计算法和统计分析法。

(一)分析计算法

分析计算法主要用于确定各个单项因素所造成的加工误差。此法是在分析产生加工误差因素的基础上,找出原始误差值,并建立它与工件加工误差值之间的数学关系,从而计算出该因素所造成的加工误差值。

对于单项的系统误差,一般都可以采用这种方法进行计算。例如,由于采取近似的加工原理所带来的加工原理误差(如用法向截面为直线形齿廓滚刀,代替渐开线蜗杆滚刀加工渐开线齿形等),可以根据零件加工表面的形成原理,从相应的几何关系中找出产生加工误差值的大小。又如,由机床几何误差所引起的加工误差值,也可通过对机床各项几何误差的测定和相应的几何关系计算出来。

实际生产中,经常是各种影响因素都在起作用。因此,要确定零件总的加工误差,就必须分别把各个原始误差所造成的加工误差先计算出来。为此,须对工艺系统各有关原始误差环节,进行理论分析和实验测定,得出各原始误差的数据,然后再用分析计算法,取得相应的加工误差值,最后通过作图或计算,将它们综合起来,即可求出总误差的大小。图 4-83 所示为在单件生产条件下加工长轴时,各项误差的图解和加工后长轴的形状。

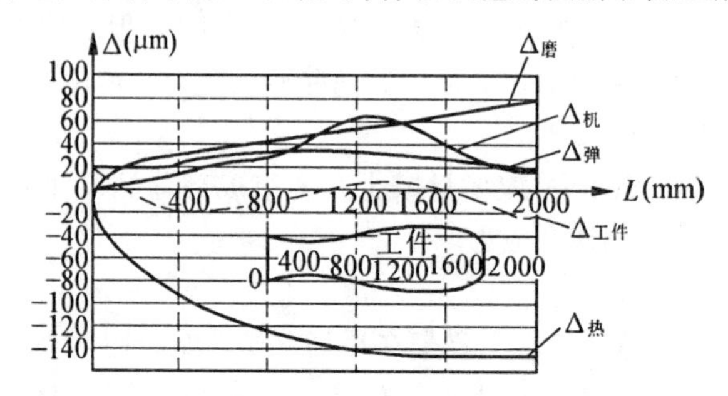

图 4-83　长轴加工后的尺寸及形状误差

由图可以看出,工件在各个剖面上总误差的大小和变化情况,同时也可看到各原始误差所产生的加工误差经常是可以相互补偿的。

上例只对单个零件的轴向形状误差进行了分析,对其径向形状误差还需另做分析。若零件为批量生产时,则还需分析其它一些因素,如工件定位不准、加工余量不均以及材料硬度不同等所造成的加工误差。

用分析计算法计算加工的总误差是比较困难的,它需要对很多原始误差资料进行较复杂的计算才能完成。因此,这种方法只适用于在成批、大量生产中,分析和研究某些主要零件的关键工序,或者对一般零件加工中的某些主要工艺因素进行分析和研究。

(二)统计分析法

统计分析法是以现场观察与实际测量所得的数据为基础,应用概率论理论和统计学的原理,以确定在一定加工条件下,一批零件加工总误差的大小及其分布情况。这种方法不仅可以指出系统误差的大小和方向,同时还可指示出各种随机误差因素对加工精度的综合影响。由于这种方法是建立在对大量实测数据进行统计的基础上,故一般只能用于调整法加工的成批、大量生产之中。

在机械加工中,经常采用的统计分析法主要有分布曲线法和点图法两种。

1. 分布曲线法

这种方法是通过测量一批零件加工后的实际尺寸,作出尺寸分布曲线,然后按此曲线来判断这种加工方法所产生的误差。

例如,在一批零件上铰一尺寸为 $\phi20\pm0.01$mm 的孔。现使用 $\phi20$mm 的铰刀在一定的切削用量下进行加工。铰孔后测定孔的直径尺寸分别为 20.60,20.085,20.065,20.062,20.100,20.084,20.070…。乍看起来,这些数据似乎无规律可循,但若用一定的方法进行整理，则会发现是有其规律性的。

首先，我们可以进行最简单的统计分析，即按实测数据计算孔的平均尺寸 $\bar{D}$。

$$\bar{D}=\frac{\sum_{i=1}^{n}D_i}{n}$$

式中 D_i—— 各实测尺寸；

n —— 实测零件的总数。

则 $$\bar{D}=\frac{20.060+20.085+20.065+20.062+\cdots}{n}=20.08\text{mm}$$

当我们再增加这批零件的数量，测量后计算其平均尺寸几乎没有变化，这就说明在每个零件上，孔的直径尺寸都有 0.08mm 的误差存在。而每个零件的实测尺寸所以不是 20.08mm，主要是因为除了这一项系统误差外，还有随机误差成分。如第一个零件除有 0.08mm 的误差外，还有 -0.02mm 的随机误差，第二个零件除有 0.08mm 的误差外，还有 +0.005mm 的随机误差；…。

这样，每个零件上孔的实测尺寸可写为

$$D_1=20+0.08-0.020$$
$$D_2=20+0.08+0.005$$
$$D_3=20+0.08-0.015$$
$$D_4=20+0.08-0.018$$
$$D_5=20+0.08+0.020$$
$$D_6=20+0.08+0.004$$
$$D_7=20+0.08-0.010$$
$$\vdots \quad \vdots \quad \vdots \quad \vdots$$

这些尺寸的第一项是零件所要求的基本尺寸 $D_{基}$，第二项是加工每个零件时都产生的系统误差 $\Delta_{系}$，而第三项则是加工时很难事先预测其大小的随机误差 $\Delta_{随}$。

很显然，通过初步的统计分析，我们就能发现，在每个零件上都有 0.08mm 的误差这一规律，因而可以采取相应措施消除这一部分误差。譬如，将铰刀直径磨小 0.08mm，使其在铰孔时，再产生一个 -0.08mm 的误差，这样加工后，各零件上孔的实际尺寸将为 20-0.02，20+0.005，20-0.015…。很明显，这些孔径更加接近零件图纸所要求的尺寸，即加工精度有了很大地提高。

当我们再进一步对随机误差进行统计分析时，又会发现这些随机误差，虽然在每个零件上表现的大小是不同的，但总是在一定的范围内变化，且以平均尺寸 $\bar{D}$ 为中心，有正有负而且对称的分布(图 4-84)。此外，还会发现距离平均尺寸越远的随机误差，出现的概率越小。总之，是完全符合前面所提到的随机误差的规律的。这样即可根据实测尺寸的数据，经过统计和分析，求出系统误差的数值和随机误差的分布范围 6σ，即

$$\Delta_{系}=\bar{D}-D_{基}=0.08\text{mm}$$

$$\Delta_{随}=6\sigma=6\sqrt{\sum_{i=1}^{n}(D_i-\bar{D})^2/n}=0.04\text{mm}$$

通过分布曲线不仅可以掌握某道工序随机误差的分布范围，而且还可以知道，不同误差范围内出现的零件数占全部零件数的百分比。这样，在采用调整法加工一批零件时，就

可以预先估算产生废品的可能性及其数量。此外，当废品不可避免时，则可通过调整刀具的位置或改变刀具的尺寸，变不可修废品为可修废品。

例如，上例孔的加工尺寸为 $\phi20\pm0.01$mm，即公差为 T = 0.02mm。铰孔这道工序，其加工精度为 $6\sigma=0.04$mm，由于 $6\sigma>T$，因此必然会产生废品。

当尺寸分布中心调整到和孔的公差带中心重合时（图 4-85 中实线所示），其过大或过小尺寸的废品率计算如下

$$\frac{x}{\sigma}=\frac{0.01}{0.04/6}=1.5$$

由表 4-1 可知，$A=0.8664$，故两项废品率均为 $0.5-\dfrac{0.8664}{2}=0.0668$，即 6.68%。

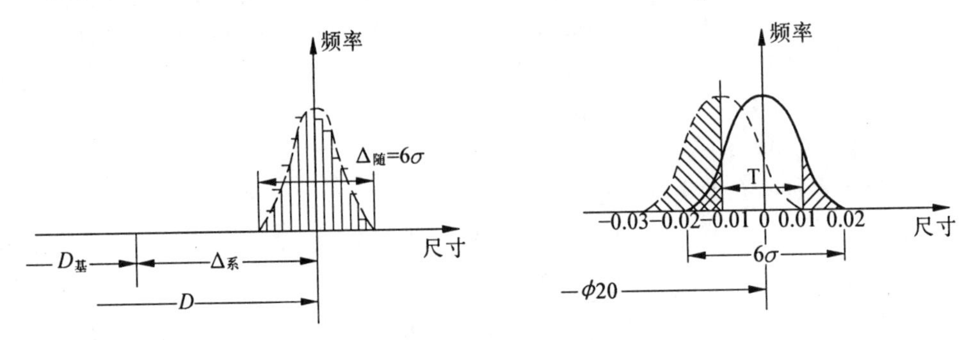

图 4-84　一批零件铰孔后的尺寸分布情况

图 4-85　尺寸调整前后的废品率

当尺寸分布中心调整到离公差带中心小 0.01mm（图 4-85 中虚线所示），即将铰刀直径磨小 0.01mm，就不会出现尺寸过大的不可修废品，而只有过小的可修废品，此时的废品率为 50%。

若要避免任何废品的产生，则需采用加工精度更高的机床和加工方法，其 6σ 不能超过 0.02mm。

2. 点图法

用分布曲线法分析研究加工误差时，不能反映出零件加工的先后顺序，因此就不能把按一定规律变化的系统误差和随机误差区分开；而且还需在全部零件加工完之后才能绘制出分布曲线，不能在加工进行过程中，提供控制工艺过程的资料。为了克服这些不足，在生产实践中出现了点图法。

点图法是在一批零件的加工过程中，依次测量每个零件的加工尺寸，并记入以顺次加工的零件号为横坐标，零件加工尺寸为纵坐标的图表中，这样对一批零件的加工结果便可画成点图。

现以外圆加工为例，说明点图法的具体应用。

在车床上采用调整法加工一批大尺寸的轴颈。如图 4-86 所示，由于加工所使用的刀具磨损比较显著，若还是采用分布曲线法进行计算，则会发现此工序的随机误差部分 6σ 过大。

若改为采用点图法，即按零件加工的先后顺序逐个测量作出点图，则可明显地发现刀具磨损的影响。实际上，其随机误差的分布宽度仅等于 $6\sigma'$，其数值远比 6σ 要小。

实际的随机误差分布宽度 $6\sigma'$ 的计算方法如下：

由于刀具磨损而产生的变值系统误差为 $\Delta_{变系}=n\mathrm{tg}\alpha$，则各个零件的系统误差为

$$\Delta_{系} = C + n\text{tg}\alpha$$

式中　n—— 零件加工先后的序号；

C—— 常值系统误差。

每个零件实际的随机误差，为各个零件加工后的实际误差（实测尺寸减去基本尺寸）减去各自的系统误差，即

$$\Delta_{1随} = \Delta_1 - (C + 1\text{tg}\alpha)$$

$$\Delta_{2随} = \Delta_2 - (C + 2\text{tg}\alpha)$$

$$\vdots \qquad \vdots \qquad\qquad \vdots$$

$$\Delta_{n随} = \Delta_n - (C + n\text{tg}\alpha)$$

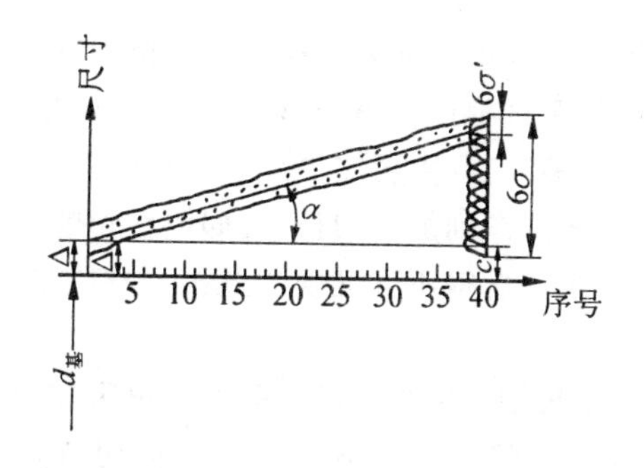

图 4-86　在车床上用调整法加工一批大尺寸轴颈的点图

根据 $\Delta_{1随}$、$\Delta_{2随}$、…、$\Delta_{n随}$ 可求出 σ'，从而得出 $6\sigma'$。

$$\sigma' = \sqrt{\Delta_{1随}^2 + \Delta_{2随}^2 + \cdots + \Delta_{n随}^2}$$

由于刀具磨损而造成的变值系统误差，可通过点图掌握其规律，从而采取补偿措施以提高这一批零件的尺寸精度。

总之，采用点图法就有可能将所有系统误差与随机误差分开，因而有可能通过误差补偿的办法，消除各种系统误差，加工精度就能得到提高。

二、加工总误差的估算

一批零件加工后的总误差由系统误差和随机误差两部分组成，而这两部分误差往往又是分别由很多单项的系统误差和随机误差综合的结果。由于系统误差和随机误差的性质不同，因此在综合时，系统误差应为代数和，随机误差应为方根平方和。

一批零件加工的总误差（图 4-87）可按下式估算

$$\Delta_{总} = \Delta_{系综} \pm \frac{1}{2}\Delta_{随综}$$

式中　$\Delta_{系综} = \sum \Delta_{系i}$

$$\Delta_{随综} = \sqrt{\sum \Delta_{随i}^2}$$

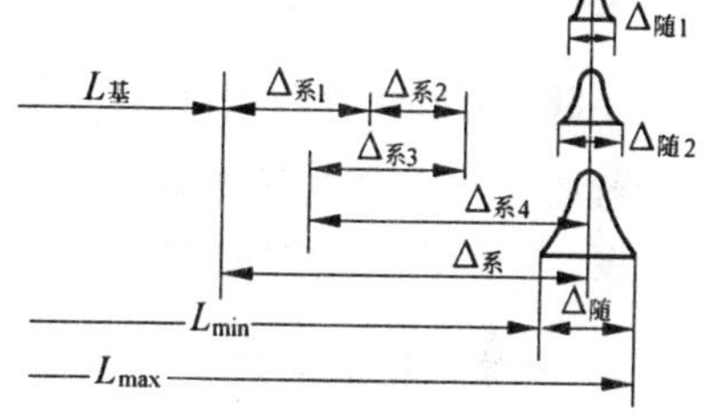

图 4-87　加工总误差

§4-6　保证和提高加工精度的主要途径

在机械加工过程中，工艺系统存在各种原始误差，这些原始误差在不同的具体条件下以不同的程度反映为零件的加工误差。为保证和提高加工精度，可通过直接控制原始误差或控制原始误差对零件加工精度的影响来达到，其主要途径有：减少或消除原始误差；补偿或抵消原始误差；转移原始误差和分化或均化原始误差等。

一、减少或消除原始误差

提高零件加工时所使用的机床、夹具、量具及工具的精度，以及控制工艺系统受力、受热变形等均属于直接减少原始误差。为有效地提高加工精度，应根据不同情况针对主要

的原始误差采取措施加以解决。加工精密零件,应尽可能提高所使用机床的几何精度、刚度及控制加工过程中的热变形;加工低刚度零件,主要是尽量减少工件的受力变形;加工具有型面的零件,则主要减少成形刀具的形状误差及刀具的安装误差。

例如,车床车削加工细长轴,即使在切削用量较小的情况下,也会使工件产生弯曲变形和振动,加工后得不到准确的形状。虽然在加工时采用了跟刀架,但仍很难加工出高精度的细长轴。

分析细长轴车削加工时的受力状况可知,采用跟刀架虽可以解决径向切削分力 F_y 将工件"顶弯"的问题,但还没有解决轴向切削分力 F_x 及工件热伸长将工件"压弯"的问题。在采用跟刀架加工的情况下,后者就成了细长轴加工时的主要原始误差(见图 4-88(a))。为了减少这项原始误差,可采取大进给反向切削法(见图 4-88(b))。这样,由于改变了进给方向使细长轴在加工过程中受拉力,再加上在尾座一端采用可伸缩的活顶尖,故可使工件获得较高的形状精度。

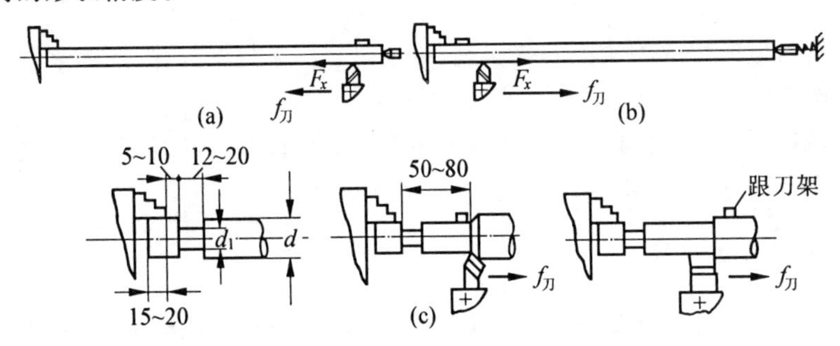

图 4-88　细长轴车削时的受力分析及大进给反向切削

采用大进给反向切削法加工细长轴时,为了使切削平稳以获得良好的加工效果,最好如图 4-88(c)所示,将工件在床头卡盘夹持部分车出一个颈部($d_1 \approx \frac{d}{2}$),以消除由于坯料本身弯曲而在卡盘强制夹持下引起工件轴线歪斜的影响。为了保证最终车削加工表面的粗糙度,在精车时应将跟刀架安置在待加工表面上。

二、补偿或抵消原始误差

对工艺系统中的一些原始误差,若无适当措施使其减少时,则可采取误差补偿或误差抵消的办法消除其对加工精度的影响。

(一)误差补偿法,就是人为地制造一个大小相等方向相反的误差去补偿原有的原始误差。例如,图 4-89 所示在双柱坐标镗床上,利用重锤和人为制造的横梁导轨直线度误差去补偿有关部件自重引起的横梁的变形误差。

图(a)所示为通过重锤、链环及滚轮等平衡主轴本身重量及主轴箱部件自重对横梁的扭曲变形。作用在横梁上的合力将主要使横梁在垂直方向产生弯曲变形,为此可将横梁上导轨刮研成相应的上凸形(见图(b)),以补偿其受力变形量。至于横梁导轨需刮研的凸起量,可通过实测主轴箱部件在不同位置时横梁的变形值或对横梁进行受力变形计算加以确定。

对精密螺纹、精密齿轮及精密蜗轮加工机床中内传动链的传动误差,也多采用误差补偿的办法以提高被加工丝杠、齿轮或蜗轮的加工精度。

(二)误差抵消法,就是利用原始误差本身的规律性,部分或全部抵消其所造成的加工

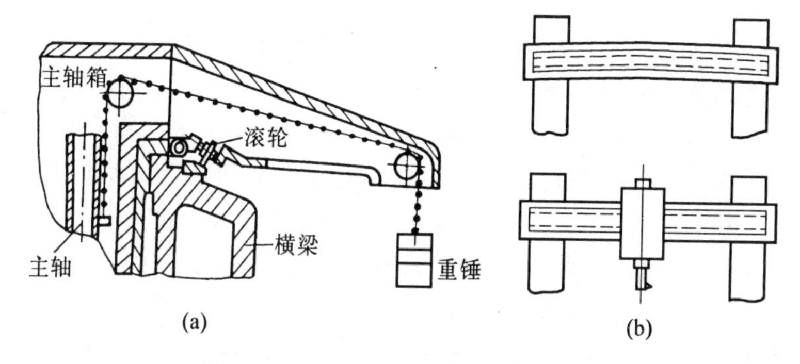

图 4-89　双柱坐标镗床横梁变形的补偿

误差。

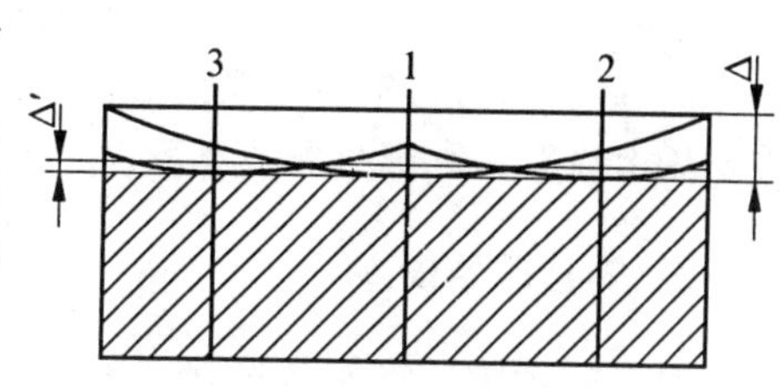

1—工件移位前铣刀轴线位置；
2,3—工件两次移位后铣刀轴线位置

图 4-90　铣削加工平面的多次移位走刀加工

例如，在立式铣床上采用端铣刀加工平面时，由于铣刀回转轴线对工作台直线进给运动不垂直，加工后将造成加工表面下凹的形状误差 Δ。为减少此项加工误差，可采取如图 4-90 所示的工件相对铣刀轴线横向多次移位走刀加工，加工后的形状误差减少到 Δ′，即是利用铣刀回转轴线位置误差的规律性来部分抵消其所造成的加工误差的一个实例。

此外，利用“易位法”加工精密蜗轮或精密丝杠，也可以通过部分抵消机床内传动链的周期性误差而达到提高加工精度的目的。易位法加工蜗轮的原理是利用滚齿机分度蜗轮副分度误差的周期性，通过逐次改变被加工蜗轮与机床分度蜗轮的相对位置，使分度蜗轮副的分度误差所造成的加工误差得到部分抵消，其过程如图 4-91 所示。

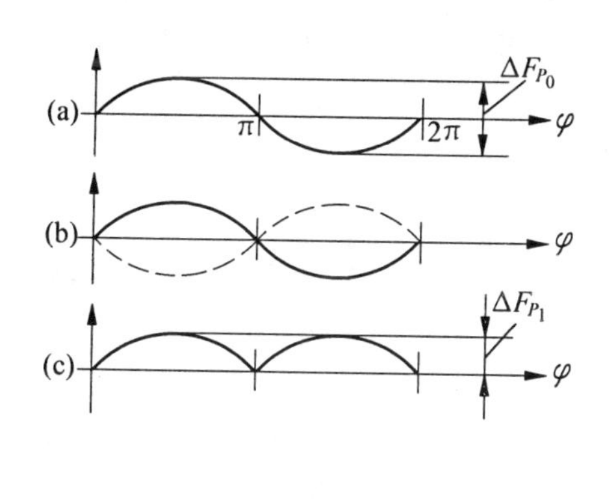

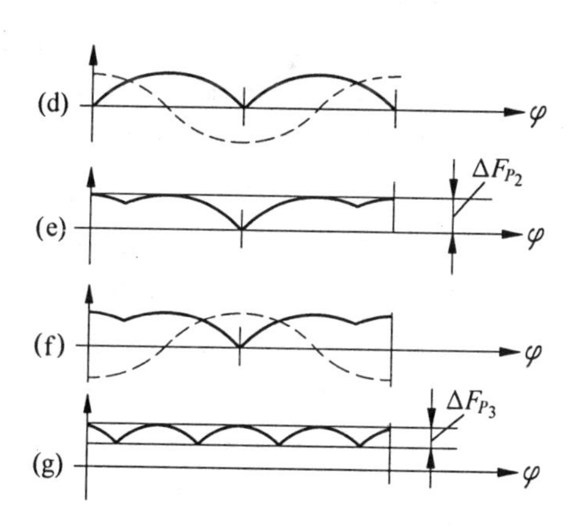

图 4-91　易位法加工蜗轮使加工误差部分抵消的过程

图(a)表示易位前滚齿机分度蜗轮周节累积误差(主要是分度蜗轮的安装偏心造成的)所造成的工件蜗轮周节累积误差曲线，其误差值为 ΔF_{P_0}。

图(b)表示工件蜗轮相对滚齿机分度蜗轮易位 180°之后，滚齿机分度蜗轮的周节累积误差(图中虚线)与工件蜗轮周节累积误差(图中实线)错位 180°的情况。

图(c)表示易位滚切后,工件蜗轮上的周节累积误差为 $\Delta F_{p_1}=\frac{1}{2}\Delta F_{p_0}$。

此时,由于机床分度蜗轮周节累积误差为正值的部分恰好对应工件蜗轮周节累积误差为负值的部分,因而在这一部分的齿面上有余量可以切除,滚齿机分度蜗轮的周节累积误差又反映到工件蜗轮上;而在另半周,则因工件蜗轮的周节累积误差为负值,滚刀不能与工件蜗轮的这半周齿面相切,因而此次易位前的误差仍被保留。

图(d)表示再次易位90°之后,工件蜗轮的周节累积误差,(图中实线)与机床分度蜗轮的周节累积误差(图中虚线)的相对位置。

图(e)表示再次易位滚切后,工件蜗轮的周节累积误差,其值为 $\Delta F_{p_2}=\Delta F_{p_1}$。

图(f)表示再继续易位180°时,工件蜗轮的周节累积误差(图中实线)与机床分度蜗轮的周节累积误差(图中虚线)的分布情况。

图(g)表示第三次易位滚切后,工件蜗轮的周节累积误差大大减少的情况。这时,工件蜗轮上原有的大部分周节累积误差已被滚刀切去,剩下的误差值仅为 ΔF_{p_3}。

三、转移原始误差

对工艺系统的原始误差,在一定的条件下,可以使其转移到加工误差的非敏感方向或其它不影响加工精度的方面去。这样,在不减少原始误差的情况下,同样可以获得较高的加工精度。

(一)转移原始误差至加工误差的非敏感方向

各种原始误差反映到零件加工误差上去的程度,与其是否在加工误差敏感方向有直接关系。在加工过程中,若设法将原始误差转移到加工误差的非敏感方向,则可大大提高加工精度。例如,对具有分度或转位的多工位加工工序或采用转位刀架加工的工序,其分度、转位误差将直接影响零件有关表面的加工精度。此时,若将切削刀具安装到适当位置,使分度或转位误差处于零件加工表面的切线方向,则可大大减少其影响。图4-92所示的立轴六角车床采用垂直装刀,就是明显的一例,它可使六角刀台转位时的重复定位误差 $\pm\Delta\alpha$ 转移到零件内孔加工表面误差的非敏感方向。

(二)转移原始误差至对加工精度无影响的方面

在大型龙门式机床中,由于横梁较长,常常由于其上主轴箱等部件重力的作用而产生弯曲和扭曲变形。使用这类机床加工时,横梁的变形往往是产生加工误差的主要原始误差之一。为消除此原始误差的影响,可在机床结构上再增添一根主要承受主轴箱重量的附加梁(见图4-93(a))。此外,对箱体零件的孔系加工,在单件、小批生产时采用精密量块和千分表实现精密坐标定位,或在成批生产条件下采用镗模夹具加工,也都是将原有镗床的部分几何误差转移到与箱体孔系加工精度无关方面的示例(见图4-93(b))。

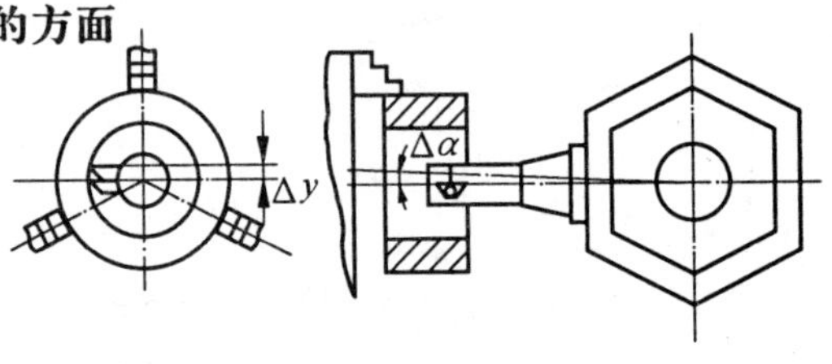

图4-92 转移原始误差至加工误差的非敏感方向的示例

四、分化或均化原始误差

为提高一批零件的加工精度,可采取分化某些原始误差的办法。对加工精度要求很

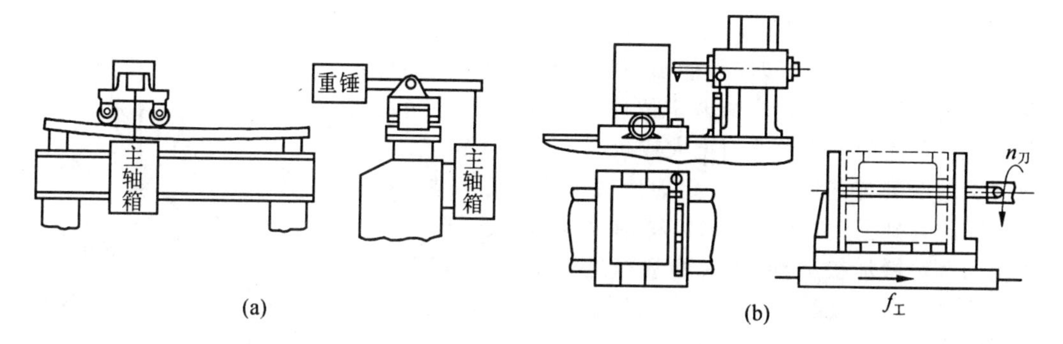

图 4-93　转移原始误差的示例

高的零件，还可采取不断试切或逐步均化加工前工件原有的原始误差的办法。

（一）分化原始误差

采用调整法加工一批零件时，若加工余量或加工表面与定位基准面之间的有关尺寸变动范围过大，都会造成较大的加工误差。为此可根据误差复映规律，在加工前将这批零件有关尺寸这项原始误差均分为几组，然后再按各组工件的加工余量或有关尺寸的变动范围调整刀具相对工件的准确位置，使各组工件加工后的尺寸分布中心基本一致，从而使这批零件加工的精度得到提高。

例如，采用无心磨床贯穿磨削加工一批小轴，磨前对其尺寸进行测量并均分为四组，则分组后的尺寸分散范围将缩减为$\frac{\Delta_{前}}{4}$。这样，再按每组零件的实际加工余量及工艺系统刚度调整无心磨砂轮与导轮之间的距离，就可使这批小轴加工后的尺寸分散范围大大缩小。当不考虑调整误差时，加工后其尺寸分散范围为

$$\Delta'_{后} = \varepsilon \times \frac{\Delta_{前}}{4} = \frac{\Delta_{后}}{4}$$

式中　$\Delta_{前}$、$\Delta_{后}$——未分组调整前这批零件加工前及加工后的尺寸分散范围；

$\Delta'_{后}$——分组调整后这批零件加工后的尺寸分散范围；

ε——无心磨削加工的误差复映系数。

又如，精加工齿轮齿形时，为保证齿圈与齿轮内孔的同轴度，多采用各种类型的心轴定位。对一批齿轮工件来说，加工后齿圈与内孔的位置精度主要取决于其内孔与心轴的配合间隙。为此，也可以在加工前将齿轮工件按内孔尺寸分组，并相应和不同直径尺寸的心轴配合，这样，由于减小了齿轮工件内孔与定位心轴的配合间隙，也可提高齿轮齿形的加工精度。

（二）均化原始误差

均化原始误差的过程，就是通过加工使被加工零件表面原有的原始误差不断平均化和缩小的过程。例如，对零件上精密孔径或轴颈的研磨加工，就是利用工件与研具在研磨过程中的研磨和磨损，由最初的最高点相接触到接触面逐渐扩大，从而使原有误差不断减小而最后达到很高的形状精度。高精度标准平台、平尺等，也都是通过三个相同的工件，相互依次研合和检验的均化误差法获得的。精密分度盘的最终精磨，也是在不断微调定位基准与砂轮之间的角度位置，通过不断均化各分度槽之间角度误差而获得的。

精密分度盘的最终精磨过程是首先初调定位件，使定位基准与砂轮工作面之间获得一定的角度位置，随后将各分度槽磨削一遍。此时，由于分度槽之间的原有的角度误差

(即原始误差)较大,可能只有部分的分度槽被磨到,而且当再磨到开始磨的第一槽时,可能出现没有磨削余量或磨削余量过大的情况。这时就应微调定位件的位置,使定位基准与砂轮工作面之间的夹角适当增大或减小。如图 4-94 所示,经过多次的磨削与调整,最后一定能使每个分度槽都被刚好磨到。在此基础上,再将各槽都极精细地磨削一遍,即这些分度槽面都轻微地被磨到,每次磨削都是火花极小,直至只听到砂轮与槽面相接触的声音而无磨削火花时,则说明分度盘已获得极高的分度精度。

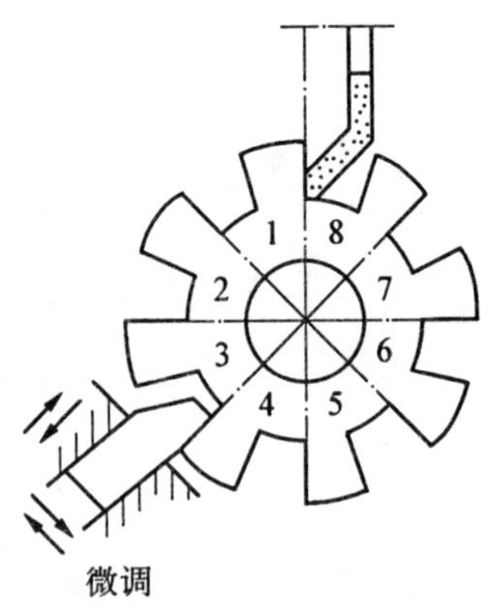

图 4-94 精密分度盘最终精磨时的误差均化过程

在对分度盘进行精磨加工时,最好调整定位基准面与砂轮工作面之间的角度恰好等于两个分度槽之间的夹角,这样可以提高精磨效率(分度盘转一转即可依次精磨完全部分度槽面一遍)。但当分度盘的分度槽数较多时,则往往受到结构限制很难实现,这时可采取相隔数个分度槽定位的办法解决之。只要对每个分度槽在分度盘的多转过程中都能磨到,则同样可获得等分性精度很高的分度盘。例如,如图 4-94 所示的八等分的分度盘,精磨加工时采用相隔三个分度槽定位的方案,这样依次精磨后的分度槽面与定位基准面之间的夹角分别为:

$\angle 3+\angle 2+\angle 1 \quad \angle 8+\angle 7+\angle 6 \quad \angle 5+\angle 4+\angle 3 \quad \angle 2+\angle 1+\angle 8$

$\angle 7+\angle 6+\angle 5 \quad \angle 4+\angle 3+\angle 2 \quad \angle 1+\angle 8+\angle 7 \quad \angle 6+\angle 5+\angle 4$

当上述各夹角经精细调整磨削后都相等时,则经整理可得:

$\angle 1=\angle 4 \quad \angle 2=\angle 5 \quad \angle 3=\angle 6 \quad \angle 4=\angle 7$

$\angle 5=\angle 8 \quad \angle 6=\angle 1 \quad \angle 7=\angle 2 \quad \angle 8=\angle 3$

亦即 $\angle 1=\angle 4=\angle 7=\angle 2=\angle 5=\angle 8=\angle 3=\angle 6$

这种对精密分度盘的最终精磨方法,从原理上分析不存在任何分度误差,但由于在加工中还有其它因素的影响,最终加工出来的分度盘的分度精度为 $\pm(5''\sim 8'')$。

习　　题

4-1 何谓加工精度?何谓加工误差?两者有何区别与联系?

4-2 获得零件尺寸精度的方法有哪些?影响尺寸精度的主要因素是什么?试举例说明。

4-3 获得零件形状精度的方法有哪些?影响形状精度的主要因素是什么?试举例说明。

4-4 获得零件有关加工表面之间的位置精度的方法有哪些?影响加工表面间位置精度的主要因素是什么?试举例说明。

4-5 何谓原始误差?试举一加工实例说明之。

4-6 何谓“原理误差”?它对零件的加工精度有何影响?试举例说明。

4-7 机床的几何误差指的是什么?试以车床为例说明机床的几何误差对零件的加工精度有何影响?

4-8 何谓调整误差?在单件小批生产或大批大量生产中各会产生哪些方面的调整误差?它们对零件的加工精度会产生怎样的影响?

4-9 试举例说明在加工过程中,工艺系统受力变形、热变形、磨损和残余应力会对零件的加工精度产生怎样的影响？各应采取什么措施来克服这些影响？

4-10　什么是加工误差的分析方法？什么是分析计算法？什么是统计分析法？各在什么情况下应用？

4-11　在只考虑测量工具或测量方法本身误差影响的条件下，试分别确定如下工件被测尺寸的实际值：

(1)采用分度值为 0.01mm 的一级百分尺，测得一工件的厚度尺寸为 24.75mm；

(2)采用二级杠杆式百分表(在 0.1mm 使用)及三级量块，测得一轴套的外径为 φ76.048mm。

4-12　在车床上加工一批零件的内孔，按图纸要求，其尺寸为 $70^{+0.074}_{0}$mm，加工时采用一级内径百分表和三级量块进行测量。为了确保这一批零件加工后的内孔尺寸均能符合图纸要求，试计算确定其加工尺寸及上下偏差。

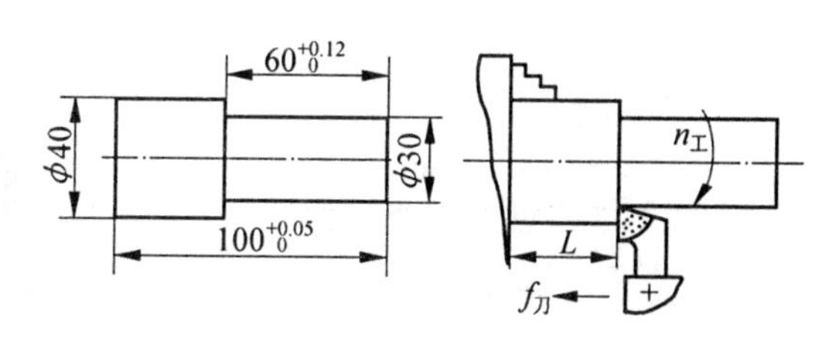

习图 4-1

4-13　如习图 4-1 所示，在车床上采用工件左端面定位和采用行程挡块对一批工件进行调整法加工，要求保证图纸给定尺寸 $60^{+0.12}_{0}$mm。现已知机床行程挡块的重复定位精度为 ±0.04mm。试计算刀具调整时应具有的位置 L。当调整后继续加工能否满足图纸要求(刀具磨损可忽略不计)？若满足不了图纸的要求时，又可采取哪些措施？

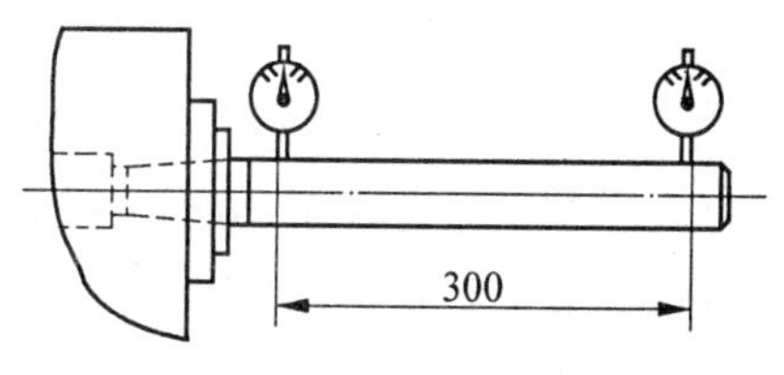

习图 4-2

4-14　在车床主轴回转精度的检测中，常以标准心棒和千分表测量出来的径向跳动(习图 4-2)作为衡量其精度高低的主要指标。试分析采用这种测量方法是否能准确地反映主轴的回转精度？为什么？

4-15　在普通车床上加工一光轴，图纸要求其直径尺寸为 φ86h6mm、长度为 800mm 及圆柱度公差为 0.01mm。该车床导轨直线度精度很高，但相对前后顶尖的连线在水平和垂直方向的平行度误差为 0.02/1000(习图 4-3)。若只考虑此平行度误差影响时，试通过计算，确定加工后工件能否满足图纸要求？若不能满足要求，可采用哪些工艺措施来解决？

4-16　在车床上车削加工一工件上的内锥孔，图纸要求为 φ40 × φ20 × 80mm。若小刀架的倾斜角已调准，且工件回转运动与刀具直线运动均很准确，但刀具安装不准。当在车刀刀尖安装低于工件中心 2mm 的条件下试切加工，大端恰好达到图纸要求(习图 4-4)时，试分析计算加工后工件内孔的形状及小端尺寸。

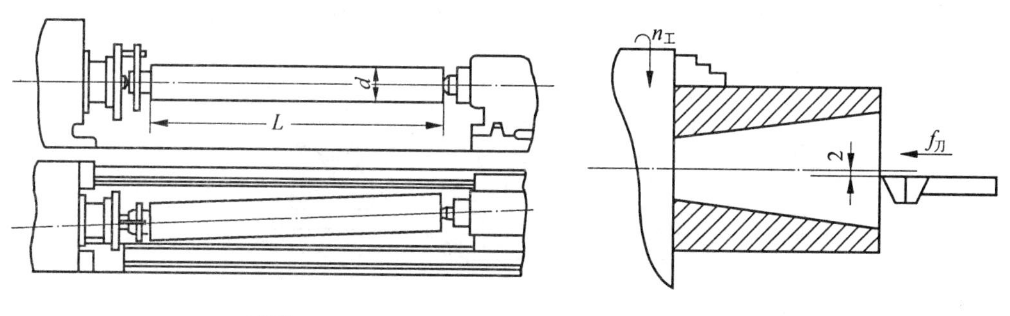

习图 4-3

习图 4-4

4-17　用碗形砂轮磨床身导轨面的平导轨(习图 4-5)时,如被磨平面宽为 50mm、砂轮直径为 ϕ80mm、砂轮轴线与平面导轨在纵向垂直平面内的夹角为 89°,试分析计算磨削后导轨平面的形状误差。如要提高导轨平面加工的形状精度,又可采用哪些工艺措施?

4-18　如习图 4-6 所示,在外圆磨床上磨削一工件的外圆表面。若砂轮、工件的回转运动和工作台直线进给运动都很准确,只是用于安装工件的前后顶尖距工作台进给移动用的导轨面不等高。在加工后,工件将产生什么样的形状误差?若砂轮回转轴线也与导轨面不平行时,又将产生什么样的形状误差?在砂轮和被加工工件直径大小不变的条件下,试分析比较上述两种情况下产生形状误差的大小?

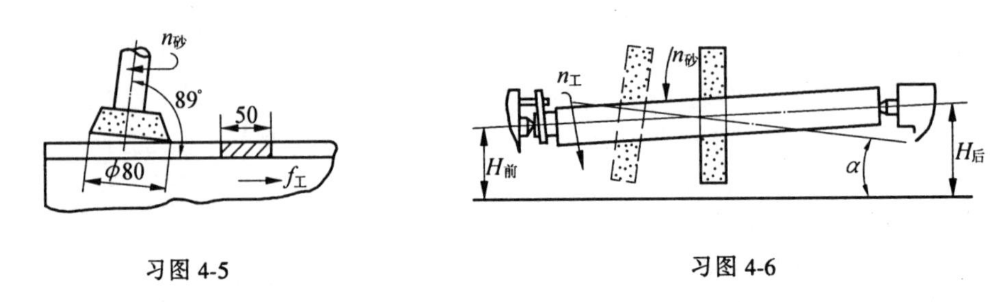

习图 4-5　　　　习图 4-6

4-19　习图 4-7 所示为 Y38 滚齿机的传动系统图,欲在此机床上加工 $m=2$、$Z=48$ 的直齿圆柱齿轮。已知:$i_{差}=1$、$i_{分}=\frac{e}{f}\cdot\frac{a}{b}\cdot\frac{c}{d}=\frac{24K_{刀}}{Z_1}=\frac{1}{2}$,若传动链中齿轮 $Z_1(m=3)$ 的周节误差为 $\Delta_{P_1}=0.08\text{mm}$,齿轮 $Z_d(m=3)$ 的周节误差为 $\Delta_{P_d}=0.1\text{mm}$,蜗轮($m=5$)的周节误差 $\Delta_{p_{蜗}}=0.13\text{mm}$。试分别计算由于它们各自的周节误差所造成被加工齿轮的周节误差各为多少?

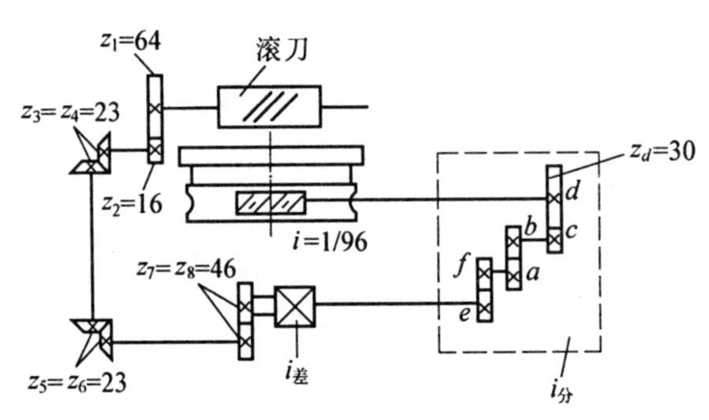

习图 4-7

4-20　如习图 4-8 所示,在键槽铣床上用夹具安装加工一批阶梯轴上的键槽。现已知铣床工作台面与导轨的平行度误差为 0.015/300。夹具两定位 V 形块交点 A 的连线与夹

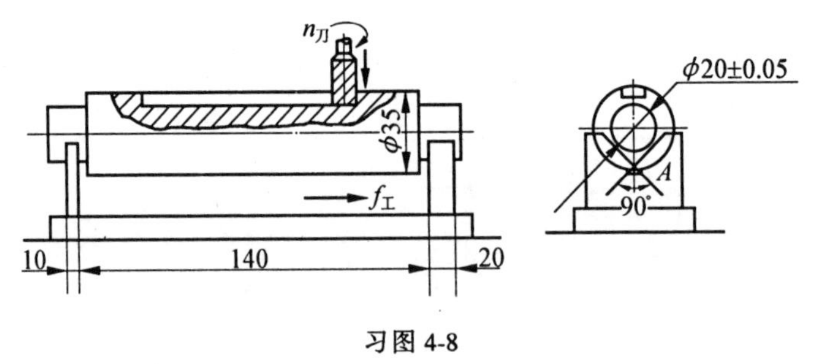

习图 4-8

具体底面的平行度误差为 0.01/150，阶梯轴两端轴颈尺寸均为 $\phi20\pm0.05$mm。试分析计算在只考虑上述因素影响时，加工后键槽底面对 $\phi35$mm 外圆下母线之间的最大平行度误差。又如何安装夹具可使上述的平行度误差减少？

4-21　采用无心磨床贯穿磨削加工一批轴承外环的外圆（习图 4-9），图纸要求为 $\phi70_{-0.02}^{\ 0}$mm。当试磨一组（$n=4$）工件的尺寸先后为 $\phi71.046$、$\phi71.050$、$\phi71.042$ 及 $\phi71.054$mm 时，试计算按试磨的第一个工件尺寸，或按试磨这一组的工件尺寸，导轮需进一步调整的距离。

4-22　在平面磨床上采用调整法加工一批工件（习图 4-10）图纸要求尺寸为 $H=20_{-0.02}^{+0.10}$mm。当本工序的均方根偏差为 $\sigma=0.01$mm，且只考虑调整误差的影响时，试通过分析计算确定采用哪种调整方法（即按试切一个工件的尺寸或按试切一组工件的平均尺寸调整）方可满足图纸要求？

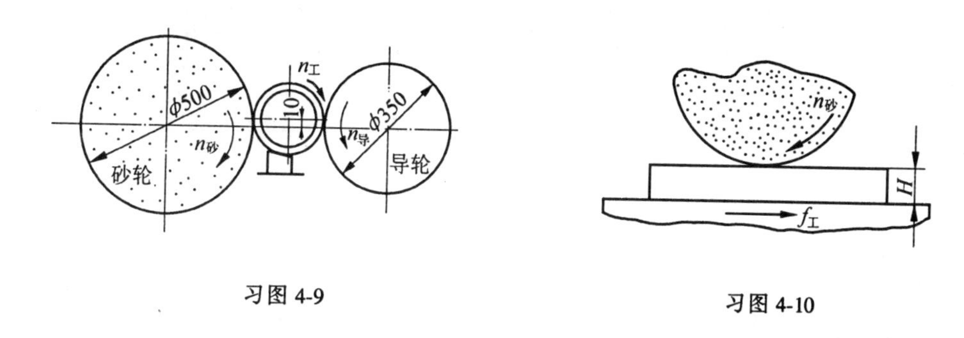

习图 4-9　　　　习图 4-10

4-23　在加工平板零件的平面时，若只考虑机床受力变形的影响，试问采用龙门刨床、单臂刨床或牛头刨床哪种加工方案可获得较高的形状和位置精度？为什么？

4-24　如习图 4-11 所示，在内圆磨床上磨削加工盲孔时，试分析在只考虑内圆磨头受力变形的条件下将产生什么样的加工误差？

4-25　在假定工件的刚性极大，且车床各部件处于 $K_头>K_尾$ 的条件下，试分析如习图 4-12 所示的三种加工情况，其加工后工件表面的形状误差。

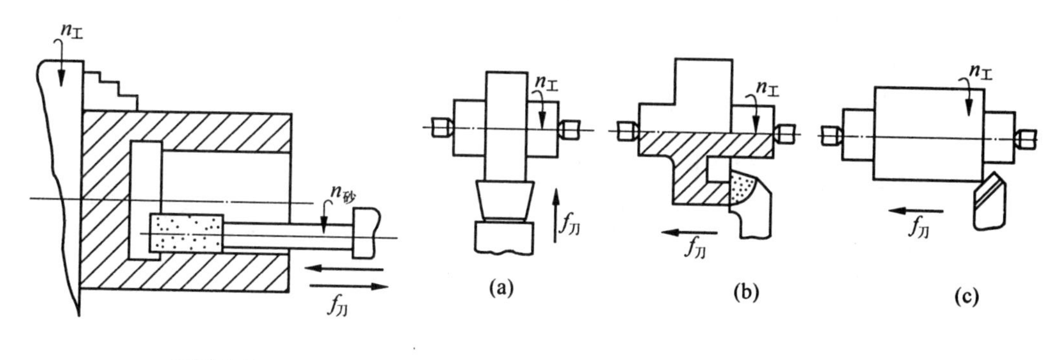

习图 4-11　　　　习图 4-12

4-26　在卧式镗床上加工箱体内孔时，可采用如习图 4-13 所示的各种方案：如工件进给（图 a）；镗杆进给（图 b）；工件进给，镗杆加后支承（图 c）；镗杆进给，并加后支承（图 d）；采用镗模夹具工件进给（图 e）等。若只考虑镗杆受切削力变形的影响时，试分析各种方案加工后箱体孔的加工误差。

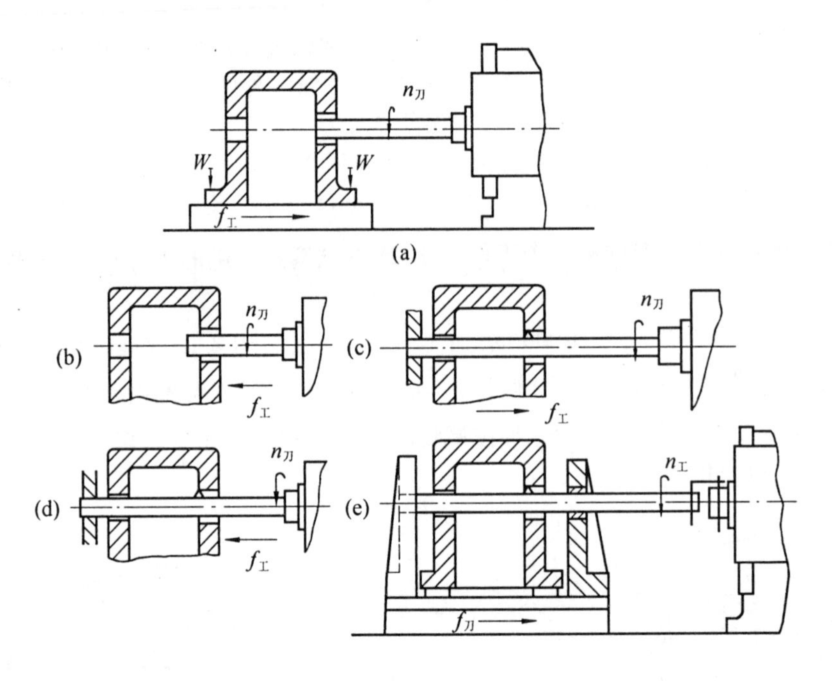

习图 4-13

4-27　在车床上半精镗一短套工件的内孔，现已知半精镗前内孔的圆度误差为 0.4mm，$K_头$ = 40 000N/mm，$K_架$ = 3 000N/mm，C_{Fz} = 1 000N/mm，f = 0.65mm/r 及 y_{Fz} = 0.75。试分析计算在只考虑机床刚度的影响时，需几次走刀方可使加工后的圆度误差控制在0.01mm以内？又若想一次走刀达到要求时需选用多大的进给量？

4-28　如习图 4-14 所示，在车床上采用端部为平面的三爪自定心卡盘，并通过加一垫片的办法成批加工偏心量 $e = 2^{+0.01}_{0}$mm 的偏心轴。试分别分析计算：

(1)需选用多厚的垫片？

(2)若车床在车削力作用下产生变形，当放入所需最厚的垫片，且在 $K_头$ = 63 000N/mm，$K_架$ = 31 500N/mm，$f_刀$ = 0.10mm/r，y_{Fz} = 0.75 及 C_{Fz} = 800N/mm^2 的条件下，需几次走刀方能达到 $e = 2^{+0.01}_{0}$的要求？

(3)若想一次走刀达到上述要求时，又需重新选用多厚的垫片？

提示：通过几何关系和误差复映原理进行计算。

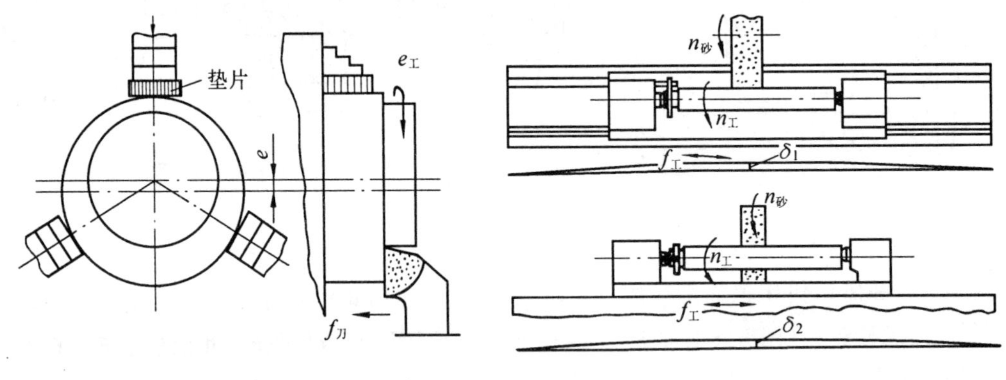

习图 4-14　　　　习图 4-15

4-29　在普通车床上精车工件上的螺纹表面，工件总长为 2 650mm，螺纹部分长度为

2 000mm，工件材料与车床传动丝杠材料均为45# 钢。加工时的室温为20℃，工件温升至45℃，车床传动丝杠精度为8级，且温升至30℃。试计算加工后工件上的螺纹部分可能产生多大的螺距累积误差？

4-30　在外圆磨床上磨削加工一根光轴，如习图4-15所示，在加工过程中由于工作台与床身导轨摩擦发热，而使导轨在垂直和水平方向分别产生中凸的直线度误差 δ_1 和 δ_2。试分析在只考虑磨床导轨热变形的影响时，加工后工件将产生怎样的形状误差？

4-31　如习图4-16所示，在车床上用靠模仿形加工一锥形工件，图纸要求尺寸为 $\phi80\times\phi90\times900$mm。若经测定得知刀具磨损量 $\Delta_{磨}$(mm)与加工表面面积 A(m^2)的关系式为 $\Delta_{磨}=0.4A$。试计算在只考虑刀具磨损条件下，加工后工件的圆锥角误差？

4-32　如习图4-17所示，在车床上采用成形运动法加工一工件上的球面。现已知刀具磨损量 $\Delta_{磨}$(mm)与切削加工表面面积 A(m^2)的关系式为 $\Delta_{磨}=0.6A$。试计算在只考虑刀具磨损条件下，加工后球面半径尺寸的变化量？

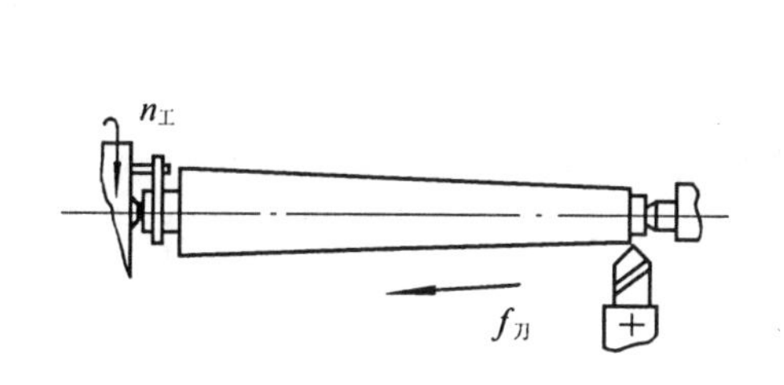

习图4-16

习图4-17

4-33　在无心磨床上采用径向进给磨削加工一批小轴，图纸要求尺寸为 $\phi40_{-0.015}^{\ 0}$mm。现已知小轴直径的加工余量为0.3mm，砂轮外径为 $\phi500$mm，砂轮磨耗量与工件金属磨除量之比为1:25。试计算在只考虑砂轮磨耗量影响条件下，按 $\phi39.985$mm 调整后，磨削加工多少个工件之后需重新调整一次？

4-34　如习图4-18(a)所示之铸件，若只考虑毛坯残余应力的影响，试分析当用端铣刀铣去上部连接部分后，此工件将产生怎样的变形？又如习图4-18(b)所示之铸件，当采用宽度为B的三面刃铣刀将毛坯中部铣开时，试分析开口宽度尺寸的变化。

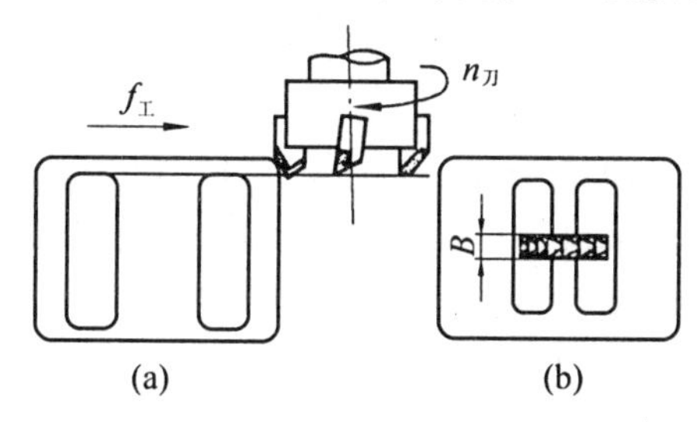

习图4-18

4-35　在车床上用三爪自定心卡盘定位夹紧精镗加工一薄壁铜套的内孔(习图4-19)，若车床的几何精度很高，试分析加工后产生内孔的尺寸、形状及其与外圆同轴度误差的主要因素有哪些？

4-36　如习图4-20所示，在专用镗床上精镗活塞销孔时，镗刀轴回转，工件装夹在镗床工作台的夹具上作直线进给运动(工件以活塞底面A及止口B定位)。活塞销孔精镗后必须保证：

(1)销孔尺寸为 $\phi 28^{-0.05}_{-0.08}$mm，其圆柱度公差为 0.005mm；

(2)销孔轴线到活塞顶部 C 的尺寸为 56±0.08mm；

(3)销孔轴线与活塞裙部 D 轴线的垂直度公差为 0.035/100；

(4)销孔轴线与活塞裙部 D 轴线的位置度公差为 0.1mm。

试分别分析影响上述各项精度要求的主要误差因素有哪些？

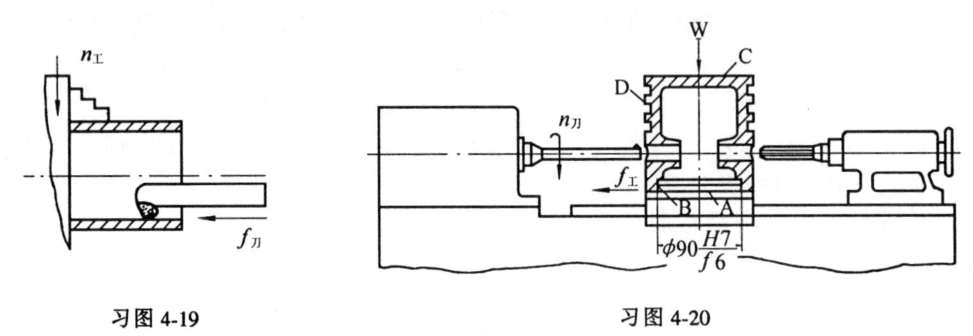

习图 4-19　　　　习图 4-20

4-37　在三台车床上加工一批工件的外圆面，加工后经测量，若各批工件分别发现有如习图 4-21 所示的形状误差：(a)锥形；(b)腰鼓形；(c)鞍形。试分析说明可能产生上述各种形状误差的主要原因？

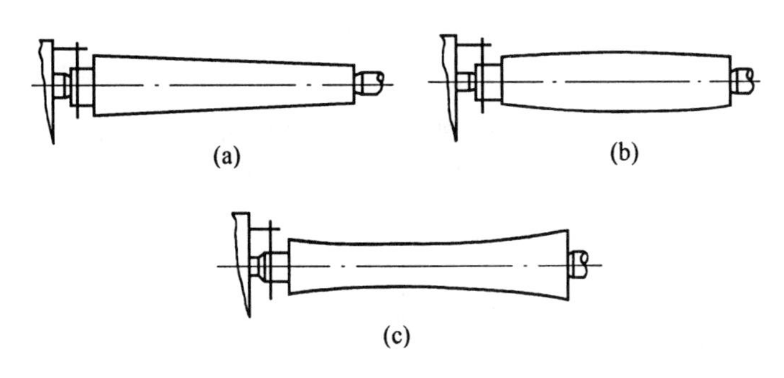

习图 4-21

4-38　如习图 4-22 所示，在车床上采用调整法加工一批齿轮毛坯的外圆，图纸要求尺寸为 ϕ100±0.05mm。加工时，若已知工艺系统刚度 $K_{系}$ = 10 000N/mm、f = 0.05mm/r、y_{F_z} = 0.75、x_{F_z} = 1、毛坯尺寸为 ϕ105±1mm、C_{F_z} = 800～1 000N/mm^2。试计算按 ϕ100mm 的样件准确调刀后一次走刀加工，这批齿轮毛坯加工后直径尺寸的总误差是多少？

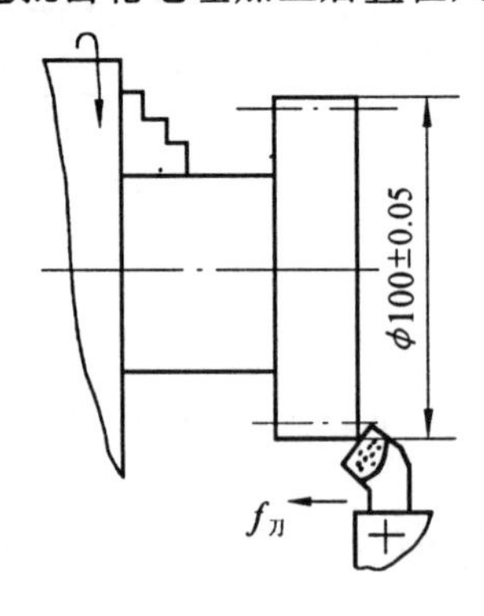

习图 4-22

第五章　机械加工表面质量

§5-1　概　　述

一、机械加工表面质量含义

任何机械加工方法所获得的加工表面，在实际上都不可能是绝对理想的表面。经对加工表面的测试和分析表明，零件表面加工后存在着表面粗糙度、表面波度等微观几何形状误差以及划痕、裂纹等缺陷。此外，零件表面层在加工过程中也会产生物理、力学性能的变化，在某些情况下还会产生化学性质的变化。图 5-1(a)所示即为零件加工表面层沿深度方向的变化情况，在最外层生成有氧化膜或其它化合物，并吸收渗进了某些气体、液体和固体的粒子，称为吸附层，其厚度一般不超过 $8\times10^{-3}\mu m$。在加工过程中由切削力造成的表面塑性变形区称为压缩区，其厚度约为几十至几百微米。在此压缩区中的纤维层，则是由被加工材料与刀具之间的摩擦力所造成。加工过程中的切削热也会使加工表面层产生各种变化，如同淬火、回火一样将会使表面层的金属材料产生金相组织和晶粒大小的变化等。由上述种种因素综合作用的结果，最终使零件加工表面层的物理、力学性能与零件基体有所差异，产生了如图 5-1(b)所示的显微硬度变化和残余应力。为此，机械加工表面质量主要包含如下内容：

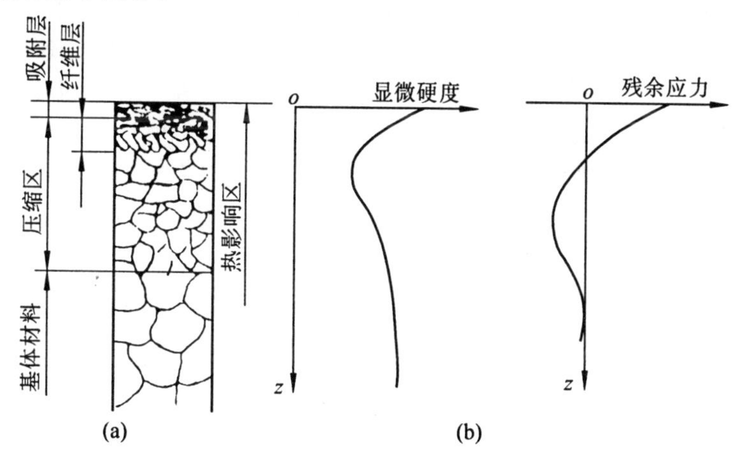

图 5-1　零件加工表面层沿深度的组成及变化

(一)加工表面的几何形状特征

一般说来，任何加工后的表面总是包含着三种误差：形状误差、表面波度和表面粗糙度，它们叠加在同一表面上，形成了复杂的表面形状。

在一个零件表面上，表面粗糙度，波度和形状误差是与表面上峰谷间距紧密相关的。图 5-2 示意了一个零件横截面的表面结构。滤去间距较大的峰谷(波度和形状误差)，只剩下间距很小的峰谷(其波长与波高比值一般小于50),即为表面粗糙度(图5-2中A);滤去间距较小的峰谷(粗糙度和波度),剩下的间距较大的起伏(其波长与波高之比一般大于1 000),即为形状误差(图5-2中C);把上述两种间距的峰谷都滤掉,则剩下的就是表面波度(图5-2中B)。

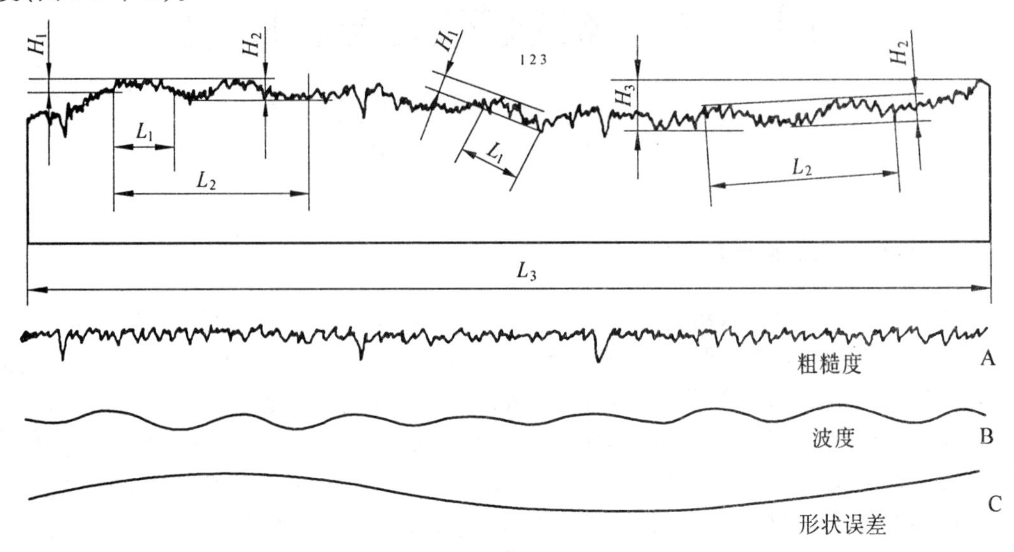

图5-2　加工表面的形状误差、表面波度与粗糙度

加工表面的形状误差,如平面度误差,圆度误差等,属于加工精度范畴,不在本章讨论之列。表面粗糙度,即表面微观几何形状误差,是加工方法本身所固有的,它的产生一般与刀刃的形状、刀具的进给、切屑的形成过程(如裂屑、剪切、积屑瘤等)、电镀表面的生成等因素有关。表面波度是介于宏观形状误差与表面粗糙度之间的周期性几何形状误差,表面波度的形成主要与加工过程中工艺系统的振动有关。

除此之外,许多加工表面的图案具有明显的方向性,一般称其为纹理,纹理的形成主要取决于表面形成过程中所采用的机械加工方法。目前,一般把表面粗糙度、波度和纹理划分为一类,统称为表面的几何形状特征。

(二)加工表面层的物理力学性能的变化

由于加工过程中力因素和热因素的综合作用,加工表面层金属的物理力学性能将发生一定的变化,主要体现在以下几个方面:

1. 加工表面层因塑性变形产生的冷作硬化;
2. 加工表面层因切削或磨削热引起的金相组织变化;
3. 加工表面层因力或热的作用产生的残余应力。

随着科学技术的不断发展,人们对零件加工表面质量的研究日趋深入,表面质量的内涵不断扩大,已经出现了表面完整性的全新概念。它不但包括零件加工表面的几何形状特征和表面层的物理力学性能的变化,还包括表面缺陷,如表面裂纹、伤痕和腐蚀现象;表面的工程技术特性,如表面层的摩擦、光反射、导电特性等。因此,对加工表面完整性研究的重要性必须予以足够的重视。

二、机械加工表面质量对机器产品使用性能和使用寿命的影响

在机器零件的机械加工中,加工表面产生的表面微观几何形状误差和表面层物理、力

学性能的变化，虽然只发生在很薄的表面层，但长期的实践证明它们都影响机器零件的使用性能（即零件的工作精度及其保持性、零件的抗腐蚀性、零件的疲劳强度和零件与零件之间的配合性质等），从而进一步影响机器产品的使用性能和使用寿命。

（一）表面质量对零件工作精度及其保持性的影响

机器零件的工作精度与零件工作表面的表面质量有关，如滑动轴承或滚动轴承的回转精度就与其工作表面是否存在表面波度以及波度的大小有关。机器零件工作精度的保持性，主要取决于零件工作表面的耐磨性，耐磨性越高则工作精度的保持性越好。

零件工作表面的耐磨性不仅与摩擦副的材料和润滑情况有关，而且还与两个相互运动零件的表面质量有关。当两个零件的摩擦表面接触时，实际上只有占名义接触面积很小一部分的凸峰顶部接触。在外力作用下，凸峰接触部分就产生了很大的压强，从而造成表面弹、塑性变形及剪切等现象，即产生了工作表面的磨损。即使在有润滑条件下，也因接触点处单位面积上的压力过大，超过了润滑油膜存在的临界值而破坏油膜，形成干摩擦，进而也会产生工作表面的磨损。

实验证明，摩擦副的初期磨损量与其表面粗糙度有很大关系。如图 5-3 所示，在一定条件下有一个初期磨损量最小的表面粗糙度，称为最佳表面粗糙度。图 5-3 中的曲线Ⅰ表示在轻载和良好润滑条件下的实验结果，当载荷加重或润滑条件恶化时，曲线将向右向上移，如图中曲线Ⅱ所示，此时最佳表面粗糙度也相应右移。实验还表明，在初期磨损过程中，摩擦副的表面粗糙度也在变化，当原有表面粗糙度高于最佳值时，磨损过程中表面粗糙度会不断下降，直到最后初期磨损结束时趋近于最佳值。当摩擦副原有表面粗糙度低于最佳值时，磨损过程中表面粗糙度会逐渐增高，直到最后也趋近于最佳值。若原有的表面粗糙度就等于最佳值时，则在磨损过程中摩擦副的表面粗糙度基本不变，此时初期磨损量最小。

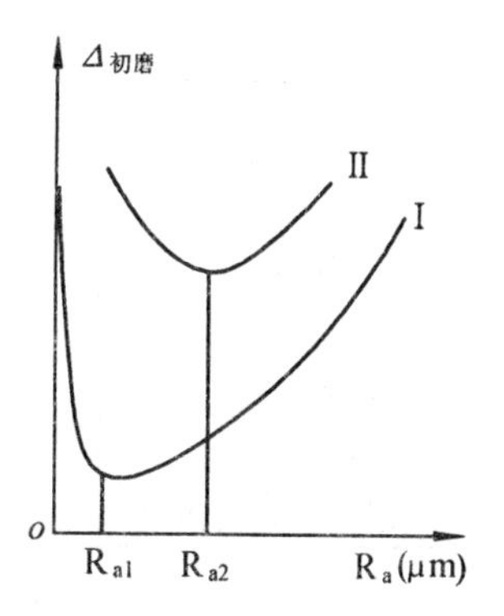

图 5-3　初期磨损量与表面粗糙度的关系

零件加工表面层的冷作硬化减少了摩擦副接触表面的弹性和塑性变形，从而提高了耐磨性。例如 A4 钢在冷拔加工后硬度提高 15～45%，磨损实验中测得的磨损量约减少 20～30%。但并不是冷作硬化程度越高表面耐磨性也越高，当加工表面过度硬化（即过度冷态塑性变形），将引起表面层金属组织的过度"疏松"，甚至产生微观裂纹和剥落。为此，对任何一种金属材料也都有一个表面冷作强化程度的最佳值，低于或高于这个数值时磨损量都会增加。

此外，加工表面产生金相组织的变化，也会改变表面层的原有硬度影响表面的耐磨性。例如，淬硬钢工件在磨削时产生的表面回火软化，将降低其表面的硬度而使表面耐磨性明显下降。

（二）表面质量对零件抗腐蚀性的影响

当机器零件在潮湿的空气中或在有腐蚀性的介质中工作时，常常会产生与介质直接接触表面的化学腐蚀或电化学腐蚀。化学腐蚀是由于在加工表面粗糙度的凹谷处易积聚腐蚀性介质而产生的化学反应。电化学腐蚀是由于两个不同金属材料的零件表面相接触时，在表面粗糙度的顶峰间产生电化学作用而被腐蚀。无论是化学腐蚀还是电化学腐蚀，其腐蚀程度均与表面的粗糙度有关。如图 5-4 所示，腐蚀性介质一般在表面粗糙度凹谷处，特别是在表面裂纹中作用最严重。腐蚀的过程往往是通过凹谷处的微小裂纹向金属层的内部进行，直至侵蚀的裂纹扩展相交时，表面的凸峰从表面上脱落而又形成新的凹凸面，此后侵蚀的作用再重新进行。因此，表面粗糙度越高，凹处越尖，就越容易被腐蚀。此外，当表面层存在有残余压应力时，有助于表面微小裂纹的封闭，阻碍侵蚀作用的扩展，从而提高了表面的抗腐蚀能力。

（三）表面质量对零件疲劳强度的影响

在交变载荷作用下，零件表面的粗糙度、划痕和裂纹等缺陷会引起应力集中现象，在微观的低凹处的应力易于超过材料的疲劳极限而出现疲劳裂缝。不同加工方法得到的表面粗糙度不同，其疲劳强度也有所不同，如表 5-1 所示。

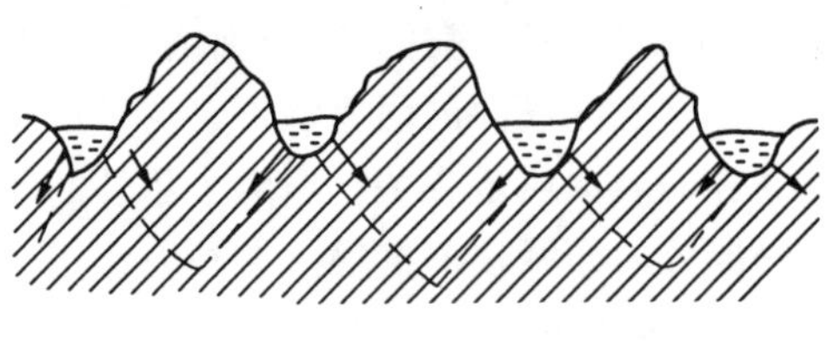

图 5-4　表面腐蚀过程的示意图

表 5-1　不同加工方法所得表面的相对疲劳强度

加　工　方　法	钢的极限强度 σ_b(MPa)		
	470	950	1420
	相对疲劳强度(%)		
精细抛光或研磨	100	100	100
抛光或超精研	95	93	90
精磨或精车	93	90	85
粗磨或粗车	90	80	70
轧制钢材直接使用	70	50	30

从表中可以看到，表面粗糙度越高，疲劳强度越低；越是优质钢材，晶粒越细小，组织越致密，则表面粗糙度对疲劳强度的影响越大。此外，加工表面粗糙度的纹理方向对疲劳强度也有较大的影响，当其方向与受力方向垂直时，则疲劳强度将明显下降。

加工表面层的冷作硬化能阻碍已有裂纹的扩大和新的疲劳裂纹的产生，减轻表面缺陷和表面粗糙度的影响程度，故可提高零件的疲劳强度。

加工表面层的残余应力对疲劳强度的影响很大，若表面层的残余应力为压应力，则能部分抵消交变载荷施加的拉应力，防碍和延缓疲劳裂纹的产生或扩大，从而可以提高零件的疲劳强度。若表面层的残余应力为拉应力，则容易使零件在交变载荷作用下产生裂纹，从而大大降低零件的疲劳强度。

（四）表面质量对零件之间配合性质的影响

对于机器中相配合的零件，无论是间隙配合、过渡配合、还是过盈配合，若加工表面的粗糙度过大，则必然要影响到它们的实际配合性质。

任何一台新机器的正常持久的工作状态是从初期磨损后才开始的，也就是先要经过一个所谓“跑合”阶段才进入正常的工作状态。若具有间隙配合的配合表面的粗糙度过高，则经初期磨损后其配合间隙就会增大很多，从而改变了应有的配合性质，甚至可能造成新机器刚经过“跑合”阶段就已漏气、漏油或晃动而不能正常工作。为此，在配合间隙要求很小的情况下，就不仅要保证配合表面具有较高的尺寸和形状精度，还应保证具有足够低的表面粗糙度。

对于过盈配合的组件，其配合表面的粗糙度对配合性质的影响也是很大的。按测量所得的配合件尺寸经计算的过盈量与组装后的实际过盈量相比，由于表面粗糙度的影响，常常是不一致的。因为过盈量是相配合组件轴和孔的半径差，而轴和孔的直径在测量时都将受到表面粗糙度的影响。对于孔来说，应在测得的直径尺寸上加上一个 Rz 才是真正影响过盈配合松紧程度的有效尺寸，而轴则应减去一个 Rz 才是真正的有效尺寸。为了满足原有的过盈配合要求，可考虑表面粗糙度的影响作一补偿计算。但若加工表面的粗糙度过高，既使作了补偿计算，并按计算加工取得了规定的有效过盈量，但其过盈配合的连接强度与具有同样有效过盈量的低表面粗糙度配合组件的过盈配合相比，还是低很多的。也就是说，既使实际有效过盈量符合要求，加工表面的粗糙度对过盈配合性质还是有较大影响的。

因此，对于精度高的配合组件，对其有关零件配合表面的粗糙度也必须提出相应的要求。根据实验研究的结果，可按下述关系选取

零件尺寸大于 50mm 时，$Rz=(0.10\sim0.15)T$

零件尺寸在 18 ~ 50mm 时，$Rz=(0.15\sim0.20)T$

零件尺寸小于 18mm 时，$Rz=(0.20\sim0.25)T$

式中 T——零件尺寸公差

三、机械加工表面质量的研究内容

为保证机器产品的使用性能和使用寿命，机械加工表面质量应研究如下内容：

（一）表面粗糙度及其降低的工艺措施；

（二）表面层物理、力学性能及其改善的工艺措施；

（三）机械加工中的振动及其控制。

§5-2 表面粗糙度及其降低的工艺措施

一、切削加工

在用金属切削刀具对零件表面进行加工时，造成加工表面粗糙度的因素有几何因素、物理因素和工艺系统振动三个方面。

（一）几何因素

对车削加工，若主要是以刀刃的直线部分形成表面粗糙度（不考虑刀尖圆弧半径的影响），则如图 5-5(a)所示，可通过几何关系导出

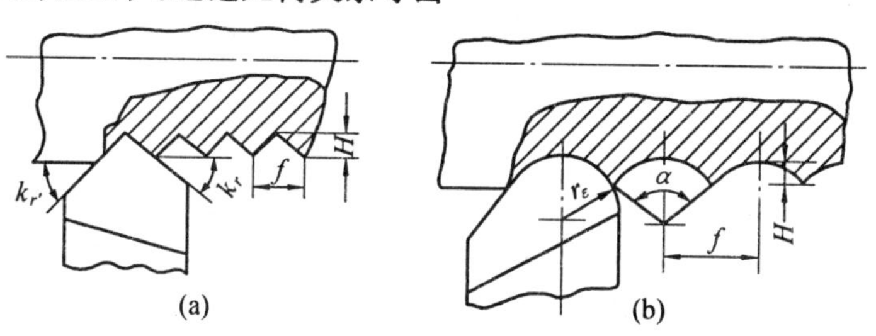

图 5-5 车削加工时影响表面粗糙度的几何因素

$$H = \frac{f}{\mathrm{ctg}\kappa_r + \mathrm{ctg}\kappa_r'}$$

式中　f—— 刀具的进给量(mm/r);

κ_r, κ_r'—— 刀具的主偏角和副偏角。

若加工时的切削深度和进给量均较小,则加工后表面粗糙度主要是由刀尖的圆弧部分构成,其间关系可由图 5-5(b) 所示的几何关系导出

$$H = r_\varepsilon(1 - \cos\frac{\alpha}{2}) = 2r_\varepsilon\sin^2\frac{\alpha}{2}$$

当中心角 α 甚小时,可用$\frac{1}{2}\sin\frac{\alpha}{2}$代替 $\sin\frac{\alpha}{4}$,且 $\sin\frac{\alpha}{2} = \frac{f}{2r_\varepsilon}$,故得

$$H \approx 2r_\varepsilon(\frac{f}{4r_\varepsilon})^2 = \frac{f^2}{8r_\varepsilon}$$

图 5-6 所示的虚线是按上式计算所得的 Rz 与 r_ε、f 的关系曲线,图中实线是实际加工所得的结果。相比较可见计算所得与实际结果是相似的。两者在数量上的一些差别是因为Rz不仅受刀具几何形状的影响,同时还受表面金属层塑性变形的影响。在进给量小、切屑薄及金属材料塑性较大的情况下,这个差别就更大些。

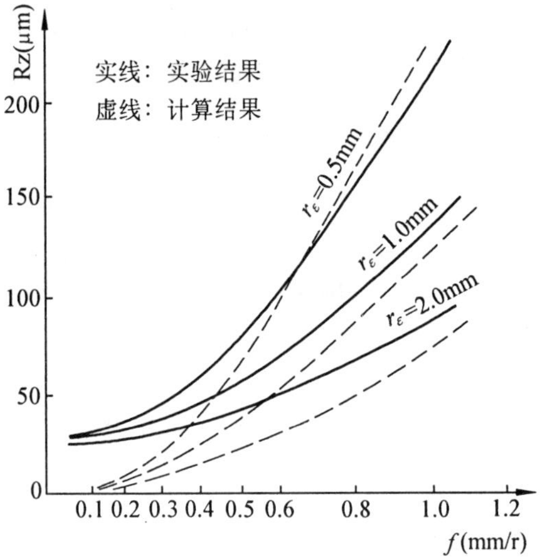

对铣削、钻削等加工,也可按几何关系导出类似的关系式,找出影响表面粗糙度的几何因素。但对铰孔加工来说,则同用宽刃车刀精车加工一样,刀具的进给量对加工表面粗糙度的影响不大。

为减少或消除几何因素对加工表面粗糙度的影响,可采取选用合理的刀具几何角度、减小进给量和选用具有直线过渡刃的刀具。

图 5-6　Rz 与 r_ε,f 的关系

(二) 物理因素

切削加工后表面的实际轮廓与纯几何因素所形成的理想轮廓往往都有较大差别,这主要是因为在加工过程中还有塑性变形等物理因素的影响。这些物理因素的影响一般比较复杂,它与切削原理中所叙述的加工表面形成过程有关,如在加工过程中产生的积屑瘤、鳞刺和振动等对加工表面的粗糙度均有很大影响。现对影响加工表面粗糙度的物理因素分别加以分析。

1. 切削用量的影响

(1) 进给量 f 的影响

在粗加工和半精加工中,当$f > 0.15$mm/r时,对表面粗糙度 Rz 的影响很大,符合前述的几何因素的影响关系。当 $f < 0.15$mm/r 时,则 f 的进一步减少就不能引起 Rz 明显的降低。$f < 0.02$mm/r时,就不再使 Rz 降低,这时加工表面粗糙度主要取决于被加工表面的金属塑性变形程度。

(2) 切削速度 v 的影响

加工塑性材料时，切削速度对表面粗糙度的影响较大。切削速度 v 越高，切削过程中切屑和加工表面层的塑性变形程度越轻，加工后表面粗糙度也就越低（见图5-7中的Rz曲线）。

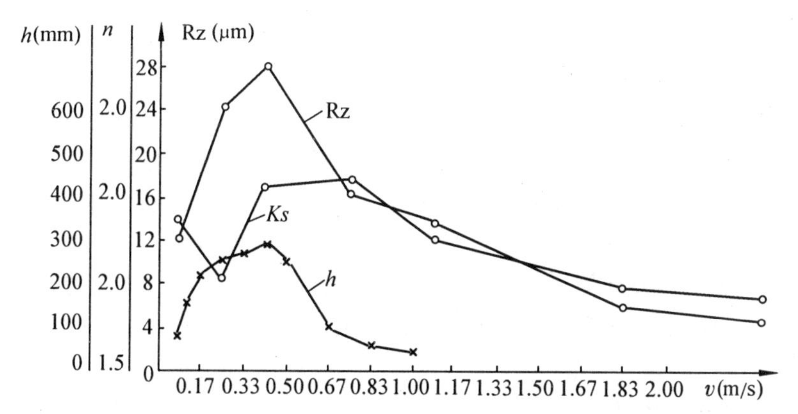

图5-7　切屑收缩系数 Ks、积屑瘤高度 h 和表面粗糙度 Rz 与切削速度 v 的关系（试验材料为45钢）

当切削速度较低时，刀刃上易出现积屑瘤，它将使加工表面的粗糙度提高。实验证明，当切削速度 v 下降到某一临界值以下时，Rz将明显提高（见图5-7中的Rz曲线）。产生积屑瘤的临界速度将随加工材料、冷却润滑及刀具状况等条件的不同而不同。

由此可见，用较高的切削速度，既可使生产率提高又可使表面粗糙度下降。所以不断地创造条件以提高切削速度，一直是提高工艺水平的重要方向。其中发展新刀具材料和采用先进刀具结构，常可使切削速度大为提高。

加工脆性材料时，切削速度对表面粗糙度的影响不大。一般说，切削脆性材料比切削塑材料容易达到表面粗糙度的要求。

(3) 切削深度 a_p 的影响

一般来说切削深度 a_p 对加工表面粗糙度的影响是不明显的。但当 a_p 小到一定数值以下时，由于刀刃不可能刃磨得绝对尖锐，而是具有一定的刃口半径 ρ，这时正常切削就不能维持，常出现挤压、打滑和周期性地切入加工表面等现象，从而使表面粗糙度提高。为降低加工表面粗糙度，应根据刀具刃口刃磨的锋利情况选取相应的切削深度值。

2. 工件材料性能的影响

工件材料的韧性和塑性变形倾向越大，切削加工后的表面粗糙度越高。如低碳钢的工件，加工后的表面粗糙度就高于中碳钢工件。由于黑色金属材料中的铁素体的韧性好，塑性变形大，若能将铁素体 — 珠光体组织转变为索氏体或屈氏体 — 马氏体组织，就可降低加工后的表面粗糙度。

工件材料金相组织的晶粒越均匀、颗粒越细，加工时越能获得较低的表面粗糙度。为此，对工件进行正火或回火处理后再加工，能使加工表面粗糙度明显降低。

3. 刀具材料的影响

不同的刀具材料，由于化学成分的不同，在加工时其前后刀面硬度及粗糙度的保持性、刀具材料与被加工材料金属分子的亲合程度、以及刀具前后刀面与切屑和加工表面间的摩擦因数等均有所不同。实验证明，在相同的切削条件下，用硬质合金刀具加工所获得的表面粗糙度要比用高速钢刀具加工所获得的低。

采用金钢石刀具加工比采用硬质合金刀具加工所获得的表面粗糙度还要低很多，主要用于有色金属及其合金零件表面的镜面加工。用金刚石刀具加工所以能获得粗糙度极低的加工表面，其原因在于：

(1) 金刚石刀具的硬度和强度高，并能在高温下保持其性能，因此在长时间的切削加工过程中，其刀尖圆弧半径和刃口半径均能保持不变，刀具刃口锋利；

(2) 金刚石系共晶结合，与其它金属材料的亲合力很小，加工时切屑不会焊接或粘结在刀尖上(即不产生积屑瘤)，这对降低加工表面的粗糙度十分有利；

(3) 金刚石刀具前后刀面的摩擦因数非常小，加工时的切削力及表面金属的塑性变形程度也都比其它刀具材料小，故也可降低加工表面的粗糙度。

此外，合理选择刀具的角度，适当增大刀具的前角和刃倾角；提高刀具的刃磨质量，降低刀具前、后刀面本身的表面粗糙度以及合理地选择冷却润滑液等。均能有效地降低加工表面的粗糙度。

(三) 工艺系统振动

工艺系统的低频振动，一般在工件的已加工表面上产生表面波度，而工艺系统的高频振动将对已加工表面的粗糙度产生影响。为降低加工表面的粗糙度，则必须采取相应措施以防止加工过程中高频振动的产生。

在上述影响加工表面粗糙度的几何因素和物理因素中，究竟哪个为主，这要根据不同情况而定。一般来说，对脆性金属材料的加工是以几何因素为主，而对塑性金属材料的加工，特别是韧性大的材料则是以物理因素为主。此外，还要考虑具体的加工方法和加工条件，如对切削截面很小和切削速度很高的高速细镗加工，其加工表面的粗糙度主要是由几何因素引起的。对切削截面宽而薄的铰孔加工，由于刀刃很直很长，切削加工时从几何因素分析不应产生任何表面粗糙度，因此主要是物理因素引起的。

二、磨削加工

工件表面的磨削加工，是由在砂轮表面上几何角度不同且不规则分布的砂粒进行的。这些砂粒的分布情况还与砂轮的修整及磨削加工中的自励情况有关。由于在砂轮外圆表面上每个砂粒所处位置的高低、切削刃口方向和切削角度的不同，在磨削过程中将产生滑擦、刻划或切削作用。在滑擦作用下，被加工表面只有弹性变形，根本不产生切屑；在刻划作用下，砂粒在工件表面上刻划出一条沟痕，工件材料被挤向两旁产生隆起，此时虽产生塑性变形但仍没有切屑产生，只是在多次刻划作用下才会因疲劳而断裂和脱落；只有在产生切削作用时，才能形成正常的切屑。磨削加工表面粗糙度的形成，也与加工过程中的几何因素、物理因素和工艺系统振动等有关。

从纯几何角度考虑，可以认为在单位加工面积上，由砂粒的刻划和切削作用形成的刻痕数越多越浅，则表面粗糙度越低。或者说，通过单位加工表面的砂粒数越多，表面粗糙度越低。由上述概念可得出如下结论：砂轮磨料粒度号越大，砂轮速度 $v_{砂}$ 越高，工件速度 $v_{工}$ 越低，砂轮相对工件的进给量 f 越小，则加工后的表面粗糙度越低。

砂轮粒度对加工表面粗糙度的影响，如图 5-8 所示，粒度号越大加工表面粗糙度越低。但若粒度号过大，只能采用很小的磨削深度($a_p = 0.0025$mm 以下)，还需时间很长的空行程，否则砂轮易被堵塞，造成工件烧伤。为此，在一般磨削所采用的砂轮粒度号都不超过 80 号，常用的是 46 ~ 60 号。

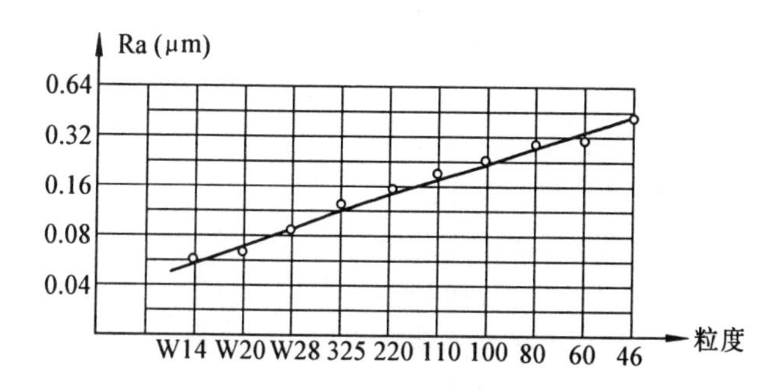

图 5-8　砂轮粒度对表面粗糙度的影响

砂轮速度 $v_{砂}$、工件速度 $v_{工}$ 及砂轮相对工件的进给量 f 对加工表面粗糙度的影响，可由图 5-9 中的实验曲线所证实。

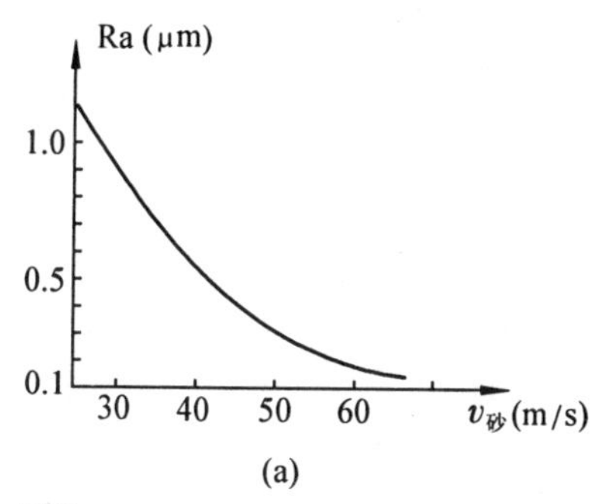

(a)

(a) 加工材料：30CrMnsiA；砂轮：GD60ZR$_2$A；$v_{工}$=0.67m/s；f=2.36m/min；a_p=0.01mm

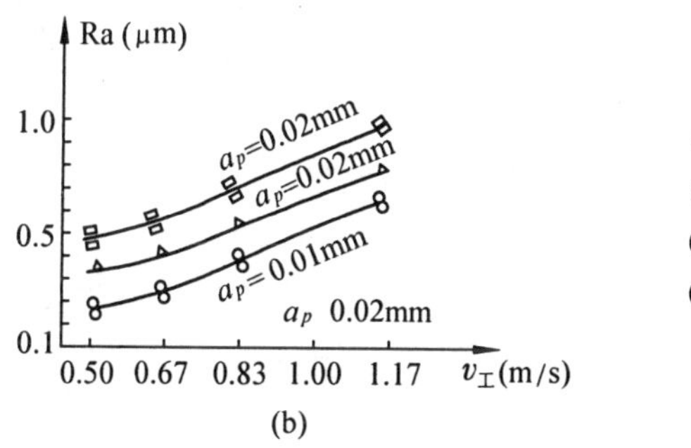

(b)

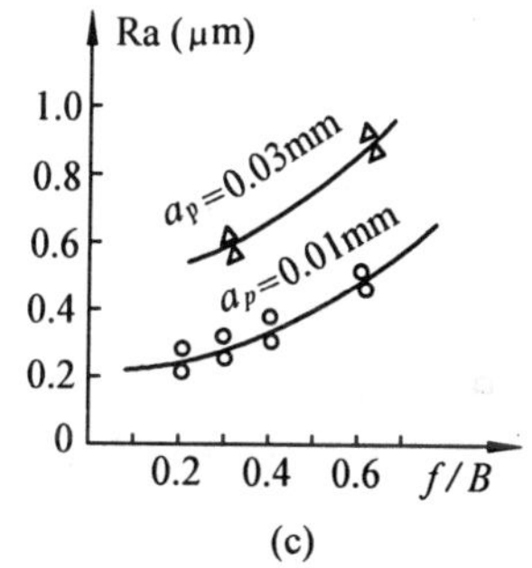

(c)

(b) 加工材料：30CrMnsiA；砂轮：GD60ZR$_2$A；$v_{砂}$=50m/s；f=2.36m/min；

(c) 加工材料：30CrMnsiA；砂轮：GD60ZR$_2$A；$v_{砂}$=50m/s；$v_{工}$=0.67m/s

图 5-9　$v_{砂}$、$v_{工}$、f 与表面粗糙度 Ra 的关系

加工实践表明，在磨削过程中不仅有几何因素影响，而且还有塑性变形等物理因素的影响。虽然从切屑角度这方面分析，磨削速度远比一般切削加工时的切削速度高，但不能认为磨削加工中的塑性变形不严重。在磨削加工过程中，由于砂粒的切削刃并不锋利，其圆弧半径可达十几个微米，而每个砂粒所切下的切屑厚度一般仅为 0.2μm 左右。因此大多数砂粒在磨削过程中只在加工面上挤过，根本没有切削，磨除量是在很多后继砂粒的多次挤压下，经过充分的塑性变形出现疲劳后剥落的。所以，加工表面的塑性变形不是很轻，而是很重的。磨削深度 a_p 的增大将增加塑性变形程度，从而影响加工表面的粗糙度。如图 5-10 所示的实验曲线，也说明了这一点。

根据上述实验结果，可得出如下经验公式

$$Ra = C\frac{v_{工}^{0.8} f^{0.66} a_p^{0.48}}{v_{砂}^{2.7}}$$

由于磨削深度 a_p 对加工表面粗糙度有较大的影响,在精密磨削加工的最后几次行程总是采用极小的磨削深度。实际上这种极小的磨削深度不是靠磨头进给获得,而是靠工艺系统在前几次进给行程中磨削力作用下的弹性变形逐渐恢复实现的,在这种情况下的行程常称为空行程或无进给磨削。精密磨削的最后阶段,一般均应进行这样的几次空行程,以便得到较低的表面粗糙度。

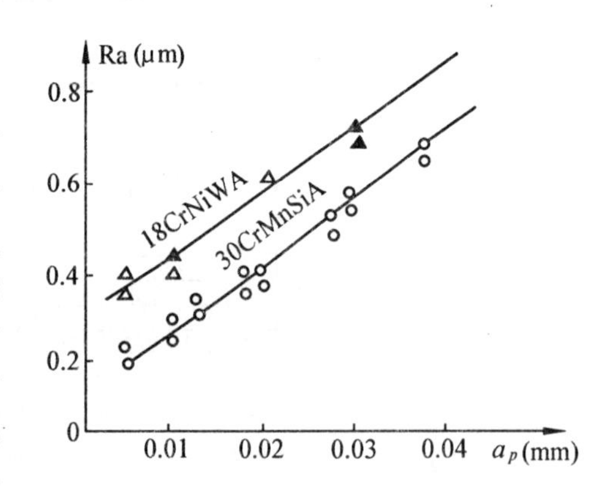

加工材料:18 *CrNiWA* 及 30 *CrMnSiA*;砂轮:$GD60ZR_2A$;$v_{砂} = 50m/s$;$v_{工} = 0.67m/s$;$f = 2.2m/min$

图 5-10　磨削深度 a_p 对磨削表面粗糙度 Ra 的影响

此外,影响磨削加工表面粗糙度的另一重要因素是对砂轮工作表面的修整。若砂轮工作表面修整得不好,其上砂粒不处在同一高度,就相当于其中部分较低的砂粒将不起磨削作用,加工时单位面积上通过的砂粒数就会减少,加工后的表面粗糙度必然增高。当在磨削加工的最后几次行程之前,对砂轮进行一次精细修整,使每个砂粒产生很多个等高的微刃(见图 5-11),这就相当于选用粒度号大的砂轮进行磨削,从而达到 $R_a0.04$ 以下的表面粗糙度。这种低粗糙度磨削所使用的磨料是常用的 46 ~ 60 号粒度,砂轮是普通的氧化铝砂轮,关键是对砂轮工作表面的精细修整。砂轮修整的要求是用金刚石修整器,修整切深为 0.005mm 以下,修整时的纵向进给量为砂轮每转 0.02mm 以下,修整完毕后应对砂轮边角进行倒角并用冷却润滑液冲洗砂轮工作表面。当机床工作状况正常,磨削用量合适时,加工表面粗糙度可达 Ra0.016 ~ Ra0.032。

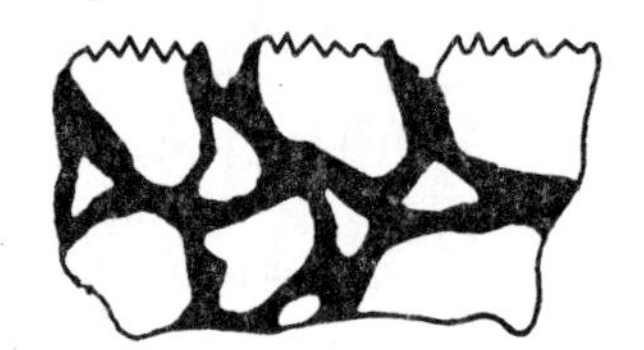

图 5-11　砂轮工作表面修整后的砂粒微刃

在磨削加工过程中,冷却润滑液的成分和洁净程度、工艺系统的抗振性能等对加工表面粗糙度的影响也很大,亦是不容忽视的因素。

三、超精研、研磨、珩磨和抛光加工

这些加工方法的特点是没有与磨削深度相对应的用量参数,一般只规定加工时的压强。加工时所用的工具由加工面本身导向而相对于工件的定位基准没有确定的位置,所使用的机床也不需要具有非常精确的成形运动。所以这些加工方法的主要作用是降低表面粗糙度,而加工精度则主要由前面工序保证。采用这些方法加工时,其加工余量都不可能太大,一般只是前道工序公差的几分之一。因此,这些加工方法均被称为零件表面的光整加工技术。

(一) 超精研

超精研是降低零件加工表面粗糙度的一种有效的工艺方法,其工作原理及切削过程简介如下。

1. 超精研的工作原理

超精研是采用细粒度的磨条在一定的压力和切削速度下作往复运动,对工件表面进行光整加工的方法,其加工原理如图 5-12(a) 所示。加工中有三种运动:工件低速回转运动 1、磨条轴向进给运动 2 和磨条高速往复振摆运动 3。这三种运动使磨粒在工件表面上形

成不重复的复杂轨迹。若不考虑磨条的轴向进给运动，则磨粒在工件表面走过的轨迹是如图 5-12(b) 所示的余弦曲线。

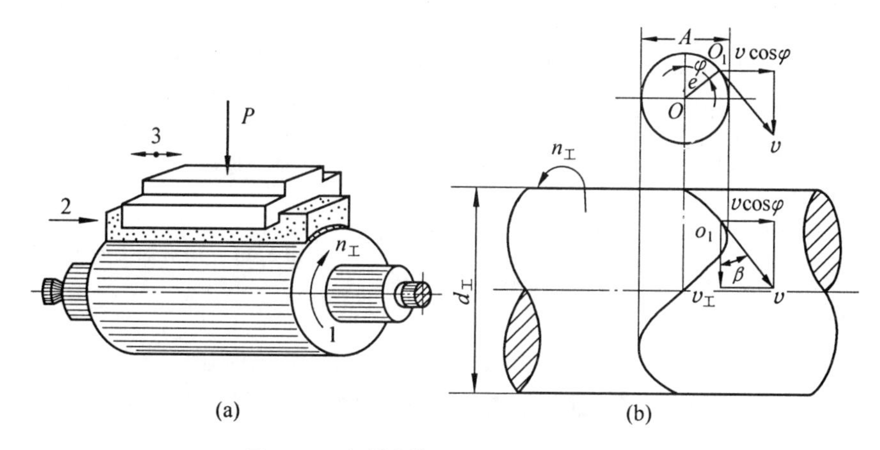

图 5-12　超精研加工原理及其运动轨迹

磨条的往复振摆由电动机传动偏心轮产生。图 5-12(b) 中 O 为偏心轮的转动中心，O_1 为偏心销中心。磨条的振幅 A 为偏心距 e 的两倍。磨条振摆速度 $v\cos\varphi$ 与工件的回转速度 $v_{工}$ 构成的切削角 β 是超精研加工的重要参数之一。

由图 5-12(b) 可知

$$\mathrm{tg}\beta = \frac{v\cos\varphi}{v_{工}} = \frac{\pi Af\cos\varphi}{\pi d_{工} n_{工}} = \frac{Af\cos\varphi}{d_{工} n_{工}}$$

式中　A—— 磨条振摆的振幅(mm)；

f—— 磨条振摆的频率(Hz)；

$d_{工}$ —— 工件直径(mm)；

$n_{工}$ —— 工件的转速(r/s)。

当 $\varphi = 0°$ 时，$\mathrm{tg}\beta$ 值最大，即 $\mathrm{tg}\beta_{\max} = \dfrac{fA}{d_{工} n_{工}}$，应按此关系式选取有关用量。

2. 超精研的切削过程

超精研的切削过程与磨削不同，一般可划分为如下四个阶段：

(1) 强烈切削阶段：超精研加工时虽然磨条的磨粒细、压力小和工件与磨条之间易形成润滑油膜，但在开始研磨时，由于工件表面粗糙，少数凸峰上的压强很大，破坏了油膜，故切削作用强烈

(2) 正常切削阶段：当少数凸峰被研磨平之后，接触面积增加，单位面积上的压力下降，致使切削作用减弱而进入正常切削阶段

(3) 微弱切削阶段：随着接触面积逐渐增大，单位面积上的压力更低，切削作用微弱，且细小的切屑形成氧化物而嵌入磨条的空隙中，从而使磨条产生光滑表面，对工件表面进行抛光

(4) 自动停止切削阶段：工件表面被研平，单位面积上的压力极低，磨条与工件之间又形成油膜，不再接触，故切削自动停止

上述整个加工过程所需时间很短，一般约 30s 左右，生产率较高。

(二) 研　磨

研磨是一种最常用的光整加工和精密加工方法。在采用精密的定型研磨工具的情况

下，可以达到很高的尺寸精度和形状精度，表面粗糙度可达Rz0.04～Rz0.4，多用于精密偶件，精密量规和精密量块等的最终加工。研磨加工的基本原理如图5-13所示。它是通过介于工件与硬质研具间磨料或研磨液的流动，在工件和研磨剂之间产生机械摩擦或机械化学作用来去除微小加工余量的。

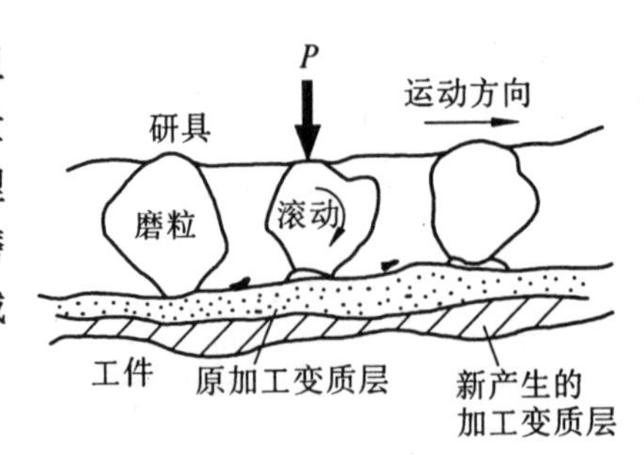

图5-13　研磨加工原理示意图

1. 研磨加工的特点

(1) 所有研具均采用比工件软的材料制成，这些材料为铸铁、铜、青铜、巴氏合金、塑料及硬木等，有时也可用钢做研具。

(2) 研磨加工不仅具有磨粒切削金属的机械加工作用，同时还有化学作用。磨料混合液或研磨膏使工件表面形成氧化层，使之易于被磨料所切除，因而大大加速了研磨过程的进行。

(3) 研磨时研具和工件的相对运动是较复杂的，因此每一磨粒不会在工件表面上重复自己的运动轨迹，这样就有可能均匀地切除工件表面的凸峰。

(4) 研磨可以获得很高的尺寸精度和低表面粗糙度，也可以提高工件表面的宏观形状精度，但不能提高工件表面间的位置精度。

2. 研　具

研磨工具的材料应软硬适当，一般选用比工件材料软且组织均匀的材料。

制造研具的材料，最常用的是铸铁。因铸铁研具适用于加工各种材料的工件，能保证较好的研磨质量和较高的生产率，且研具制造容易，成本也较低。铜、铝等软金属研具较铸铁研具容易嵌入较大的磨料，因此它们适用于切除较大余量的粗研加工。铸铁研具则适用于精研加工。

3. 研磨剂

研磨剂是由磨料和油脂混合起来的一种混合剂。研磨加工中所使用的磨料主要有：金刚石粉(C)及碳化硼(B_4C)，主要用于硬质合金的研磨加工；氧化铬(Cr_2O_3)和氧化铁(Fe_2O_3)是极细的磨料，主要用于表面粗糙度要求低的表面研磨加工；碳化硅(S_iC)及氧化铝(Al_2O_3)，是一般常用的两种磨料。研磨加工中，研磨液(油脂)对加工表面粗糙度和生产率的影响也是不可忽视的。加工中研磨液不仅要起调和磨料和润滑冷却作用，而且在研磨过程中还要起化学作用，以加速研磨过程。目前常用作研磨液的油脂主要有：变压器油、凡士林油、锭子油、油酸和葵花子油等。

4. 研磨参数

(1) 磨料粒度

磨料的粒度一般要根据所要求的表面粗糙度来选择，粒度越细则加工后的表面粗糙度越低。粗研时为了提高生产率，用较粗的粒度，如W28～W40；精研时则用较细的粒度，如W5～W28；镜面研磨时则用更细的粒度W1～W3.5，甚至还有用W0.5的。

(2) 研磨速度

研磨时的切削速度较低，一般都小于0.5m/s，精密研磨时则应小于0.16m/s。

(3) 研磨余量

为了提高生产效率和保证研磨质量，研磨余量应尽量小，一般手工研磨不大于10μm，而机械研磨也得小于 15μm。

(4) 研磨压强

研磨时所采用的压强，在手工研磨时主要靠操作者的感觉来确定；采用机械研磨时，可用0.01 ~ 0.03MPa。若分粗、精研，则粗研时用0.1 ~ 0.3MPa，精研时用0.01 ~ 0.1MPa。

(三) 珩磨

珩磨加工也是常用的光整加工中的一种工艺方法，它不仅可以降低加工表面的粗糙度，而且在一定的条件下还可以提高工件的尺寸及形状精度。珩磨加工过程基本上与超精研加工相同，开始时珩磨头或珩磨轮与工件接触面积小，单位面积压力大，而且珩磨头或珩磨轮上的磨粒有自励性，故切削作用强烈。随着工件加工表面粗糙度的凸峰被逐渐磨平，压强下降，磨粒的切削作用也就逐渐趋于停止。珩磨加工主要用于内孔表面，但也可以对外圆或齿形表面进行加工。珩磨加工后的表面粗糙度一般为 Rz0.4 ~ Rz3.2，在一定条件下还可达到 Rz0.1 以下。

(四) 抛光

通常所说的抛光与研磨并没有本质上的区别，只是其工具由软质材料(如无纺布等)制成。图 5-14 是抛光加工原理示意图。

当被加工表面只要求低的粗糙度，而对形状精度没有严格要求时，就不能用硬的研具而只能用软的研具进行抛光加工。抛光常用于去掉前工序所留下来的痕迹，或者用于“打光”已精加工过的表面。为了得到光亮美观的表面和提高疲劳强度，或为镀铬等作准备，也常采用抛光加工。例如钻头沟的抛光加工及各种手轮、手柄等镀铬前的抛光加工。

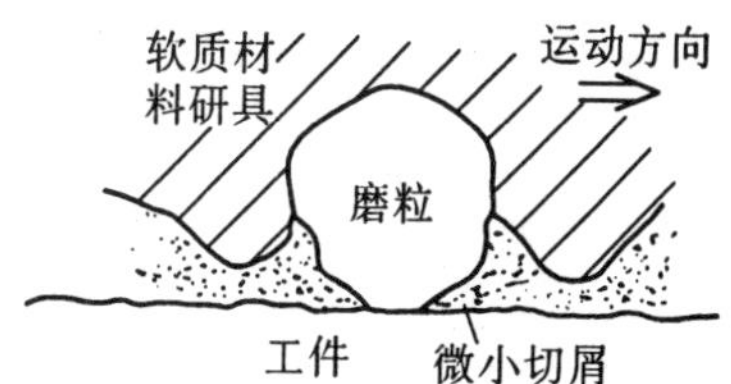

图 5-14　抛光加工原理示意图

机械抛光所用的研具常用帆布 、毛毡等做成，它们可对平面、外圆、沟槽等进行抛光。抛光磨料可用氧化铬、氧化铁等，也可用按一定化学成分配合制成的抛光膏。

抛光过程中虽不易保证均匀地切下金属层，但在单位时间内切下的金属却是较多的，每分钟可切下十分之几毫米厚的金属层。

液体抛光是将含磨料的磨削液经喷嘴用6 ~ 8个大气压高速喷向已加工表面，磨料颗粒就能将原来已加工过工件表面上的凸峰击平，而得到极光滑的表面。

液体抛光所以能降低加工表面粗糙度，主要是由于磨料颗粒对表面微观凸峰高频(200 ~ 2 500 万次／秒) 和高压冲击的结果。液体抛光的生产率极高，表面粗糙度可达 Rz 0.8 ~ Rz0.1，并且不受工件形状的限制，故可对某些其它光整加工方法无法加工的部位，如对内燃机进油管内壁等进行抛光加工。

液体抛光是一种高效的、先进的工艺方法，此外还有电解抛光、化学抛光等方法。

§5-3　表面层物理、力学性能及其改善的工艺措施

一、表面层的冷作硬化

在切削或磨削加工过程中，若加工表面层产生的塑性变形使晶体间产生剪切滑移，晶格

严重扭曲，并产生晶粒的拉长、破碎和纤维化，引起表面层的强度和硬度都提高的现象，就是冷作硬化现象。加工表面层的冷作硬化指标主要以硬化层深度 h、表面层的显微硬度 H 及硬化程度 $N=(H-H_0)/H_0$ 表示（见图 5-15）。一般硬化程度越大，硬化层的深度也越大。

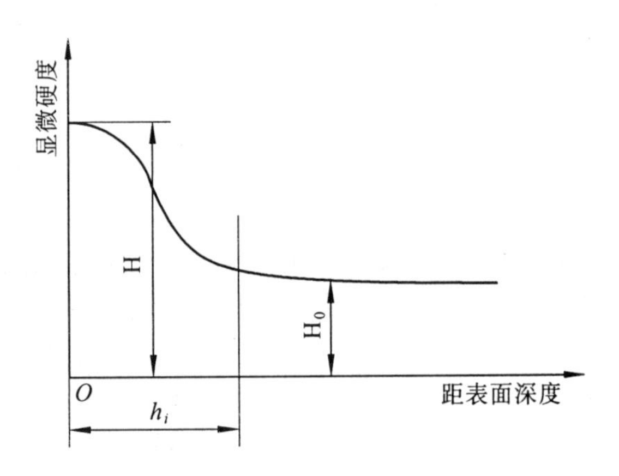

图 5-15　加工表面层的冷作硬化指标

表面层的硬化程度取决于产生塑性变形的力、变形速度及变形时的温度。力越大，塑性变形越大，产生的硬化程度也越大。变形速度越大，塑性变形越不充分，产生的硬化程度也就相应减小。变形时的温度 θ 不仅影响塑性变形程度，还会影响变形后的金相组织的恢复程度。若变形时温度超过 $(0.25\sim0.3)\theta_{熔}$（金属的熔化温度）时，即会产生金相组织的恢复，也就是会部分甚至全部地消除冷作硬化现象。各种机械加工方法加工钢件表面层的冷作硬化情况如表 5-2 所示。

表 5-2　各种机械加工方法加工钢件表面层的冷作硬化情况

加工方法	硬化程度 N(%)		硬化层深度 h(μm)	
	平均值	最大值	平均值	最大值
车　削	20 ~ 50	100	30 ~ 50	200
精细车削	40 ~ 80	120	20 ~ 60	
端　铣	40 ~ 60	100	40 ~ 100	200
圆周铣	20 ~ 40	80	40 ~ 80	110
钻、扩孔	60 ~ 70		180 ~ 200	250
拉　孔	50 ~ 100		20 ~ 75	
滚、插齿	60 ~ 100		120 ~ 150	
低碳钢	60 ~ 100	150	30 ~ 60	
未淬硬中碳钢	40 ~ 60	100	30 ~ 60	
平面磨	50		16 ~ 35	
研　磨	12 ~ 17		3 ~ 7	

（一）影响表面层冷作硬化的因素

1. 刀具

刀具的刃口圆角和后刀面的磨损对表面层的冷作硬化有很大影响，刃口圆角和后刀面的磨损量越大，冷作硬化程度和深度也越大。

2. 切削用量

在切削用量中，影响较大的是切削速度 v 和进给量 f。v 增大，则表面层的硬化程度和深度都有所减小。这是由于一方面切削速度增大会使温度增高，有助于冷作硬化的恢复；

另一方面由于切削速度的增大，刀具与工件接触时间短，也会使塑性变形程度减小。进给量 f 增大时，切削力增大，塑性变形程度也增大，因此表面层的冷作硬化程度也增大。但当 f 较小时，由于刀具的刃口圆角在加工表面上的挤压次数增多，因此表面层的冷作硬化程度也会增大。切削用量对冷作硬化程度的影响见图 5-16。

3. 被加工材料

被加工材料的硬度越低和塑性越大，则切削加工后其表面层的冷作硬化现象越严重。

（二）减少表面层冷作硬化的措施

1. 合理选择刀具的几何形状，采用较大的前角和后角，并在刃磨时尽量减小其切削刃口半径。

2. 使用刀具时，应合理限制其后刀面的磨损程度。

3. 合理选择切削用量，采用较高的切削速度和较小的进给量。

4. 加工时采用有效的冷却润滑液。

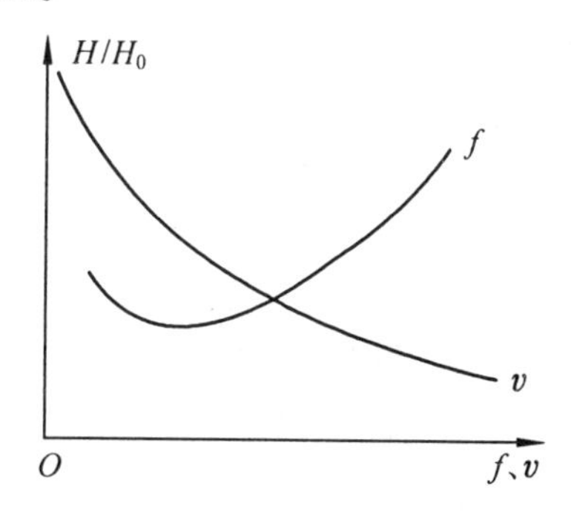

图 5-16　切削用量对表面层硬化程度的影响

二、表面层的金相组织变化

机械加工过程中，在加工区由于加工时所消耗的能量绝大部分转化为热能而使加工表面出现温度的升高。当温度升高到超过金相组织变化的临界点时，就会产生金相组织变化。对一般的切削加工来说，不一定严重到如此程度。但对单位切削截面消耗功率特别大的磨削加工，就可能出现表面层的金相组织变化。

表 5-3 是几种常用机械加工方法中的单位切削截面的切削力。

表 5-3　几种常用机械加工方法的单位切削截面切削力

机械加工方法	单位切削截面切削力（N/mm^2）
车　削	2 000 ~ 2 500
钻　削	3 000 ~ 3 500
铣　削	5 000 ~ 5 700
磨　削	100 000 ~ 200 000

由于磨削加工时的单位切削截面切削力及切削速度比其它加工方法大，所以磨削加工时单位切削截面的功率消耗远远超过其他加工方法。如此大的功率消耗绝大部分转化为热。这些热量部分由切屑带走，很小一部分传入砂轮，若冷却效果不好，则很大一部分将传入工件表面。因此，磨削加工是一种典型的易于出现加工表面金相组织变化的加工方法。

影响磨削加工时金相组织变化的因素有工件材料、磨削温度、温度梯度及冷却速度等。当磨削淬火钢时，若磨削区温度超过马氏体转变温度而未超过其相变临界温度，则工件表面原来的马氏体组织将产生回火现象，转化成硬度降低的回火组织（索氏体或屈氏体），称之为回火烧伤；若磨削区温度超过相变临界温度，由于冷却液的急冷作用，使工件表面的最外层会出现二次淬火的马氏体组织，硬度较原来的回火马氏体高，而其下层因冷却速度较慢仍为硬度降低的回火组织，称之为淬火烧伤；若不用冷却液进行干磨时超过相变的临界温度，由于工件冷却速度较慢使磨削后表面硬度急剧下降，则产生了退火烧伤。

此外，对一些高合金钢，如轴承钢、高速钢、镍铬钢等，由于其传热性能特别差，在不能得到充分冷却时，常易出现相当深度的金相组织变化，并伴随出现极大的表面残余拉应力，甚至产生裂纹。零件加工表面层的烧伤和裂纹将使它的使用性能大幅度下降，使用寿命也可能数倍、数十倍地下降，甚至根本不能使用。

三、表面层的残余应力

各种机械加工方法所得到的零件表面层都存在或大或小、或拉或压的残余应力。

机械加工表面层残余应力产生的原因主要是在加工过程中表面层曾出现过高温，引起局部高温塑性变形；加工过程中表面层曾发生过局部冷态塑性变形；加工过程中表面层产生了局部金相组织变化；以及在加工过程中，表面层经冷态塑性变形后，金属比重下降，比容积增大而引起表面层受力状况变化等。现分述如下。

（一）局部温升过高，引起的表面残余应力

现以磨削加工为例，通过简化计算说明残余应力的产生。

从磨削区温度场的分析可以看到，在磨削过程中工件表面层曾出现过比较高的温度，温度升高必然要引起这层金属长度 l 的伸长，其值为

$$\Delta l = l \cdot a(\theta_1 - \theta_0)$$

或

$$\frac{\Delta l}{l} = a(\theta_1 - \theta_0)$$

式中　a—— 该金属材料的线膨胀系数；

θ_1—— 加工时曾出现过的高温；

θ_0—— 室温。

在加工过程中，金属在高温下，弹性会急剧下降，对钢来说，在 800 ~ 900℃ 时弹性几乎全部消失。如在磨削过程中加工表面层曾出现高达 800 ~ 900℃ 以上的温度，其受热引起的自由伸长量也将受基部金属的限制而全被压缩掉。但这时虽然压缩了相当长的长度，由于表面层已成为完全塑性的物质，故不产生任何压应力。为了简化，假设温度低于 800℃ 就立即恢复了全部弹性。此时，表面层从 800℃ 冷却到室温 20℃ 就要收缩 Δl。

$$\frac{\Delta l}{l} = 0.000012 \times (800 - 20) = 0.936 \times 10^{-2}$$

由于表面层与基部是一体的，所以这个收缩也将受到阻止。又由于这层金属是弹性体，不能收缩就必然产生残余拉应力 $\sigma_{拉}$（见图 5-17）。

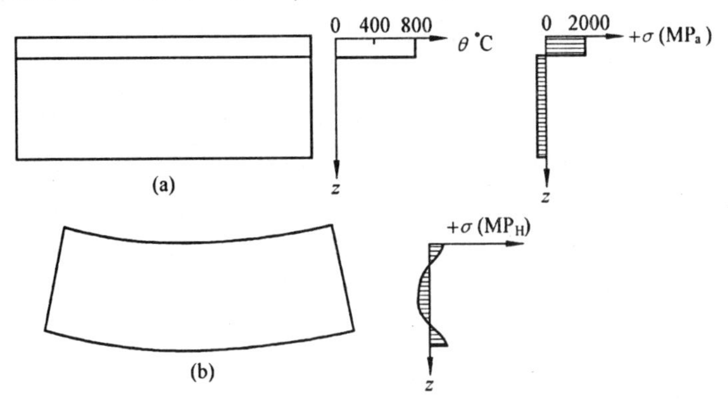

(a) 薄板件磨削时表面层温度及夹持情况下的应力分布状况；
(b) 薄板件磨削完松开后的变形和应力分布状况

图 5-17　薄板件磨削时残余应力产生过程及应力分布状况

$$\sigma_{拉} = E \times \frac{\Delta l}{l} = 2.1 \times 10^5 \times 0.936 \times 10^{-2} = 1966\text{MPa}$$

这个数值相当大，已超过一般钢材的极限强度。因此，由于磨削区高温而引起的残余应力足以使加工表面产生裂纹。

(二) 局部金相组织变化引起的表面残余应力

不同的金相组织具有不同的比重，亦即具有不同的比容积。若金属表面层发生金相组织的变化，产生了与基部不一致的金相组织，由于这层金属的比容积发生了变化，必然导致残余应力的产生。这在钢的马氏体和奥氏体的相变上表现得更为突出。各种金相组织的比重 γ 值如下：

马氏体：$\gamma_{马} \approx 7.75$；铁素体：$\gamma_{铁} \approx 7.88$；珠光体：$\gamma_{珠} \approx 7.78$；奥氏体：$\gamma_{奥} \approx 7.95$。

现举淬火钢磨削为例加以说明。淬火钢原来的金相组织是马氏体，磨削加工后表面层有可能回火而转变成接近珠光体的屈氏体或索氏体。如果表面层曾出现超过 750 ~ 800℃ 的高温，则除了稍深处有回火现象外，表面由于冷却速度很快还可能出现二次淬火，甚至产生过多的残余奥氏体。

当出现表面回火时，表面层由马氏体转变为屈氏体或索氏体(实质上是扩散度很高的珠光体)。表面层比重增大，从 7.75 增至 7.78，此时比容积缩小，即比容积由 V 缩小至 $V - \Delta V$。比重与比容积两者呈反比关系，即

$$\frac{V - \Delta V}{V} = \frac{7.75}{7.78}$$

$$1 - \frac{\Delta V}{V} = 1 - \frac{0.03}{7.78}$$

即

$$\frac{\Delta V}{V} = \frac{0.03}{7.78}$$

由于体膨胀系数$\frac{\Delta V}{V}$是线膨胀系数$\frac{\Delta l}{l}$的三倍，故

$$\frac{\Delta l}{l} = \frac{\Delta V}{3V} = \frac{0.01}{7.78} = 0.129 \times 10^{-2}$$

表面层由于相变而产生的收缩受到基部的阻碍不能自由收缩时，就产生了残余拉应力 $\sigma_{拉}$

$$\sigma_{拉} = E \times \frac{\Delta l}{l} = 2.1 \times 10^5 \times 0.129 \times 10^{-2} = 2\,709\text{MPa}$$

由此可见，表面层金相组织的变化也能引起相当大的残余应力，它是在淬火钢加工中，特别是磨削淬火钢时经常出现的问题。

(三) 表面层局部冷态塑性变形所引起的表面残余应力

这种情况在切削加工过程中是普遍存在的。机械加工中的切屑是经过了相当大的冷态塑性变形后被切去的，与其曾相连成一体的加工表面层也同样地经受了相当大的冷态塑性变形，如果这个表面层的冷态塑性变形是由于垂直加工表面受拉伸应力产生的，则刀具把切屑切离时，基部金属必然要阻止其表面层在切削方向的冷态塑性变形收缩，使其维持与基部金属同长，从而产生残余拉应力。如果表面层的冷态塑性变形主要发生在与切削方向垂直的方向(当刀具前角是负值时)，表面层就被压缩了。按一般变形规律，压薄后的金属，其另外两个方向(长度和宽度) 的尺寸必然要增大，由于基部金属的限制，结果产生残余压应力。

(四) 金属冷态塑性变形,由比容积增大导致的表面残余应力

金属材料经过冷态塑性变形后,总有相当部分的原子从其稳定平衡的晶格位置上被移动。原来结晶格子中的原子排列是相当紧密的,冷态塑性变形后结晶格子被扭曲。这些都将引起金属的比重下降,比容积增大。

钢的冷态塑性变形,随着变形程度的加剧,其比重可由 7.87 降至 7.75 左右,比容积也就相应增大了。表面层的比容积增大要受到与其相连的下面各层金属的阻碍,因此在变形过的外表面层中产生了残余压应力,而在下面各层中产生残余拉应力。譬如说,表面层钢的比重从 7.87 降到 7.75,则可计算出产生的残余应力值

$$\frac{\Delta V}{V} = \frac{0.12}{7.75}$$

$$\frac{\Delta l}{l} = \frac{\Delta V}{3V} = \frac{0.04}{7.75} = 0.52 \times 10^{-2}$$

$$\sigma_{压} = E \times \frac{\Delta l}{l} = 2.1 \times 10^5 \times 0.52 \times 10^{-2} = 1\ 092\text{MPa}$$

实际上机械加工后表面层的残余应力是上述几个方面原因的综合结果。在一定的条件下,其中某一种或某两种原因可能起主导作用。例如,在切削加工过程中,若切削热不多,加工表面层以冷态塑性变形为主,将产生残余压应力;若切削热量较多,这时在表面层中由于局部高温产生的残余拉应力将与冷态塑性变形产生的残余压应力相互抵消一部分。磨削加工时,一般由于磨削热量大,常以局部高温和金相组织变化产生的拉应力为主,故加工后的表面层常常带有残余拉应力,当残余拉应力超过金属材料的强度极限时,在表面上就会产生裂纹。有时磨削裂纹也可能不在零件的表面上,而是在表面层下成为难以发现的缺陷。磨削裂纹的方向大都与磨削方向垂直或呈网状,且常与表面烧伤同时出现。

四、减小残余拉应力、防止表面烧伤和裂纹的工艺措施

当零件表面具有残余拉应力时,其疲劳强度会明显下降,特别是对有应力集中或在有腐蚀性介质中工作的零件,残余拉应力对零件疲劳强度的影响更为突出,为此,应尽可能在机械加工中减小残余拉应力,最好能避免产生残余拉应力。

在磨削加工过程中,产生残余拉应力、烧伤和裂纹的主要原因是磨削区的温度过高。为降低磨削区温度可从减少磨削热的产生和加速磨削热的传出这两条途径入手,其具体措施如下:

(一) 合理选择磨削用量

为了合理地选取磨削用量,首先必须分析磨削区表面温度与磨削用量之间的关系。现以平面磨削为例,按接近实际加工情况将磨削区简化为连续均匀热源 AB 只向工件表面下方传导的半无限大热场的计算问题(见图 5-18)。通过有关温度场的理论分析和计算可知,磨削区表面温度 θ 与单位时间、单位面积的发热量 q、热源作用的时间 t、工件的导热系数 λ 及工件的导温系数 a 有关,即

$$\theta = \frac{q}{\lambda}\sqrt{\frac{4at}{\pi}}$$

如图 5-18 所示,在磨削过程中,磨削区内的连续均匀热源 AB 在单位时间内的发热量 Q 正比于磨削功率 $P_{磨}(F_Z \cdot v_{砂})$,而 $F_Z = C_{F_Z} \cdot v_{工}{}^{0.7} \cdot a_p{}^{0.6} \cdot f^{0.7}/v_{砂}{}^{0.75}$,故

$$Q = C_Q \cdot C_{F_Z} \cdot v_{工}{}^{0.7} \cdot a_p{}^{0.6} \cdot f^{0.7} \cdot v_{砂}{}^{0.25}$$

因磨削深度 a_p 很小，可认为$\overset{\frown}{AB} \approx \overline{AB} \approx \overline{BC}$，则热源面积

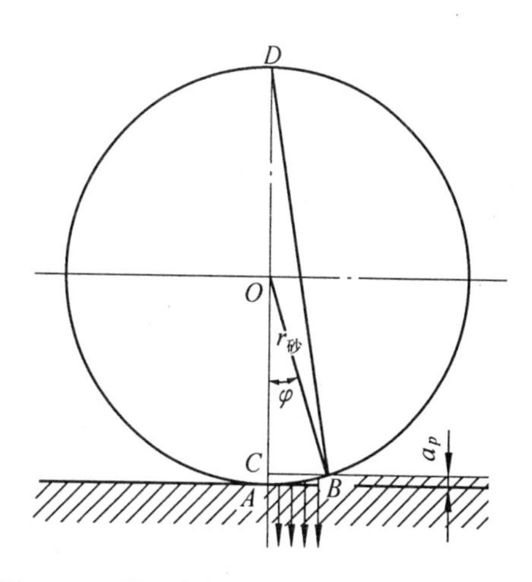

图 5-18　平面磨削的热传导方向及热源面积

$$S = \overline{AB} \cdot f = \sqrt{2r_{砂} \cdot a_p} \times f = C_S \cdot a_p^{0.5} \cdot f\%$$

$$q = \frac{Q}{S} = \frac{C_Q}{C_S} C_{F_z} \cdot v_{工}^{0.7} \cdot a_p^{0.1} \cdot v_{砂}^{0.25} \cdot f^{-0.3}$$

$$= C_q \cdot v_{工}^{0.7} \cdot a_p^{0.1} \cdot v_{砂}^{0.25} \cdot f^{-0.3}$$

而热源的作用时间 $t = \overline{BC}/v_{工} \approx \overline{AB}/v_{工} = C_S \cdot a_p^{0.5}/v_{工}$，将 q、t 之值代入前式得

$$\theta = \frac{C_q}{\lambda}\sqrt{\frac{4aC_S}{\pi}} \cdot v_{工}^{0.2} \cdot a_p^{0.35} \cdot v_{砂}^{0.25} \cdot f^{-0.3}$$

$$= C_\theta \cdot v_{工}^{0.2} \cdot a_p^{0.35} \cdot v_{砂}^{0.25} \cdot f^{-0.3}$$

上述各式中的 C_Q、C_S、C_q、C_θ 均为常数。

由上述磨削区表面温度与磨削用量的关系式可知，磨削深度 a_p 的增大会使表面温度升高，工件速度 $v_{工}$ 和砂轮速度$v_{砂}$的增大也会影响表面温度的升高，但影响的程度不如磨削深度大。横向进给量 f 的增大，反而会使表面温度下降。

当进一步观察和分析 $v_{工}$ 对磨削区温度场的影响时，可以看到 $v_{工}$ 越大，表面附近处的温度梯度越大，即曾发生高温的表面金属层越薄。从表 5-4 中可以看到曾发生 600℃ 以上温度的金属层厚度和曾发生 800℃ 以上温度的金属层厚度，都随 $v_{工}$ 的增大而减少。

表 5-4　工件速度 $v_{工}$ 与表面高温金属层厚度的关系

工件速度 $v_{工}$(m/s)	表面温度 θ(℃)	处在 600℃ 以上的金属层厚度(mm)	处在 800℃ 以上的金属层厚度(mm)
0.5	1 075	0.096	0.043
1.0	1 206	0.072	0.042
2.0	1 380	0.060	0.040
3.0	1 510	0.052	0.039

$v_{砂} = 35$m/s；$a_p = 0.02$mm；$f_{横} = 12$mm/单行程。

如表 5-4 所示，温度在 600℃ 左右是淬火钢最易回火的温度，这温度只要保持 0.5s 左右马氏体即开始分解，向屈氏体转化，从而硬度下降并产生残余拉应力。低于此温度时，如 400℃，则要保持 10s 左右才开始变化。对于磨削加工来说，表面处于磨削区的时间 t 约在百分之一秒以内，一出磨削区就会得到有效冷却，故高温保持时间不可能达到几秒钟之久，因此来不及回火。

在生产中，磨削加工产生的烧伤层如果很薄，常常在本工序中通过最后几次无进给磨削，或通过精磨、研磨、抛光等工序把烧伤层除去，甚至在使用时的初期磨损也能把它除去。所以，问题不在于有没有表面烧伤，而在于烧伤层有多厚。根据表 5-4 数据，可以认为进一步提高 $v_{工}$ 能减轻磨削表面的烧伤。所以，提高 $v_{工}$ 是一项既能减轻磨削烧伤又能提高劳动生产率的有效措施。

但是提高 $v_{工}$ 会导致表面粗糙度增高，为了弥补这个缺陷，可以相应提高砂轮速度 $v_{砂}$。根据前一节所述的实验公式

$$Ra = C\frac{v_{工}^{0.8} f^{0.66} a_p^{0.48}}{v_{砂}^{2.7}}$$

可知，如 $v_{工}$ 增大3倍，Ra将增高 $3^{0.8}=2.41$ 倍，而 $v_{砂}$ 只需增加39%（因为 $1.39^{2.7}=2.41$）即可补偿。即 $v_{砂}$ 用不着增大太多，就可以补偿 $v_{工}$ 大幅度提高所引起的粗糙度的增高。

实践证明，同时提高砂轮速度和工件速度可以避免烧伤。图5-19是磨削18CrNiWA钢时，工件速度和砂轮速度无烧伤的临界比值曲线。

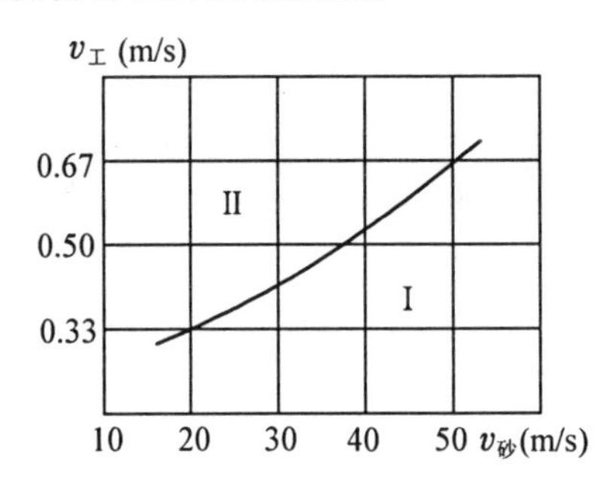

图5-19　工件和砂轮速度的无烧伤临界比值曲线

图示曲线的右下方是容易出现烧伤的危险区（Ⅰ 区），曲线左上方是安全区（Ⅱ 区）。由此可以得出发展高速磨削能够避免烧伤的结论，这是磨削工艺的一个重要发展方向。我国现已取得了速度超过80m/s的高速磨削经验。

（二）提高冷却效果

日常生活实践说明，若在数百度或上千度的高温表面上有效地注上冷却水，就可以带走大部分热量，而使表面温度明显下降。在室温情况下，1ml水转化成100℃以上的水蒸汽就可带走2 500J的热量。而磨削区热源每秒的总发热量 Q 在一般磨削用量下约为4 200J左右，很少超过6 300 ~ 8 400J。根据上述的推算，若在磨削区每秒确有2ml的冷却水在起作用，将有相当部分的热量被带走，表面不应该出现烧伤。然而，目前通用的冷却方法往往效果很差，由于高速旋转的砂轮表面上产生强大气流层，以致没有多少冷却液能进入磨削区，而常常是将冷却液大量地喷注在已经离开磨削区的工件表面上。此时磨削热量已进入工件的加工表面而造成表面烧伤或裂纹，为此改进冷却方法提高冷却效果是非常必要的。具体改进的措施如下：

1. 采用高压大流量冷却。这样不但能加强冷却作用，而且还可以对砂轮表面进行冲洗，使其空隙不易被切屑堵塞。如有的磨床就是使用流量每分钟200 l和压力为8 ~ 12大气压的冷却液。为防止冷却液飞溅，机床需安装有防护罩

2. 在砂轮上安装带有空气档板的冷却液喷嘴。为减轻高速旋转砂轮表面的高压附着气流作用，可加装加图5-20所示的带有空气挡板的冷却液喷嘴，以使冷却液能顺利地喷注到磨削区，这对于高速磨削则更为必要

3. 利用砂轮的孔隙实现内冷却。由于砂轮上的孔隙均能渗水，故可采用如图5-21所示的内冷却方式。冷却液由锥形盖1经主轴法兰套2的通道孔引入到砂轮的中心腔3内。由于离心力作用，冷却液即会通过砂轮内部有径向小孔的薄壁套4的孔隙向砂轮四周的边缘喷出。这样，冷却液就有可能直接与处在磨削区内正在加工的工件表面接触，从而起到有效冷却的作用。

目前内冷却方式还未得到广泛应用，其原因之一是使用内冷却时，磨床附近有大量水雾，操作工人劳动条件差；其二是精密加工时无法通过观察火花进行试切吃刀。此外，内冷

却磨削所使用的冷却液必须经严格过滤，以防砂轮内部孔隙堵塞。为此，对冷却液中的杂质要求不应超过 0.02% 。

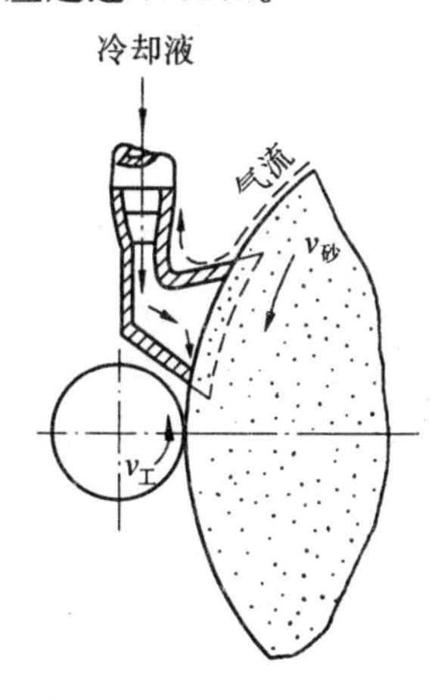

图 5-20　带有空气挡板的冷却液喷嘴

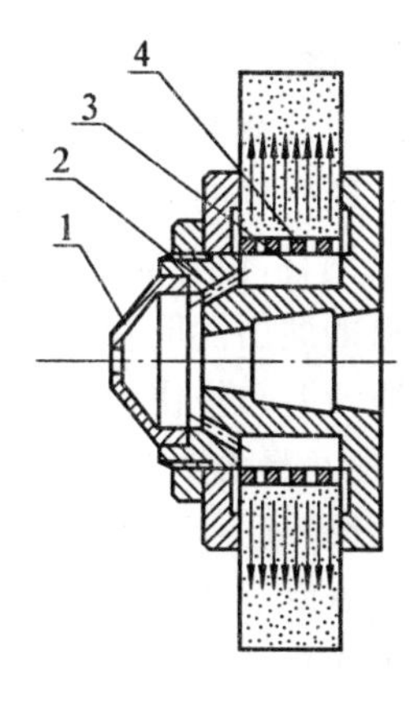

1— 锥形盖；2— 主轴法兰套；3— 砂轮中心腔；4— 薄壁套

图 5-21　内冷却砂轮轴的结构

(三) 提高砂轮的磨削性能

要解决磨削烧伤问题，除了合理选择磨削用量，改进冷却方法，改善传热条件等各项措施外，在不影响磨削生产率的条件下，降低磨削区发热强度也是一个主要措施。

如前所述，磨削时的单位切削截面切削力约为 100 000 ~ 200 000N/mm^2，这已数十倍地超过了材料的强度极限。产生如此大的切削力，主要不是由被加工材料的强度抗力所造成，而是由不正常的极大摩擦力所引起的。这说明磨削过程是一个很不理想的切削过程，切削所占的比重很小，大部分磨粒只是与加工面进行摩擦而不是进行切削。所以，改善切削过程就可以在不影响生产率的情况下，减少功率消耗而达到降低磨削区温度的目的。

磨削时，作为刀刃的刚玉磨粒，其刃口是非常钝的。图 5-22(a) 所示就是一个磨粒放大的图象，其最尖锐的刃口也有相当大的圆弧半径而呈球面状。而在磨削过程中，每个磨粒的切削厚度常在 0.2 ~ 0.02μm 范围内。磨粒的切削过程如图 5-22(b) 所示。

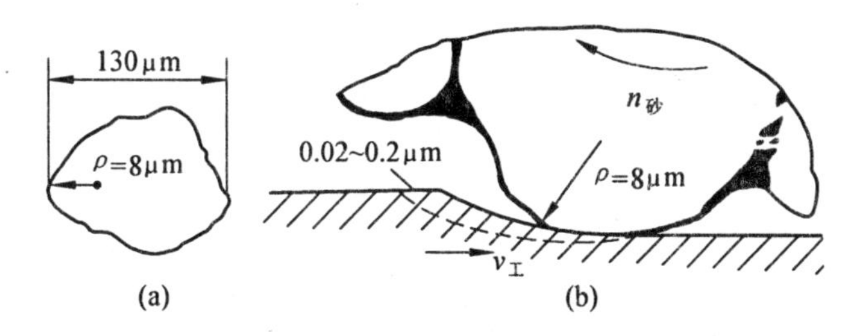

图 5-22　刚玉磨粒的外形及其磨削时的切削过程

在大多数情况下，图 5-22(b) 所示的那层金属只是被挤压了一下，并没有切除。这层金属只是在后续的大量磨粒反复挤压多次而呈现疲劳时才剥落。因此在切削抗力中绝大部分是摩擦力。如果磨粒的切削刃口再尖锐锋利些，磨削力会下降，功率消耗也会减少，从而磨削区的温度必然也会相应下降。但磨粒的刃尖是自然形成的，刃尖的圆弧半径 ρ 取决于磨粒的硬度和强度。若磨粒的硬度和强度不够，就不能得到很小的 ρ，即使偶然得到了，在磨削时也不能保持。磨料硬度和强度的提高显然是提高砂轮磨削性能的一个重要方向。

金刚石砂轮磨削硬质合金不产生烧伤和裂纹的主要原因是磨粒的强度、硬度大，刃尖锋利，改善了切除薄切屑的条件，从而使磨削力及磨削区温度下降。另一个原因是金刚石与金属在无润滑液情况下的摩擦因数极低，只有 0.05。

目前立方氮化硼的应用也提高了加工硬质合金的效率。虽然立方氮化硼在硬度和强度上略逊于金钢石，但它能在高达 1 360℃(金刚石是 920℃)的高温下工作。

由于磨料的磨削性能有较大的随机性，因此无法确保砂轮工作表面每颗磨粒的高质量。对那些质量差和较快用钝的磨粒，因为刃尖较钝，摩擦力较大，可能引起磨削表面的局部烧伤，一般总是希望它们能在工作时自动地从砂轮上脱落下来，即希望结合剂的粘结力不要太强，砂轮软一些。

也可采用具有一定弹性的结合剂来解决磨削烧伤问题。例如用橡胶作为结合剂，当某种偶然性因素导致磨削力增大时，磨粒就会作一定程度的退让，使切削深度自动下降，由于切削力不会过大而避免了表面局部烧伤。树脂结合剂也有类似性能，采用树脂砂轮能减轻与避免烧伤的主要原因是当磨削温度达到 230℃以上时，树脂即碳化失去粘结性能，表现出良好的自励性，这样就可避免结合剂与工件表面的挤压和摩擦，并使砂轮工作表面保持锋利的磨粒。例如，某厂将一般砂轮改用树脂砂轮，磨削 12CrNi3A 钢、12CrNi4A 钢等导热性差的合金材料，解决了生产中长期存在的磨削烧伤问题。

此外，为了提高磨削性能，还可采用如图 5-23 所示的开槽砂轮。由于砂轮的工作部位上开有一定宽度、一定深度和一定数量等距或不等距的斜沟槽，当其高速旋转时不仅易于将冷却液带入磨削区改善了散热条件，而且提高了砂轮的自励性，使整个磨削过程都有锋利的磨粒在工作，从而降低了磨削区温度。

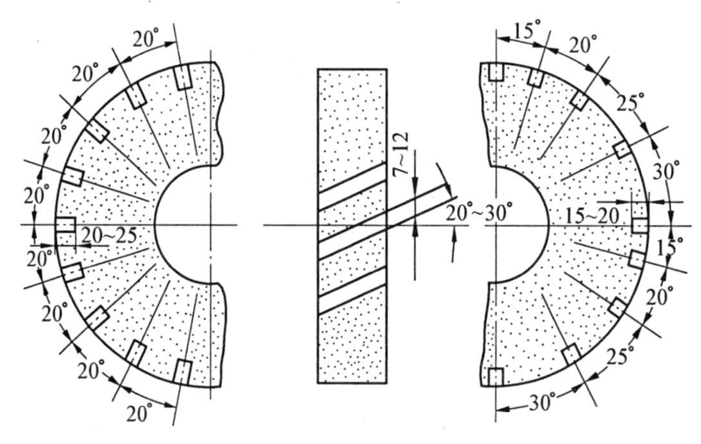

图 5-23 开槽砂轮

国外介绍一种直接在磨床上用带螺旋线的滚轮在砂轮上滚挤出带有螺旋槽的砂轮，滚挤出的沟槽浅而窄，其宽度为 1.5 ~ 2mm，其方向与砂轮轴线约成 60°角。用这种砂轮磨削零件，不仅不影响表面粗糙度，表面无烧伤，而且还能减少磨削力和能量消耗的 30%，提高砂轮耐用度十倍以上。

五、表面强化工艺

这里主要介绍通过冷压使表面层发生冷塑变形，从而使表面硬度提高并在表面层产生残余压应力的加工方法。

冷压强化工艺方法简单、效果显著，其名目也十分繁多，常用的一些方法有如图5-24所示的单滚柱或多滚柱滚压、单滚珠或多滚珠弹性滚压、钢球挤压、涨孔和喷丸强化等，其中喷丸强化主要用于零件的毛坯表面。现仅对应用广泛的喷丸强化和滚柱滚压强化方法加以说明。

(一)喷丸强化

此种工艺方法是利用大量快速运动中的珠丸打击零件表面，使其产生冷硬层和残余压应力。这时表层金属结晶颗粒的形状和方向也得到改变，因而有利于提高零件的疲劳强度和使用寿命。

所使用的珠丸一般是铸铁的，或是切成小段的钢丝(使用一段时间后自然变成球状)，其尺寸为0.2~4mm。对小零件和表面粗糙度低的零件，需用较细小的珠丸。当零件是铝制品时，为了避免喷丸加工后在表面残留铁质微粒而引起电解腐蚀，应使用铝丸或玻璃丸。若在零件上有凹槽、凸起等应力集中的部位，珠丸一般应小于其过渡圆弧半径以使这些部位也得到强化。

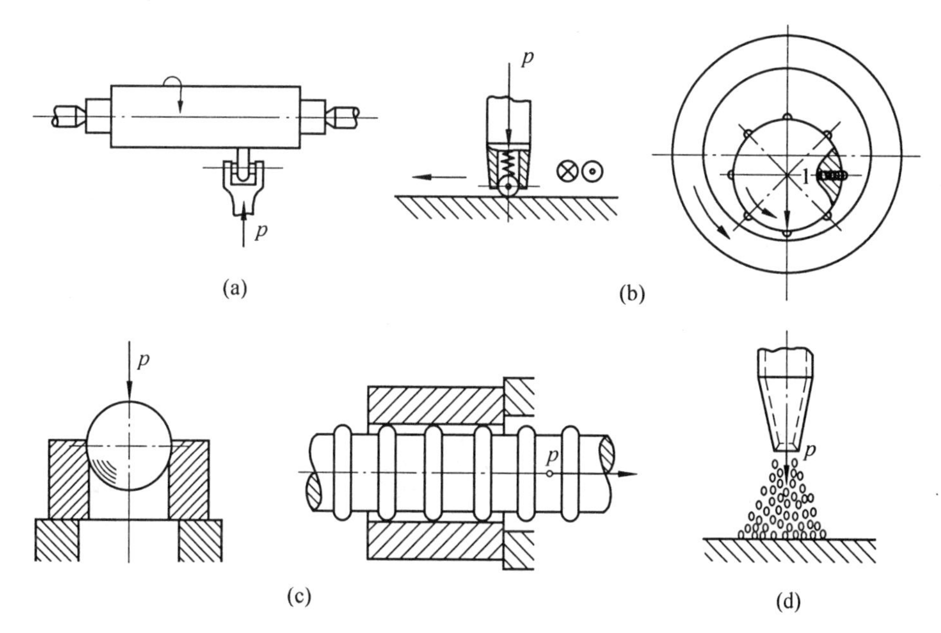

(a)单滚柱或多滚柱滚压；(b)单滚珠或多滚珠弹性滚压；(c)钢珠挤压和涨孔；(d)喷丸强化

图5-24　常用的冷压强化工艺方法

所使用的设备是压缩空气喷丸装置和机械离心式喷丸装置，这些装置可使喷丸以约35~50m/s的速度喷出。

喷丸强化工艺主要用于强化形状比较复杂不宜用其它方法强化的零件，如板弹簧、螺旋弹簧、深井钻杆、连杆、齿轮、曲轴等。对于在腐蚀性环境中工作的零件，特别是淬过火而在腐蚀性环境中工作的零件，喷丸强化加工的效果就更为显著。

在喷丸强化的基础上，目前已出现了液体磨料强化。磨料在400~800KPa下高速喷出，射向工件表面，使工件表面产生数十微米的塑性变形层，产生表面残余压应力。这种方法非常适合于复杂型面的表面强化。

(二)滚柱滚压强化

此种工艺方法是通过淬火钢滚柱在零件表面上进行滚压，也能使零件表面产生冷硬层和表面残余压应力,从而提高零件的承载能力和疲劳强度。加工时可用单个滚柱滚压,也可用几个滚柱滚压,如图 5-25 所示。

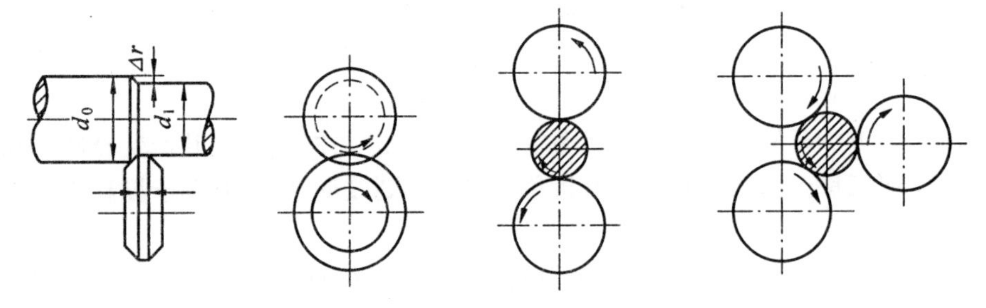

(a) 单滚柱滚压加工; d_0-滚压前工件直径; d_1-滚压后工件直径; Δr-剩余变形量

(b) 多滚柱滚压加工

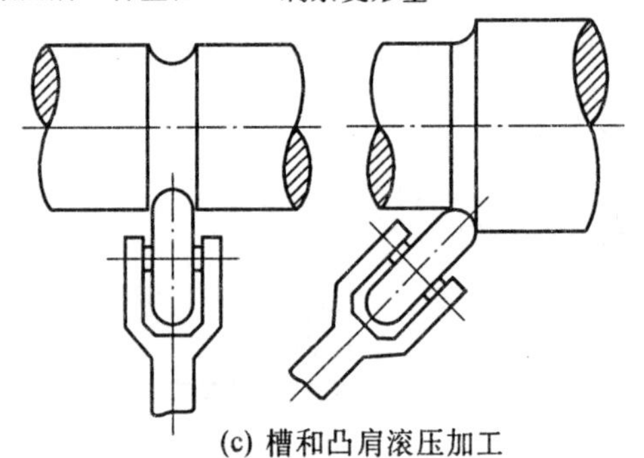

(c) 槽和凸肩滚压加工

图 5-25　典型的滚柱滚压加工

图 5-26 所示的曲线是不同结构试件的疲劳试验结果,图中曲线 1 是未经滚压加工的实验结果,曲线 2 是经滚压加工后的实验结果。

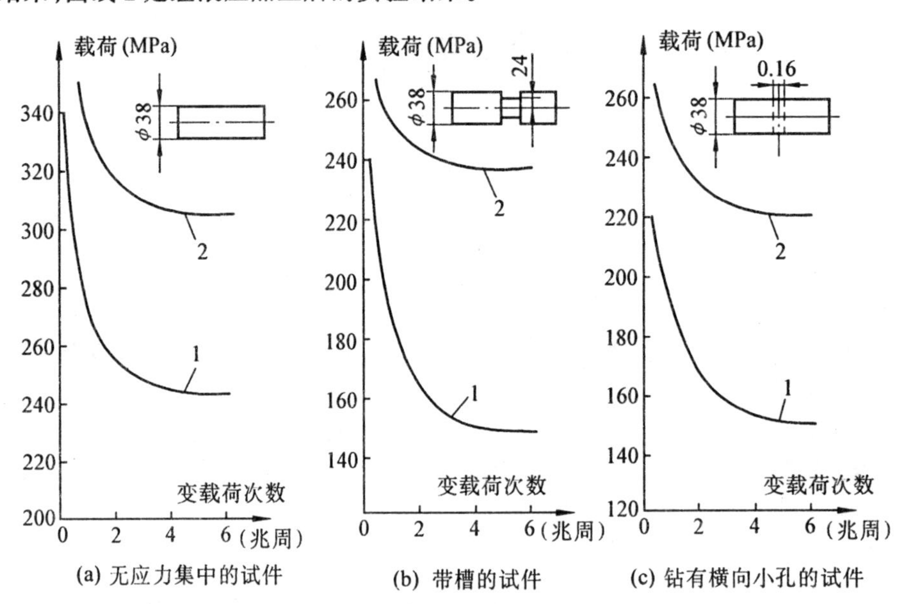

(a) 无应力集中的试件　(b) 带槽的试件　(c) 钻有横向小孔的试件

图 5-26　三种不同结构试件的疲劳试验结果

从这些实验曲线可知,滚压加工对零件的疲劳强度的提高是非常显著的。从图(a)可见试件的疲劳强度 σ_{-1}从 245MPa,提高到 305MPa,提高约为 24%;对于有应力集中的试件来说，滚压加工的作用更为明显，如图(b)所示其疲劳强度 σ_{-1} 由 150MPa 提高到 240MPa，提高约 60%。又如图(c)所示，其疲劳强度 σ_{-1} 也由 150MPa 提高到 220MPa，提高约 46%。

§5-4 机械加工中的振动及其控制措施

一、机械加工中的振动及分类

机械加工过程中，在工件和刀具之间常常产生振动。产生振动时，工艺系统的正常切削过程便受到干扰和破坏，从而使零件加工表面出现振纹，降低了零件的加工精度和表面质量。强烈的振动会使切削过程无法进行，甚至造成刀具“崩刃”。振动影响刀具的耐用度和机床的使用寿命，还会发出刺耳的噪音，恶化了工作环境，影响工人的健康。

随着现代工业的发展，特别是军事工业、电子工业和宇航工业的需要，出现了很多难加工材料，这些材料在进行切削加工时，极易激起振动。而另一方面，现代工业所需的精密零件对于加工精度和表面质量的要求越来越高。因此，在切削过程中那怕出现极其微小的振动，也会导致被加工零件无法达到设计的质量要求。

高效、高速、强力切削和磨削加工，是机械加工发展的一个重要方向，但是，高速回转零件可能引起的强迫振动、大切削用量可能导致的自激振动，都是实现和推广这些加工方法的障碍之一。

所以，研究机械加工过程中产生振动的机理，掌握振动发生和变化的规律，探讨如何提高工艺系统的抗振性和消除振动的措施，使机械加工过程既能保证较高的生产率，又可以保证零件的加工精度和表面质量，乃是在机械加工方面应研究的一个重要课题。

机械加工过程中产生的振动，按其产生的原因来分，与所有的机械振动一样，也分为自由振动、强迫振动和自激振动三大类。自由振动往往是由于切削力的突然变化或其它外界力的冲击等原因所引起的，这种振动一般可以迅速衰减，因此对机械加工过程的影响较小。而强迫振动和自激振动都是不能自然衰减而且危害较大的振动。据统计，在机械加工过程中，自由振动只占 5%左右，而强迫振动约占 30%，自激振动则占 65%。

二、机械加工中的强迫振动及其控制措施

(一)强迫振动的数学描述

强迫振动是在外界周期性干扰力持续作用下，振动系统被迫产生的振动。它是由外界振源补充能量来维持振动的。如图 5-27(a)所示是一个安装在简支梁上的电动机，以 ω 的角速度旋转时，假如由于电动机转子不平衡而产生离心力 P_0，则 P_0 沿 x 方向的分力 P_x($P_x = P_0\sin\omega t$)，就是该梁的外界周期性干扰力。在这一干扰力作用下，简支梁将作不衰减的振动。

我们可以将上述实际的振动系统简化为如图 5-27(b) 所示的一个单自由度有阻尼强迫振动系统的振动模型。在此系统上除了有弹性恢复力 κx 及阻尼力 $c\dot{x}$ 作用外，还始终作用着一个简谐激振力 $P_x = P_0\sin\omega t$。

按牛顿运动定律可以建立该系统的运动微分方程式

$$m\ddot{x} + c\dot{x} + \kappa x = P_0\sin\omega t \tag{5-1}$$

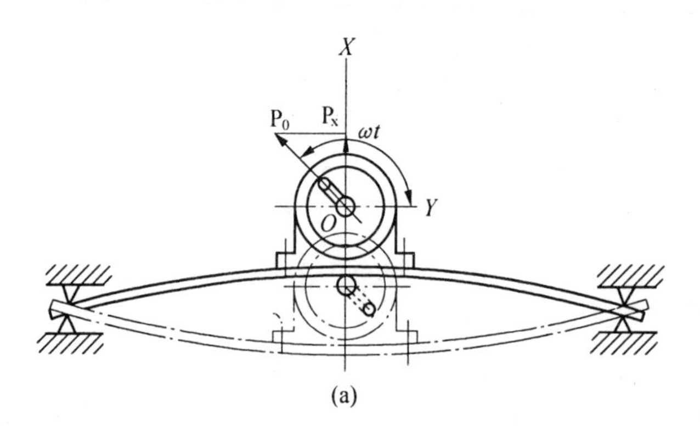

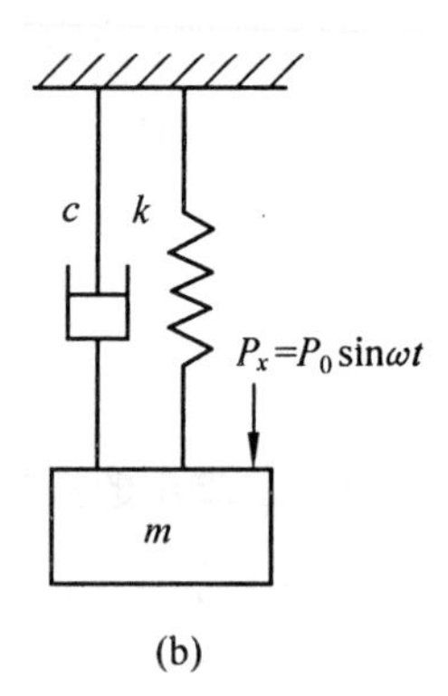

图 5-27　强迫振动示例

令
$$\omega_0^2=\frac{\kappa}{m}\quad \delta=\frac{c}{2m}\quad q=\frac{P_0}{m}$$

则(5-1) 式可改写成以下形式

$$\ddot{x}+2\delta\dot{x}+\omega_0^2x=q\sin\omega t$$

这是一个非齐次二阶常系数线性微分方程式,其通解应为

$$x=A_1e^{-\delta t}\sin(\omega_dt+\theta)+A_2\sin(\omega t-\varphi)\tag{5-2}$$

上式中,等式右边第一项表示具有粘性阻尼的自由振动,如图 5-28(a) 所示。后一项表示有阻尼的强迫振动,如图 5-28(b) 所示。二者叠加后的振动过程如图 5-28(c) 所示。经过一段时间后,衰减振动很快就衰减掉了,而强迫振动则持续下去,形成振动的稳态过程。

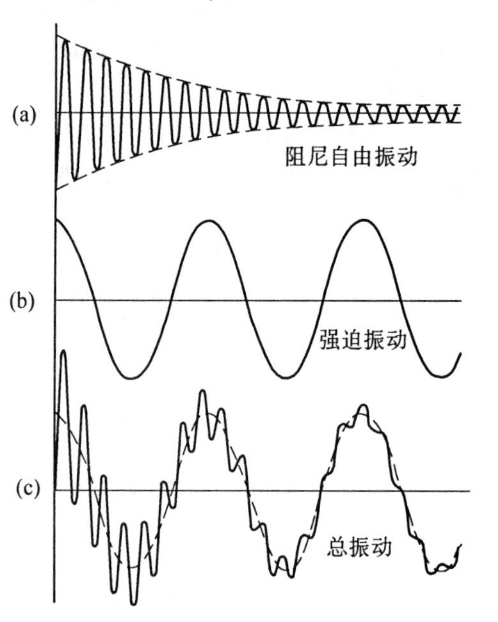

(a) 阻尼自由振动;(b) 强迫振动;
(c) 强迫振动和阻尼自由振动的合成
图 5-28　强迫振动的过程

一般我们感兴趣的是振动的稳态过程,因此我们可以只分析(5-2) 式中的第二项,即

$$x=A_2\sin(\omega t-\varphi)\tag{5-3}$$

式中　A_2—— 强迫振动的振幅;
ω—— 强迫振动的圆频率;
φ—— 振动体位移 x 与激振力 P_0 之间的相位差。

将(5-3) 式求一阶及二阶导数后代入(5-1) 式化简可得

$$A_2=\frac{q}{\sqrt{(\omega_0{}^2-\omega^2)^2+4\delta^2\omega^2}}\tag{5-4}$$

$$\mathrm{tg}\varphi=\frac{2\delta\omega}{\omega_0{}^2-\omega^2}\tag{5-5}$$

令 $A_{02}=\dfrac{q}{\omega_0{}^2}=\dfrac{P_0/m}{\kappa/m}=\dfrac{P_0}{\kappa}$ 称为静变位;

设 $\lambda=\frac{\omega}{\omega_0}$ 称为频率比；

$D=\frac{\delta}{\omega_0}$ 称为阻尼比。

则可将(5-4)及(5-5)式改写成下列形式

$$A_2=\frac{A_{02}}{\sqrt{(1-\lambda^2)^2+(2D\lambda)^2}} \tag{5-6}$$

$$\varphi=\operatorname{arctg}\frac{2D\lambda}{1-\lambda^2} \tag{5-7}$$

(二)强迫振动的特征

机械加工中的强迫振动与一般机械振动中的强迫振动没有本质上的区别，其主要特征如下：

(1)强迫振动是在外界周期性干扰力的作用下产生的，但振动本身并不能引起干扰力的变化；

(2)不管振动系统本身的固有频率如何，强迫振动的频率总是与外界干扰力的频率相同或是它的整数倍；

(3)强迫振动的振幅大小在很大程度上取决于干扰力的频率与系统固有频率的比值。当这一比值等于或接近于1时，振幅将达到最大值，这种现象通常称为“共振”；

(4)强迫振动的振幅大小还与干扰力、系统刚度及其阻尼系数有关。干扰力越大，刚度及阻尼系数越小，则振幅越大。

(三)强迫振动产生的原因及诊断

不论是精密加工还是一般的切削加工，强迫振动往往是影响加工质量及生产效率的关键问题。由于强迫振动是由振动系统外的振源补充能量来维持振动的，那么，我们如果能把激振力的来源找出来，并加以排除或限制，这将是有效的控制强迫振动的途径。

1. 机械加工过程中强迫振动的振源

振源来自机床内部的，称为机内振源；来自机床外部的，称为机外振源。

机外振源甚多，但它们多半是通过地基传给机床的，可以通过加设隔振地基把振动隔除或削弱。

机内振源主要有：

(1)机床上各个电动机的振动，包括电动机转子旋转不平衡及电磁力不平衡引起的振动；

(2)机床上各回转零件的不平衡，如砂轮、皮带轮、卡盘、刀盘和工件等的不平衡引起的振动；

(3)运动传递过程中引起的振动，如齿轮啮合时的冲击，皮带传动中平皮带的接头，三角皮带的厚度不均匀，皮带轮不圆，轴承滚动体尺寸及形状误差等引起的振动；

(4)往复运动部件的惯性力；

(5)不均匀或断续切削时的冲击，例如铣削、拉削加工中，刀齿在切入或切出工件时，都会有很大的冲击发生。此外，在车削带有键槽的工件表面时也会发生由于周期冲击而引起的振动；

(6)液压传动系统压力脉动引起的振动等。

2. 强迫振动的诊断

在机械加工过程中出现的持续振动有可能是强迫振动,也有可能是自激振动。要区别强迫振动与自激振动,最简便的方法是找出振动频率,而后与可能存在的振源频率相比较,如果两者一致或相近,则此振源可能就是引起振动的主要原因。

为正确诊断和分析振动类型,应在现场加工条件下拾取振动信号。通常的诊断过程如下:

(1)频谱分析处理。将拾取的振动响应信号输入频谱分析仪做自功率谱密度函数处理,自谱图上各峰值点的频率即为机械加工的振动频率。自谱图上较为明显的峰值点有多少个,机械加工系统中的振动频率成分就有多少个。在位移谱图上谱峰值最大的振动频率成分就是机械加工系统的主振频率成分。

(2)做环境试验、查找机外振源。在机床处于完全停止的状态下,拾取振动信号、进行频谱分析。此时所得到的振动频率成分均为机外干扰力源的频率成分。然后将这些频率成分与现场加工的振动频率成分进行对比,如两者完全相同,则可判定机械加工中产生的振动属于强迫振动,且干扰力源在机外环境中。如现场加工的主振频率成分与机外干扰力频率不一致,则需继续进行空运转试验。

(3)做空运转试验、查找机内振源。机床按加工现场所用运动参数进行运转,但不对工件进行切削加工。采用相同的办法拾取振动信号,进行频谱分析,确定干扰力源的频率成分,并与现场加工的振动频率成分进行对比。除已查明的机外干扰力源的频率成分之外,如两者完全相同,则可判定现场加工中产生的振动属受迫振动,且干扰力源在机床内部。如两者不完全相同,则可判断在现场加工的所有振动频率中,除去强迫振动的频率成分外,其余频率成分有可能是自激振动。

如果干扰力源在机床内部,还应查找其具体位置。可采用分别单独驱动机床各运动部件,进行空运转试验,查找振源的具体位置。但有些机床无法做到这一点,比如车床除可单独驱动电动机外,其余运动部件一般无法单独驱动。此时,则需对所有可能成为振源的运动部件,根据运动参数(如传动系统中各轴的转速、齿轮齿数等)计算频率,并与机内振源的频率相对照,确定机内振源位置。

(四)控制和消减强迫振动的主要措施和途径

消减振动的途径主要有三个方面:消除或减弱产生机械振动的条件;改善工艺系统的动态特性,提高工艺系统的稳定性;采用各种消振、减振装置。具体说来,可采用下列措施:

(1)减小或消除振源的激振力。例如精确平衡各回转零、部件,对电动机的转子和砂轮不但要作静平衡,还要进行动平衡。轴承的制造精度其及装配和调试质量常常对减小强迫振动有较大的影响;

(2)隔振。是在振动的传递路线中安放具有弹性性能的隔振装置,使振源所产生的大部分振动由隔振装置来吸收,以减少振源对加工过程的干扰。如将机床安置在防振地基上及在振源与刀具和工件之间设置弹簧或橡皮垫片等;

(3)提高工艺系统的动刚度及阻尼。其目的是使强迫振动的频率远离系统的固有频率,使其避开共振区,使在$\frac{\omega}{\omega_0}\ll1$或$\frac{\omega}{\omega_0}\gg1$的情况下加工。刮研接触面来提高部件的接触刚度,调整镶条加强连接刚度等都会收到一定的效果;

(4)采用减振器和阻尼器。当在机床上使用上述方法仍无效时,可考虑使用减振器和阻尼器。

此外,常采用的减小冲击切削振动的途径还有:

(1)按照需要,改变刀具转速或改变机床结构,以保证刀具冲击频率远离机床共振频率及其倍数;

(2)增加刀具齿数;

(3)减小切削用量,以便减小切削力;

(4)设计不等齿距的端铣刀,可以明显地减小冲击切削时引起的振动。

需要指出,实际的振动系统往往是很复杂的多自由度系统。要精确描述这样系统的振动状态,理论上就需要多个独立的坐标,但为了研究方便,常将其简化为有限的自由度数,其中最简单的是两自由度系统。

振动理论证明,从单自由度系统过渡到两自由度系统,其振动特性发生了一些本质的变化。但从两自由度系统过渡到多自由度系统,在振动特性上没有本质的差别。只是自由度数越多,描述其振动特性的方程越多越复杂,计算过程越麻烦。为此,常用实验方法求振动系统的各个参数。

三、机械加工中的自激振动及其控制措施

(一)自激振动的产生

机械加工过程中,在没有周期性外力(相对于切削过程而言)作用下,由系统内部激发反馈产生的周期性振动,称为自激振动(简称自振)。它是由振动系统本身引起的交变力而产生的振动。在大多数情况下,其振动频率与系统的固有频率相近。由于维持振动所需的交变力是由振动过程本身产生的,所以系统运动一停止,交变力也随之消失,自激振动也就停止。图 5-29 所示的框图说明了自激振动系统的四个环节:

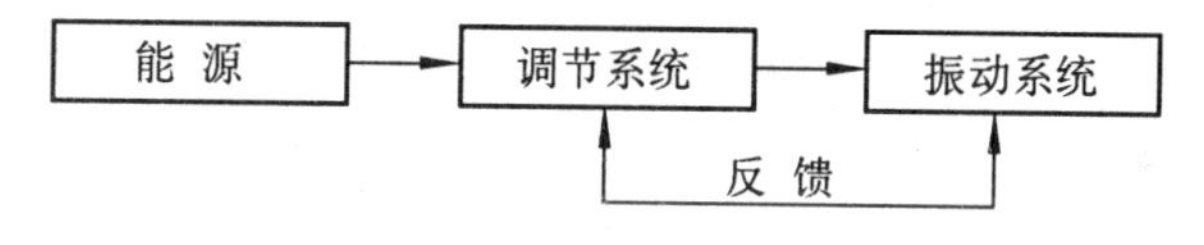

图 5-29　自激振动系统框图

1. 不变的(非振动的)能源机构;
2. 控制进入振动系统能量的调节系统;
3. 振动系统;
4. 振动系统对调节系统的反馈,以此来控制进入系统能量的大小。

由此可见,自激振动系统是一个由振动系统和调节系统组成的闭环系统。振动系统的运动控制着调节系统的作用,而调节系统所产生的交变力又控制着振动系统的运动,两者相互作用,相互制约,形成了一个封闭的自振系统。

自振系统维持稳定振动的条件为:在一个振动周期内,从能源机构经调节系统输入振动系统的能量等于系统阻尼所消耗的能量。下面我们通过图 5-30(a)所示的范德波模型来说明其基本原理。

在两个皮带轮上套着一条无接头的皮带,在皮带上放着一个重物,重物的左端有弹簧拉着。当皮带以速度 v_0 作匀速运动时,重物即在 A 点(A 点并不是重物在皮带上静止时的位置,而是当重物受到摩擦力 F_0 作用向右拉时,在 F_0 与弹簧拉力相平衡时,重物中心

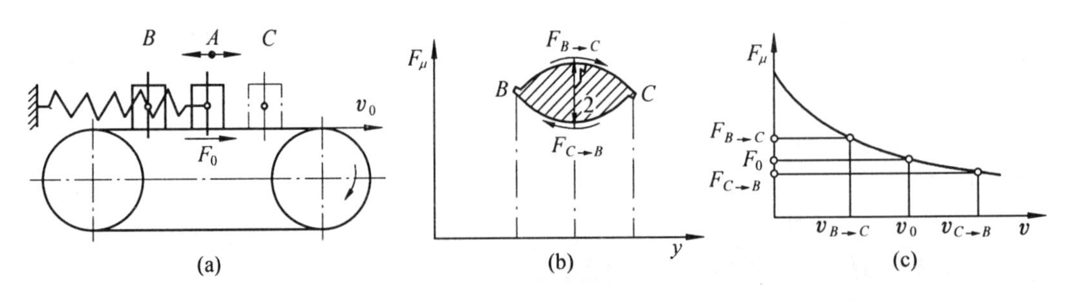

图 5-30　范德波模型

所处的位置。F_0 是当皮带与重物之间有相对滑动速度 v_0 时的摩擦力）附近作不衰减的振动，这就是自激振动。

众所周知，由于系统中存在着阻尼作用（如空气的阻尼等），重物为了维持其不衰减的振动，必须从外界周期地获得补充能量。实验结果证明，在这里重物是通过摩擦力的变化，而获得能量补充的。下面我们来简单分析能量的获得过程。

重物与皮带间的摩擦力 F_μ 不是一个常数，其大小与相对滑动速度 v 有关。在一定滑动速度范围内，F_μ 具有所谓下降特性，即它随相对滑动速度 v 的增大而下降，如图 5-30(c) 所示。在重物振动过程中，v 的大小是变化的，因而 F_μ 的大小也是变化的。当重物由 B 点向 C 点运动时，由于重物的振动速度与皮带速度 v_0 的方向相同，瞬时滑动速度 $v_{B\to C}$ 应等于 v_0 减去瞬时振动速度，因此 $v_{B\to C} < v_0$。这样，瞬时摩擦力 $F_{B\to C}$ 就大于滑动速度为 v_0 时的 F_0，即 $F_{B\to C} > F_0$。当重物由 C 向 B 运动时，情况正相反，重物振动速度与 v_0 的方向相反，瞬时滑动速度 $v_{C\to B}$ 应等于它们两者之和，因此 $v_{C\to B} > v_0$。这样，瞬时摩擦力 $F_{C\to B}$ 就小于 F_0。由此可见，$F_{B\to C} > F_{C\to B}$。

当重物由 B 向 C 运动时，皮带对重物的瞬时摩擦力 $F_{B\to C}$ 与运动方向相同。所以，它对重物所做之功 $\Delta W_{B\to C}$ 为正值（也就是振动系统获得能量）；而当重物由 C 向 B 运动时，皮带对重物的瞬时摩擦力 $F_{C\to B}$ 与运动方向相反。所以，它所做之功 $\Delta W_{C\to B}$ 为负值（也就是振动系统放出能量）。由于 $F_{B\to C} > F_{C\to B}$，因此在一个周期内摩擦力对重物所做之功大于它们所做的负功，即是 $\sum\Delta W_{B\to C} > \sum\Delta W_{C\to B}$。如果我们以瞬时摩擦力 F_μ 及重物的位移 y 为坐标，可绘出如图 5-30(b) 所示的曲线。很明显，图中 $B1C$ 曲线下的面积代表 $\sum\Delta W_{B\to C}$，而 $C2B$ 曲线下的面积则代表 $\sum\Delta W_{C\to B}$。阴影部分即代表 $\sum\Delta W_{B\to C}$ 与 $\sum\Delta W_{C\to B}$ 的差值，这便是重物所获得的维持其自激振动所需的能量。

因为重物在其平衡位置 A 点上是极不稳定的，只要任何偶然的冲击使它离开 A 点，便会开始振动起来。虽然开始振动很微弱，但由于振动本身引起了 F_μ 的变化，而 F_μ 的变化反过来又助长了振动，因而其振幅不断增加，直至输入振动系统的能量与由于阻尼作用所消耗的能量相平衡时，才会稳定下来作不衰减的振动。因此，只要具备自激振动条件，实际上振动总会由于某些偶然的微小的激发而发展起来并维持下去的。

（二）自激振动的特点

从上述分析不难看出，自激振动主要有如下特点：

1. 自激振动是一种不衰减的振动。外部振源在最初起触发作用，但维持振动所需的交变力是由振动过程本身产生的，所以系统运动一停止，交变力也随之消失，自激振动也就停止；

2. 自激振动的频率等于或接近于系统的固有频率；

3. 自激振动是否产生以及振幅的大小取决于振动系统在每一周期内输入和消耗的能量的对比情况。

上述分析只强调了自激振动系统本身产生维持自激振动交变力的能力,只说明了产生自激振动的必要条件而不是充分的条件,因为振动系统的动态特性也对是否产生自激振动有着重要的影响。只有振动系统的动态特性具备了产生自激振动的条件,在交变力的作用下才会产生自激振动。否则即使有交变力的作用,也不一定会产生自激振动。对切削加工过程的自激振动而言,振动系统就是机床 —— 刀具 —— 工件所组成的工艺系统。

(三) 产生自激振动的几种学说

关于机械加工过程中的自激振动,虽然进行了大量的研究,但至今还没有较成熟的理论来解释各种状态下产生自振的原因,现将几种主要的学说(负摩擦自振原理、再生效应自振原理和振型耦合自振原理) 分别介绍如下。

1. 负摩擦自振原理

图 5-30 所示的范德波模型是典型化了的负摩擦自振系统。在机械加工过程中,在切削塑性材料时,切屑相当于匀速运动的皮带,刀具相当于重物,刀具与机床的弹性连接相当于弹簧。由切削原理知道,径向切削分力 F_y 开始随切削速度的增加而增大,自某一速度开始,随切削速度的增加而下降。试验表明,在力 - 速度曲线下降区极易引起切削自振。径向切削分力 F_y 主要取决于切屑与刀具相对运动所产生的摩擦力,F_y 的改变意味着切屑与刀具间摩擦力的变化。把摩擦力随相对滑动速度的增加而导致摩擦力下降的特性称为负摩擦特性。在机械系统中,具有负摩擦特性的系统容易激发自激振动。图 5-31(a) 为车削加工示意图,图中已把系统简化为单自由度系统,刀具仅能作 y 方向的运动。图 5-31(b) 为径向削切力 F_y 与切屑和前刀面相对滑动速度 v 的关系曲线的示意图。在稳定切削时,工件表面的线速度为 v_0,则刀具和切屑的相对滑动速度为 $v_1 = \dfrac{v_0}{\zeta}$,ζ 为切屑收缩系数。当刀具发生振动时,前刀面与切屑的相对滑动速度便要附加一个振动速度 $\dot{y}$,刀具振入工件时,相对滑动速度为 $v_1 + \dot{y}$,刀具振出工件时,相对滑动速度为 $v_1 - \dot{y}$,它们分别对应于径向切削力为 F_{y_1} 和 F_{y_2}。所以,刀具振入的半个周期中切削力所做的负功小于刀具振出工件的半个周期中所作的正功,在一个振动周期的循环中,便有多余的能量输入振动系统,系统便可能激起自振。这种由于切削过程中存在负磨擦特性而产生的自激振动,称为负摩擦型自激振动。

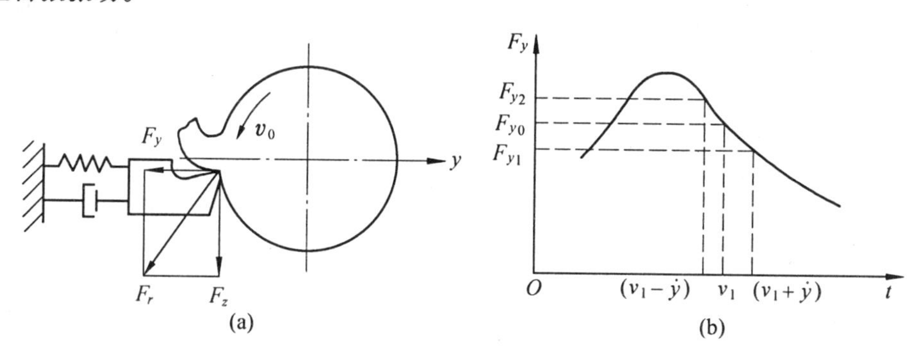

(a) 车削振动系统　(b) 切削力 F_y 与刀具和切屑的相对滑动速度 v 的关系

图 5-31　负摩擦自振原理示意图

2. 再生效应自振原理

在切削加工中，由于刀具的进给量一般不大，而刀具的副偏角又较小，当工件转过一圈开始切削下圈时，刀具必然与已切过的上一圈表面接触，即产生重叠切削，磨削加工尤为如此。图 5-32 为磨削加工示意图，设砂轮宽度为 B，工件每转进给量为 f，工件后一转的磨削区和前一转已加工表面有重叠部分，其重叠系数为 $\mu = \frac{B - f}{B}(0 < \mu < 1)$。

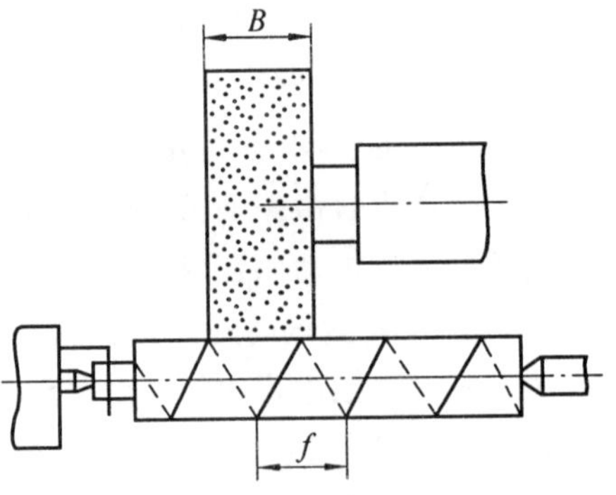

图 5-32　磨削时重叠切削示意图

纵车、纵磨时，$\mu < 1$；切槽、切断、横磨、钻削及用带端齿的圆柱立铣刀扩孔等，$\mu = 1$；一般情况下，$0 < \mu < 1$。重迭系越大，越容易产生自振。

如果前一转切削时，由于偶然的扰动(如材料的硬疵点，加工余量不均匀或冲击等)，加工表面上将留下振纹。当工件转至下一转时，由于切削到重叠部分的振纹，使切削厚度发生变化，从而引起切削力的周期性改变，使刀具产生振动，而在本转加工表面上产生新的振纹。这个振动又影响到下一转的切削，从而引起持续的再生自振，如图 5-33 所示。当然，这种自振是有条件的，只有当后一转切削加工的工件表面(图中虚线)y 滞后于前一转切削的工件表面(图中实线)y_0 时，由于在振入工件的半个周期中的平均切削厚度比振出时的平均切削厚度小，切削力也小，则在一个振动周期中，切削力做的正功大于负功，有多余能量输入到系统中去，才能产生再生自振。这种由于切削厚度的变化效应而引起的自激振动，称为再生型自激振动。

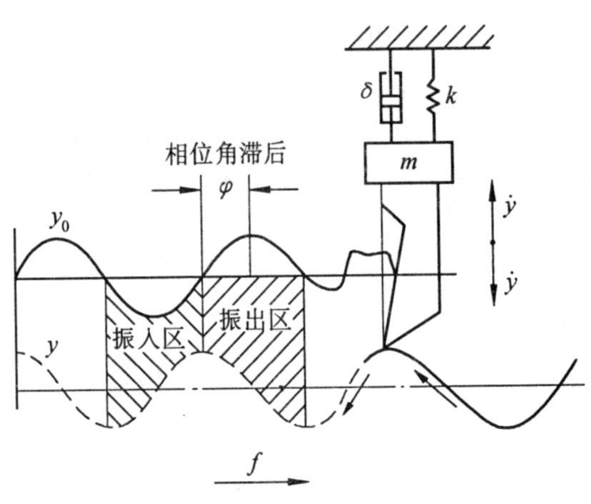

图 5-33　再生自振示意图

3. 振型耦合自振原理

实际振动系统都是多自由度系统。为了简便起见，将工艺系统的振动限制于平面振动运动。此时仅有 y、z 两个自由度，即可用在两个不同方向作相同频率振动的振动系统来表示。这时刀具与工件相对振动的运动轨迹在理论上是椭圆，对实际振动过程测量结果也得出了极近似椭圆的轨迹。

图 5-34 表示的是一个二自由度振动系统。假设切削前的表面是完全光滑的(即不考虑再生效应)，如果切削过程中因偶然干扰使刀架系统产生角频率为 ω 的振动运动，则刀架将沿 X_1、X_2 两个刚度主轴同时振动，在图 5-34 给定的参考坐标系统的 y 和 z 两个方向上，其运动方程为

$$\begin{cases} y = A_y \sin\omega t \\ z = A_z \sin(\omega t + \varphi) \end{cases} \tag{4-10}$$

式中　A_y——y 向振动的振幅；

A_z——z 向振动的振幅；

φ——z 向振动相对于 y 向振动在主振频率 ω 上的相位差。

由于振动系统是二自由度系统，刀具(刀尖)的振动轨迹一般都不是直线，而是一个椭圆形的封闭曲线。相位差 φ 值不同，振动系统将有不同的振动轨迹，如图 5-35 所示。如果刀架振动运动的实际轨迹是沿椭圆曲线的顺时针方向行进的，如图 5-34 所示，则在刀具从 A 经 C 到 B 做振入运动时，切削厚度较薄，切削力较小；而在刀具从 B 经 D 到 A 做振出运动时，切削厚度较大，切削力较大。此时，在一个振动周期中，切削力对系统做的正功大于负功，有多余能量输入到系统中去，系统将引起自激振动。这种由于振动系统在各个主振模态间互相耦合、互相关联而产生的自激振动，称为振型耦合型自激振动。

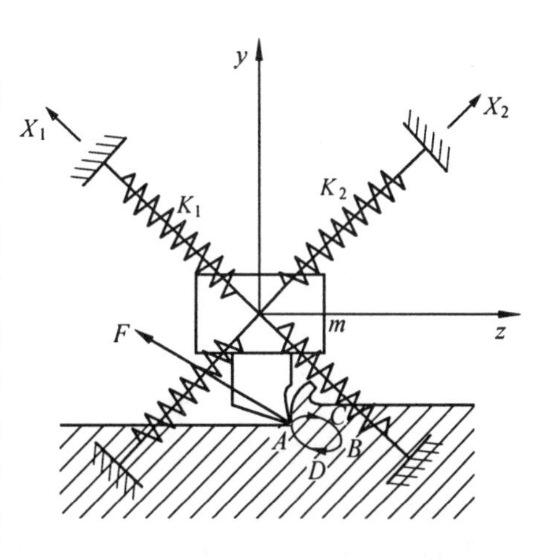

图 5-34　振型耦合型自振原理示意图

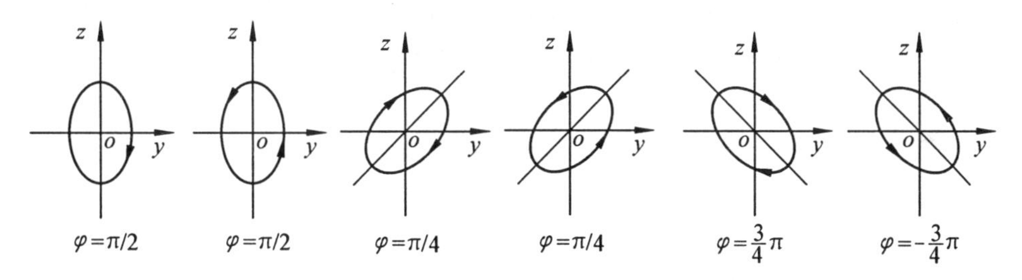

图 5-35　相位差 φ 与振动轨迹的关系

事实上，机械加工中引起自激振动的原因很多，某一自激振动的形成可能是多种效应综合作用的结果。因此，应采用系统的方法分析加工过程中的振动。

(四) 控制和减小自激振动的主要措施

当切削过程中出现振动影响加工质量时，首先应判别振动是属于强迫振动还是自激振动。强迫振动是由外界激振力引起的，其频率等于外界激振力的频率，除了切削冲击引起的强迫振动外，一般与切削过程没有关系。因此，只要能找出在切削过程以外的振源，即可判定是强迫振动，否则就认为是自激振动。

为控制和消减加工过程中的自激振动，一般可采取以下措施：

1. 消除或减少产生自激振动的条件

(1) 尽量减小重叠系数 μ

重叠系数 μ 直接影响再生效应的大小。重叠系数值又取决于加工方式、刀具的几何形状和切削用量等，图 5-36 列出了各种不同加工方式的 μ 值。车螺纹(图 a) 时，$\mu = 0$，工艺系统不会有再生型自激振动产生。切断加工(图 b) 时，$\mu = 1$，再生效应最大，对于一般外圆纵向车削(图 d) 时，$\mu = 0 \sim 1$，此时应通过改变切削用量和刀具几何形状，使 μ 尽量减小，以利于提高机床切削的稳定性。图(c) 就是用主偏角为 90° 的车刀车外圆的情况，此时 $\mu = 0$，工艺系统不会有再生型自振发生。

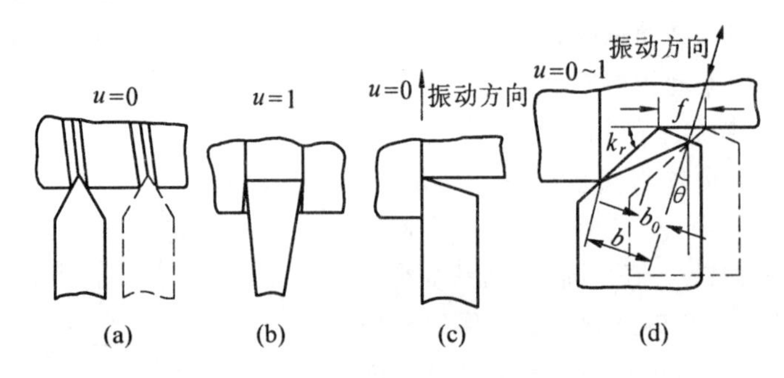

图 5-36　不同车削方式下的重叠系数

(2) 尽量增加切削阻尼

适当减小刀具的后角，可以加大工件与刀具后刀面之间的摩擦阻尼，对提高切削稳定性是有利的。但后角不宜过小，否则会引起负摩擦型自振。后角取为 2° ~ 3° 较为适当，必要时还可以在后刀面上磨出带有负后角的消振棱，如图 5-37 所示。

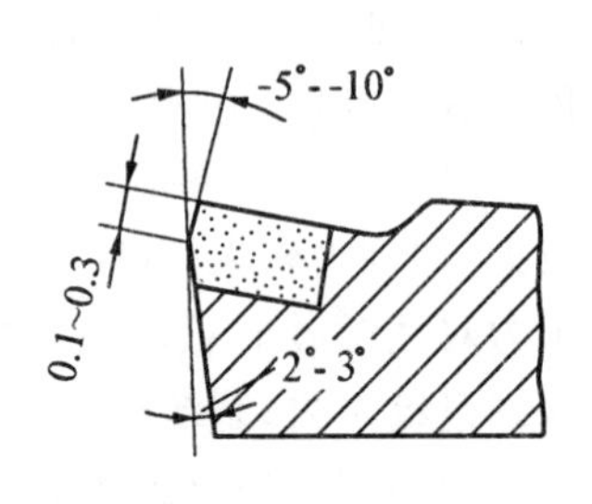

图 5-37　车刀消振棱

在切削塑性金属时，应避免使用 30 ~ 70m/min 的切削速度，以防止产生由于切削力的下降特性而引起的负摩擦型自激振动。

(3) 考虑振型耦合影响，合理布置主切削力和小刚度主轴的位置

若振动系统的小刚度主轴 X_1 位于切削力 F 与 y 轴之间时，容易产生自激振动。

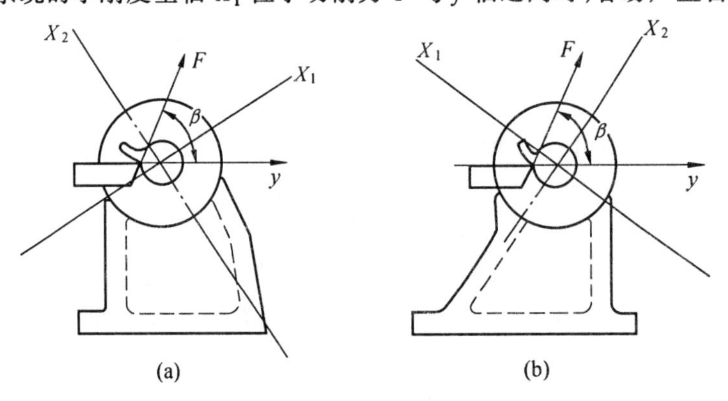

X_1— 小刚度主轴　X_2— 大刚度主轴

图 5-38　两种尾座结构

图 5-38(a) 所示尾座结构小刚度主轴 X_1 刚好落在切削力 F 与 y 轴的夹角 β 范围内，容易产生振型耦合型自振。图 5-38(b) 所示尾座结构较好，小刚度主轴 X_1 落在 F 与 y 轴的夹角 β 范围之外。除改进机床结构设计之外，合理安排刀具与工件的相对位置，即调整主切削力的方向，也可以有效地减小自激振动。

如在车床上安装车刀的方法对提高车削加工的稳定性，避免产生自振有很大影响。如图 5-39(a) 所示，将车刀分别安装在 7 个不同的方位上，进行切削试验，所得的 $a_{\omega\lim}$(不产生自激振动的极限切削宽度) 绘在图 5-39(b) 的极坐标图中。可见，普通车床车刀装在水平面上($\theta = 0°$)，稳定性最差。而将车刀装在 $\theta = 60°$ 的方位上，稳定性最好。

2. 提高工艺系统的抗振性和稳定性

(1) 提高工艺系统的刚度

① 提高机床结构系统的动刚度

对于提高机床结构系统的动刚度，主要是准确地找出机床的薄弱环节，而后采取一定的措施来提高系统的抗振性。例如薄弱环节的动刚度和固有频率，很大程度上受连接面接触刚度和接触阻尼的影响，故往往可以用刮研连接面，增强连接面刚度等方法，提高结构系统的抗振性。

② 提高刀具和工件夹持系统的动刚度

工件和刀具夹持系统的刚度对切削稳定性有很大影响。如图 5-40(a)、(b)、(c) 为在车床上使用不同结构的后顶尖对抗振性的影响。图 5-40(d) 说明用死顶尖比活顶尖要好。活顶尖中轴承结构形式不同，也对切削稳定性发生影响。

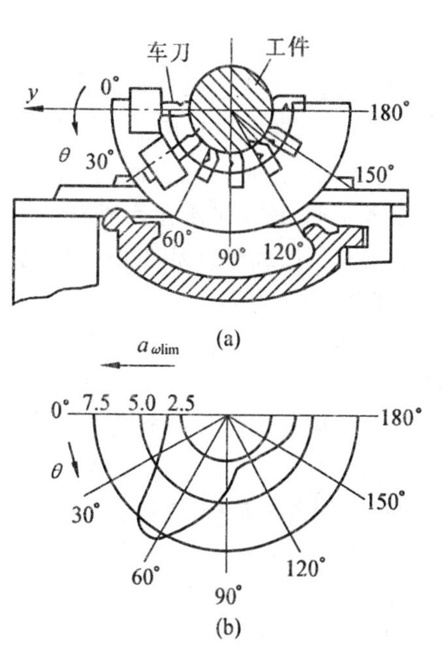

图 5-39　不同车刀位置的车削稳定性

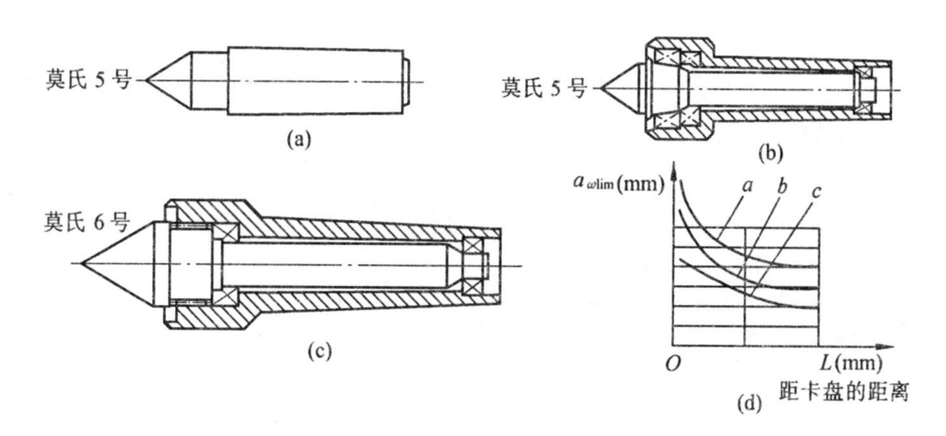

图 5-40　不同后顶尖结构的稳定性

(2) 增大系统的阻尼

工艺系统的阻尼主要来自零部件材料的内阻尼，结合面上的摩擦阻尼以及其它附加阻尼等。

① 材料的内阻尼

由材料的内摩擦产生的阻尼称为材料的内阻尼，铸铁构件的阻尼比为 0.0005 ~ 0.003，焊接钢件为 0.0002 ~ 0.0015，混凝土或钢筋混凝土可达 0.01 ~ 0.02。由于铸铁比钢阻尼大，故机床上的床身、立柱等大型支承件均用铸铁制造。

除了选用内阻较好的材料制造零件外，还可把高内阻材料附加到零件上去，如图 5-41。

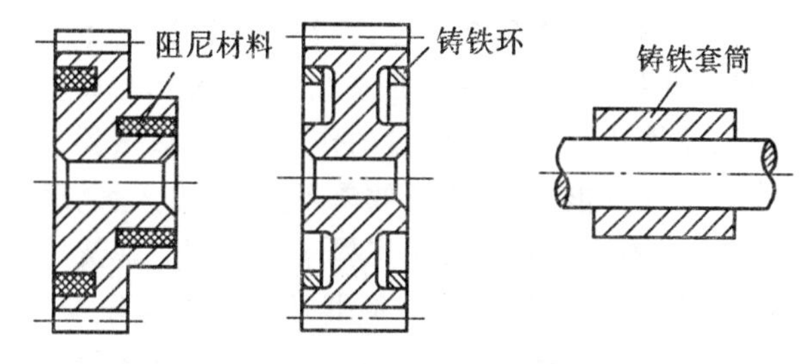

图 5-41　在零件上灌注阻尼材料和压入阻尼环

② 摩擦阻尼

机床阻尼大多数来自零、部件结合面间的摩擦阻尼，有时它可占总阻尼的 90%。应通过各种途径提高结合面间的摩擦阻尼。

对于机床的活动结合面，首先应当注意调整间隙，必要时可施加预紧力以增大摩擦力。实验证明，滚动轴承在无预加载荷作用且有间隙的情况下工作时，其阻尼比为 0.01 ~ 0.02；当有预加载荷而无间隙时，阻尼比可提高至 0.02 ~ 0.03。

③ 附加阻尼

除了增加材料的内阻尼和结合面间的摩擦阻尼外，还可在机床振动系统上附加阻尼减振器。

总之，阻尼问题是一个很重要的问题，而且是行之有效的一种消振方式，但是目前人们对阻尼的研究还很不够，急待开发。

3. 采用各种消振、减振装置

如果不能从根本上消除产生切削振动的条件，又无法有效地提高工艺系统的抗振性和稳定性，此时可以采用消振、减振装置。常用的减振器按其工作原理的不同，可以分为以下四类：

(1) 阻尼减振器。它是利用固体或液体的摩擦阻尼来消耗振动能量从而达到减振的目的。图 5-42 是车床上用的一种液体摩擦阻尼减振器。

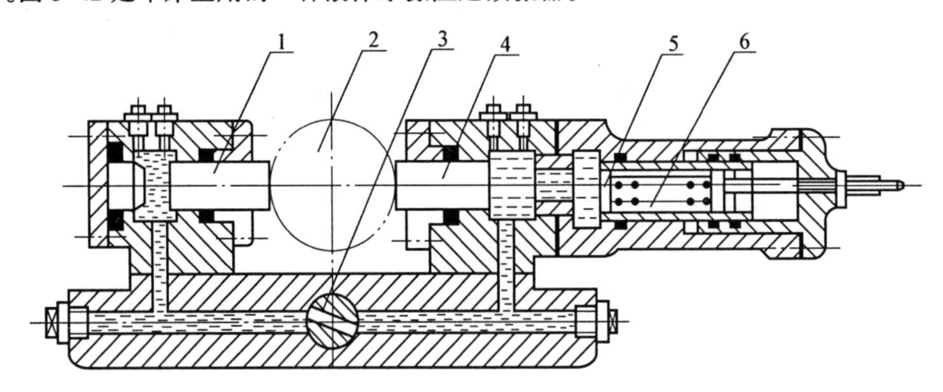

1、4、5— 活塞； 2— 工件； 3— 节流阀； 6— 弹簧

图 5-42 车床用液体摩擦阻尼减振器

工件 2 振动时，活塞 1 和 4 要随工件一起振动，为此油要从一腔挤入另一腔。节流阀用来调节阻尼的大小，由于油液流通时存在阻尼，因而能够减振。弹簧 6 用来推动活塞 5 而使活塞 1 和 4 压在工件上，它的弹力可由螺杆调节。

(2) 摩擦减振器。它利用摩擦阻尼消耗振动能量。图 5-43 是滚齿机用的固体摩擦减振器，机床主轴与摩擦盘 2 相连，弹簧 5 使摩擦盘 2 与飞轮 1 间的摩擦垫 3 压紧，当摩擦盘 2 随主轴一起扭振时，因飞轮的惯性大，不可能与摩擦盘同步运动，飞轮与摩擦盘之间有相对转动，摩擦垫起了消耗能量的作用。此种减振器的减振效果与弹簧压力值关系甚大，压力太小，消耗的能量小，减振效果不大；压力太大，飞轮和摩擦盘之间的相对转动减小，消耗的能量也不大。因此，要用螺帽 4 反复调节弹簧压力，以求获得最佳的消振效果。

(3) 冲击减振器。冲击减振器是由一个与振动系统刚性联结的壳体和一个在体内可自由冲击的质量所组成。当系统振动时，由于质量反复地冲击壳体消耗了振动的能量，因而可以显著地消减振动。

冲击减振器虽有因碰撞产生噪音的缺点，但由于具有结构简单，重量轻，体积小，在某些条件下减振效果好，以及在较大的频率范围内都适用的优点，所以应用较广。特别适于减小高频振动的振幅，如用来减小镗杆及刀具的振动。

图 5-44 是冲击减振器应用的几个实例。

(4) 动力式减振器。它是用弹性元件把一个附加质量块连接到振动系统中，利用附加质量的动力作用，使弹性元件加在系统上的力与系统的激振力相抵消。

图 5-45 所示为用于消除镗杆振动的动力减振器及其动力学模型。在振动系统中的 m_1 上增加了附加系统 m_2 后，则变为两自由度系统。只要参数 m_2、δ_2 及 k_2 选取得合适，原系统的 m_1 将不再振动，只有附加质量(减振器) m_2 在振动，从而达到减振目的。

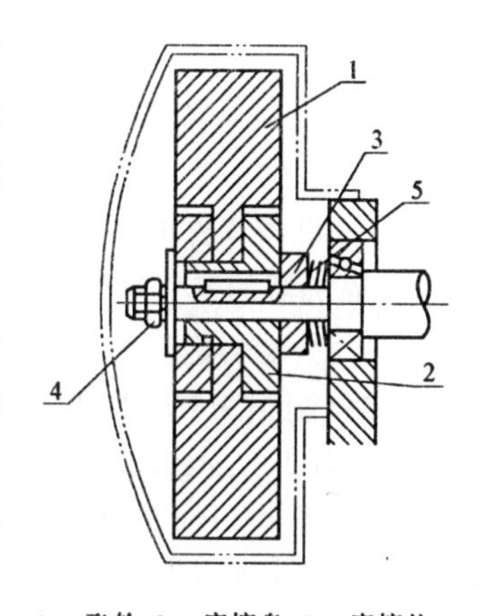

1— 飞轮；2— 摩擦盘；3— 摩擦垫；4— 螺母；5— 弹簧

图 5-43　滚齿机用固体摩擦减振器

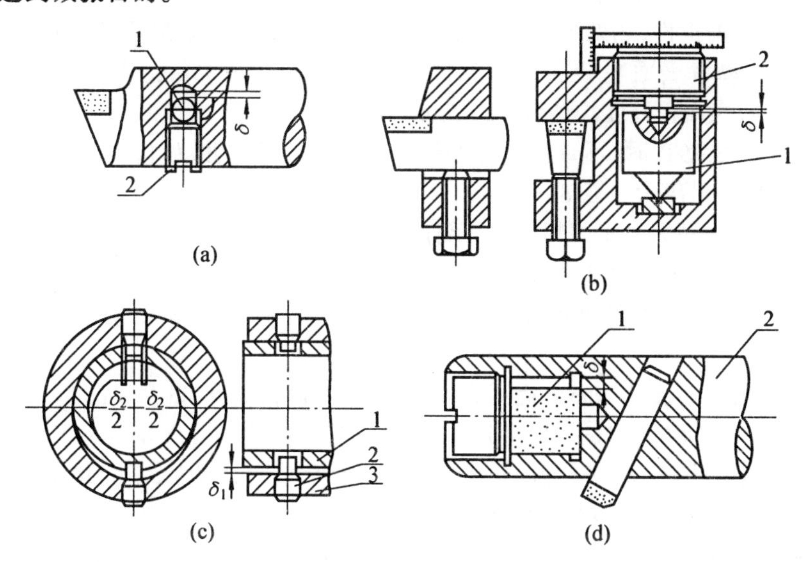

(a) 冲击减振镗刀：1— 冲击块；2— 螺塞　(b) 冲击减振车刀：1— 冲击块；2— 螺塞；(c) 消除扭转振动与横向振动的冲击减振器；1— 壳体；2— 碰钉；3— 冲击块　(d) 冲击减振镗杆：1— 冲击决；2— 镗杆

图 5-44　冲击减振器应用实例

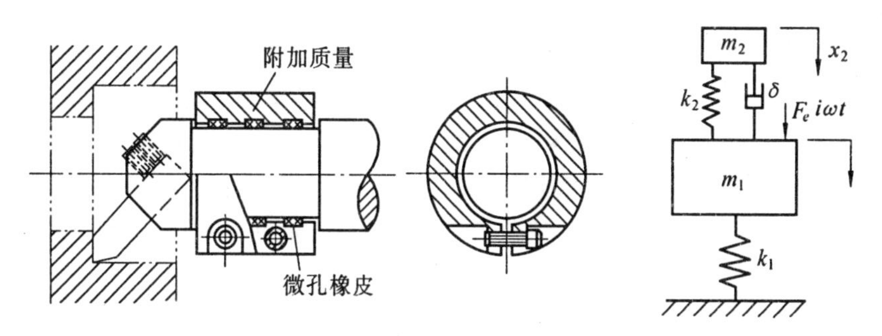

图 5-45　用于镗刀杆的动力减振器及其动力学模型

习　　题

5-1　机器零件的表面质量包括哪几方面内容？为什么说零件的表面质量与加工精度对保证机器的工作性能来说具有同等重要的意义？

5-2　影响切削表面粗造度的因素有哪些？试讨论如何解释下列生产实践问题：

(1)拉削1Cr18Ni9Ti不锈钢的花键拉刀，前角从10°增大到22°，加工表面粗糙度从Ra6.3μm降低到Ra0.8μm。

(2)车削φ10mm的45#钢工件，当机床主轴转速由1 200r/min提高到4 000r/min时，加工表面粗糙度从Ra6.3μm降低到Ra1.6μm。用金刚石车刀车削有色金属时，切削速度对表面粗糙度影响不大，Ra可达0.025μm。

(3)一批零件的内孔先采用大行程量进行扩孔，然后按直径大小分成两组进行铰孔。铰削余量小的一组零件铰后，表面粗糙度较余量大的一组低1μm左右。

(4)两批45#钢工件，热处理后硬度各为HB190、HB228。当切削速度为0.833m/s时，加工后材料硬度高者表面粗糙度Rz = 7.5μm，硬度低者Rz = 15μm。当切削速度提高到3.33m/s时，两者表面粗糙度均达到Rz = 5μm。

(5)加工1Cr18Ni9Ti时，不带修光刃端铣刀加工表面粗糙度为Ra3.2μm，带修光刃的端铣刀加工表面粗糙度为Ra0.8μm。

(6)用硬质合金平刃光车刀精车45#钢的φ65×200mm小轴时，当把刃倾角λ从0°加大到73°时，表面粗糙度从Ra3.2μm下降到Ra0.8μm。

5-3　影响磨削表面粗糙度的因素有哪些？试讨论下列实验结果应如何解释(实验条件略)：

(1)当砂轮的线速度从30m/s提高到60m/s时，表面粗糙度Ra从1μm降低到0.2μm。

(2)当工件线速度从0.5m/s提高到1m/s时，表面粗糙度Ra从0.5μm上升到0.9μm。

(3)当纵向进给量f/B从0.3增加到0.6时(B为砂轮宽度)，Ra从0.3μm增至0.6μm。

(4)磨削深度从0.01mm增至0.03mm时，Ra从0.27μm增至0.55μm。

(5)用粒度为36的砂轮磨后Ra为1.6μm，用粒度为60的砂轮可使Ra降低为0.2μm。

(6)如果对粒度为60的砂轮，采用锋利的金刚石在其高速回转下进行精、细修整，磨削表面粗糙度Ra可达0.025μm。

(7)磨削15#钢时，表面粗糙度Ra为0.8μm，若想使Ra达到0.2μm，必须进行热处理提高其硬度。

5-4　什么是冷作硬化现象？实验表明：切削速度增大，硬化现象减小；进给量f增大，硬化现象增大；刀具刃口圆弧半径r_ε增大，后刀面磨损V_B增大，硬化现象增大；前角γ_0增大，硬化现象减小。在同样切削条件下，切削10#钢硬化深度h与硬化程度N均较车削T12A为大，而铜件比钢件小30%，铝件比钢件小70%。如何解释上述各实验结果？

5-5　什么是磨削"烧伤"？为什么磨削加工会发生"烧伤"？为什么磨削高合金钢较普通碳钢更易产生"烧伤"？

又磨削外圆时，为什么相应提高工件和砂轮的线速度，不仅可以避免"烧伤"提高生产率，而且又不会增大表面粗糙度？解决"烧伤"问题的基本途径与措施有哪些？

5-6　为什么在机械加工时，工件表面会产生残余应力？磨削加工工件表面层中残余应力产生的原因与切削加工是否相同？为什么？

5-7　在平面磨床上磨削一块厚度为10mm、宽度为50mm、长为300mm的20#钢工件，磨削时表面温度高达900℃，试估算加工表面层和非加工表面层残余应力数值，并画出零件近似的变形图及应力图。

5-8　刨削一块钢板，在切削力作用下被加工表面层产生塑性变形，其比重由7.88降至7.78。试问表面层将产生多大的残余应力？是压应力还是拉应力？

5-9　何为强迫振动？它与自由振动有何区别？减小强迫振动的基本途径有哪些？

5-10　何谓自激振动？它与强迫振动有何区别？目前关于自激振动的学说有哪些？其要点是什么？通过哪些措施可以抑制自激振动？

5-11　在安装在防振地基上的车床或外圆磨床上，车削或磨削一根刚度较大的轴时，发现工件加工表面上有振纹。如何判断振动是由强迫振动引起的还是由自激振动引起的？如果是由强迫振动引起的，如何判断振源在哪里？

5-12　试分析比较下列刀具结构，何种对减振有利：刚性车刀和弹性车刀（习图5-1(a)，(b)）；直杆刨刀和弯头刨刀（习图5-1(c)，(d)）。

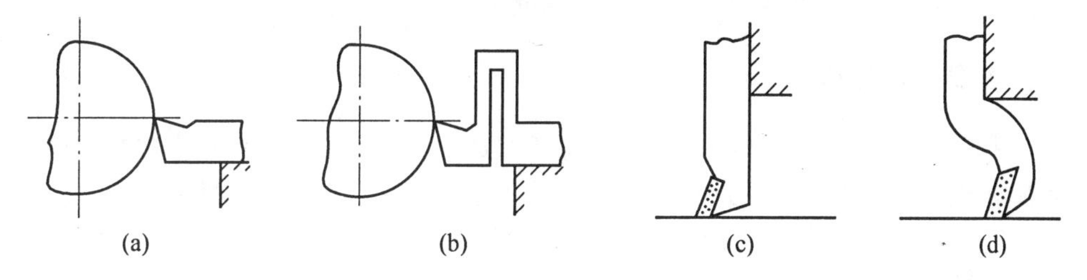

习图 5-1

5-13　在车削时，当刀具处于水平位置时振动较强（习图5-2）；若将刀具反装（图b）、或采用前后刀架同时切削（图(c)）、或设法将刀具沿工件旋转方向转过某一角度时（图d），振动可能会减弱或消失。试分析解释上述四种情况的原因是什么？

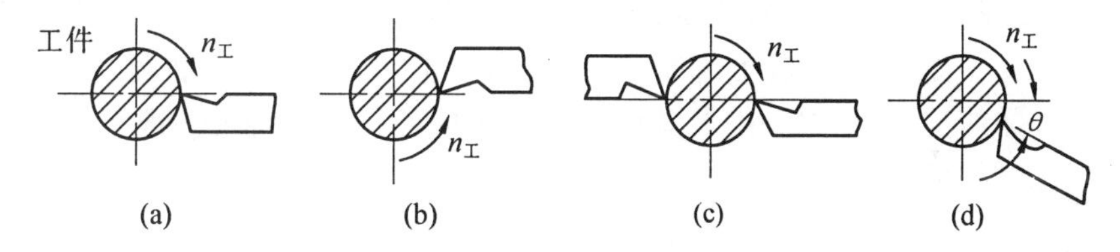

习图 5-2

5-14　习图5-3(a)所示为车削薄壁筒时，筒内灌水、油或砂；图(b)所示床身零件铸后把泥芯砂仍保留在床身腔窝内。这样做有何好处？为什么？

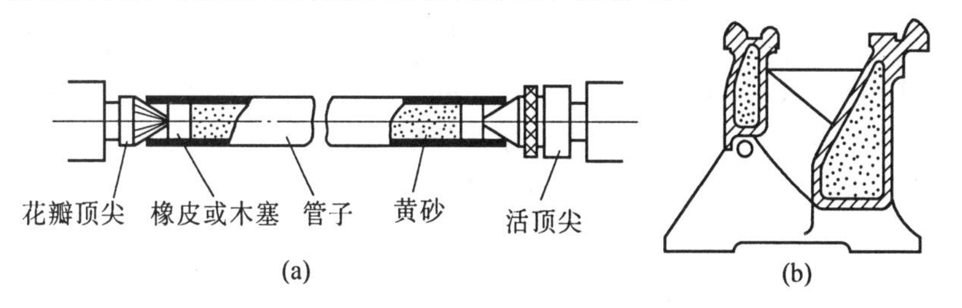

习图 5-3

第六章　机器的装配工艺

§6-1　概　　述

任何机器都是由许多零件和部件装配而成的。装配是机器制造中的最后阶段，它包括装配、调整、检验、试验等。机器的质量最终是通过装配保证的，装配质量在很大程度上决定机器的最终质量。另外，通过机器的装配过程，可以发现机器设计和零件加工质量等所存在的问题，并加以改进，以保证机器的质量。

一、机器装配的基本概念

任何机器都是由零件、套件、组件、部件等组成的。为保证有效地进行装配工作，通常将机器划分为若干能进行独立装配的部分，称为装配单元。在一个基准零件上，装上一个或若干个零件构成的部分称为套件，为此进行的装配工作，称为套装。组件是在一个基准零件上，装上若干套件及零件而构成的。如机床主轴箱中的主轴，在基准轴件上装上齿轮、套、垫片、键及轴承的组合件称为组件。为此而进行的装配工作称为组装。

部件是在一个基准零件上，装上若干组件，套件和零件构成的。部件在机器中能完成一定的、完整的功用。把零件装配成为部件的过称，称之为部装。例如车床的主轴箱装配就是部装。主轴箱箱体为部装的基准零件。

在一个基准零件上，装上若干部件、组件、套件和零件就成为整个机器，把零件和部件装配成最终产品的过程，称之为总装。例如卧式车床就是以床身为基准零件，装上主轴箱、进给箱、床鞍等部件及其它组件、套件、零件等。

二、装配精度

装配精度不仅影响产品的质量，而且还影响制造的经济性。它是确定零部件精度要求和制订装配工艺规程的一项重要依据。

在设计产品时，可根据用户提出的要求，结合实际，用类比法确定装配精度。某些重要的精度要求，还可采用试验法。对于一些系列化、通用化、标准化的产品，如减速机和通用机床等，可根据国家标准或部颁标准确定其装配精度。

例如，通用机床的精度要求，应符合我国“机械工业部颁标准”规定的各项要求。如对精密车床，就规定了 22 项装配精度的检验标准，摘录如表 6-1。

归纳起来，机床装配精度的主要内容包括：零部件间的尺寸精度、相对运动精度、相互位置精度和接触精度。

零部件间的尺寸精度包括配合精度和距离精度。配合精度是指配合面间达到规定的间隙或过盈的要求。

相对运动精度是指有相对运动的零部件在运动方向和运动位置上的精度。运动方向上的精度包括零部件相对运动时的直线度、平行度和垂直度等。

表 6-1 精密车床精度标准摘录(摘自 GC3-60)

<table>
<tr><th>检 验 项 目</th><th colspan="4">允 差(mm)</th></tr>
<tr><td>(1)床鞍移动在垂直平面内的直线度</td><td colspan="4">在床鞍每 1m 行程上:0.02/1000 导轨只许凸起</td></tr>
<tr><td>(3)床鞍移动在水平面内的直线度</td><td colspan="4">在床鞍每 1m 行程上:0.01/1000 导轨只许向机床后方凸</td></tr>
<tr><td rowspan="4">(5)尾座移动对床鞍移动的平行度</td><td rowspan="2">上母线</td><td>床鞍行程</td><td>500</td><td>0.01</td></tr>
<tr><td colspan="2">床鞍全行程</td><td>0.02</td></tr>
<tr><td rowspan="2">侧母线</td><td>床鞍行程</td><td>500</td><td>0.005</td></tr>
<tr><td colspan="2">床鞍全行程</td><td>0.01</td></tr>
<tr><td rowspan="2">(6)主轴锥孔轴线的径向跳动</td><td colspan="3">近主轴端</td><td>0.005</td></tr>
<tr><td colspan="3">离主轴端 300mm 处</td><td>0.01</td></tr>
<tr><td rowspan="3">(7)床鞍移动对主轴锥孔轴线的平行度</td><td rowspan="2">测量长度</td><td rowspan="2">200</td><td>上母线</td><td>0.01</td></tr>
<tr><td>侧母线</td><td>0.007</td></tr>
<tr><td colspan="4">检验棒伸出端只许向上偏和向前偏</td></tr>
<tr><td>(11)主轴定心轴颈的径向跳动</td><td colspan="4">0.005</td></tr>
<tr><td rowspan="3">(12)床鞍移动对尾座顶尖套锥孔轴线的平行度</td><td rowspan="2">测量长度</td><td rowspan="2">200</td><td>上母线</td><td>0.015</td></tr>
<tr><td>侧母线</td><td>0.015</td></tr>
<tr><td colspan="4">检验棒伸出端只许向上偏和向前偏</td></tr>
<tr><td>(15)主轴锥孔轴线和尾座顶尖套锥孔轴线对床身导轨的等高度</td><td colspan="4">只许尾座高:0.02</td></tr>
<tr><td rowspan="2">(17)丝杠两轴承轴线和开合螺母轴线对床身导轨的等距离</td><td colspan="2" rowspan="2">在丝杠每 1m 长度上为</td><td>上母线</td><td>0.07</td></tr>
<tr><td>侧母线</td><td>0.07</td></tr>
<tr><td>(20)精车外圆的形状精度</td><td colspan="4">圆度 0.0025
圆柱度在每 150mm 测量长度上 0.01</td></tr>
<tr><td>(21)精车端面的平面度</td><td colspan="4">在每 200mm 直径上为 0.01 端面只许凹</td></tr>
<tr><td>(22)精车螺纹的螺距精度</td><td colspan="2">测量长度上的累积误差</td><td>25
100
300</td><td>0.009
0.012
0.018</td></tr>
</table>

接触精度是指两配合表面、接触表面间达到规定的接触面积大小与接触点分布情况。它影响接触刚度和配合质量的稳定性。

机器、部件、组件等是由零件装配而成的,因而零件的有关精度直接影响到相应的装配精度。例如滚动轴承游隙的大小,是装配的一项最终精度要求,它由滚动体的精度,轴承外圈内滚道的精度及轴承内圈外滚道的精度来保证。这时就应严格地控制上述三项有关精度,使三项误差的累积值等于或小于轴承游隙的规定值。又如尾座移动相对床鞍移动的平行度要求,主要取决于床鞍用导轨与尾座用导轨之间的平行度,如图 6-1 所示,也与导轨面间的配合接触质量有关。

一般情况下,装配精度是由有关组成零件的加工精度来保证的。对于某些装配精度要求高的项目,或组成零件较多的部件,装配精度如果完全由有关零件的加工精度来直接保证,则对各零件的加工精度要求很高,这会给加工带来困难,甚至无法加工。此时,常按加工经济精度来确定零件的精度要求,使之易于加工,而在装配时采用一定的工艺措施(如修配、调整、选配等)来保证装配精度。这样做虽然增加了装配的劳动量和装配成本,但从整个机器的制造来说,仍是经济可行的。

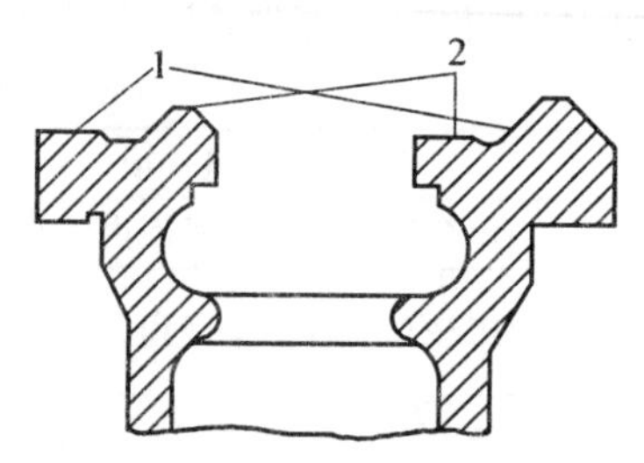

1)溜板用导轨　2)尾座用导轨

图 6-1　车床导轨截面图

可见,要合理地保证装配精度,必须从机器的设计、零件的加工、机器的装配以及检验等全过程来综合考虑。在机器设计过程时,应合理地规定零件的尺寸公差和技术条件,并计算、校核零、部件的配合尺寸及公差是否协调。在制订装配工艺、确定装配工序内容时,应采取相应的工艺措施,合理地确定装配方法,以保证机器性能和重要部位装配精度要求。

装配工艺研究的内容如下:

1. 装配尺寸链;

2. 保证装配精度的工艺方法;

3. 装配工艺规程的制订。

§6-2　装配尺寸链

一、装配尺寸链的概念

装配尺寸链是以某项装配精度指标(或装配要求)作为封闭环,查找所有与该项精度指标(或装配要求)有关零件的尺寸(或位置要求)作为组成环而形成的尺寸链。

图 6-2 所示为装配尺寸链的例子。图中小齿轮在装配后要求与箱壁之间保证一定的间隙 A_0,与此间隙有关零件的尺寸为箱体内壁尺寸 A_1、齿轮宽度 A_2 及 A_3,这组尺寸 A_1、A_2、A_3、A_0 即组成一装配尺寸链,A_0 为封闭环,其余为组成环。组成环可分为增环和减环。本例中 A_1 为增环,A_2、A_3 为减环。

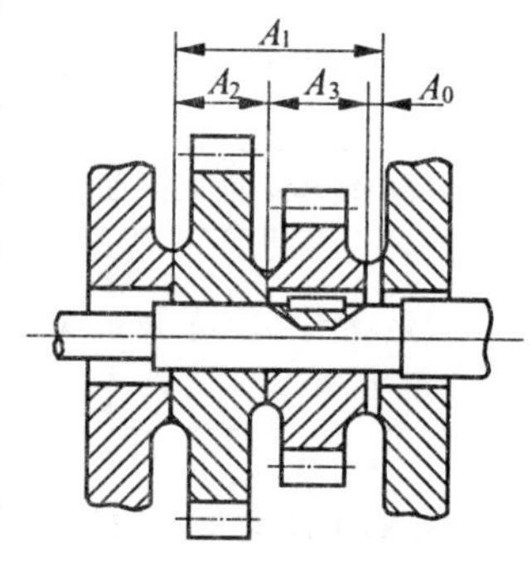

图 6-2　装配尺寸链举例

二、装配尺寸链的种类及其建立步骤

装配尺寸链可以按各环的几何特征和所处空间位置分为长度尺寸链、角度尺寸链、平面尺寸链及空间尺寸链。

(一) 长度尺寸链

图 6-2 所示全部环为长度尺寸的尺寸链就是长度尺寸链,像这样的尺寸链一般能方便地从装配图上直接找到。但一些复杂的多环尺寸链就不易迅速找到,下面通过实例说明建立长度尺寸链的方法。

图 6-3 所示为某减速器的齿轮轴组件装配示意图。齿轮轴 1 在左右两个滑动轴承 2 和 5 中转动,两轴承又分别压入左箱体 3 和右箱体 4 的孔内,装配精度要求是齿轮轴台肩和轴承端面间的轴向间隙为 0.2 ~ 0.7mm,试建立以轴向间隙为装配精度的尺寸链。

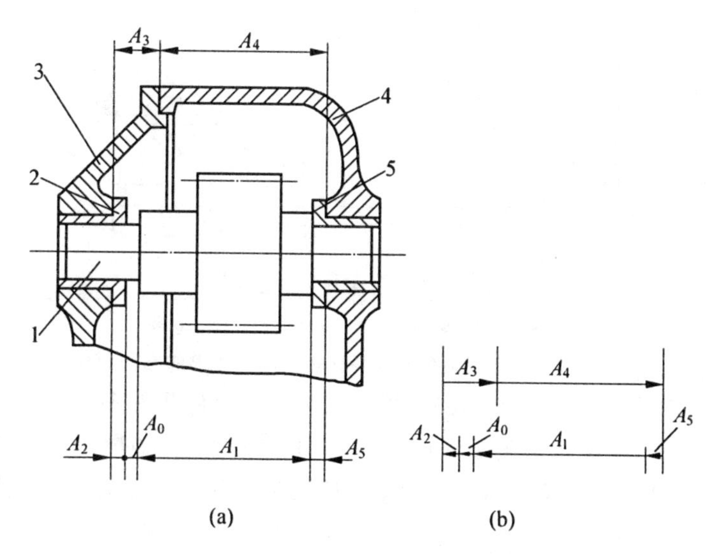

图 6-3　齿轮轴组件的装配示意图
及其尺寸链

一般建立尺寸链的步骤如下：

1. 确定封闭环

装配尺寸链的封闭环是装配精度要求 $A_0 = 0.2 \sim 0.7$mm。

2. 查找组成环

装配尺寸链的组成环是相关零件的相关尺寸。所谓相关尺寸就是指相关零件上的相关设计尺寸，它的变化会引起封闭环的变化。本例中的相关零件是齿轮轴 1、左滑动轴承 2、左箱体 3、右箱体 4 和右滑动轴承 5。确定相关零件以后，应遵守"尺寸链环数最少"原则，确定相关尺寸，在例中的相关尺寸是 A_1、A_2、A_3、A_4 和 A_5，它们是以 A_0 为封闭环的装配尺寸链中的组成环。

请注意，"尺寸链环数最少"是建立装配尺寸链时应遵循的一个重要原则，它要求装配尺寸链中所包括的组成环数目为最少，即每一个有关零件仅以一个组成环列入。装配尺寸链若不符合该原则，将使装配精度降低或给装配和零件加工增加困难。

3. 画尺寸链图，并确定组成环的性质

将封闭环和所找到的组成环画出尺寸链图，如图 6-3(b) 所示。组成环中与封闭环箭头方向相同的环是减环，即 A_1、A_2 和 A_5 是减环；组成环中与封闭环箭头方向相反的环是增环，即 A_3 和 A_4 是增环。

上述尺寸链的组成环都是长度尺寸。有时长度尺寸链中还会出现形位公差环和配合间隙环。

如图 6-4 所示为普通卧式车床床头和尾座两顶尖对床身平导轨面等高要求的装配尺寸链。按规定：当最大工件回转直径 D_a 为 $D_a \leqslant 400$mm 时，等高要求为 $0 \sim 0.06$mm（只许尾座高）。试建立其装配尺寸链。

1. 确定封闭环

装配尺寸链的封闭环是装配精度要求 $A_0 = 0 \sim 0.06$mm（只许尾座高）。

2. 查找组成环

从图 6-4 所示的结构示意图中，按照装配基准为联系的方法查找到相关零件是尾座

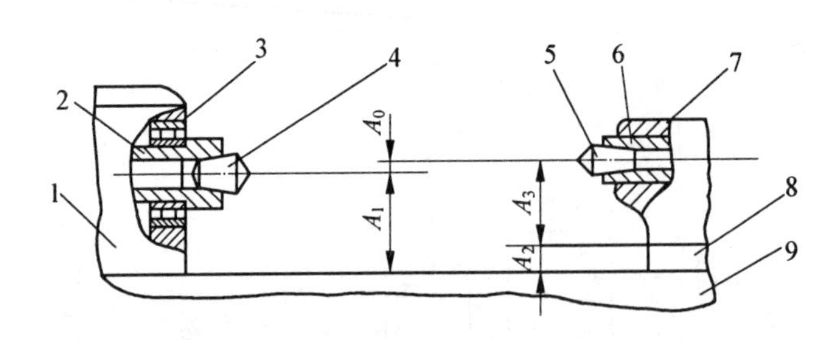

1— 主轴箱体； 2— 主轴； 3— 轴承； 4— 前顶尖； 5— 后顶尖；
6— 尾座套筒； 7— 尾座体； 8— 尾座底板； 9— 床身

图 6-4 车床两顶尖距床身平导轨面等高要求的结构示意图

底板和床身，相关部件为主轴箱和尾座。用相关部件或组件代替多个相关零件，有利于减少尺寸链的环数。若要进一步查找相关部件中的相关零件，从该图中找到相关零件为：前顶尖 4、主轴 2、轴承内环、滚柱、轴承外环、主轴箱体 1、床身 9、尾座底板 8、尾座体 7、尾座套筒 6 和后顶尖 5 等。

相关零件确定后，进一步确定相关尺寸。本例中各相关零件的装配基准大多是圆柱面（孔和轴）和平面，因而装配基准之间的关系大多是轴线间位置尺寸和形位公差，如同轴度、平行度和平面度等以及轴和孔的配合间隙所引起的轴线偏移量。若轴和孔是过盈配合，则可认为轴线偏移量等于零。

本例中，由于前后顶尖和两锥孔都是过盈配合，故它们的轴线偏移量等于零，因此可以把主轴锥孔的轴线和尾座套筒的轴线作为前后顶尖的轴线。同样主轴轴承的外圈和主轴箱体的孔也是过盈配合，故主轴轴承外圈的外圆轴线和主轴箱体孔的轴线重合。

同时，考虑到前顶尖中心位置的确定是取其跳动量的平均值，即主轴回转轴线的平均位置，它就是轴承外圈内滚道的轴线位置。因此，前顶尖前后锥的同轴度、主轴锥孔对主轴前后轴颈的同轴度、轴承内圈孔和外滚道的同轴度，以及滚柱的不均匀性等都可不计入装配尺寸链中。此时，尺寸链中虽仍有 A_1 和 A_3 尺寸，但它们的含义已不是部件尺寸，而是相应零件的相关尺寸。

3. 画尺寸链图

画出尺寸链如图 6-5 图中的组成环有：

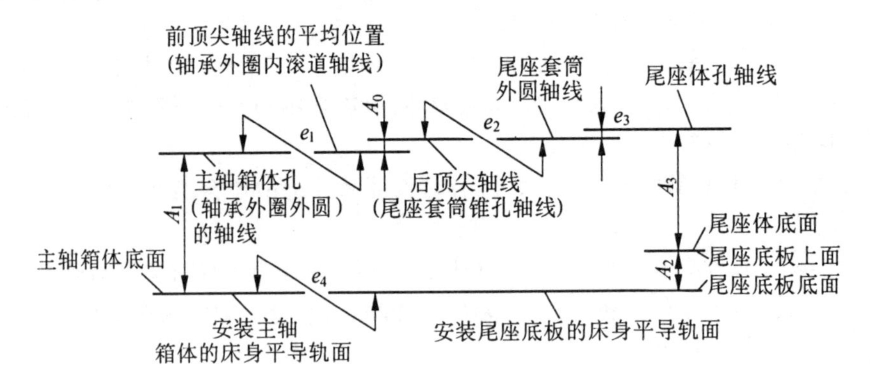

图 6-5 车床两顶尖等高度的装配尺寸莲
（兼有长度尺寸，形位公差和配合间隙等环）

A_1—— 主轴箱体的轴承孔轴线至底面尺寸；

A_2—— 尾座底板厚度；

A_3—— 尾座体孔轴线至底面尺寸；

e_1—— 主轴轴承外圈内滚道（或主轴前锥孔）轴线与外圈外圆（即主轴箱体的轴承孔）轴线的同轴度；

e_2—— 尾座套筒锥孔轴线与其外圆轴线的同轴度；

e_3—— 尾座套筒与尾座体孔配合间隙所引起的轴线偏移量；

e_4—— 床身上安装主轴箱体和安装尾座底板的平导轨面之间的平面度。

（二）角度尺寸链

全部环为角度的尺寸链称为角度尺寸链。

1. 建立角度尺寸链的步骤

建立角度尺寸链的步骤和建立长度尺寸链的步骤一样，也是先确定封闭环，再查找组成环，最后画出尺寸链图。

图 6-6 所示是立式铣床主轴回转轴线对工作台面的垂直度在机床的横向垂直平面内为0.025/300mm（$\beta_0 \leqslant 90°$）的装配尺寸链。图中所示字母的含义为：

β_0—— 封闭环，主轴回转轴线对工作台面的垂直度（在机床横向垂直平面内）；

β_1—— 组成环，工作台台面对其导轨面在前后方向的平行度；

β_2—— 组成环，床鞍上、下导轨面在前后方向上的平行度；

β_3—— 组成环，升降台水平导轨面与立导轨面的垂直度；

β_4—— 组成环，床身大圆面对立导轨面的平行度；

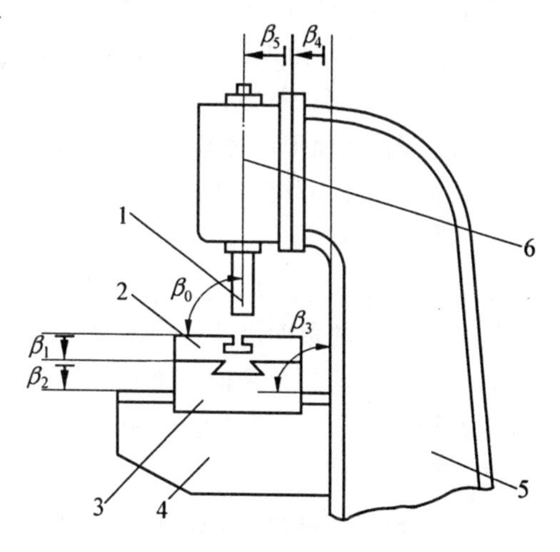

1— 主轴； 2— 工作台； 3— 床鞍； 4— 升降台；5— 床身； 6— 立铣头

图 6-6　立式铣床主轴回转轴线对工作台面的垂直度的装配尺寸链

β_5—— 组成环，立铣头主轴回转轴线对立铣头回转面的平行度（组件相关尺寸）。

2. 判断角度尺寸链组成环性质的方法

常见的形位公差环有垂直度、平行度、直线度和平面度等，它们都是角度尺寸链中的环。其中，垂直度相当于角度为 90° 的环，平行度相当于角度为 0° 的环，直线度或平面度相当于角度为 0° 或 180° 的环。下面介绍几种常用的判别角度尺寸链组成环性质的方法。

（1）直观法

直接在角度尺寸链的平面图中，根据角度尺寸链组成环的增加或减少，来判别其对封闭环的影响，从而确定其性质的方法称为直观法。

现以图 6-6 所示的角度尺寸链为例，具体分析用直观法判别组成环的性质。

垂直度环的增加或减少能从尺寸链图中明显看出，所以判别垂直度环的性质比较方便。本例中的垂直度环 β_3 属于增环。

由于平行度环的基本角度为 0°，因而该环在任意方向上的变化，都可以看成角度在增加。为了判别平行度环的性质，必须先要有一个统一的准则来规定平行度环的增加或减少。统一的准则是把平行度看成角度很小的环，并约定角度顶点的位置。一般角顶取在尺寸链中垂直环角顶较多的一边。本例中平行度环 β_1、β_2 的角度顶点取在右边，β_5、β_4 的角度顶点取在下边。根据这一约定，可判别 β_1、β_2、β_5、β_4 是减环，β_3 是增环，得角度尺寸链方程式为：

$$\beta_0 = \beta_3 - (\beta_1 + \beta_2 + \beta_4 + \beta_5)$$

(2) 公共角顶法

公共角顶法是把角度尺寸链的各环画成具有公共角顶形式的尺寸链图，进而再判别其组成环的性质。

由于角度尺寸链一般都具有垂直度环，而垂直度环都有角顶，所以常以垂直度环的角顶作为公共角顶，尺寸链中的平行度环也可以看成角度很小的环，并约定公共角顶作为平行度环的角顶。

现以图 6-6 所示的角度尺寸链为例介绍具有公共角顶形式的尺寸链的绘制方法。首先取垂直度环 β_0 的角顶为公共角顶，并画出 $\beta_0 \approx 90°$，接着按相对位置依次以小角度画出平行度环 β_1 和 β_2(往下方向) 以及平行度环 β_4 和 β_5(往右方向)，最后用垂直度环 β_3 封闭整个尺寸链图，从而形成图 6-7 所示的具有公共角顶形式的尺寸链图，用类似长度尺寸链的方法写出角度尺寸链方程式：

$$\beta_0 = \beta_3 - (\beta_1 + \beta_2 + \beta_4 + \beta_5)$$

并断定：β_3 是增环，β_1、β_2、β_4 和 β_5 是减环。

图 6-7 所示的角度尺寸链中的垂直度环都在同一象限(第二象限)，因而具有公共角顶的角度尺寸链图就能封闭。当两个垂直度环不在同一象限时，可借助于一个 180° 角进行转化。

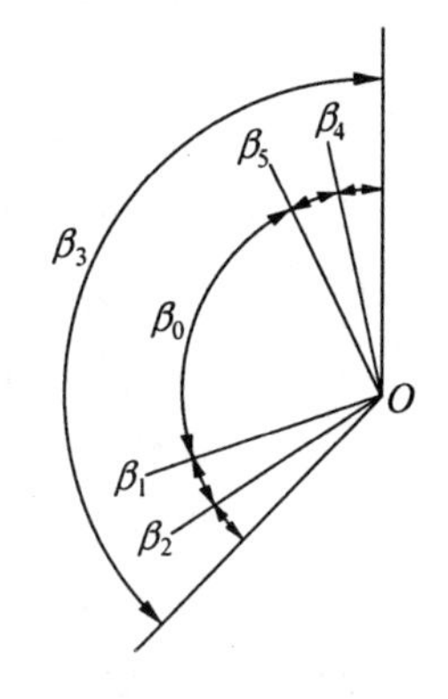

图 6-7　具有公共角顶的尺寸链图

(3) 角度转化法

直观法和公共角顶法都是把角度尺寸链中的平行度环转化成小角度环，再判别组成环的性质。但是，在实际测量时，常和上述情况相反，是用直角尺把垂直度转化成平行度来测量的。这样把尺寸链中的垂直度都转化成平行度，就能画出平行度关系的尺寸链图。

例如，图 6-8(a) 所示为立式铣床主轴回转轴线对工作台面的垂直度要求的装配尺寸链和装配示意图，在工作台、床鞍和升降台上各放置一直角尺后，就能把原角度尺寸链中的垂直度环 β_0 和 β_3 转化成平行度环。同时，为了使尺寸链中所有环都能按同方向的平行度环来处理，故也把原角度尺寸链中的平行度环 β_1 和 β_2 也转过 90°，最后形成如图 6-8(b) 所示的全部为平行度环的尺寸链图。

3. 角度尺寸链的线性化

上述介绍的判别组成环性质的方法都是希望用类似长度尺寸链的方法解决角度尺寸链问题。一般将角度尺寸链中常见的垂直度和平行度用规定长度上的偏差值来表示，如规定在 300mm 长度上，偏差不超过 0.02mm 或公差带宽度为 0.02mm，即用“0.02mm/300mm”表示，而且全部环都用同一规定长度，那么角度尺寸链的各环都可直接用偏差值或公差值进行计算，最后在计算结果上再注明同一的规定长度值就行。这样处理的结果，把角度尺

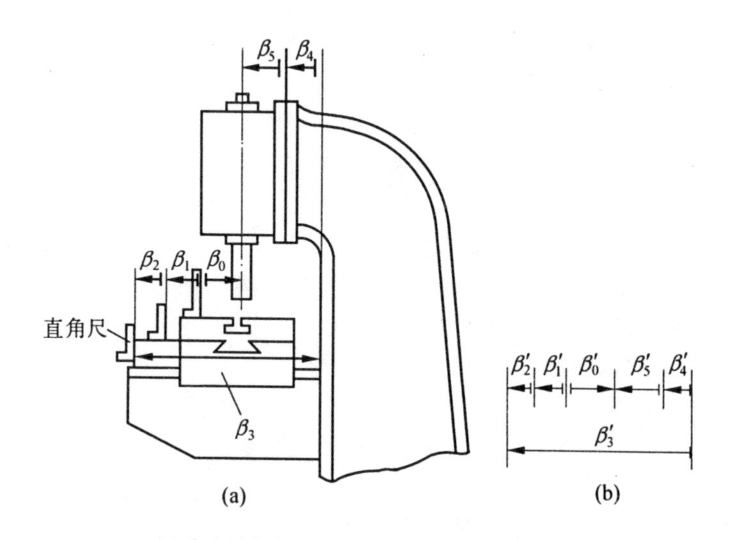

(a) 角度转化方法　(b) 角度转化后的尺寸链图

图6-8　立式铣床主轴回转轴线对工作台面垂直度要求用角度转化法建立尺寸链

寸链的计算也变为同长度尺寸链一样方便。在实际生产中,角度尺寸链线性化的方法应用非常广泛。

(三) 平面尺寸链

平面尺寸链是由成角度关系布置的长度尺寸构成,且处于同一或彼此平行的平面内。图6-9(a)、(b)所示分别为保证齿轮传动中心距 A_0 的装配尺寸联系示意图及尺寸链图。目前在生产中,A_0 是通过装配时钻铰定位销孔来保证的。

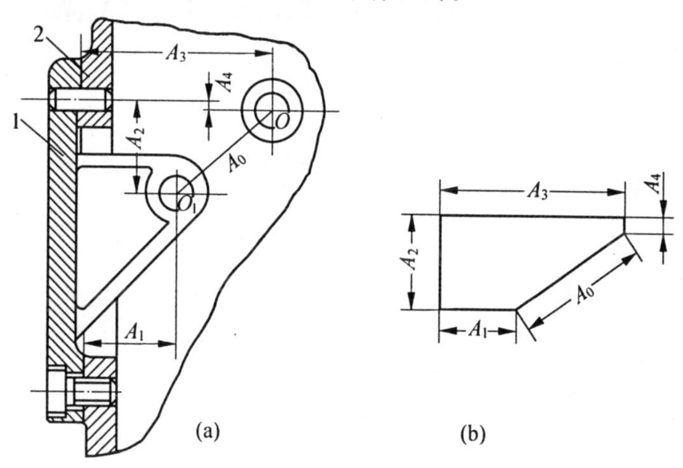

1— 盖板;2— 支架

图6-9　平面尺寸链

三、装配尺寸链的计算方法

装配方法与装配尺寸链的计算方法密切相关。同一项装配精度要求,采用不同装配方法时,其装配尺寸链的计算方法也不同。

装配尺寸链的计算分为正计算和反计算。已知与装配精度有关的各组成零件的基本尺寸及其偏差,求解装配精度要求(封闭环)的基本尺寸及偏差的计算称为正计算,它用于对已设计的图样进行校核验算。当已知装配精度要求(封闭环)的基本尺寸及偏差,求解与该项装配精度有关的各零部件基本尺寸及偏差的计算过程称为反计算,它主要用于产品设计过程之中,以确定各零部件的尺寸和加工精度。

装配尺寸链的计算方法有极值法和概率法两种。

极值法的优点是简单可靠,但由于它是根据极大极小的极端情况下推导出来的封闭环与组成环的关系式,所以在封闭环为既定值的情况下,计算得到的组成环公差过于严格。特别是当封闭环精度要求高,组成环数目多时,计算出的组成环公差甚至无法用机械加工来保证。在大批量生产且组成环数目较多时,可用概率法来计算尺寸链,这样可扩大零件的制造公差,降低制造成本。

§6-3 保证装配精度的方法

选择装配方法的实质,就是在满足装配精度要求的条件下选择相应的经济合理的解装配尺寸链的方法。在生产中常用的保证装配精度的方法有:互换装配法、分组装配法、修配装配法与调整装配法。

一、互换装配法

按互换程度的不同,互换装配法分为完全互换装配法与大数互换装配法。

(一) 完全互换装配法(极值法)

在全部产品中,装配时各组成环零件不需挑选或改变其大小或位置,装入后即能达到封闭环的公差要求,这种装配方法称为完全互换装配法。

选择完全互换装配法时,采用极值公差公式计算。为保证装配精度要求,尺寸链中封闭环的极值公差应小于或等于封闭环的公差要求值。

$$\mathrm{T}_{0L} \leqslant TA_0$$

因为

$$\mathrm{T}_{0L} = \sum_{i=1}^{m} |\xi_i| \mathrm{T}A_i$$

所示

$$\sum_{i=1}^{m} |\xi_i| \mathrm{T}A_i \leqslant \mathrm{T}_{0L} \tag{6-1}$$

式中 T_{0L}—— 封闭环的极值公差;

$\mathrm{T}A_0$—— 封闭环公差要求值;

$\mathrm{T}A_i$—— 第 i 个组成环公差;

ξ_i—— 第 i 个组成环传递系数(对于直线尺寸链则:$|\xi_i| = 1$);

m—— 组成环环数。

当遇到反计算形式时,可按"等公差"原则先求出各组成环的平均极值公差 $\mathrm{T}_{av,L}$:

$$\mathrm{T}_{av,L} = \frac{\mathrm{T}A_0}{\sum_{i=1}^{m} |\xi_i|} \tag{6-2}$$

再根据生产经验,考虑到各组成环尺寸的大小和加工难易程度进行适当调整。如尺寸大、加工困难的组成环应给以较大公差;反之,尺寸小、加工容易的组成环就给以较小公差。对于组成环是标准件上的尺寸(如轴承尺寸等)则仍按标准规定;对于组成环是几个尺寸链中的公共环时,其公差值由要求最严的尺寸链确定。调整后,仍需满足式(6-1)。

除采用上述"等公差"法外,也有采用"等精度"法的。该法使各组成环都按同一精度等级制造,由此求出平均公差等级系数,再按尺寸查出各组成环的公差值,最后仍需适当调整各组成环的公差。由于"等精度"法计算比较复杂,计算后仍要进行调整,故"等精度"法用得不多。

确定好各组成环的公差后,按"入体原则"确定极限偏差,即组成环为包容面时,取下偏差为零;组成环为被包容面时,取上偏差为零。若组成环是中心距,则偏差按对称分布。按上述原则确定偏差后,有利于组成环的加工。

但是,当各组成环都按上述原则确定偏差时,按公式计算的封闭环极限偏差常不符合封闭环的要求值。因此,就需选取一个组成环,它的极限偏差不是事先规定好,而是经过计算确定,以便与其它组成环相协调,最后满足封闭环极限偏差的要求,这个组成环称为协调环。一般,协调环不能选择标准件或几个尺寸链的公共组成环。

(二)大数互换装配法(概率法)

大数互换装配法是指在绝大多数产品中,装配时的各组成环零件不需挑选或改变其大小或位置,装入后即能达到封闭环的公差要求。大数互换装配法是采用统计公差公式计算。为保证绝大多数产品的装配精度要求,尺寸链中封闭环的统计公差应小于或等于封闭环的公差要求值。

$$T_{0s} \leqslant TA_0$$

因为

$$T_{0s} = \frac{1}{\kappa_0}\sqrt{\sum_{i=1}^{m}\xi_i^2\kappa_i^2 TA_i^2}$$

所以

$$\frac{1}{\kappa_0}\sqrt{\sum_{i=1}^{m}\xi_i^2\kappa_i^2 TA_i^2} \leqslant TA_0 \tag{6-3}$$

式中 T_{0s}—— 封闭环统计公差;

ξ_i—— 第 i 个组成环传递系数(对于直线尺寸链:$|\xi_i| = 1$)

κ_0—— 封闭环的相对分布系数;

κ_i—— 第 i 个组成环的相对分布系数。

当遇到反计算形式时,可按"等公差"原则先求出各组成环的平均统计公差 $T_{av,s}$:

$$T_{av,s} = \frac{\kappa_0 TA_0}{\sqrt{\sum_{i=1}^{m}\xi_i^2\kappa_i^2}} \tag{6-4}$$

再根据生产经验,考虑各组成环尺寸的大小和加工难易程度进行适当调整。

比较式(6-2)和(6-4)可知:当封闭环公差 TA_0 相同时,组成环的平均统计公差 $T_{av,s}$ 大于平均极值公差 $T_{av,L}$。可见,大数互换装配法的实质是使各组成环的公差比完全互换装配法所规定的公差大,从而使组成环的加工比较容易,降低了加工成本。但是,这样做的结果会使一些产品装配后超出规定的装配精度要求。用统计公式,可计算超差的数量。

计算的方法是以一定置信水平 $P(\%)$ 为依据。置信水平 $P(\%)$ 是代表装配后合格产品所占的百分数,$(1-P)$ 代表超差产品的百分数。通常,封闭环趋近正态分布,取置信水平 $P = 99.73\%$,这时相对分布系数 $\kappa_0 = 1$,产品中有 $(1-P) = 0.27\%$ 的超差产品(实际生产中可近似认为无超差产品)。在某些生产条件下,要求适当放大组成环公差时,可取较低的 P 值。产品中有大于 0.27% 的超差产品,P 与 κ_0 相应数值如表 6-2 所示。

表 6-2 置信水平 $P(\%)$ 与相对分布系统 κ_0 的关系

置信水平 $P(\%)$	99.73%	99.5%	99%	98%	95%	90%
相对分布系数 κ_0	1	1.06	1.16	1.29	1.52	1.82

采用大数互换装配法时，应有适当的工艺措施，排除个别(或少数)产品超出公差范围或极限偏差。

组成环的相对分布系数 κ_i 和相对不对称系数 e 的数值，取决于组成环的尺寸分布形式。常见的几种分布曲线及其相对分布系数 κ 与相对不对称系数 e 的数值，可按下列规定选取：

1) 大批大量生产条件下，在稳定工艺过程中，工件尺寸趋近正态分布，可取 $\kappa = 1, e = 0$。

2) 在不稳定工艺过程中，当尺寸随时间近似线性变动时，形成均匀分布。计算时没有任何参考的统计数据，尺寸与位置误差一般可当作均匀分布，取 $\kappa = 1.73, e = 0$。

3) 两个分布范围相等均匀分布相结合，形成三角分布。计算时没有参考的统计数据，尺寸与位置误差亦可当作三角分布，取 $\kappa = 1.22, e = 0$。

4) 偏心或径向跳动趋近瑞利分布，取 $\kappa = 1.14, e = -0.28$。

5) 平行度、垂直度误差趋近某些偏态分布；单件小批生产条件下，工件尺寸也可能形成偏态分布，偏向最大实体尺寸这一边，取 $\kappa = 1.17, e = \pm 0.26$。

当尺寸链中各组成环在其公差带内按正态分布时，封闭环也必按正态分布。此时，$\kappa_0 = \kappa i = 1, e_0 = 0$，各组成环的平均统计公差 $T_{av,s}$ 成为平均平方公差 $T_{av,Q}$：

$$T_{av,Q} = \frac{TA_0}{\sqrt{\sum_{i=1}^{m} \xi_i^2}} \tag{6-5}$$

当尺寸链中各组成环具有各种不同分布时，只要组成环数不太少($m \geqslant 5$)，各组成环分布范围相差又不太大时，封闭环亦趋近正态分布。因此，通常取 $\kappa_0 = 1, e_0 = 0, \kappa_i = \kappa$ 代入式(6-4)后各组成环的平均统计公差 $T_{av,s}$ 成为平均当量公差 $T_{av,E}$：

$$T_{av,E} = \frac{TA_0}{\kappa\sqrt{\sum_{i=1}^{m} \xi_i^2}} \tag{6-6}$$

$T_{av,E}$ 是平均统计公差 $T_{av,s}$ 的近似值。

比较式(6-4)和式(6-5)可知：组成环的平均平方公差 $T_{av,Q}$ 最大。所以，用大数互换法最理想的情况是组成环呈正态分布。此时，平均平方公差 $T_{av,Q}$ 最大。

当组成环环数较少($m < 5$)，各组成环又不按正态分布，这时封闭环也不同于正态分布。计算时没有参考的统计数据时，可取 $\kappa_0 = 1.1 \sim 1.3, e_0 = 0$。

(三) 完全互换装配法应用举例

1. 检查核对封闭环

如图 6-10 所示为齿轮组件装配关系，已知 $A_1 = 30_{-0.06}^{0}$mm，$A_2 = 5_{-0.04}^{0}$mm，$A_3 = 43_{0}^{+0.07}$mm，$A_4 = 3_{-0.05}^{0}$mm，$A_5 = 5_{-0.13}^{-0.10}$mm，试确定封闭环的尺寸。

首先画装配尺寸链图(图 6-10b)，A_3 为增环，A_1、A_2、A_4、A_5 为减环，$\xi_3 = +1, \xi_1 = \xi_2$

$= \xi_4 = \xi_5 = -1$，计算封闭环的基本尺寸 A_{0j}：

$$A_{0j} = \sum_{i=1}^{m} \xi_i A_{ij} = A_{3j} - (A_{1j} + A_{2j} + A_{4j} + A_{5j}) = [43 - (30 + 5 + 3 + 5)]\text{mm} = 0$$

1）完全互换装配法

① 封闭环上、下偏差

$$ESA_0 = \sum ES\vec{A}_i - \sum EI\overleftarrow{A}_i = 0.07 - (-0.06 - 0.04 - 0.05 - 0.13) = 0.35\text{mm}$$

$$EIA_0 = \sum EI\vec{A}_i - \sum ES\overleftarrow{A}_i = 0 - (0 + 0 + 0 - 0.1) = 0.1\text{mm}$$

② 封闭环的尺寸

$$A_0 = 0^{+0.35}_{+0.1}\text{mm}$$

2）大数互换装配法

① 封闭环的统计公差

取 $\kappa_0 = \kappa_i = 1$

$$T_{0S} = \sqrt{\sum_{i=1}^{m} TA_i^2} = \sqrt{TA_1^2 + TA_2^2 + TA_3^2 + TA_4^2 + TA_5^2} =$$

$$\sqrt{0.06^2 + 0.04^2 + 0.07^2 + 0.05^2 + 0.03^2} \approx 0.116\text{mm}$$

② 封闭环中间偏差

$$\Delta A_0 = \sum_{i=1}^{m} \Delta A_i = \Delta A_3 - (\Delta A_1 + \Delta A_2 + \Delta A_4 + \Delta A_5) = [0.035 - (-0.03 - 0.02 - 0.025 - 0.115)]\text{mm} = 0.225\text{mm}$$

③ 封闭环上、下偏差

$$ESA_0 = \Delta A_0 + \frac{1}{2}T_{0s} = (0.225 + \frac{0.116}{2})\text{mm} = 0.283\text{mm}$$

$$EIA_0 = \Delta A_0 - \frac{1}{2}T_{0s} = (0.225 + \frac{0.116}{2})\text{mm} = 0.167\text{mm}$$

④ 封闭环的尺寸

$$A_0 = 0^{+0.283}_{+0.167}\text{mm}$$

比较上例两种计算结果可知：

在装配尺寸链中，当各组成环基本尺寸、公差及其分布固定不变的条件下，采用极值公差公式(用于完全互换装配法）计算的封闭环极值公差 $T_{0L} = 0.25$mm。采用统计公差公式(用于大数互换装配法)计算的封闭环统计公差 $T_{0S} = 0.116$mm，显然 $T_{0L} > T_{0S}$。但是 T_{0L} 包括了装配中封闭环所能出现的一切尺寸，取 T_{0L} 为装配精度时，所有装配结果都是合格的，即装配之后封闭环尺寸出现在 T_{0L} 范围内的概率为 100%。而当 T_{0S} 为在正态分布下取值 $6\sigma_0$ 时，装配结果尺寸出现在 T_{0S} 范围内的概率为 99.73%，仅有 0.27% 的装配结果超出 T_{0S}，即当装配精度为 T_{0S} 时，仅有 0.27% 的产品可能成为废品。

2. 计算组成环公差和极限偏差

如图 6-10 装配关系，已知 $A_{1j} = 30$mm，$A_{2j} = 5$mm，$A_{3j} = 43$mm，$A_{4j} = 3^{0}_{-0.05}$mm(标准件)，$A_{5j} = 5$mm，装配后齿轮与档圈轴向间隙为 0.1 ~ 0.35mm，试确定各组成环公差和极限偏差。

画装配尺寸链图，检验各环基本尺寸

装配尺寸链如图 6-10(b) 所示，封闭环基本尺寸为

$$A_{0j} = \sum_{i=1}^{m} \xi_i A_{ij} = A_{3j} - (A_{1j} + A_{2j} + A_{4j} + A_{5j})$$
$$= [43 - (30 + 5 + 3 + 5)]\text{mm} = 0$$

由计算可知，各组成环基本尺寸无误。

1）完全互换装配法

① 确定各组成环公差和极限偏差

按“等公差”原则求出各组成环的平均公差值，即 $T_{av,L} = \dfrac{TA_0}{m} = \dfrac{0.25}{5}\text{mm} = 0.05\text{mm}$

以平均公差值为基础，根据各组成环尺寸，零件加工难易程度，确定各组成环公差。A_5 为一垫片，易于加工和测量，故选 A_5 为协调环。A_4 为标准件，$A_4 = 3_{-0.05}^{\ 0}\text{mm}$、$T_4 = 0.05\text{mm}$，其余各组成环根据其尺寸如加工难易程度选择公差为：$TA_1 = 0.06\text{mm}$、$TA_2 = 0.04\text{mm}$、$TA_3 = 0.07\text{mm}$，各组成环公差等级约为 IT9。

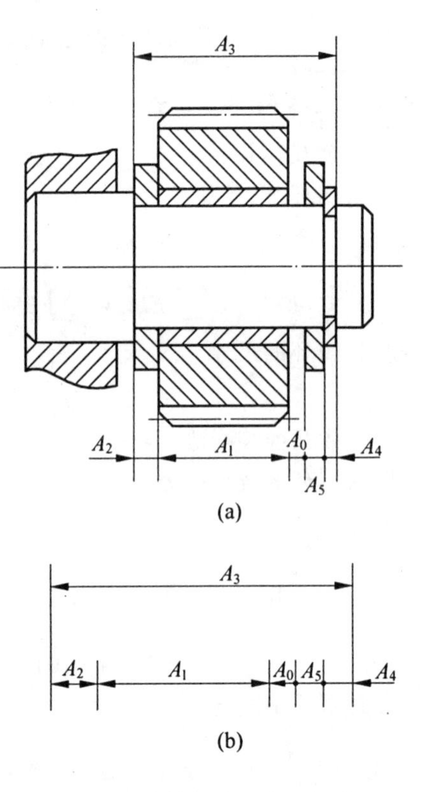

图 6-10　齿轮与轴的装配关系

A_1、A_2 为外尺寸，按基轴制（h）确定极限偏差：$A_1 = 30_{-0.06}^{\ 0}\text{mm}$，$A_2 = 5_{-0.04}^{\ 0}\text{mm}$，$A_3$ 为内尺寸按基孔制（H）确定其极限偏差：$A_3 = 43_{\ 0}^{+0.07}\text{mm}$。

封闭环的中间偏差 ΔA_0 为

$$\Delta A_0 = \frac{ESA_0 + EIA_0}{2} = \frac{0.35 + 0.10}{2}\text{mm} = 0.225\text{mm}$$

各组成环的中间偏差分别为

$\Delta A_1 = -0.03\text{mm}$，$\Delta A_2 = -0.02\text{mm}$，$\Delta A_3 = 0.035\text{mm}$，$\Delta A_4 = -0.025\text{mm}$。

② 计算协调环公差和极限偏差

协调环 A_5 的公差为

$$TA_5 = TA_0 - (TA_1 + TA_2 + TA_3 + TA_4) =$$
$$[0.25 - (0.06 + 0.04 + 0.07 + 0.05)]\text{mm} = 0.03\text{mm}$$

协调环 A_5 的中间偏差为

$$\Delta A_5 = \Delta A_3 - \Delta A_0 - \Delta A_1 - \Delta A_2 - \Delta A_4 =$$
$$[0.035 - 0.225 - (-0.03) - (-0.02) - (-0.025)]\text{mm} =$$
$$-0.115\text{mm}$$

协调环 A_5 的极限偏差 ESA_5、EIA_5 分别为

$$ESA_5 = \Delta A_5 + \frac{TA_5}{2} = (-0.115 + \frac{0.03}{2})\text{mm} = -0.10\text{mm}$$

$$EIA_5 = \Delta A_5 - \frac{TA_5}{2} = (-0.115 - \frac{0.03}{2})\text{mm} = -0.13\text{mm}$$

所以，协调环 A_5 的尺寸和极限偏差为

$$A_5 = 5_{-0.13}^{-0.10}\text{mm}$$

③ 各组成环尺寸

$A_1 = 30_{-0.06}^{0}\text{mm}, A_2 = 50_{-0.04}^{0}\text{mm}, A_3 = 43_{0}^{+0.07}\text{mm}, A_4 = 3_{-0.05}^{0}\text{mm}, A_5 = 5_{-0.13}^{-0.10}\text{mm}$。

2) 大数互换装配法

① 确定各组环公差和极限偏差

该产品在大批大量生产条件下，工艺过程稳定，各组成环尺寸趋近正态分布，$\kappa_0 = \kappa_i = 1, e_0 = e_i = 0$，则各组成环的平均平方公差为

$$T_{av,Q} = \frac{TA_0}{\sqrt{m}} = \frac{0.25}{\sqrt{3}} \approx 0.11\text{mm}$$

A_3 为一轴类零件，较其它零件相比较难加工，现选择难加工零件 A_3 为协调环。以平均公差为基础，参考各零件尺寸和加工难易程度，选取各组成环公差：

$TA_1 = 0.14\text{mm}, TA_2 = TA_5 = 0.08\text{mm}$，其公差等级为 IT10。$A_4 = 3_{-0.05}^{0}\text{mm}$（标准件），$TA_4 = 0.05\text{mm}$，由于 A_1、A_2、A_5 均为外尺寸，其极限偏差按基轴制(h)确定，则：$A_1 = 30_{-0.14}^{0}\text{mm}, A_2 = 5_{-0.08}^{0}\text{mm}, A_5 = 5_{-0.08}^{0}\text{mm}$ 各环中间偏差分别为

$\Delta A_0 = 0.225\text{mm}, \Delta A_1 = -0.07\text{mm}, \Delta A_2 = -0.04\text{mm}, \Delta A_4 = -0.025\text{mm}, \Delta A_5 = -0.04\text{mm}$。

② 计算协调环公差和极限偏差

$$TA_3 = \sqrt{TA_0^2 - (TA_1^2 + TA_2^2 + TA_4^2 + TA_5^2)} =$$

$$\sqrt{0.25^2 - (0.14^2 + 0.08^2 + 0.05^2 + 0.08^2} = 0.16\text{mm}(只舍不进)$$

协调环 A_3 的中间偏差为

$$\Delta A_0 = \sum_{i=1}^{m} \xi_i \Delta A_i = \Delta A_3 - (\Delta A_1 + \Delta A_2 + \Delta A_4 + \Delta A_5)$$

$$\Delta A_3 = \Delta A_0 + (\Delta A_1 + \Delta A_2 + \Delta A_4 + \Delta A_5) =$$

$$[0.225 + (-0.07 - 0.04 - 0.025 - 0.04)]\text{mm} = 0.05\text{mm}$$

协调环 A_3 的上、下偏差 ESA_3、EIA_3 分别为

$$ESA_3 = \Delta A_3 + \frac{1}{2}TA_3 = (0.05 + \frac{1}{2} \times 0.16)\text{mm} = 0.13\text{mm}$$

$$EIA_3 = \Delta A_3 - \frac{1}{2}TA_3 = (0.05 - \frac{1}{2} \times 0.16)\text{mm} = -0.03\text{mm}$$

所以协调环 $A_3 = 43_{-0.03}^{+0.13}\text{mm}$

③ 各组成环尺寸

$A_1 = 30_{-0.14}^{0}\text{mm}, A_2 = 5_{-0.08}^{0}\text{mm}, A_3 = 43_{-0.03}^{+0.13}\text{mm}, A_4 = 3_{-0.05}^{0}\text{mm}, A_5 = 5_{-0.08}^{0}\text{mm}$。

比较上例两种计算结果可知：

采用大数互换装配法时，各组成环公差远大于完全互换法时各组成环的公差，其组成环平均公差将扩大 $\sqrt{m}$ 倍。本例中 $\frac{T_{av,Q}}{T_{av,L}} = \frac{0.11}{0.05} = 2.2$，由于零件平均公差扩大二倍多，使零件加工精度由 IT9 下降为 IT10，致使加工成本有所降低。

3. 角度尺寸链的计算

图 6-11(a)所示为卧式铣床部分结构简图。上工作台 1 与下工作台 2 形成一个组件，

装在升降台 3 的横向导轨上。升降台侧面导轨面与床身立导轨面相接触，主轴组件 5 装入床身 4 的主轴孔中。卧式铣床的装配精度要求之一是主轴轴线对上工作台面的平行度为 $(-0.03\sim0)/300$。

1) 查找有关组成零件的位置要求并画尺寸链图。由卧式铣床部分结构简图可知，该角度尺寸 由 β_0、β_1、β_2、β_3 和 β_4 组成。式中：

β_0—— 主轴轴线对上工作台面的平行度，为封闭环；

β_1—— 上工作台面对其下导轨面的平行度；

β_2—— 下工作台上、下导轨面的平行度；

β_3—— 升降台水平导轨面对其侧面导轨面的垂直度；

β_4—— 床身主轴孔中心线对其立导轨面的垂直度

按直观法或公共角顶法可知，β_4 为增环，β_1、β_2 及 β_3 为减环。将 β_3、β_4 两垂直度转化为平行度，建立如图 6-11(b) 所示的线性尺寸链图。

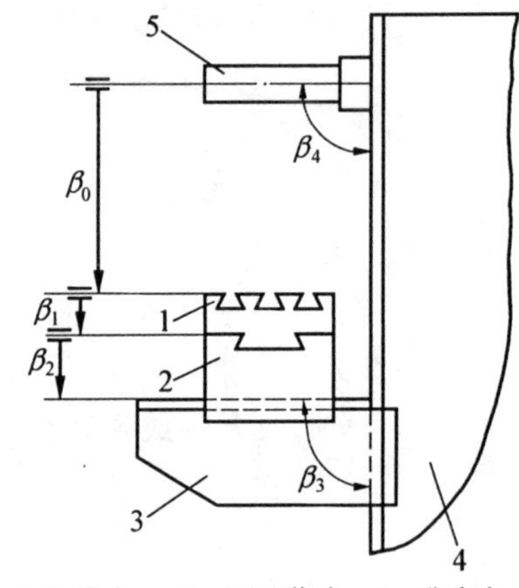

1—上工作台　2—下工作台　3—升降台　4—床身　5—主轴

(a)

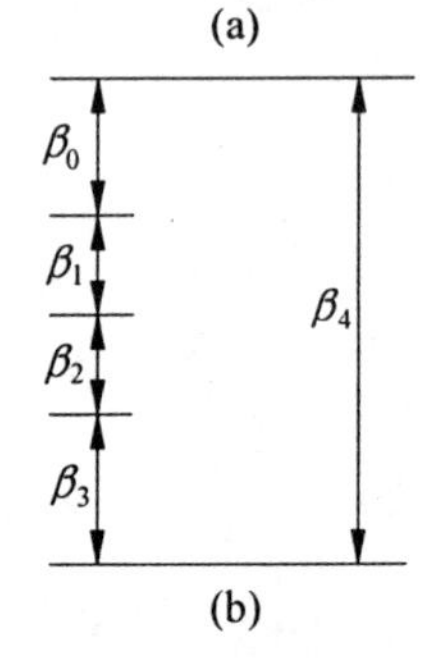

(b)

图 6-11　卧式铣床角度尺寸链

2) 确定组成环的公差及限偏差

因该卧式铣床系批量生产，工艺过程稳定，各组成环角度尺寸趋于正态分布，$\kappa_0=\kappa_i=1$，$e_0=e_i=1$。故各组成环的平均平方公差为

$$T_{av,Q}=\frac{T\beta_0}{\sqrt{m}}=\frac{0.03}{\sqrt{4}}=0.015$$

现取　$\beta_1=\beta_2=(0\pm0.006)/300$

　　　$\beta_3=(0\pm0.008)/300$

已知　$\beta_0=(-0.015\pm0.015)/300$

则协调环

$$\beta_4=\beta_{4j}\pm\frac{T\beta_4}{2}$$

$$\beta_{0j}=(\beta_{4j})-(\beta_{1j}+\beta_{2j}+\beta_{3j})$$

$$\beta_{4j}=\beta_{0j}+(\beta_{1j}+\beta_{2j}+\beta_{3j})$$

$$=(-0.015)+(0+0+0)=-0.015$$

$$T\beta_0=\sqrt{T\beta_1^2+T\beta_2^2+T\beta_3^2+T\beta_4^2}$$

$$T\beta_4=\sqrt{T\beta_0^2-(T\beta_1^2+T\beta_2^2+T\beta_3^2)}$$

$$=\sqrt{(0.03^2)-(0.012^2+0.012^2+0.016^2)}$$

$$=0.0188$$

$\beta_4 = (-0.015 \pm 0.0094)/300 = -(0.0056 \sim 0.0244)/300$

4. 考虑形位公差时装配尺寸链的计算

现以某汽车发动机曲轴第一主轴颈轴向间隙的装配质量问题的解决为例。图 6-12 为该曲轴的轴向定位和防止轴向窜动的结构示意图。根据产品使用调整说明书规定,装配后的轴向间隙值应为 0.05 ~ 0.25mm,即

$$A_0 = 0_{+0.05}^{+0.25}\text{mm}$$

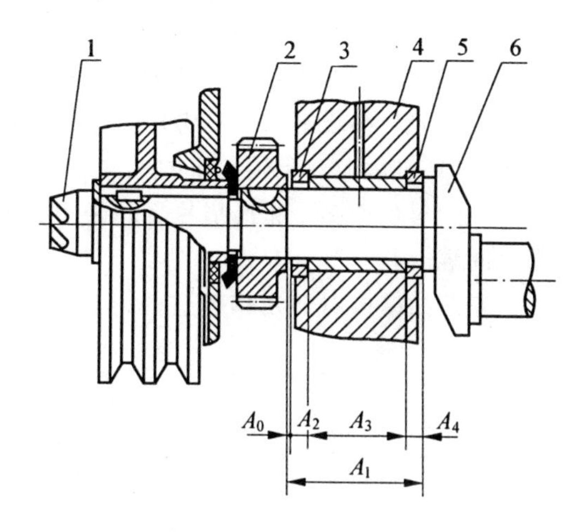

1—起动爪螺母;2—正时齿轮;

3、5—前、后止推垫片;4—气缸轴承座;6—曲轴

图 6-12　曲轴轴向定位结构示意图

由图所示装配关系可以看出,影响装配技术要求 A_0 的尺寸链各组成环(其尺寸和公差由零件图给出)有:

$\overrightarrow{A_1}$—— 曲轴第一主轴颈宽度 $43.5_{+0.05}^{+0.10}$mm;

$\overleftarrow{A_2}$—— 前止推垫片厚度$2.5_{-0.04}^{0}$mm;

$\overleftarrow{A_3}$—— 缸体轴承座宽度$38.5_{-0.07}^{0}$mm;

$\overleftarrow{A_4}$—— 后止推垫片厚度 $2.5_{-0.04}^{0}$mm。

由封闭环 A_0 与组成环 A_1、A_2、A_3 和 A_4 的关系可以看出,原零件图上的这些尺寸是用极值解法计算而规定的,应能充分保证装配的精度要求。然而,工厂的长期生产实践表明,曲轴的轴向最大装配间隙从未超过 0.1mm,且在圆周上此间隙是变值。严重时曾发生因无间隙而使止推垫片表面划伤,甚至因发热历害而产生"咬死" 的现象。

为此,工厂做了大量的分析研究工作,查明了在该装配尺寸链中,组成环还需包括有关零件表面之间的垂直度和平行度误差,即原极值解法时的装配尺寸链组成是不全面的;在产品结构设计上还有需要改进的地方;此外,一些不符合要求(超公差)的零件也会使装配间隙减少,但这一点可从工艺上加以控制解决。

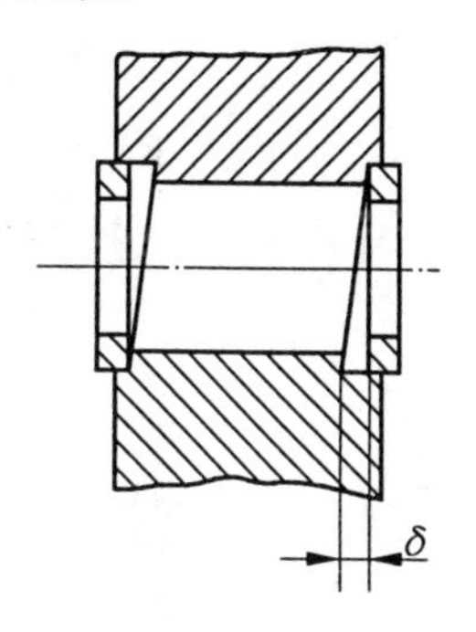

图 6-13　同方向倾斜摆差"抵消"了部分轴向间隙

(1)新的装配尺寸链的组成

下述零件的垂直度、平面度等误差,必须以组成环列入尺寸链:

①缸体轴承座两凹槽端面对主轴承孔轴线的垂直度。

这项误差在零件图上规定为不大于 0.06mm。在该厂加工此两凹槽端面时,是用同一刀轴上的两把铣刀在专用行星铣床上同时进行的,因此铣出的两个端面是平行的。但轴承座孔是在另一工序进行加工的,由于工件安装误差造成加工后端面对轴承孔轴线的垂直度误差(如图 6-13 所示)是向同一方向倾斜的。此同方向倾斜的摆差值 δ 使轴向间隙值发生变化,"抵消"了部分轴向装配间隙。由于它没有包括在尺寸公差内,故应作为一个单独的组成环列入尺寸链。

②止推垫片的平面度。

零件图规定，垫片在 50N 的负荷下，平面度误差不得大于 0.025mm。由于垫片的翘曲，会使轴向间隙值减小。现以平面度误差为 0.025mm 来计算。

③轴承盖相对轴承座在装配时的轴向错位。

由于在产品设计时没有考虑轴承盖的轴向定位结构，因此装配时，轴承盖对于轴承座的轴向错位（图 6-14）是难于避免的。此错位使两个止推垫片之间距离增大，同样“抵消”了部分间隙。

在产品结构对此未作改进前，以此错位量为 0.05mm 计算。

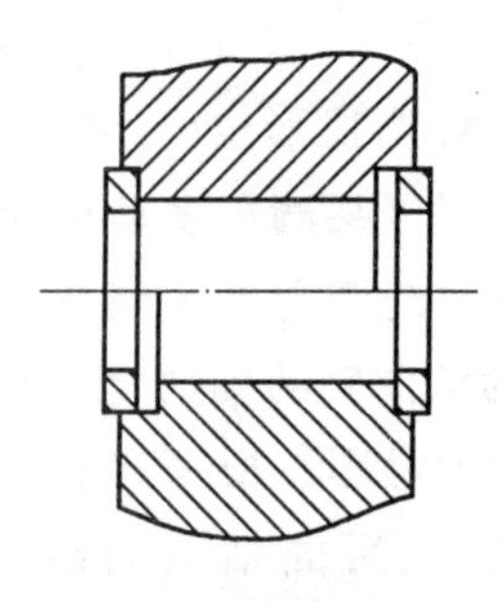

图 6-14 轴承盖在装配时的轴向错位

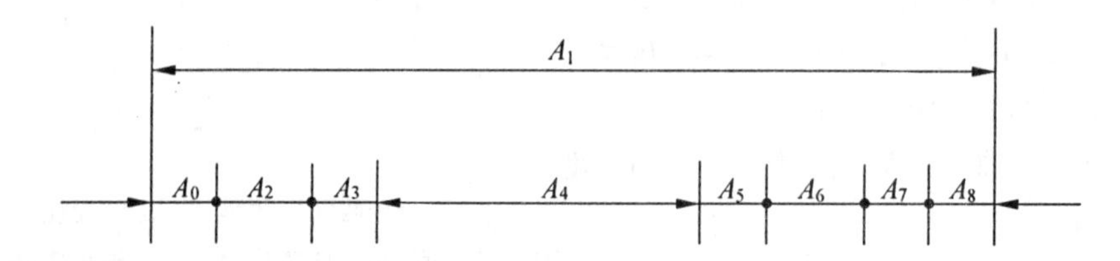

图 6-15 影响轴向间隙 A_0 的新装配尺寸链

这样，影响轴向间隙的新的装配尺寸链就如图 6-15 所示，其组成环列成表 6-3。

表 6-3 新的装配尺寸链组成环一览表

组成环	名　　称	尺　　寸	公差 T_i	中间偏差 ΔA_i
$\overrightarrow{A_1}$	曲轴第一主轴颈宽度	$43.5^{+0.10}_{+0.05}$	0.05	+0.075
$\overleftarrow{A_2}$	前止推垫片厚度	$2.5^{0}_{-0.04}$	0.04	−0.02
$\overleftarrow{A_3}$	前止推垫片的平面度误差	$0^{+0.025}_{0}$	0.025	+0.0125
$\overleftarrow{A_4}$	气缸体轴承座的宽度	$38.5^{0}_{-0.07}$	0.07	−0.035
$\overleftarrow{A_5}$	轴承座端面的摆差	$0^{+0.06}_{0}$	0.06	+0.03
$\overleftarrow{A_6}$	后止推垫片的厚度	$2.5^{0}_{-0.04}$	0.04	−0.02
$\overleftarrow{A_7}$	后止推垫片的平面度误差	$0^{+0.025}_{0}$	0.025	+0.0125
$\overleftarrow{A_8}$	轴承盖装配的平齐度误差	$0^{+0.05}_{0}$	0.05	+0.025

(2) 计算或验算轴向间隙 A_0

① 轴向间隙的变动量 TA_0

由于尺寸链中共有八个组成环，对各环尺寸的分布曲线未作详细统计分析，故用概率近似法计算，并取 κ_i 为 1.2，则

$$TA_0 = 1.2\sqrt{\sum_{i=1}^{8} TA_i^2} \approx 0.16\text{mm}$$

②轴向间隙的中间偏差值 ΔA_0。

$$\Delta A_0 = \sum \Delta\overrightarrow{A_i} - \sum \Delta\overleftarrow{A_i} = 0.07\text{mm}$$

③ 轴向间隙 A_0。

由于轴向间隙 A_0 的基本尺寸为零，故 ΔA_0 也等于轴向间隙的平均尺寸 A_{OM}，即

$$A_{OM} = 0.07\text{mm}$$

于是由计算所得的轴向间隙量 A_0 为

$$A_0 = A_{OM} \pm \frac{1}{2}TA_0 = 0.07 \pm 0.08 = -0.01 \sim 0.15\text{mm}$$

最小间隙值为 -0.01mm，说明不存在间隙，正时齿轮在装配时靠不到曲轴肩部，而是紧压在前止推垫片上，造成运转时出现端面划伤，甚至出现咬死的现象。

(3)图纸的修改

除以上所分析的减少轴向间隙的因素外，实际上还有其它一些误差因素也会减少装配间隙量，若取此减小量为 0.02mm，则相应的轴向间隙量变为 -0.03～0.13mm。为此，工厂最后将曲轴第一主轴颈宽度的基本尺寸加大 0.1mm，即 $A_1 = 43.6^{+0.10}_{+0.05}$mm。由此而得到的轴向装配间隙量等于 0.07～0.23mm。

二、分组装配法

当尺寸链环数不多且对封闭环的公差要求很严时，采用互换装配法会使组成环的加工很困难或很不经济。为此可采用分组装配法。分组装配法是先将组成环的公差相对于互换装配法所求之值放大若干倍，使其能经济地加工出来。然后，将各组成环按其实际尺寸大小分为若干组，并按对应组进行装配，从而达到封闭环公差要求。分组装配法中，采用极值公差公式计算，同组零件具有互换性。

分组装配法是在大批、大量生产中对装配精度要求很高而组成环数又较少时，达到装配精度常用的方法。例如：汽车拖拉机上发动机的活塞销孔与活塞销的配合要求；活塞销与连杆小头孔的配合要求；滚动轴承的内圈、外圈和滚动体间的配合要求，还有某些精密机床中轴与孔的精密配合要求等等，就是用分组装配法来达到的。

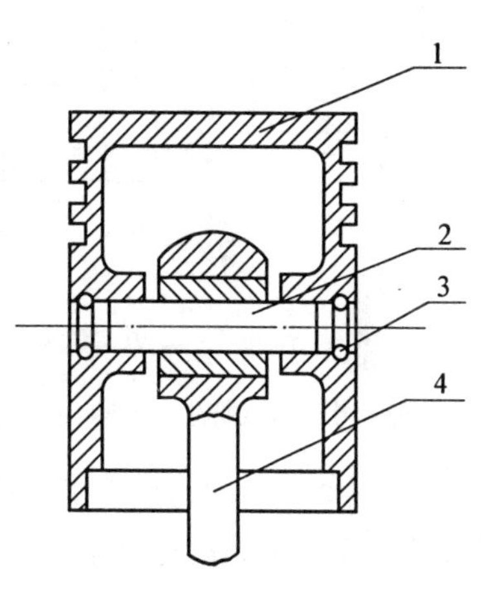

1—活塞；2—活塞销；3—挡圈；4—连杆

图 6-16 活塞连杆组件图

现以图 6-16 中所示发动机的活塞销与连杆小头孔的装配来讨论分组装配法。它们的装配技术要求规定其配合间隙为 0.0005～0.0055mm。当采用完全互换法时，则要求活塞销的外径为 $\phi25^{-0.0100}_{-0.0125}$mm；连杆小头孔的孔径为 $\phi25^{-0.0070}_{-0.0095}$mm。显然，制造如此精确的轴和孔是很困难的，也是很不经济的。因此，生产上采用的办法是将它们的上述公差值，均向同方向放大四倍，即活塞销的外径为 $\phi25^{-0.0025}_{-0.0125}$mm；连杆小头孔的孔径为 $\phi25^{+0.0005}_{-0.0095}$mm。这样，活塞销的外圆可用无心磨，连杆的小头孔可用金刚镗等加工方法来达到精度要求，然后用精密量具进行测量，并按尺寸大小分成四组，用不同颜色区别，以便进行分组装配。

具体分组情况见表 6-4。

需要注意的是，轴和孔本身还有 0.0025mm 的圆度和圆柱度公差，所以分组尺寸是统一按直径上的最小处尺寸来进行的。

表 6-4　活塞销和连杆小孔头的分组尺寸(mm)

组别	标志颜色	活塞销直径 $d=\phi25_{-0.0125}^{-0.0025}$	连杆小头孔直径 $D=\phi25_{-0.0095}^{+0.0005}$	配合情况 最大间隙	配合情况 最小间隙
Ⅰ	白	24.9975 ~ 24.9950	25.0005 ~ 24.9980	0.0055	0.0005
Ⅱ	绿	24.9950 ~ 24.9925	24.998 ~ 24.9955		
Ⅲ	黄	24.9925 ~ 24.9900	24.995 ~ 24.9930		
Ⅳ	红	24.9900 ~ 24.9875	24.9930 ~ 24.9905		

选用分组装配时的原则如下：

(1)要保证分组后各组的配合性质、精度与原来的要求相同，因此配合件的公差范围应相等，公差增大时要向同方向增大，增大的倍数就是以后的分组数。

如图 6-17 所示，以轴、孔配合为例，设轴的公差为 $T_{轴}$，孔的公差为 $T_{孔}$，并令 $T_{轴}=T_{孔}=T$。如果为动配合，其最大配合间隙为 X_{max}，最小配合间隙为 X_{min}。

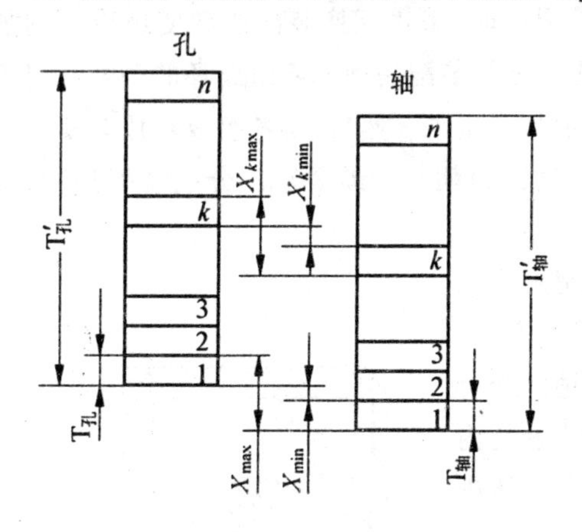

图 6-17　分组互换图

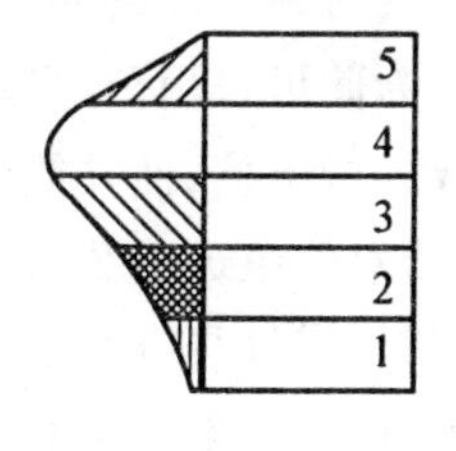

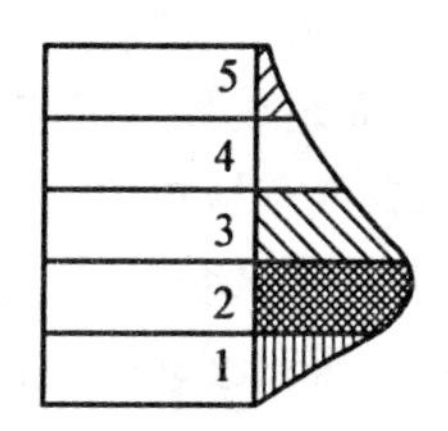

图 6-18　分组不配套举例

现用分组装配法，把轴、孔公差均放大 n 倍，则这时轴和孔的公差为 $T'=nT$。零件加工完毕后，再将轴和孔按尺寸分为 n 组，每组公差仍为 $\frac{T'}{n}=T$。现取其中第 k 组来看，其最大配合间隙及最小配合间隙为

$$X_{k\max}=[X_{\max}+(k-1)T_{孔}-(k-1)T_{轴}]=X_{\max}$$

$$X_{k\min}=[X_{\min}+(k-1)T_{孔}-(k-1)T_{轴}]=X_{\min}$$

可见无论是那一组，其配合精度和配合性质不变。

如果轴、孔公差不相等时，采用分组装配后的配合性质将要发生变化，这时各组的最大配合间隙和最小间隙将不等，因此在生产上应用不多。

(2)要保证零件分组后在装配时能够配套。加工时，零件的尺寸分布如果符合正态分布规律，零件分组后可以互相配套，不会产生各组数量不等的情况。但如有某些因素影响造成尺寸分布不是正态分布，如图 6-18 所示，而使各组尺寸分布不对应，产生各组零件数不等而不能配套。这在实际生产中往往是很难避免的，因此只能在聚集相当数量的不配套零件后，通过专门加工一批零件来配套。否则，就会造成一些零件的积压和浪费。

(3)分组数不宜太多,尺寸公差只要放大到加工经济精度就可以了。否则,由于零件的测量、分组、保管等工作量增加,使组织工作过于复杂,易造成生产混乱。

(4)分组公差不准任意缩小,因为分组公差不能小于表面微观峰值和形状误差之和。只要使分组公差符合装配精度即可。

分组装配法只适应于精度要求很高的少环尺寸链,一般相关零件只有二、三个。这种装配方法由于生产组织复杂,应用受到限制。

与分组装配法相似的装配方法是直接选择装配法和复合选择装配法。前者是由装配工人从许多待装配的零件中,凭经验挑选合适的零件装配在一起。复合选择装配法是直接选择装配法与分组装配法的复合形式。

三、修配装配法

在成批生产中,若封闭环公差要求较严,组成环又较多时,用互换装配法势必要求组成环的公差很小,增加了加工的困难,并影响加工经济性。用分组装配法,又因环数多会使测量、分组和配套工作变得非常困难和复杂,甚至造成生产上的混乱。在单件小批生产时,当封闭环公差要求较严,即使组成环数很少,也会因零件生产数量少不能采用分组装配法。此时,常采用修配装配法达到封闭环公差要求。

修配装配法是将尺寸链中各组成环的公差相对于互换装配法所求之值增大,使其能按该生产条件下较经济的公差加工,装配时将尺寸链中某一预先选定的环去除部分材料以改变其尺寸,使封闭环达到其公差与极限偏差要求。预先选定的某一组成环称为补偿环(或称修配环)。它是用来补偿其它各组成环由于公差放大后所产生的累积误差。因修配装配法是逐个修配,所以零件不能互换。修配装配法通常采用极值公差公式计算。

采用修配装配法装配应正确选择补偿环,补偿环一般应满足以下要求:

1)便于装拆,零件形状比较简单,易于修配,如果采用刮研修配时,刮研面积要小。

2)不应为公共环,即该件只与一项装配精度有关,而与其它项装配精度无关,否则修配后,虽然保证了一个尺寸链的要求,却又难以满足另一尺寸链的要求。

修配装配法装配时,补偿环被去除材料的厚度称为补偿量(或修配量)。

采用完全互换装配法装配时,各组成环公差分别为 T'_1、T'_2、…T'_m,则应满足

$$TA'_0 = \sum_{i=1}^{m} |\xi_i| TA'_i \tag{6-7}$$

现采用修配装配法装配时,将各组成环公差在上述基础上放大为 TA_1、TA_2、…、TA_m,则

$$TA_0 = \sum_{i=1}^{m} |\xi_i| TA_i (TA_i > TA'_i) \tag{6-8}$$

显然,$TA_0 > TA'_0$,此时最大补偿量为

$$Z_{\max} = TA_0 - TA'_0 = \sum_{i=1}^{m} |\xi_i| TA_i - TA'_0 \tag{6-9}$$

采用修配装配法装配时,解尺寸链的主要问题是:在保证补偿量足够且最小的原则下,计算补偿环的尺寸。

补偿环被修配后对封闭环尺寸变化的影响有两种情况:一是使封闭环尺寸变大;一是使封闭环尺寸变小。因此,用修配装配法解装配尺寸链时,可分别根据这两种情况来进行计算。

下面通过两个例子来说明采用修配装配法装配时尺寸链的计算步骤和方法。

如图6-4所示,普通车床床头和尾座两顶尖等高度要求为不超过0.06mm(只许尾座高),已知:$A_{1j}=202\text{mm}$, $A_{2j}=46\text{mm}$, $A_{3j}=156\text{mm}$。

建立如图6-4所示的装配尺寸链。其中:$A_0=0^{+0.06}_{0}\text{mm}$;$A_1$为减环,$\xi_1=-1$,$A_2$、$A_3$为增环,$\xi_2=\xi_3=+1$。

若按完全互换法用极值公差公式计算,各组成环的平均公差为:

$$\mathrm{T}_{av,L}=\frac{\mathrm{T}A'_0}{m}=\frac{0.06}{3}\text{mm}=0.02\text{mm}$$

显然,由于组成环的平均公差太小,加工困难,不宜用完全互换装配法,现采用修配装配法。

具体计算步骤和方法如下:

(1) 选择补偿环　因作为组成环A_2的尾座底板的形状简单,表面面积较小,便于刮研修配,故选择A_2为补偿环。

(2) 确定各组成环公差　根据各组成环所采用的加工方法的加工经济精度确定其公差。A_1和A_3采用镗模加工,取$\mathrm{T}A_1=\mathrm{T}A_3=0.1\text{mm}$;底板采用半精刨加工,取$\mathrm{T}A_2=0.15\text{mm}$。

(3) 计算补偿环A_2的最大修配量　利用式(6-9)可得

$$Z_{\max}=\sum_{i=1}^{m}|\xi_i|\mathrm{T}_i-\mathrm{T}'_0=(0.1+0.15+0.1-0.06)\text{mm}=0.29\text{mm}$$

(4) 确定除补偿环外各组成环的极限偏差

因A_1与A_2是孔轴线和底面的位置尺寸,故偏差按对称分布,即$A_1=202\pm0.05\text{mm}$,$A_3=156\pm0.05\text{mm}$。

(5) 计算补偿环A_2的尺寸及其极限偏差

判别补偿环A_2修配时对封闭环A_0的影响。从结构示意图中可知,越修配补偿环A_2,封闭环A_0越小,是"越修越小"情况。

补偿环A_2的中间偏差为

$$\Delta A_0=\sum_{i=1}^{m}\xi_i\Delta A_i=(\Delta A_2+\Delta A_3)-\Delta A_1$$

$$\Delta A_2=\Delta A_0+\Delta A_1-\Delta A_3=(0.03+0-0)\text{mm}=0.03\text{mm}$$

补偿环A_2的极限偏差为

$$ESA_2=\Delta A_2+\frac{1}{2}\mathrm{T}A_2=(0.03+\frac{1}{2}\times0.15)\text{mm}=0.105\text{mm}$$

$$EIA_2=\Delta A_2-\frac{1}{2}\mathrm{T}A_2=(0.03-\frac{1}{2}\times0.15)\text{mm}=-0.045\text{mm}$$

所以补偿环尺寸为$A_2=46^{+0.105}_{-0.045}\text{mm}$

(6) 验算装配后封闭环的极限偏差

$$ESA_0=\Delta A_0+\frac{1}{2}\mathrm{T}A_0=(0.03+\frac{1}{2}\times0.35)\text{mm}=+0.205\text{mm}$$

$$EIA_0=\Delta A_0-\frac{1}{2}\mathrm{T}A_0=(0.03-\frac{1}{2}\times0.35)\text{mm}=-0.145\text{mm}$$

按装配精度要求,封闭环的极限偏差为

$$ESA'_0=0.06\text{mm},EIA'_0=0\text{mm}$$

则

$$ESA_0-ESA'_0=(0.205-0.06)\text{mm}=+0.145\text{mm}$$

$$EIA_0 - EIA'_0 = (-0.145 - 0)\text{mm} = -0.145\text{mm}$$

故补偿环需改变 ±0.145mm,才能保证原装配精度不变。

7) 确定补偿环(A_2) 尺寸

在本装配中,补偿环底板 A_2 为增环,被修配后,底板尺寸减小、尾座中心线降低,即封闭环尺寸变小。所以,只有装配后封闭环实际最小尺寸($A_{0\min} = A_0 + EIA_0$) 不小于封闭环要求的最小尺寸($A'_{0\min} = A_0 + EIA'_0$) 时,才可能进行修配,否则即便修配也不能达到装配精度要求。故应满足以下不等式:

$$A_{0\min} \geqslant A'_{0\min},\text{即 } EIA_0 \geqslant EIA'_0$$

根据修配量足够且最小原则,应有

$$A_{0\min} = A'_{0\min},\text{即 } EIA_0 = EIA'_0$$

这里 $EIA_0 = EIA'_0 = 0$

为满足上述等式,补偿环应增加 0.145mm,封闭环最小尺寸($A_{0\min}$) 才能从 -0.145mm(尾座中心低于主轴中心) 增加到0(尾座中心与床头主轴中心等高),以保证具有足够的补偿量。所以,补偿环最终尺寸为 $A_2 = (46 + 0.145)^{+0.105}_{+0.045}\text{mm} = 46^{+0.25}_{+0.10}\text{mm}$。

由于本装配有特殊工艺要求,即底板的底面在总装时必须留有一定的修刮量,而上述计算是按 $A_{0\min} = A'_{0\min}$ 条件求出 A_2 尺寸的。此时最大修刮量为 0.29mm,符合总装要求,但最小修刮量为0,这不符合总装要求,故必须再将 A_2 尺寸放大些,以保留最小修刮量。从底板修刮工艺来说,最小修刮量可留 0.1mm 即可,所以修正后的 A_2 的实际尺寸应再增加 0.1mm,即为

$$A_2 = (46 + 0.10)^{+0.25}_{+0.10}\text{mm} = 46^{+0.35}_{+0.20}\text{mm}$$

又如图 6-19(a) 所示铣床矩形导轨的结构装配示意图。已知:$A_{1j} = 30\text{mm}, A_{2j} = 30\text{mm}$,配合间隙 $A_0 = 0.01 \sim 0.07\text{mm}$。

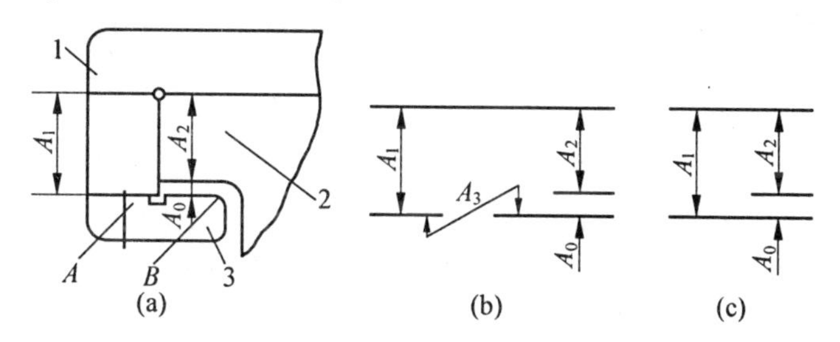

(a)装配示意图 (b) 配合精度的尺寸链图 (c) 简化的尺寸链图

1—床鞍 2—升降台 3—压板

图 6-19 矩形导轨装配示意图和导轨配合精度的装配尺寸链图

建立如图 6-19(b)所示的尺寸链。若压板 3 上的 A、B 两面一次加工而成,则可忽略 A_3(平面度环),尺寸链简化成图 6-19(c)所示的形式。其中:封闭环 $TA_0 = 0.06\text{mm}$;组成环 A_1 为增环,$\xi_1 = +1$;A_2 为减环,$\xi_2 = -1$。若按完全互换装配法用极值公差公式计算,各组成环的平均公差为

$$T_{av,L} = \frac{TA'_0}{m} = \frac{0.06}{2}\text{mm} = 0.03\text{mm}$$

显然,各组成环的平均公差太小,加工困难,不宜用完全互换装配法,应采用修配装配法。

具体计算步骤和方法如下:

(1)选择补偿环　从图 6-19(a)中可知,压板 3 形状简单,便于修配。虽然从图 6-19(c)所示的尺寸链的组成环中没有压板 3,但是修配压板上的 A 面或 B 面相当于改变尺寸 A_1,故可选压板 3 为补偿环。

(2)确定各组成环的公差　根据各组成环所采用的加工方法的加工经济精度确定其公差。取 $TA_1 = TA_2 = 0.13$mm(相当于 IT11)。

(3)计算最大修配量　利用式(6-9)可得:

$$Z_{\max} = \sum_{i=1}^{m} |\xi_i| TA_i - TA'_0 = (0.13 + 0.13 - 0.06)\text{mm} = 0.20\text{mm}$$

(4)确定除补偿环以外的各环的极限偏差

① 组成环 A_2 按"入体原则"确定极限偏差,其实际尺寸和偏差为:$A_2 = 30_{-0.13}^{0}$mm。

② 各环的中间偏差为

$$\Delta A_0 = +0.04\text{mm},\ \Delta A_2 = -0.065\text{mm}$$

(5) 计算 A_1 的极限偏差

① 判别补偿环修配时对封闭环 A_0 的影响　由图 6-19(a) 所示的装配示意图中可知,若修配 B 面,则封闭环 A_0 增大,是"越修越大"情况;若修配 A 面,则封闭环 A_0 减小,是"越修越小"情况。上述两种情况下,封闭环公差带要求值和实际公差带的相对关系如图 6-20(a)、(b) 所示。只修 B 面时,$A'_{0\max} = A_{0\max}$;只修 A 面时,$A'_{0\min} = A_{0\min}$ 两种情况下的最大修配量均为 0.20mm。

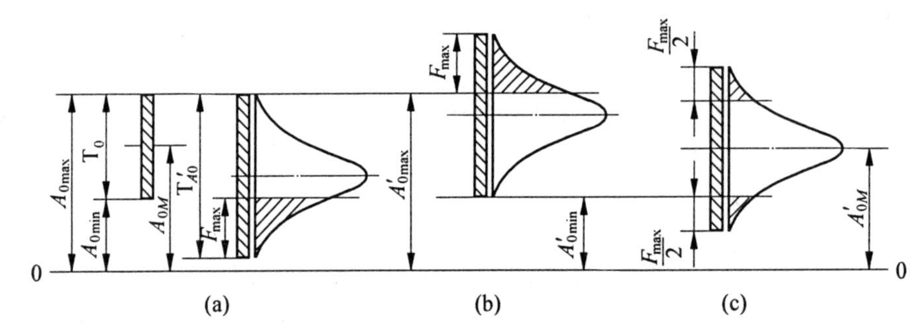

(a) 只修 B 面　(b) 只修 A 面　(c) 修 A 面或 B 面

图 6-20　不同修配情况下的修配量和修配件的百分数示意图

② 选择修配方式　假定组成环的加工工艺稳定,封闭环在尺寸分布范围内符合正态分布,则只修 B 面或只修 A 面时,修配件占总数的百分数也可由图 6-20(a) 和(b) 中表示。图中分布曲线的剖面线部分即表示修配件的百分数。若根据实际情况,有时修 B 面,有时修 A 面,则可使实际封闭环的平均尺寸为 A'_{0M}(或中间偏差 Δ'_0) 等于设计要求封闭环的平均尺寸 A_{0M}(或中间偏差 Δ_0),此时的最大修配量将减少为 $\frac{Z_{\max}}{2} = 0.1$mm,修配件占总数的百分数也可减少,如图 6-20(c) 所示。因此,根据实际情况,有时修 B 面,有时修 A 面的修配方式是最佳方案。

3) 采用修 A 面或 B 面的方式时,A_1 极限偏差的计算　从以上分析可知:

$$\Delta A'_0 = \Delta A_0$$

代入具体数值并整理后可得

$$\Delta A_1 = \Delta A_0 + \Delta A_2 = [+0.04 + (-0.065)]\text{mm} = -0.025\text{mm}$$

A_1 的极限偏差为

$$ESA_1 = \Delta A_1 + \frac{1}{2}TA_1 = \left(-0.025 + \frac{0.13}{2}\right)\text{mm} = +0.04\text{mm}$$

$$EIA_1 = \Delta A_1 - \frac{1}{2}TA_1 = \left(-0.025 - \frac{0.13}{2}\right)\text{mm} = -0.09\text{mm}$$

所以

$$A_1 = 3^{+0.04}_{-0.09}\text{mm}$$

在实际生产中，A_1 和 A_2 尺寸不一定符合正态分布，由于尺寸链环数少，所以封闭环也不一定是正态分布，分布中心和公差带中心也不一定重合。在这种情况下，应对实际的封闭环作一些调整，以达到修配百分比最小的目的。另外，若遇到 A、B 两面因尺寸相差较大而使修配劳动量相差较大时，取两面修配百分比相同就不是最经济方案。此时，也应将实际的封闭环位置作适当调整，以取得最佳经济效果。

修配装配法一般用在单件小批生产中，在中批生产中，对一些封闭环要求较严的多环装配尺寸链大多也用修配装配法。实际生产中，修配的方式很多，一般有单件修配装配法、合并加工修配装配法和自身加工修配装配法三种。

四、调整装配法

对于装配精度要求高的机器或部件，装配时用调整的方法改变补偿环的实际尺寸或位置，使封闭环达到其公差与极限偏差要求。这种方法称为调整装配法，通常采用极值公差公式计算。

根据调整方法的不同，调整装配法分为：可动调整装配法、固定调整装配法和误差抵消调整装配法三种。

1. 可动调整装配法

可动调整装配法就是用改变零件的位置(通过移动、旋转等)来达到装配精度要求的方法。

在机器制造中使用可动调整装配法的例子很多。图 6-21 所示是调整滚动轴承间隙或过盈的结构，可保证轴承既有足够的刚度又不至于过分发热。

对丝杠螺母副间隙的调整，可采用图 6-22 所示的结构，转动中间螺钉 2，通过楔块 5 的上下移动来改变丝杠螺母 1、4 与丝杠 3 之间的间隙。

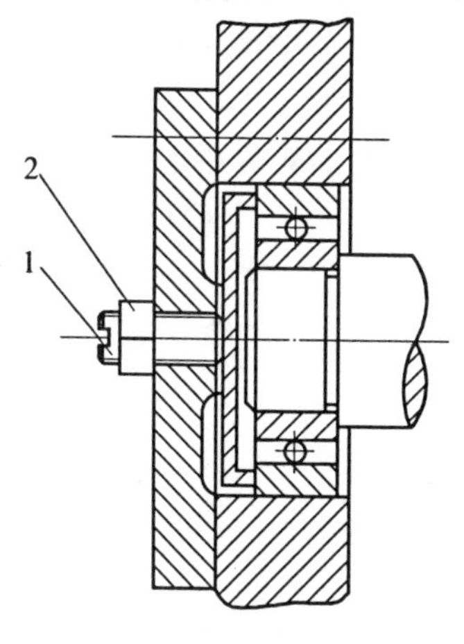

1—调节螺钉；2—螺母

图 6-21　调整轴承间隙的结构

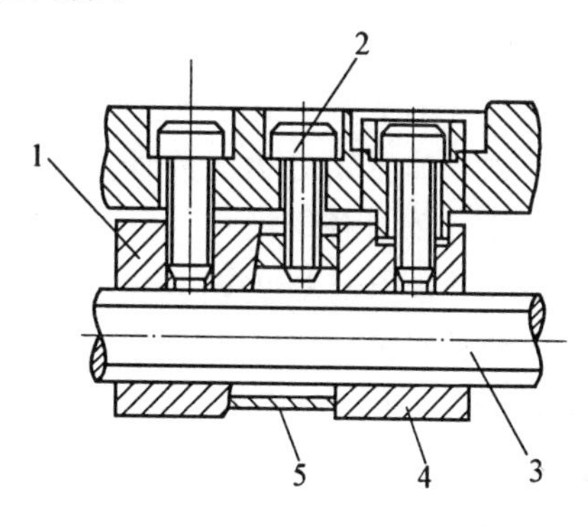

1—前螺母；2—调节螺钉；3—丝杠

4—后螺母；5—楔块

6-22　采用楔块调整丝杠和螺母间隙的结构

2. 固定调整装配法

这种装配方法是在尺寸链中选定一个或加入一个零件作为调整环。作为调整环的零件是按一定尺寸间隔级别制成的一组专门零件。常用的补偿环有垫片、套筒等。改变补偿环的实际尺寸的方法是根据封闭环公差与极限偏差的要求,分别装入不同尺寸的补偿环。例如,补偿环是减环,因放大组成环公差后使封闭环实际尺寸较大时,就取较大尺寸级的补偿环装入;当封闭环实际尺寸较小时,就取较小尺寸级的补偿环装入。为此,需要预先按一定的尺寸要求,制成若干组不同尺寸的补偿环,供装配时选用。

采用固定调整法时,计算装配尺寸链的关键是确定补偿环的组数和各组的尺寸。

(1) 确定补偿环的组数　首先要确定补偿量 F。采用固定调整装配法时,由于放大组成环公差,装配后的实际封闭环的公差必然超出设计要求的公差,其超差量需用补偿环补偿,该补偿量 F 等于超差量,可用下式计算:

$$F = \mathrm{T}_{0L} - \mathrm{T}A_0 \tag{6-10}$$

式中　T_{0L}—— 实际封闭环的极值公差(含补偿环);

$\mathrm{T}A_0$—— 封闭环公差的要求值。

其次,要确定每一组补偿环的补偿能力 S。若忽略补偿环的制造公差 $\mathrm{T}A_k$,则补偿环的补偿能力 S 就等于封闭环公差要求值 $\mathrm{T}A_0$;若考虑补偿环的公差 $\mathrm{T}A_k$,则补偿环的补偿能力为

$$S = \mathrm{T}A_0 - \mathrm{T}A_k \tag{6-11}$$

当第一组补偿环无法满足补偿要求时,就需用相邻一组的补偿环来补偿。所以,相邻组别补偿环基本尺寸之差也应等于补偿能力 S,以保证补偿作用的连续进行。因此,分组数 Z 可用下式表示:

$$Z = \frac{F}{S} + 1 \tag{6-12}$$

计算所得分组数 Z 后,要圆整至邻近的较大整数。

(2) 计算各组补偿环的尺寸　由于各组补偿环的基本尺寸之差等于补偿能力 S,所以只要先求出某一组补偿环的尺寸,就可推算出其它各组补偿环的尺寸。比较方便的办法是先求出补偿环的中间尺寸,再求其它各组的尺寸。

补偿环的中间尺寸可先由各环中间偏差的关系式,求出补偿环的中间偏差后再求得。

当补偿环的组数 Z 为奇数时,求出的中间尺寸就是补偿环中间一组尺寸的平均值。其余各组尺寸的平均值相应增加或减小各组之间的尺寸差 S 即可。

当补偿环的组数 Z 为偶数时,求出的中间尺寸是补偿环的对称中心,再根据各组之间的尺寸差 S 安排各组尺寸。

补偿环的极限偏差也按"入体原则"标注。

下面通过实例,说明采用固定调整装配法时,尺寸链的计算步骤和方法。

图 6-23(a) 所示为车床主轴齿轮组件的装配示意图。按照装配技术要求,当隔套(尺寸 A_2)、齿轮(尺寸 A_3)、垫圈(尺寸 A_k) 和弹性挡圈(尺寸 A_4) 装在主轴(尺寸 A_1) 上后,齿轮的轴向间隙 A_0 应在0.05 ~ 0.20mm 范围内。已知:$A_{1j} = 115\mathrm{mm}$, $A_{2j} = 8.5\mathrm{mm}$, $A_{3j} = 95\mathrm{mm}$, $A_{4j} = 2.5\mathrm{mm}$, $A_{kj} = 9\mathrm{mm}$。

根据上节所述,建立以轴向间隙 $A_0 = 0.05 \sim 0.20\mathrm{mm}$ 为封闭环的装配尺寸链图(见图 6-23(b)。其中组成环有:A_1 为增环,$\xi_1 = +1$;A_2、A_3、A_4 和 A_k 均为减环,$\xi_2 = \xi_3 = \xi_4 = \xi_k = -1$。若采用完全互换装配法,则各组成环的平均极值公差为

$$T_{av,L} = \frac{TA_0}{m} = \frac{0.15}{5} = 0.03\text{mm}$$

显然，由于组成环的平均极值公差太小，加工困难，不宜用完全互换装配法，现采用固定调整装配法。

计算尺寸链的步骤和方法如下：

(1) 选择补偿环　组成环 A_K 为垫圈，形状简单，制造容易，装拆也方便，故选择 A_k 为补偿环。

(2)确定各组成环的公差和偏差

根据各组成环所采用的加工方法的加工经济精度确定其公差：$TA_1 = 0.15\text{mm}$，$TA_2 = 0.1\text{mm}$，$TA_3 = 0.1\text{mm}$，$TA_4 = 0.12\text{mm}$，$TA_K = 0.03\text{mm}$。

按"入体原则"确定除补偿环外各组成环的极限偏差：$A_1 = 115^{+0.15}_{0}\text{mm}$，$A_2 = 8.5^{0}_{-0.1}\text{mm}$，$A_3 = 95^{0}_{-0.1}\text{mm}$，$A_4 = 2.5^{0}_{-0.12}\text{mm}$。

计算各环的中间偏差：

$$\Delta A_0 = \frac{0.2 - 0.05}{2} = +0.125\text{mm};$$

$$\Delta A_1 = \frac{0.15}{2} = +0.075\text{mm};$$

$$\Delta A_2 = \frac{-0.1}{2} = -0.05\text{mm};$$

$$\Delta A_3 = \frac{-0.1}{2} = -0.05\text{mm};$$

$$\Delta A_4 = \frac{-0.12}{2} = -0.06\text{mm}。$$

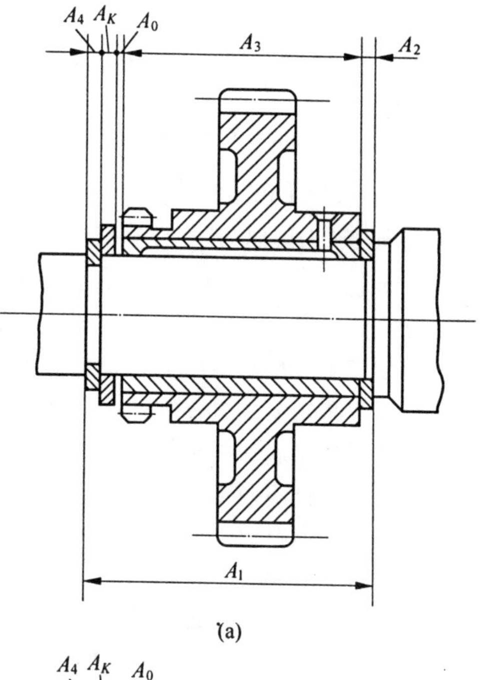

(a)

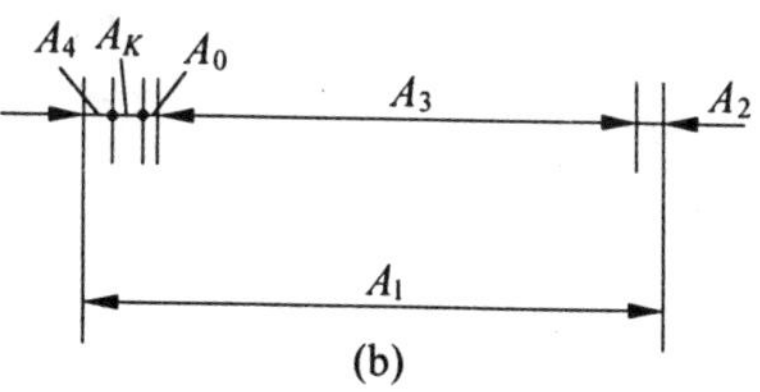

(b)

(a) 结构示意图　(b) 装配尺寸链图

图 6-23　车床主轴齿轮组件的装配示意图及装配尺寸链图

(3) 计算补偿量 F 和补偿环的补偿能力 S，按式(6-10) 可得

$$F = T_{0L} - TA_0 = (0.15 + 0.1 + 0.1 + 0.12 + 0.03) - 0.15 = 0.35\text{mm}$$

按式(6-11)可得

$$S = TA_0 - TA_K = (0.15 - 0.03) = 0.12\text{mm}$$

(4) 确定补偿环的组数 Z　按式(6-12) 可得

$$Z = \frac{F}{S} + 1 = \frac{0.35}{0.12} + 1 = 3.92 \approx 4$$

(5)确定各组补偿环的尺寸

1)计算补偿环的中间偏差和中间尺寸：

$$\Delta A_K = \Delta A_1 - \Delta A_0 - (\Delta A_2 + \Delta A_3 + \Delta A_4) = [0.075 - 0.125 - (-0.05 - 0.05 - 0.06)] = +0.11\text{mm}$$

$$A_{KM} = (9 + 0.11)\text{mm} = 9.11\text{mm}$$

2) 确定各组补偿环的尺寸　因补偿环的组数为偶数，故求得的 A_{KM} 就是补偿环的对

称中心，各组尺寸差 $S=0.12\text{mm}$。各组尺寸的平均值分别为：$A_{K1M}=\left(9.11+0.12+\frac{0.12}{2}\right)\text{mm}=9.29\text{mm}$，$A_{K2M}=\left(9.11+\frac{0.12}{2}\right)\text{mm}=9.17\text{mm}$，$A_{K3M}=\left(9.11-\frac{0.12}{2}\right)\text{mm}=9.05\text{mm}$，$A_{K4M}=\left(9.11-\frac{0.12}{2}-0.12\right)\text{mm}=8.93\text{mm}$。因而各组尺寸为：$A_{K1}=9.29\pm0.015\text{mm}$，$A_{K2}=9.17\pm0.015\text{mm}$，$A_{K3}=9.05\pm0.015\text{mm}$，$A_{K4}=8.93\pm0.015\text{mm}$。按“入体原则”标注补偿环的极限偏差可得：$A_{K1}=9.305_{-0.03}^{0}\approx9.3_{-0.03}^{0}\text{mm}$，$A_{K2}=9.185_{-0.03}^{0}\text{mm}\approx9.19_{-0.03}^{0}\text{mm}$，$A_{K3}=9.065_{-0.03}^{0}\text{mm}\approx9.07_{-0.03}^{0}\text{mm}$，$A_{K4}=8.945_{-0.03}^{0}\text{mm}\approx8.95_{-0.03}^{0}\text{mm}$。

固定调整装配法多用于大批大量生产中。在产量大、装配精度要求高的生产中，固定调整件可以采用多件组合的方式，如预先将调整垫做成不同的厚度（1、2、5、10mm），再制做一些更薄的金属片（0.01、0.02、0.05、0.10mm）等，装配时根据尺寸组合原理（同块规使用方法相同），把不同厚度的垫片组合各种不同尺寸，以满足装配精度的要求。这种调整方法比较简便，在汽车、拖拉机生产中广泛应用。

3. 误差抵消调整装配法

误差抵消调整法是通过调整几个补偿环的相互位置，使其加工误差相互抵消一部分，从而使封闭环达到其公差与极限偏差要求的方法。这种方法中的补偿环为多个矢量。常见的补偿环是轴承圈的跳动量、偏心量和同轴度等。

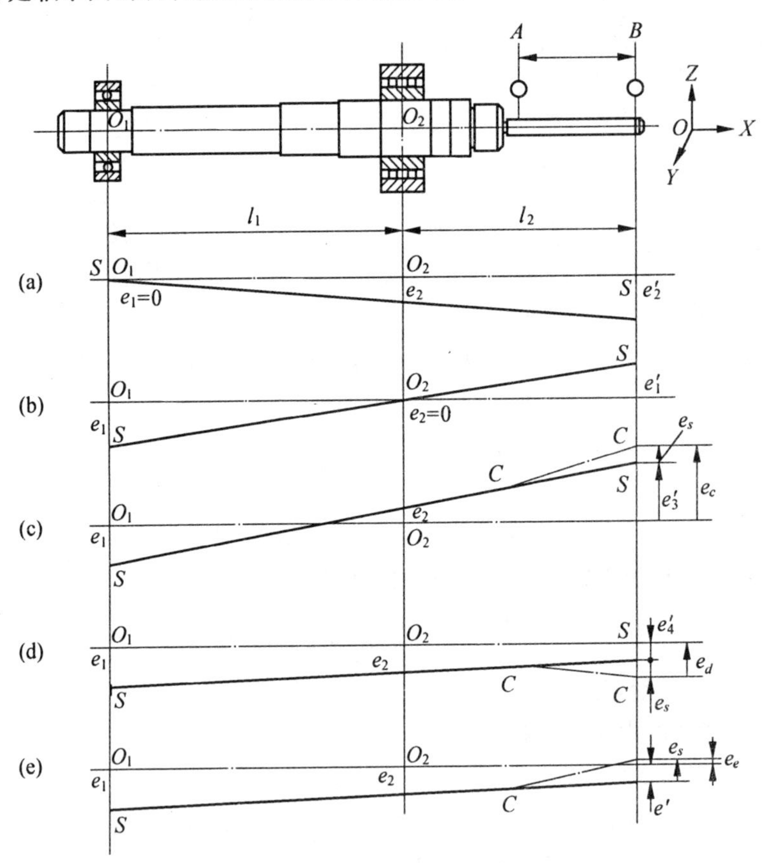

图 6-24　主轴锥孔轴线径向圆跳动的误差抵消调整法

下面以车床主轴锥孔轴线的径向圆跳动为例，说明误差抵消调整法的原理。图 6-24 所示是普通车床第 6 项精度标准的检验方法。标准中规定，将检验棒插入主轴锥孔内，检验径向圆跳动：A 处（靠近端面）——允差 0.01mm；B 处（距 A 处 300mm）——允差 0.02mm（最大工件回转直径 $D_a \leqslant 800$mm 时）。

设前后轴承外圈内滚道的中心分别为 O_2 和 O_1，它们的连线即主轴回转轴线，被测的主轴锥孔轴线的径向圆跳动就是相对于 O_1O_2 轴线而言。现分析 B 处的径向圆跳动误差。

引起 B 处径向圆跳动误差的因素有：

e_1—— 后轴承内孔轴线对外圈内滚道轴线的偏心量；

e_2—— 前轴承内孔轴线对外圈内滚道轴线的偏心量；

e_s—— 主轴锥孔轴线 CC 对其轴颈轴线 SS 的偏心量。

e_2 和 e_1 对主轴径向跳动的影响见图 6-24(a) 和(b) 所示。

图 6-24(a) 说明，当只存在 e_2 时，在 B 处引起的主轴轴颈轴线 SS 与主轴回转轴线的同轴度误差：

$$e'_2 = \frac{l_1 + l_2}{l_2} \cdot e_2 = A_2 e_2$$

图 6-24(b)说明，当只存在 e_1 时，在 B 处引起的主轴轴颈轴线 SS 与主轴回转轴线的同轴度误差：

$$e'_1 = + \frac{l_2}{l_1} \cdot e_1 = A_1 e_1$$

式中的 A_2 及 A_1 一般称为误差传递比，等于在测量位置上所反映出的误差大小与原始误差本身大小的比值。比值前的正负号表示两个误差间的方向关系。

由于 $|A_2| > |A_1|$，所以前轴承径向跳动误差对主轴径向跳动误差的影响比后轴承的要大。因此，主轴后轴承的精度可以比前轴承稍低些。

在实际生产中，为减小主轴径向跳动，可根据 e'_2、e'_1 和 e_s 三者来综合调整，常用以下两种方法：

(1)定向调整法

所谓定向调整法是指在通过主轴轴心线的某一截面上使误差相互抵消的方法。

图 6-24(c)、(d)、(e)分别说明了数值不变的各个原始误差之间的三种不同组合，在 B 处产生的跳动误差。

图 6-24(c) 说明主轴前后轴承径向跳动方向位于主轴轴心线两侧，且两者的合成误差 e'_3 又与 e_s 方向相同，此时跳动误差为：

$$e_c = e_s + e'_3 = e_s + e'_2 + e'_1 = e_s + \frac{l_1 + l_2}{l_1} e_2 + \frac{l_2}{l_1} e_1$$

图 6-24(d) 说明主轴前后轴承径向跳动方向位于主轴轴心线同一侧，且两者的合成误差 e'_4 又与 e_s 方向相同，此时跳动误差为：

$$e_d = e_s + e'_4 = e_s + e'_2 - e'_1 = e_s + \frac{l_1 + l_2}{l_1} e_2 - \frac{l_2}{l_1} e_1$$

图 6-24(e) 说明主轴前后轴承径向跳动方向位于主轴轴心线同一侧，且两者的合成误差 e'_4 又与 e_s 方向相反，此时跳动误差为：

$$e_e = e_s - (e'_2 - e'_1) = e_s - (\frac{l_1 + l_2}{l_1}e_2 - \frac{l_2}{l_1}e_1)$$

图 6-24(c)、(d)、(e) 所示三种情况下，e_1、e_2、e_s 都分布在同一截面上，此时有：

$$e_c > e_d > e_e$$

所以，应按图(e)来调整主轴径向跳动。

(2)角度调整法

当前后轴承和主轴锥孔的径向跳动误差 e_2、e_1 及 e_s 不是分布在同一截面上时，它们合成后的总误差 e_0 是误差的向量和，如图 6-25 所示。这图是把各误差量表示在离主轴端某一截面处的情形。

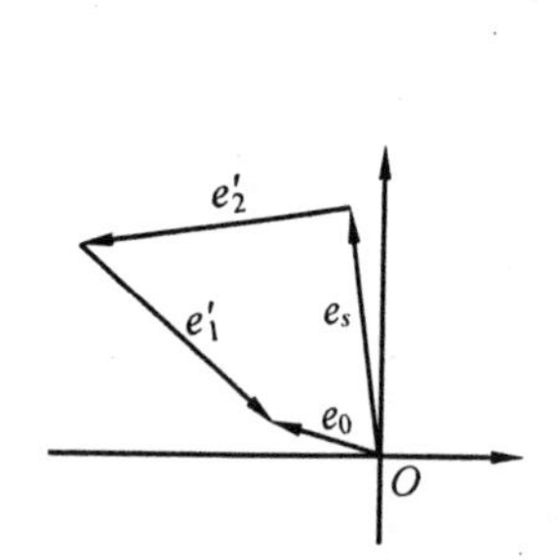

图 6-25　误差的向量合成

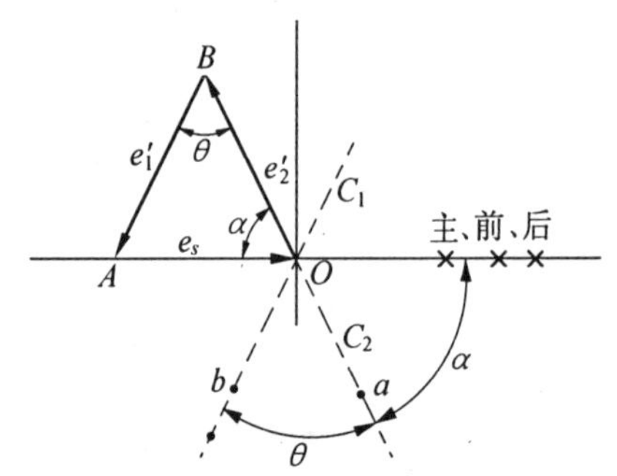

图 6-26　角度调整法中误差向量的合成关系

这时，为了进一步提高装配精度，可采用角度调整法。如果以组成环 e_s 为基准，从主轴回转中心 O(坐标原点) 出发画出 $AO = e_s$，方向可假定某一方向，再分别以 O 及 A 为圆心，e'_2、e'_1 为半径画两个圆弧，如相交于 B 则形成如图 6-26 所示角度调整法误差向量合成关系。需注意的是 e_s、e'_1、e'_2 中任何两者的向量和要等于或大于第三者的向量，才能形成封闭图形。此时可使 $e_0 = 0$，即各组成环相互补偿的结果使得在测量平面内的误差为零。

图中 α、θ 称为调整角，调整角可按图 6-26 的作图方法得到，即把组成环 e_s、e'_1、e'_2 按比例放大并作出图形，然后用量角器直接测出 α 及 θ 角。这种方法迅速简便，另外也可用计算法求出 α 及 θ。

角度调整前，轴承内圈同轴度误差的测量方法如图 6-27 所示。前后两轴承内圈同轴度误差 e_2 及 e_1 的方向，可以用千分表的压表高点处 a 和 b 来标出，a、b 正好与 e_2、e_1 反向，如图 6-28 所示。主轴锥孔同轴度误差 e_s 的测量，由于是以主轴轴颈为基准放在 V 形块上通过插入锥孔中的检验棒来打表进行的，所以对千分表的压表高点处则与锥孔同轴度误差 e_s 同向。此外，还注意 e'_1 值正好与 e_1 反向，即与压表高点 b 相同。

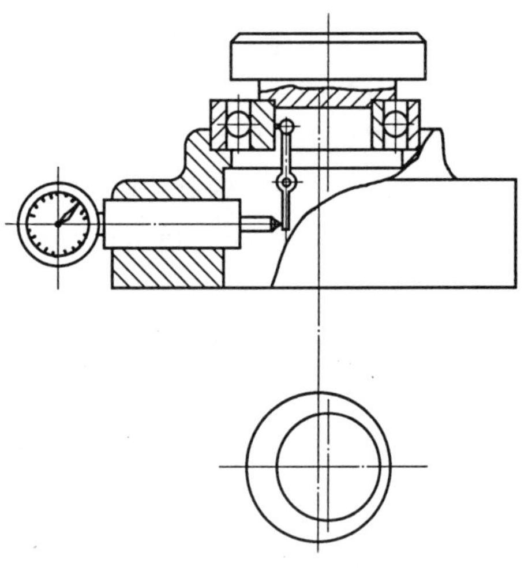

图 6-27　轴承内圈同轴度误差的测量

在实际装配时为使装配方便，在前后轴承内环上分别以 a、b 为起点，逆或顺时针方向转角度为 α 及 $\alpha + \theta$ 的两处，作出标记“×”。

装配时将前后轴承内环的标记“×”对准主轴的标记“×”装配起来(图 6-26),就实现了角度调整。

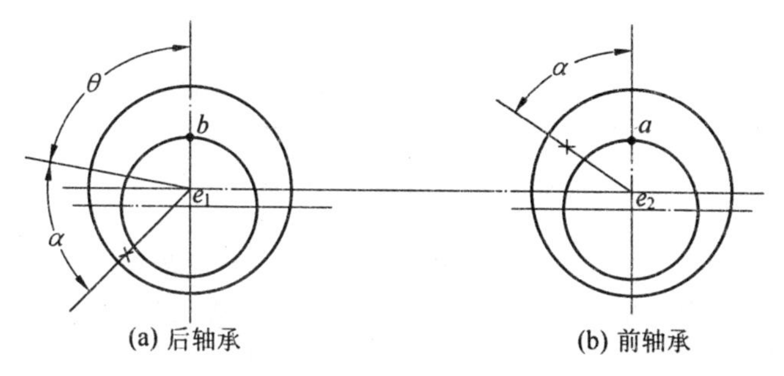

图 6-28　前后轴承内环相对打表高点的标记×的位置

此外,通过定向调整卧式车床主轴前后轴承外圈同轴度误差和主轴箱体前后主轴孔对主轴箱体两个装配基准面的平行度误差,也可进一步提高主轴箱部件中主轴回转轴线对主轴箱两个装配基准面的位置精度。

误差抵消调整装配法,可在不提高轴承和主轴的加工精度条件下,提高装配精度。它与其它调整法一样,常用于机床制造,且封闭环要求较严的多环装配尺寸链中。但由于误差抵消调整装配法需事先测出补偿环的误差方向和大小,装配时需技术等级高的工人,因而增加了装配时和装配前的工作量,并给装配组织工作带来一定的麻烦。误差抵消调整装配法多用于批量不大的中小批生产和单件生产。

§6-4　装配工艺规程制订

装配工艺规程是指导装配生产的主要技术文件,制订装配工艺规程是生产技术准备工作中的一项重要工作。装配工艺规程对保证装配质量、提高装配生产效率、缩短装配周期、减轻装配工人的劳动强度、缩小装配占地面积和降低成本等都有重要的影响。下面简要介绍装配工艺规程制订的步骤、方法和内容。

一、准备原始资料

原始资料主要包括:

1. 产品的装配图及验收技术条件

产品的装配图应包括总装配图和部件装配图,并能清楚地表示出:零、部件的相互连接情况及其联系尺寸;装配精度和其它技术要求;零件的明细表等。为了在装配时对某些零件进行补充机械加工和核算装配尺寸链,有时还需要某些零件图。

验收技术条件应包括验收的内容和方法。

2. 产品的生产纲领

生产纲领决定了产品的生产类型。生产类型的种类及其划分方法见第一章。不同的生产类型致使装配的组织形式、装配方法、工艺过程的划分、设备及工艺装备专业化或通用化水平、手工操作量的比例、对工人技术水平的要求和工艺文件格式等均有不同。各种生产类型的装配工艺特征如表 6-4 所示。

3. 现有生产条件和标准资料

它包括现有装配设备、工艺装备、装配车间面积、工人技术水平、机械加工条件及各种工艺资料和标准等。以便能切合实际地从机械加工和装配的全局出发制订合理的装配工艺规程。

表 6-4　各种生产类型时装配工艺特征

装配工艺特征＼生产类型	大批大量生产	成批生产	单件小批生产
装配工作特点	产品固定,生产活动长期重复,生产周期一般较短。	产品在系列化范围内变动,分批交替投产或多品种同时投产,生产活动在一定时期内重复。	产品经常变换,不定期重复生产,生产周期一般较长。
组织形式	多采用流水装配,有连续移动,间歇移动及可变节奏移动等方式,还可采用自动装配机或自动装配线。	产品笨重批量不大的产品多采用固定式流水装配,批量较大时采用流水装配,多品种平行投产时采用多品种可变节奏流水装配。	多采用固定装配或固定式流水装配。
装配工艺方法	按互换法装配,允许有少量简单的调整,精密偶件成对供应或分组供应装配,无任何修配工作。	主要采用互换装配法,但灵活运用其它保证装配精度的方法,如调整装配法、修配装配法、合并加工装配法以节约加工费用。	以修配装配法及调整装配法为主,互换件比例较少。
工艺过程	工艺过程划分很细,力求达到高度的均衡性。	工艺过程的划分须适合于批量的大小,尽量使生产均衡。	一般不制订详细的工艺文件,工序可适当调整,工艺也可灵活掌握。
工艺装备	专业化程度高,宜采用专用高效工艺装备,易于实现机械化自动化。	通用设备较多,但也采用一定数量的专用工、夹、量具,以保证装配质量和提高工效。	一般为通用设备及通用工夹量具。
手工操作要求	手工操作比重小,熟练程度容易提高。	手工操作比重较大,技术水平要求较高。	手工操作比重大,要求工人有高的技术水平和多方面的工艺知识。
应用实例	汽车、拖拉机、内燃机、滚动轴承、手表、缝纫机、电气开关等。	机床、机车车辆、中小型锅炉、矿山采掘机械等。	重型机床、重型机器、汽轮机、大型内燃机、大型锅炉等。

二、熟悉和审查产品的装配图

1)了解产品及部件的具体结构、装配技术要求和检查验收的内容及方法。

2)审查产品的结构工艺性。

3)研究设计人员所确定的装配方法,进行必要的装配尺寸链分析与计算。

三、确定装配方法与装配的组织形式

选择合理的装配方法是保证装配精度的关键。

一般说来,只要组成环零件的加工比较经济可行时,就要优先采用完全互换装配法。成批生产、组成环又较多时,可考虑采用大数互换装配法。

当封闭环公差要求较严时,采用互换装配法将使组成环加工比较困难或不经济时,就采用其它方法。大量生产时,环数少的尺寸链采用分组装配法;环数多的尺寸链采用调整装配法。单件小批生产时,则常采用修配装配法。成批生产时可灵活应用调整装配法、修配装配法和分组装配法(后者在环数少时采用)。

一种产品究竟采用何种装配方法来保证装配精度要求,通常在设计阶段即应确定。因为只有在装配方法确定后,才能通过尺寸链的计算,合理地确定各个零、部件在加工和装配中的技术要求。但是,同一种产品的同一装配精度要求,在不同的生产类型和生产条件下,可能采用不同的装配方法。要结合具体生产条件,从机械加工或和装配的全过程出发应用尺寸链理论,同设计人员一起最终确定合理的装配方法。

装配的组织形式的选择,主要取决于产品的结构特点(包括重量、尺寸和复杂程度)、生产纲领和现有生产条件。

装配的组织形式按产品在装配过程中移动与否分为固定式和移动式两种。固定式装配全部装配工作在一个固定的地点进行,产品在装配过程中不移动,多用于单件小批生产或重型产品的成批生产。固定式装配也可组织工人专业分工,按装配顺序轮流到各产品点进行装配,这种形式称为固定流水装配,多用于成批生产结构比较复杂、工序数多的产品,如机床、汽轮机的装配。

移动式装配将零、部件用输送带或小车按装配顺序从一个装配地点移动到下一个装配地点,各装配地点分别完成一部分装配工作,全部装配地点完成产品的全部装配工作。移动式装配按移动的形式可分为连续移动和间歇移动两种。连续移动式装配即装配线连续按节拍移动,工人在装配时边装边随装配线走动,装配完毕立即回到原位继续重复装配;间歇移动式装配即装配时产品不动,工人在规定时间(节拍)内完成装配规定工作后,产品再被输送带或小车送到下一工作地。移动式装配按移动时节拍变化与否又可分为强制节拍和变节拍两种。变节拍式移动比较灵活,具有柔性适合多品种装配。移动式装配常用于大批大量生产组成流水作业线或自动线,如汽车、拖拉机、仪器仪表等产品的装配。

四、划分装配单元,确定装配顺序

将产品划分为可进行独立装配的单元是制订装配工艺规程中最重要的一个步骤,这对于大批大量生产结构复杂的产品时尤为重要。只有划分好装配单元,才能合理安排装配顺序和划分装配工序,组织流水作业。

机器是由零件、合件、组件和部件等装配单元组成,零件是组成机器的基本单元。零件一般都预先装成合件、组件和部件后,再安装到机器上。合件是由若干零件固定连接(铆或焊)而成,或连接后再经加工而成,如装配式齿轮,发动机连杆小头孔压入衬套后再精镗。组件是指一个或几个合件与零件的组合,没有显著完整的作用,如主轴箱中轴与其上的齿轮、套、垫片、键和轴承的组合体。部件是若干组件、合件及零件的组合体,并在机

器中能完成一定的功能，如车床中的主轴箱、进给箱和溜板箱部件等。机器是由上述各装配单元结合而成的整体，具有独立的、完整的功能。

上述各装配单元都要选定某一零件或比它低一级的单元作为装配基准件。通常应选体积或重量较大、有足够支承面能保证装配时的稳定性的零件、组件或部件作为装配基准件。如床身零件是床身组件的装配基准件；床身组件是床身部件的装配基准组件；床身部件是机床产品的装配基准部件。

划分好装配单元，并确定装配基准件后，就可安排装配顺序。确定装配顺序的要求是保证装配精度，以及使装配时的联接、调整、校正和检验工作能顺利地进行，前面工序不能妨碍后面工序进行，后面工序不应损坏前面工序的质量。

一般装配顺序的安排是：

1)工件要预先处理，如工件的倒角，去毛刺与飞边、清洗、防锈和防腐处理、油漆和干燥等。

2)先基准件、重大件的装配，以便保证装配过程的稳定性。

3)先复杂件、精密件和难装配件的装配，以保证装配顺利进行。

4)先进行易破坏以后装配质量的工作，如冲击性质的装配、压力装配和加热装配。

5)集中安排使用相同设备及工艺装备的装配和有共同特殊装配环境的装配。

6)处于基准件同一方位的装配应尽可能集中进行。

7)电线、油气管路的安装应与相应工序同时进行。

8)易燃、易爆、易碎，有毒物质或零、部件的安装，尽可能放在最后，以减少安全防护工作量，保证装配工作顺利完成。

为了清晰表示装配顺序，常用装配单元系统图来表示。例如，图 6-29(a)所示是产品装配单元系统图；图 6-29(b)所示是部件装配单元系统图。

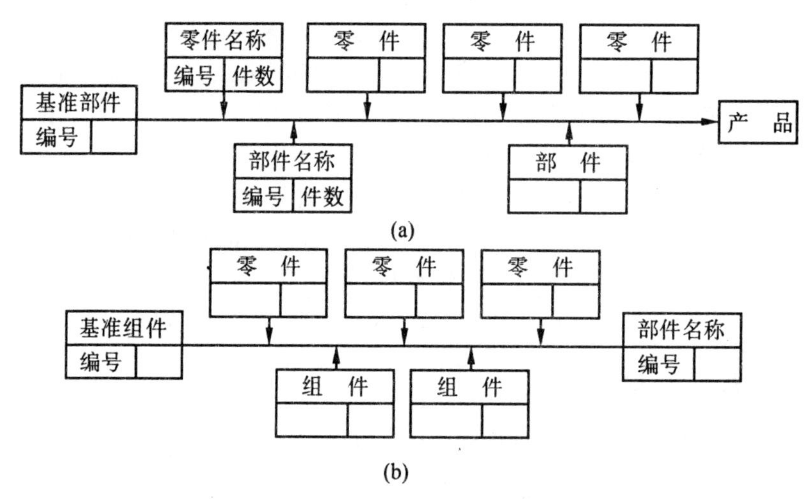

(a)产品装配单元系统图　(b)部件装配单元系统图

图 6-29　装配单元系统图

在装配单元系统图上加注所需的工艺说明，如焊接、配钻、配刮、冷压、热压和检验等，就形成装配工艺系统图。

装配工艺系统图比较清楚而全面地反应了装配单元的划分、装配顺序和装配工艺方法。它是装配工艺规程制订中的主要文件之一，也是划分装配工序的依据。

图 6-30 是普通车床床身部件装配简图。

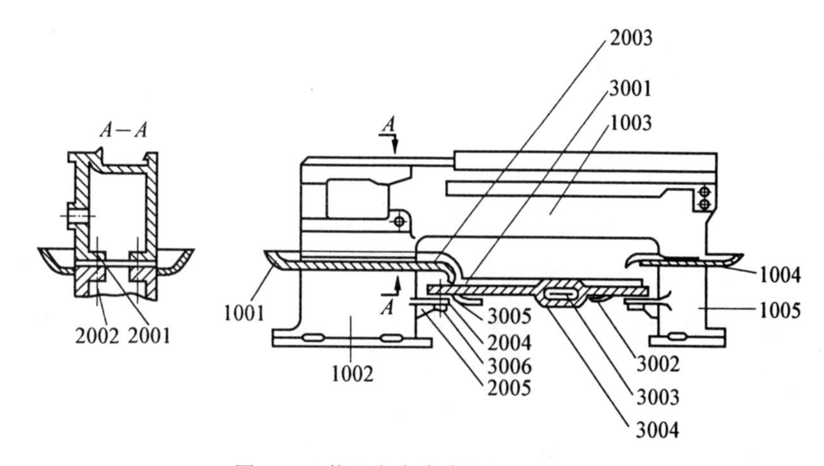

图 6-30　普通车床床身部件装配简图

图 6-31 是普通车床床身部件装配工艺系统图。

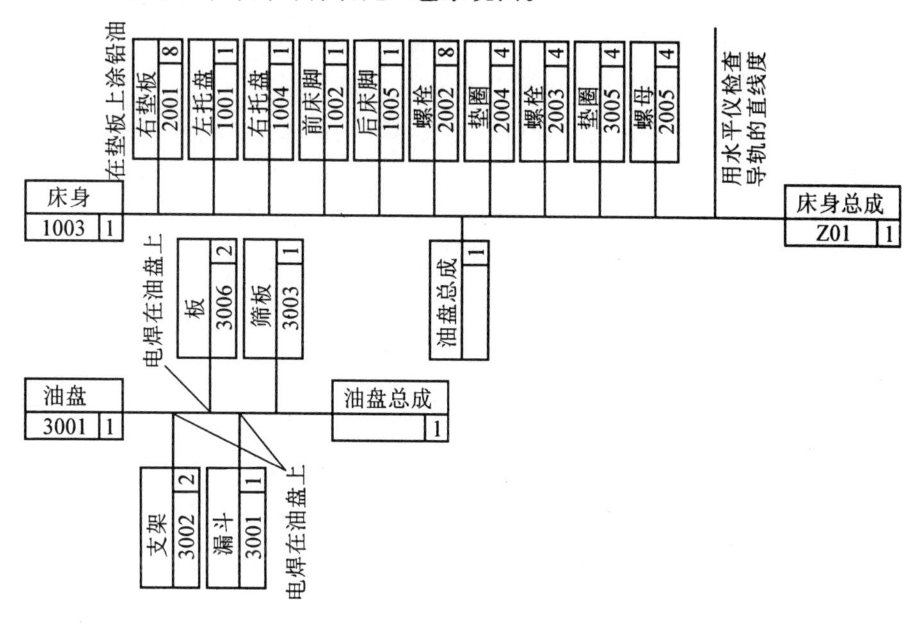

图 6-31　普通车床床身部件装配工艺系统图

五、装配工序的划分与设计

装配顺序确定后，就可将装配工艺过程划分为若干个装配工序，并进行具体装配工序的设计。

装配工序的划分主要是确定工序集中与工序分散的程度。装配工序的划分通常和装配工序设计一起进行。

装配工序设计的主要内容有：

1）制定装配工序的操作规范。例如，过盈配合所需压力、变温装配的温度值、紧固螺栓联结的预紧扭矩、装配环境等。

2）选择设备与工艺装备。若需要专用设备与工艺装备，则应提出设计任务书。

3)确定工时定额,并协调各装配工序内容。在大批大量生产时,要平衡装配工序的节拍,均衡生产,实现流水装配。

六、填写装配工艺文件

单件小批生产仅要求填写装配工艺过程卡。中批生产时,通常也只需填写装配工艺过程卡,但对复杂产品则还需填写装配工序卡。大批大量生产时,不仅要求填写装配工艺过程卡,而且要填写装配工序卡,以便指导工人进行装配。

七、制定产品检测与试验规范

产品装配完毕,应按产品技术性能和验收技术条件制定检测与试验规范。它包括:

(1)检测和试验的项目及检验质量指标。

(2)检测和试验的方法、条件与环境要求。

(3)检测和试验所需工艺装备的选择或设计。

(4)质量问题的分析方法和处理措施。

习　　题

6-1　何谓装配精度?机床的装配精度要求主要包括哪几方面?为什么在装配中要保证一定的装配精度要求?

6-2　机械的装配精度与其组成零件的加工精度间有何关系?试举例说明。

6-3　在解装配尺寸链时,什么情况下用完全互换法,什么情况下用大数互换法?两者在计算公式及计算结果上有何不同?

6-4　何谓分组装配法?在什么情况下采用此法比较适宜?如果相配合工件的公差不等,采用该法会出现什么问题?

6-5　试述制订装配工艺规程的意义、作用、内容、方法和步骤。

6-6　习图6-1是水泵的一个部件,其支架一端面距气缸一端面的尺寸 $A_1 = 50_{-0.62}^{\ 0}$ mm,气缸内孔长度 $A_2 = 31_{\ 0}^{+0.62}$ mm,活塞长度 $A_3 = 19_{-0.52}^{\ 0}$ mm,螺母内台阶的深度 $A_4 = 11_{\ 0}^{+0.43}$ mm,支架外台阶 $A_5 = 40_{-0.62}^{\ 0}$ mm。试分别用完全互换法和大数互换法求活塞行程长度的公差 TA_0。技术要求 TA_0 大于3mm。

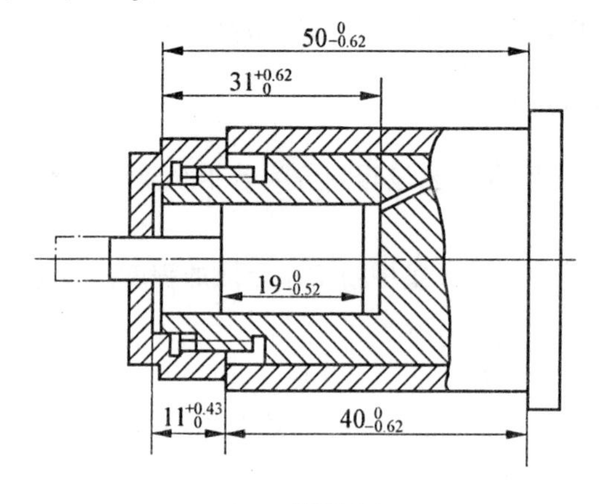

习图6-1

6-7　车床尾座部件如习图 6-2 所示，若尾座底板上、下平面间平行度公差为 300:0.05，尾座内孔轴线与尾座体底面的平行度公差为 300:0.07，顶尖套锥孔轴线与套筒外圆轴线的同轴度公差为 0.03mm，试计算装配后在垂直平面内顶尖套锥孔轴线对床身导轨面可能出现的最大平行度误差。

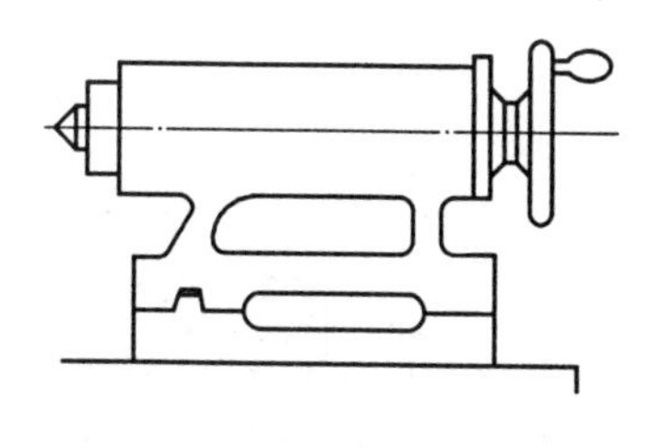

习图 6-2

6-8　如习图 6-3 所示的齿轮箱部件，根据使用要求，齿轮轴肩与轴承端面间的轴向间隙应在 1～1.75mm 范围内。若已知各零件的基本尺寸为 $A_{1j}=140$mm，$A_{2j}=5$mm，$A_{3j}=50$mm，$A_{4j}=101$mm，$A_{5j}=5$mm，试用完全互换法和大数互换法分别确定这些尺寸的公差及偏差。

6-9　习图 6-4 所示的连杆曲轴部件，要求装配间隙为 0.1～0.2mm，现设计图上的尺寸为：$A_1=150^{+0.08}_{0}$mm，$A_2=A_3=75^{-0.02}_{-0.06}$mm，该部件系大批量生产，应采用何种方法进行装配？

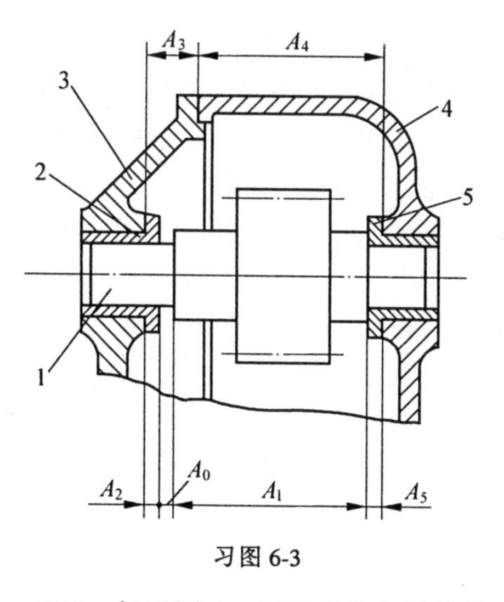

习图 6-3

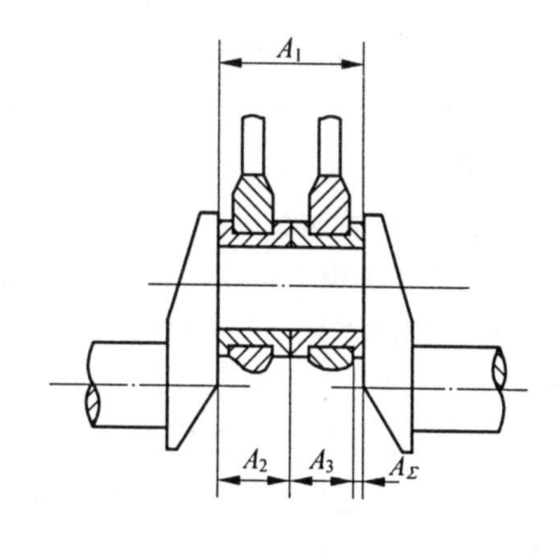

习图 6-4

6-10　如习图 6-5 所示齿轮与轴的装配关系，已知 $A_{1j}=30$mm，$A_{2j}=5$mm，$A_{3j}=43$mm，$A_{4j}=3^{\ 0}_{-0.05}$mm（标准件），$A_{5j}=5$mm，装配后齿轮与档圈的轴向间隙为 0.1～0.35mm。现采用修配装配法装配，试确定各组成环的公差及其分布。

6-11　某轴与孔的设计配合为 $\phi10\,\frac{H6}{h5}$，为降低加工成本，两零件按 1T9 级制造。现采用分组装配法时，试计算：

(1)分组数和每一组的极限偏差；

(2)若加工 1 000 套，且孔与轴的实际尺寸分布都符合正态分布规律，每一组孔与轴的零件数各为多少？

6-12　如习图 6-6 的双联转子泵，装配时要求冷态下的装配间隙 $A_0=0.05-0.15$mm。各组成环基本尺寸为：$A_{1j}=41$mm，$A_{2j}=A_{4j}=17$mm，$A_{3j}=7$mm。

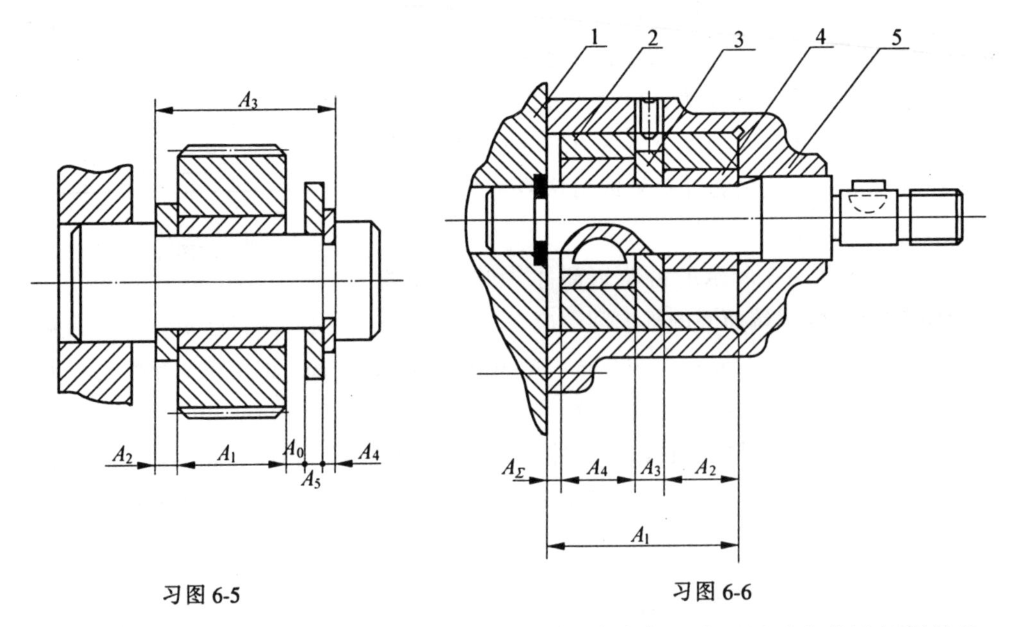

习图 6-5　　　　习图 6-6

(1)分别采用完全互换法和大数互换法装配时,试确定各组成环尺寸公差及极限偏差。

(2)采用修配法装配时,A_2、A_4 按 IT9 级精度制造,A_1 按 IT10 级精度制造,选 A_3 为修配环。试确定修配环的尺寸及上、下偏差,并计算可能出现的最大修配量。

(3)采用调整法装配时,A_1、A_2、A_4 均按上述精度制造,选 A_3 为固定补偿环,取 $TA_3 = 0.02$mm,试计算垫片尺寸系列。

6-13　习图 6-7 所示为 CA6140 车床上主轴端部装配简图。根据技术要求,主轴前端法兰盘与床头箱端面保持间隙 0.38 ~ 0.95mm,试通过装配尺寸链的计算确定床头箱、隔垫及隔套等零件有关尺寸的上、下偏差。

6-14　习图 6-8 所示为离合器部分装配图。为保证齿轮灵活转动,要求装配后轴套与隔套的轴向间隙为 0.05 ~ 0.20mm。试合理确定并标注各组成零件的有关尺寸及偏差。

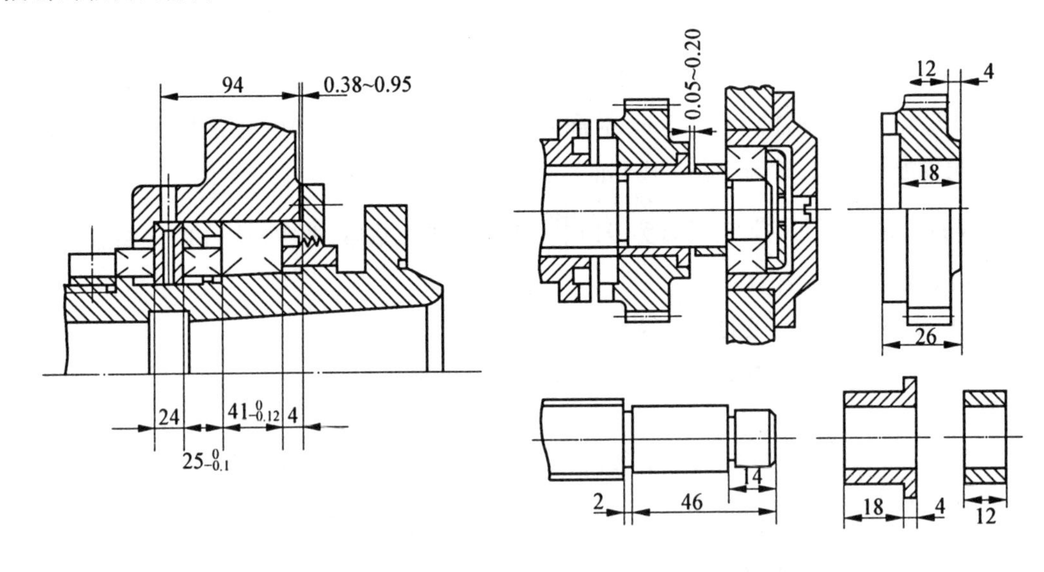

习图 6-7　　　　习图 6-8

6-15　习图 6-9 所示为滑动轴承、轴承套零件图及其组件装配图，该组件属成批生产。试确定满足装配技术要求的合理装配工艺方法。

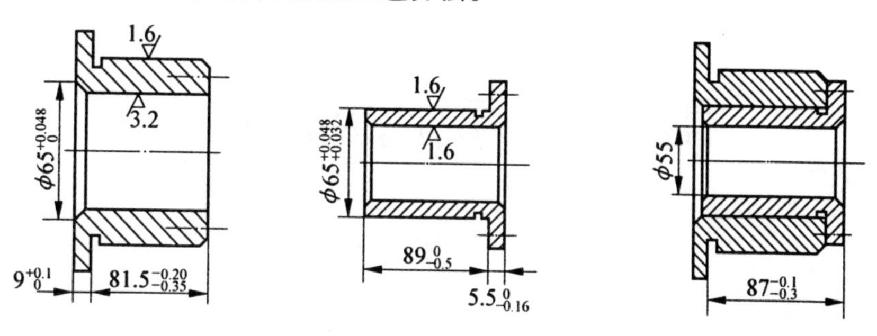

习图 6-9

6-16　习图 6-10 所示为动力头部件结构，装配要求轴承端面和轴承盖之间留有 0.3～0.5mm 的间隙。已知 $A_1 = A_3 = 42^{\ 0}_{-0.25}$ mm（标准件），$A_{2j} = 158$mm，$A_{4j} = 24$mm，$A_{5j} = 250$mm，$A_{6j} = 38$mm，$A_{Kj} = 5$mm，各组成环均按 IT8 级精度制造。试分析：

（1）用修配法装配时，修配环为 A_K，求最大最小修配量；

（2）用固定调整法装配时，求固定调整垫片 A_K 的分组数及其尺寸系列。

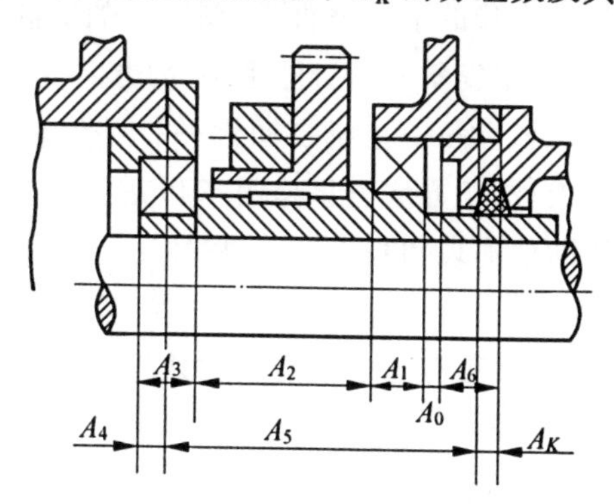

习图 6-10

第七章　现代制造技术

§7-1　概　　述

一、制造技术的发展过程

制造技术是使原材料变为产品所使用的一系列技术的总称，是国民经济得以发展，也是制造业本身赖以生存的主体技术。

制造技术的发展，离不开市场需求的牵引和科技发展的推动。在市场需求不断变化的驱动下，制造业的生产规模沿着“小批量——少品种大批量——多品种变批量”的方向发展；在科技发展和制造技术本身的不断完善下，制造业的资源配置沿着“劳动密集——设备密集——信息密集——知识密集——智能密集”的方向发展。与之相适应，制造技术的生产方式沿着“手工——机械化——单机自动化——刚性流水自动化——柔性自动化——智能自动化”的方向发展；加工方法也日趋增多和完善，在传统制造技术不断完善的同时，一些新的制造技术不断地涌现和被采用，机械加工所能达到的精度也从本世纪初的0.1mm级向目前的纳米级发展。

为了能对制造技术的发展过程有一个较清晰的认识，下面从制造业资源配置的变迁看一看制造技术发展的基本过程。

1. 劳动密集型生产　这是一种原始和落后的生产方式。其生产活动的进行依赖于劳动力资源的大量投入，因此其劳动生产率低，工人的劳动强度大，生产规模和生产批量较小，产品的精度一致性较差。此时用于制造过程的主体技术是手工生产和早期的机械化作业。

2. 设备密集型生产　这是一种本世纪20年代随着汽车等的普及而出现的生产方式。其生产活动的进行依赖于大量专用高效机械设备的投入，因此其劳动生产率高，产品的精度一致性好，生产规模大，特别适合于汽车等少品种大批量生产。此时用于制造过程的主体技术是以高效专用加工设备组成的刚性流水自动线。

3. 信息密集型生产　设备密集型生产可以很好地满足少品种大批量生产的要求，但自本世纪五十年代后，市场需求发生了很大的变化，产品的品种日益增多，产品的更新换代频率明显加快，这就要求制造过程应具有充分的适应性(柔性)。信息密集型生产方式实现了人与机器设备之间的信息交流，机器设备可通过获取的信息，快速、准确地实现加工和装配要求，因此其生产的自动化程度和适应性较强。此时用于制造过程的主体技术是以数控机床、加工中心为代表的数控加工技术。

4. 知识密集型生产　进入本世纪80年代后，随着当代高新技术的迅猛发展和市场竞争的日益加剧，迫切要求制造系统必须具有更高的柔性和自动化程度，使制造系统不但能与人进行信息交流，而且还要求它能在获得较少信息的情况下，自动地完成制造要求。因此，本身具有专家系统、数据库等必要的解决问题的知识密集型生产方式应运而生，此时用于制造过程的主体技术是柔性制造系统（FMS）和计算机集成制造系统（CIMS）。

5. 智能密集型生产　理想的制造系统不应该只是具有对某一问题的专一的、有限的知识，而应该具有模仿人类思维的能力，使制造系统本身能根据市场的变化，迅速地作出决断和响应。智能密集型生产方式是目前正在研究和实施的全新的生产方式，如 IMS、I-CIMS等。

当代制造技术的前沿已经发展到以知识密集型柔性自动化生产方式，满足多品种、变批量的市场需求，并进一步向智能自动化的方向发展。在上述发展过程中，制造技术的内涵不断地延伸和扩展，已经形成了现代制造技术的全新概念。

二、现代制造技术的产生及其特点

近 20 年来，随着科学技术特别是微电子技术和计算机技术的飞速发展，使得传统的机械制造技术发生了极为广泛和深刻的变化，这主要体现在以下几个方面：

1. 新材料、难加工材料的不断涌现，极大地刺激和推动了材料加工技术的发展。例如，航空发动机为了适应高温、高压、高速的工作环境，使用了高温合金；为了减轻飞行阻力，高速飞机的外壳采用了比强度很高的钛合金；为了适应超精密、超高速切削与磨削的需要，广泛采用了金刚石、陶瓷等新型刀具材料。这些新型材料由于成分、组织复杂，物理、力学性能各异，因此在对这些新材料的加工过程中，出现了一系列新技术和新工艺。如：电加工，超声波加工，激光束、电子束、离子束加工，加热切削，振动切削等。

2. 超精密加工技术飞速发展，作用日益突出。随着宇航、电子工业的迅猛发展，对组成机器的零部件，如导航陀螺、电子芯片、磁盘等的加工精度和表面质量提出了近乎于苛刻的要求。比如，为了能使集成电路芯片达到单片集成几百万甚至上亿个元件的集成度，就必须使用于制造芯片的基片达到微米或亚微米级的加工精度和纳米级的表面粗糙度，而且没有加工变质层。为了满足这样的加工要求，超精密加工技术已与计算机技术、微电子技术等紧密地结合起来，形成了包括精密测量、在线检测、实时控制、反馈补偿及恒温、净化、防振等一系列相关技术在内的综合技术。超精密加工的方法也日趋增多和完善，目前常见的现代超精密加工方法主要有：金刚石刀具超精密切削，超精密磨料加工及综合利用其它能量的特种超精密加工技术。

3. 生产的自动化程度空前提高。现代制造业的特点之一是多品种生产在生产结构中占有绝对优势的比重。这是由于社会需求多样性明显增加，迫使即使像汽车制造业这样的一贯被视为大量生产的行业，为了满足市场需求和保持企业活力，也不得不从历来的单一品种的生产方式向多品种生产方式转化。现代制造业的另一特点是生产批量越来越小，产量的更新换代频率明显加快。这就要求现代制造技术必须拥有相当高的自动化水平和灵活的应变能力。随着计算机技术在机械制造业中的广泛应用，使得机械制造技术进入了柔性自动化、智能化、集成化的新阶段。目前，在制造系统中较为成功的自动化技术主要有：成组技术（GT）、计算机辅助制造（CAM）、柔性制造系统（FMS）、计算机集成制造系统（CIMS）等现代技术。

可以看出,在市场需求和科技发展的不断推动下,制造技术的技术内涵和水平已经发生了质的变化。现代制造技术是传统制造技术不断吸收机械、电子、信息、材料、能源及现代管理技术的最新成果,将其综合应用于制造全过程,实现优质、高效、低耗、清洁、灵活生产,取得理想技术经济效果的制造技术的总称。与传统制造技术相比,现代制造技术具有如下特征:

1. 传统制造技术的学科、专业单一,界限分明,而现代制造技术的各学科、专业间不断交叉融合,其界限逐渐淡化甚至消失。计算机技术、传感技术、自动化技术、新材料技术、管理技术等的引入及与传统制造技术的相结合,使现代制造技术成为一个能驾驭生产过程的物质流、能量流和信息流的多学科交叉的系统工程。

2. 传统制造技术一般单指加工制造过程的工艺方法,而现代制造技术则贯穿了从产品设计、加工制造到产品销售及使用维修的全过程,强调了"市场——产品设计——制造——市场"的一体化,以实现"TQCS"生产的综合指标为宗旨,进而满足不断增长的多样化需求。

3. 生产规模的扩大及最佳技术经济效果的追求,使现代制造技术更加重视技术与管理的结合,重视制造过程组织和管理体制的简化及合理化,产生了一系列技术与管理相结合的新的生产方式。

4. 发展现代制造技术的目的在于能够实现优质、高效、低耗、清洁、灵活生产并取得理想的技术经济效果。因此,现代制造技术应能不断地被优化和推陈出新,这就使得现代制造技术具有鲜明的时代特征,具有相对和动态的特点。

总之,近 20 年来,现代制造技术的发展速度是惊人的,为赢得日益激烈的市场竞争,满足不断发展的多样化和个性化的需求,建立跨世纪的现代先进企业的新形象,现代制造企业已开始将生产过程直接延伸到用户处,出现了全新的"TQCS"生产方式。所谓 T—Time to market,是指尽量缩短产品的开发制造周期,适时推出新产品,使其以最短的时间上市;Q—Quality 是指产品的质量,即必须以最好的产品送至用户手中,企业必须从传统的质量控制和管理模式转换为完整的和可靠的质量保证体系;C—Cost 是指产品费用,但此时的费用应包括制造成本、运输费用和维护费用等,即用户不仅在购买产品时是便宜的,而且在使用、维护直至废弃的全过程中也是最经济的,使产品具有最佳的性能价格比;S—Service 是指服务,即良好的售前和售后服务,以优质、及时的服务来赢得用户。"TQCS"已成为现代企业赢得市场竞争的主要手段和现代制造技术发展的基本出发点。

三、本章内容简介

如前所述,现代制造技术的内涵相当广泛,它的产生和发展给传统的机械制造技术带来了勃勃生机。作为从事机械制造技术的专业工作者,有必要而且必须对其研究热点内容和发展趋势进行了解和掌握。本章将简要介绍如下内容:

1. 难加工材料的特种加工技术;

2. 现代超精密加工技术;

3. 机械制造系统的自动化技术;

4. 制造技术的未来展望。

§7-2 难加工材料的特种加工技术

一、基本概念

(一)难加工材料的概念

通常所说的材料的加工性是相对于切削加工而言的,是指对材料进行切削加工的难易程度。衡量材料加工的难易程度,通常用以下四个指标:

1)刀具耐用度的大小。

2)加工表面质量的优劣。

3)切削力和切削功率的大小。

4)材料的断屑性能。

上述衡量材料加工性的指标,仅适用于两种或几种材料之间的相互比较,但由于材料的种类繁多,加工条件又千差万别,根本无法进行一一对比,因此,在生产中普遍采用相对加工性的概念来衡量。

设刀具的耐用度 t 为一个常数,若取 $t = 15, 30, 60$(min),将其相应的切削速度记作 v_{15}, v_{30}, v_{60}。对不同材料而言,t 相同,所允许的切削速度 v_t 不同。若以切削 $\sigma = 0.75$GPa 的45[#] 钢的 v_{60} 为基准,记作$(v_{60})_j$,用被切削材料的 v_{60} 与之相比,所得到的比值则称为该材料的相对加工性 K_v,即:

$K_v = v_{60}/(v_{60})_j$

K_v 越小,则表明该材料越难加工,一般把 $K_v < 0.5$ 的材料称为难加工材料。例如那些高强度、高硬度、高韧性、高脆性及磁性材料等均属于难加工材料。

(二)特种加工的概念

第二次世界大战后,随着宇航、电子等尖端技术的飞速发展,新型工业材料不断涌现并被采用,而且零件的形状越来越复杂,对零件的加工精度和表面质量的要求也越来越高,传统的加工方法已经很难、甚至无法胜任这样的加工要求,特种加工技术就是在这种前提下生产和发展起来的。

特种加工是相对传统的切削加工而言的,是指那些除了车、铣、刨、磨、钻等传统的切削加工之外的一些新的加工方法。它与传统切削加工的主要不同点是:

1. 加工过程所使用的能量不主要依靠机械能,而是更多地依靠其它能量(如:电、化学、光、声、热等)进行加工。

2. 工具硬度可以低于被加工材料的硬度。

3. 加工过程中工具和工件之间不存在显著的机械切削力。

这些特点,使得特种加工技术在加工超硬材料,异形零件及表面质量(如残余应力、加工变质层等)要求较高的零件过程中表现出巨大的优越性。

特种加工的方法很多,至今已有几十种,而且随着科学技术的发展,一些新的、多种能量复合的特种加工技术不断涌现。本节将主要介绍电火花、电解、超声、激光束、电子束、离子束等特种加工技术的基本原理、工艺特点及它们在难加工材料加工中的应用。

二、电火花加工

(一)电火花加工的基本原理

电火花加工是利用工具电极和工件电极之间脉冲性火花放电时所产生的电腐蚀现象来蚀除多余的金属,而使零件达到预定的尺寸、形状及表面质量。

电火花腐蚀的主要原因是在电火花放电时,火花通道中瞬时产生大量的热,达到很高的温度,足以使任何金属材料局部熔化、汽化而被蚀除掉,形成放电凹坑。把这种电腐蚀现象用于对金属材料的尺寸加工时,必须解决以下问题:

1. 工具电极与工件被加工表面之间必须保持一定的放电间隙(通常为几微米至几百微米)。若间隙过大,极间电压不能击穿极间介质;若间隙过小,则很容易形成短路。因此,在电火花加工过程中,必须具有工具电极的自动进给和调节装置,以保证极间正常的火花放电。

2. 火花放电必须是瞬间的脉冲性放电(放电延续时间一般为 $10^{-7} \sim 10^{-3}$s)。这样才能使火花放电时所产生的热量来不及传导扩散到其余部分,从而把每一次放电点分别局限在很小的范围内,以完成对工件的尺寸加工。因此,电火花加工必须采用脉冲电源。

3. 火花放电应在绝缘强度较高的液体介质中进行(如:煤油、皂化液等),以有利于产生脉冲性火花放电。

电火花加工的原理示意图如图 7-1 所示,工件 1 与工具 4 分别与脉冲电源 2 的两输出端相连接。自动进给调节装置 3 使工具和工件之间保持一定的放电间隙。当脉冲电压加到两极之间时,便在当时条件下相对某一间隙最小处或绝缘强度最低处击穿介质,在该局部产生火花放电,瞬时高温使工件和工具表面都蚀除掉一小部分材料,各自形成一个小凹坑。脉冲放电结束后,经过一段时间间隙(即脉冲间隙),使工作液恢复绝缘后,第二个脉冲又加在两极上,又会在当时间隙最小或绝缘强度最低处击穿放电,工具电极不断地向工件电极进给,就将工具的形状复制到工件上,从而加工出所需要的零件。

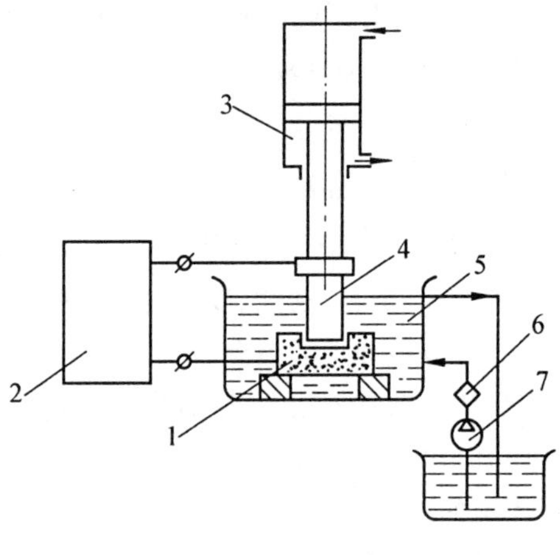

1—工件;2—脉冲电源;3—伺服系统;4—工具
5—工作液;6—流量阀;7—油泵

图 7-1 电火花加工原理示意图

(二)电火花加工的工艺特点和分类

1. 由于电火花加工是利用极间火花放电时所产生的电腐蚀现象,靠高温熔化和气化金属进行蚀除加工的。因此,可以使用较软的紫铜等工具电极,对任何导电的难加工材料进行加工。如:硬质合金、耐热合金、淬火钢、不锈钢、金属陶瓷、磁钢等用普通加工方法难于加工或无法加工的材料,达到以柔克刚的效果。

2. 由于电火花加工是一种非接触式加工,加工时不产生切削力,不受工具和工件刚度的限制,因而有利于实现微细加工,如薄壁、深小孔、盲孔、窄缝及弹性零件等的加工。

3. 由于电火花加工中不需要复杂的切削运动,因此,有利于异形曲面零件的表面加工。而且,由于工具电极的材料可以较软,因而,工具电极较易制造。

4. 尽管放电温度较高,但因放电时间极短,所以对加工表面不会产生厚的热影响层,因而适于加工热敏感性很强的材料。

5. 由图 7-1 可以看出，电火花加工时，脉冲电源的电脉冲参数调节及工具电极的自动进给等，均可通过一定措施实现自动化。这使得电火花加工与微电子、计算机等高新技术的互相渗透与交叉成为可能。目前，自适应控制、模糊逻辑控制的电火花加工已经开始出现和应用。

6. 电火花加工时，工具电极会产生损耗，这会影响加工精度。

电火花加工方法按其加工方式和用途不同，大致可分为电火花成型加工、电火花线切割加工、电火花磨削和镗磨加工、电火花同步回转加工、电火花表面强化与刻字等五大类。其中尤以电火花穿孔成型加工和电火花线切割加工的应用最为广泛。

（三）电火花加工技术在难加工材料加工中的应用

金刚石是目前发现的最硬的刀具材料，它已在高速、超高速切削中得到了越来越广泛的应用。由于天然金属石(钻石)的储备量极少，且存在各向异性，因此，由大量人造金刚石晶体加上各种配方的添加剂经高温、高压烧结而成的聚晶金刚石材料得到更为普遍的应用。聚晶金刚石是一种取向紊乱的，金刚石晶粒交错生成的聚晶团块，它具有与天然金刚石相近的硬度和更好的耐磨性，因此，是一种极好的刀具材料。

聚晶金刚石的强度和硬度极高，用普通的方法很难对其加工，但由于它是导电的，因此，可以对其实施电火花加工。金刚石刀片焊在刀杆上后，必须对其前刀面、主后刀面、副后刀面进行磨削，以形成必要的刀具角度和锋利的切削刃。图 7-2 是电火花磨削聚晶金刚石刀具的原理示意图。电火花磨削过程中主要有三个运动：磨轮(工具)的转动、工件的往复运动和工具相对工件的进给运动。工具电极的转动和工件电极的往复运动，虽然一方面可使得排屑容易和降低工具电极的损耗，但另一方面，由于磨轮端面的制造精度及轴向和径向跳动，加之工件的往复运动，使加工间隙瞬时变化，因而不易产生稳定的放电状态。因此，在聚晶金刚石刀具的电火花磨削加工中，工具电极的伺服进给质量成为关键性问题之一。

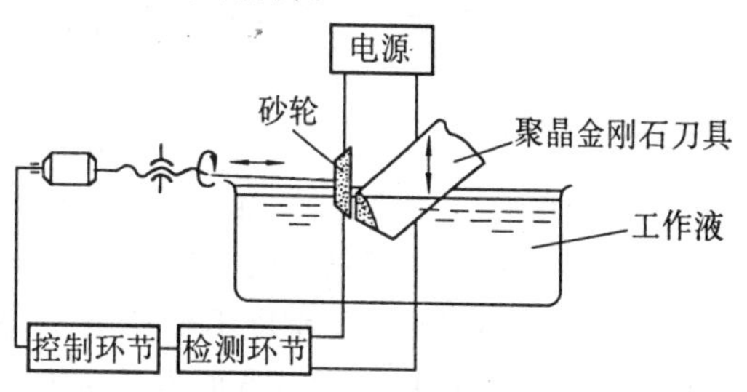

图 7-2　电火花磨削聚晶金刚石刀具的原理示意图

三、电解加工

（一）电解加工的基本原理

电解加工是利用金属在电解液中的电化学阳极溶解原理，将工件加工成型的。图 7-3 为电解加工过程的示意图。工件接直流电源正极，工具接负极。两极之间的电压一般为 5～25V。工具向工件缓慢进给，使两极间保持较小的间隙(0.05～1mm)，具有一定压力(0.5～2MPa)的电解液(通常为 NaCl 或 $NaNO_3$ 溶液)从间隙中流过，这时，作为阳极的工件金属逐渐被电解腐蚀，电解产物被高速流动(5～50m/s)的电解液带走。

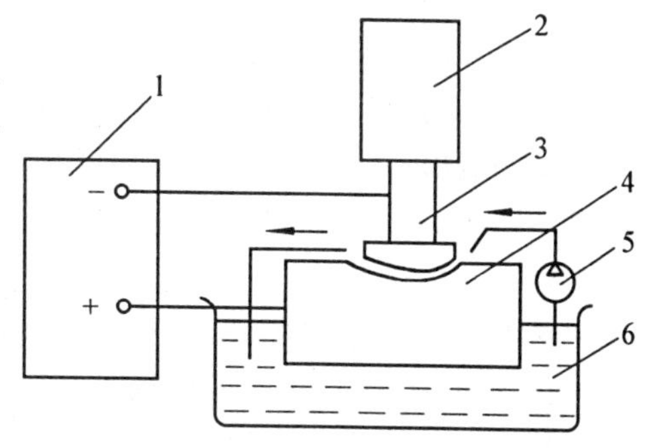

1—直流电源；2—伺服进给机构；3—工具电极
4—工件；5—电解液循环系统；6—电解液
图 7-3　电解加工原理示意图

电解加工的成型原理可用图 7-4 示意。图中的细竖线表示通过阴极(工具)与阳极(工件)间的电流,竖线的疏密程度表示电流密度的大小。加工开始时,阴极与阳极间距离较近的地方通过的电流密度较大,电解液的流速较高,因此,此处的阳极溶解速度也较快,而两极相距较远处,则阳极溶解速度较慢,见图 7-4(a)。因而随着工具电极的不断进给,工件表面就不断地被电解蚀除,电解产物则被流动的电解液带走。当工件表面被加工成与工具表面形状一致时,则两极间的间隙距离大致相等,整个加工区各处的电流密度趋于一致,如图 7-4(b),此时,工件溶解均匀进行。这样,就使工具的形状复映到工件上,从而得到所需要的加工形状。

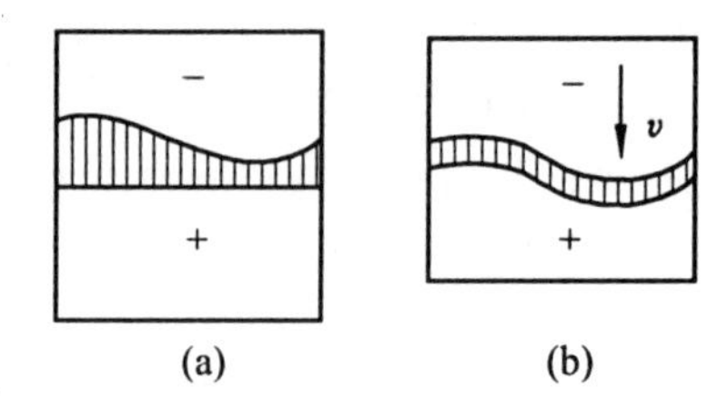

图 7-4　电解加工成型原理示意图

(二)电解加工的工艺特点

1. 加工范围广。由于电解加工是依靠阳极的电化学腐蚀使工件成型的,因此,不论被加工材料的硬度、强度和韧性如何,凡是能导电的材料均可进行电解加工。

2. 生产率较高。对各种型腔及型面可以一次成型,能取代几道甚至几十道机械加工工序。

3. 由于加工过程中不存在机械切削力和电火花加工时的热效应,所以,加工表面不产生残余应力和应变层,并且没有飞边毛刺。

4. 加工过程中工具阴极在理论上不会损耗,因此可长期使用。

5. 电解加工的加工精度不够理想,一般为 ±0.1mm 左右。这一方面是由于工具阴极的本身制造精度有限,另一方面也是由于影响电解加工精度的因素很多。如:电参数(加工时电压、电流及其形成的磁场等)、电解液参数(成分、压力、流量、温度、粘度、浓度等)、主轴进给参数(速度及稳定性等),使得加工过程难以精确控制。

6. 设备初始投资较大,且耗能较多(加工时的电流有时可达上万安培)。

尽管电解加工技术还存在着一些不尽人意之处,但其在加工难加工材料、异形表面及对表面质量要求较高的零件上显示出巨大的优越性,因此而被广泛地应用于航空、航天及模具制造等领域。

(三)电解加工技术在难加工材料加工中的应用

由于电解加工中工具电极基本上是不损耗的,可以长期使用。因此,生产中已广泛使用电解加工方法对整体涡轮转子进行加工,这样,省去了将单片叶片焊到轮盘上的工序,大大缩短了制造周期,也进一步提高了转子的使用性能。以在 HPE·GPI 型电解加工机床上加工喷气涡轮发动机轴流式空气起动马达上的整体叶轮为例。叶轮材料为高温合金,整体叶轮上共有 26 个叶片,且都是等截面的。图 7-5 是加工原理示意图。电解加工过程是通过控制环节自动控制的。工具阴极由伺服电机驱动,进给速度为 2.16mm/min。电解液为 20%

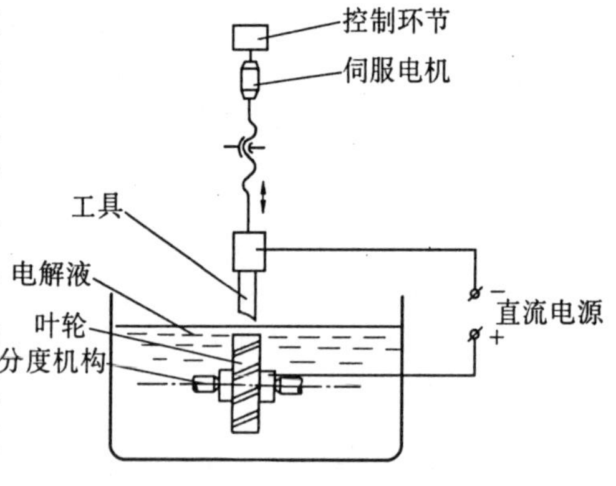

图 7-5　电解加工整体叶轮示意图

的 $NaNO_3$ 水溶液，压力为 1.4MPa，温度为 45 ± 2℃。工作电流为 200A，电压为 14V。加工间隙为 0.38mm。加工过程是：将叶轮装夹在两顶尖之间，阴极快速趋近工件，到达预定位置后，开始工作进给，同时液压泵起动供液并通电加工，加工进行到规定深度后，切断工作电源并停止供液。此时，一个叶片加工完毕，阴极快速回退至原始位置，被加工叶轮转动分度，准备下一个叶片的加工。每个叶片的加工时间为 7.5min，精度为 0.05mm，表面粗糙度为 Ra0.38μm。

四、超声加工

（一）超声加工的基本原理

超声加工是利用工具端面作超声频（16 ~ 25kHz）振动，通过工作液中的悬浮磨料对工件表面冲击抛磨来实现加工的。图 7-6 是超声加工原理示意图。加工时，在工具 1（一般为 45 钢制成）和工件 2 之间加入工作液 3（一般为水和煤油与磨料混合而成的悬浮液），并使工具以很小的压力 p 轻轻作用于工件上。超声发生器 7 将工频交流电转变为有一定功率输出的超声频电振荡，通过换能器 6 将超声频电振荡转变为超声机械振动，但其振幅很小，一般只有 0.005 ~ 0.01mm，无法满足加工要求。因此，需借助变幅杆 4、5 将振幅放大到 0.05 ~ 0.1mm 左右。这样，固定在变幅杆端头的工具 3 即产生了能满足加工要求的超声振动。工具端面的超声振动，迫使工作液中的悬浮磨粒以很大的速度和加速度不断地撞击、抛磨被加工表面，使加工区域内的工件材料被粉碎成很小的微粒，从工件表面脱落下来。循环流动的工作液不断带走加工碎屑，同时，也使得加工区域中的磨料不断得到更新。随着工具的不断进给，上述加工过程继续进行，工具的形状便被复映到工件上，直至达到要求的尺寸和形状为止。

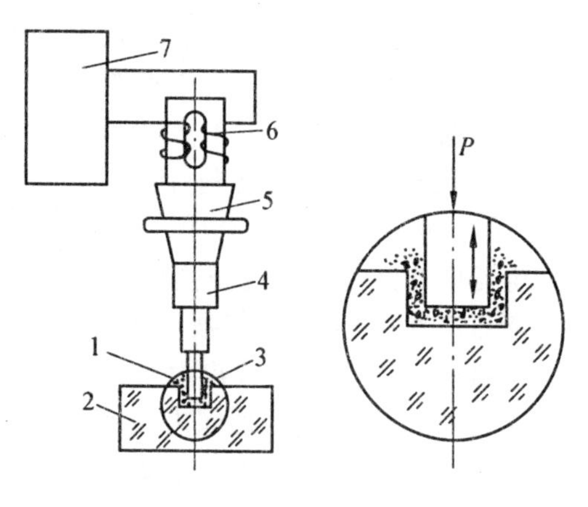

1—工具；2—工件；3—工作液；4、5—变幅杆
6—换能器；7—超声发生器

图 7-6 超声加工原理示意图

（二）超声加工的工艺特点

1. 加工范围广。由于超声加工是基于局部撞击作用而进行加工的，因此，理论上讲，它可用于对任何材料的加工，特别是在那些不导电的非金属硬脆材料（如：玻璃、石英、石墨、玛瑙、硅、宝石等）的加工上，具有相当大的优越性。

2. 加工精度高，表面质量好。由于材料的去除是靠极小粒度磨料和水分子的瞬时局部的撞击作用，因此，工件表面的宏观切削力、切削应力和切削热均很小，不会引起残余应力及烧伤等现象。而且由于工件的被加工过程是上述微去除过程的叠加，因此，加工的表面粗糙度较低（可达 Ra0.1μm），加工精度较高（可达 0.01mm）。

3. 加工设备简单。由于被加工出的工件形状是工具形状的复映，而工具可用较软的材料制成较复杂的形状，因此，不需使工具与工件之间作比较复杂的相对运动即可完成诸如异形孔、雕刻花纹及图形的超声加工。

4. 超声加工的效率不高。在对导电材料的加工时，其加工效率远不如电火花与电解加工，对软质材料及弹性大的材料的加工较为困难。

5. 由于超声加工可用较简单的设备加工出高质量的表面，因此，很适合于与其它工艺进行复合加工,如超声-电火花加工,超声-电解加工,超声-研磨加工等。

(三)超声加工技术在难加工材料加工中的应用

超声加工技术在模具型腔抛光、硬脆非金属材料加工等领域已得到了相当广泛的应用。但单纯的超声加工一般很难达到高的加工效率,因此,目前更多地是将超声加工技术与其它加工方法相复合使用。超声振动磨削就是众多复合加工技术中的一种。

难加工材料磨削时,磨具因磨损或堵塞而失去锋利性,使工件表面温度上升,表面质量变坏,甚至磨削难以正常进行。将超声波引入磨削过程可大大改善砂轮的磨削性能。图7-7是超声振动磨头示意图。图中,发生器电能由电刷1送至换能器2,换能器产生的纵向振动经波导杆3推动变幅杆4,在变幅杆输出端安装砂轮5。这个装置所引入的超声振动是在轴向即垂直于砂轮切削速度方向上的。

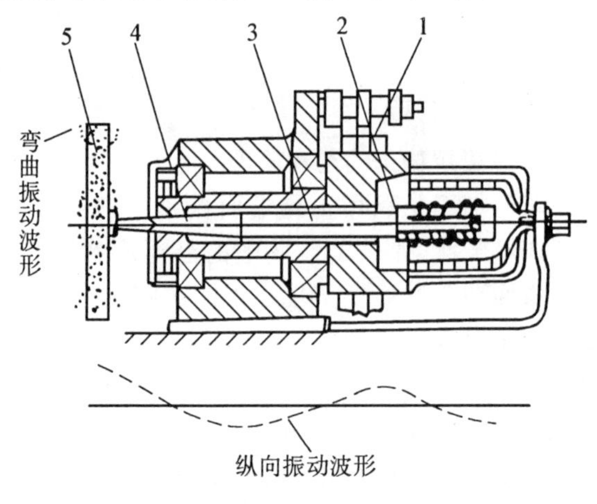

图7-7　超声振动磨头示意图

磨头引入超声振动后,磨削液对磨具的渗透性变得非常好,且超声振动使得磨屑与磨料间的摩擦因数激减。这样,磨削过程中镶嵌在磨具内部孔隙中的磨屑很容易从高速旋转的磨具内脱落下来被磨削液带走,加工中磨具几乎不产生堵塞,可长期保持锋利状态,延长其使用寿命。另外,超声振动磨削使磨粒象很多微刃刀具,由普通磨削时的静态切削变为动态切削,强化了磨粒的切削过程,提高了磨削效率,同时降低了加工区工件表面的温度,改善了表面质量。实践证明,采用此工艺磨削耐热合金、淬硬钢等材料时,砂轮寿命比普通磨削可提高1~2.5倍,生产率可提高1倍以上,表面质量的各项指标也有较大改善。

五、激光加工

(一)激光的特性和激光加工的基本原理

激光是本世纪60年代出现的新型光源。一般地讲,激光是由处于激发状态的原子、离子或分子受激辐射而发出的得到加强的光。为了解激光加工的基本原理,有必要了解激光的特性。

1. 激光的特性

激光也是一种光,它除具有一般光的共性(如光的反射、折射、干涉等)外,还具有以下几个主要特性:

1)强度高(高亮度)。由于激光的能量可实现在空间和时间上的高度集中,因此,其发光强度特别高。如一台红宝石脉冲激光器的发光强度要比高压脉冲氙气灯的发光强度高三百七十亿倍,比太阳表面的发光强度高二百多亿倍。

2) 单色性好。所谓单色性是指光波的波长或频率为一个确定值。实际上严格的单色光是不存在的,一般一个波长为λ_0的单色光是指中心波长为λ_0,谱线宽度为$\Delta\lambda$的一个光谱范围。$\Delta\lambda$称为该单色光的线宽,是衡量单色性好坏的尺度,$\Delta\lambda$越小,则单色性越好。激光出现以前,最好的单色光是氪灯光源发出的波长为 $\lambda_0 = 605.7\text{nm}$, $\Delta\lambda = 4.7 \times 10^{-4}\text{nm}$ 的单色光,而激光的谱线宽度 $\Delta\lambda$ 一般都小于 10^{-8}nm。

3) 相干性好。光源相干性的好坏是用相干时间或相干长度 $L_{干}$ 来衡量的。相干时间是指光源发出的两束光能够产生干涉现象的最大时间间隔。在相干时间内,光所走的路程(光程)就是相干长度。它与光源的单色性密切相关,即: $L_{干} = \lambda_0^2/\Delta\lambda$。过去相干性最好的氪灯光源的相干长度仅为 78cm,而由于激光的 $\Delta\lambda$ 极窄,所以其相干长度可达几十公里。

4) 方向性好。光束的方向性是用光束的发散角 θ 来表示的。由于激光的受激辐射和谐振腔对振荡光束的方向性限制,其发散角可小于毫弧度级。良好的方向性,使激光光束经聚焦后,可在聚焦面上获得极小的光斑,光斑直径可在微米级。

2. 激光加工的基本原理

利用激光的上述特性,可经过一系列光学系统,把激光光束聚焦成极小的光斑,从而获得 $10^8 \sim 10^{10}\text{W/cm}^2$ 的能量密度及 10 000℃以上的高温,在千分之几秒甚至更短的时间内,足以使任何材料熔化和气化而被蚀除下来,实现加工。

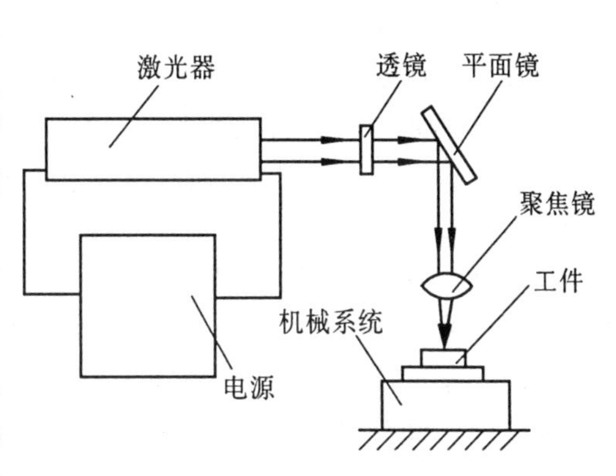

图 7-8　激光加工原理示意图

激光加工的原理如图 7-8 所示。实现激光加工的设备主要包括激光器、电源、光学系统和机械系统等四个部分组成。其中激光器是最重要的部分。按所使用的工作物质种类,激光器可分为固体激光器、气体激光器、液体激光器和半导体激光器。激光加工中应用较广泛的是固体激光器和液体激光器。

(二)激光加工的工艺特点

1. 适用范围广。由于激光的功率密度高达 10^{10}W/cm^2 以上,故几乎可以对所有材料进行加工,即使是对透明材料也只需对其采取一些诸如色化、打毛等措施,仍可加工。

2. 激光加工不需要加工工具,所以不存在工具损耗和断屑排屑问题,很适用于自动化连续作业。

3. 由于激光的强度高,方向性好,理论光斑直径可达 $1\mu\text{m}$,且不需加工工具,故它是一种非接触式加工,加工中的热变形、热影响区都很小,因此很适用于精密微细加工。

4. 加工速度快,效率高。

5. 可通过透明材料(如玻璃等)对工件进行加工,这对某些特殊情况(如工件必须在真空环境中加工)下的加工是非常有利的。

6. 激光加工还可以实现工件在运动过程中的加工。

7. 激光加工的设备复杂,一次性投资较大。

(三)激光加工技术在难加工材料加工中的应用

目前,激光打孔、激光切割、激光焊接等技术已在生产中开始应用。

钛合金是航空航天工业中常用的一种金属材料,由于它的塑性差、回弹大,成形加工较困难。激光切割钛合金与其它热切割方法如等离子弧切割等比较,具有切割速度快、切缝窄、热影响区小等优点。用激光切割 30mm 厚的钛蜂窝结构,切割速度可达 5m/min,而若用锯切割,速度仅为0.1m/min。美国某航空公司用大功率的CO_2激光器切割牌号为Ti-6Al-6V-2Sn的F14A飞机水平尾翼上的某构件,以代替化学铣削和磨削,有效地提高了生产率。

激光打孔技术主要用于宝石轴承打孔、火箭发动机燃料喷嘴加工等细微孔的加工中,加工出的孔径可小到10μm左右,孔深与孔径之比可达5以上。由于所加工孔的孔径很小,深径比又很大,这使得蚀除物的排除问题成为激光打孔的关键性技术问题。为此,除广泛采用吹气或吸气等措施以帮助排除蚀除物外,人们还正尝试用其它的方法来提高激光打孔的质量。

六、电子束加工

(一)电子束加工的基本原理

电子束加工是在真空状态下,利用高速电子的冲击动能转化成局部热能而对材料进行加工的。其加工原理如图7-9所示。在真空状态下,利用电能将阴极(钨丝)加热到2 700℃以上,发射出电子并形成电子云,在阳极吸引下,使电子朝着阳极方向加速运动,经聚焦后,得到能量密度极高(可达10^9W/cm^2)、直径仅为几微米的电子束。它以极高的速度作用到被加工表面上,使被加工部位的材料在极短的时间(几分之一微秒)内温度迅速升高到几千摄氏度的高温,从而把局部材料瞬时熔化或气化掉,实现去除加工。

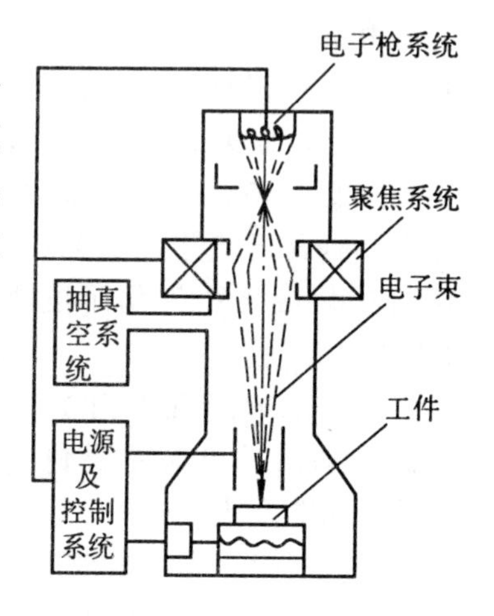

图7-9 电子束加工原理示意图

(二)电子束加工的工艺特点

1. 由于电子束可聚集极高的能量密度,因此,其加工范围相当广泛,几乎可对任何金属导体、半导体和非导体材料进行加工。

2. 由于电子束流可聚成几微米甚至几分之一微米的小斑点,因此加工面积可以很小,能加工微孔、窄缝,半导体集成电路等。

3. 电子束加工是一种非接触式加工,加工过程中工件不受机械力作用,因此,不产生宏观应力和变形。

4. 可以通过磁场和电场对电子束的强度、位置、聚焦等进行直接控制,而且加工过程中不存在工具损耗问题,所以,整个加工过程容易实现自动化。

5. 因电子束流可以分割成多条细束,可以实现多束同时加工,一秒钟可以加工出数千个小孔,从而大大提高了生产率。

6. 由于电子束加工是在真空中进行的,因而产生污染少,加工表面在高温时也不易氧化,特别适于加工易氧化材料及纯度要求较高的半导体材料。

7. 电子束加工需要一套专用设备和真空系统,价格较贵。

(三)电子束加工技术在难加工材料加工中的应用

由于电子束的能量密度极高,且加工中不需要工具,这使得电子束打孔技术在微细孔的加工中得到广泛的应用。据报导,目前电子束精微加工最小孔径可达1~3μm,尺寸精度可达0.01~0.0001μm,孔的深径比可达30以上。为了提高小孔的圆度,还可使电子束流以束轴为中心进行旋转加工。

电子束打孔的特点之一是速度极快，如在 0.1mm 厚的镍铬合金板上打出 Φ0.2mm 的小孔，速度为 3 000 个/秒。电子束打孔的特点之二是加工孔的密度可很大，如在 0.4mm 厚的 Nimonin90 板上打出 ϕ0.12mm 的小孔，其密度可达 20 000 个/厘米^2，时间仅为 40μs。

七、离子束加工

离子束加工的原理是在真空状态下，将离子源产生的离子束流经加速、聚焦，打到工件表面上而实现加工的。这个过程与电子束加工是基本类似的，但是离子是带正电荷的，其质量要比电子大千万倍，如最小的氢离子，其质量是电子的 1 840 倍，而氩离子的质量是电子的 7.2 万倍，所以一旦离子被加速到较高的速度时，离子束要比电子束具有更大的冲击功能。因此，离子束加工是靠微观的机械撞击能量，而不是靠动能转化为热能来加工的，故离子束加工的机理与电子束加工存在着很大的差异。

离子束加工是一个能实现亚微米(0.1μm)、毫微米(0.001μm)乃至分子、原子级加工的超精密加工技术，是目前特种加工技术中最精密、最微细的加工方法。

§7-3 超精密加工技术

一、概述

(一)超精密加工的概念及发展方向

现代制造技术是当前国际经济竞争、产品革命的一个重要武器，被视为一个国家在经济上获得成功的关键因素。作为现代制造技术的一个重要组成部分，超精密加工技术已越来越为世人瞩目。

按加工精度和加工表面质量的不同，通常可以把机械加工分为一般加工、精密加工和超精密加工。精密与超精密的概念是相对的，是与某个时代的加工与测量技术水平紧密相关的。所谓超精密加工技术，不是指某一特定的加工方法，也不是指比某一给定的加工精度高一个数量级的加工技术，而是指在一定的发展时期中，加工精度和表面质量达到最高水平的各种加工方法的总称。

为了正确理解超精密加工的确切含义，一般可从下面两个角度入手：

第一，社会发展的不同阶段都有该时代的加工精度极限。图 7-10 是二十世纪以来，加工精度的发展历程及其发展趋势。在五十年代，把 1μm 级精度的加工技术就称为超精密加工技术，而到了八十年代，只有那些能达到 0.1μm 级以上精度的加工技术才称为超精密加工技术。因此，从这一角度来看，超精密加工技术的涵义是相对的，是随着时代的发展而变化的。就当前而言，一般把能使被加工表面的加工精度高于 0.1μm，表面粗糙度 Ra$\leqslant$0.025μm 的加工技术称为超精密加工技术。

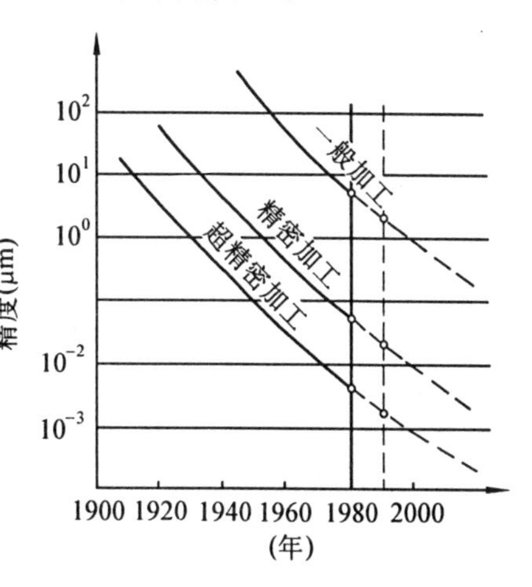

图 7-10 加工精度的发展历程

第二，物质是由分子或原子组成的。因此从

机械加工的角度来看,最小的加工单位是分子或原子。如果在加工中能以分子或原子级去除(或附着)被加工表面,即达到了的所谓的加工极限。因此,从这个角度来看,超精密加工的含义又有绝对的一面,即可以把接近于加工极限的加工技术称为超精密加工技术。

目前,对超精密加工技术的研究主要集中在以下几个方面:

1. 超精密加工机床新型结构的研究。优良的设备是实现高质量加工的基础,为此世界各国都极为重视此项研究。这主要包括机床的结构设计、新型机床材料和微量进给机构的选用、性能更好的恒温、防振、除尘及排屑系统的研究等。

2. 金刚石刀具(或砂轮)超精密切削与磨削技术的研究。利用金刚石刀具(或砂轮)进行超精密加工已成为当前超精密加工的重要研究方向之一。在此方向上,目前的研究热点问题主要有金刚石刀具(或砂轮)的刃磨与修整技术,微粉金刚石砂轮超精密磨削等。

3. 新型超精密研磨抛光方法的研究。在古老的研磨抛光技术的基础上,近年来已经出现了诸如磁性研磨、弹性发射加工、磁流体抛光、砂带研抛、电化学抛光、机械化学抛光等诸多有效的新方法,使传统的研磨抛光技术出现了勃勃生机。

4. 纳米技术和微型机械的研究。纳米技术和微型机械的研究已经使制造技术进入了物质的微观领域,成为当前超精密加工技术的重要发展方向。

(二)影响超精密加工的主要因素

要想达到高精度和高表面质量,不仅要考虑加工方法本身,而且要考虑整个制造工艺系统及其相关技术,因此,超精密加工技术已成为融合当代最新科技成果,涉及面极其广泛的系统工程。影响超精密加工的因素很多,归纳起来主要有如下几个方面:

1. 加工方法的原理及超微量加工机理。一般加工时,“工作母机”的精度总是要高于被加工零件的精度要求,这一规律被称为“母性”原则。对于超精密加工,由于被加工零件的精度要求极高,一般已很难用“母性”原则对其加工,此时要用精度低于被加工零件精度的机床,借助于工艺手段和特殊工具对其进行加工,这就是所谓的“创造性”加工原则。因此,当根据加工精度和表面质量选择加工方法时,除应考虑加工方法本身外,还应考虑“创造性”加工所带来的问题。

超精密加工必须能均匀地去除(或附着)不大于加工精度和表面粗糙度要求的极薄的加工层,即超微量加工。由于加工层极薄,这使得超微量加工的加工机理与普通加工相差甚大,它已经深入到了物质的微观领域,此时不得不考虑材料物质内部的不均匀性和不连续性而引起的切削阻力的急剧变化,以及由此而带来的一系列问题。因此,必须重视超微量加工机理的研究。

2. 加工设备及其基础元件。无论是采用“母性”原则,还是“创造性”原则对工件进行加工时,工作母机本身的质量都是至关重要的。为完成超精密加工的要求,加工设备一般应具备以下要求:

1)高精度和高刚度。实现超精密加工的设备本身,必须具有极高精度和刚度的主轴系统、进给系统及微位移装置等。目前超精密加工机床的主轴系统均采用空气静压轴承或液体静压轴承支承的主轴。静压轴承具有回转精度高、刚性好的性能,且由于是流体摩擦,因而阻尼大、抗振性能好。进给系统应能提供超精密的匀速直线运动,保证在低速条件下进给均匀,无爬行现象。目前超精密加工机床导轨的结构主要采用液体静压和空气静压导轨,传动丝杠除广泛采用滚珠丝杠外,还大量采用了空气静压和液体静压丝杠。精密微位移装置是实现超微量加工的重要保证。当前应用于超精密加工机床上的微位移装置主要有：磁致伸缩微位移装置、电致伸缩微位移装置、热变形微位移装置、弹性变形微位移装置等。

2）高稳定性。这主要是指机床抵抗热变形、磨损、抗振等性能。

3）高自动化程度。提高自动化程度、减小人为因素的影响是实现超精密加工的重要条件。

3．测量技术。加工和测量是相辅相成不可分离的整体。一定的加工精度必须有相应的测量技术和装置。目前超精密加工的精度已可较稳定地达到亚微米（0.1μm）级，并可达到百分之几微米级，相应地测量精度应具备纳米级水平。目前在超精密加工中除广泛应用基于光学原理的测量技术和高灵敏度的电气测微技术外，还正在探索用新出现的高新技术进行显微计量，如长春光机研究所应用扫描隧道显微技术已成功地实现了亚纳米量级的表面粗糙度的测量。

4．加工环境条件。在超精密加工中，加工环境条件对加工精度的影响极大，其极微小的变化都会使加工达不到预期目的。因此超精密加工必须在超稳定的加工环境条件下进行。超稳定的加工环境条件主要是指恒温、恒湿、防振和超净等方面。温度和湿度的变化将影响机床的几何精度、测量仪的精度及精密零件的变形等；工艺系统的微量振动会造成超微量切削稳定状态的破坏；尘埃则有可能划伤粗糙度极低的加工表面。

除上述影响因素外，加工工具、工件的定位与夹紧方式及操作者的技艺水平等也都对超精密加工有较大影响。

值得注意的是，上述各影响因素并不是独立地起作用的，而是相互影响、相互制约的。

（三）超精密加工的意义

随着现代工业的发展，对现代技术产品及其零部件的质量要求越来越高，如亚微米机床、激光测长仪、空气静压轴承等高精度的机械装置；测量水的绝对密度的“标准球”、测量平面度的标准“光学平晶”等作为测量标准的所谓“原器”；惯性导航仪中的静电陀螺球；超大规模集成电路的基片；计算机磁盘盘片等都必须具有极高的尺寸和形状精度及极高的表面质量。这些代表当代高技术的产品都必须依靠超精密加工技术来实现。

超精密加工的直接效果是促进了各种产品技术性能的提高。如陀螺仪精度的提高使MX战略导弹的命中精度圆概率误差减小到50～150m，而原来的民兵Ⅱ型洲际战略导弹的命中精度圆概率误差为500m。另一方面，新技术、新设备的开发和使用，又刺激和推动了超精密加工的发展。

在过去相当长的一段时期内，超精密加工的应用范围相当狭窄。近二十年来，随着科学技术和人民生活水平的提高，超精密加工不仅进入了国民经济的各个领域，而且正在从单件、小批生产方式走向规模生产。如磁带录像机的磁头、集成电路的基片和计算机硬磁盘的盘片等零件的加工精度和表面质量要求极高，是超精密加工的典型零件。可以预见，随着新产品的不断涌现，超精密加工的应用范围将进一步扩大。

我国的超精密加工技术起步较晚，水平不高。目前某些精密产品尚需进口，某些产品的生产还过分依赖人工技术，废品率极高；磁盘、激光打印机的多面棱镜等尚不能进行正常的批量生产。这些都说明我国必须高度重视和发展超精密加工技术。

（四）超精密加工的分类

根据超精密加工方法的机理和特点，一般可将超精密加工分为以下四类：

1．超精密切削加工。如金刚石刀具超精密车削、微孔钻削等。

2. 超精密磨料加工。如超精密磨削、超精密研磨、抛光等。

3. 超精密特种加工。如电子束、离子束加工及光刻加工等。

4. 超精密复合加工。如超声研磨、机械化学抛光等。

上述超精密加工方法中,最具代表性的是超精密切削加工和超精密磨料加工,前者对加工条件的要求较为严格,而后者的应用范围则较为广泛。因此本节将主要讨论超精密切削加工和常见的超精密磨料加工。

二、金刚石刀具超精密切削加工

用金刚石刀具进行超精密切削加工是60年代发展起来的新技术,主要用于有色金属及其合金以及非金属零件表面的镜面加工。目前,使用单晶天然金刚石刀具加工上述材料时,一般可直接切出表面粗糙度在 Ra 0.01 ~ 0.05μm、尺寸误差在 0.1μm 以下的镜面,因此可以替代手工研磨等光整加工工序,不仅可节约工时,同时可提高加工质量。目前,金刚石刀具超精密切削加工技术已在陀螺仪、激光反射镜、天文望远镜的反射镜、计算机磁盘等精度和表面质量要求均极高的零件生产中发挥着巨大的作用。

(一)金刚石刀具

广义地讲,金刚石刀具超精密切削也是金属切削的一种,因此,金属切削过程中的一些普遍规律对它仍是适用的。但由于超精密切削时的切削层极薄(一般在 0.1μm 以下),而且金刚石刀具本身具有极为特殊的物理力学性能,因此,其切削过程具有相当的特殊性。

1. 超精密切削对刀具的要求

为实现超精密切削,刀具应具有如下性能:

1)极高的硬度、耐磨性和弹性模量,以保证刀具具有很长的寿命和很高的尺寸耐用度。

2)刃口能磨得极其锋利,即刃口半径 ρ 值极小,以满足超微薄切削的要求。

3)刀刃无缺陷,以得到超光滑镜面。

4)与工件材料的抗粘结性好,化学亲和性小,摩擦因数低,以得到极好的加工表面质量。

目前,超精密切削中都使用单晶金刚石刀具,特别是天然单晶金刚石刀具。这主要是由于天然单晶金刚石存在着一系列优异的特性,能满足超精密切削加工对刀具材料的要求,表 7-1 是金刚石的物理和力学性能,从表中可以看出,它具有极高的硬度和耐磨性,较高的导热系数,与有色金属间的摩擦因数低、亲和力小,开始氧化的温度高。并且单晶金刚石刀具,可刃磨得极其锋利,其刃口半径可磨到 $\rho = 0.005\mu m$,在放大 400 倍显微镜下观察,其切削刃没有缺口、崩刃等现象,而且刀刃的直线度可达 0.1 ~ 0.01μm,没有其它任何材料可以磨到如此锋利程度且能长期切削而磨损极小。因此单晶金刚石成为当前最理想的超精密切削加工的刀具材料。

表 7-1 金刚石的物理力学性能

硬度	HV 60 ~ 100GPa	热容量	0.516J/g·℃(常温)
抗弯强度	0.21 ~ 0.49GPa	开始氧化温度	900 ~ 1 000K
抗压强度	1.50 ~ 2.50GPa	开始石墨化温度	1 800K(在惰性气体中)
弹性模量	$9 \sim 10.5 \times 10^{11} N/m^3$	与铝合金、黄铜	
导热系数	2 ~ 4Cal/cm·s·℃	间的摩擦因数	0.05 ~ 0.07(常温)

2. 金刚石刀具的刃磨

金刚石刀具的刃磨质量是超精密切削中的一个极其重要的问题。由于金刚石的硬度极高，且作为精密刀具，还必须具有极其锋利的刃口，因此对金刚石刀具的刃磨加工变得极其困难。

金刚石刀具的刃磨质量包括下面两个方面的内容：

1)晶面的选择。由于单晶金刚石是各向异性的，其各方向的性能(如硬度和耐磨性，微观强度和解理破碎的或然率，研磨加工的难易程度等)相差甚大，因此，一颗单晶金刚石毛坯，要制成精密金刚石刀具，首先要经过晶体定向，确定所制成刀具的前刀面、后刀面的空间位置，确定需要磨去的部分，晶面选择的正确与否将直接影响到刀具的使用寿命。目前采用的金刚石晶体定向方法主要有：人工目测定向，*X* 射线晶体定向和激光晶体定向等。

2)刀具刃口的刃磨。最小切削厚度取决于金刚石刀具的刃口半径，刃口半径越小，即刀刃越锋利，则最小切削厚度越小。因此，在金刚石刀具超精密切削加工中，超微量切除性能的好坏主要取决于刀刃的锋利程度。目前，精密金刚石刀具的粗研和精研一般均使用研磨机。

在生产中使用的精密金刚石刀具研磨机的结构一般都非常简单，图 7-11 是其结构原理示意图。铸铁研磨盘装在两端有精密反顶尖的轴上，顶尖座用硬木(如红木或梨木)制成，使它能自动适应研磨盘轴上的反顶尖，以达到较高的回转精度；研磨盘的轴由柔软的丝质平皮带带动旋转，以减少振动，使研磨盘平稳转动；研磨盘用优质铸铁制造，要求表面平整、无砂眼等缺陷，盘的直径一般为 300mm，转速为 2 000 ~ 3 000r/min，研磨盘装在轴上后，要连轴进行精密平衡，以保证转动时的平稳性。研磨时，金刚石刀头装在夹具中，按要求角度调整好，加一定负载压在研磨盘上，再加上研磨剂就可对金刚石刀具进行研磨加工。研磨机应具有较好的刚度和抗振性，研磨盘的表面要定期修整，以除去研磨时表面留下的划痕。

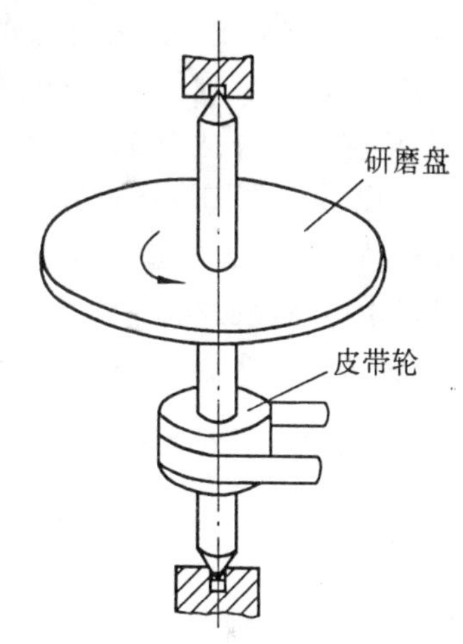

图 7-11　金刚石刀具研磨机结构原理示意图

在上述研磨机的基础上，已出现了使用空气静压轴承的金刚石刀具研磨机，它可以保证研磨盘的端面圆跳动在 0.5μm 以下，可以磨出 $\rho = 5$nm 的锋利刃口。

(二)超精密切削加工的微量进给装置

1. 超精密切削对微量进给装置的要求

为实现超精密切削加工，加工机床除应具有高精度的主轴组件和导轨部件外，还应具有高精度的微量进给装置。在超精密切削加工中，刀具的超微量进给是由精确、稳定、可靠的微量进给装置来实现的，因此一个好的超精密微量进给装置应满足下列要求：

1)精密进给与粗进给应分开，以提高微量进给的精度、分辨率和稳定性，同时保证加工时的效率。

2)运动副必须是低摩擦和高稳定性的，以保证进给速度均匀、进给平稳、无爬行现象，从而使进给装置达到很高的重复精度。

3)微量进给装置内部各联接处必须可靠接触，接触间隙极小，接触刚度极高，否则，微量进给装置很难实现高的重复精度。

4)末级传动元件(即夹持刀具处)必须具有很高的刚度,以保证刀具微量进给的可靠性。

5)在要求快速微位移(如用于随机误差补偿)时,微量进给装置应具有好的动态特性,即极高的频率响应特性。

6)工艺性好,容易制造。如要实现 0.01μm 的微量进给,微量进给装置本身各元件的精度,应是能够制造的精度。

2. 微量进给装置

为满足微量进给的上述要求,除应提高进给装置零部件的制造和安装精度外,目前已出现了多种利用不同材料在磁场、电场、温度场和负荷作用下所产生的物理现象来实现微位移的微量进给装置。目前在超精密加工机床上应用较为成熟的主要有压电陶瓷和弹性变形微量进给装置,下面对这两种装置进行简要介绍。

1)压电陶瓷微量进给装置。压电陶瓷具有电致伸缩效应,电致伸缩效应的变形量与电场强度的平方成正比。将压电陶瓷用于制造微量进给装置有很多优点,如:能实现高刚度无间隙位移;能实现极精细的微量位移(分辨率可达 1.0~2.5nm);变形系数大,频响特性好,其响应时间可达 100μs;无空耗电流发热问题等。

图 7-12 为压电陶瓷微量进给装置示意图。压电陶瓷器件 3 在预压应力状态下与弹性变形载体刀夹 1 和后垫块 4 粘结安装。在电压作用下陶瓷伸长,推动刀夹作微位移。位移量可由电感测头测出,作为微位移量的校准或监控之用。此装置的最大位移量可达 15~16μm,分辨率为 0.01μm,静刚度为 60N/μm。

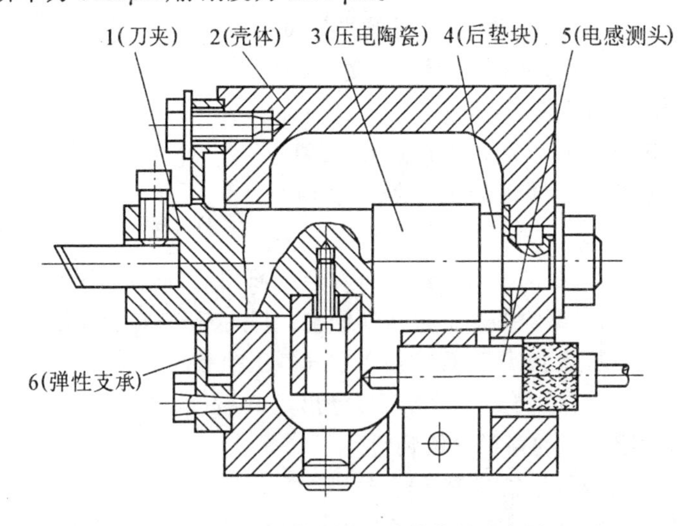

图 7-12 压电陶瓷微量进给装置示意图

由于压电陶瓷微量进给装置的微进给精度极高,且具有很好的频率响应特性,因此目前在大型超精密机床上应用较多。如美国的 LLL 实验室(Lowrence Livermore Laboratory)研制的 DTM-Ⅱ型超精密金刚石车床就是采用了压电陶瓷微量进给装置。该机可加工 ϕ2 100mm,重量为 4 500kg 的非球面工件,其加工精度可达 0.025μm,加工表面粗糙度为 Rz = 0.0045μm。

2)弹性变形微量进给装置。利用材料在弹性限度内的变形量与所受的力成正比的原理而制成的微量进给装置,以其进给量小,进给精度高、刚性好,结构简单易于制造,变形量容易控制等优点而在超精密加工机床上得到了应用。

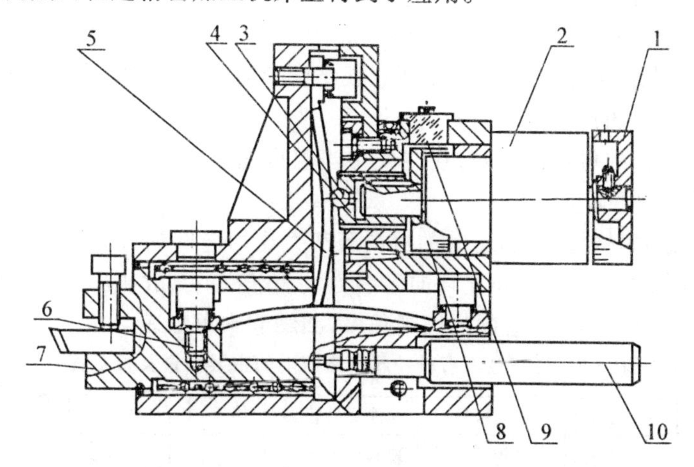

1—刻度盘;2—谐波减速器;3—钢球;4—螺杆;5—T型弹簧
6—螺钉;7—刀夹;8—刻度盘;9—视窗;10—测微仪

图 7-13　T型杆弹性变形微量进给装置示意图

图 7-13 是哈工大研制的 T 型杆弹性变形微量进给装置示意图。当转动外刻度盘 1 时,通过谐波齿轮减速器 2,使螺杆 4 转动并向前移动,借助钢球 3 来推动 T 型杆弹性变形位移变换器 5 发生变形。于是与 T 型杆弹性变形位移变换器一端固连的刀夹 7 沿轴向进给,其进给量可由夹固在壳体上的电感测微仪测头测出。可以看出,刀具的微位移量将取决于 T 型弹簧参数(如:弹性、簧片厚度、宽度、长度及曲率半径等)、所施加力的大小及接触面间的接触情况和摩擦等。由于刀夹的微位移量与所加力的大小的数学关系较易表达,且 T 型弹簧的反应又非常灵敏,因此这种装置可以达到很高的精度。经实测其进给精度可达 $\pm 0.01\mu m$,重复定位精度达 $0.015\mu m$,工作行程为 $20\mu m$,输出位移方向的静刚度达 $70N/\mu m$。

三、超精密磨料加工

单晶金刚石刀具在对铝、铜等有色金属及其合金进行超精密加工时是行之有效的,但在对钢铁类的铁碳合金进行切削加工时,由于切削加工时所造成的局部高温,将使金刚石刀具中的碳原子很容易扩散到铁素体中而造成刀具的扩散磨损;在对非金属硬脆材料(如:Si、Si_3N_4、石英等)进行切削加工时,由于切削加工时的剪切应力很大,剪切能量密度也很高,这样,切削刃口的高应力、高温将使刀具很快发生机械磨损。因此,对钢铁类、非金属硬脆材料的超精密加工一般多采用超精密磨料加工。

超精密磨料加工是利用细粒度的磨料和微粉主要对黑色金属及其合金、非金属硬脆材料等进行加工,得到高精度、高表面质量零件的加工方法,一般可分为固结磨料超精密加工和游离磨料超精密加工两大类。

(一)固结磨料超精密加工

这是将磨粒或微粉与结合剂粘合在一起,形成一定形状并具有一定强度的加工工具(如砂轮、砂带、油石等),利用这类工具与工件之间的相对运动来实现超精密加工的方法。其中最具代表性的是金刚石砂轮超精密磨削,这种方法在硬脆非金属材料的超精密加工中已被广泛采用。

用金刚石砂轮对硬脆非金属材料进行超精密磨削加工与普通磨削加工相比有许多不同之处,这主要表现在以下几个方面:

1. 金刚石磨料的硬度极高,与被加工材料间有较大的硬度差,故切削作用较强。

2. 金刚石砂轮的磨料浓度较普通砂轮低,气孔率很小,且砂轮多使用微细磨料,故容屑孔小,相对地讲结合剂较多,因此不能忽视结合剂对金刚石砂轮磨削的影响。

3. 金刚石砂轮的自励性较差。

4. 金刚石磨料的耐热性较差,在空气中当温度超过 700℃时,磨料将变质或石墨化,且磨削温度越高越严重。

5. 硬脆非金属材料磨削加工时的法向磨削力比切向磨削力大很多,尤其是用砂轮的端面进行磨削时,法向磨削力要比切向磨削力大 30 倍左右,故机床应有足够的刚度。

影响金刚石砂轮超精密磨削的因素很多,归纳起来可如表 7-2 所示。

表 7-2 影响金刚石砂轮超精密磨削的主要因素及相互关系

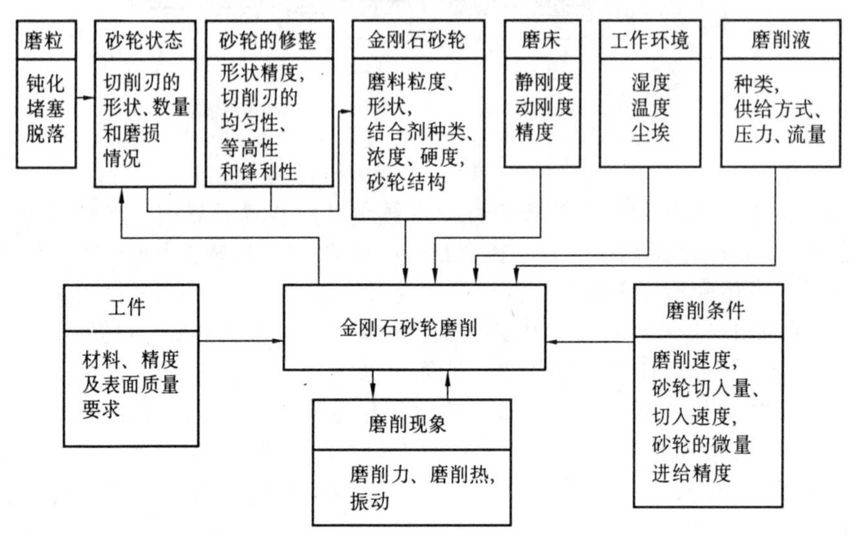

从表 7-2 和前述硬脆性材料金刚石砂轮磨削加工的特点中可以看出,在影响金刚石砂轮磨削质量的诸多因素当中,砂轮的作用尤为明显。由于金刚石是目前世界上最硬的材料,因此对金刚石砂轮的修整已成为人们普遍关注和致力研究的课题。目前已出现了多种金刚石砂轮的修整方法,下面介绍一种八十年代末由日本人发明的将砂轮修整与磨削过程结合在一起的 ELID 磨削法。

ELID(Electrolytic In-Process Dressing)磨削法是一种边利用金属基砂轮进行磨削加工,边利用电解方法对砂轮进行修整,从而实现对超硬合金、硬脆非金属材料的镜面磨削的新的复合加工法。图 7-14 是 ELID 磨削的原理示意图。利用金属基结合剂的导电性,在磨削过程中不断地对结合剂进行微电解作用,使已磨损的磨粒脱落,露出新的、锋利的磨粒,从而使砂轮始终处于锋利状态。ELID 磨削法磨削超硬材料时,一般采用铸铁基金刚石砂轮。影响 ELID 磨削质量的因素很多,除磨削过程本身的影响外,还有对砂轮的电解作用和电解液等。对砂轮的电解作用(修整)不能太强,否则会使砂轮损耗过快,而且影响加工精度;所使用的电解液不应对被加工材料产生腐蚀作

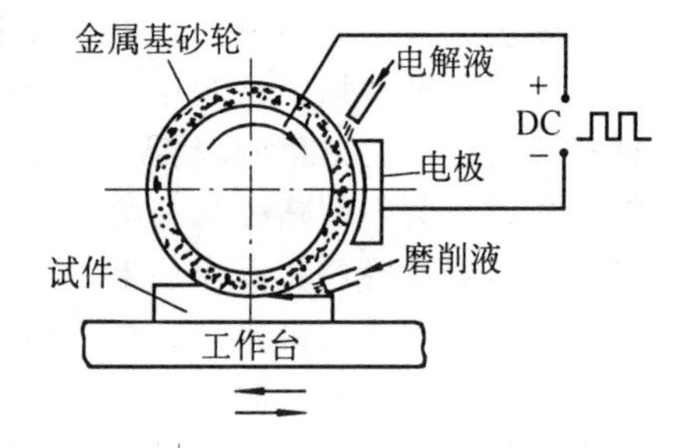

图 7-14 ELID 磨削原理示意图

用，否则会影响加工表面质量。

资料表明，ELID 磨削法在硬脆非金属材料（如 Si_3N_4、光学玻璃等）的镜面磨削中是行之有效的，控制磨削条件（磨削用量、电参数、电解液参数等），用此法可以稳定地得到 $R_y = 0.01 \sim 0.03\mu m$ 的镜面。

（二）游离磨料超精密加工

游离磨料超精密加工时，磨粒或微粉不是固结在一起，而是处于游离状态的。加工中，以工具表面为参考面，与被加工表面间形成一定大小的间隙，间隙中充满一定粒度和浓度的磨料，依靠磨料与工件表面的相对运动来实现加工要求。

游离磨料超精密加工的典型代表是超精密研磨与抛光。研磨与抛光加工方法虽然历史悠久，但对其加工机理目前尚没有统一的认识，这主要是由于研究者所用的分析、观测方法，工件材料，工具材料和研磨剂等的不同所致。目前关于研磨与抛光机理的比较成熟的解释主要有如下三种：

第一，机械微小去除说。即加工余量的去除是由于研磨剂中磨粒的尖部的微小切削作用所致。图 7-15 是磨粒作微切削作用的去除模型。这种学说认为，在加工过程中，加工表面与研具之间浮动着大量磨粒，而每一颗磨粒都相当于一把微型刀具，这些磨粒在一定压力和速度下滚动、刮擦、挤压被加工表面或以一定形式镶嵌在研具上随研具一起运动，首先使加工表面产生裂纹，随着磨料与工件间相对运动的继续，裂纹逐渐扩大、交错，直至形成切屑碎片而脱离工件表面，从而实现了对工件的微小切削。

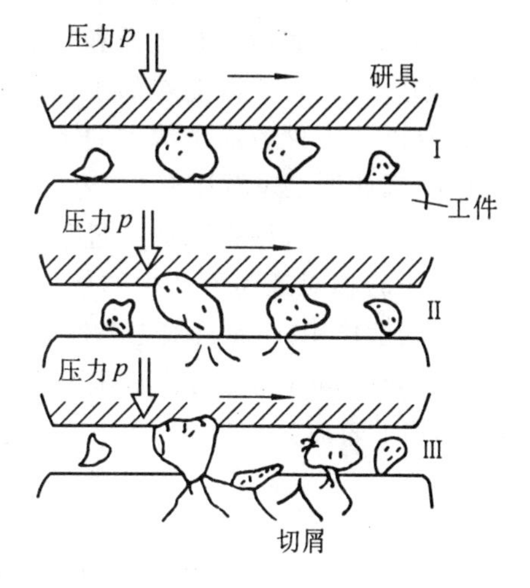

图 7-15　研磨中磨粒的微切削作用

第二，流动说。这种学说认为，在加工过程中，磨料与工件在接触部位产生局部高温高压（即热挤压作用），使工件表面的凸部产生热流动和塑性流动，从而填平凹部，形成平滑的低粗糙度表面。

第三，机械化学说。这种学说认为，在研磨剂中存在着能与工件发生化学反应的试剂，加工过程中化学试剂与工件表面层发生化学反应，形成软质或疏松的表层，由于磨料的切削作用而被去除，从而形成光滑的表面。

事实上，上述几种学说并不是矛盾的，根据不同的加工过程，我们应学会使用不同的方法和视角进行分析和综合。

作为降低加工表面粗糙度的有效方法，本书第五章中已对传统的研磨、抛光技术进行了阐述。可以看出，传统的研磨、抛光是在工具与工件之间填入磨料，工具与工件在接触状态下，通过二者之间的相互运动带动磨料对工件表面进行去除加工的。这种接触式的研磨、抛光有很多缺点，如：经常发生由于工具的磨损而引起的工件的误差；由于磨粒的微切削作用而引起的加工表面的加工变质层；由于热作用而引起的工具和工件的变形而导致的加工精度的下降等。

为了克服接触式研磨、抛光的上述缺陷，满足现代宇航、电子等技术发展的需要，目前已经出现了诸如弹性发射加工法（EEM）、流体动压浮动研磨、磁流体抛光、电涌动抛光等一系列新的超精密浮动研磨抛光法，下面简介一下流体动压浮动研磨法。

这种研磨方法的基本原理与动压滑动轴承的原理相似。图 7-16(a)是流体动压浮动研磨的原理示意图，把研具做成易产生动压效应的形状，在研具与工件之间加有流体研磨液，当工件与研具进行相对运动时，由于倾斜面间的流体楔，在工件与工具之间就产生了流体动压效应，使工件上浮，通过上浮间隙中运动的微粉磨粒对工件表面进行极微量的加工。基于这种原理的研磨机构如图 7-16(b)。

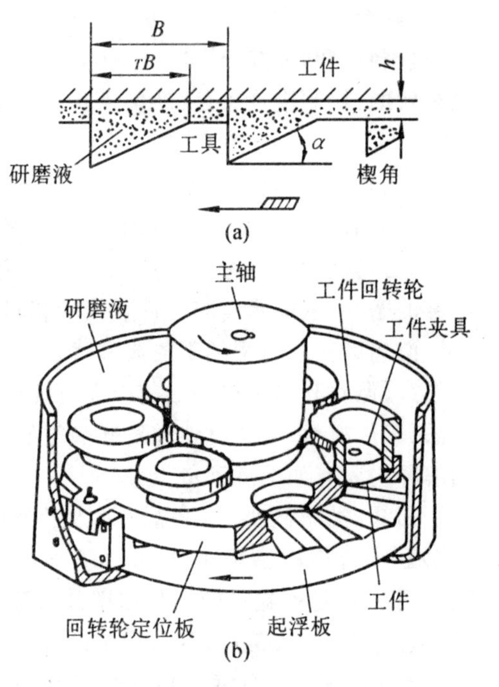

图 7-16　浮动研磨原理与机构示意图

流体动压浮动研磨时，由于工件与工具不直接接触，研具表面没有磨损和热变形能够始终保持基准平面，所以能够加工出高精度的平面，而且由于工件表面法线方向上磨粒的挤压作用小，因此加工表面几乎不产生加工变质层。另一方面，由于这种去除加工过程是基于工件与磨粒间的相对运动而产生的磨损，而不是磨粒的微切削作用，因此其加工单位很小，可达原子级。资料表明，用流体动压浮动研磨法对原来具有 10μm 驼峰的单晶硅片进行加工，最后可以得到 0.3μm/Φ3 的平面度和 R_a = 1nm 的加工表面。

§7-4　机械制造系统的自动化技术

一、概述

(一)系统与集成的概念

现代科学技术的飞速发展，社会需求的多样性和频繁的变化，传统能源的日渐紧张及市场竞争的日益激烈，迫使机械工业必须加快产品的更新与开发，以便能在充分利用现代科学技术最新成就的基础上，以“TQCS”为宗旨不断生产出各种节能省料的新产品来。这就要求现代制造企业必须突破原有的生产组织模式，用系统化和集成化的观点来处理生产和制造过程。

产品的生产和制造过程并不是孤立的，而是由若干个相互作用、相互依赖、相互协调的部分组成。但由于产品生产和制造过程的离散性，长期以来，人们对产品生产过程中所涉及的各种问题往往是孤立地加以分析和解决，因此使得整个生产过程显得凌乱和缺乏整体性，这在中小批量生产中显得更为突出。有鉴于此，在现代机械制造中，人们提出了“系统”的观点，即把机械制造的全过程集成为一个有机的整体，并用系统化、集成化的观点对生产系统进行分析和研究，以期对整个制造过程实施最有效的管理和控制，进而取得最佳的经济效益。这里的“集成”是指计算机信息集成，广义的理解是以信息为中心，通过计算机将整个生产过程中的各个环节有机地联结成一个整体;狭义的理解就是 CAD/CAM 等关键技术的集成。

由系统论、信息论和控制论所形成的系统科学和方法论,从系统组成部分之间的相互关联、相互作用、相互制约的关系来分析对象,这种方法与制造技术的结合,形成了生产系统和制造系统的全新概念。

所谓生产系统是以工厂作为一个整体,工厂根据市场调查和生产条件等客观因素,决定产品的种类和产量,制订生产计划,进行产品的设计与制造等整个生产过程。图 7-17 是一个典型的生产系统框图。虚线框内是一个生产系统,框外是系统的外界环境。从图中可以看出,整个生产系统中的生产活动分为决策阶段、研究与开发阶段和产品的制造阶段,系统中的上述三个阶段是相互衔接与匹配的。系统中机床设备、生产对象、工艺装备及其它辅助物料作为原材料输入,经过存储、运输、加工、检验等环节,最后以成品形式输出,这构成了系统的物质流;市场信息及物流的管理和控制信息等构成了系统的信息流;制造过程中的能量消耗及其流程构成了系统的能量流。

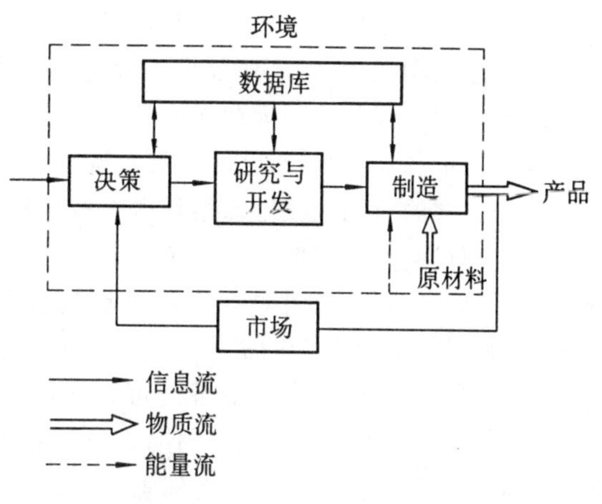

图 7-17　典型生产系统框图

制造系统是生产系统中的一个部分,是与原材料转变成成品直接相关的系统。这里只讨论机械制造系统。从系统角度来看,机械制造系统也是由信息系统、物质系统和能量系统组成,其相互关系由信息流、物质流和能量流联系起来。图 7-18 是一典型的机械制造系统框图。这里的信息流主要是指加工任务、加工顺序、加工方法及物流的调度、管理等。

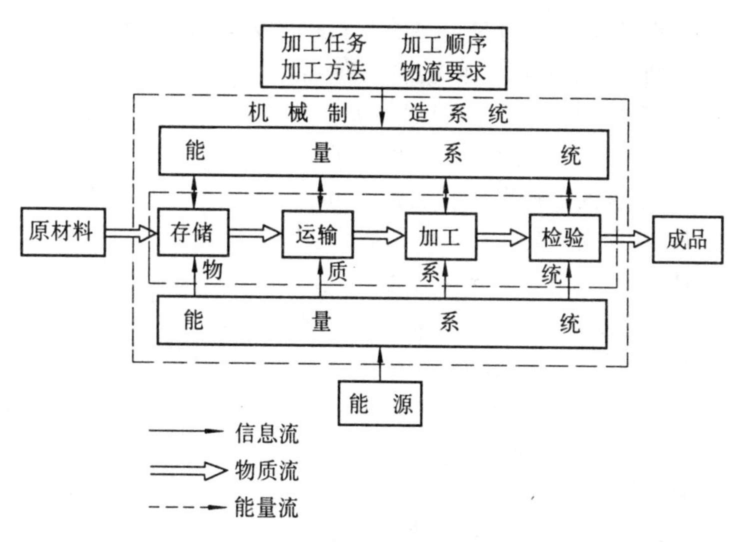

图 7-18　典型机械制造系统框图

2. 机械制造系统的自动化

提高机械制造系统的自动化水平是提高劳动生产率,保证产品质量稳定和减轻工人劳动强度的最直接、最有效的手段。

自本世纪20年代美国的福特汽车公司运用劳动分工原理率先建立起汽车生产自动线以来,机械制造系统的自动化技术得到了突飞猛进的发展。早期的自动化技术(如自动机床、组合机床、生产自动线等)主要应用于诸如汽车、轴承等大批大量生产中,其生产自动化的基础是大量生产过程中工艺过程的严格流水性,从而可以建立自动线。因为只有在产品的生产纲领大、生产期限长的情况下,才能使昂贵而复杂的专用设备消耗和很长的生产准备时间得以补偿。因此在产品的设计中,应力求扩大产品的通一化、规格化和标准化以扩大产量和加长生产期限,这是发展自动化生产的重要基础措施之一。但这种基于大量生产方式的自动化技术却很难适应多品种、小批量生产的要求,而多品种、小批量生产却正是现代生产的主要特点。50年代后,随着电子技术、计算机技术和控制技术的飞速发展,使得多品种、小批量生产的自动化水平得到了空前提高,出现了诸如GT、CAM、FMS、C1MS等一系列全新的机械制造系统自动化技术,这些新技术与当代科学技术紧密结合、互相渗透,使得现代制造系统可以从产品的设计到加工制造的全过程实现了自动化,从而大大缩短了产品的生产周期。可以说,以上述自动化技术为代表的现代制造系统的出现是本世纪人类文明的重要标志之一。

现代生产结构中,多品种、小批量生产占整个生产的70%以上,为提高这类生产的效率和自动化水平,一般可从以下两个途径入手:第一,通过一定的手段化多品种、小批量生产为大批量生产,利用大量生产的自动化技术提高产品的生产效率,以成组技术为代表;第二,提高加工设备和制造系统的柔性(适应性),使其能高效、自动化地加工不同零件,生产不同的产品,以FMS和CIMS为代表。

二、成组技术

(一)成组技术的基本概念

在多品种、中小批量生产中,除了在生产中贯彻产品的统一化、标准化来扩大产量外,成组技术的发展为多品种、中小批量生产创造了大批量生产的条件。

大量的统计分析表明,任何一种机器产品中的组成零件都可分为三类,即:专用件、相似件和标准件。图7-19是各类零件在产品中所占的百分比。由图中可以看出,相似件的出现率高达65%~70%,而且即使是专用件,在同类系列化产品中,其在工艺上也有许多相似性。因此,只要充分利用这一特点,就可将那些看似孤立的零件按相似原理划分为具有共性的一体,在加工中以群体为基础集中对待,从而使多品种小批量的生产转化为近似大批量的生产。

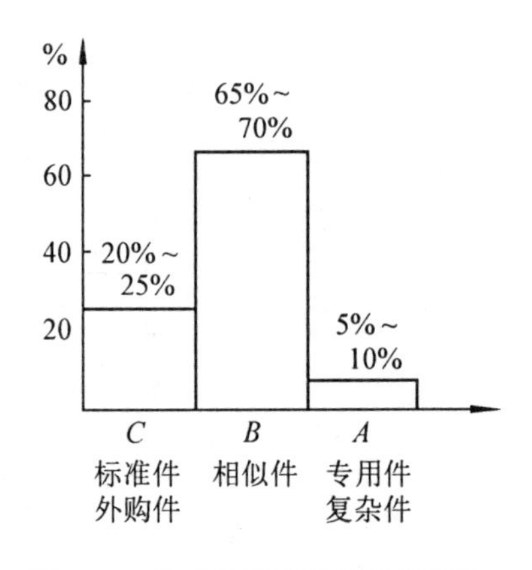

图7-19 组成机械产品的三类零件

所谓成组技术,就是用科学的方法,在多品种生产中将相似零件组织在一起(成组)进行生产。以相似产品零件的“叠加批量”取代原来的单一品种批量,采用近似大批量生产中的高效工艺、设备及生产组织形式来进行生产,从而提高其生产率和经济效益。

成组技术揭示和利用了生产系统中的相似性，它把零件按相似性原理进行分类组合并在设计和制造中利用它们的相似性，从而提供了能充分利用已有零件的设计与工艺信息的检索工具；同时，成组技术通过分类和编码系统将同类零件归并成零件组，零件组中汇集了大量的相似或相同的零件，这就为标准化提供了良好的对象，从而可以借助于标准化原理，把组中品种众多的零件压缩归并为数量有限的一种或几种标准零件，并进而可以对某一零件组编制出标准工艺，组内其它零件的具体工艺可以由这个标准工艺演变而成；利用成组技术还可使企业以最有效的工作方式得到统一的数据和信息，获得最大的经济效益，并为企业建立集成信息系统打下基础。因此可以说，成组技术是企业实施 CAD、CAM、FMS 等高新技术的基础，也是老企业实施现代化技术改造的技术基础。

(二)零件的分类和编码

1. 零件分类和编码的基本原理

把与生产活动有关的事物(如零件、材料、工艺、产品等)，按照一定的规则进行分类成组，是实施成组技术的核心和基础，而分类的理论基础则是相似性原理。就产品中零件本身的属性来说，其相似性可以从两个方面理解，即作用相似和结构特征相似。由于作用相似所含的信息量较少，且不够明确具体，而结构特征相似则比较直观、明确，并可根据零件图的信息直接确定，所含的信息量也较大。所以，在成组技术中通常是以后者作为零件分类成组的依据的。结构特征相似又可以分为结构相似、材料相似和工艺相似，如图 7-20 所示。

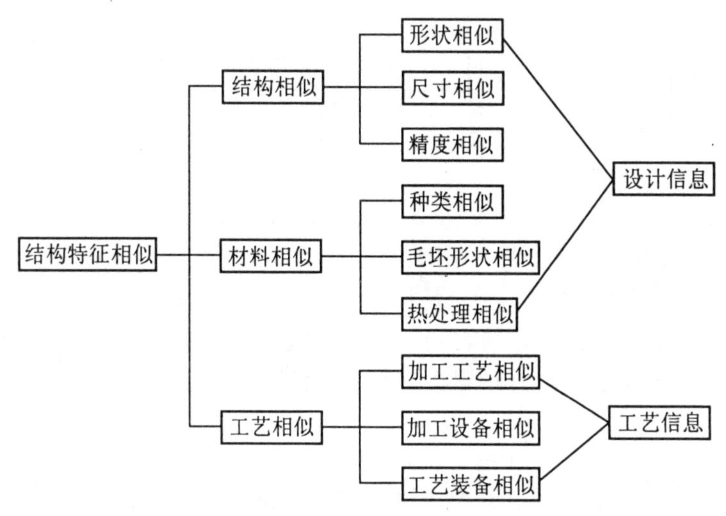

图 7-20 结构特征相似框图

由于机械零件的传统表达方法是零件图纸，这给对零件进行分类，实施成组技术带来了诸多不便。因此要实施成组技术就必须首先建立相应的零件分类编码系统，即用字符(数字、字母、符号)来标识和描述零件的结构特征，使这些信息代码化，据此对零件进行分类成组，然后按照成组的方式组织生产。

代表零件特征的每个字符称为特征码，所有特征码的有规律组合，就是零件的编码。由于每一个字符代表的是零件的一个特征，而不是一个具体的参数。因此，每种零件的编码不一定是唯一的，即相似的零件可以拥有相同或相近的编码。利用零件的编码就可以较方便地划分出结构特征相似的零件组来。

为了对编码的含义有统一认识，就必须对其所代表的意义做出规定和说明，这就是编码规则，或称为编码系统。据统计目前世界上已有 77 种编码系统，其中应用较广的是德国研制的 Opitz 编码系统。这套系统对世界各国的分类编码系统产生了极大的影响，我国的 JLBM(机械工业成组技术零件分类编码系统)分类编码系统也是在此基础上研制的。下面对 Opitz 编码系统作一简介。

2. Opitz 编码系统简介

Opitz 分类编码系统由九位十进制数字代码组成，前五位为主码，用于描述零件的结构形状，又称为形状码，后四位为辅码，用于描述零件的尺寸、材料、毛坯形状及加工精度。每一码位有十个特征码(0～9)分别表示十种零件特征。图 7-21 为 Opitz 编码系统的基本结构示意图。

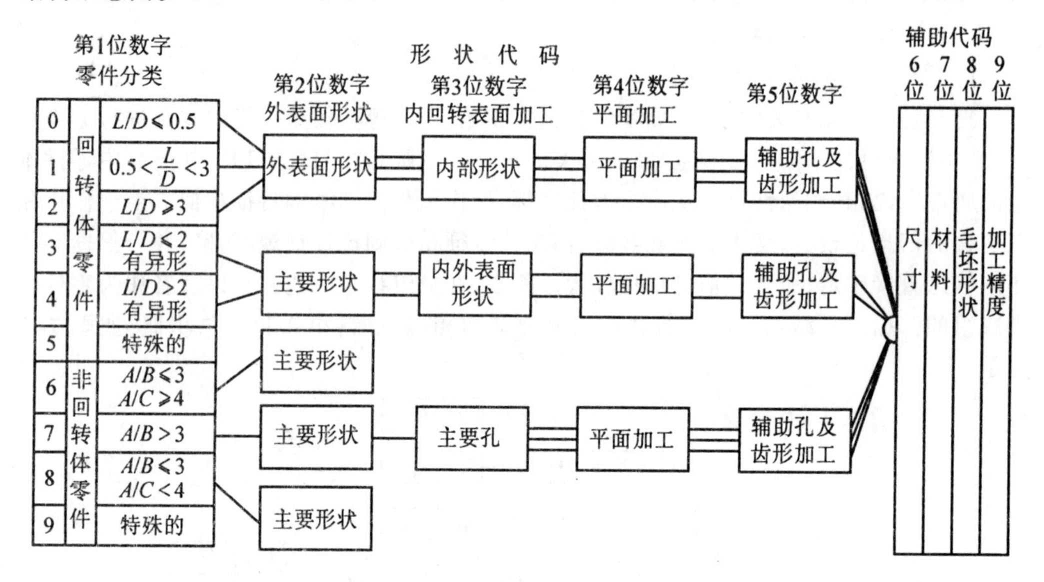

图 7-21　Opitz 编码系统基本结构图

各码位所描述的特征内容简介如下：

第一位码表示零件的类型。十个特征码(0～9)分别代表十种基本零件类型，特征码 0～5 代表六种回转体零件，如套筒、齿轮、轴等；特征码 6～9 代表四种非回转类零件，如盖板、箱体等。其中 D 为回转件的最大直径，L 为其轴向长度；A、B、C 分别为非回转体的长度、宽度和厚度，因此，$A>B>C$。

第二位码表示零件表面的主要形状及其要素。

第三位码表示一般回转体的内表面形状及其要素和其它几类零件的回转加工、内外形状要素、主要孔等特征。

第四位码和第五位码分别表示平面加工和辅助孔、齿形及成形面加工。

第六位码表示零件的尺寸。

第七位码表示零件材料的种类、强度和及热处理等状况。

第八位码表示零件加工前的原始状况。

第九位码表示零件上有高精度要求的表面所在的码位。

关于 Opitz 系统代码的详细内容，可查阅有关专业资料。为了理解应用 Opitz 系统编码情况，下面仅举一例进行说明。图 7-22 是一回转体零件的零件图及其 Opitz 编码。

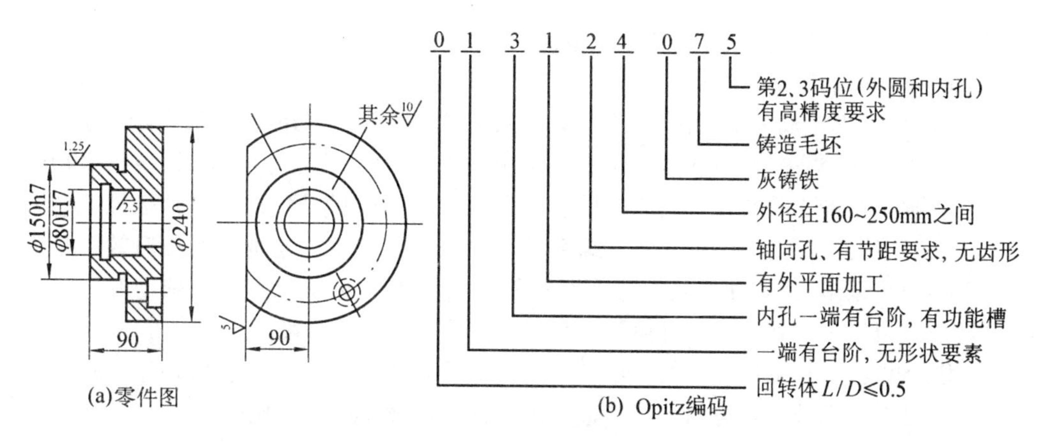

图 7-22 Opitz 系统编码举例

(三)零件分类成组的方法

对零件进行分类成组是实施成组技术的关键。目前在生产中常见的分类成组方法主要有视检法、编码分类法和流程分析法等。

1. 视检法。视检法是根据零件图样及其制造过程，直观地凭经验判断零件的相似性，并具此将零件进行分类成组。这种方法直观易行，是对零件进行粗分类的有效方法。例如，应用视检法可方便地将零件划分为回转体类、箱体类及叉架类等。但由于这种方法是凭经验进行的，所依据的零件特征是模糊的，因此用它对零件进行较细的分类就比较困难。目前这种方法一般不单独使用，而是作为一种辅助方法，用于零件的粗分类。

2. 编码分类法。编码分类法是一种比较科学和有效的分类成组方法。它是先将各种零件按特征编码，然后对代码规定出相似性准则，按准则将代码相似的零件归为一组。因此这种将零件特征等信息代码化的方法为计算机在成组技术中的应用带来了极大的方便。

根据零件的编码划分零件组时，首先要选择或研制相应的分类编码系统，如已经介绍过的 Opitz 系统等，然后再根据系统的编码法则，用人工或计算机对零件进行编码，最后根据零件的编码和相应的相似性准则进行零件的分组。

3. 流程分析法。由于大多数零件的分类和编码系统都是以零件的结构形状和几何特征信息为主要依据的，用这种编码分类法划分的零件组没有与加工设备(机床)联系起来，不能很好地反映工艺方面的信息。因此，英国学者提出了以工厂中零件的生产过程或工艺过程的相似性为主要依据的生产流程分析法。它是按零件的工艺相似特征进行分类的，通过相似的物料流找出相似的零件集合与加工设备集合之间的对应关系。这样，即能确定零件组，又能同时得到加工该组零件的生产流程的设备组。

(四)成组技术的应用

成组技术给企业带来的效益是多方面的。在中小批量生产中全面推行成组技术，除了使产品设计和工艺设计工作合理化、标准化，节约设计时间和费用外，还扩大了零件的成组年产量，便于采用先进的生产工艺技术和高效的加工设备，使生产技术水平和管理效率大为提高。因此，成组技术的出现为现代企业在多品种生产中实施 CAD、CAM 等现代高新技术提供了强有力的技术支持，尤其是它将大量的信息分类成组并使之规格化、标准化，使得信息的储存和流动大为简化，有可能用计算机使信息得到迅速的检索、分析和处理，这对生产计划(如最佳的机床负荷和调度等)的制订等生产管理工作是极为有力的。

以下简介一下成组技术在制造工艺中的应用。

成组技术在制造工艺中的应用就是成组工艺的应用。所谓成组工艺，就是把结构工艺特征相似的零件组成一个零件组，将不同产品中的相似零件归并成组后，实际上是把分散制造的零件加以集中，然后按零件组进行组织生产，从而扩大了生产批量，便于采用同类型、可快速调整的生产装备和高效率的加工方法，并且可根据同组零件的"标准工艺"，快速生成新零件的加工工艺，进而大大提高劳动生产率。成组工艺带来的普遍效果是促使工序专业化，以多刀、多件加工为基础的工序集中，使加工的机动时间和辅助时间重合等。因此，成组工艺是保证多品种生产取得高经济效益的有效手段。

利用成组技术，还可以考虑同类零件共用一种毛坯，即一坯多用。这样由于零件批量的扩大，就可以考虑采用先进的毛坯制造方法，从而大大提高毛坯的制造效率。

成组技术还使采用成组工艺装备成为可能。分散制造不同产品的零件时，由于各自批量的限制，有时无法采用专用的工艺装备，但经过成组技术，将分散制造的零件汇集在一起后，由于批量的扩大，使得在零件加工过程中，不但可以采用工艺装备，而且因一组零件共用工艺装备而有可能采用先进的成组工艺装备。

根据成组工艺，还可以建立类似于流水线性质的生产单元，从根本上改变传统的多品种小批量生产所沿用的机群式生产组织形式。

实施成组工艺，需要进行大量的准备工作。如：划分零件组，为零件组编制成组工艺过程，划分和设计成组工艺装备，设备的专门化改装，组织成组单元、成组流水线或自动线等。此外，还应按照成组工艺要求进行生产管理改革等。

三、柔性制造系统

(一)柔性制造系统的基本概念

柔性制造系统(Flexible Manufacturing System. 以下简称 FMS)是本世纪 60 年代末诞生的新技术。促成 FMS 技术产生和发展的原因是：适应现代产品频繁更新换代的要求，满足人们对产品的不同需求，降低成本，缩短制造周期。传统的多品种小批量生产方式，如采用普通机床、数控机床等进行加工，虽然具有较好的生产柔性(适应性)，但生产率低，成本高；而传统的少品种大批量生产方式，如采用专用设备的流水线进行加工，虽然能提高生产率和降低生产成本，但却缺乏柔性。FMS 正是综合了上述两种生产方式的优点，兼顾了生产率和柔性，是适用于多品种、变批量生产的自动化制造系统。上述三种生产方式的比较如图 7-23 所示。

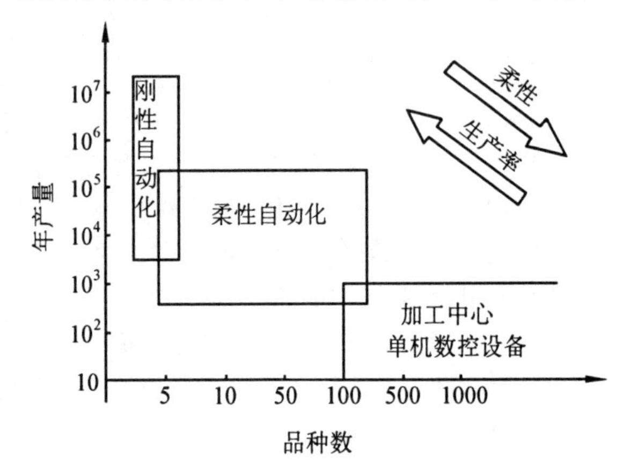

图 7-23　三种生产方式的比较

FMS 是近年兴起的新的制造技术，至今并无确切的定义，通常所说的 FMS 是指以数控机床、加工中心及辅助设备为基础，用柔性的自动化运输、存储系统有机地结合起来，由计算机对系统的软、硬件资源实施集中管理和控制而形成的一个物料流和信息流密切结合的、没有固定的加工顺序和工作节拍的、主要适用于多品种变批量生产的高效自动化制造系统。

(二)FMS 应具备的功能

由图 7-23 可以看出,生产率和柔性是相互制约的,一般来说,要提高生产率就要降低柔性,反之亦然。而 FMS 则是从系统的整体角度出发,将系统中的物料流和信息流有机地结合起来,同时均衡系统的自动化程度和柔性,这就要求 FMS 应具备如下功能:

1. 自动加工功能。在成组技术的基础上,FMS 应能根据不同的生产需要,在不停机的情况下,自动地变更各加工设备上的工作程序,自动更换刀具,自动装卸工件,自动地调整冷却切削液的供给状态及自动处理切屑等,这是制造系统实现自动化的基础。

2. 自动搬运和储料功能。为实现柔性加工,FMS 应能按照不同的加工顺序,以不同的运输路线,按不同的生产节拍对不同的产品零件进行同时加工。同时,为提高物料运送的准确性和及时性,系统中还应具有自动化储料仓库、中间仓库、零件仓库、夹具仓库、刀具库等。自动搬运和储料功能是系统提高设备利用率,实现柔性加工的重要条件。

3. 自动监控和诊断功能。FMS 应能通过各种传感测量的反馈控制技术,及时地监控和诊断加工过程,并作出相应的处理。这是保证系统正常工作的基础。

4. 信息处理功能。这是将以上三者综合起来的综合软件功能。应包括生产计划和管理程序的制订,自动加工和送料、储料及故障处理程序的制订,生产信息的论证及系统数据库的建立等。

(三)FMS 的基本组成

为实现 FMS 的上述功能,一般 FMS 由以下四个具体功能系统组成,即自动加工系统,自动物流系统,自动监控系统和综合软件系统。图 7-24 是某一 FMS 的结构框图。

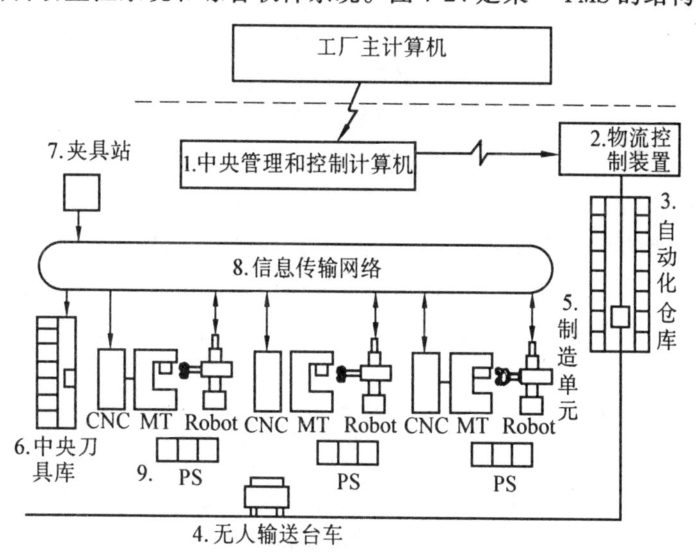

图 7-24　FMS 结构框图

1. 自动加工系统

自动加工系统一般由加工设备、检验设备和清洗设备等组成,是完成零件加工的硬件系统。

FMS 中所使用的加工设备一般为数控机床和加工中心,以加工中心更为常用。加工中心是一种具有自动换刀装置(Automatic Tool Changer,以下简称 ATC)的复合型数控机床。工件在一次装夹中,可以完成对不同加工表面的多种功能(如铣削、镗削、钻削、攻丝等)的连续加工,因而可大大提高加工精度和效率。目前常见的加工中心主要有镗铣类加工中心、车削中心等。

ATC 主要包括刀库和刀具自动交换用的机械手等。刀库可以放置在机床立柱的上部、内壁或侧壁上,一般可容纳 20~30 把刀具,大型的可存放 100 把左右。刀库的设置形式主要有转塔式、链式、盘式和鼓式等,如图 7-25 所示。一般转塔式刀库的容量较小而链式刀库的容量较大。机械手用于机床主轴与刀库间刀具的交换,要求其动作准确、迅速、可靠,因此机械手的运动机构大多采用传统的机械结构,如齿轮-齿条、油(气)缸、凸轮和大导程的螺旋机构等。

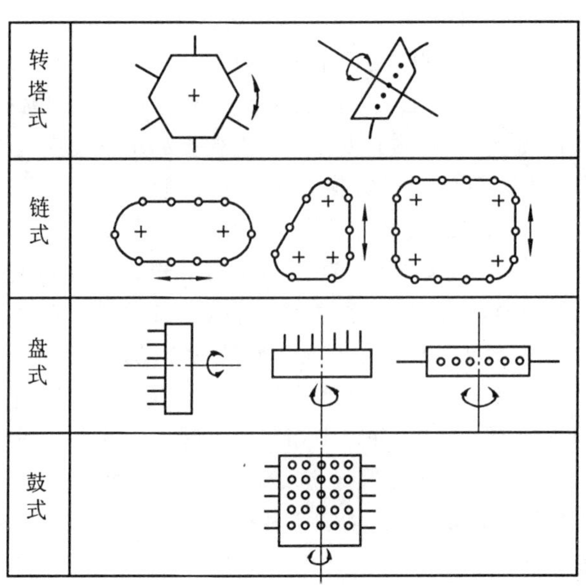

图 7-25 刀库的基本类型

加工中心除了配置 ATC 外,还可与工件自动交换装置(Automatic Work Changer,以下简称 AWC)相结合,构成柔性制造单元 FMC。AWC 一般多由托盘库和托盘自动交换装置(Automatic Pallet Changer,以下简称 APC)组成。托盘实际上是装载零件的随行夹具,又称随行工作台。APC 的采用,使得零件的装卸时间大为缩短,同时托盘站(Pallet)也可起到物料从无人输送小车到制造单元之间传递的缓冲功能。

自动加工系统的检验设备主要包括各种测量机和传感器,以检测加工情况,切削异常状态,刀具破损情况等。

自动加工系统的清洗设备主要包括切屑的自动排出和运送装置。切屑的自动排出主要依靠机床的合理设计,如床身、导轨、工作台等部件的结构都要有利于切屑的自动排出。切屑的自动运送装置多采用机械式传送带,如刮板式、琴键式传送带等。

2. 自动物流系统

自动物流系统由存储、搬运等子系统组成,包括运送工件、刀具、切屑及冷却液等加工过程中所需要的“物料”的搬运装置,装卸工作站及自动化仓库等。自动物流系统是使 FMS 具有充分柔性,并提高加工设备利用率的重要保证,是 FMS 的重要组成部分。

1)自动搬运装置。FMS 中使用的自动搬运装置主要有输送带、输送车(分为有轨和无轨两种)和机器人等。有轨输送小车是由铺设在地面上的两条导轨和在其上行驶的小车组成的搬运装置,主要适用于搬运较重的物品,小车的停止精度一般为 ±0.1~0.4mm 左右,承重 1~8 吨,行驶速度为 10~60m/min。这种装置的搬运路线的变更较困难,而且不太适合于曲线较多的路径。无轨输送小车是靠埋设在地下的导线或涂覆在地面上的磁性材料等发出的信号引导的,其最主要的优点是柔性大;其次由于小车采用橡胶轮,因此行驶噪音小;此外还无需铺设导轨,可充分利用地面空间。因此无轨小车的开发和实用化,大大促进了 FMS 的发展。目前 FMS 中使用的无轨小车的行驶速度可达 60m/min，载重量达 2 000kg，停止定位精度在不用定位机构时一般为 ±30mm，使用定位机构后可高达 ±0.1 mm。

FMS 的自动物流系统中，除采用输送小车外，还广泛采用了工业机器人。它可以完成 CNC 机床上工件的装夹；也可在数台 CNC 机床之间，将毛坯、半成品的工件进行工序的传递；还可以进行刀具、夹具的交换，甚至可以完成装配任务。

2)自动仓库系统。自动仓库系统用以存储毛坯、半成品、成品、刀具、夹具和托盘等。它应具有较高的柔性，以适应生产负荷变化时的存储要求及能在规定的时间内把所需要的物料自动地供给指定的场所。因此自动仓库并不是简单的储藏库，而是与搬运系统紧密结合的、形成完整的自动物料系统的重要的组成部分。根据系统的需要，自动仓库可以是集中配置的大型仓库，也可以是分散设置的小型仓库。目前用于 FMS 的自动仓库主要有三种形式，即：立体自动仓库、水平回转式棚架仓库和垂直回转式棚架仓库。下面仅对立体自动仓库作一简介。

图 7-26 为立体自动仓库的示意图。它主要由存放物品的棚架、物品出入库装置和堆装式起重机组成。物品用托盘(重量大的)或存储盒(重量小的)存放在棚架上，仓库内物品的搬运主要是堆装式吊车，仓库外物品的搬运可用输送小车等。

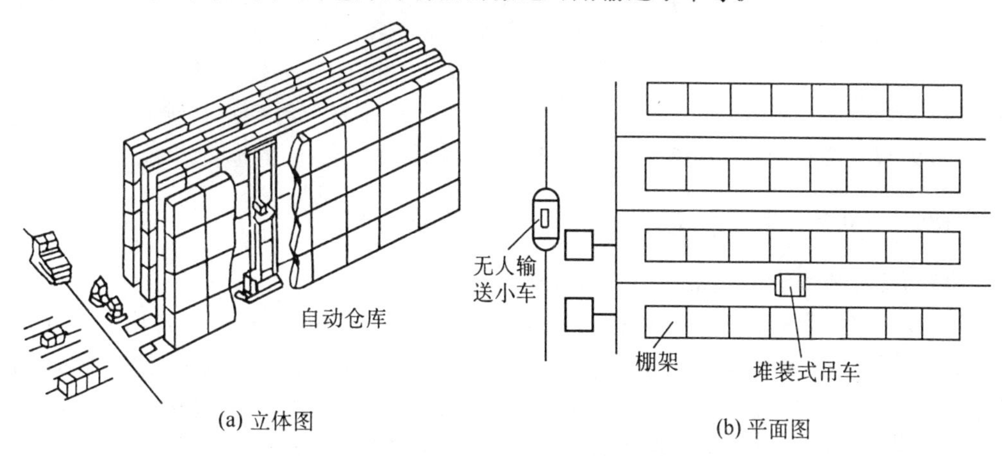

图 7-26　立体仓库示意图

3. 自动监控系统

为了能对 FMS 的生产过程实施实时控制，系统中安装了大量的传感器，这些传感器一般安装在机床或搬运装置上。对于无人运转的高度自动化系统，为了监视整个生产过程，传感器也可以单独配置，如工业电视，红外线温度检测器和烟雾感知器等。

4. 综合软件系统

FMS 是一个物料流和信息流紧密结合的复杂的自动化系统。就其信息而言，需要处理的信息量相当大，而且性质复杂。FMS 的综合软件系统是对系统中复杂的信息流进行合理处理，对物料流进行有效控制，从而使系统达到高度柔性和自动化的重要保证。

从系统信息处理的观点来看，FMS 的综合软件系统一般包括以下三个部分：

1)生产控制软件。它是保证 FMS 正常工作的基本软件系统。一般包括数据管理软件，如生产计划、工件、刀具、加工程序的数据管理等；运行控制软件，如加工过程、搬运过程、工件加工顺序的控制等；运行监视软件，如运行状态、加工状态、故障诊断和处理情况的监视等;此外还包括状态显示等软件系统。

2)管理信息处理软件。它主要用于生产的宏观管理和调度,以确保 FMS 能有效而经济地达到生产目标。如根据市场需求来调整生产计划和设备负荷计划;对设备、刀具、工件等的数量和状态进行有效的管理等。

3)技术信息处理软件。它主要用于对生产中的技术信息,如加工顺序的确定、设备和工装的选择、加工条件和刀具路径的确定等进行处理。

FMS 的综合软件系统是极为复杂的,FMS 的功能的实现是依靠这套系统进行调度和控制的。正因为如此,有人甚至把 FMS 的组成简单地归纳为两大类,即硬件系统和软件系统。

(四)FMS 的经济效益

FMS 是一项工程而不同于一般的单机自动化产品,因此其造价极高,目前世界上仅有 100 个左右,但其所取得的经济效益是惊人的。与传统的机群式自动化单机相比,目前国外较为成功的 FMS 所获得的经济效益大致为:操作人员减少 50%,成本降低 60%,产品的在制时间减少 50%,机床台数减少 50%,机床的利用率可达 60% ~ 80%。如美国的福特汽车公司的科隆工厂对铝压铸模和锻模的生产需求量每年多达 12 万件,且品种繁多,仅发动机和变速箱的型号就有 500 种之多。过去采用 26 台数控机床单机生产模具,仅能满足总需求量的 15%,而采用一套包含电火花加工中心在内的 FMS 进行模具生产后,可满足总需求量的 70%,缩短模具制造周期 55%。可见 FMS 的经济效益是显著的,而且随着科学技术的发展,FMS 的造价将不断下降。毫无疑问,在未来的机器制造业中,与当代高新技术紧密结合和相互渗透的柔性制造技术必将占有极其重要的地位。

四、计算机集成制造系统

(一)计算机集成制造系统的基本概念

计算机集成制造系统(Computer Integrated Manufacturing System,以下简称 CIMS)是 20 世纪 80 年代中期,在计算机技术、信息技术及自动化制造技术(如 CAD/CAM、FMS 等)的基础上发展起来的,将一个工厂中的全部生产活动用计算机进行集成化管理的高柔性、高效益的自动化制造系统,是目前计算机控制的制造系统自动化技术的最高层次。世界各国都投以巨资组织研究和开发,我国也已把它列入了高新技术发展计划(863 计划)。

计算机集成制造(CIM)这个术语虽然已得到公认,但至今还没有一个为大家普遍接受的定义。有人说 CIM 是用计算机去集成制造活动;有人说 CIM 是一种管理的哲学等。1988 年,德国国家标准研究所颁布的 DIN 技术报告第 15 号中,将 CIM 定义为“是与制造有关的、企业内部和外部所有部门功能的信息处理的综合利用,以获得产品计划和制造所需要的工程功能和组织功能的集成,并借助于适当的接口、数据库和网络,达到信息资源在部门间的共享”。这就是说,CIMS 是一个信息与知识高度集成的系统。建立系统的关键在于首先建立一个各功能部门能共享的庞大的数据库系统,并用通信网络将各部门联系起来。

(二)CIMS 的基本组成

CIMS 的主要技术基础是 FMS,但又不同于一般的 FMS,而是集成化的 FMS,作为一个复杂系统的集成,CIMS 必须是有层次的,一般认为,CIMS 可分为五层,如图 7-27 所示。

第一层为工厂层,这是决策工厂的整体资源、生产活动和经营管理的最高层;第二层为车间层,又称为区间层,这层内容并不是目前工厂中的“车间”的概念,这里“车间层”仅表示它要执行工厂整体活动中的某部分功能,进行资源调配和任务管理;第三层为单元层,这一层将支配一个产品的加工或装配过程;第四层为工作站层它将协调站内的一组设备;第五层为设备层,这是一些具体的设备,如机床、测量机等,将执行具体的加工、装配或测量。

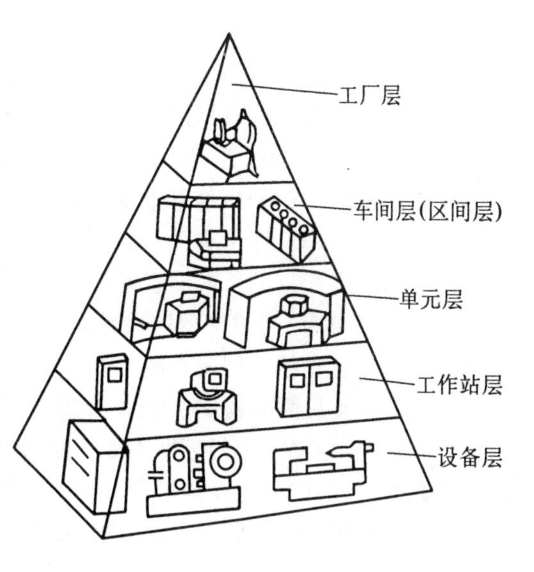

图 7-27　CIMS 五层图

按照上述层级原理组成的 CIMS 一般可看成是由管理信息系统、计算机辅助工程系统、生产过程控制和管理系统及物料的储存、运输和保障系统等四个子系统和一个数据库组成的大系统。CIMS 的组成可用图 7-28 示意。

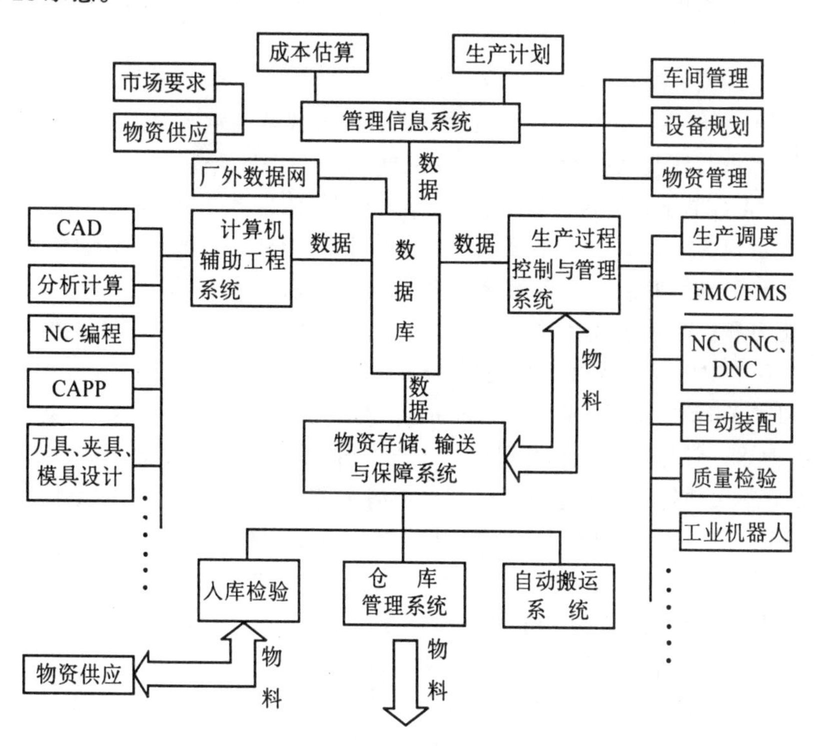

图 7-28　CIMS 的组成

1. 管理信息系统。这是生产系统的最高层次,是企业的灵魂,对生产进行战略决策和宏观管理。它根据市场需求和物资供应等信息,从全局和长远的观点出发,通过决策模型决定投资策略和生产计划。同时,将决策结果的信息和数据,通过数据库和通信网络与各子系统进行联系和交换,对各子系统进行管理。

2. 计算机辅助工程系统。这是企业的产品研究和开发系统,并能进行生产技术的准备工作。它能根据决策信息进行产品的计算机辅助设计(CAD);对零件、产品的使用性能、结构、强度等进行分析计算;利用成组技术的方法对零件、刀具和其它信息进行分类和编码,并在此基础上进行零件加工的计算机辅助工艺规程制订(CAPP)和编制数控加工程序并进行相应的工、夹具设计等生产技术准备工作。

3. 生产过程控制和管理系统。该系统从数据库中取出由管理信息系统和计算机辅助工程系统中传出的相应信息数据,对生产过程实施实时控制和管理,并把生产中出现的新信息通过数据库反馈给有关子系统,如产品质量问题、生产统计数据、废次品率等,以便决策机构能做出相应的反应和及时调整生产。

4. 物料的储存、运输和保障系统。这是组织原材料和配件的供应,成品和半成品的管理与输送及各功能部门与车间之间的物流系统。

上述 3 和 4 实际上构成了 CIMS 的制造系统,它是 CIMS 的基础。

5. 数据库。CIMS 中的数据库涉及的部门众多,含有不同类型、不同逻辑结构和物理结构的数据,不同的数据操作语言和不同的定义等,因此除各部门经常使用的某些信息数据可由中央数据库统一管理外,一般都在各部门或地区内建立专用的数据库,即在整个系统中建立一个分布式数据库。分布式数据库技术是由数据库技术和计算机网络通信技术相结合而发展起来的,在 CIMS 中采用这种技术可以有效地实现异机同构、数据共享的要求。

(三)我国国家 CIMS 工程研究中心简介

CIMS 是在新的生产组织原理和概念下形成的一种新型生产方式,国外一些大公司采用 CIMS 后,已取得了显著的经济效益。如日本的一个柔性自动化工厂,采用的集成自动化系统具有 74 台电子计算机,对系统实施集成控制,能生产 2 000 多种机床零件,每种零件的最小批量仅为 1 ~ 25 件,能装配成 50 多种机床部件。整个系统分四级控制,每个生产单元都具有自动诊断故障和自动维修功能,全厂只需要 10 名工人。可见,CIMS 具有极强的应变能力和极高的劳动生产率,同时可大大缩短产品的开发周期和提高产品质量。因此专家预言,CIMS 将成为 21 世纪占主导地位的新型生产方式。

我国国家 CIMS 工程研究中心(National CIMS Engineering Research Center,以下简称 CIMS-ERC)是 863 计划中,自动化领域在“七五”期间的重点建设项目,1987 年 7 月开始论证实施,由清华大学等十个单位联合攻关,历时五年于 1992 年底完成总体集成运行的。目前,CIMS-ERC 在技术上已经实现了在计算机网络及分布式数据库支持下,将不同类型的计算机及设备控制器按信息共享、柔性生产的目的集成起来,即实现了从工程设计、生产调度与控制到加工制造的集成实验制造系统。系统可以完成对有限加工对象(回转体和非回转体的有限品种)的 CAD/CAPP/CAM 的集成;建立了一个包括加工制造、物料储存、刀具与夹具管理及测量等 8 个工作站的柔性制造单元,并实现了 CAD/CAM 集成;实现了车间层、单元层、工作站层——设备层的递阶调度与控制。CIMS-ERC 的工程系统结构见图 7-29。它由两大部分组成,即:信息系统和制造系统。

1. 信息系统。它包括系统各层的规划与控制系统和完成工程设计(CAD/CAPP/CAM)所需要的软硬件系统,以及支持上述两个系统的工厂自动化网络、分布式数据库及 CIMS 仿真三个支持系统软硬件。

2. 制造系统。它包括加工检测系统,由卧式加工中心、立式加工中心、车削中心和坐标测量机各一台组成;物料储运系统,由立体仓库、机器人、无轨输送小车及缓冲站等组成;刀具管理系统,由中央刀库、对刀仪和刀具准备间等组成;工件装夹管理系统,由组合

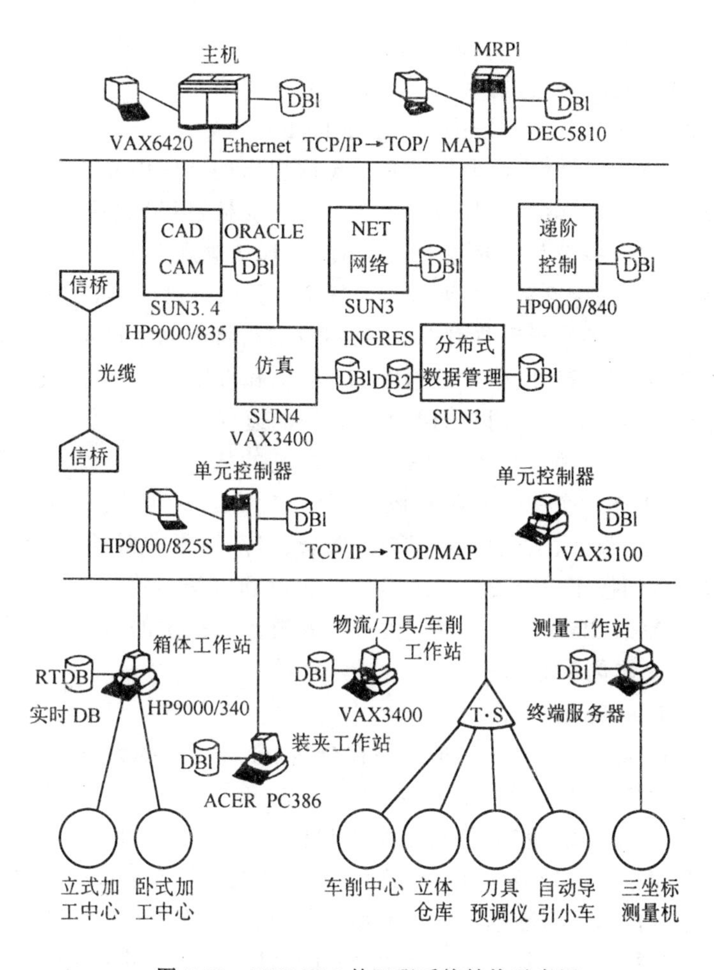

图 7-29　CIMS-ERC 的工程系统结构示意图

夹具、装卸台等组成。

制造系统在信息系统的管理和控制下工作，并及时地将各制造设备的状态反馈给信息系统。CIMS-ERC 的整个工作过程从工厂/车间计划开始，向设计部门及单元控制器下达零件设计计划及周生产计划。根据设计计划，CAD 进行零件设计，产生零件图；CAPP/CAM 再根据 CAD 的结果，进行工艺设计，产生工艺路线、工序及数控加工程序。夹具 CAD 产生组合夹具组装图。根据周生产计划，单元控制器将形成双日滚动计划，并通过调度模块产生作业单，下发给各有关工作站，最后通过监控模块对各工作站进行监控。刀具工作站根据作业单准备好刀具，在对刀仪上测量刀具尺寸后，将刀具装到加工中心的辅助刀库上。物流工作站准备好毛坯，并将它运送到装夹站，装夹站安装好待加工的毛坯后，由无人输送小车运送到缓冲站或加工中心，与此同时，加工工作站根据调度指令将向加工中心加载加工程序代码，控制加工中心进行加工。

CIMS-ERC 的技术性能已可与世界先进国家的 CIMS 相比，它的开发成功已引起了世界各国的普遍关注。

§ 7-5　制造技术的未来展望

随着现代科技的飞速发展，作为一切工业之基础的机械制造技术，正与当代最新科技成果不断地交叉、融合，已经改变了它的传统面貌。作为制造技术的最新进展和展望，现对几种被称之为21世纪的制造技术作一简单介绍。

1. 并行工程技术(Concurrent Engineering Technology)

并行工程这一概念是80年代中期首先由美国提出的。所谓并行工程就是一体化和并行地设计产品及其各种相关过程(包括制造过程和支持过程)的系统化工作模式，它要求产品开发人员在设计一开始就考虑产品生命周期(从概念形成到产品报废)的所有因素，包括质量、成本、工作进度和用户要求等。其宗旨是改善设计与制造间的信息交流，打破以往设计、试验、生产的串行环节引进动态并行机制，将产品生产中的各种因素进行有机综合、并行处理，将产品设计、生产计划、加工、检测和市场分析等同步进行，从而缩短技术的生产准备周期，使产品能按用户的要求以最快的速度供应市场。

并行工程实际上是一种生产经营和管理模式，它的核心是突出人在有效组织领导下的协同工作。它要求有一个一体化的行政指挥机构，建立多学科、多功能的协同工作小组，组内应包括企业中设计、工艺、制造、质量、物资供应、销售和服务、甚至用户代表在内的各类专业人员，他们按用户定货要求进行充分磋商和协调一致地工作。为实施并行工程技术，美国已开始把CIMS扩展到供应商处。并行工程技术的实施将有可能取代目前流行的CAD/CAM一体化系统。

2. 精良生产(Lean Production)

精良生产是50年代日本丰田汽车公司在分析、理解流水线大批量生产利弊的基础上，结合当时日本的实际情况，用20多年时间，在70年代初逐步完善起来的一种新的生产模式。二战后的日本经济遭到了重创，拿不出巨额资金来发展规模庞大的汽车工业。因此，丰田汽车公司根据自身条件，以精简而有效的方式发展起了日本模式的汽车制造工业，并迅速侵占了以前由美国独霸的汽车市场。分析表明，当今汽车制造业的生产水平相差甚为悬殊的根本原因，并不是企业自动化水平的高低、生产批量的大小和产品品种的多少，而是生产模式和管理水平的不同。

精良生产的主导思想是以“人”为中心，以“简化”为手段，以“尽善尽美”为最终目标。因此，精良生产的特点是：

1)强调人的作用，以人为中心，工人是企业的主人，生产工人在生产中享有充分的自主权。所有工作人员都是企业的终身雇员，企业把雇员看作是比机器更重要的固定资产，强调职工创造性的发挥。

2)以“简化”为手段，去除生产中一切不增值的工作。简化组织结构，简化与协作厂的关系，简化产品的开发过程、生产过程及检验过程，减少非生产费用，强调一体化的质量保证。

3)精益求精，以“尽善尽美”为最终目标。持续不断地改进生产，降低成本，力求无废品、无库存和产品品种多样化。使企业能以具有最优质量和最低成本的产品，对市场需求作出最迅速的响应。

精良生产不仅实施信息与自动化设备的集成，还把整个企业作为一个大系统来统筹考虑。其主要技术基础是成组技术、并行工程和TQCS等，其核心是对技术和生产的全面的科学管理，它取得成功的秘诀是充分发挥人的积极因素和能力，消除一切无用和不起增值作用的环节，以尽善尽美的产品供应用户。

3. 敏捷制造(Agile Manufacturing)

敏捷制造是美国于90年代初期为提高其产品在国际、国内市场的竞争力而提出的一种新的生产模式。目前较为权威的定义是：敏捷制造是一种结构，在这个结构中每一个公司都能开发自己的产品并实施自己的经营战略。构成这个结构的基石是三种基本资源：有创新精神的管理机构和组织，有技术、有知识的高素质人员和先进制造技术（如柔性制造技术和智能制造技术等）。制造的敏捷就源于上述三种资源的有效集成。它将柔性生产技术、熟练掌握生产技能和有知识的劳动力与促进企业内部和企业之间相互合作的灵活管理集成在一起，通过所建立的共同基础结构，对迅速改变或无法预见的消费者需求和市场变化作出快速反应。

与当代其它生产模式相比，敏捷制造的主要特点是提出了柔性重构和虚拟公司的概念。这是一种高度灵活性的重构兼容概念，反映在产品上是产品的标准化和模块化设计，通过这种模块化设计不仅能为用户提供功能全新的产品，而且能通过"模块重构"来改进和延长产品寿命，在企业与用户之间建立战略依存关系。这种产品重构还可以在全球范围内合作，即通过"虚拟公司"来实现产品的敏捷制造。虚拟公司是一种为了抓住和利用迅速变化的市场机遇，通过信息技术联系起来的临时性网络。网络中的各成员企业充分信任与合作，发挥各自的核心优势，共享技术、分担费用，用最优的零部件集成在一个产品上，以最快的速度把最好的产品推向市场。一旦市场机遇逝去，该虚拟公司立即解体，也就是说，每个成员企业就象一个接插件，可以在一个兼容机座上互插而形成一个新企业。因此通过柔性重构和虚拟公司的运作，可迅速而有效地集成为满足某个特定市场机遇所需要的全部资源（分散在不同地域或归属于不同的产权主体），从而对市场变化作出积极的响应。

目前敏捷制造还只是一个设想，因为要真正实施敏捷制造就必须解决以下两个方面的困难：1）国家范围内甚至国与国之间的工业制造信息网的建立；2）怎样才能作到企业间的充分信任与合作。但从技术上讲，这项技术是可行的，它将制造系统的概念扩展到相关的企业间，将制造过程由"技术推动"变为"需求牵引"。它所提出的一系列新思想和新概念将会使制造业产生根本性的变化，促进制造技术的发展，进而对人类社会的生产产生深远的影响。

4. 智能制造（Intelligent Manufacturing）

智能制造是指在制造生产的各个环节中，以一种高度柔性和高度集成的方式，通过计算机模拟人类专家的智能活动，使系统可以效仿人类进行分析、判断、推理、构思和劳动，从而取代或延伸制造环境中人的部分脑力劳动，并对人类专家的制造智能进行收集、存储、完善、共享、继承和发展。因此，智能制造系统能自动监控其运行状态，在受外界或内部激励时能自动调节其运行参数，以达到最佳状态，从而使系统具有自组织能力。

制造技术的智能化研究，已经成为当代制造技术发展的一个重要方向。对智能制造技术的研究一般可分为三个层次，即单元加工过程的智能化，工作站控制的智能化和在CIMS基础上的智能化。

为在制造系统中实施人工智能技术，目前可以使用的方法主要有：以知识为基础的系统、模糊逻辑和神经网络技术。每种方法都有其解决问题的独到之处，而某些问题的解决则可能需要几种方法合并使用。以知识为基础的系统也称为专家系统，把专家的知识变成符号或规则收集起来提供给系统，使系统能对情况的变化作出相应的反应，这对已了解透彻的、需精确计算的非动态问题是最为有效的。但并非所有问题都可用固定的规则来解决，有时必须使用模糊逻辑，而不是固定的、精确的方法模式。模糊逻辑系统的优势在于，当进行系统的优化和决策时，它可以对其中的某些规则给予优先考虑，而忽略其它规则。因此这项技术对不断变化的系统是非常合适的。神经网络系统是以效仿人类思维活动方式的生物或数学模型为基础的，它使制造系统具有学习功能，即使在不知道运动的函数表达式的情况下，也可以通过学习以往的经验，动态地、自适应地修正系统对环境的反应。因此，这项技术非常适合于复杂空间曲面的加工控制。

智能制造技术在西方工业发达国家仍处于概念研究和实验研究阶段。我国也已经开始开展人工智能在制造领域中的应用的研究工作。

5. 纳米技术与微型机械

现代制造技术正在向所谓的加工极限发起有力的挑战。以纳米技术为代表的超精密加工技术和以微细加工为手段的微型机械技术代表了当今精密工程的前沿和方向。

纳米技术是一种操纵原子、分子或原子团、分子团，使其形成所需要的物质或原器件的技术。这种加工已经深入到物质的微观领域，某些物理量的转变是以最小单位——量子跳跃式进行的，而不是连续的，因此超精密加工将以量子力学为基础发展。目前，美国、日本等国已利用电子扫描隧道技术成功地实现了原子的挪移，并正向着工程实用化发展。目前，能实现原子级纳米加工的技术有多种，如离子束加工、电子扫描隧道技术、酸蚀法等。

纳米技术的发展促成了微型机械的出现。微型机械是机械技术与电子技术在毫微米水平上相融合的产物。80 年代末，美国加州大学伯克利分校已经开发出了转子直径仅为 $60\mu m$ 的微型电动机，而人发的直径约为 $70 \sim 100\mu m$。微型电机的问世，使人们可以预言，由微米级的微型减速器、阀类等执行器组成的微型机器人将可以装入汽车的燃油系统中，以清理油管路和喷油嘴等；微型传感器将会用于机械上，以控制生产、传递信息、诊断故障等；甚至有人设想，可以将微型机器人置于人体内，以实现诸如修理人体特定细胞这样的手术治疗。

纳米技术和微型机械是近年来发展起来的高新技术，具有极强的生命力，已经开始应用于机械工程、生物工程、海洋工程、宇航工程及医疗技术等方面。因此，国外有人将纳米技术与微型机械称为“二十一世纪的核心技术”。

6. 快速出样技术

快速出样技术也称为快速零件制造技术，是一种将 CAD 与各种自由造型技术直接结合起来，从而使 CAD 直接生产出零件的实体模型、样件、模具等的崭新的制造技术。它使人们在开始制造之前就可以看到产品或其模型，从而实现缩短设计周期和提高设计质量的目的。

目前可以设想实施的快速制造技术有直接和间接两种方法。直接快速制造法就是利用快速出样技术，不用工具直接把零件制造出来。间接快速制造法仍采用传统的浇铸或模压技术，但模具则是不用工具而是用快速出样技术直接制造的。砂型铸造目前就可以应用间接的快速制造方法进行了。

实现快速出样技术，首先必须解决由快速出样设备所制造的零件的寿命问题，因为目前可进行快速出样的材料主要是光敏聚合物，而这种材料却存在老化和光致分解等问题。此外快速出样设备的性能及被制造零件的设计方法等也是实施这项技术的关键。

7. 零件表面改性、覆层技术

通过附着(如电镀、涂层、氧化膜等)、注入(如渗氮、离子溅射等)、热处理(如激光表面处理等)等手段,赋予零件表面耐磨、耐热、耐蚀、耐疲劳、耐辐射以及光、电、磁等特殊功能的零件表面改性技术是近年来发展起来的新技术,对制造技术的发展具有重大的意义。当前值得特别提出的是激光改性处理技术,如利用激光进行表面热处理的激光固态相变技术;通过激光使工件表层金属快速熔化和凝固而达到光亮以弥补表面的气孔、砂眼等缺陷的激光上光技术;通过激光加热进行表面涂覆,使工件表面覆盖一层合金的激光合金化技术以及激光镀膜技术等。所谓激光镀膜技术是指在真空中通入一定的气体元素,如氮等,作为靶材,通过激光发射,使靶材与工件表面产生化学作用而形成镀膜。激光加工、离子束加工等均是很有前途的零件表面改性处理方法。

8. 极限条件下的加工技术

人类生产活动的区间将从陆地向空间和海洋扩展,在真空、失重及水下高压等极限条件下进行加工已为人们所关注。太空焊接、水下切割与焊接技术目前已开始出现。可以设想,对电子元器件的超精密加工的理想场所并不是在地球上,而是在超净无尘的太空中。因此,应密切注意这种技术的发展。

9. 利用太阳能加工

太阳能的利用与开发已日益为世人所瞩目。太阳能汽车、电源等已经出现。目前把阳光进行聚焦,已可以得到直径为 10cm 的光束,在目标区域中心,光通量密度可达 2 500suns(250w/cm^2),若在焦点处放置一个次级集结器,可使光通量增加 10 ~ 20 倍。因此可以设想太阳能有可能成为许多高功率辐射加工的能源,而且在空间和月球表面等极限条件下进行加工时,太阳能加工将更具优越性,因为在那里集结辐射的效率将更高。

10. 传统加工工艺及其设备的改造与革新

上述新技术的出现和设想,无疑给制造技术展示了无比灿烂的前景,但现代生产所追求的目标仍然是要以最小的投入,取得最大的产出,即体现优质、高效、低耗的制造原则。因此合理运用现有生产条件,合理结合当代高新技术的最新成果进行生产,无论何时都是制造技术发展的基础与关键。在密切注意新型制造技术的同时,人们也已经注意到了对传统制造技术与设备进行改造与革新的巨大潜力。目前已经出现了切削速度超过 1000m/min 的超高速切削、磨削速度超过 250m/s 的超高速磨削以及效率可与铣削想媲美的强力砂带磨削等。从工具角度上看,涂层刀具、超硬材料(如金刚石、立方氮化硼、陶瓷等)刀具与磨具等的问世对加工效率与质量的提高、加工范围的扩大等均具有重要的意义。旧设备的改造与挖潜,如普通机床的数控化改造等,对整个机械工业的发展和水平的提高有着相当重要的意义。

时代在前进,技术在发展,进入 21 世纪后,制造技术必将达到更高的水平,永无止境。

习　题

7-1　试从市场需求变化和科技进步的角度分析现代制造技术的形成过程。怎样理解现代制造技术的“相对和动态”特征。

7-2　与传统的切削加工相比,特种加工有何特点?为什么说特种加工技术已成为当前不可替代的加工方法之一?

7-3　试分析电火花加工的基本原理及其工艺特点。

7-4 试述电解加工的基本原理、特点及其应用。

7-5 试分析超声振动在超声振动磨削中的作用。

7-6 简述激光的特性及激光加工的基本原理。

7-7 试分析和比较电子束加工和离子束加工原理的异同。

7-8 如何理解超精密加工的含义?

7-9 超精密切削加工对刀具有何要求?超精密切削中为什么普遍采用金刚石刀具?

7-10 怎样理解加工过程中的“母性”原则和“创造性”原则?二者有何联系?

7-11 试分析影响超精密加工的主要因素。

7-12 简述金刚石砂轮超精密磨削的基本特点及影响其磨削性能的主要因素。

7-13 研磨与抛光都是相当古老的工艺,试从加工机理的角度分析其在现代超精密加工中仍占有重要地位的原因。

7-14 为什么说成组技术是企业实施CAD、CAM、FMS等高新技术和老企业进行现代化技术改造的基础?

7-15 怎样理解制造过程中的“柔性”?为解决制造过程中生产率与“柔性”之间的矛盾,FMS应具备哪些功能?

7-16 怎样理解CIM?按照层级原理组成的CIMS主要由哪几部分组成?

7-17 查阅有关文献,撰写一篇4 000字左右的有关制造技术最新进展的论文。要求参考文献不少于10篇。

主要参考文献

1 哈尔滨工业大学,上海工业大学主编.机械制造工艺理论基础.上海:上海科学技术出版社,1980
2 哈尔滨工业大学,上海工业大学主编.机床夹具设计.上海:上海科学技术出版社,1980
3 顾崇衔等编著,机械制造工艺学.西安:陕西科学技术出版社,1981
4 宾鸿赞,曾庆福主编.机械制造工艺学.北京:机械工业出版社,1990
5 陈懋析主编.机械制造工艺学.沈阳:辽宁科技出版社,1984
6 贺兴书编.机械振动学.上海:上海交通大学出版社,1985
7 [美]D.V.哈通著.应用机械振动学.北京:机械工业出版社,1985
8 于骏先一,夏卿,包善斐编.机械制造工艺学.长春:吉林教育出版社,1986
9 王先逵编著.机械制造工艺学.北京:清华大学出版社,1989
10 [美]约翰.L.伯比奇著.成组技术导论.蔡建国译.上海:上海科学技术出版社,1986
11 郑修本,冯冠大主编.机械制造工艺学.北京:机械工业出版社,1992
12 王先逵主编.机械制造工艺学.北京:机械工业出版社,1995
13 刘晋春,陆纪培主编.特种加工.北京:机械工业出版社,1988
14 李企芳主编.难加工材料的加工技术.北京:北京科学技术出版社,1992
15 王启平等编著.精密加工工艺学.北京:国防工业出版社,1990
16 庞滔编者.超精密加工技术及应用.北京:国防出版社,1995
17 毕承恩主编.现代数控机床.北京:机械工业出版社,1991
18 吴天林,段正澄主编.机械加工系统自动化.北京:机械工业出版社,1992